열처리공학

Heat Treatment Engineering

공학박사 **김장수** 저

북스힐

머리말 PREFACE

열처리기술의 기원은 4000년 전 열처리기술이 작용하였음을 최근 발견된 청동기 시대의 유물에서 확인되었다. 이러한 열처리기술의 역사는 현대 사회에 들어 더욱 발전을 거듭하고 있고, 인간의 삶과 기술의 발전에 지대한 영향을 미치는 분야이다.

열처리기술은 소재 사용의 효율성 측면에서 필수적인 공학기술로써 설계목적에 맞도록 기계적, 화학적 성질을 개선하는 기술로, 소재의 품질향상과 고급화를 이루는 중요한 기술이다.

이 책은 열처리기술에 대한 학문적 이론을 바탕으로 현장에서 적용되고 실시된 현상을 경험적 측면에서 이론과 함께 체계화하였으며, 그 과정에서 국내외 관련 서적과 최근 공개된 여러 통로의 열처리 관련 자료를 참고하였다. 특히 일본 열처리 기술협회의 "열처리 가이드북"과 "비금속 재료와 열처리" 그 외 다수의 국내 열처리 전문업체의 열처리 관련 기술자료 등을 참고하여 핵심적인 내용을 정리하였다.

이 책의 기본 방향은 열처리의 초보적인 입장에 있는 엔지니어나, 대학에서 열처리기술 관련 과목 이수 과정에 있는 학생들의 입장을 충분히 고려하여 이해력을 높이는데 충실하였다. 아울러 이 책은 열처리기술에 있어 열처리 관련 전문기술인이 열처리기술을 보다 깊이 이해하는 데 도움이 되도록 편집하였다.

많은 문헌을 발췌하고 참고하는 과정에서 일일이 인용 표시를 할 수 없었던 점을 유감으로 생각하며, 전체 참고자료로 정리하였다. 관련자와 독자 여러분의 넓은 이해를 구하고자 한다.

본서가 출판되기까지 도움을 준 여러분과 출판관계자께 감사를 드린다.

2025년 3월 저자

차례 CONTENT

5장 열처리 설비와 운용

6장 강의 일반 열처리 공정

7장 표면 열처리 공정

9장 비철금속의 열처리

10장 열처리 결함과 대책

01
철강재료

1.1 철의 역사

철은 인류가 가장 많이 사용하는 금속이다. 신석기시대의 인류는 돌을 갈아서 무기나 노구를 만들어 사용하였으나, 그 후 불을 사용하여 철보다 상대적으로 낮은 가공온도를 갖고 있는 청동기를 가공하면서부터 시작되었다고 한다.

이후 청동보다 강하고 날카로운 날을 세울 수 있는 철의 사용이 시작되었다. 최초로 철을 알게 된 것은 청동기 시대에 철강석을 동광석으로 착각하여 용해로에 장입, 용해하는 과정에서 발견하게 되었다는 설이 있다. 또 고대 원시림의 산불에 의해 철강석이 환원되어 반 용융상태로 굳어진 것을 산불이 지나간 후에 장인들이 채취하여 철기로 제작했다는 설도 있다.

고대 희랍인들은 철을 "외에베"라고 불렀다. 이것은 "하늘의 산물"이라는 뜻으로 "운석"을 의미한다고 한다. 운석은 철과 니켈(Ni)의 합금으로 되어있다.

1.1.1 세계의 제철 역사

강철의 대량생산은 산업혁명의 중요한 업적으로 꼽힐 만큼, 철을 비롯한 금속의 양산은 역사적으로 매우 중요했다. 대약진 운동 시절 대표 오류로 치부된 토법고로 조차도 중세 중후기에 들어서야 만들 수 있었다. 천년이상 강철을 마음대로 생산하지 못했던 유럽과 원시적 침탄로를 오랫동안 사용한 일본 등의 문헌은 강철 제조법의 어려움을 과장하는 경향이 있다.

반면, 아시아에서는 중세 말까지도 꾸준히 쓰였던 단련강 제조법이 인도-중국에서는 기원전 7세기 무렵에 이미 완성되었다. 유럽에서는 도가니 제강법, 반사로 기술, 베세머 전로법 등이 18세기~19세기에 개발되었지만, 세계적으로 보면 고대부터 원리적으로 같거나 유사한 수준의 제강기술이 있었다.

예를 들어, 반사로와 같은 구조의 제철로는 중세 일본에도 존재했고, 도가니 제강법과 같은 원리의 제강법은 고대 인도에도 있었다. 베세머 전로법과 원리가 같은 제강기술(초강법)은 고대 중국에 이미 존재했다. 한나라 시대에 발명된 초강법은 한국의 원삼국시대에도 한성 백제가 수입하여 운용했다.

세계 문명은 일반적으로 청동기에서 철기로 넘어갔지만, 사하라 이남 아프리카는 청동기를 거치지 않고 외부에서 전파된 철기를 바로 사용했다. 대체로 도가니법을 이용했으며, 이는 청동기를 위한 동과 주석이 흔하지않는 반면 철은 흔해서 쉽게 조달할 수 있기 때문이라고 생각된다.

1. 고대

고온을 얻기 어려운 초창기의 철기는 철을 녹이는 대신에 직접 환원법을 통해 약 섭씨 900℃ 정도의 온도에서 처음부터 고체인 해면상(sponge), 그러니까 스펀지 형태의 괴철(塊鐵, Bloom)로 제작되는 경우가 많았다. 철의 1회 생산량 1~10kg급 원시적인 자연흡기식 소형 괴철로(Bloomery)에 목탄과 석회와 철광석을 혼입한 후 가열하면 철광석이 완전히 녹지 않아 스펀지 구조로 녹은 슬래그와 철이 섞인 괴가 된다. 이렇게 얻은 해면상 철괴는 내부에 기공이 많고 슬래그가 다량 함유되어 있었다. 이런 기공들은 하나하나가 파단의 시발점이 되기 때문에 기공이 많은 철을 망치질을 통해 이런 기공을 눌러서 도로 접합시켜 붙이면서 슬래그를 부숴 버려야 제대로 쓸 수 있었다. 이 과정에는 많은 노동력이 소모되었다. 이렇게 얻은 탄소함유량이 매우 낮은 철을 'Wrought Iron'이라고 한다. 흔히 연철로 번역된다.
이걸 또 부순 후 괴철로에 녹여서 괴철로 만든 후 다시 망치질을 하는 과정을 반복해서 슬래그를 더 제거해 철의 순도를 높일 수 있었다.
철에 탄소를 약간 포함 시키면 구성 조직의 변화에 따라 강도가 높은 강철이 되는데, 이상의 과정을 거쳐 최종적으로 만들어진 연철을 목탄불에 달구면서 표면침탄 시키고, 가열해서 때리고 접고 꼬아주어서 속의 연철층과 겉의 강철층이 서로 겹겹이 겹치게 해서 패턴웰딩하여 강철을 만들었다. 이러한 침탄 과정은 철괴를 탄소, 즉 숯이 풍부한 환경에서 수백 도의 고온으로 가열하여 몇 주간이고 기다려야 하는 엄청나게 연료 낭비적인 값비싼 과정이었다. 유럽은 아시아에 비해 제강기술이 오랜 기간 정체되어있어 강철의 생산량이 부족했는데 바이킹 소드는 무역이 활발한 바이킹이 아시아에서 철을 수입해 만들어 유명해졌다.

2. 중국

괴철로 제철법과 표면침탄을 이용한 제강법을 중세까지도 사용했던 서유럽과 달리, 고대 중국에서는 주철을 만들고 주철에서 탈탄, 즉 탄소를 제거하여 강철을 만드는 법을 이미 발명하였다. 이러한 제강법은 명나라 시대 백과사전 천공개물에서는 초강법(炒鋼法)이라고 이름 붙였다.
초강법은 녹인 주철에 잘게 빻은 고순도 철광석이나 붉은 녹을 첨가하고 공기 중에 노출된 상태에서 막대로 저어주는 것으로, 고순도 철광석과 녹은 즉 산화철덩어리 이므로 고온에서 산화철이 분해되며 내뿜는 산소가 탄소와 결합하여 이산화탄소가 되어 증발하며 탈탄 작용을 한다. 공기 중에 노출시켜 휘젓는것 역시 쇳물 속의 탄소를 공기 중의 산소와 접촉시켜 탈탄을 하게 된다. 이러한 초강법은 서구는 산업혁명 시대에 발명한 베세머법과 원리가 같다는 평가가 흔히 나타난다. 일설에서는 반사로법과 같다고 비교하기도 한다. 그러나 초강법은 원리상으로 보면 매우 진보한 것으로 보임에도 불구하고, 여러 약점 때문에 중국에서 강철이 대량생산되지는 못했다. 문제의 원인은 무쇠는 비교적 낮은 온도인 1,200도에서 녹지만, 무쇠로부터 탄소를 제거한 강철은 1,500도 수준에서 녹는다는 점이다. 따라서 무쇠를 공기와 접촉시켜 어느 정도 탄소를 산화시키면 곧 굳어져서 탈탄 작용이 멈췄다. 이 문제는 명나라 시기에는 초강을 하는 로의 구조를 바꿔서 온도를 올려 해결이 되긴 했는데, 그러자 탈탄 효과가 지나쳐 강철이 아니라 연철만 생산되는 결과로 이어졌다. 또 휘젓는 과정에서 공기가 철에 유입되어 기포가 형성되기 쉬웠다. 또한, 좋은 철광석은 귀하기에 녹여서 철로 만드는 데 써야 했고 멀쩡한 철을 탈탄제로 쓰자고 일부러 녹슬게 할 수도 없었기에 주로 사용되었던 대체재는 이산화규소가 주성분인 황토흙 이었는데, 황토흙은 산소를 내놓아 탄소를 태워서 날리는 동시에 잔존 규소가 탄소와 반응하여 악질 슬래그를 생성해 품질을 떨어뜨리는 원인이 되었다. 이렇게 초강법으로 얻은, 기포와 슬래그가 다량 함유된 고체상태의 강철괴에 망치질을 해서 내부 조직을 다듬은 뒤에야 쓸 만한 강철괴를 얻을 수 있었다. 이러한 강철은 직접 환원법과 침탄으로 얻은 강철에 비해 성분을 조절할 여지가 적어 숙련된 장인이 침탄법과 접쇠로 만든 철에 비해서도 질이 낮았다. 이런 초강법으로 만든 철을 망치질하여 단련한 철로, 백련강 이라는 표현은 한나라 시대의 기록에 나온다. 북송 시대에는 제철법으로 관강법(灌鋼法)이 존재했는데, 이것은 주철과 연철을 한데 모아 융해하는 제철법이다. 후술할 서구의 도가니법과 원리상 같은 것으로, 조직을 미세관찰해도 현대의 공구강과 비슷한 수준의 우수한 질의 강철을 만들 수 있었다. 이러한 관강법은 남북조 시대에 개발된 것으로 추정된다. 하지만 관강법으로도 강철을 대량 양산하지는 못했는데, 관강법의 주목적은 탄소량을 조절하는 것이 아니라, 비교적 녹이기 힘든 연철을 주철과 함께 섞으면 연철도 쉽게 녹는다는 점을 이용해서 녹여서 기포와 슬래그를 배출시키기 위한 것이었기 때문이다. 때문에 관강법으로 강철이 생산되는 것은 주철을 더 많이 섞어 녹였을 때의 경우였는데 후대로 갈수록 연철을 더 많이 써서 관강법으로 연철이 주로 생산되게 된다.

3. 인도

인도는 다마스쿠스 강의 사례에서 보이듯 고대에서부터 도가니법과 유사한 제강법이 사용되었다. 그러나 다마스쿠스 강은 제법만이 아니라 지역의 철광석의 성분과도 관련이 큰 것이었고, 광석이 고갈되자 제작법도 실전되었다.

4. 중세

십자군 전쟁 혹은 몽골 제국의 정복 전쟁으로 동양의 제강기술과 다마스쿠스 강이 들어와 정체되어있던 서양의 제강기술이 발전하며 철의 생산량이 증가하기 시작했다. 수차(물레방아)를 이용해서 강제 과급하여, 규모를 최대 300kg급까지 키운 발전형 대형 괴철로로 연철을 생산하여 패턴웰딩으로 강철화 시켰다. 이 영향으로 철판을 활용한 갑옷이 등장하기 시작했다. 주철, 즉 무쇠의 활용과 제작은 13세기를 기점으로 하여 서구에서 갑자기 시작되었다. 그 이전의 독자적인 발전 과정은 보이지 않기 때문에 무쇠의 제작과 활용은 몽골을 통해서 서구에 유입되었다는 것이 현재 통설이다. 하지만 구체적인 유입 경로는 확인되지 않는다. 철광석과 고철을 목탄과 함께 완전히 녹여서 탄소와 슬래그 함량이 높은 선철(pig iron)을 생산하였다. 이것을 다시 녹여 괴철로 만들고 수력 망치로 두들겨서 연철, 강철화 시켰다.

5. 근세

정련로가 더욱 발전한다. 오스몬드 제철(Osmond process)법이라고 불리는 선철에서 연철을 제작하는 제법이 만들어진다. 바닥이 파여 있고 주변이 막혀 있는 구조의 로에 목탄을 가득 깔고 불을 붙인 후, 풀무로 바람을 넣어 온도를 높이면서 목탄에 닿지 않도록 살짝 높은 위치에 파인 구멍으로 선철을 살짝 집어넣어서 선철이 숯에 닿지 않게 가열한다. 이렇게 해서 선철이 녹으면서 흘러내리면 그 수철은 탈탄된 연철이 되는데, 이 떨어지는 철 액체에 쇠 막대를 살살 가져다 대면서 솜사탕처럼 빙빙 돌려서 막대에 엉기게 하는 것이다.

한편 제강법도 추가로 발명되어 밀폐 석관에 목탄과 철괴를 넣고 오랫동안 가열하여 강철화하는 삼탄강 방식도 만들어진다.

이 시기 서구에서 균질한 품질의 강철 제품을 만드는 것으로 유명해진 것이 독일 등지와 이탈리아였는데 아직도 강철 제품을 만들던 지역의 박물관들은 당시에 생산한 균질한 품질의 똑같이 생긴 검들을 수십 자루씩 진열하며 자량하고 있다. 이는 길드나 브랜드가 이미 존재했던 서구의 특징이였으며, 똑같이, 균일하게 만들수록 더 실력 있는 것이었다. 즉 동양보다 대량생산에선 밀렸으나 품질 면에서는 동양을 뛰어넘기 시작한 시점이다.

이는 다마스쿠스 강을 재현하기 위한 노력의 부산물로 보기도 하는데 다마스쿠스강의 성능이 재료의 차이가 아닌 특수한 제조법에 있다고 생각했던 유럽인들은 다마스쿠스강을 만들기 위한 열정으로 철에 수천, 수만 번의 실험을 하기 시작했고, 근세에 이르러서는 열처리 스프링강을 완성해 이를 이용한 태엽, 플레이트 아머, 기계식 시계, 플린트락, 아바레스트 같은 발명을 이루었으며, 결국에는 동양과 서양의 기술력 차이를 불러왔다고 평가하는 학자들도 있다.

또한, 주철기술이 발전하여 주철대포가 등장하기 시작하는데, 청동 대포보다 우월하지는 않았으나 가격이 저렴해 대량으로 구비 할 수 있는 장점이 있었다. 특히 초기 주철대포 기술을 독점하여 대항해시대에 주도권을 잡게된 국가가 영국이였다. 이 시기에 발명된 기술 중 현대까지도 제한적이나마 사용되는 유일한 기술은 1740년대에 개발된 도가니강 제련법이다. 벤자민 헌츠맨은 우수한 품질의 스프링강을 만들기 위해 삼탄강 방식으로 제강한 철을 잘게 부순 후 도가니에 넣고 녹이는 방법으로 다시 우수한 품질의 강철을 만들었다. 접쇠 라는 방식 때문에 필연적으로 불균일했던 이전의 철들과 달리 서구에서는 최초로 균질한 상태의 강철을 만들었으며, 최초의 현대적인 제철법이라고 평해진다.

6. 근대, 산업혁명

헨리 코트가 반사로를 통한 연철 제철법을 만들었으며, 베세머가 전로법을 개발하였다.

7. 현대

지멘스-마르탱 평로, 베이직 산소 제강법, 그리고 전기아크로가 등장하였다. 20세기 후반에는 나노미터 크기의 강재 분말을 적층시켜 제강하는 분말강이 등장하였다.

1.1.2 한국의 제철역사

1. 삼국시대

한국 고고학에서 철기시대란 철기가 사용되기 시작한 서기전 300년경부터 삼국이 정립된 서기 300년경까지를 말하는 만큼, 기원전 1세기에서 4세기에 철의 제련과 제조를 전역에서 다양하게 사용하고 있었다.

제철작업의 시작은 우선 철광석 또는 사철이나 토철을 채취하는 채광 작업부터 시작되고, 제철에 주로 쓰이는 철광석은 자철석, 황철석, 갈척석, 적철석 등이 있으며, 한반도에서는 주로 자철석과 적철석이 사용되었다. 사철같은 경우 해안이나 강변 등에서 주로 채취였는데, 주로 자철광이 주성분을 이루고 있으며, 그 밖에는 적철광이나 갈철광, 티타늄 철석이 혼합되어있다.

고대 한국의 제철과정에 대한 연구는 주로 한성 백제 유적을 통한 추론에 의존하고 있다. 삼국시대 제철소 유적지를 통하여 추론해보면, 채광된 철광석들은 철 성분이 높은 고급 철광석, 사철을 선별하는 과정인 선광 작업이 이루어졌던 것으로 추정된다. 세련에 앞서서 광석을 선광하면 운송의 노동력이 절감되고 제련 공정에서 금속 손실과 제련비 감소 등의 여러 가지 이점이 있었다.

다음 공정으로는 배소 작업에 들어가는데, 배소는 광식이 용해되지 않는 정도의 고온으로 철광석 표면에 화학반응을 일으켜 환원이 잘 이루어질 수 있도록 하고, 광식 표변에 균열을 일으켜서 파쇄하기 용이하게 하는 공정이다. 철광석이 쉽게 파쇄되면, 제련을 할때 철광 내부까지 쉽게 온도가 전달되고 이는 제련 비용을 감소시키며 운송비용을 감소시키는 효과가 있었다.

배소과정이 끝나면 제련공정을 거치게 된다. 철광석을 용광로 내에서 목탄을 매개로 환원시켜 철을 얻는 과정이다. 제련공정에서 철의 탄소량과 온도 등 용광로의 조건에 따라 탄소량이 높은 선철과 탄소량이 낮은 괴련철이 생산된다. 그 중간 단계인 반환원괴가 생성되기도 한다.

이렇게 형성된 철괴는 정련공정에 들어가게 된다. 문제는 여기서부터 추론이 각 학자마다 조금씩 다르다는 점이다.

가장 흔하게 받아들여지는 고대 한성 백제의 제련법은 접쇠단조가공이다. 접쇠단조가공이란 말 그대로 가열한 쇳덩이를 단조로 편 다음, 접어서 다시 두들기를 반복하는 방식이다. 쇠의 불순물을 제거하고 쇠 내의 탄소량을 조절하는 것이 목적이다.
반면 한 논문에서는 한성백제 시대에 중국으로부터 초강법이 전래되어 운용되었다고 본다. 문제는 한반도에서 명확한 초강로가 발굴된 사례가 아직 없어 실제로 사용되었는지는 정확하게 밝혀지지 않았다. 다만 오산 수천동, 포천 중리 등에서 발굴된 철기의 미세조직상 초강법으로 제조한 것으로 보이기 때문에 초강제법이 있었을 가능성과 개연성은 충분하다.
한편 어떤 철기는 현대에도 흔히 보이는 공구강의 품질과 거의 동일하거나 더 좋은 수준의 강재까지도 존재했기 때문에, 이러한 철기는 남북조 시대 중국에서 개발되었다는 관강법으로 제련된 것으로 보이기 때문에 관강법 역시 전래되었다는 주장도 있다.
일본 정창원에서 소유하고 있는 신라 도검으로 추정되는 유물의 경우 소량의 티타늄이 섞여있다고 한다. 이러한 경우로 보아 신라 또한 사철로 된 철기 또한 만들었음을 추정할 수 있다.
현재 문화재청 산하기관에서 고대 삼국시대 용광로를 복원하고 제련과정을 연구 중이며, 민간에서도 소수나마 다양하게 고증을 거쳐 연구하고 있다.

2. 고려시대

현재 고려시대 철광석을 이용한 제철소로 진척 석장리, 밀양 사촌 유적지, 충주 다인철소가 발견되었다. 이은철 전통제철 연구가는 해당 유적지의 연구결과로 현재 학계에서 전통적으로 생각하고 있는 화로를 만들고, 처인성에서 발견된 고려칼을 연구, 복원하였다.

3. 조선시대

고려가 망하고 조선이 이성계에 의해 건국이 되자, 조선은 초기부터 광물을 채굴하는데 박차를 가하였다. 세종실록 지리지에 의하면 철장은 안동·합천·용궁·산은·무주·영덕·무안·고산 등 17개소가 있었고, 이들 철장은 제련소에서 농한기에 광석을 취련하여 상납하게 하였다. 세종 당시 조선의 철의 산지는 34개소인데 이 가운데 사철을 생산하는 곳이 21개소라고 하였다.

조선시대의 철은 크게 생철과 숙철로 나뉬다. 생철은 망치로 두드리면 깨져서 주조로 가공하는 쇠, 숙철은 망치로 두들겨서 단조하는 쇠를 말했다. 생철은 무쇠라고도 불렀고, 숙철은 시우쇠라고도 했다. 시우쇠는 연철에서부터 연강까지의 스펙트럼이 포함된다. 조선의 제철법은 서구의 것과 달랐기 때문에 서구의 철 분류법에 완벽하게 일치하지는 않는다.

조선시대의 철광 제련법은 다음과 같다. 쇠부리 가마에 철광석을 넣고 1,200~1,300℃ 사이에서 장시간 가열하면 묵철 또는 잡쇠 덩어리(선철)가 바닥에 생긴다. 이 덩어리를 다시 강엿쇠둑과 판장쇠둑에서 잘게 부수고 가열한 뒤 다시 두드리면 숙철이 된다. 맨 처음 만들어진 시우쇠를 신철(薪鐵)이라고 하는데, 이 신철 1근을 두드려 정련하면 품질이 열등한 정철 4냥을 얻었다.

이러한 괴련철 위주의 제철술은 고대에서부터 이어진 것에서 크게 변하지 않은 것으로, 이 때문에 조선시대 전통 제철술을 재현 연구하는 프로젝트에서는 서구의 고대 제철 기술 재현 연구를 참고하기도 하였다.

언제 실전되었는지는 기록의 부족으로 불명확하나, 조선 시대에는 고대 한성백제에서 사용되었던 것으로 보이는 초강법이나 관강법은 사용되지 않았고 단조가공을 통해 주로 제작되었다. 하지만 조선 후기 실학자 이규경이 기록한 오주연문장전산고에서는, 우리나라의 대장장이들 사이에서 비밀스레 전해지는 제철법이 있는데 자기도 자세히는 못 들었지만 대장장이들은 바로는 그것이 중국 옛 기록에 있는 관강법이 아닌가 하는 추측을 하기도 하였다. 그러나 실증할만한 유적이나 유물은 발견된 바가 없다.

1.2 철강의 분류

1.2.1 철의 성분별 분류

철의 종류는 크게 3가지로 나뉘게 된다. 철속에 들어있는 탄소함유량을 기준으로 크게 순철(Armco), 선철(Pig Iron), 강(Steel)으로 구분된다.

철은 탄소가 적게 들어 있을수록 부드럽고 잘 늘어나는 성질을 가지며, 탄소가 많으면 경도가 높아지고, 강해지기 때문에 부서지거나 부러지기 쉽다.

1. 선철(Pig Iron)

일반적으로 철이라 부르는 것으로 선철은 탄소함유량이 1.7% 이상 들어있는 제품으로 무쇠 혹은 주철로 불린다.

선철은 철광석을 원료로 만들어지며, 코크스가 철광석의 제련과정 중 열원으로 사용되기 때문에 많은 탄소가 포함된다. 일반적으로 사용되는 선철은 3.5%~4.5%의 탄소를 함유하고 있다. 따라서 전성과 연성이 거의 없어 그대로는 가공할 수 없는 단점이 있다. 선철의 용융점은 1150°C~1250°C로 비교적 낮고 용해하기 쉬워 각종 주물을 만드는 원료로 사용되고 있다.

2. 순철(Armco)

순철은 탄소함유량이 0.025% 이하이고 불순물(규소, 망간, 인, 황 등)이 거의 없는 순도 99.9% 이상의 철이다. 순철을 만드는 과정은 아주 복잡하고 까다로운데 철에 들어있는 불순물을 완전히 제거하기 어렵기 때문이다.

천연적으로 유성이 지구에 도달할 때 운석의 형태는 순철에 매우 근접한 형태이다. 불순물이 거의 없는 순철은 재질이 너무 연해서 그 용도가 한정되어 기계구조용에는 거의 쓰이지 않고 전기용 재료나 철강의 성질 확인용으로 실험용 등으로 주로 사용된다.

3. 강철(Steel)

강은 선철을 재정련하여 탄소함유량을 0.035%~1.7% 수준으로 낮춘 것이다.

강은 충격에 강하고, 연성이 있어 자동차, 조선, 기계, 가전제품, 공업용 소재, 등 산업 현장에서 가장 많이 사용된다.

주로 탄소함유량이 0.04%~0.6% 정도가 가장 많이 사용된다.

한편 강은 탄소강과 특수강으로 나눠진다. 탄소강은 강에 다른 금속원소가 많이 포함되지 않고 주로 탄소만 함유된 것이며 보통강이라고도 한다.

합금강은 니켈(Ni), 크롬(Cr), 망간(Mn), 텅스텐(W), 몰리브덴(Mo) 등의 특수한 금속원소가 포함된 강이며 특수강이라고도 한다.

표1-1 철의 종류별 성분 분포와 성질

구 분	성 분	성 질
선 철(주철)	C 2.0 ~ 4.5% Si 0.5 ~ 2.0% Mn 0.5 ~ 2.0% P 0.01 ~ 0.1% S 0.02 ~ 0.5%	인성이 낮고 단조가 곤란함 용융점이 낮고 유동성이 좋음
순 철	C 0.02%이하	기계적 성질이 낮음 용접, 단접성이 우수함
강	C 0.02 ~ 2.0% Si 0.01 ~ 0.3% Mn 0.3 ~ 0.8% P 0.01 ~ 0.05% S 0.01 ~ 0.05%	강도 및 인성이 높음 가공성이 양호함

1) 탄소강

강철의 한 종류, 철기시대가 시작되면서부터 지금까지도 사용되고 있는 가장 오래된 금속재료 중 하나다. 탄소함유량이 0.03% 이하인 순수한 철을 순철이라 부르며, 잘 찌그러지고 강도가 약하다. 그래서 이 순철에 탄소를 넣어 철의 강도를 높인 합금. 여기에 추가로 크롬 같은 특정 성분들을 섞으면 스테인리스강같은 특수강(또는 합금강)이 되며, 내부식성 등의 추가적인 강점들도 얻을 수 있지만 그만큼 비싸지기 때문에 대량생산하는 제품들에는 여전히 탄소강이 널리 사용된다.

탄소함유량 0.02wt%C 이상(아공석강)부터 6.67wt%C(시멘타이트조직) 정도까지의 탄소함유량을 가지는 금속조직으로 구성된 강을 통칭하는 명칭으로, 세부적으로는 탄소함유량에 따라 저탄소강(<0.3wt%C), 중탄소강(0.3~0.5wt%C), 고탄소강(>0.5wt%C)으로 나누며, 대체적으로 가장 기본적으로 널리 쓰이는 금속재료이다.

탄소강 자체적으로는 단독으로 쓰기에 단점이 많아서 열처리와 같은 후처리 과정을 통해 필요한 정도의 강도와 성질을 바꿔서 사용하며, 후처리를 거쳐 생산된 탄소 강재는 기계의 프레임, 부속, 공구 등의 다양한 분야에 널리 사용된다. 다만 이렇게 열처리된 탄소강도 녹에는 상당히 취약하여 녹 관리에 특히 신경을 써줄 필요가 있다. 대부분의 탄소강 제품은 이런 특성 때문에 겉에 녹 방지용 코팅 처리를 한다. 또한, 탄소강은 유연성, 인성이 강하고 절삭성이 좋다.

그림1-1 0.35% C탄소강의 조직

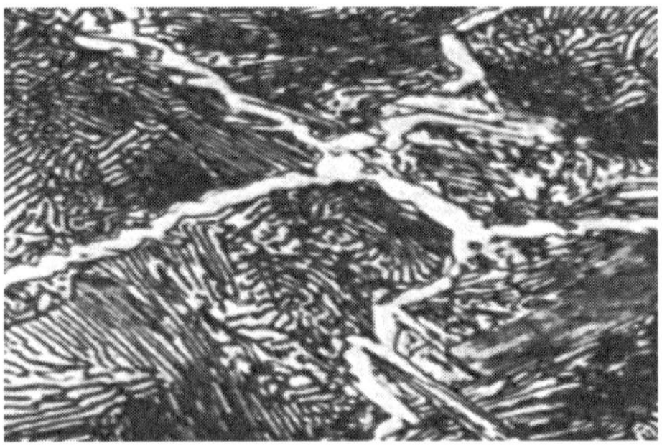

그림1-2 1.2% C탄소강의 조직

2) 탄소강의 분류

(1) 아암코철(Armco Iron): 순철(C 0.02% 이하)

(2) 극연강(Very Mild Steel):탄소함유량이 0.12% 이하의 가공성이 좋은 연한 강이며, 전신선, 박판 등의 용도로 사용된다.

(3) 연강(Mild Steel):탄소함유량이 0.12~0.30%인 탄소강으로 일반구조용 형강, 갈판, 수도관, 철사 등으로 사용된다.

(4) 경강(Hard Steel):탄소함유량 0.30~0.50%인 탄소강으로 차축, 차륜, 기어, 스프링으로 사용된다.

(5) 최경강(Very Hard Steel):탄소함유량 0.50~0.90%인 탄소강으로 차축, 레일, 강선, 스프링 등으로 사용된다.

(6) 탄소공구강(Carbon Tool Steel):탄소함유량 0.90~1.30%인 탄소강으로 각종 공구류 등의 강한 재료로 사용된다.

또는, 저탄소강(C0.25%이하), 중탄소강(C0.25~0.60%), 고탄소강(C0.60~1.50%으로 구분하기도 한다.

3) 열처리 조건에 다른 탄소강 분류

조성 용도에 따라 다양한 분류 기준이 있으나 그중 가장 보편적으로 사용되는 AISI-SAE(미국철강협회-미국자동차공학회)와 ASTM(미국재료 시험학회)에 따른 분류는 다음 표1-2와 같다.

표1-2 탄소함유량에 따른 탄소강의 열처리 조건

탄소함유량	특 징
0.06~0.10%C	열처리 하지않는 강
0.10~0.25%C	열처리를 통하여 강화시킬 수 있는 강, 0.10%C 이하의 탄소강에 비하여 연성은 낮아지나 경도를 증가시킬 수 있다. 그러나 담금질과 뜨임 열처리시 비용이 많이 소요되므로 침탄용으로 주로 사용된다.
0.25~0.55%C	담금질과 뜨임 열처리에 의해 효과적으로 강도를 향상시킬 수 있으므로 가장 널리 사용된다.
0.55~1.00%C	성형성 및 용접성이 떨어지므로 제한된 용도로 사용된다. (헤머, 스템핑, 금형, 톱날, 고강도,고경도 부품에 사용)

4) 탈산도에 따른 탄소강의 분류

(1) 킬드강(Killed Steel Ingot):Fe-Si, Al 등의 강탈산제로 충분히 탈산시킨강괴로 강질이 대체로 균질하며, 기계적 성질이 양호하고 방향성이 좋다. 기포나 편석은 없으나 표면에 헤어크랙(Hair Crack)이 생기기 쉬운 단점이 있다. 균질을 요하는 합금강, 침탄강, 탄소0.3%이상의 특수강 등 고급강에 사용된다.

(2) 림드강(Rimmed Steel Ingot):평로, 전기로 등에서 생성된 용강 Fe-Mn으로 가볍게 탈산한 강괴로 내부에 기포, 편석이 생겨 강질이 균일하지 못하나 압연, 단접으로 표면순도가 높고 압연, 봉, 파이프, 보통 저탄소강(0.15%C)의 구조용 강재로 사용되며 가격이 저렴하다.

(3) 세미킬드강(Semi Killed Steel Ingot):킬드강보다 탈산도가 적고 저탄소강, 중탄소강에 Al으로 탈산을 가볍게 한 강으로 킬드강과 림드강의 중산 성질의 강이며, 소형의 수축공과 수소의 기포만 존재한다. 구조(0.15~0.3% 강판, 원강의 재료로 사용된다.

5) 합금강

합금강은 주로 철과 다른 금속 또는 비금속 요소의 혼합물로 이루어진 금속이다. 이러한 혼합물은 철과 다른 요소를 결합시켜 원래의 철보다 기계적, 화학적 성질을 더욱 강하게 하고 내구성이 뛰어난 소재로 만들 수 있게 한다. 자동차, 항공기, 선박, 기계 등의 다양한 산업 분야에 널리 적용된다.

합금강의 원료로 사용되는 금속, 또는 비금속 비율에 따라 다양한 종류가 있으며, 일반적으로 사용되는 탄소, 크롬, 니켈, 몰리브덴 등은 철과 결합하여 강의 물리적 화학적 특성을 변화시켜 강의 성질을 개선한다. 표1-3은 합금강의 장점과 첨가 원소들의 영향을 정리하였다.

표1-3 합금강의 장점과 합금원소의 영향

강도	합금강은 일반 철강보다 높은 강도를 가지며, 이는 구조물이나 기계 부품 등에서 높은 부하와 내구성을 요구하는 경우에 유용합니다.
내식성	합금강은 부식에 대한 내성이 뛰어나기 때문에 부식 방지를 위해 많이 사용됩니다.
열 처리 가능성	합금강은 열 처리를 통해 강도, 경도 및 다른 물성을 조절할 수 있어 다양한 응용 분야에 적합한 소재로 만들 수 있습니다.
다양한 응용 분야	합금강은 다양한 산업 분야에서 사용되며, 안전하고 내구성 있는 제품을 만들기 위한 중요한 소재로 인정받고 있습니다.

합금강의 구성과 특성은 그 사용 목적에 따라 다르며, 다양한 합금강 종류가 있습니다.

원소	영향
니켈(Ni)	인성, 내식성, 내마멸성, 저온 충격저항 증가
크롬(Cr)	내식성, 내마모성 증가
몰리브덴(Mo)	뜨임, 취성 감소
망간(Mn)	내마멸성, 고연경도, 인장강도 증가
구리(Cu)	공기 중 내산화성 증가
규소(Si)	전자기 특성, 내열성 증가
바나듐(V)	결정입자 조절

6) 구조용 합금강

구조용 합금강은 다양한 구조 및 기계부품에 사용되는 재료로 강철에 따른 원소들을 첨가하여 특정 특성을 강화시킨 합금이다. 이러한 강재는 강도, 강인성, 내마모성, 내식성 등의 필요한 특성을 제공하는데 적용된다.

표1-4 구조용 합금강의 주요 유형과 특징

합금강 종류	특징	용도
강인강	탄소강에 Ni, Cr 등의 합금 첨가로 강인성 향상	자성 및 강인성이 요구되는 응용 분야에서 사용
Ni강	1.5~5% Ni 첨가, 표준상태에서 펄라이트 조직 형성	자성 및 강인성이 필요한 구조 부품 제작
Cr강	1~2% Cr 첨가, 상온에서 펄라이트 조직 형성	자성 및 내마모성이 필요한 부품에 사용
Ni-Cr강	Ni강에 Cr 1% 이하 첨가, 가장 많이 쓰이는 구조용 강	구조용 강 중 가장 많이 사용됨
Ni-Cr-Mo강	니켈(Ni), 크롬(Cr), 몰리브덴(Mo)을 함께 사용하여 우수한 구조용 강재 제작	고강도 및 내마모성이 필요한 응용 분야
Mn-Cr강	니켈(Ni) 대신 망간(Mn)을 첨가하여 사용	특정 요구 사항을 충족하는 부품에 사용
Cr-Mn-Si강	차축 등의 부품에 사용되며 비교적 저렴한 가격	저렴한 가격으로 강인성이 요구되는 부품 제작
Mn강	내마멸성, 경도가 큼	광산 기계, 레일 교차점, 칠드롤러, 불도저 앞판 등에서 사용

7) 공구용 합금강

공구용 합금강은 공구 및 절삭 도구를 제작하는데 사용되는 재료로 고강도, 내마모성, 내열성, 내식성 등의 특성이 요구되는 공구제작에 적합한 합금이다.

표 1-5는 공구용 합금강의 종류별 특징과 용도를 정리하였다.

표1-5 공구용 합금강의 종류별 특징과 용도

합금강 종류	특징	용도
탄소 공구강 (STC)	고탄소 (주로 0.7% 이상) 합금 강재로, 고인성과 내마모성이 우수하다.	드릴 비트, 절삭 도구, 망치, 철판 절단 등의 공구 제작에 사용.
합금 공구강 (STS)	크롬(Cr), 텅스텐(W), 몰리브덴(Mo), 바나듐(V) 등의 합금 첨가로 고온 경도를 개선.	내열성과 고강도가 필요한 공구 및 절삭 도구 제작.
고속도강 (SKH)	고속 절삭 도구를 위해 설계된 합금으로, 주요 성분은 18% 위스킨(탄소), 4% 크롬, 1% 바나듐.	고속 절삭 및 가공용 도구 제작.
주조경질합금	주로 CO(코발트), Cr(크롬), W(텅스텐) 등을 금형에 주조하고 연마한 합금.	주조 금형의 내마모성을 향상시키기 위해 사용.
초경합금	금속 탄화물 (주로 WC, TiC, TaC, CO)을 프레스로 성형, 소결시킨 합금.	고온 및 고압 환경에서 내마모성이 필요한 부품 제작.
세라믹 공구	알루미나(Al_2O_3)를 주성분으로 가지고 있는 도기 형태의 세라믹 공구.	고온, 내식성 및 내열성이 필요한 환경에서 사용되는 절삭 및 가공 도구 제작.

8) 특수용 합금강

특수합금강은 탄소강의 성질을 개선하기 위하여 특수한 원소(망간, 규소, 니켈, 크롬, 몰리브덴 등)를 첨가하여 탄소강에서 얻을 수 없는 성질을 얻기 위함이다. **표1-6은 특수합금강의 특징과 용도를 표시했다.**

표1-6 특수 합금강의 종류별 특징과 용도

합금강 종류	특징	용도
스테인리스강	내식성이 뛰어나고 내열성이 높은 합금강	식기류, 의료기기, 화학 시설 등의 제작에 사용
내열강	고온에서 안정적인 성능을 발휘하는 합금강	가스터빈, 유화로 등의 고온 환경 부품 제작
자석강	자기적 특성을 가진 합금강	전자기기, 전동기 등에 자석 부품으로 사용
불변강 (고Ni강)	높은 니켈(Ni) 함유로 길이 변형이 적음	줄자, 정밀 기계부품, 길이 불변 요구 부품

불변강 (고Ni강) 하위 항목:

불변강 종류	특징	용도
인바	Ni 36%, 길이 불변	줄자, 정밀 기계부품 제작
슈퍼인바	Ni 29~40%, Co 5% 이하 첨가	특수 용도 고정밀 부품 제작
엘린바	Ni 36%, Cr 12%, 탄성 불변	시계부품, 정밀 계측기 부품 제작
코엘린바	엘린바에 Co 첨가	특수 용도 고정밀 부품 제작
퍼멀로이	Ni 75~80%, 장하코일용	전력 변환 장치 및 장하코일 제작
플래티나이트	Ni 42~46%, Cr 18%	전구, 진공관 도선용

1.2.2 철의 형상별 분류

일반적으로 사용 목적에 맞도록 편리한 모양으로 가공하거나 변형시킨 철강 제품으로 형상에 따라 봉형(棒形)강류, 판재(板材)강류, 강관(鋼管)류, 주강(鑄鋼)품과 단강(鍛鋼)품으로 구분된다.

1. 봉형(棒形)강류: 가래떡처럼 철을 길게 뽑아낸 제품의 형태로 봉강(棒鋼), 형강(形鋼), 철근, 선재(線材) 등이다.

 1) 봉강(棒鋼):봉강은 단면이 원형, 정방형, 육각형 등으로 압연 혹은 단조된 것으로 소정의 길이로 절단한 강재를 의미하는데 일반기계 부품, 선박, 차량용 각종 부품 및 볼트, 너트의 소재로 사용된다.

2) 형강(形鋼):형강(Section)은 단면의 형상이 ㄱ, ㄷ, H, I 자 형태로 가공한 것으로 형강제품의 50~60%는 "H"형강으로 철골조 건축물의 소재로 많이 사용된다.

3) 선재(線材):선재는 단면이 원형으로 압연된 코일 형태의 강재이다. 못, 철사, 철망, 피아노선 등 각종 선형제품을 생산하는 재료로 사용된다.

4) 철근: 일반적으로 건축자재의 대표적 강재이다.

2. 판재류: 두께운 판자 모양의 후판(厚板), 압연 정도에 따라 열연강판과 냉연강판, 표면처리강판 및 전기강판으로 구분된다. 후판은 대부분 조선용으로 사용되고 열연, 냉연, 표면처리 강판은 압연과 도금처리 등 추가 공정 여부에 따라 구분되는데 주로 자동차, 가전, 사무용품, 가구 등 다양한 분야에서 사용된다. 냉연 및 표면처리 강판이 고급화의 추세에 따라 사용 증가 하고 있다.

3. 강관류:각종 파이프를 의미한다. 강판을 둥글게 말아 접합부를 용접하는 용접관과 이음매 없이 만든 무계목(Seamless) 강관으로 구분된다. 무계목(Seamless)강관은 생산 가능한 두께의 제한 없이 용접관으로 사용할 수 없는 고온, 고압, 부식 등 특수 환경의 용도에 사용된다.

4. 주강품과 단강품:주강품은 주형에 강(쇳물)을 넣어 만든 제품으로 주형 모양에 따라 형태가 다르며, 주로 기계부품, 공구용품 및 롤(Roll)제조에 사용된다. 단강품은 프레스나 헤머 등으로 두들겨서 만든다. 다양한 형태의 제품이

가능하며, 압연 강재나 주강품보다 강도가 우수해 높은 강도를 요 하는 자동차,선박, 철도차량의 부품 및 압연 용기에 사용된다.

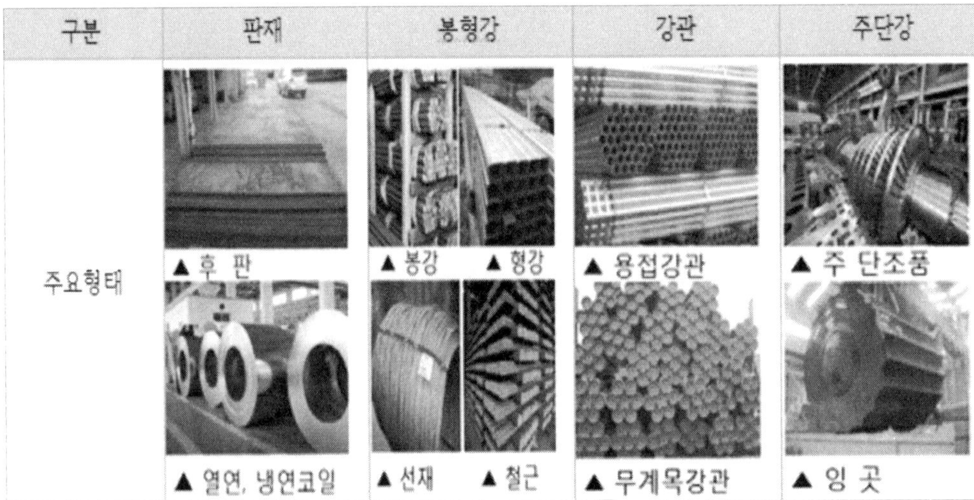

그림1-3 철강제품의 형상별 분류

1.3 철강의 원료

1.3.1 재선원료

선철을 만드는데 필요한 원료중에서 중요한 것은 철강석, 코크스. 석회석이며 그 밖에 소량의 사철, 망간광석 등이 사용되고 연료로는 코크스로 가스와 고로가스, 중유 등이 사용된다.

1. 철광석(Iron Ore)

철광석에는 많은 종류가 있는데 일반적으로 사용되고 있는 것은 적철광, 자철광 등이 있다. 양질의 적철광은 철분함유량이 70%, 자철광은 72%정도이나 실제로는 암석성분 등이 포함되어 있기 때문에 품질이 떨어진다. 철광석을 사용하는데 요구되는 조건으로는 무엇보다 철분이 풍부할 것과 동시에 환원성이 좋을것, 황(S), 인(P), 동(Cu)과 같은 유해성분이 적을 것, 입도가 적당할것 등이다. 그러나 이와 같이 이상적인 철광석은 소량에 불과하며 또한 산지에 따라 품질, 성부, 형상이 각기 다르므로 그대로 고로에 장입할 수는 없다. 능률적인 고로 조업을 위하여 여러 가지 광석을 배합하여 품질을 평준화하거나(Ore Bedding) 분상의 철광석류를 석회석 및 분 코크스와 혼합하여 일정한 크기의 소결광으로 만들든가 또는 미분광으로 큰 구슬 모양으로 굳힌 펠릿(Pellet) 형태로 장입하는 등의 각종 방법이 취해지고 있다.

2. 코크스(Cokes)

코크스는 고로 내에서 펄광석을 용해하는 열원인 동시에 철광석의 환원제로서 필수 불가결한 것이며, 고로내의 가스 통풍을 양호하게 하는데 중요한 역할을 한다.

코크스는 용도에 따라 여러 종류가 있으나 고로용 코크스로서 중요한 조건으로는

1) 경도와 강도가 높을 것
2) 입도가 적당한 크기로 균일할 것
3) 탄, 수분, 기타 불순물(특히 유황)이 적을것 등 이다.

이와 같은 성질을 갖춘 코크스를 만들기 위해서는 원료로 결정성이 양호한 석탄을 선택하여야 한다. 코크스용 원료탄도 철광석의 배합(Ore Bedding)하여 분석 정립한 후에 강결정탄과 약결정탄을 적당히 배합한다. 이와 같이 미리 처리된 석탄을 코크스로에 장입하고 1,000~1,300C의 고온으로 장시간 구어 이를 노내에서 추출한 후 물을 뿌려 소화한다. 석탄을 굽는 과정에서 발생하는 가스로부터 암모니아, 경유, 타르(Tar)를 회수하여 각종 화학제품의 원료로 이용하다. 그리고 이러한 물질을 회수한 후에 이 가스(Coke Oven Gas)는 제철소 내의 중요한 열원으로 사용한다.

3. 석회석(Lime Stone)

석회석은 고로 내에서 철광석 중의 암석성분이나 그 밖의 불순물과 배합 용해되기 쉬운 스래그로 배출되는 역할을 하며, 또한 선철 중에 유황분 제거 작용을 한다.

1.3.2 재강원료

강을 만드는 데는 전로, 전기로, 평로에 의한 세가지 방법이 있고, 주원료로는 선철과 고철 및 해면철을 사용한다. 전로는 주로 선철과 소량의 고철을 사용하는데 비하여 전기로는 고철을 주로 사용하며 일부 선철이나 해면철을 배합할 수도 있다. 해면철이란 철광석을 원료로 연화되거나 용융 되지 않도록 1,000C이하의 비교적 저온에서 천연가스 등의 환원제로 직접 환원하여 만든 다공성 해면상의 철이다. 주원료 이외에 부원료나 부자재로서 합금철, 생석회, 마그네시아 크링커(Magnesial Clinker), 망간광석, 백운석(Dolomite) 등이 사용된다.

1. 고철

고철은 자가발생고철 (Home Scrap)과 가공고철(Prompt Industrial Scrap), 노폐고철(Obsolescent Scrap)으로 분류하고 있다.

1) 자가발생고철(Home Scrap)

자가발생 고철은 제강공장 또는 철강재 제조공정에서 발생하는 고철로서 대부분 강괴, 블룸, 빌릿, 팡프, 봉강 등의 양단절단, 용강의 흘림(Spills), 흐름(Runnings), 판제의절단(PlateShearing), 강판의 측부절단(Trimmings), 탕도강(Gates), 압탕(Riser), 불합격품, Scale 등이며, 별도의 가공처리나 유통거래 없이 대부분 전량 회수 사용되고 있으며, 그 발생량은 제강공장이나 주물공장의 용해량과 최종제품의 양에 정비례하고 있다. 이는 일명 환원 고철(Return Scrap)이라고도 한다.

2) 노폐고철(Obsolescent Scrap)

노폐고철이란 이미 유용성이 소멸되어 소유자로부터 처리된 철강 폐기물로서 재사용에 적합하도록 가공처리 되는 고철을 말한다. 이 고철은 전국에 걸쳐 다양한 형태로 산재 되어있으며, 상이한 경제가치 기준을 가지고 있다. 노폐고철의 발생은 대부분이 폐기 자동차, 가구류, 철도부문, 기계, 선박, 건축자재, 파괴공사, 기타, 소비자용 및 공업용 제품의 폐품 등에서 발생 되고 있다.

2. 합금철

합금철이란 철강 제련과정에서 용탕의 탈산 혹은 탈류등 불순물을 제거하거나 철강의 성질을 개선하기 위해 철 이외의 성분 원소 첨가를 목적으로 사용되는 각종의 철합금이다. 따라서 합금철은 강의 제조나 주철의 제조에 필수적으로 사용되는 부원료이다. 철강제조에서 순철을 사용하지 않고 철과 합금한 합금철을 사용하는 이유는 순금속은 가격이 높기 때문이며, 철합금은 용융점(Melting Point)이 낮아 저온에서 쉽게 녹고 용탕에 균일하게 분포되기 때문이다.

1) 합금철의 종류

합금철의 종류는 용도 및 철과 합금하는 원소에 따라 종류가 수십 가지에 이르며 철과 한가지 금속원소 혹은 2가지 이상의 금속원소와 결합된 합금철도 제조에 이용되고 있다. 종류를 간단히 분류하면 아래와 같다.

(1) 제강에서 공통적으로 탈산, 탈류용으로 사용되는 것

Fe-Si, Fe-Mn, Fe-Si-Mn

(2) 강의 성질을 개선하기 위해 성분 첨가용으로 사용되는 것

- 스테인리스강(Stainless Steel)의 주원료로 사용되는 것
  Fe-Cr, Fe-Si-Cr, Fe-Ni
- 특별한 성실을 부여하기 위하여 청분 첨가용으로 사용되는 것
  Fe-Mo, Fe-V, Fe-Nb, Fe-B, Fe-W 등 다수

이외에 탄소와 치련이 강한 원소(예로 Mn, Cr등)를 함유한 합금철은 탄소 함유량에 따라 고탄소, 중탄소, 저탄소품으로 구별하고 용도는 철의 특성에 따라 선택되어지며, 이 합금철의 제조법은 상당한 차이가 있다. 합금철에 대하여는 성분이 KS규격에 지정되어 있으며 각국마다 성분 규격이 다소 차이는 있다. 그러나 사용에 지장을 줄 정도는 아니며 성분이 다소 차이가 있더라도 철강 공정에서 성분량에 따라 가감 사용하기 때문에 큰 문제는 없다.

2) 합금철의 제조공정

합금철은 금속산화물(광석)을 환원제(코크스, 석탄등)로 산소를 제거하여

금속을 얻는 공정으로 공정 특성상 철광석을 코크스로 환원하는 고로의원리와 동일하다. 이때 필요한 에너지는 고로의 경우와 마찬가지로 코크스 산화열이나 전기로의 전기에너지이다. 비교적 저온에서 환원되는 Mn 산화물이나 Si 산화물은 탄소(코크스, 석탄, 목탄 등)로 환원이 가능하나, 고온에서 환원되는 Mo(몰리브덴)산화물, V(바나듐)산화물 등 특수금속 산화물은 탄소에 의한 환원이 어려워 금속 환원제인 알루미늄, 규소금속을 이용하게 된다. Fe-Mn(HC), Fe-Si, Si-Mn, Fe-Cr 등은 탄소 환원이 가능하며, Fe-Mo, Fe-V, Fe-W 등은 Al 또는 Si로 환원하여 제조한다. 이 Al 또는 Si가 산화되면서 다량의 에너지를 방출하므로 이 방법은 전기로를 이용하지 않고도 시행할 수 있다. 이러한 방법을 Thermic Process라고 한다. KS규격의 제품을 제조하기 위하여 고로에서는 Fe-Mn(HC), (Mn 75%) 제조는 가능하나 Fe-Si(Si 75%), Si-Mn(Si 15%, Mn 65%)의 제조는 불가능하며, 전기로에서만 가능하다. 만약 고로에서 Fe-Si 제조를 시도한다면 Si 10% 수준의 저급 Fe-Si밖에 생산되지 않는다. 중, 저탄소 합금철을 제조하기 위해서는 광석을 전기로 또는 고로에서 단순 환원하여 제조하는 방법은 불가능하며 일단 Si가 함유된 합금철을 제조하여 탄소를 낮춘 후 이 합금철에서 Si를 산회 중탄소 제거하여 제조할 수 있다. (즉 2단계로 제조해야 한다.) 예를 들어 탄소 2%의 Fe-Mn을 제조하기 위해서는 전기로에서 Si-Mn을 제조한 후 Si-Mn을 다른 전기로에서 Mn고아석(Mn산화물)과 혼합하여 규소(Si)를 망간(Mn)과 치환하여 제조할 수 있다. 근래 AOD(Argon Oxygen Decarburization)법의 발달로 Fe-Mn(고탄소)에서 탄소를 산화 제거하여 Fe-Mn(중탄소, 저탄소)을 제조하는 방법이 개발되어 시행되고 있다.

3) 합금철 제조법의 분류

전기로법, 탄소환원법, 전기로 Fe-Si, Si-Mn

Fe-Cr(HC), Si-Cr

2단법 Si 환원법 전기로 Fe-Mn(HC,LC)

Fe-Cr(MC, LC)

고로법 탄소환원법 고로 Fe-Mn(MC)

Thermic 법 Al, Si환원법 레들(Laddle) Fe-Mo, Fe-V, Fe-W

산소 산화법 산소화원법 AOD, 전로 Fe-Mn(MC, LC)
Fe-Cr(MC, LC)

4) 기술발전 과정

국내 합금철 공업은 1960년대 소규모 설비로 생산하던 시대에서 1970년대 수요의 급증에 따라 설비를 증설하게 되었다. 이때 설비의 설계 및 주요기기는 주로 일본에서 도입하여 근대적인 설비를 갖추게 되었다. 1980년대 들어서 전기로를 대형으로 개체 하고, 공해방지를 목적으로 전기로를 Open-Type에서 Semi-Closed Type으로 개조하고 집진설비를 완비하여 작업환경도 개선하였다. 이때 수요가 증가하여 Fe-Mn(MC)(중탄소 훼로망간)을 개발하였고, 이 중탄소 훼로 망간의 공법을 개량하기 위하여 Cold 원료장입을 Hot 원료 장입법(동부산업)으로, 고정 Ladle법을 Shaking Ladle법(동일산업)으로 대체하는 기술이 개발되었다. 이러한 신공법에 의하여 생산성이 향상되고 전력에너지가 절감되는 효과를 보았다. 1980년대 말부터 1990년까지 인건비상승에 의한 원가압박 해소하기 위해 설비에너지의 자동화를 위한 투자가 계속되었다. 특히 합금철 제품 최종 공정(Casting and Sizing)이 기계화를 위해 주선기(Casting Machinc)를 설치하여 인력을 절감하였다. 또 제품크기를 균일화하여 제강공정에서의 수율 향상을 기했다. 최근 수요가 증가하고 있는 Fe-Mn(MC, LC) 및 Si-Mn(LC) 등 중저탄소품을 효율적으로 생산하기 위하여 스테인리스 제련에 이용되는 AOD(Argon Oxygen Decarburization)법을 이용한 중저탄소 합금철을 생산하고 있다. 일부업체에서는 전량수입에 의존해 왔던 Fe-V를 국산화 개발에 성공하여 수입대체 및 안정적인 공급의 기반을 마련하기도 했다.

5) 철강과 합금철의 관계

합금철은 철강제조에 필수 불가결한 원료로서 성분 첨가용이 아닌 탈산, 탈류용으로 가장 많이 사용되는 합금철(Fe-Si, Fe-Mn, Si-Mn)의 비용은 철강 제조비용의 2~3%에 불과하다. 합금철 제조공정 및 설비는 선철을 제조하는 공정과 유사하나 근본적인 차이가 있다. 즉 규모가 작고, 작업환경이

나쁠 뿐아니라 규모의 경제성과 고도의 기술을 요 하지 않으며, 큰 투자비가 소요되지 않는다.

3, 고철대체제

세계 각국의 전기로 조강생산 증가로 고철 수요가 급증하고 있는 반면 안정된 공급은 매우 불확실하고 또한 저급고철에서 야기되는 불순원소의 효과적인 제거가 인건비상승 및 제거 기술상의 문제로 인해 매우 어려운 실정에 있기 때문에 불순원소가 거의 없는 고철대체재인 DRI/HBI(Direct Reduction Iron/Hot Briquetted Iron : 직접환원철)의 사용증대 방안이 대두되고 있다.

직접환원제철법은 철광석을 고체상태에서 환원가스(CO, H)를 이용해서 환원하여 철원을 제조하는 기술로, 생산된 직접환원철은 불순물이 적어 고급고철의 대용으로 사용된다. 직법환원철은 DRI(Direct Reduction Iron), HBI(Hot Briquetted Iron), Iron Carbide의 세가지로 나눌 수 있다.

1) 직접환원철 제조공법

(1) 환원법

천연가스(CH)를 환원가스(H+CO)로 개질하여 800~900C에서 환원하는 방법으로 MIDREX, HYL법등의 샤프트로 방식과 유동층로를 사용하는 FIOR법등이 있으나 샤프트로 방법이 대량 생산에 적합하다.

(2)탄환원법

석탄과 철광석을 로타리킬른(Rotary Kiln)에 장입하여 버너로 1,200C까지 가열, 환원철을 제조하는 방법이다. 석탄이 자원적으로 천연가스를 크게 능가하여 석탄 환원법으로의 요청이 크지만, 로타리킬른법은 투자비용이 높고, 또한 규모 확대에 한계가 있어 대폭적인 적용이 지연되고 있다.

2) 직접환원철의 제작설비

향후 고품질 고철의 대체용으로 꾸준한 증가추세를 유지할 것이나 고철가격에 따라 생산량이 변동되는 보완적인 관계를 유지할 것으로 보인다. 또한 철광석, 천연가스, 전력 등이 원가의 80~90%를 차지함으로써 입지의 제한이 있기 때문에 향후 석탄 및 분광이 사용 가능한 공법으로 발전될 것으로 전망하고 있다.

(1)DREX, HYL법

1969년 미국의 Midland Ross사와 1980년 멕시코 HYL 사가 각각 개발하였으며 상용화된 가장 보편적인 기술이다. 원료도 괴광과 Pellet를 사용하여 환원 매체로 천연가스를 사용하고, 설비형식은 샤프트형의 공통점을 갖고 있다. 그러나 HYL III의 경우 환원로에 천연가스를 추가로 주입하여 탄소 함유량이 높은 DRI를 제조하는 특징을 갖고 있다.

(2) FIOR 법

오스트리아의 VAI사가 1976년 개발하였으며 환원매체로 천연가스를 사용하는 것은 MIDREX와 동일하나 원료로 분광을 사용할 수 있는 유동층로 설비가 구성되어 있는 것이 다른 점이다. 설비 규모가 최대 연산 40만톤으로 작고 전력소모량이 많으며 초기 투자비가 높아 현재 상용화되지 못하고 있다.

(3) FASTMET법

오스트리아 VAI사의 기술로 미국의 MIDREX와 일본의 Kobe사에서 1, 2차 오일쇼크 후 천연가스비 폭등에 대비하여 석탄을 환원매체로한 기존 MIDREX법을 개선하기 위해 개발하고 있다. 원료 역시 괴광 위주에서 분광을 사용할 수 있노록 설비를 샤프트방식에서 로타리 형식으로 개선하였다. 종래의 로타리킬린법보다 규모 확대가 가능하여 상업화에 성공할 경우 종래의 직접환원 제철법이 천연가스 생산지역에 편재되고 있는 상황에서 탈피하여 자원이 풍부한 석탄을 사용하는 환원철 제조공법의 보편적으로 선호될 것으로 예상되기도 한다.

(4) Iron Carbide 법

미국의 Hazon Research사에서 개발한 공법으로 분광을 원료로, 가스를 환원매체로 사용하고 있으며 설비는 유동층로로 되어 있다. 분광석 사전처리 공정생략으로 투자비 침 제조원가 측면에서 상당히 유리한 편이다. 여타 직접환원제철법이 순수한 철(Fe)를 생산하는데 비해 Iron Carbide법은 분상의 시멘타이드(Fe3C)를 생산한다.

1.4 철강의 제조공정

1.4.1 제선공정

고로에 철광석을 넣고 코크스를 태워서 철광석 중의 산소를 제거하고 용해시켜 선철로 만드는 공정이지만 철광석을 사전처리하는 소결이나 코크스를 만드는 과정도 포함하여 넓은 의미의 제선 이라 한다.

고로는 문자 그대로 높이 우뚝 솟은 거대한 노를 말하며 제철소의 상징이다. 본체는 길쭉한 원통형으로 바깥쪽은 두꺼운 철판으로 되어있고 안쪽은 내화벽돌로 두껍게 쌓여있다.

노의 높이는 40~50m 정도이며, 부속설비까지 포함하면 100m를 넘는다. 노의 정상에서 지면을 향하여 경사진 원료 장입용 콘베어 벨트가 설치되어 있으며, 노의 상부에는 원료를 균등히 배분하여 노안으로 넣기 위한 장입 장치와 노정가스의 압력, 온도, 성분을 측정하는 계기류 및 장입 원료의 하강도를 측정하는 장치등 여러 가지 장치가 부착되어 있다. 고로 옆에는 열풍로가 있어 예열된 공기는 고로 하부의 풍구에서 노안으로 불어 넣는다.

공기가 코크스를 태우면서 일산화탄소(CO)가 발생하여 철광석이 환원되고 코크스로 직접 철광석중의 산소를 빼앗아 환원작용을 한다. 환원된 철은 탄소를 흡수하여 선철이 되어 노바닥에 고인다.

광석이나 코크스 중의 불순물은 따로 장입된 석회석과 결합되어 슬레그(Slag)가 되어 선철위에 뜨고 일부는 환원되어 선철속으로 녹아 들어간다. 이러한 과정을 재선 공정이라 한다.

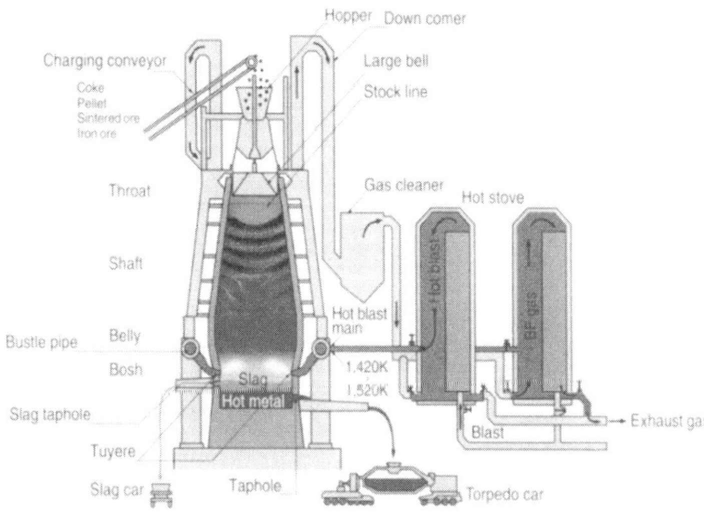

그림1-4 고로의 구조

1.4.2 재강공정

제선 공정을 거처 나온 선철은 탄소함유량이 많고 상당량의 인(P).유황(S). 규소(Si)와 같은 불순물이 함유되어 있어 경도가 높고 취약한 성질이 있다. 이러한 선철을 잘 늘어나면서 강인한 강(강)으로 만들려면 다시 정련하여 탄소(C)의 양을 줄이고 유해한 불순물을 제거히지 하여야 한나.

유해한 불순물을 제거하기 위하여 예로부터 여러 가지 방법이 시도되어왔다. 그러나 철은 탄소량이 감소하는 데 따라 용융점이 높아지므로 선철을 용해하였더라도 다시 굳어져 버리는 난점이 있어 근세에 이르기까지 철의 대량생산이 불가능 하였다.

1784년 영국의 헨리코드(Henry Cort)가 교련(교련:Puddle)로에서 정련된 반용융상태의 철피를 노 밖으로 빼내어 이것을 여러 개의 작은 괴로 나누는 교련법(Pudding Process)을 발명하였다. 이 방법은 철의 이용확대에 크게 기여한 바 있으나 제조된 연철에는 다량의 찌꺼기가 혼입되어 있어서 이를 제거하기 위해 단련을 되풀이해야 하는 결점이 있었다. 따라서 철괴에 혼입되어 있는 찌꺼기(Slag)를 제거하기 위해서 해머로 때리는 작업을 하여 1회 제조

시간이 24시간 정도나 소비되었다.

근대적인 제강기술이 확립된 것은 19세기 후반으로 벳세머(Bessemer) 및 토마스(Thomas)전로, 시멘스 (William Siemens)평로, 전기로가 계속 발명되어 1600℃ 이상의 고온에서 정련된 강을 대량으로 제조하는 방법이 비로소 완성된 것이다.

그 후 이러한 제강법은 여러 가지 개량이 이루어지고 새로운 기술이 개발되어 오늘에 이르렀다. 특히 1954년 오스트리아의 린츠(Linz)와 다나비츠(Danawitz)의 두 공장에서 공업화된 LD전로 (두 공장의 첫자를 따서 LD로 명명함)의 출현은 재래의 제강법을 획기적으로 개선 시켰다. 현재의 제강법은 LD전로와 전기로가 주류을 이루고 있으며, 평로는 점차 감소하고 있다.

1. 제강법의 종류

1) 평로(평로- Open Hearth Furnace)

평로에 고철 부스러기·석회석·선철 등을 넣고, 축열실에서 예열된 공기와 가스 또는 중유를 뿜어 넣어 고온 화염의 방사열로써 녹인다. 이 가스의 방향을 보통 10분 간격으로 좌우로 번갈아 바꿈으로써 열이 유효하게 이용되도록 한다. 산소는 노 속의 열풍으로부터도 공급되지만, 산화를 촉진시키기 위해서 다시 약간의 철광석을 넣는다. 이렇게 하면 탄소는 일산화탄소로서 제거되고 망간·인·규소도 각각 산화물로 되어 슬래그에 흡수된다. 이와 같은 공정으로 4～5시간 동안 정련한 다음 이번에는 남아있는 여분의 산소를 없애기 위하여 약간의 철－실리콘의 합금이나 알루미늄을 탈산제로서 첨가하여 거푸집에 부으면 응고하여 잉곳(ingot)으로 된다.

2) LD전로(LD전로)

전로제강은 1855년에 베서머가 발명한 방법이다. 이는 속에 공기를 뿜어 넣어서 선철 속의 불순물을 10～15분 동안에 산화 정련하는 방법으로, 평로법에 앞서서 강철을 대량생산하는 길을 열어놓은 유명한 제강방법이다. 이 방법은 1877년에 토머스에 의해서 불순물인 인을 제거할 수 있도록 개량되어, 유럽에서는 한때 널리 이용되었으나, 같은 무렵에 발전하기 시작한 평로에 비해서 강철의 품질이 약간 떨어진다는 결점 때문에 세계적으로는 평로방법이 제강의 주류가 되었고 전로는 별로 발전하지 못했다. 그러다가 베서머의 전로 발명 후 90년이 지난 1946년에 노의 형태는 비슷하지만 밑에서 부터가 아니라 용선의 위로부터 순수한 산소를 고압·고속으로 분사하여 정련하는 산소분사식 전로가 발명되었다. 이 염기성 산소 제강방법을 처음으로 고안하여 사용한 곳이 오스트리아의 린츠(Linz) 공장과 도나비츠(Donawitz) 공장인 데서 유래하여 LD전로라고도 부른다. LD전로는 주둥이가 큰 병과 같은 모양으로 되어있다. 이 노를 수평으로 기울여서 용선을 넣고 석회와 고철 부스러기를 첨가한 다음 바로 세운다. 여기에 산소관을 넣어 고속으로 산소를 분사한다. 그러면 선철 속의 불순물은 급속도로 산화되고 탄소도 줄어들어 40분 정도면 정련이 끝난다. 순수한 산소를 사용하는 이 LD전로는 평로보다도 질이 더 좋은 강철이 생산되고, 평로에 비해서 생산 능률도 훨씬 향상시킬 수가 있으므로 1950년대부터는 세계적으로 제강방법의 새 주류를 이루게 되었다.

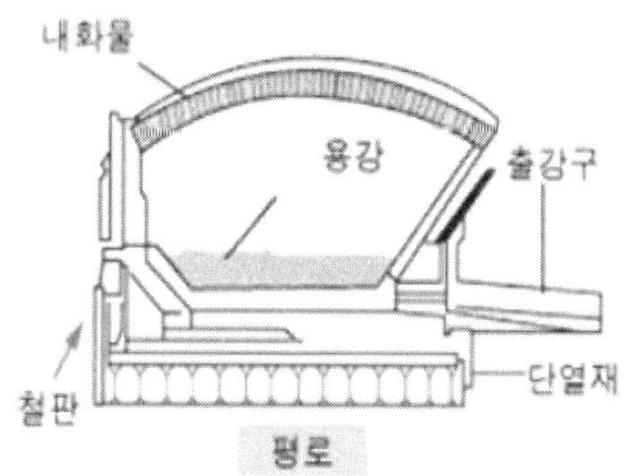

그림1-5 평로

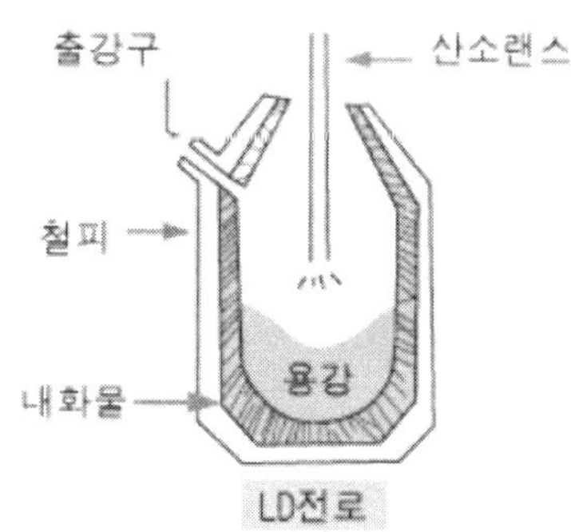

그림1-6 LD전로

3) 전기로(Electric Arc Furnace)

전기로는 전열을 이용하여 강을 제조하는 노(爐)로서, 전기양도체인 전극에 전류를 통하여 고철과의 사이에 발생하는 아크(Arc)열에 의하여 고철을 녹이는 아크로와 도가니의 주위를 감은 코일에 전열을 통해서 유도전류에 의한 저항열로 정련하는 유도로의 두 가지 방식이 있다. 따라서 전기로는 제강 시, 특히 고철용해 시 막대한 전력이 소요된다는 것이 특징이다. 이에 따라 전기로 공장내에는 고전압 수전설비가 필수적으로 설치되어 있다.
아크로는 1878년에 독일인 지멘스(William Siemens)가 발명하였고, 1899년 프랑스인 에루(Heroult)가 에루식 전기로를 완성하였다. 현재 흔히 쓰이고 있는 아크로는 대부분이 에루식 또는 그 개량형이다.
한편 유도로는 1861년 에이젝스(Ajax Noslap)가 발명한 것으로서 노의 용량이 10톤 미만의 소규모이므로 내열강, 고속도강 등의 고급특수강이나 주물을 제조하는 데 사용되고 있으며, 사용하는 전류의 주파수에 따라 고주파 유도로와 저주파 유도로로 구분한다. 그러나 아크로만큼 일반화되어 있지 않기 때문에 대체로 전기로라고 할때에는 아크로를 지칭하는 경우가 많다.

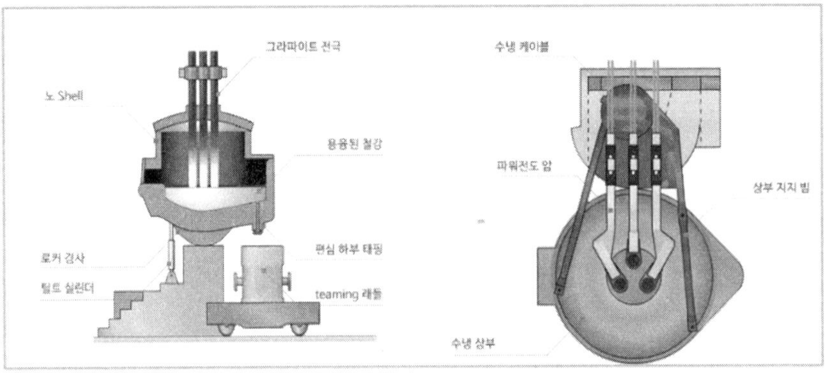

그림1-7 전기로 구조

4) 반사로

연소실과 용해실이 별도로 설치되고 천정과 벽을 가열하여 반사되는 열로 금속을 용해한다,
용해 온도가 낮은 구리, 황동, 청동 등 비철금속을 용해하는 제강법이다.
열효율이 낮은 것이 단점으로 열교환기 및 축열식 버너를 사용하여 보완한다.

열원으로 Bunker-C Oil정제유, Gas가 사용된다.

5) 도가니로

도가니에 제강원료를 넣고 간접적으로 가열하여 용해하는 제강법으로 유도전류, 가스 등이 사용되고 순도 높은 재료를 얻을 수 있다.

주로 비철주물, 귀금속 합금 등에 사용되는 제강법이다.

도가니로는 용광로의 작동 및 유지관리가 비교적 간단하며, 낮은 투자비용으로 효율적이고 금속, 합금, 유리 등 다양한 재료를 녹일 수 있으며, 정밀한 온도제어와 높은 용융온도에 도달할 수 있는 장점이 있다. 하지만 용량의 제한, 높은 에너지 소비, 긴 용해 시간, 환경 영향 등의 단점을 갖고 있다.

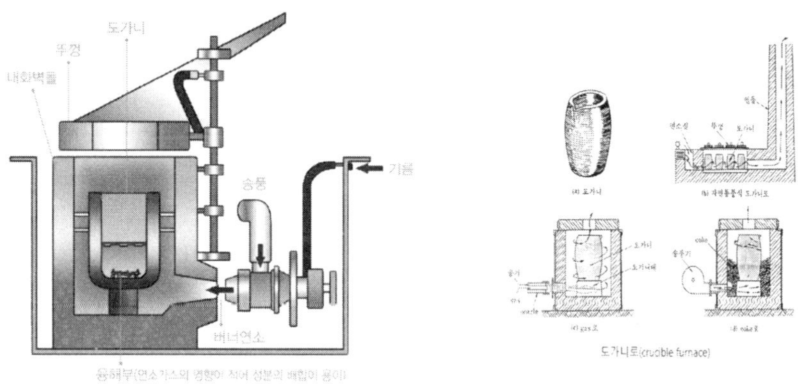

그림1-8 도가니로 구조

1.4.3 연속주조공정

제강공정에서 생산된 용강을 주형(Mold)에 주입하고 연속적으로 인발하면서 냉각시켜 직접 소정의 반제품 슬래브(Slab), 불룸(Bloom), 빌릿(Billet)을 제조하는 공정이다. 이 방법은 종래의 조괴-분괴공정을 생략하여 생산성 향상에 기여 하였고, 균질의 반제품을 생산할 수 있어 현재는 일부 고급합금강을 제외하고 대부분의 강종을 연속 주조공정에서 생산하고 있다. 주요설비는 래들터릿(Ladle Turret), 턴디시(Tundish), 주형, 롤(Roll) 및 2차 냉각대, 핀피롤(Pinch Roll)등으로 구성되어 있다.

1. 주조방법

연속주조설비는 위에서 주입되는 용강이 주형을 통하여 아래로 흐름에 따라 주형의 단면 형상으로 응고되면서 연속생산하는 방식으로 되어있다. 정밀하게 온도를 맞추어 출강된 용강을 래들(ladle)에 의해 연주기 주상으로 이송한 다음 중간 용기인 턴디시(Tundish)로 주입한다.

턴디시 에서는 용강중 게재물을 부상 분리시키며 몰드(Mold)내로 용강을 주입한다. 여기서 다시 여러 가닥의 주형에 주입하는데 주형은 냉각수를 통하게 되어 있어 내부의 용강은 점차 응고된다. 주입된 용강은 주형의 밑바닥에 미리 받쳐져 있는 더미바(Dummy Bar)의 선단에 응고, 고착되고 더미바를 핀치롤(Pinch Roll)로 잡아당겨 늘림으로써 응고된 주변도 내려가며 주형을 상하로 운동시켜 강편이 주형에 부착되는 것을 방지한다.

주형은 용착을 방지하기 위해 강제 진동시켜서, 주입된 용강을 소정의 단면 크기로 신속하고 균일하게 외측으로부터 응고시키기 위하여 냉각수를 사용하여 강제로 냉각시킨다. 주형에서 나온 주편은 2차 냉각대로 들어가며 2차 냉각대에서는 주편 중심의 응고를 가급적 신속히 진행시키기 위해 주편 표면에 물을 분사시킨다. 주편의 변형을 방지하기 위해 롤러가이드(Roller Guide)가 설치되어 있다. 롤러가이드를 통과한 후 벤딩디바이스(Bending Device)에 의해 소정의 곡률로 굽어진다. 냉각대의 여러 가지 핀치롤이 설치되어 있어 여기서 주편의 전중량을 지탱하면서 소정의 주입상태에 맞춰서 주편을 인발한다. 굽어진 주편은 교정기에서 똑바로 펴서 가스절단기에서 소정의 길이로 자른다.

2. 연속주조의 분류

주형내 용광 탕면으로부터 응고 완료 위치까지의 거리를 Metallurgical Length라고하며 이것은 냉각 강도와 인발 속도에 의해 결정된다. 주조속도가 빨라지면 Metallurgical Length가 길어지고 설비 높이는 높아진다.

연주기 형태는 수직형(1960년대), 수직만곡형(1970년대), 만곡형으로 구분된다. 초기에는 수직형 연주기가 사용되었으나, 건물 높이가 높아 설비비가 많이 소요되기 때문에 널리 사용되지 못했고 이런 문제를 개선한 것이 수직

만곡형 연주기다. 초기의 수직 만곡형 연주기는 수직 상태에서 주편을 완전히 응고시킨 후 벤딩롤(Bending Roll)시켜주기 때문에 Bending 부하 및 품질 측면에서의 문제로 슬래브(Slab)연주기로는 널리 채용되지 못했다.
그 후 1963년에 주형으로부터 곡률을 갖는 만곡형 연주기가 개발되었고, 대단면 슬래브(Slab) 연주기의 고속화가 가능하게 되었다. 즉, 종래에는 주조속도를 올려 생산성을 향상시키기 위해서는 건물 높이 등의 설비제약에 한계가 있었으나 만곡형 연주기에는 연주속도 증가에 따른 Metallurgical Length 증가를 수평부의 Roll대를 연장함으로써 해결이 가능하기 때문에 경제적으로 연주속도 증가가 가능하다. 만곡형 연주기의 단점은 주형내의 혼입된 게재물이 부상 분리 과정에서 응고하여 셸(Shell)내측에 포집되어 집적되는 것이다. 이런 게재물 집적문제를 해결하기 위해 수직만곡형 연주기가 다시 주목을 받기 시작했다.
개선된 수직 만곡형 연주기는 주형직하까지 수직으로 주조된 후 미응고 용강이 남아있는 상태에서 Bending 및 교정을 진행 시킴으로써 주편의 변형응력을 최소화시켰다. 또 한 Bending Point를 다점화시켜 응력집중을 분산시켰고 주편 Bulging에 의한 내부 크랙을 방지하기 위해서 소정분할률(Roll)을 채용했다.

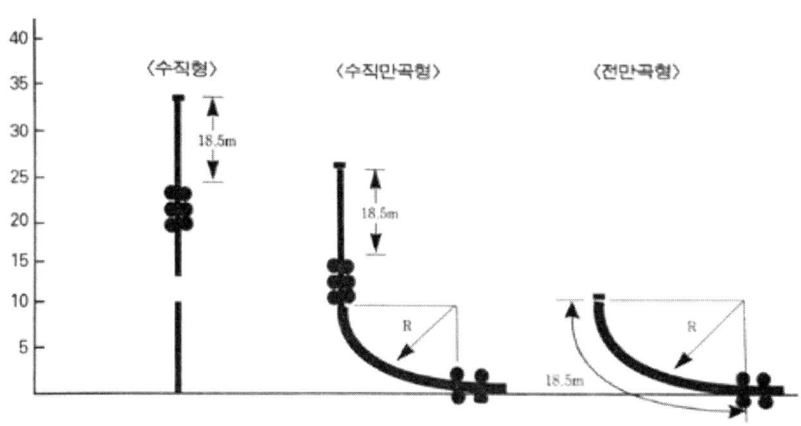

그림1-9 연속주조의 종류

3, 연속주조 설비의 장점

1) 공정의 간략화로 인한 설비비 절감.

2) 주조수율(Yeild)의 향상으로 경제적 이점 확보.(낭비최소화)

3) 얻어지는 빌레트(Billet)의 표면 및 내부품질 우수.

4) 금속을 긴 관의 형태로 주조가능.

5) 사형주조에서 필요한 압탕, 탕도 등이 존재하지않아 수율이 증가함.

6) 사형주조에 비해 각종 주조결함이 없다.

1.4.4 압연공정

연주기에서 생산된 반제품을 열연, 후판, 선제, 형강, 봉강공장으로 이송시켜 재가열 후 각각의 열간 압연기에서 소정의 형상 및 치수를 갖는 제품을 생산하는 공정 즉, 반제품을 가열하여 두 개의 롤(Roll)사이에 밀어 넣고 압착시켜 여러 가지 형태의 강재를 만드는 공정이다. 형태에 따라 판재 압연과 봉재, 선재 압연으로 나누고, 압연온도에 따라 열간압연과 냉간압연으로 나눈다.

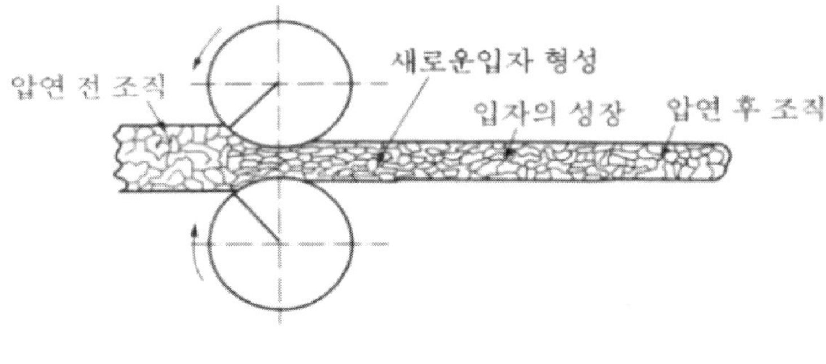

그림1-10 압연공정

표1-7 압연온도에 따른 분류

종류	특징 및 장점
열간압연	① 재료의 재결정 온도 이상에서 가공 ② 재료의 가공에 필요한 힘이 적게 들이고도 크게 변형을 할 수 있다 ③ 표면에 생기는 산화 스케일을 제거하기 위한 공정이 필요하다 ④ 비교적 단면적이 큰 블룸,빌릿 또는 슬래브 등의 중간 제품으로 가공
냉간압연	① 재료의 두께 및 단면이 작은 경우나 열간압연 작업의 마무리 공정에 활용 ② 열간압연에 비해 큰 동력을 필요로 한다. ③ 제품의 치수정밀도가 좋고 표면이 깨끗하다 ④ 가공 경화에 의한 기계적 강도가 증가한다

표1-8 압연형태에 따른 분류

종류	특징	제품
분괴압연	큰 소재를 열간에서 많은 변형을 줌	슬래브, 블룸, 빌릿 등의 중간재
판재압연	후판(두께6mm이상)은 열간압연 박판(두께6mm이하)은 냉간압연	연속 주조 또는 분괴 압연된 재료를 이용하여 두께가 얇은 평판 제조
형재압연	수 회 내지 수십회 정도의 열간 압연	환형 또는 각형의 형상을 제조
선재압연	열간 압연하여 가늘고 긴제품을 생산	압연 후 코일로 감아서 제조

1. 반제품

강괴 가운데 일부는 그대로 강재나 단강품 등 최종제품으로 가공되는 것도 있지만 대부분은 분괴압연기를 거쳐서 압연, 단조, 프레스의 다음 공정에 적당한 크기나 모양으로 압연된다. 분괴, 조압연된 중간 단계의 소재를 총칭하여 강반 제품이라 한다. 강반 제품을 용도에 따라 나누면 각종 강재의 재료가 되는 강편(블룸, 빌릿), 강판의 재료가 되는 슬래브, 시트바(Sheet Bar), 틴바(Tin Bar), 틴바 인 코일(Tin Bar in Coil), 강관 재료로 사용되는 슬켈프(Skelp), 후프(Hoop), 관제 봉강 등이 있다.

2. 열간압연

가공경화를 일으키지 않는 재결정온도 이상의 온도에서 압연이 행해지는 것을 열간압연이라 하며, 철의 용융점보다 조금 낮은 1000℃ 이상에서 진행된다. 높은 온도에서 행해진 압력가공으로 큰 변형이 가능하며, 가공 성형율이 높다. 그러나 제품의 냉각과정에서 위치에 따라 재질의 차이가 발생될 수 있다. 압연 중에 고온의 소재 표면이 산화되어 산화막을 형성하게 되고 이로 인한 제품표면이 거칠고 검게 변하여 치수정밀도가 낮아진다.

3, 냉간압연

냉간압연은 실온에서 재료를 압연하는 방식으로 가열하지 않은 실온 상태(0~30℃)의 재료를 가공함으로써 산화막이 발생하지 않아 제품표면에 금속광택이 있고 치수정밀도가 좋다.

4. 조강류압연공정

연속주조 또는 분괴, 강편 압연으로 제조된 빌릿(Billet)은 제품 생산을 위한 압연공정에서 여러 가지 요인에 의한 표면결함과 내부결함을 수반할 수 있으므로 후공정으로 공급하기 전에 표면 스케일(Scale) 등을 미리 제거한다. 자분탐상 및 육안검사로 결함 부위를 검사하고 내부품질의 보증을 위하여 초음파탐상을 실시한다. 치수, 형상 등의 검사를 거쳐, 후공정에 적합한 소재를 공급한다.

5. 판재류압연공정

열연제품은 일반적으로 연속 열간 압연기(Hot Strip Mill)에 의하여 제조된 균일상태의 열연강대와 이를 절단한 열연강판을 말한다. 연속주조 또는 분괴압연에 의해서 제조된 슬래브를 재가열한 후, 고압 냉각수로 스케일(Scale)을 제거하면서 조압연기 및 다듬질 압연기에서 고속으로 압연하고 코일(Coil)상태로 감는다. 열연 제품은 냉연소재 이외에 각종 소재로 사용된다.

6. 열연강판제조공정

열연 제품은 일반적으로 연속 열간 압연기(Hot Strip Mill)에 의하여 제조된 코일 상태의 열연 강대와 이를 절단한 열연 강판을 말한다. 열간압연 기능은 1900년대초 미국에서 개발된 강판제조방법이다. 대량생산이 가능하고, 품질 정도가 우수한 제조설비로써 연속주조 또는 분괴압연에 의해서 제조된 슬래브를 재가열한 후 고압 냉각수에 의하여 스캐일(Scale)을 제거하여 조압연기(Rough Mill) 및 다듬질 압연기(Finishing Mill)에서 초고속으로 압연하고 코일상태로 감는다.

7. 전기 강판제조공정

전기강판 제조의 첫 단계는 제강공정에서 필요한 성분을 조절하여 연속주조기로 슬래브를 제조한다. 제조된 슬래브를 품질확보를 위하여 열편 상태로 가열로에 장입하며, 이때 자성을 확보하기 위하여 방향성을 적정온도에서 열간압연을 실시하여 전기강판용 열연코일(Hot Coil)을 제조한다.

냉간압연성 확보를 위해 열연코일을 산세 처리하고 소정의 두께로 냉간압연한다. 이어 어닐링, 표면처리 및 권취 또는 전, 절단 공정을 거처 판 두께 0,3mm 정도의 전기강판을 생산한다. 전기강판은 제강공장에서 규소(SI)를 3% 정도 첨가한 강으로서 전자기적 성질이 우수한 강판이다.

전기강판에는 누 가지 종류가 있는데 변압기 철심에 사용하는 방향성(방향성) 전기강판 (GO: Grain Oriented Silicon Steel)과 회전체(회전체: Motor)에 사용하는 무방향성 전기강판(NO:Non-Oriented Silicon Steel)이 있다.

8. 표면처리 강판 제조공정

산화철이나 황화철을 큰 에너지를 사용하여 환원시킨 것이 금속으로서의 철(Fe)이므로 특별한 보호가 되지 않는 한 본래의 안정한 상태(즉, 산화 상태)로 되돌아가려고 하는 성질을 부식이라 한다. 따라서 변화과정을 정지시키고자 하는 노력 즉, 가능한 표면을 환경으로부터 보호하여 변화과정을 늦추든가 혹은 준 안정상태로 나아가게 하는 것이 필요하며 일반적으로 부식을 제어하는 것을 도금방식이라 한다. 이 부식제어에는 공기 중의 산증기 제거를 이용한 환경조건의 제어 방법이 있고, 표면 상태를 안정화하는 재료 또는, 표면 반응의 요소를 억제하는 재료를 적절하게 선택하는 방법이 있다. 또 피복 즉, 도금이나 도장을 이용하여 표면을 환경으로부터 차단하는 방법, 희생전극을 이용한다든지 불활성 전극 등을 이용하는 전기화학적 제어 방법이 있다. 이 가운데 철강의 부식방지를 위해서는 표면 상태를 안정화하는 재료를 철강제조 시 첨가하는 것으로 스테인리스강 등이 있고, 그 외에는 표면에 피복을 입히는 도금, 도장 방법이 가장 널리 사용되고 있다.
표면처리 공정에서 수세, 탈지, 산세, 건조 등의 전처리 작업을 거쳐 규정 부착량의 도금작업이 행해지면서 철의 단점인 녹 발생을 방지하거나, 또는 표면을 아름답게 하고 인쇄를 용이하게 한다. 철강은 대기 중이나 수중에서 녹슬기 쉽고 부식되기 쉬운 약점이 있으며 부식이 진행되면 기계적 성질, 특히 피로 강도가 급격히 저하되기 때문에 철강의 방청 방식은 매우 중요하다.
방청방식을 위한 피복은 피복하는 금속, 그 자체의 내식성이 요구되는 것은 물론이지만 그 위의 피복금속이 본질적으로 소지인 철강을 전기화학적으로 즉 음극적으로 보호하는 성질이 있는가 없는가를 고려하여야 한다. 따라서 철소재가 노출된 경우 피복금속이 희생양극으로 작용하여 철강을 음극(Cathode)으로 하여 전기화학적으로 보호하여야 하는데 이 철강 표면의 방청방식 피복을 입히는 방법 중 비교적 경제성도 있으며 조업도 간단하고 능률적인 방법으로 용융 도금법이 있다. 특히, 철에 대해 음극 방식적 보호작용을 가지고 있으며 가격도 저렴하여 효과적이고 경제적인 방법으로 아연도금이 가장 많이 사용되고 있다.
알루미늄도금은 아연도금보다 내식성 특히 내유화성(내유화성)이 우수하고 또 내열성도 있지만, 도금 작업상의 문제점이 아직 많이 남아있다. 용융주석도금 특히 석도강판 제조는 대량생산에 따른 능률화와 박막도금의 요구에 따라 전기도금으로 변해 오고 있다. 그러나 주석도금은 Tin(N)산지의 편재와 세계적으로 Tin의 고갈 때문에 TFS(Tin Free Steel : 얇은 금속크롬과 크롬수산화산화물층의 2층 피복)이 개발되어야 한다는 것과 납도금 역시 플라스틱이나 고무의 발달에 따라 그 용도가 좁아져 특수한 것에 제한 된는 문제가 있다.

1.4.5 조관공정

강관(Pipe)은 가스, 물, Oil, 증기 등 액체의 수송 및 용기로 사용되는 길고 좁은 형체로서 흙, 시멘트, 목재, 납, 청동, 구리, 플라스틱, 알루미늄, 주철 및 강(Steel)으로 만들어지는데 일반적으로 강(Steel)이 가장 많이 사용된다. 또 제조원가가 싸고 강한 강도 유지뿐만 아니라 절단과 용접이 용이한것 외에 많은 장점이 있기 때문에 배관용, 구조용, 우물용, 유정관용, 전선관용, 등 용도는 광범위하다. 강관생산을 위한 첫 공정은 원자재인 열연강판(Hot Coil)을 규정한 폭으로 절단(Hoop Slitting)하는 작업이다. 그다음은 형성롤(FormingRoll)를 거쳐 용접한 후 비드(Bead)를 제거하고 정형롤(Sizing Roll)에서 외경을 공차이내로 정형한다. 이후 정척으로 절단, 조관검사를 거치고 교정기에서 직선도를 교정한다. 관의 끝단면을 용도에 따라 수직(Plain)이나 경사(Bevel)지게 면취한 후 각 규격에 따라 그 압력을 조정하는 수압시험을 거친다.

1.강관 제조공정

1) 전기저항 용접법(ERW)

강대를 상온에서 조관롤(Roll)에 의해 관 상태로 성형하고 그 접합부를 전기저항에 의한 발열을 이용해서 용접, 조관 하는 방법이다. 고주파 저항용접법, 고주파 유도용집법, 서주파 저항 용접법, 직류저항 용접법, TIG용접법 등이 있다.

2) 단접법

강대를 약 1,400°C로 가열하고 연속식 단접기로 다이스(Dice)의 구멍을 통하여 인발하며, 성형롤 (Forming Roll)에 의해 성형함과 동시에 양단을 롤(Roll)로써 압착 시켜 제조하는 방법이다.

3) 스파이럴(Spiral)강관 제조공정

스파이럴용접관은 대구경관을 생산할 때 쓰이며, 강대(Strip)를 나선형(Spiral)으로 감으면서 서브머지드아크 (Submerged Arc)용접하는 방법으로 외경을 마음대로 선택할 수 있고 강도가 높은 것이 장점이다.

4) UOE Press)법

외경 18인치 이상 대구 경관을 생산할 때 쓰이며 상온에서 U형 프레스(Press)로 U자형으로 구부린 다음 O형 Press에서 원형으로 성형하고 그 접합부를 내외면에서 용접하는 방법으로 서브머지드 아크용접(Submerged Arc Welding)을 하며 건설용으로 광범하게 사용된다.

5) 롤벤더(Roll Bender)강판 제조공정

롤벤더강관은 후판을 규격에 맞게 절단한 다음 용접할 부위 단면을 밀링 가공한 후 롤 벤딩기계로 원형상태로 성형한다. 원형상태에서 가접한 후 다음 내외면 용접을 실시하고, 각종 시험을 거쳐 완성한다.

2. 무계목 강관(Seamless Pipe)제조공정

원주에 이음매가 없는 강관으로서 특수빌릿(Billet)에 구멍을 뚫은 다음 소재를 가열히여 압연과정을 거쳐 생산한다. 무계목 강관은 건설, 건축, 기계 구조용 및 화학, 석유화학 용으로 많이 사용한다.

1.4.6 특수강 제조공정

1.특수재강공정

특수강 제조공정은 제강시 고철, 합금철, 부원료를 첨가하여 전기로(Electic Arc Furnace) 및 전기에서 제강을 하는데, 이 방법은 보통강을 생산하는 것과 동일하다. 그러나 특수강은 반드시 래들정련이나 진공탈탄장치를 거쳐 불순물을 아주 낮은 수준으로 제한하고 재질별 특성에 맞게 화학성분을 규격대로 맞춰야 하는 점이 보통강과 다르다. 정련이 모두 끝난 후 연속주조 또는 강괴주조를 통하여 블룸(Bloom) 및 강괴(Ingot)를 생산하게 된다. 블룸 및 강괴를 재질별 특성에 맞게 적정온도로 가열한 후 분괴압연이나 대형압연을 거쳐 빌릿 및 대형, 중형봉강을 생산하게 된다.

중대형 봉강은 정정 및 2차 가공을 거치며, 연속주조나 분괴압연에 의해 생산된 빌릿은 다시 가열로를 거쳐 소형봉강이나 형강 압연기를 통하여 제품을 생산하고 소형압연기에 갈라져 선재 압연기를 거치면 바인코일(Bar in Coil), 와이어로드(Wire Rod)형태의 제품이 생산된다.

1) 제강공정

특수강 제강공정은 보통강과 비슷하나 합금원소 첨가 등으로 강의 고유 성질을 부여하기 위해 용해 및 정련시간이 많이 걸리는 특징이 있다. 따라서 철근, 형강 등 보통강에 비해 생산성이 낮다.

제강은 전로, 전기로, 평로에 의한 방법이 있으나 최근 평로는 거의 사용하지 않는다. 전로 제강법은 노외정련기술의 발달 및 2차 정련의 보급과 노외 예비처리기술의 진보에 따라 전기로제강의 품질 수준을 상회하는 고급강을 제조할 수 있다. 전로에 의해 제조 가능한 특수강은 고탄소강, 기계구조용강, 고장력강, 규소강등 특수용도강에 이르기까지 범위가 넓다.

전기로 제강법은 노내에 일정량의 고철을 장입하고 전극봉을 이용하여 전기 아크를 발생시켜 고철을 용해한다. 전기로 제강기술의 발달은 특수강업체가 선도하고 있으며 UHP(Ultra High Power:초고전력)에 의한 고능률조업 및 EBT(Eccentric Bottom Tapping: 편심로저출강)출강, 진공조업을 통한 고청정강제조, 배가스를 이용한 고철 예열 기술 등이 시행되고 있다.

전기로에서 용해된 쇳물은 불순물이 많아 원하고자 하는 특수강의 성분이 대부분 미달인 상태이다. 따라서 별도의 용기 (래들: Ladle)에 받아서 불순물을 제거하고 성분을 조절하여 원하는 강을 얻어내는 과정을 거친다. 이것을 노외 정련이라 하며 특수강의 온도 및 화학성분의 엄밀한 관리, 용강내의 탈황 및 탈가스를 통한 고청정도 유지를 통해 고급특수강을 만든다.

노외정련법은VD(VacuumDegasin:진공탈가스),VOD(VacuumOxygen Deacarburization:진공탈환), AOD(Argon Oxygen Decarburization), (아르곤, 산소 탈탄) 등 진공탈가스 및 산소나 아르곤 가스를 이용하여 강의 불순물을 제거하는 여러 가지 방법이 있다. 최근에는 설비의 종류를 불문하고 특수강 업체 뿐만 아니라 보통강 업체에도 설치를 늘리고 있다.

최근 노외정련법은 몇 가지 새로운 정련 원리를 구사하여 그것을 조합시켜 신기술로서 이미 고도로 발달하고 있기 때문에 경제성에 큰 비중을 두고 있는 추세이다. 정련을 마친 용강을 응고시키는 방법으로는 일정한 모양의 주형에 부어 응고시켜 만드는 잉곳(Ingot)과 연속주조에 의한 블룸(Bloom)이 있다.

최근에는 연속주조방법의 발달로 잉곳주형이 거의 자취를 감추고 있으며 생산성 향상을 높이기 위해 연속주조기술개발이 꾸준히 진행되고 있다. 용강의 균일한 응고와 전자교반(Electro Stirring : EMS장치)에 의한 내부품질의 균일화로 고품질의 특수강 블룸 및 빌릿을 만드는 기술이 시행되고 있다.

2) 압연공정

특수강 압연공정은 보통강 제조공정과 방법 및 기술적으로 상당한 차이를 보이고 있다. 제강공정에서 생산된 블룸 및 빌릿을 가열로에 장입하여 가열한 다음 압연기를 통해 일정 규격의 제품을 압연, 냉각과정을 거치는 순서는 동일하나 다품종 특성상 세부적인 조업기술 및 설비면에서 완전히 다르다.

가열로에서는 강종별로 소재의 적정 가열온도 유지 및 열효율을 극대화, 자동연소 제이를 통한 최적온도 유지가 중요하며 이를 위해 대차식보다는 워킹빔(Walking Beam)식이 주종을 이루고 있다.

2. 스테인리스강판 제조공정

1) 스테인리스강의 제조공정

스테인리스강은 주성분으로(Fe)철 이외 크롬(Cr), 니켈(Ni), 몰리브덴(Mo) 등 다량의 합금원소가 첨가되기 때문에 고가의 합금철이 대량으로 사용된다. 주로 사용되는 원료로는 스테인리스 고철, 훼로크롬(Fe-Cr), 훼로니켈(Fe-Ni),일반강 고철과 기타 합금철이며, 이러한 주원료들은 전기로에 장입하여 용해한다. 전기로는 고전류를 전극봉에 통전할 때 발생하는 전기아크(Arc)열을 이용하여 용해한다. 전기로에서 용해된 용강은 전련로에 장입하여 산소 취련을 실시하여 탈탄작업을 수행하며, 성분과 온도를 조정하기 위하여 합급철 등을 투입한다. 정련로에서 래들(Ladle)에 출강된 용강은 아르곤 가스(Argon Gas)에 의한 노저버블링(Bottom Bubbling)을 실시하여 용강온도를 균일하게 하고 용강중에 잔존하는 비금속개재물을 분리, 부상시킨다. 이외에도 합금철이나 냉각제를 투입하여 성분과 온도를 미세조정한다. 2차정련이 완료된 용강은 연속주조되어 슬래브(Slab)로 된다.

2) 스테인리스 열연 강판 제조공정

주로 생산하는 오스테나이트(Austenite)계의 경우 열간가공성이 일반강보다 불량하기 때문에 슬래브(Slab)는 가열로에서 숙열을 요한다. 따라서, STS304강의 경우 1,300°C 정도의 분위기에서 200분동안 가열한 후 열간압연을 한다.
조압연에 의해 200mm두께의 슬래브(Slab)를 약 30mm정도의 바(Bar)로 만들며, 다듬질 압연기를 거쳐서 2.0~8.0mm 두께의 흑피상태로 감는다. 압연폭은 800~1,600mm이며, Coil단중은 최대 23톤까지 생산이 가능하나, 보통 15톤 수준이다. 특히, 마르텐사이트(Martensite)계와 일부 페라이ᄐFerrite)계 슬래브(Slab)의 경우 합금성분에 따른 조직 특성에 의해 가열로에 장입되기 전에 200℃이하로 냉각이 되면 슬래브(Slab)표층부에 균열이 발생되기도 한다.

3) 스테인리스어닐링.산세공정

열연공장에서 열간 압연된 흑피코일(Black Coil)은 어닐링 산세 공정으로 운반되어 어닐링과 산세공정을 거쳐 백피코일(White Coil)로 된다. 대부분의 백피코일(WITE Coil)은 열연 제품으로 국내외 수요가에서 공급되고, 일부는 자가 냉연공장의 소재루 공급된다.
어닐링 산세공정의 주요공정으로는 열연 공정에서 운반된 코일을 수요가의 주문폭으로 코일의 양쪽 가장자리를 원형의 나이프(Knife)로 절단(Trimming)하는 CPL(Coil Preparation Line), 페라이트계와 마르텐사이트계 강종을 불황성 분위기에서 장시간 어닐링하는 BAF(BatchAnnealing Furnace), 오스테나이트계 강종을 연속어닐링하고 모든 강종의 스테인레스강을 산세하는 APL(Annealing & Pickling Line), 코일의 표면에 발생한 결함을 제거하는 CGL(Coil Grinding Line), 최종제품을 평량하고 포장하는 CPE(Cpil Packing Equipment) 등이 있다.
열간압연판에는 크롬(Cr)탄화물이 형성되어 있기 때문에 그대로 산세하게 되면 크롬(Cr)탄화물의 석출에 따른 크롬(Cr)결핍부가 산용액에 의해 부식을 받게 되어 표면이 거칠게 된다. 이 상태에서 냉간압연을 하게 되면 양호한 제품표면을 얻을 수가 있다.

4) 스테인리스 냉연강판 제조공정

스테인리스 냉연강판을 제조하는 설비에는 소재인 열연코일(Hot Coil)을 수요가가 요구하는 두께로 압연하는 냉간압연기(ZRM :Sendzimir Mill)와 냉간 압연된 강판을 열처리하여 용도에 맞도록 품질 특성을 부여하는 어닐링산세 설비(Apl :Annealing & Picking Line), 강판의 평탄도와 기계적 성질을 개선하는 조질압연 설비(SPM: Skin PASS mILL), 어닐링산세 후 표면의 결함제거와 일반건축 내. 외장재 등에 사용하기 위해 강판을 연마하는 연마설비(CPL : Coil Polishing Line), 강판의 최적 평탄도 확보, Side Trimming과 냉연코일 제품 생산을 위한 평탄설비(TLL : Tension Levelling Line), 박판,(Sheet)을 생산하는 절단설비(SHL : Shearing Line), 후프(Hoop)를 생산하는 절단설비(STL : Slitting Line)등의 설비에서 스테인리스 냉연제품이 생산되고 있다. 스테인리스는 보통강에 비해 가공경화가 크므로 같은 롤(Roll)경을 갖는 워크롤(Work Roll)로 압연하는 경우 금방 압연한계에 도달되며, 롤 직경이 작을수록 압연 가능 범위는 넓어진다. 최신압연기로 20단 Sendzimir Mill의 롤 배치는 기존 압연기와 거의 같지만 지지방법이 크게 다르다. 즉, 압연하중이 워크롤에서 중간롤 (Roll), 백업(Back up)베아링, 세드(Saddle)을 거쳐 일체구조인하우징((Housing)에 전해지는 방법이다.

02

금속의 결정

2.1 금속의 결정구조와 종류

재료의 성질은 그 결정구조의 영향을 받는다. 금속재료는 금속결합을 하며, 금속결합은 본질적으로 결합의 방향성이 없어 최인접 원자의 개수나 위치에 대한 제약은 없다. 이러한 특성에 의해 금속의 결정구조는 최인접 원자의 개수가 많고, 조밀한 원자 충진을 갖는다. 금속 내부의 원자들은 일정한 규칙을 가지고 층층히 쌓여있다. 금속이 규칙적으로 쌓여있는 것을 결정체라 한다. 결정체의 배열(규칙)에 따라 재료의 특성이 달라지며, 결정체를 3차원적으로 표현한 것을 결정 격자라 한다. 금속의 결정구조를 원자구 모델을 이용하여 표현할 수 있다. 이때 각 원자구는 금속이온을 나타낸다. 금속의 결정구조를 설명하기 위해 결정격자의 반복되는 최소단위를 뽑아내서 단위 격자로 설명한다. 이것을 단위정(unit cell)한다. 그림 2-1에 표현하였다. 대부분 금속의 원자배열 형태는 체심입방격자, 면심입방격자, 조밀육방격자의 구조를 가진다.

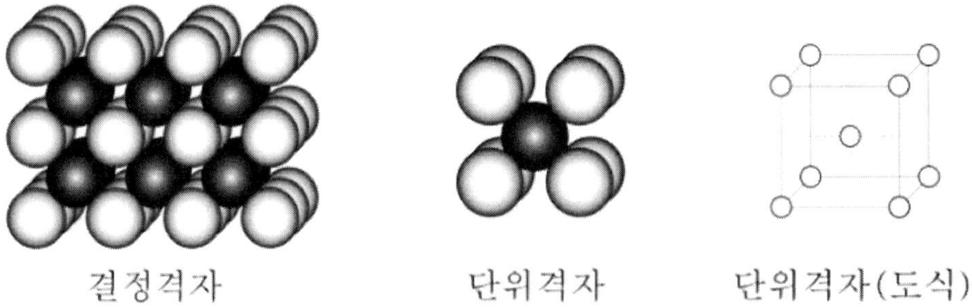

그림2-1 결정격자와 단위격자

금속의 특성은 고체상태에서 결정구조(結晶構造)를 형성하며, 열 및 전기의 양도체(良導體)이고, 연성(延性) 및 전성(展性)을 가지며, 금속광택을 갖는다.

이온화를 하면 양이온이 되며, 상온에서 고체이다. (수은(Hg) 제외)
금속의 비중이 1이상이다.(예외 Li, K, Na)
┌ 경금속 : 비중 5이하(Al, Mg, Ti)
└ 중금속 : 비중 5이상(Fe, Ni, Cr)

즉, 이상과 같은 특성을 갖는 것이 금속이며, 이들 중 부분적인 성질을 갖는 것을 아금속(牙金屬) 또는 준금속(準金屬)이라 하고 이 같은 성질이 전혀 없는 것을 비금속(非金屬)이라 한다. 이들 금속이 갖는 특성 중에서 가장 중요한 이 고체상태에서 결정구조를 형성하는 것이다. 다른 특성들은 이 결정구조의 특성에 의해 설명될 수 있는 것이다. 전기와 열의 양도체인 것도 금속이 비금속과 다른 특성의 하나이며, 표 2-1에 보인 바와 같은 전도도를 갖는다.

표2-1 대표적인 금속 및 비금속의 전기저항과 열전도도

원 소	Ag	Ca	Au	Al	Hg	W	Zn	Co	Ni	Fe
전기저항 ($\Omega cm \times 10^{-6}$)	1.59	1.67	2.35	2.65	4.45	5.65	5.92	6.24	6.84	9.71
열전도도 (cal/m^2/m/sec/℃)	1.00	0.94	0.71	0.53	0.37	0.40	0.27	0.17	0.22	0.18
원 소	Sn	Pb	Zr	Ti	Bi	Si	Te	C	S	
전기저항 ($\Omega cm \times 10^{-6}$)	11	21	40	42	107	10	44×10 4	1375	2×10^{23}	
열전도도 (cal/m^2/m/sec/℃)	0.15	0.08	0.05	0.03	0.02	0.20	0.01	0.06	6.3×1 0^{-4}	

금속의 종류는 매우 많아 현재 자연에 존재하는 92번까지의 원소 중에서 금속원소는 68종, 비금속원소는 17종, 아금속 원소는 7종이다.

이들 금속 원소들에 대해 중요한 성질인 금속의 용융온도(熔融溫度)를 비교해 보면 최고 텅스텐(W)의 3410℃에서 최저는 상온에서 액체인 수은(Hg)의 −38.4℃까지의 넓은 분포를 보이고 있다. 또한, 중요한 금속들의 비중(比重)을 비교하여 보면 최소는 리튬(Li)의 0.53으로 물보다 가벼우며 최대는 이리듐(Ir)의 22.5까지 있다. 따라서 금속을 대별할 때 편의상 비중이 5 이하인 것을 경금속(輕金屬)이라 하고 비중이 5 이상인 것을 중금속(重金屬)이라 한다. Al, Mg, Be, Ti 등은 대표적인 경금속들이며, Fe, Ni, Co, W, Cn 등은 대표적인 중금속들이다.

2.1.1. 금속의 결정구조

1. 결정의 구조

금속이 고체상태에서 결정구조를 갖는 특성이 있다는 것은 이미 언급하였다. 보통의 금속은 다양한 크기의 결정입자(結晶粒子 : grain)가 무질서한 상태로 집합되어있는 다결정체(多結晶體 : polycrystal)이지만, 개개의 결정을 보면 원자(原子)들이 어떤 규칙을 이루면서 배열(配列)되어 있다. 이 같은 원자들의 배열을 결정격자(結晶格子) 또는 공간격자(空間格子)라고 한다. 공

간격자는 기본적으로 공간에 존재하는 원자의 배열이므로 이들 원자가 주기적(週期的)인 열을 하고 있다면 결정 전체의 배열을 조사하기 위해서는 기본 단위의 배열과 원자들의 상대적(相對的)인 위치 관계를 파악한 뒤 다른 부분들은 이들을 연장(延長) 함으로써 전체 배열을 알 수 있으며, 단위배열(單位配列)로서는 평행육면체를 생각할 수 있다.

표2-2 7개 결정계에 대한 격자상수의 관계와 단위정의 기하학적 모양

결정계	축 관계	축 간 각도	단위정 모양
입방 (Cubic)	$a = b = c$	$\alpha = \beta = \gamma = 90°$	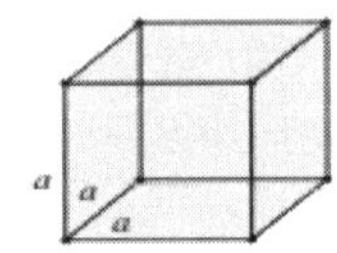
육방 (Hexagonal)	$a = b \neq c$	$\alpha = \beta = 90°,\ \gamma = 120°$	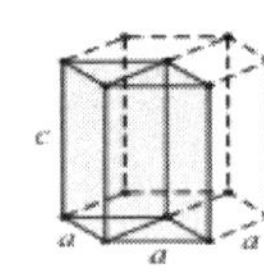
정방 (Tetragonal)	$a = b \neq c$	$\alpha = \beta = \gamma = 90°$	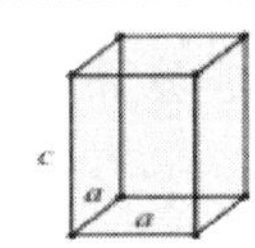
삼방 (Rhombohedral)	$a = b = c$	$\alpha = \beta = \gamma \neq 90°$	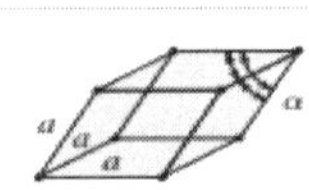
사방 (Orthorhombic)	$a \neq b \neq c$	$\alpha = \beta = \gamma = 90°$	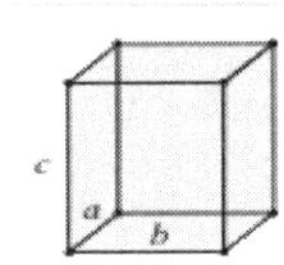
단사 (Monoclinic)	$a \neq b \neq c$	$\alpha = \gamma = 90° \neq \beta$	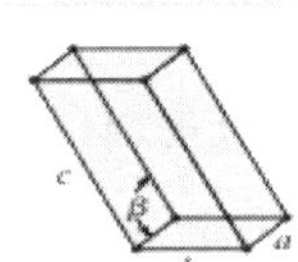
삼사 (Triclinic)	$a \neq b \neq c$	$\alpha \neq \beta \neq \gamma \neq 90°$	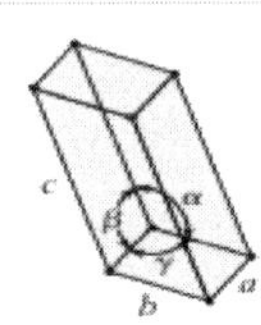

단위격자를 격자와 그에 속하는 격자점의 수가 대응이 되도록, 또 각 변의

길이가 최소가 되도록 선택하면 가장 기초적인 단위가 되며, 이러한 단위 격자를 primitive한 단위 격자가 존재할 수 있는데 이들을 단위 공간에 대해서 생각하면 각 결정계의 특징은 그의 대칭성에 있다.

표2-3 브라바이스 격자(Bravais lattice)

Bravais lattice	Parameters	Simple (P)	Volume centered (I)	Base centered (C)	Face centered (F)
Triclinic	$a_1 \neq a_2 \neq a_3$ $\alpha_{12} \neq \alpha_{23} \neq \alpha_{31}$	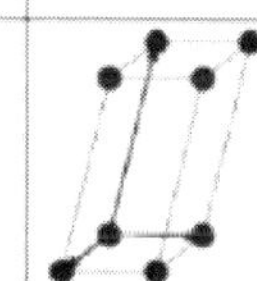			
Monoclinic	$a_1 \neq a_2 \neq a_3$ $\alpha_{23} = \alpha_{31} = 90°$ $\alpha_{12} \neq 90°$	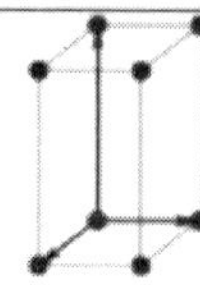	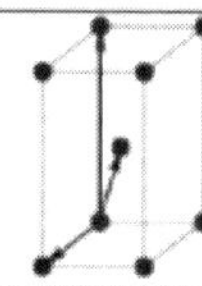		
Orthorhombic	$a_1 \neq a_2 \neq a_3$ $\alpha_{12} = \alpha_{23} = \alpha_{31} = 90°$	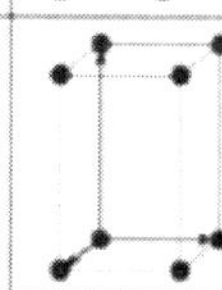	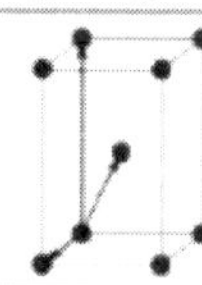	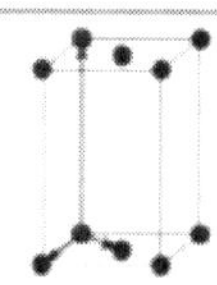	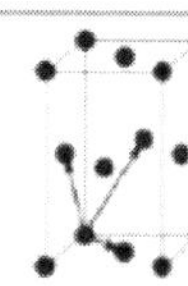
Tetragonal	$a_1 = a_2 \neq a_3$ $\alpha_{12} = \alpha_{23} = \alpha_{31} = 90°$	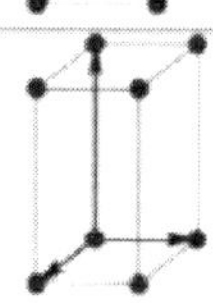	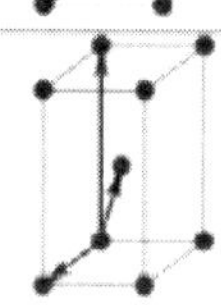		
Trigonal	$a_1 = a_2 = a_3$ $\alpha_{12} = \alpha_{23} = \alpha_{31} < 120°$	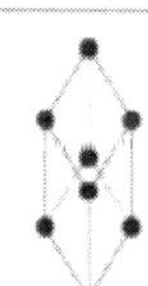			
Cubic	$a_1 = a_2 = a_3$ $\alpha_{12} = \alpha_{23} = \alpha_{31} = 90°$	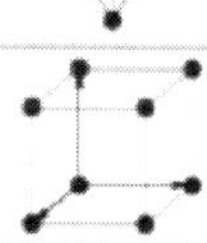	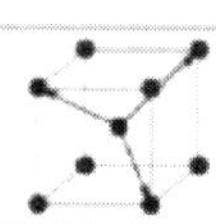		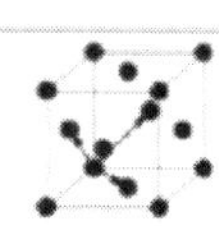
Hexagonal	$a_1 = a_2 \neq a_3$ $\alpha_{12} = 120°$ $\alpha_{23} = \alpha_{31} = 90°$	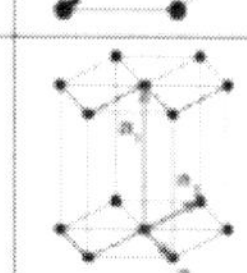			

표2-2에는 그 대칭성의 특징을 대칭축과 그 수에 의해 나타내고 있다. 그런데 표2-2에 나타낸 7종류의 primitive한 단위 격자에 몇 개의 점을 부가(附加)하여도 표2-2에 나타낸 대칭성을 유지할 수 있다. 예를 들어 표2-2

의 사방정계에서는 그 중심에 1개 또는 상. 하면의 중심에 1개씩 혹은 각 면의 중심에 1개씩의 격자점을 가하여도 이 단위 격자의 대칭성을 유지한다. 이렇게 부가되는 격자점을 갖는 단위 격자를 각각 체심격자(body-centered lattice), 저심격자(base-centered lattice), 면심격자(face-entered lattice)라고 부르고, 처음의 단위 격자를 단순격자라고 부른다. 이와 같은 격자의 종류는 입방정계에 체심입방정과 면심입방정, 정방정계에 체심정방정, 사방정계에 체심사방정, 면심사방정, 저심사방정, 단사정계에 저심단사정이 있어 7종류의 단순격자와 합해서 전부 14종류가 된다. 이것을 발견자의 이름을 따서 브라바이스 격자(Bravais lattice)라고 한다. 표2-3에 이들 격자를 나타냈으며,

표2-4에 브라바이스격자 구조의 분류와 함께 그 내용을 나타내었다.

표2-4브라바이스격자(Bravais lattice)구조 분류(7결정계,14결정구조)

결정계 명칭		길이	각	결정구조 명칭	
국문	영문				
입방정계	Cubic	$a = b = c$	$\alpha = \beta = \gamma = 90°$	단순입방격자SC, FCC, BCC	simple cubic (SC)
				면심입방격자	face centered cubic (FCC)
				체심입방격자	body centered cubic (BCC)
정방정계	Tetragonal	$a = b \neq c$	$\alpha = \beta = \gamma = 90°$	단순정방격자	simple tetragonal
				체심정방격자	body centered tetragonal (BCT)
사방정계	Orthorhombic	$a \neq b \neq c$	$\alpha = \beta = \gamma = 90°$	단순사방격자	simple orthorhombic
				체심사방격자	face centered orthorhombic
				면심사방격자	body centered orthorhombic
				저심사방격자	base centered orthorhombic
삼방정계 (=마름모계)	Trigonal (=Rhombohedral)	$a = b = c$	$\alpha \neq \beta \neq \gamma \neq 90°$	(단순)삼방격자	trigonal (=rhombohedral)
단사정계	Monoclinic	$a \neq b \neq c$	$\alpha = \beta = 90°,\ \gamma \neq 120°$	단순단사격자	simple monoclinic
				저심단사격자	base centered monoclinic
삼사정계	Triclinic	$a \neq b \neq c$	$\alpha \neq \beta \neq \gamma \neq 90°$	(단순)삼사격자	triclinic
육방정계	Hexagonal	$a = b \neq c$	$\alpha = \beta = 90°,\ \gamma = 120°$	(단순)육방격자	hexagonal

2.1.2 금속의 결정 구조의 종류

1. 금속구조와 결합

비결정성 고체와 결정성 고체를 나누는 기준은 단위세포 또는 단위 격자(unit cell)의 존재 유무이다. 결정성 고체는 구조가 일정하게 반복되는 단위인

단위세포가 존재한다. 따라서, 액체로 상태변화 시 일정하게 반복되는 구조가 끊어지기 때문에 녹는 점이 일정하며, 비결정성 고체는 일정한 구조가 반복되지 않기 때문에 입자 간 힘이 일정하지 않아 혼합물이 아님에도 녹는점이 일정하지 않다.

결정성 고체에는 다양한 종류가 있고 따라서 결정구조도 다양한 종류가 존재한다. 표2-5에 금속 내의 원자 배열에 따른 결정구조를 분류하였다.

표2-5 금속내의 원자 배열에 따른 결정구조

금속구조	
재표의 물성치가 원자구조와 결정결함 등에 의해 다름	
금속 내의 원자 배열에 따른 결정구조 분류	**단결정** 결정전체가 일정한 결정축을 따라 규칙적으로 생성된 고체, 일반적으로 용융금속내에서 하나의 핵에서 성장하여 하나의 결정으로 만들어진 구조
	다결정 부분적으로 결정을 이루지만 전체적으로 하나의 결정으로 이루어져 있지 않은 고체, 용융된 상태에서 동시에 여러 핵이 생성후 성장하여 하나가 되지 않고 여러 결정으로 만들어진 구조
	비정질 원자나 분자들이 결정을 이루지않고 불규칙하게 결정되어 있는 구조

금속결합은 원자의 일차결합으로 전자들이 서로 맞닿아 모든 원자들을 통해 공유되며, 이로 인해 전자구름이 형성되고 높은 열전도도와 전기전도도를 가지는 특성을 가진다. 원자 간의 종류에 따라 표 2-6에 정리하였다.

표2-6 원자 간의 종류에 따른 결합 형태

일차결합	이온결합, 공유결합, 금속결합 등으로 전자를 주고 받거나 공유하는 것으로 형성각 원자가가 안정된 최외각 전자구조를 형성하는 결합
이차결합	쌍극자결합(Vander Waals)은 공유결합이나 이온의 전기적 상호작용이 아닌 분자 간의 인력에 의한 결합
	수소결합은 N, O, F, CI와 같이 전기 음성도 높은 원자가 수소 원자와 결합하는 경우

2. 원자배열 형태에 따른 분류

1) 단순입방격자(Simple Cubic:SC)

단순 입방 구조는 8개의 입자가 서로 맞닿아 입방체를 이룬다. 원시 입방 구조로 비효율적이고 불안정한 구조이며, 충진율이 낮아 자연에도 단순 입방 구조를 갖는 고체결정은 매우 드물다. 이 구조를 가진 물질은 폴로늄(84Po)의 α-상이 유일한 단순 입방 구조이며, 그림2-2에 나타내었다.
입방체의 각 모서리만 원자가 위치한 구조이다. 입자개수= 1/8x8=1이다.

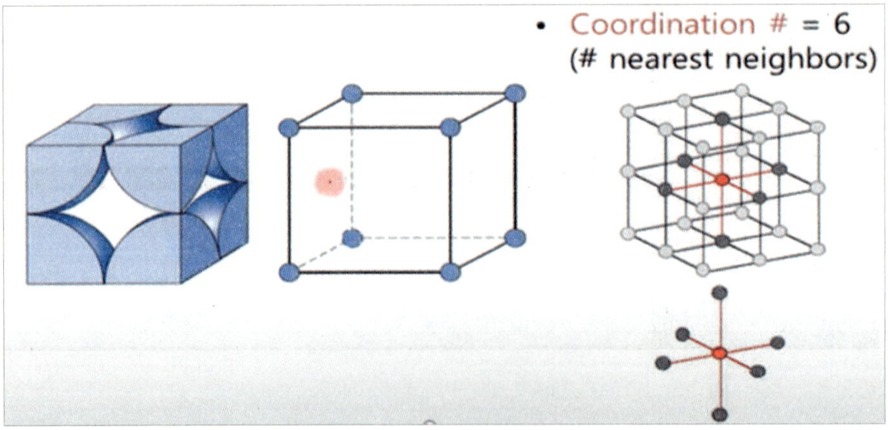

그림2-2 단순입방격자(S.C)

[출처]고체의 결정구조 정리(sc, bcc, fcc, hcp) [고체 ①]

단순 입방격자의 충진율(AFT, Atomic Packing Factor)은 다음과 같이 계산될 수 있다.

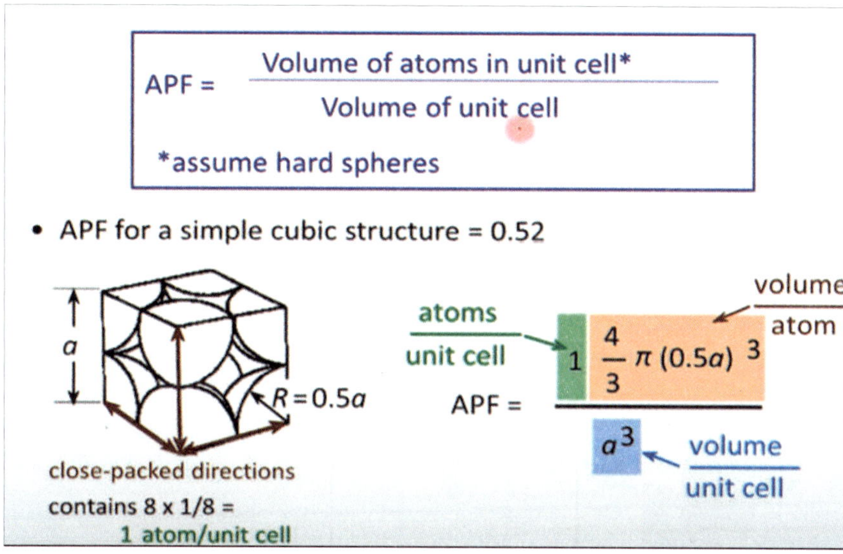

2) 체심입방격자(Body Centered Cubic:BCC)

이 결정구조는 입방체의 각 꼭지점과 입방체의 중심에 각각 1개의 원자가 배열된 구조이며, 이들 원자는 지름이 같은 구가 서로 접촉한 모양으로 배열되어 있다. (그림2-3) 여기서 우리는 단위 격자인 입방체의 1변의 길이를 격자상수(lattice parameter) 또는 격자정수(lattice constant)라고 부르며, 서로 접촉하고 있는 원자를 최근접원자(最近接原子 : nearest neighboraton), 그 중심간의 거리를 근접원자간 거리(interatonice distance)라고 한다. 또한 1개 원자를 중심으로 생각할 때 그 원자주위에 있는 최근접원자의 수를 배위수(coordination number)라 부른다.

최근접원자는 서로 접하고 있으므로 근접원자간 거리는 원자의 지름과 같게 되고 그 값은 격자상수를 알면 구할 수 있다. 체심입방격자에서는 체대각선상에 존재하는 3개의 원자가 서로 접촉하고 있으므로 이체대각선의 길이가 원자지름의 2배가 된다. 따라서 체심입방체의 격자상수를 a라고 하면 체대각선의 길이는 $\sqrt{3}a$가 되고 이 길이는 원자 지름의 2배가 되므로 원자반경은

$\sqrt{3}a/4$가 된다.

또한 체심입방격자의 중심에 있는 원자를 생각할 때 최근접 원자는 격자의 각 꼭지점에 있는 원자들이 되며, 배위수는 8이 된다.

한편 단위 격자 내에 속하는 원자의 개수를 생각해보면 각 꼭지점에 있는 원자는 주위에 존재하는 8개의 단위 격자에 동시에 포함되고 있으므로 1개의 단위 격자에는 1/8만이 속하게 된다. 당연히 체심에 존재하는 원자는 완전히 1개가 단위 격자에 속하게 되므로 체심입방체의 단위 격자에 속하는 원자의 개수는 1/8×8+1=2개가 된다.

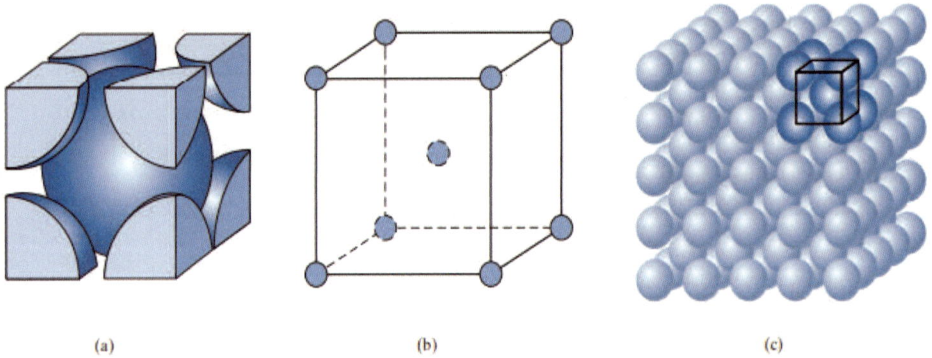

그림2-3 체심입방격자(B.C.C.)

(a):단위정의 원자구 모델
(b):축소 원자구 모델
(c):다수의 원자의 집합

이상의 결과로부터 식(2.1)에 의해 단위 격자 내에서 원자가 차지하는 부피의 비율인 충진율(充塡率 : atomic packing factor)을 구할 수 있다.

$$\frac{\text{단위격자내원자의 부피}}{\text{단위격자의 부피}} \times 100 = \frac{\frac{4}{3}\pi\left(\frac{\sqrt{3}}{4}a\right)^3 \cdot 2}{a^3} \times 100 = 68.02\% \quad (2.1)$$

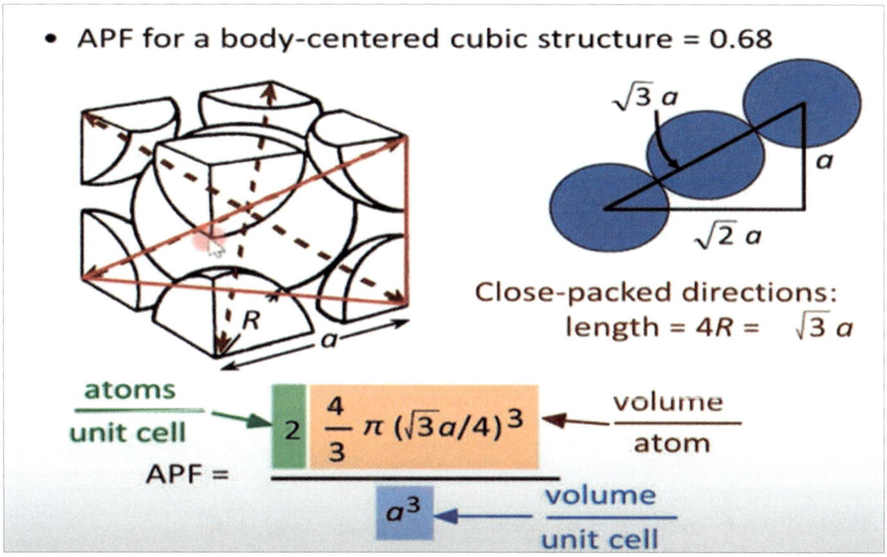

3) 면심입방격자(Face Centered Cubic:FCC)

이 결정구조는 입방체의 각 꼭지점과 각 면의 중심에 각각 1개씩의 원자가 배열된 결정구조이며, 그림2-4에 나타내었다. 이 단위 격자에서는 면대각선 상에 3개의 원자가 서로 접하고 있으므로 원자의 지름(근접원자간 거리)은 단위 격자의 면대가선 길이의 1/2이 된다. 따라서 격사상수를 a라고 하면 원자의 반경은 $\sqrt{2}a/4$가 된다. 또한, 면의 중심에 있는 원자를 생각할 때 최근접원자는 각 꼭지점 및 사방의 면에 있는 원자들이 되므로 배위수는 12가 된다. 한편, 면심입방체의 단위 격자 내에 속하는 원자의 수를 구해보면 각 꼭지점에 존재하는 원자가 1/8, 각 면의 중심에 존재하는 원자가 1/2씩 속하게 되므로 전체적으로는 4개의 원자가 단위 격자에 속하게 된다.

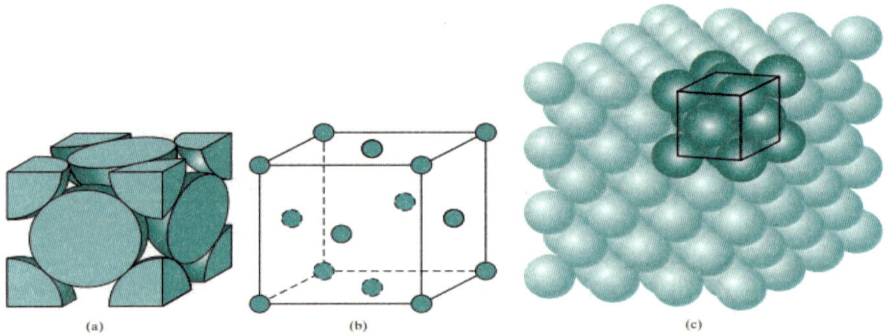

그림2-4 면심입방격자(FCC) (a):단위정의 원자구 모델
(b):축소 원자구 모델
(c):다수의 원자의 집합

따라서 식(2,2)에 의해 원자의 충진율(A.P.F)을 구해보면

$$\mathrm{APF}_{\,(\mathrm{FCC})} = \frac{\frac{4}{3}\pi\left(\frac{\sqrt{2}}{4}a\right)^{3} \times 4}{a^{3}} \times 100 = 74.05\% \qquad (2.2)$$

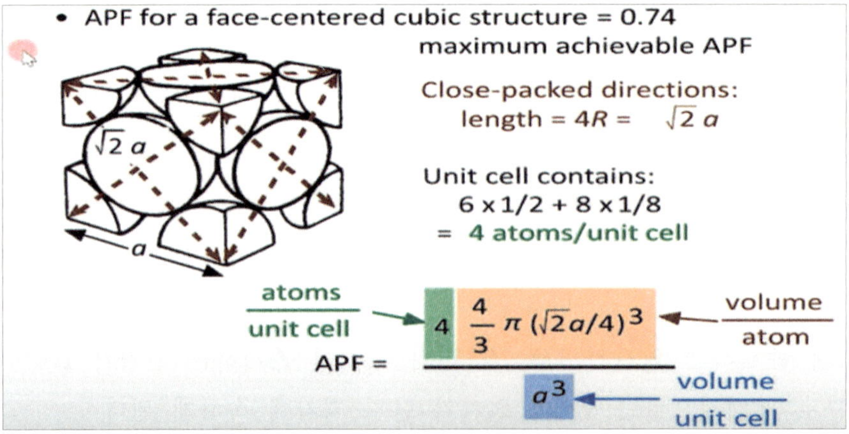

4) 조밀육방격자(Hexagonal Close Packed:HCP)

이 결정구조는 육각기둥 상하면의 각 꼭지점 및 중심에 1개씩의 원자가 있고, 육각기둥을 이루고 있는 6개의 삼각기둥 중 1기둥식 걸러서 삼각기둥의 중심에 1개씩의 원자가 배열된 구조이다. (그림2-5) 이러한 단위 격자에서는 그 크기를 육각기둥의 밑면을 이루고 있는 면의 1변만으로는 나타낼 수 없으므로 격자상수로서 밑변의 길이 외에 기둥의 높이를 정의하여 주어야 한

다. 따라서 격자상수로서 밑면의 1변의 길이를 a, 육각기둥의 높이를 C로 표시하게 되는데 보통 C는 직접값으로 표시하지 않고 a와의 비인 c/a의 값으로 나타내며 이 c/a의 값을 축비(axial ratio)라고 부른다. 이 단위 격자에서는 근접 원자각 거리가 바닥면 에서는 a가 되며 c축 방향에서는

$\sqrt{\left(\frac{2}{3}\cdot\frac{\sqrt{3}}{2}a\right)^2+\left(\frac{c}{2}\right)^2}=\sqrt{\frac{a^2}{3}+\frac{c^2}{4}}$가 되고, 배위수는 육각기둥 밑면의 중심원자를 보면 12가 됨을 알 수 있다.

여기서 c/a의 값을 구하기 위해 c 축으로 맞닿은 원자만을 고려하면 그림 8과 같은 배열이 되며 이것은 정사면체를 상, 하로 2개 겹쳐놓은 것과 같으므로 c값은 한변의 길이가 a인 정사면체의 높이의 2배가 된다.

또 한변의 길이가 a인 정사면체의 높이는 $\sqrt{a^2-\left(\frac{2}{3}\frac{\sqrt{3}}{2}a\right)^2}=\sqrt{\frac{2}{3}a^2}$이므로 $\frac{c}{2}=\sqrt{\frac{2}{3}}a$이다.

그러므로 $c=\sqrt{\frac{8}{3}}a$가 되어 $\frac{c}{a}=\sqrt{\frac{8}{3}}=1.633$이 된다.

앞서 우리는 결정구조를 이루는 원자들은 지름이 같은 구가 서로 접촉하여 쌓여있는 것으로 생각하였으므로 당연히 c/a의 값은 일정한 값을 나타내며 c/a=1.633의 이상적인 조밀 충진의 경우에는 배위수가 12가 된다. 그러나 실제의 금속 결정에서는 c/a가 1.6330에 근접한 값을 갖는 것은 α-co, Mg, Re에 한정되고 기타의 금속에서는 c/a<1.633인 것이 많고 Zn, Cd에서는 c/a가 특별히 크다.

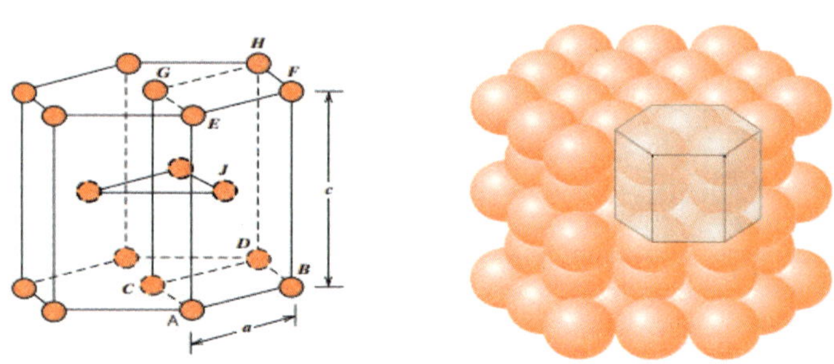

그림2-5 조밀육방격자(HCP) (a):축소 원자구 모델

(b):다수의원자의집합

한편 조밀육방격자의 원자 충진율은 구하기 위해서는 육각기둥의 단위 격자보다도 사각기둥을 최소단위로 생각하면 훨씬 편하게 된다. 이 최소단위의 격자에서는 단위 격자 내의 전체 원자수가 내부에 있는 1개와 꼭지점에 있는 원자 8×로 총 2개의 원자가 속하고 있다. 따라서 이 단위 격자의 원자충진율은 식(2.3)에 의해 구할 수 있다.

$$\frac{\frac{4}{3}\pi\left(\frac{a}{2}\right)^3\times 2}{2\times\frac{1}{2}a^2\cdot\sin60^\circ\times c}\times100=\frac{\frac{4}{3}\pi\left(\frac{a}{2}\right)^3\times 2}{2\times\frac{1}{2}a^2\sin60^\circ\cdot\sqrt{\frac{8}{3}}a}\times100=74.05\% \qquad (2.3)$$

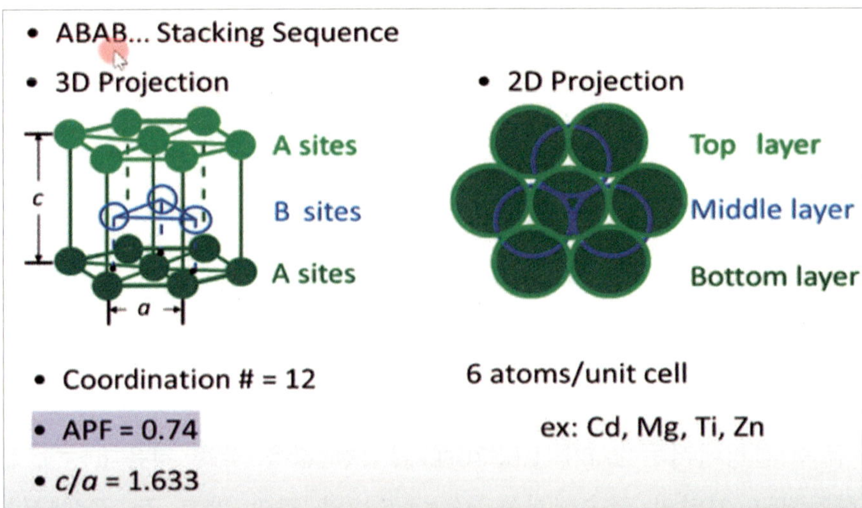

표2-7 주요금속의 결정구조와 원자의 반지름 크기

금속	결정 구조[a]	원자 반지름[b] (nm)	금속	결정 구조	원자 반지름 (nm)
알루미늄	FCC	0.1431	몰리브덴	BCC	0.1363
카드뮴	HCP	0.1490	니켈	FCC	0.1246
크롬	BCC	0.1249	백금	FCC	0.1387
코발트	HCP	0.1253	은	FCC	0.1445
구리	FCC	0.1278	탄탈륨	BCC	0.1430
금	FCC	0.1442	티탄(α)	HCP	0.1445
철(α)	BCC	0.1241	텅스텐	BCC	0.1371
납	FCC	0.1750	아연	HCP	0.1332

a FCC = 면심입방, HCP = 육방조밀, BCC = 체심입방.
b 1 nm는 10^{-9} m이며, Å 단위로 바꾸기 위해서는 10을 곱한다.

표2-8 금속의 결정 구조별 원자 배열 요약

Structure	a_0 vs r	단위세포내 원자수	배위수	원자충진율
S.C	$a_0=2r$	1	6	0.52
B.C.C	$a_0=4r/\sqrt{3}$	2	8	0.68
F.C.C	$a_0=4r/\sqrt{2}$	4	12	0.74
H.CP	$a_0=2r/\sqrt{3}$	6	12	0.74

r:원자반지름 배위수:최인접 원자수

a_0:격자상수 원자충진율:unit cell내의 원자의 체적

단위세포내 원자수:unit cell당 원자의 개수

표2-9 금속의 결정구조별 기계적 특성

구 분	기계적 특성	조직금속
체심입방격자	강도, 경도가 크다. 용융점이 높다. 연성, 전성이 떨어진다.	Li,Na,β−Ti,V,Cr,Mo,W, δ−Fe,α−Fe,Nb,β−Zr,K
면심입방격자	강도, 경도가 작다. 전기전도가 크다. 연성, 전성이 우수하다(가공성이 우수하다)	Ag,Cu,Au,Al,Ni,Pb,Pt,Ca γ−Fe
조밀육방격자	강도가 떨어진다. 연성, 전성이 나쁘다. 취성이 있다.	Be,Mg,Y,Cd,Zn,α−Zr, α−Ti,Co,Ce,Gd

2.1.3 금속결정의 격자결함

격자결함은 결정에서 고체 내부의 결정 대칭이 흐트러지는 현상으로 즉 결정에서 원자 배열이 흐트러져 자유 표면, 무질서, 불순물, 결손(缺損) 따위로 일어난다. 종류로는 점결함, 선결함, 면결함이 있다.

1. 점결함(point defect) : 0차원 결함

점결함은 그림 2-6에서 보는 바와 같이 원자 또는 이온 단위의 결함, 원자간의 공공 (vacancy), 격자 간 원자(interstitial atom), 불순물원자(impuri tyatom)가 있다.

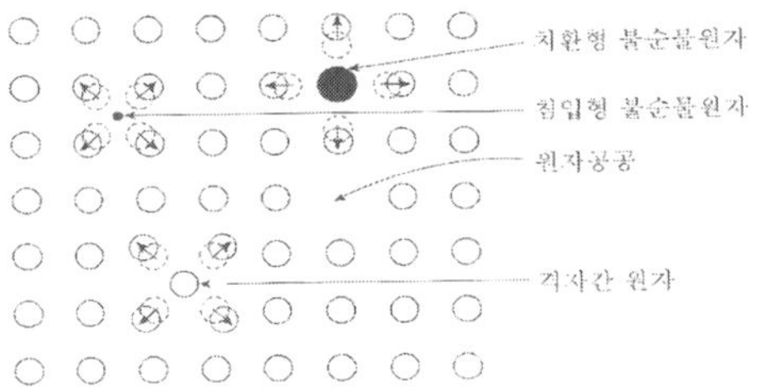

그림2-6 점결함의 종류

- 원자공공: 결정의 격자점에서 원래 원자의 장소에 원자가 없는 경우
- 격자간 원자: 결정격자점의 중간 위치에 들어 있는 원자.
- 불순물 원자

 －침입형 불순물 원자: 원자가 없는 좁은 공간에 들어가는 원자 (H,B,C,N,O)

 －치환형불순물원자:금속원자 상호간에 고용체를 만드는 경우.

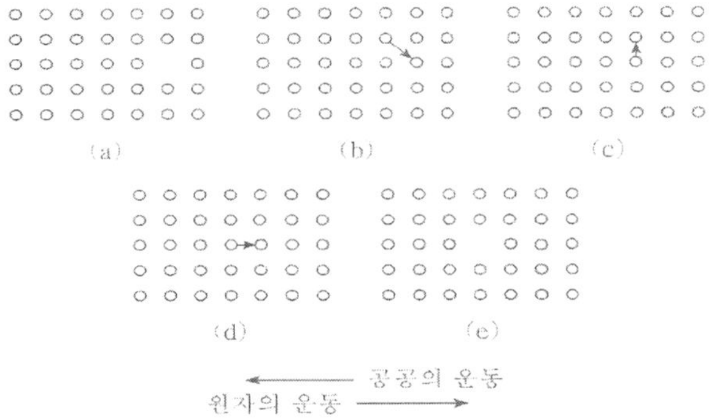

그림2-7 원자확산에서 공공의 역할

2. 선결함(전위)

원자층이 결정이 끝가지 연속되지 못하고 도중에 단절되어 그 끝이 결정내에 위치하는 형태로 쐐기전위, 전단응력의 작용에 의한 나사전위, 두가지가 복합된 복합전위로 나뉜다.

1) 이상결정체의 임계전단응력

이상결정체(ideal crystal) : 격자결함이 존재하지 않는 결정체.

$$\tau = k \sin\left(\frac{2\pi x}{b}\right) \qquad (2.4)$$

전단응력 τ를 x의 정현함수로 생각하면
이고, x가 미소한 경우에는 Hooke의 법칙이 성립하므로 다음과 같다.

$$\tau = G\frac{x}{a} \qquad (2.5)$$

이들 식으로부터

$$\tau = \frac{b}{a}\frac{G}{2\pi}\sin\frac{2\pi x}{b}$$

이므로 슬립이 일어나기 위한 최대전단응력 τ_c는 다음식이 된다.

$$\tau_c = (\tau)_{x=b/4} = \frac{b}{a}\frac{G}{2\pi} \doteqdot \frac{G}{2\pi} \qquad (2.6)$$

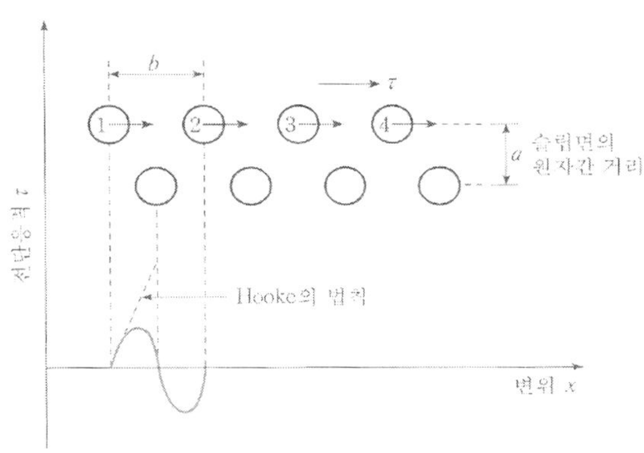

그림2-8 변위의 함수로 나타낸 전단응력

2) 전위의 원자배열

(1) 쐐기전위

쐐기전위의 원자배열을 나타낸 것으로 "⊥"부분 위의 원자 3개가 격자내로 연결된 것을 보면 하나의 결정면을 형성하고 있고, 이 결정면(잉여반평면)은 마치 도끼를 통나무에 끼워 넣은 것과 같은 양상이라고 하여 쐐기전위라 한다. 이 잉여반 평면이 위에서 아래로 놓여 있을 때, 양쐐기전위라고

하여 "⊥"의 부호를 사용하며, 이와 반대의 경우는 음쐐기전위로 "⊤"의 부호를 사용한다. 그림2-9(b)에 원자 배열과 (a)에 형태를 표시하였다.

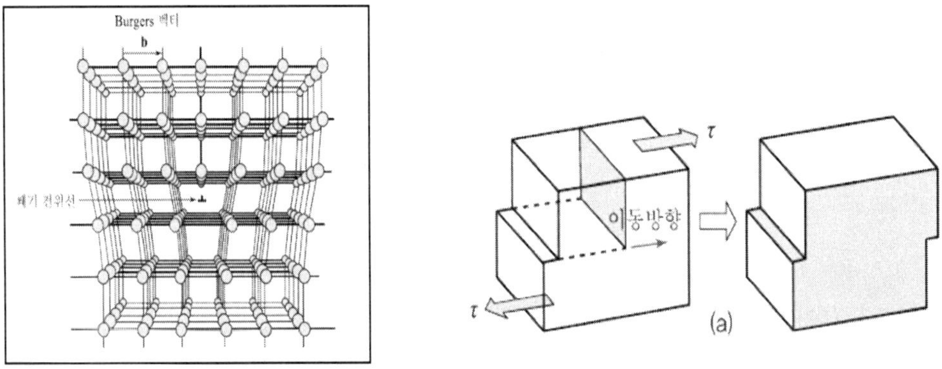

(b)

그림2-9 쐐기전위의 원자배열과 형태

(2) 나사전위

나사전위는 완전한 결정의 일부를 자르고자 한 원자 간격만큼 결정을 비스듬이 움직인 형태로 전위선을 중심으로한 나선형 형상이다. 격자면과 주위의 결정면이 나선형으로 적층 되어있으며, Burgers Vector가 전위선에 수직으로 만난다.

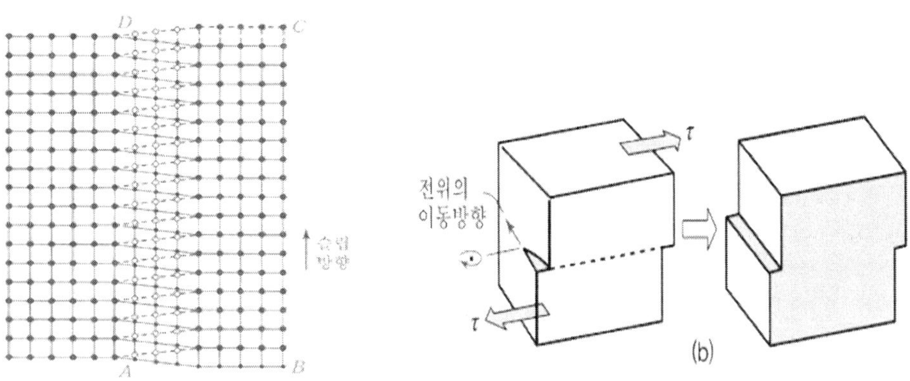

(a)

그림2-10 나사전위의 원자배열과 형태

(3) 복합전위

복합 전위는 쐐기 전위와 나사 전위를 모두 가지며, 전면에서의 나사 전위가 점진적으로 결정의 측면에서 쐐기형 전위로 변화된다.

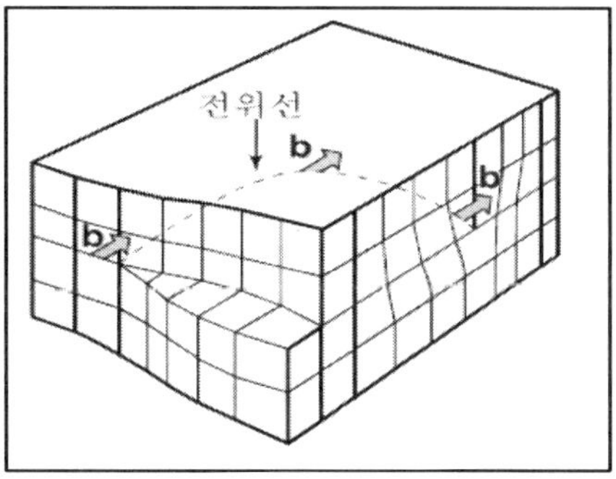

그림2-11 복합전위의 형태

3) 전위에너지

결정중에 전위가 존재하면 그 주위는 원자배열이 흐트러져 있기 때문에 응력장 또는 변형장이 형성된다. 이와 같이 변형장에 축적되어 있는 에너지를 전위의 자기에너지 또는 변형에너지라고 한다.

4) 전위운동

(1) 전단력에 의한 슬립운동

(2) 상승운동(Climbing)

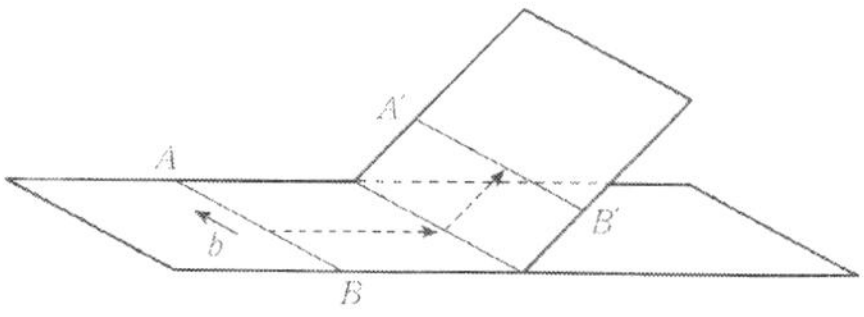

그림2-12 나사전위의 교사슬립(AB가 A'B'로 이동)

3. 면결함

1) 결정립계

다결정체에 있어서 결정의 방위가 각기 다른 결정립 사이의 경계면으로서 불과 원자 2~3개 정도의 얇은층에 불과 하지만 금속의 성질에는 지대한 영향을 미친다. 그림2-13은 쐐기 전위에 의해 구성된 간단한 예로서, 전위에 대하여 평행한 축을 중심으로 결정 방위가 서로 경사진 형으로 되어있다.

이러한 입계를 경각립계라고 한다. 방위차에 따라 소경각립계와 대경각립계로 구분한다. 그림2-14는 결정립계 에서의 원자 배열을 나타낸 것이다.

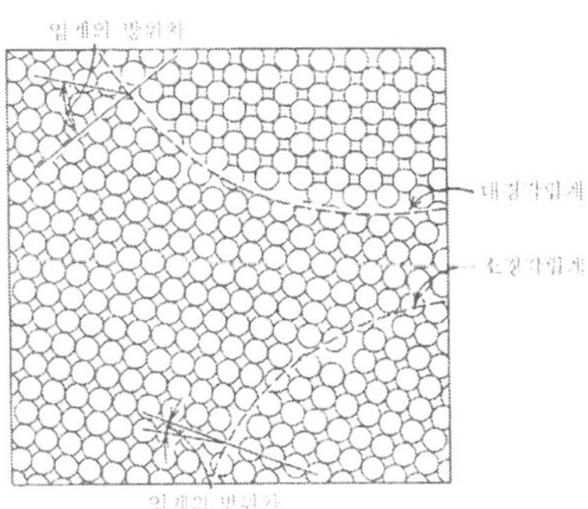

그림2-13 소경각립계 중의 쐐기전위

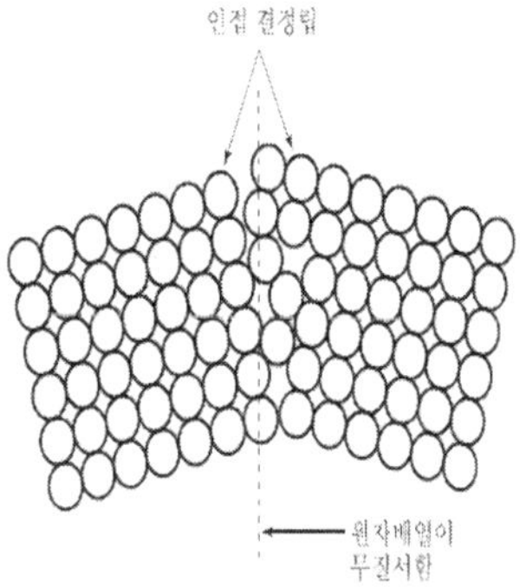

그림2-14 결정립계에서의 원자배열

2) 상경계

원자배열이 다른 두 상간의 계면을 의미하는 것으로 그 성질은 결정립계와 유사하다. 즉 2원소 이상을 가진 고체는 많은 상의 혼합체이다. 그림2-15는 Co의 모상(母相)중에 작은 단결정의 탄화 W가 분산되어 있는 WC재의 현미경 사진이다. 복합재료의 계면도 일종의 상경계라고 할 수 있다.

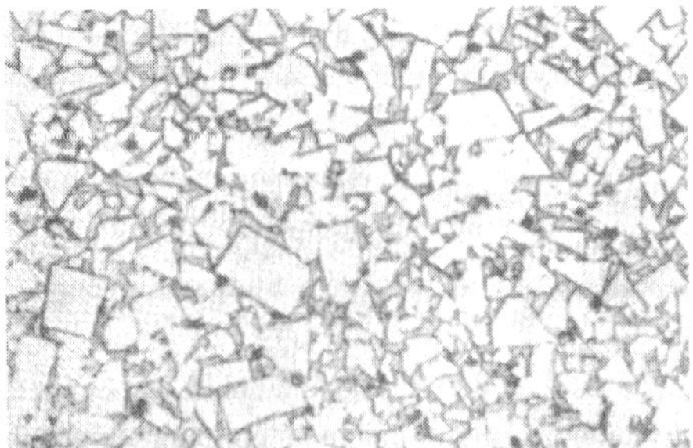

그림2-15 Co 중의 탄화텡스텐의 현미경사진(흰입자부문)

4. 부피결함

부피결함(또는 체적결함)은 재료의 생성과정과 제조과정에 의하여 형성되는 것으로, 지금까지 다룬 결함보다 훨씬 큰 것이다. 재료의 생성과정 중에 형성되는 가장 대표적인 결함은 개재물로서 금속재료에 있어서 산화물의 입자가 대부분이고 황화물, 수소화물 등도 있다.

2.1.4 순철의 결정구조

순철을 상온으로부터 가열하면서 그 체적변화를 측정하면 910℃ 및 1390℃에서 큰 변화가 일어나는 것을 볼 수 있다. 이것은 이 온도를 경계로 하여 결정격자가 갑자기 변화하기 때문으로, 910℃를 A3 변태점, 1390℃를 A4 변태점이라고 부른다. 순철은 A3 변태점 이하의 온도에서는 체심입방격자(body-centered cubic : BCC)의 형태를 나타내는데, 입방체의 각 꼭지점(8개)에 1개씩, 그리고 입방체의 중심에 1개의 원자가 존재하는 형태이다. 이것을 금속조직학에서는 α 철(α-Fe)이라 부른다.

또한, A3 변태점과 A4 변태점 사이의 온도에서 순철은 면심입방격자(face-centered cubic : FCC)의 형태를 나타내는데, 이 결정격자의 원자배열은 8개의 꼭지점에 각각 1개씩의 원자가 존재하는 것은 BCC와 동일하지만 체심에는 원자가 없고 입방체의 6면 중심에만 각각 1개씩의 원자가 존재한다. 이것을 γ 철(γ-Fe)이라고 한다.

한편 A4 변태점 이상 융점(1534℃)까지는 재차 BCC 구조로 변하는데, 이것을 δ 철(δ-Fe)이라고 부른다.

이와 같이 동일한 물질이 어느 온도를 경계로 하여 가역적으로 결정구조를 바꾸는 변태를 동소변태(allotropic transformation)라고 한다. 그림2-16은 순철의 체심입방격자(BCC)결정구조를 나타내었으며, 그림2-17은 순철의 면심입방격자(FCC)의 결정구조를 나타내었다.

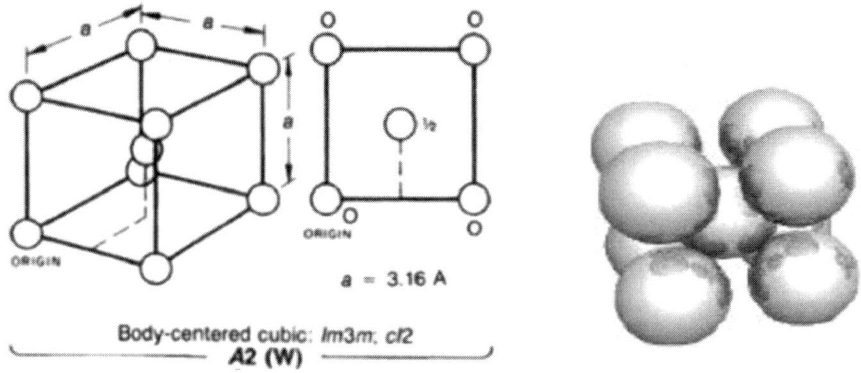

그림2-16 Fe(순철)BCC(체심입방격자) 결정구조
* 격자상수: 2,86Å(Angstrom,옹스트롬), 1Å=0.1nm

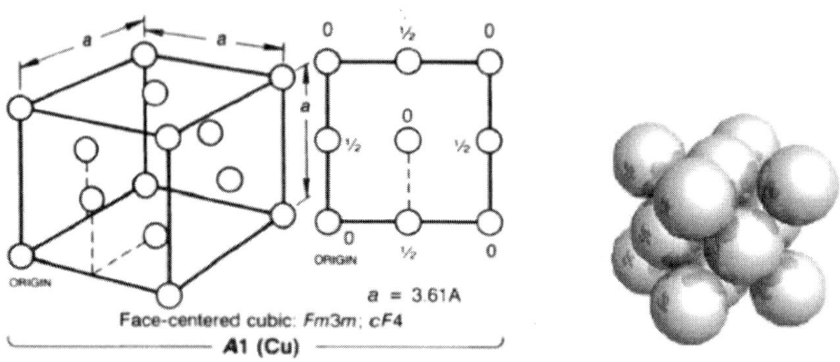

그림2-17 Fe(순철)FCC(면심입방격자) 결정구조
* 격자상수: 3.56Å(Angstrom,옹스트롬), 1Å=0.1nm

2.1.5 합금의 결정구조

합금(alloy)은 금속의 성질을 개선하거나 특별한 성질을 부여하기 위해 다른 원소를 첨가하는 형태로, 대부분의 금속은 금속 또는 비금속을 2개 종류 이상 결합시킨 금속화합물이다. 합금은 원래 금속과는 다른 특성을 가지는데, 불순물(불순금속)이 아니라 합금으로서 기능을 갖기 위한 두 가지 목적은 본래 금속의 장점을 더욱 부각시키거나, 본래 금속의 단점을 개선 시키는 것이다. 현재 사용하고 있는 금속은 단독 원소로 된 것이 아니라 거의 대부분이다. 단독 원소를 사용하지 않는 이유는 순도 높게 정제하기도 어려우며,

부식성, 강도, 경도, 내열성, 경제성(재활용 측면에서는 그 반대) 등의 기능성이 합금보다 만족스럽지 못하기 때문이다. 금속으로 된 원소들은 종류가 많으며, 따라서 합금으로써의 조합도 상당히 다양하여 현재까지 보고된 합금의 종류만도 십만 가지 이상이다. 따라서 합금은 본래 금속이 가지고 있는 체질적 특성을 서로 혼합하여 다양한 체질의 조합으로 만든 것으로 체질은 본래부터 다양한 것이 아니라, 기본적으로 기본 체질이 정해져 있고(원리는 간단), 서로 다른 체질적 조합에 의해 새로운(다양한, 복잡계) 체질이 생성된다는 원리이다. 과학자들은 이러한 원소들이 합금을 이룰 때의 특성을 결정하는 체질적 이론이나 법칙에 대한 연구가 이루어지고 있다.

1. 합금의 결정형태|

고용체(Solid Solution) 형태로, 완전하게 균일한 상(Phase)을 이룬 2종류 이상의 물질이 원자 또는 분자 단위로 충분하게 혼합되어 물리적으로나 기계적인 방법으로 구분할 수 없게 된 상태를 말한다. 원자 사이의 틈에 다른 원소의 원자가 끼어 들어가 있는 형태의 침입형 고용체와 저연하게 늘어서 있는 고체의 원자를 밀어내고 그 자리로 대신 들어가는 형태의 치환형 고용체가 있다.

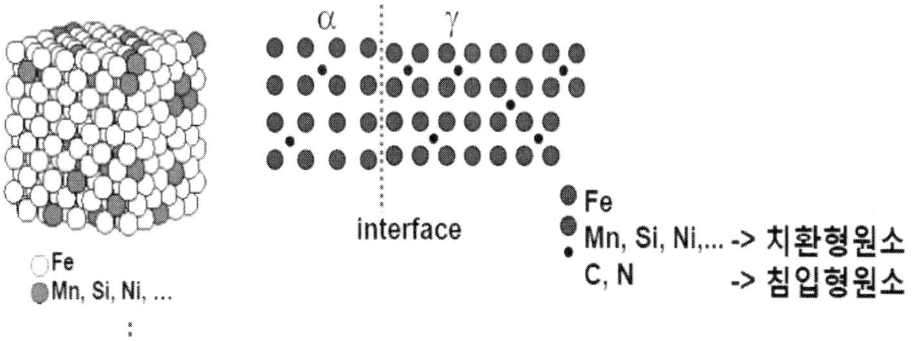

그림2-18 고용체의 형태(치환형원소, 침입형원소)

1) 침입형 고용체

침입형 고용체는 용질 원자가 용매 원자들 사이에 끼어 들어가는 형태의 고용체로서 용질 원자가 되는 것은 H, C, B, O 등 원자반지름이 작은 몇 가지 원소에 한정되며, 그 고용량에도 한계가 있다.

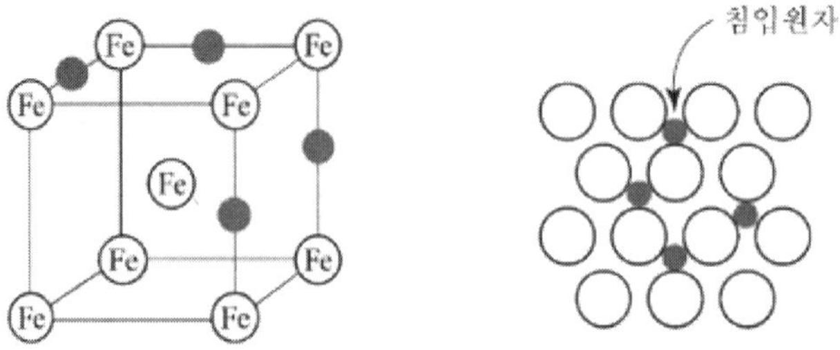

그림2-19 침입형 고용체

2) 치환형 고용체

치환형 고용체는 용질 원자가 용매금속의 격자점에 위치하는 것으로 대부분의 고용체가 여기에 속한다. 용질 원자가 용매금속의 격자점에 무질서하게 분포하여 고용체의 격자상수 값은 용질 원자의 농도에 비례하게 된다. 이법칙을 베가드법칙(Vegard's law)이라 한다. 이들 중에는 어느 일정한 온도에서 두 성분 원자가 규칙 바른 배열로 변화하여 질서 있게 정열 하는 형태가 있을 수 있다. 이것을 초격자라 하며, 그 성분의 원자비는 간단한 정수로 구성되고, 고용체의 구조는 원래와 같으나 크기가 다소 크다. 초격자는 고온에서 서서히 냉각하여 생성되며 냉각속도가 빠르면 생성되지 않는 경우가 많고, 경도 증가, 인성감소, 전기저항 등이 증가한다.

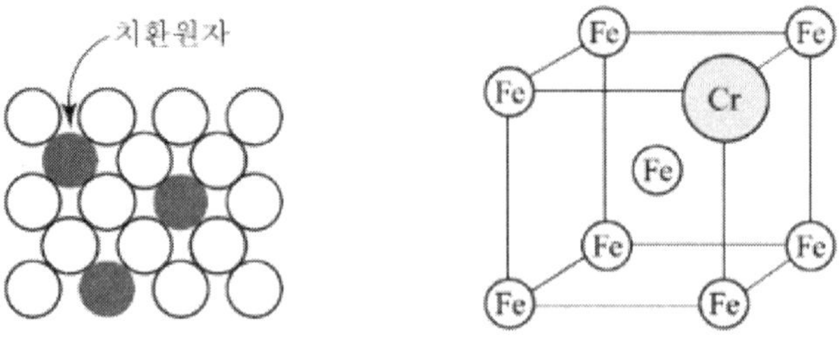

그림2-20 치환형 고용체

또한, 치환형 고용체는 고용체의 크기가 다른 원자들이 혼재함으로써 국부적으로 결정격자가 변형이되어 원자층 간 슬립에 의한 변형이 어려워지게 됨으로써 금속의 강도와 경도가 증가하게 되는데 이것을 고용강화라 하며, 고용체는 용질 원자의 농도가 증가하게 되면 전기저항도 함께 증가한다. 그림2-21 (a)와 (b)는 치환형 고용체의 격자변형을 표시하였다.

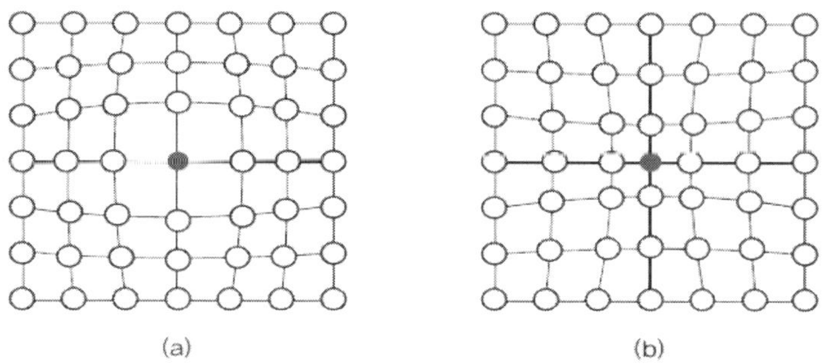

그림2-21 치환형 고용체의 격자변형

3) 금속간 화합물

어떤 금속이 다른 합금원소와 화합물을 이루어 결정격자와 전혀 다른 형태의 비금속 결정격자를 이루는 경우가 있다. 이때, 합금 성분의 원자비는 비교석 간단한 정수비로 표시되며, 또 각 성분 원자는 규칙적인 격자점을 보유하게 되는데 이것을 금속간화합물이라 한다.

(1) 금속간화합물은 규칙 격자와 달리 규칙-불규칙 변태가 없으며, 규칙격자나 보통의 화합물과는 달리 정해진 성분외 용질 원자를 어느 정도까지 더 고용하여 금속간화합물을 근간으로 하는 고용체를 만든다.

(2) 대표적으로 Fe_3C, Fe_3P, $CuAl_2$, $CuSn_4$, Mg_2Si, $MgZn_2$ 등이 있으며, 일반적으로 경도, 내열성과 취성이 크고 전기저항이 큰 비금속적인 특성이 있다.

(3) 금속간화합물과 초격자를 총칭하여 중간상(Middle Phase)이라고 한다.

(4) 금속화합물은 본래의 물질과 전혀 다른 성질이 다른 별개의 화합물이 되므로 일반적인 고용체와 다음과 같은 차이점으로 정리될 수 있다.

- 성분금속의 원자가 결정의 단위 격자에서 일정한 위치를 차지한다.
- 일반적으로 복잡한 결정구조를 가지며, 매우 경도가 높고 취약하다.
- 금속으로 구성되어 있으나, 일반적으로 전기저항이 크다.
- 규칙-불규칙 변태가 없다.
- 주기율표 중의 동족원소와는 거의 화합물을 만들지 않는다.
- 일반적으로 각각의 성분금속보다 융점이 높다.
- 성분금속의 특징을 잃어버린다.
- 고온에서는 불안하여 자기의 융점을 갖지 못하고 분해되기 쉽다.

2.2 결정의 면과 방향

2.2.1 결정질 재료의 규칙성

1. 결정구조

재료의 성질은 재료 내의 원자, 이온, 분자의 배열 방식에 의해 결정되며, 이것이 재료의 결정구조를 이루는 것이다.

결정질(Crystalline) 재료의 규칙성은 원자 간에 반복적인 혹은 주기적인 배열이 존재하는 재료이며, 결정질 재료는 응고에 의해 원자들이 규칙적인 3차원적 패턴을 형성하며, 위치하고, 원자는 최인접 원자와 결합한다. 모든 금속은 결정구조를 형성하며, 결정 전체가 일정한 결정축을 따라 규칙적으로 생성된 조직을 단결정 조직이라 하고, 배향이 서로 다른 조그만 단결정들의 집합형태가 다결정 조직이다. 또한, 결정립과 결정립의 경계를 결정립계 라 한다.

철강 판재와 같은 다결정(Polycrystalline)재료는 수많은 단결정 결정립들과 그 결정립들의 경계인 결정립계(Grain boundary)로 구성되어 있다.

반면에 비결정질(Noncrystalline)은 원자가 불규칙한 상태로 조직의 구조가 불안정하며, 고무, 유리, 플라스틱 등이 비결정질 조직이다.

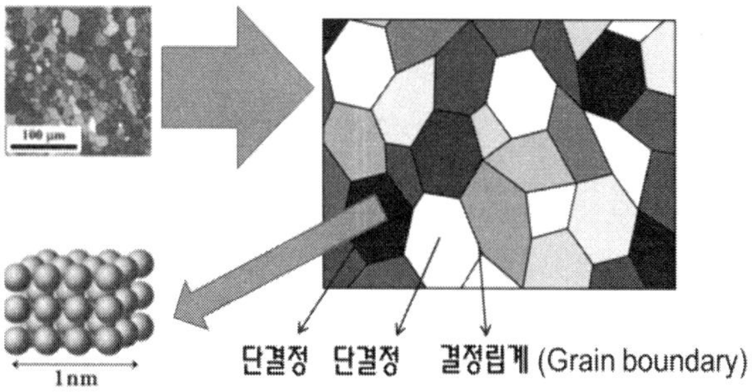

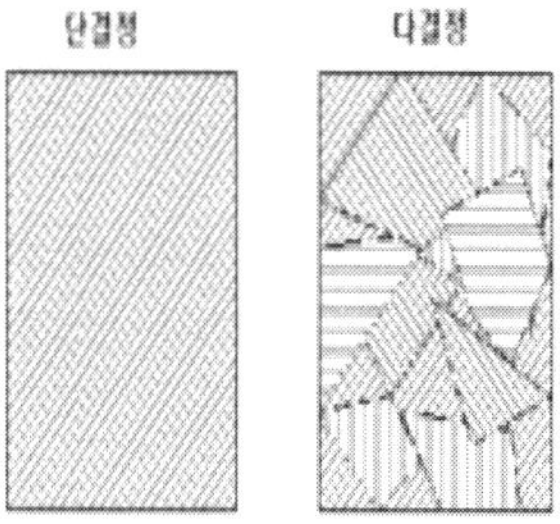

그림2-22 재료의 결정(단결정, 다결정, 결정립계)

한 결정립에는 3차원적인 공간에서 원자들이 규칙적으로 배열되어 있고, 긴 범위에 걸쳐 고체 원자들이 규칙적으로 배열된 재료를 결정질(Crystalline)재료라 하며, 하나의 결정을 만드는데 요구되는 3차원적인 최소 부피를 단위포(Unit cell)라 한다. 결정립에 존재하는 이 단위포의 결정 방향이 어떻게 배열(방위)하고 있느냐에 따라 재료의 물리적, 화학적 특성에 영향을 준다. 즉 단위포의 방향이 재료의 특성을 결정하는 요인이 된다.

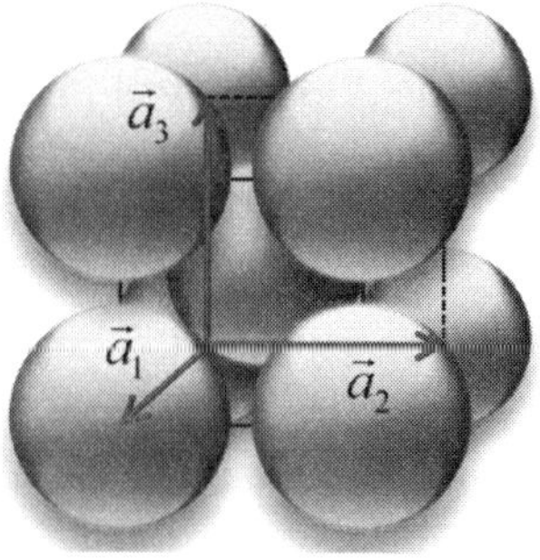

그림2-23 상온에서의Fe의단위포

그림2-23은 상온에서의 Fe의 단위포를 나타낸 것이다.(출처:허무영 결정학)

- 단위포3개의축: a_1 $\vec{a}_2$ $\vec{a}_3$
- 철의 격자상수: a =0.293215nm
- 격자벡터의 사잇각 $\alpha = \beta = \gamma = 90°$
- 결정계(Crystal system): Cubic
- Bravais격자: Body centered cubic
- 점군: $m\ \bar{3}\ m$

2.2.2 결정방향과 결정면

금속의 결정면에 따라 물리, 광학, 전기적인 성질이 결정된다. 따라서 금속의 결정면과 방향이 어디인지는 매우 중요한 사항이며, 이러한 이론적 배경은 니콜라스 스테노(Nicolaus Steno)에 의한 결정에 대응하는 면사이의 각도가 일정하다는 "면각일정의 법칙"과 1839년 윌리엄 밀러(William Hallowes Miller)의 결정의 결정면과 방향을 기록하는 "밀러지수"(Miller lndices)개발에 의해 결정면에 따라 물리, 광학, 전기적인 성질이 달라진다는 것이 확인되었다.

1.결정학적 위치(점좌표)

단위정 내에 점 P의 위치를 q r s로 고려해 볼 때, q는 x좌표 a에 대한 길이 분율이고 r은 y좌표 b에 대한 분율이며, 마찬가지로 s의 경우 z좌표 c에 대한 분율이다. 일반적으로 좌표의 위치를 나타낼 때, 좌표 수치 사이에 'q r s처럼 표기한다.

그림2-24에서 단위정을 SC(Simple Cubic)라고 가정하였을 때 점 A, B, C좌표의 방향은

점 A: 1a 1b 1c → 111

점 B: 0a 1b 0c → 010

점 C: 1a 1b 0c → 110으로 나타낼 수 있다.

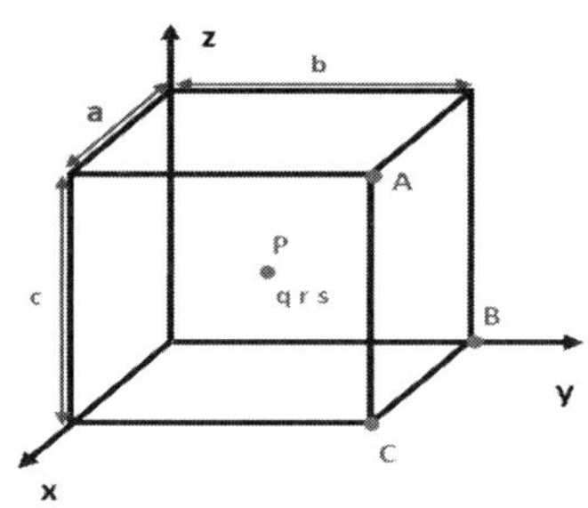

그림2-24 단위정 중심의 점좌표

출처:https;//yulis,tistory,com

2. 결정방향(Crystallographic Direction)

결정질 재료에서 결정방향을 결정하는 방법은

1)체심입방격자(BCC)와 면심입방격자(FCC)의경우

- 방향벡터를 좌표축의 중심을 지나도록 배치
- 각 좌표축에 투영되는 길이결정(a b c)
- 3개의 수를 최소정수로 표시 [*uvw*]

2)조밀육방격자(HCP)의 경우는 a1, a2, a3, z 축에 대한 지수로 표시[*uvtw*]

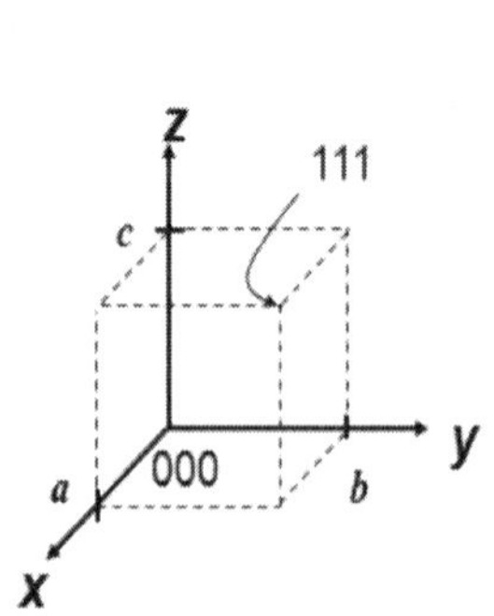

그림2-25 Cubic의 기본 방향

3) 동등한 결정방향의 지수는 <uvw>

3. 결정면(Crystallographic Plane)

결정면은 소재의 특성을 결정하는 것으로 면과 수직 방향으로 이름을 정한다.

면과 수직한 방향은 하나밖에 존재하지 않는다. 결정면을 나타내는 과정은 ① 절편읽기②역수 취하기③최소 정수화④밀러지수 ex)111의 순서로 나타낸다.

결정질 재료의 특정면에 대한 결정면 결정방법은

1) 체심입방격자(BCC)와 면심입방격자(FCC)의 경우

- 단위결정에 좌표축 설정
- 결정면이 3축과 만나는 점과 중심과 거리를 격자상수, a, b, c로 표시한다.
- a, b, c의 역수를 최소정수로 표시[*hkl*].
- 음의 방향표시: 지수위에 bar로 표시한다.

2) 조밀육방격자(HCP)의 경우는 a1, a2, a3,z 축에 대한 지수로 표시[*hkil*]

3) 동등한 면의 지수는 {*hkl*}로 표시한다.

4. 결정면의 간격

결정면의 간격은 결정 시스템(Crystal system)과 Unit cell의 크기(격자벡터의 길이),결정면의 지수(*hkl*)에 의존된다. 아래 수식은 결정계별 결정면간의 간격을 구하는 공식이다.

입방정계(Cubic): $$\frac{1}{d^2} = \frac{h^2 + k^2 + l^2}{a^2} \qquad (2.7)$$

정방정계(Tetragonal) $$\frac{1}{d^2} = \frac{h^2 + k^2}{a^2} + \frac{l^2}{c^2} \qquad (2.8)$$

사방정계(Orthorhombic) $$\frac{1}{d^2} = \frac{h^2}{a^2} + \frac{k^2}{b^2} + \frac{l^2}{c^2} \qquad (2.9)$$

삼방정계(Rhombohedral) $$\frac{1}{d^2}=\frac{(h^2+k^2+l^2)\sin^2\alpha+2(hk+kl+hl)(\cos^2\alpha-\cos\alpha)}{a^2(1-3\cos^2\alpha+2\cos^3\alpha)} \quad (2.10)$$

육방정계(Hexagonal) $$\frac{1}{d^2}=\frac{4}{3}\left(\frac{h^2+hk+k^2}{a^2}\right)+\frac{l^2}{c^2} \quad (2.11)$$

단사정계(Monoclinic) $$\frac{1}{d^2}=\frac{1}{\sin^2\beta}\left(\frac{h^2}{a^2}+\frac{k^2\sin^2\beta}{b^2}+\frac{l^2}{c^2}-\frac{2hl\cos\beta}{ac}\right) \quad (2.12)$$

삼사정계(Triclinic) $$\frac{1}{d^2}=\frac{1}{V^2}\left(S_{11}h^2+S_{22}k^2+S_{33}l^2+2S_{12}hk+2S_{23}kl+2S_{13}hl\right) \quad (2.13)$$

V = volume of unit cell

$$S_{11}=b^2c^2\sin^2\alpha$$
$$S_{22}=a^2c^2\sin^2\beta$$
$$S_{33}=a^2b^2\sin^2\gamma$$
$$S_{12}=abc^2(\cos\alpha\cos\beta-\cos\gamma)$$
$$S_{23}=a^2bc(\cos\beta\cos\gamma-\cos\alpha)$$
$$S_{13}=ab^2c(\cos\gamma\cos\alpha-\cos\beta)$$

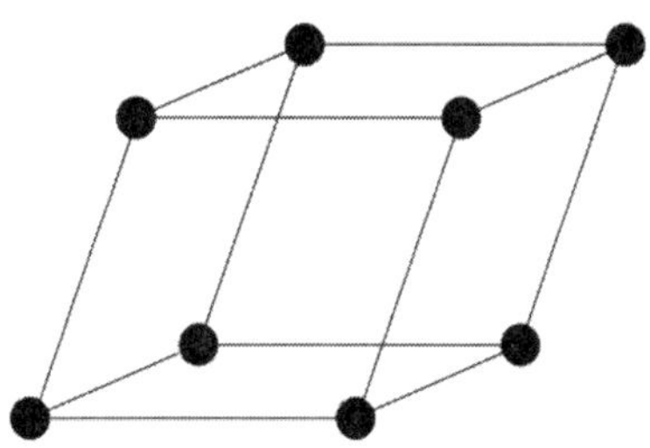

5. 결정의 등방성과 이방성

재료의 내부 미세조직이 어떻게 배열되어 있는지에 따라 물리적, 화학적, 전기적, 자기적 성질이 달라진다. 재료의 등방성(Isotropy)은 방향에 따라 재료의 성질이 다른 것을 의미하며, 이방성(Anisotropy)이란 같은 재료에서 방향에 따라 성질이 달라지는 것을 의미한다.

따라서 고체재료에서는 불균질한 미세조직이 형성되면 이방성이 존재하므로 재료의 품질제어가 필요하며, 특히 첨단제품의 제조에는 필히 고려되어야 할 사항이다. 재료의 기계적 성질, 전기적 성질, 자기적 성질 등이 다를 때 재료의 성질이 제조과정에서 달라질 수 있기 때문이다. 이것은 재료의 결정 방향에 따라 원자 간격이 다르기 때문이며, 재료에는 결정방향[*uvw*],결정면 지수(*hkl*)에 따른 결정 이방성이 존재한다.(출처:허무영 결정학)

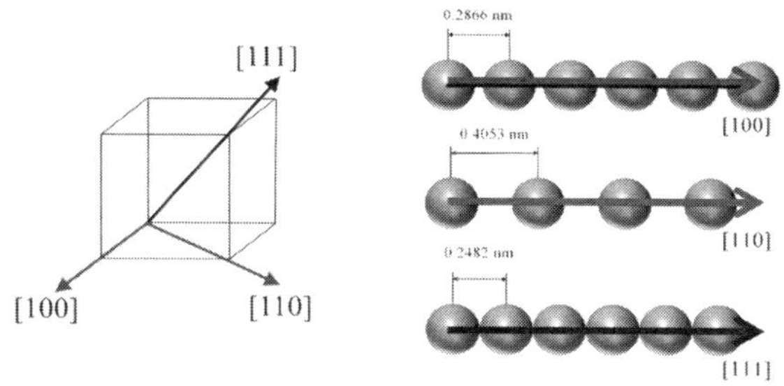

그림2-26 결정방향에 따른 철 원자들의 간격

03 상태도와 조직

3.1 재료 상 평형론

3.1.1 상변태(Phase transformation)

금속의 고상은 원자들이 규칙적으로 배열된 결정구조로서 고상 내에서도 상(Phase)변태를 한다. 변대의 현상은 온도에 따라 결정구조가 변하고 상(Phase)변태를 적절히 제어함으로써 금속의 성질을 개선할 수 있다. 상(Phase)의 변태는 금속재료를 기술적으로 유용한 형태로 전환되는 의미를 가진다. 상(Phase)변태를 이해하기 위해서는 확산(Diffusion)과 상평형(Phase equilibrium)의 이해가 필수적이다.

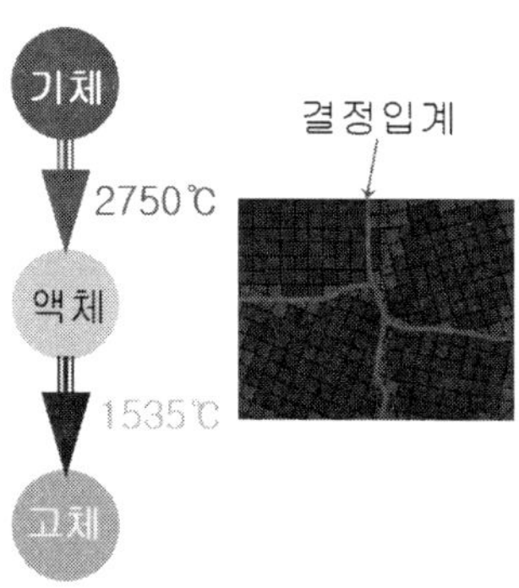

그림3-1 순철의 상변태

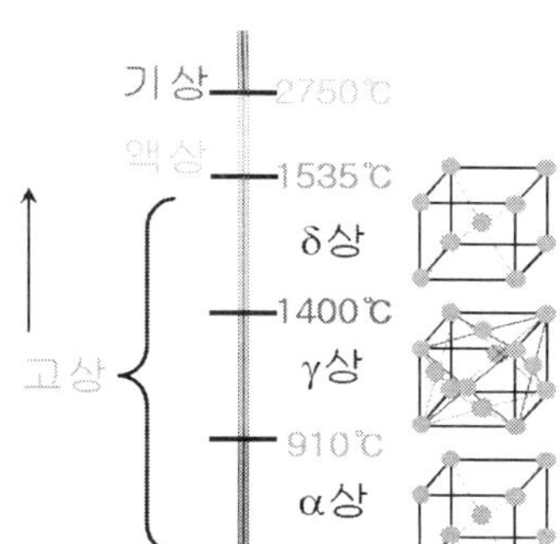

그림3-2 철의 일원계 상태도

1. 계(System)

한 물질 또는 몇 개의 물질의 집합이 외부와 관계없이 독립해서 한 상태를 이루는 것으로 최소한 서로 다른 2가지 원자로 구성된 합금으로 대표적으로 철-탄소계가 있다.

1) 연구대상으로 선정된 하나의 물질군

2) 외부로부터 아무런 물질적 교섭이 없음.

예)1성분계(1원계), 2성분계(2원계)

2. 성분(Component)

1계를 구성하고 있는 물질로 합금을 구성하는 순금속이나 화합물을 뜻함

예) Cu-Ni계:Cu와 Ni이 성분

3. 확산(Diffusion)

물질이 고농도에서 저농도로 또는 고밀도에서 저밀도로 에너지를 소모하지 않고 스스로 퍼져 나가는 현상이다. 용매와 용질의 관계에서 용질이 이동하는 것이다. 예를 들면 물과 잉크에서 물:용매, 잉크:용질임

이 현상은 삼투, 용매 내에서 용질이 확산될 경우 계(System)내부의 활성화 에너지가 증가하는 방향으로 이루어지기 때문에 확산(Diffusion)은 자발적으로 일어난다. 이것은 금속의 결정구조 형성에서 원자의 이동에 적용된다.

원자의 농도, 온도, 압력의 정도에 따라 확산(Diffusion)이 이루어지며, 최종적으로 평형에 도달한다. 또한, 평형상태에서도 원자의 흐름을 주고받으면서 확산(Diffusion)이 이루어진다. 확산(Diffusion)은 고체 내에서도 이루어지나 여러 가지 제약이 있으며, 그 속도가 극히 느리다는 특징이 있다.

4. 농도(Concentration)조성(Composition)

1계에서 성분 상호 간의 관계분량 즉 상호 간의 비율

1) 중량농도(wt%): 중량비

2) 원자농도(at%): 원자수의 비

Al-Cu system: Al-20at%Cu, Al-20wt%Cu, 80Al-20Cu

3) 환산: at% → wt%, wt% → at%

- M_a, M_b : a, b 성분의 원자량,
- A_a, B_b : A, B성분의 at%
- W_a, W_b : A, B성분의 wt%
- Cu의 원자량 : 63.546
- Al원자량 : 26.98

$$W_a = \frac{100A_aM_a}{A_aM_a + (100 - A_a)M_b} \quad (3.1)$$

$$A_a = \frac{W_aM_b}{W_aM_b + (100 - W_a)M_a} \quad (3.2)$$

5. 상(Phase)

1) 1계에서 물리, 화학적으로 균일한 부분을 뜻하는 것으로 물질을 형성하고 있는 형태를 말한다.

예) 물+기름: 2성분계2상, 물+에틸알콜: 2성분계1상

2) 순금속, 고용체(Soild solution), 금속간화합물(Intermetallic compound)

• 용체(Solution): 1물질중에 타 물질이 용해되어 균질한 물질을 만들고 있는 형태이며, 액체인 경우는 용액(liquid solution), 고체인 경우는 고용체 (Solid solution)으로 표현한다.

• 금속간화합물: 두 가지 이상의 금속원소가 간단한 정수비로 결합된 화합물로 보통의 합금인 고용체와는 달리 결정구조나 물리, 화학적 성질이 그 성분 원소와 명확이 다르며, 일정한 녹는점을 가진다.

3) 정압, 온도변화 → 상(Phase)의 변화 →번데, 변태짐

$$\alpha\text{-Fe(BCC)} \underset{912^\circ C}{\rightleftarrows} \gamma\text{-Fe(FCC)} \underset{1394^\circ C}{\rightleftarrows} \delta\text{-Fe (BCC)}$$

6. 상 변태(Phase Transformation)

한 결정구조에서 다른 결정구조로 바뀌는 것으로 원래의 상(Phase)인 모상으로부터 새로운 상(Phase)이 생성되어 대체되는 과정이다. 보통 1개의 상(Phase)은 처음부터 화합물인 경우와 용체인 경우로 나뉜다.

1) 동소변태(Allotrphic transformation)

동일원소에서 온도, 압력 등의 변화에 의해 일어나는 변태로 격자구조의 변화를 수반한다. 즉 원래의 조직에서 다른 조직으로 변화된다.

2) 자기변태(Magnetic transformation)

자기의 강도가 강자성체에서 상자성체로 자기 강도의 변화가 일어나며, 격자의 구조변화는 일어나지 않으며, 원래의 조직을 유지한다. 이때의 온도를 Cueic Point라 한다.

3) 규칙-불규칙 변태(Order-disorder transformation)

일종의 상(Phase)전이로 일정 조성범위의 합금이 일정 온도에서 원자배열이 규칙적인 배열에서 불규칙적인 배열로 변화하는 형태이며, 격자구조 변화는 일어나지 않는다. 예) 황동의 변태:460°C이상 불규칙 β 상, 이하는 규칙 β' 상

7. 변태점(Transformation point)

상의 변태가 일어나는 온도를 의미한다. 예) 순철의 변태

A3변태 A4변태
α - Fe ------> γ - Fe ------> δ - Fe
(BCC) 912℃ (FCC) 1394℃ (BCC)

8. 평형(Equilibrium)

1계에서 압력, 온도의 변화가 없는 경우로 계의 상태가 시간이 경과 해도 변화하지 않는 안정한 상태를 말한다. 상태도란 계에 있어서 임의의 농도, 온도, 압력에서 평형상태에 있는 각 상(Phase)의 종류와 상호 양을 도시한 것이다.

9. 자유도(Degree of freedom)

계의 상태를 변화시키지 않고 환경을 변화시킬 수 있는 수

염수: 압력, 온도, 농도 → 물질의 상태를 좌우하는 조건 ⇒ 3개의 자유도

F(자유도)=C(성분의 수)-P(물질의 상의 수)+2

물: 성분1, 상1, ⇒ 2개의 자유도(온도, 압력)

염수: 성분2, 상1, ⇒ 3개의 자유도(온도, 압력, 농도)

10. 상률(Phase rule)

1) 2개 이상의 상으로 구성된 계에서 상이 열역학적으로 평형상태에 있기 위해서는 어떠한 조건을 필요로 하는데, 이를 규정한 것이 상률이다.

2) 상률 : 자유도 F=C−P+2로 표현된다.

- C성분으로 구성되며 P개의 상을 갖는 불균일계
- 압력(P), 온도(T), 각상의 농도(C)
- 1성분계: 상태변수는 온도와 압력, 자유도 F=3−P.

3) 물, 얼음, 수증기 구역 : 1상이므로 F=3−1=2

∴ 온도, 압력을 변화시켜도 1상 유지

4) 2상 공존영역 : F=3−2=1

∴ 압력이 결정되면 온도가 자동적으로 결정된다.

5) 점T(3중점) : 3상 공존이므로 F=3−3=0

∴ 0.0075℃, 4.58mmHg이어야 함. 즉 온도, 압력이 일정하다.

3.2 평형상태도(Equilirium phase diagram)

온도, 압력, 성분농도가 변화하는 데 따라서 합금의 상(Phase)이 어떠한 상태로 되는 가를 니타내는 그림이다. 즉 평형적으로 존재하는 합금의 상(Phase)의 영역을 나타내는 것이 평형상태도 이다.

3.2.1 고용체의 평형상태도

1. 액상선(Liquidus): 그림3−3의 곡선 A' C_2D_2B'가 액상선이며, 초정(初晶)이 검출되는 변태개시 온도 곡선이다.

2. 고상선(Solidus): 곡선 A' C_3D_3B'가 고상선이며, 액체에서 고체로 변태가 완료된다.

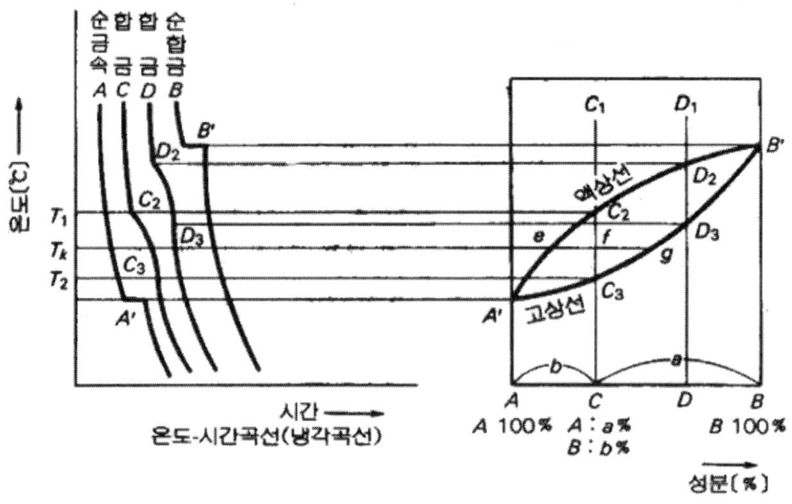

그림3-3 고용체의 액상선과 고상선

3.2.2 Fe-C 평형상태도

순수 금속이나 합금을 용융점에서 아주 서서히 냉각시키면서 상태의 변화를 나타낸 그래프로 가로축은 첨가한 원소의 비율을 나타내며, 세로축은 온도를 나타낸다.

실제로 극단적으로 서서히 냉각을 시키면서 상(Phase)의 변화를 보는 경우는 거의 없고, 철과 탄소 두 가지만으로 구성되는 경우는 없다. 그러나 모든 열처리의 기본이 되는 그래프로 매우 중요하다.

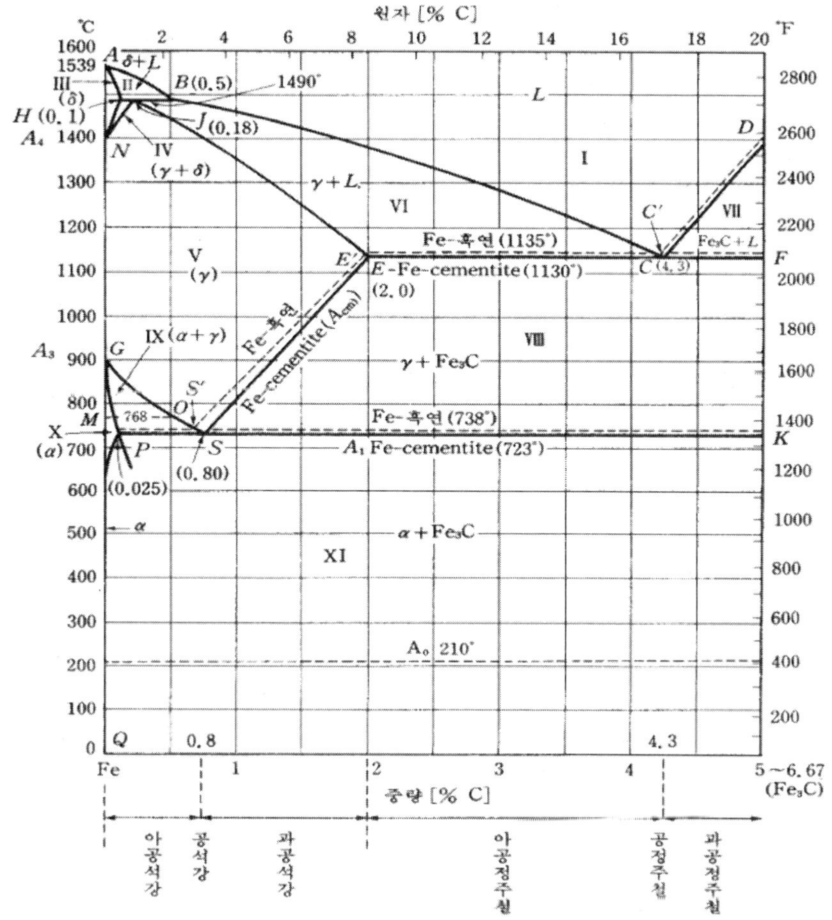

그림3-4 Fe_3C 평형상태도

1. 6.67%C까지의 탄소를 가지는 Fe-C 합금을 매우 서냉시킬 때 온도에 따라서 존재하는 상 영역을 나타낸 그림이다.

1) Fe-Fe_3C계: 시멘타이트(Cementite)→ 실선

2) Fe- C계: 흑연(Graphite)

2. Fe-C계 상태도의 설명

표3-1에서 Fe-C계의 각 선, 점의 의미를 설명 하였다.

표3-1 Fe-C계 각 선 및 점의 의미

A	순철의 용유점(1539°C)
AB	δ 페라이트의 액상선(liquidus line),응고가 시작되는 온도
AH	δ 페라이트의 고상선(Solidus line),응고가 완료되는 온도
BC	γ 오스테나이트의 액상선, 융액에서 응고가 시작되는 온도
HJB	포정선(Peritecticline),1490°C 일정온도에서 (J점:0.18% C,B점:0.5%C δ 페라이트(H)+액상(B)=오스테나이트의 포정반응을 일으킴. 이 반응은 3상 공존이므로 일정온도에서 진행됨.
N	순철의 A4변태점, 1400°C에서 (δ철에서 γ철로 변태)
NH	δ 페라이트가 γ 오스테나이트로 변태시작하는 온도
NJ	δ 페라이트가 γ 오스테나이트로의 변태를 완료하는 온도
CD	Cementite(Fe3C)의 액상선, 융액에서 Fe3C가 정출하기 시작하는 온도
E	γ 오스테나이트에 대한 C의 최대고용한(1130°C, 2.0%C)지점으로 강과 주철을 구분하는 지점
C	공정점(1130°C, 4,3%)레데뷰라이트 조직이다.
ECF	공정선, 탄소함유량 2,0%∼6.67%까지
ES	γ 오스테나이트로부터 시멘타이트가 석출하기 시작하는 온도(Acm선)
G	순철의 A3 변태점 즉 (α철) ↔ (γ철) (910°C)
GS	γ 오스테나이트로부터 α 페라이트로 변태를 시작하는 온도(A3변태점∼이 점들은 탄소함유량의 증가에 따라서 강하하여 C 0.8%에서 A1점 (732°C)과 합치됨.
GP	γ 오스테나이트로부터 페라이트로의 변태가 종료되는 온도.
M	순철의 A2변태점(자기변태점:768°C)
MO	강의 A2변태선(768°C)
S	공석점(723°C, 약 0,8%C), γ 오스테나이트에서 α 페라이트와 Fe3C가 동시에 석출하는 지점, 공석강을 만드는 점.
P	α 페라이트의 탄소최대 고용점,(탄소량 0,025%)
PSK	공석선(A1변태선), 온도723°C, 탄소량 0,025%∼6,67%까지
PQ	α 페라이트의 탄소용해도 곡선, C의 양은 온도강하에 따라서 감소하여 상온에 0.08%정도임(순철구간)

3. Fe-C계의 상태도 조직과 결정구조

표3-2에 상태도 조직의 각 구역별 조직성분을 나타내었으며, 표3-3에 조직의 결정구조를 나타내었다.

표3-2 각 구역의 조직 성분

구역	조직성분	구역	조직성분
I	용액	VII	Fe_3 C+용체
II	δ고용체+용액	VIII	γ고용체+Fe_3 C
III	δ고용체	IX	α고용체+γ고용체
IV	δ고용체+γ고용체	X	α고용체
V	γ고용체	XI	α고용체+Fe_3 C
VI	γ고용체+용액		

표3-3 조직과 결정구조

기호	명칭	결정구조
α	α ferrite	B.C.C
γ	austenite	F.C.C
δ	δ ferrite	B.C.C
Fe3C	cementite or 탄화철	금속간 화합물
α+Fe3C	pearlite(공석조직)	α와Fe3C의 기계적 혼합
γ+Fe3C	ledeburite(공정조직)	γ와Fe3C의 기계적 혼합

4. 불변반응(lnvariant reaction)

1) 공석반응(Eutectoid reaction)

- 어떤 일정한 온도에서 한 개의 고용체로부터 동시에 다른 두 개의 고상이 석출되는 현상.
- 공석반응: $\gamma \rightarrow \alpha + \beta$
- Fe-Fe_3C 상태도에서의 공석반응은 0.85%C의 조성을 갖는 γ오스테나이트가 723°C의 일정한 온도에서 0.02%C의 조성을 갖는 α 페라이트와 6.67%C의 시멘타이트(Fe_3C)로 분해 되는 반응

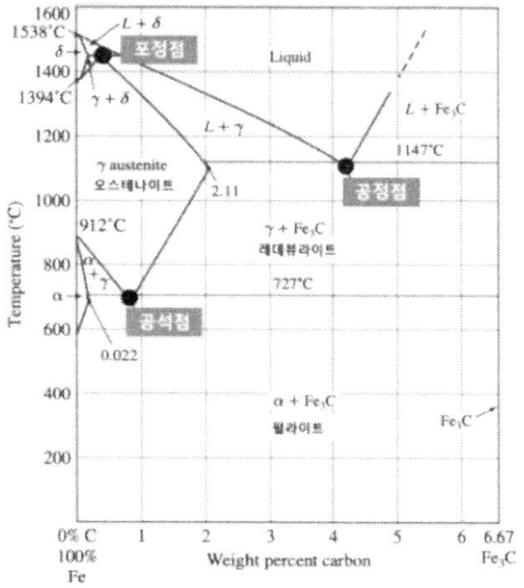

그림3-5 Fe-C계불변반응

γ 오스테나이트 (0.8%C) —723 ℃→ α 페라이트 (0.02%C) + 시멘타이트 (6.67%C)

•공석강: 0.8% C의 조성을 갖는 강

•공석조직 α (페라이트) + Fe3C(시멘타이트) => Pearlite (펄라이트)

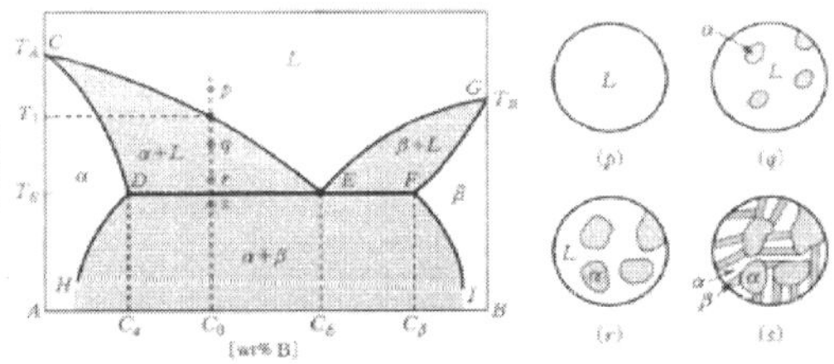

그림3-5 공석 조직

2) 공정반응(Eutectic reaction)

•용융 합금이 냉각할 때 일정한 온도(공정점)에서 두 고상이 동시에 정출되는 현상

•공정반응: L→ α + β

•$Fe-Fe_3C$ 상태도에서의 공정반응은 4.3%C의조성을 갖는 액상이 1148°C의 일정한 온도에서 2.08%C의 조성을 갖는 γ 오스테나이트와 6.67%C의 시멘타이트로 변화하는 반응.

액상 (4.3%C) —1148 ℃→ γ 오스테나이트 (2.08%C) + 시멘타이트 (6.67%C)

• 공정점: 공정반응이 일어나는 조성과 온도.

• 공정조직: 층상구조

3) 포정반응(Peritectic reaction)

• 하나의 고상(α)과 하나의 액상(L)이 반응하여 새로운 고상이(β)정출되는 항온변태 반응.

• $Fe-Fe_3$ C상태도에서의 포정반응은 0.53%C의 조성을 갖는 액상과 0.09% C의 조성을 갖는 δ 페라이트가 1495°C의 일정한 온도에서 0.17%

C의 조성을 갖는 γ 오스테나이트로 변화하는 반응

$$\underset{(0.53\%C)}{\text{액 상}} + \underset{(0.09\%C)}{\delta\text{ 페라이트}} \xrightarrow{1148℃} \underset{(0.17\%C)}{\gamma\text{ 오스테나이트}}$$

•포정조직: α 상 주위에 β가 둘러싸는 듯한 조직(그림3-6)

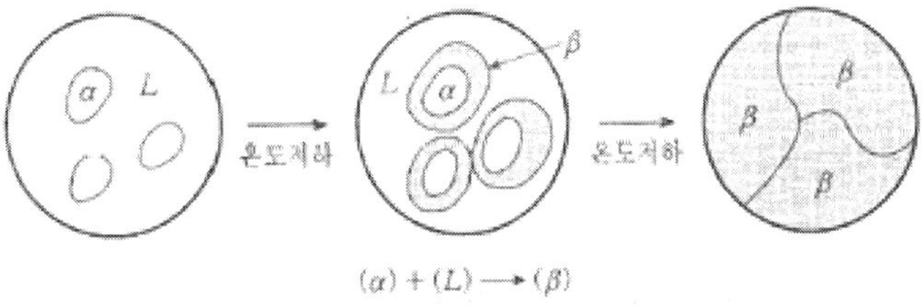

그림3-6 포정 조직

3.2.3 철-탄소 평형상태도(Fe-Fe_3C상태도)

열처리를 위해 강의 변태 특성을 이해하는 것이 매우 중요하며, 강에 있어서 가장 중요한 합금원소는 탄소이므로, 철-탄소 평형상태도의 이해는 열처리의 기초적이고 근본적인 사항이다. 그림 3-7은 평형상태도는 강의 온도를 매우 천천히 가열하거나, 냉각시키면서 변하는 강의 상태변화를 나타낸다. 여기서 가로축은 탄소함유량을, 세로축은 온도를 나타낸다.

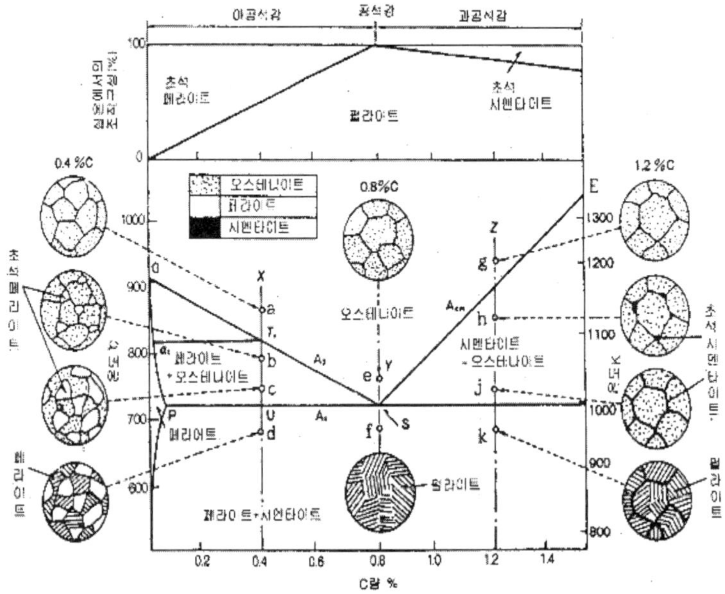

그림3-7 Fe-Fe$_3$C계 평형상태도와 변태조직도

1. 탄소강의 서냉 시 조직변화

1) 공석강

0.8%C의 공석탄소강을 750℃ 정도로 가열하여 충분한 시간 동안 유지하면 조직은 균일한 단상의 오스테나이트가 되는데, 이 과정을 오스테나이트화(Austenitizing)라고 한다.

이 공석강을 평형에 가까운 냉각속도로 서냉시킬 때 그림 2.4에서 e로 표시된 온도, 즉 공석온도 직상에서는 아직까지 조직은 오스테나이트 상태로 있다. 그러나 온도가 더 내려가서 공석온도 이하로 되면(그림3-7 f) 오스테나이트는 α 페라이트와 시멘타이트(Fe3C)의 혼합조직으로 변태하게 된다. 이 조직은 그림 3-8(a) 볼 수 있듯이 페라이트와 시멘타이트가 교대로 반복되어지는 층상조직(lamellar structure)을 형성하고 있으며, 그 형태가 진주(pearl)와 비슷하기 때문에 펄라이트(Pearlite)라고 부른다.

이와 같이 펄라이트는 단상조직이 아니라 페라이트와 시멘타이트의 2상 혼합조직이라는 사실에 유의해야 할 것이다. 따라서 서냉된 0.8%C의 공석강을 A1 변태온도 직하에서 지렛대법칙(lever rule)을 적용시키면, 이 합금을 구성하고 있는 페라이트와 시멘타이트의 중량분율을 알 수 있다. 그림3-8(b)는 공석강의 형성과정을 표현했다.

(a) (b)

그림3-8 공석강의 조직과 형성과정

2) 아공석강

0.4%C의 아공석 탄소강을 900℃(그림3-7a) 로 가열하여 충분한 시간동안 유지하게 되면 공석탄소강에서와 마찬가지로 균일한 오스테나이트로 된다. 그리고 이 아공석강을그림 3-7b점(약 775℃)까지 서냉시키면 오스테나이트 결정립계에서 **초석 페라이트**(proeutectoid ferrite)가 우선적으로 핵생성하기 시작한다. 이 강을 다시 c점까지 서냉시키면 초석페라이트는 오스테나이트 속으로 계속해서 성장해간다. 이때 페라이트가 형성된 지역의 과잉탄소는 오스테나이트-페라이트 계면으로부터 오스테나이트 쪽으로 밀려나므로, 남아있는 오스테나이트의 탄소량은 점점 많아지게 된다. 따라서 A1 변태온도 직상인 c 점에 도달되면 남아 있는 **오스테나이트의 탄소량은 0.4%에서 0.8%로 증가**하게 된다. 따라서 A1 변태온도인 723℃ 직하인 d 점에 도달되면 남아 있는 오스테나이트는 공석반응에 의해서 펄라이트로 변태하게 된다. 펄라이트를 구성하고 있는 페라이트는 초석 페라이트와 구별하기 위해서 **공석 페라이트**(eutectoid ferrite)라고 부르며, 이 두 페라이트의 조성은 평형조건하에서는 같아진다.

A1변태온도 직상인 c 점에서 지렛대법칙을 사용하면 초석 페라이트와 오스테나이트의 중량분율을 다음과 같이 계산할 수 있다.

$$\text{초석 페라이트 분율}(wt\%)=\frac{0.80-0.40}{0.80-0.02}\times 100\%=50\%$$

$$\text{오스테나이트 분율 }(wt\%)=\frac{0.40-0.02}{0.80-0.02}\times 100\%=50\%$$

(3.3),(3.4)

723℃의 A1 변태온도에서 남아있는 모든 오스테나이트는 A1 변태온도 이하로 냉각될 때에 펄라이트로 변태하기 때문에, 그림3-7에서 A1 변태온도 직하인 d 점에서의 펄라이트의 중량 분율은 A1 변대온도 직상인 c 점에서의 오스테나이트의 중량 분율과 같게 될 것이다. 따라서 0.4%C의 아공석강에 있어서 723℃ 직하의 온도에서 존재하는 펄라이트의 중량 분율은 50%가 된다. 한편 A1변태온도와 상온에서 페라이트의 탄소 고용도 한계의 차이는 미미하므로 상온에서의 초석 페라이트와 펄라이트의 상대적인 양은 d 점에서 계산된 값과 비교해서 큰 차이가 없다. 그림 3-9(a)0.4%C의 아공석강을 1095℃에서 오스테나이트화한 후에 상온으로 공랭시킨 조직을 보여준다. 여기에서 흰색 부분이 초석 페라이트이고, 검은 부분이 펄라이트이다. 그림3-9(b)는 아공석강의 형성과정을 표현했다.

(a)

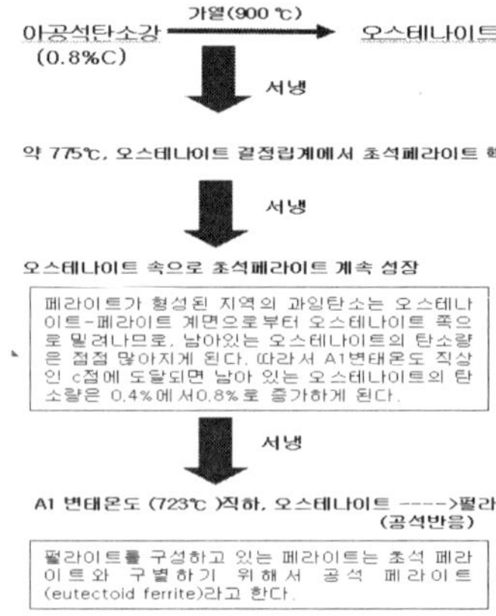

(b)

그림3-9 아공석강의조직과형성과정

3) 과공석강

1.2%C의 과공석강을 950℃(그림3-7g 점)에서 충분한 시간 동안 유지하게 되면 공석강에서와 마찬가지로 균일한 오스테나이트로 된다. 이 강이 그림 3-7의 h 점 온도로 서냉되면 오스테나이트 결정립계에서 초석시멘타이트(proeutectoid cementite)가 핵생성 되어 성장하게 된다. 다시 이 강이 j 점까지 냉각되는 동안에 초석 시멘타이트는 계속 성장해가면서 오스테나이트에 있는 탄소를 고갈시키게 된다. 이 냉각과정이 평형 냉각이라고 가정할 때에 j 점의 온도에서남아 있는 오스테나이트의 탄소량은 1.2%에서 0.8%로 감소하게 될 것이다. 따라서 이 오스테나이트는 A1 변태온도 이하로 냉각되면서 공석반응에 의한 펄라이트로 변태하게 된다. 펄라이트를 구성하고 있는 시멘타이트는 초석 시멘타이트와 구별하기 위해서 공석 시멘타이트(eutectoid cementite)라고 부른다.

A1 변태온도 직상인 그림 2.4의 j 점에서 지렛대법칙을 사용하면 초석 시멘타이트와 오스테나이트의 중량분율을 구할 수가 있다. 즉,

$$초석\ 시멘타이트\ 분율(wt\%)=\frac{1.2-0.80}{6.67-0.80}\times 100\%=6.8\% \qquad (3.5)$$

$$오스테나이트\ 분율(wt\%)=\frac{6.67-1.2}{6.67-0.80}\times 100\%=93.2\% \qquad (3.6)$$

아공석강에서와 마찬가지로 공석온도인 723℃ 직상에서 남아 있는 오스테나이트는 723℃이하로 냉각 시 펄라이트로 변태하므로, 그림 3-7에서 A1변태온도 직하인 k점에서의 펄라이트의 중량 분율은 A1 변태온도 직상인 j 점에서의 오스테나의 중량 분율과 같게 될 것이다. 따라서 1.2%C의 과공석강에 있어서 723℃ 직하의 온도에서 존재하는 펄라이트의 중량 분율은 93.2%가 된다. 한편 A1 변태온도와 상온에서 페라이트의 탄소 고용도 한계의 차이는 미미하므로 상온에서의 초석 시멘타이트와 펄라이트의 상대적인 양은 k 점에서 계산된 값과 큰 차이가 없다.

여기서 한가지 주목할 만한 사실은 0.4%C의 아공석강에서는 50%의 초석 페라이트가 나타나는 반면, 1.2%C의 과공석강에서는 단지 6.8%의 초석 시

멘타이트가 나타난다는 것인데, 이 사실은 그림 3-9(a)의 0.4%C 아공석강의 미세조직과 그림 3-10(a)의 1.2%C 과공석강의 미세조직을 비교해보면 명확히 알 수 있다. 이와 같이 초석상의 분율이 차이나는 이유는 0.4%C의 아공석강에서는 (γ+α)상 영역이 0.025~0.8%C 범위에 있지만, 1.2%C의 과공석강에서는 (γ+Fe3C)상 영역이 0.8~6.67%C 범위에 있기 때문이다. 그림3-10(b)는 과공석강의 형성과정을 표현했다. 출처https://makersweb.net/me/1533

(a)

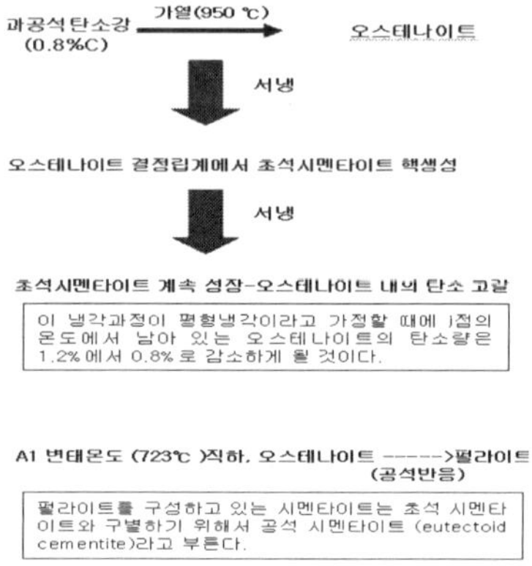

(b)

그림3-10 과공석강의 조직과 형성과정

4) 강의 열처리에 중요한 임계온도

- A1(자기변태)

  페라이트-시멘타이트 영역과 오스테나이트와 페라이트 또는 오스테나이트와 시멘타이트영역 간의 경계

  강의 가열시 변태온도

  723℃-10.7Mn-16.9Ni + 29Si + 16.9Cr + 6.38W + 290As

- A3(동소변태)

  페라이트측 오스테나이트와 오스테나이트영역 간의 경계

  강의 가열시 변태온도

  910℃-15.2Ni + 44.7Si + 104V + 31.5Mo + 13.1W

3.2.4 강의 조직과 그 성질

1. 강의 표준조직(평형상태도에서 형성되는 조직)

1) 페라이트(Ferrite)→ α 철(순철)

라틴어 Ferrum(페럼)에서 나온 말로 그 성분은 거의 순철에 가깝다. 순철(Pure Iron)에 대단히 적은 양의 탄소(0.008~0.02%)가 고용된 고용체로서 α-Fe 또는 지철 이라고 하며, 조직학상으로는 페라이트(Ferrite)라고 한다. 결정구조는 체심입방정(BCC), 910℃에서 A3 변태하여 γ 철(FCC)로 변신한다. 금속현미경으로 보면 다각형의 결정립으로 나타나며 백색으로 보인다. 페라이트의 특징은 극히 연하고 연성이 크며, 인장강도는 비교적 적다. 상온에서는 강자성이며, 전기전도도가 높다. 담금질로도 강화되지 않는다. 페라이트(Ferrite)조직은 자석이나 철심에 사용되는 아철산염(亞鐵酸鹽)으로 라디오나 T.V등의 코아, 필터, 또는 자석 등 생활에 많이 사용되고 있다.

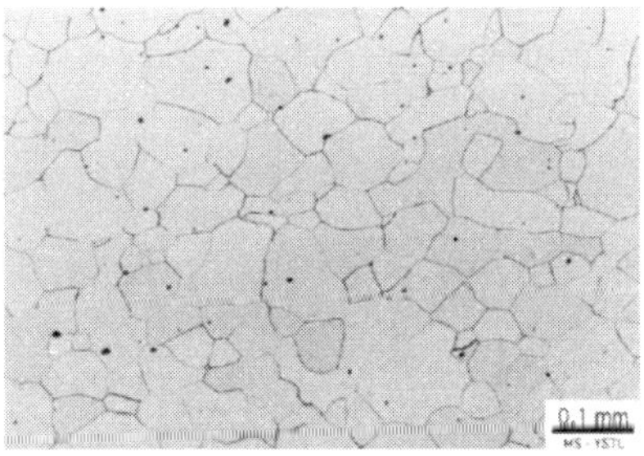

Magnification X100
Etching reagent 3% Nital (Approx 12s)
Composition
C 0.02%, Si 0.24%, Mn 0.22%, P 0.005%, S0.017%

Heat treatment 950℃X1h Air cool (Normalizing)
Hardness 40 to 70 HB
Tensile strength 216 to 314 N/ · (22 to 32 · f/ ·)
Elongation 40 to 50 %

그림3-11 페라이트(Ferrite)현미경 조직

2) 펄라이트(Pearlite)

1885년 영국의 H. C. Sorby에 의해 이름을 붙여졌으며, 페라이트와 세멘타이트의 층상 혼합물로 구성되어 있다. 현미경으로 검사하면 진주조개(Pearl)와 같은 형태와 색을 나타내 펄라이트(Pearlite)라 한다. 철의 상태도에서 탄소 0.77%, 727℃의 지점에서 공석정(α-Fe3C)을 형성한다. 즉 α-Fe과 Fe3C의 층상조직으로 나타나며 현미경의 작은 배율로는 다만 검고 어두운색으로만 나타나지만 수백배의 배율로 보면 명암의 무늬가 확실히 나타난다. 펄라이트의 특징은 페라이트에 비하여 훨씬 강하고 경하다. 펄라이트는 담금질에 의하여 경화되며, 오스테나이트상태의 강을 천천히 냉각했을 때, 즉 어닐링(Annealing)에의해 얻어지는 조직이다. 펄라이트조직을 가열하면 A1변태점(730℃)에서 전부 오스테나이트로 변태한다. 펄라이트중의 C %는 일정하며 약 0.8%이다. 펄라이트는 경도, 강도가 그다지 높지 않고 자성을 띄며 가장 안정한 조직이다. 그림3-12(a)는 펄라이트(Pearlite) 현미경 조직이며, (b)는 펄라이트(Pearlite)조직의 시멘타이트(Cementite)층과 페라이트(Ferrit e)층의 복합구조를 확대한 그림이다.

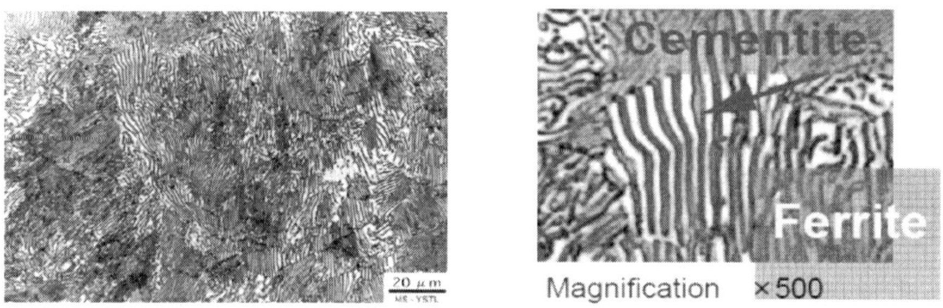

(a) (b)

그림3-12 펄라이트(Pearlite)현미경 조직

펄라이트(Pearlite)는 α 페라이트와 Fe3C의 중간성질이며, α 페라이트 중간중간에 시멘타이트(Fe_3C)가 반복적으로 층을 이루고 있다.
그림3-13에 펄라이트(Pearlite) 층별 조직을 나타내었다.

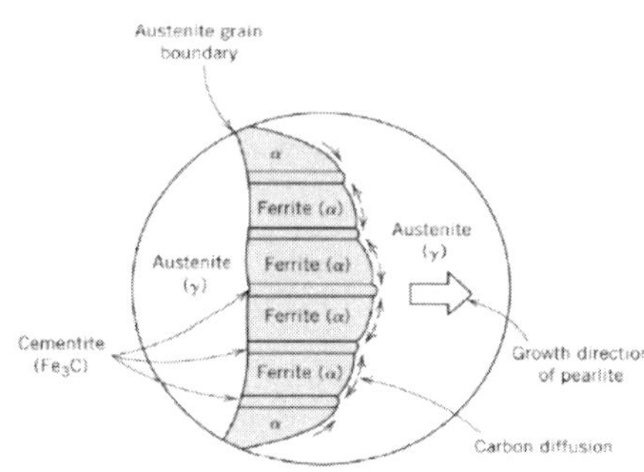

그림3-13 펄라이트(Pearlite)층별조직

3) 시멘타이트(Cementite)

고용한계 이상으로 탄소가 고용되면 탄소와 철이 화합하여 탄화철(Fe_3C)이 된다. 미국의 H. M. Howe가 명명했다.
금속적 광택을 띄고 경도는 퀜칭(Quenching)한 강보다도 높으며, 자성을 갖고 있다. 자성은 순철의 약 2/3, 215℃에서 자성을 잃는다. 이 변태를A0 변태 또는 시멘타이트의 큐리포인트(Curie point)라고도 부른다. 현미경 조직의 형태는 층상(層狀), 망상(網狀), 구상(球狀), 침상(針狀) 등 여러 가지이며, 보통 백색 조직으로 나타나므로 페라이트와 구별이 어렵다. 피크린산소다의 알카리용액에서 끓여주면 흑색이 되어 페라이트와 쉽게 구분된다.

시멘타이트는 불안정한 화합물로서 900℃에서 장시간 가열하면 분해하여 흑연 Graphite로 변화한다. 이를 그라파이트의 흑연화라고 한다.

시멘타이트(Cementite)조직은 대단히 경하고 취약하며 비중은 7.82 정도이고, 경도는 브리넬로 820 정도이다. 상온에서는 강자성이며 담금질 처리해도 경화하지 않는다. 특히 고탄소 공구강에서는 망목상으로 시멘타이트가 존재하면 균열이 발생되는 원인이 되므로 반드시 열처리하여 구상화시키면 구상화 시멘타이트가 이루어져 균열에 대한 방지를 할 수 있다. 그림3-14 는 시멘타이트(Cementite)의 현미경 조직으로 페라이트(Ferrite)조직과 유사하며, 그림(a), (b)의 조직은 층상, 망상, 구상, 침상 형태로 나타난다. 그림(c)는 시멘타이트(Cementite)조직을 구상화 열처리(Annealing)한 조직이다.

- Fe−C의 금속간화합물인 철탄화물(Fe_3C)
- 탄소함유량: 6,67% / 93.3%철(Fe)
- 사방정 결정구조(단위격자당 12개의 Fe원자와 4개의 C원사를 가짐)
- 매우 강하고 취약한 성질

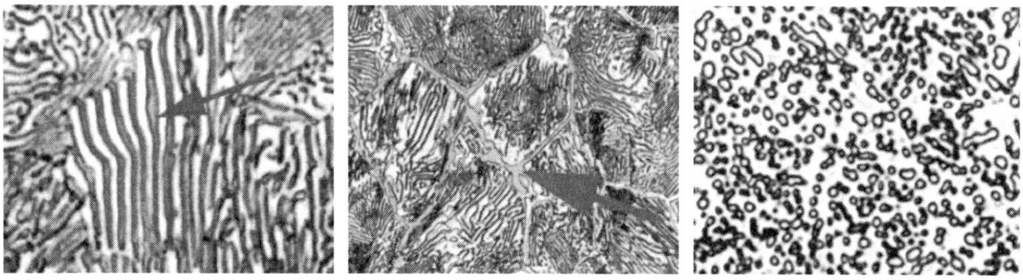

(a) (b) (c)

그림3-14 시멘타이트(Cementite)현미경 조직

4) 오스테나이트(Austenite)

영국의 로버트 오스틴경(Sir Robert Austen)이 발견한 조직으로 γ− Fe에 탄소가 고용된 침입형 γ 고용체를 오스테나이트라고 하며, A1 변태점(723℃) 이상으로 가열 시 생기는 조직으로, 변태점 이상에서 안정상을 이루는 고온 안정조직으로 인성이 좋고 소성 변형성이 우수한 면심입방격자(FCC)를 이루면 비자성을 갖고 있으며, 전기저항이 크다. 담금질 후에 저탄소강에는 존재하는 일이 적고 고탄소강이나 합금강에서 오스테나이트가 잔류하는데 이로 인하여 치수 변형의 원인이 되기도 한다. 경도는 마르텐사이트보다 낮다. FCC 구조이기 때문에 BCC보다 빈공간은 적지만 고용할 수 있는 탄소의 양이 더 많다. α-고용체 가열 시 γ 고용체가 될 때 체적의 감소를 보이는데, 이는 FCC의 1개 단위를 이룰 때 BCC에 비해 두배의 원자수가 필요하기 때문이다. 따라서 온도가 올라감에도 불구하고 체적 감소를 가져온다. 온도증가 시 열로 인해 체적이 증가하지만, 원자개수가 정해져 있어 원자개수가 두배로 필요하면 나올 수 있는 결정의 개수는 절반이 되는 것이므로 결정의 개수 감소로 체적이 감소한다.

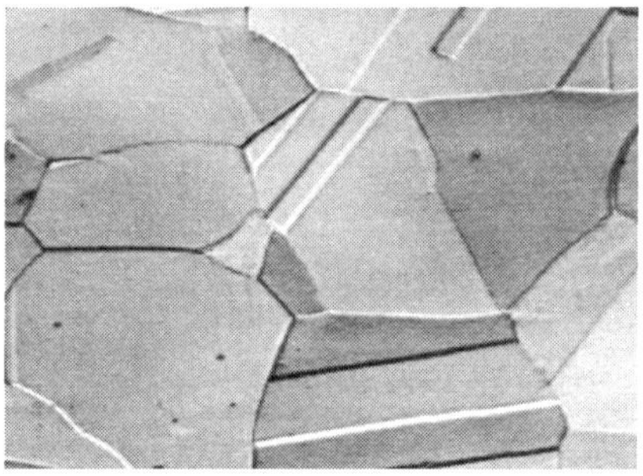

그림3-15 오스테나이트조직

탄소고용도는 1148°C에서 2.08%가 최대치이며, 온도가 감소함에 따라 723°C에서 0.8%로 줄어든다. 그림3-15는 오스테나이트 현미경 조직이다.

2. 열처리와 평형상태도

열처리는 가열과 냉각의 조합에 의해 이루어 진다. 평형상태도에서 가열과 냉각의 사이클은 **고온의 평형상태 → 저온의 평형상태**로 요약된다.

2개의 평형상태의 이동 인자는 온도이다. 원자의 이동은 즉 확산(Diffusion)은 온도에 강하게 영향을 받으며, 냉각속도가 조직의 형성에 큰 영향을 미치는 것이다. 온도에 따라 변태가 되며, 변태는 결정형의 변화를 수반하지만, 그중 고온에서는 모상을 떠나서 새로운 상을 구성하는 원자의 이동을 **확산변태**라 한다. 또한, 급속히 냉각하면서 원자군이 일시에 어떤 방향으로 순간적으로 이동하여 조직을 형성하는 것을 **전단변태** 또는 마르텐사이트 변태라 한다.

과냉조직이 어느 시점에서 변태를 하는가를 확인하는 것은 매우 중요하다. 이를 선도도 나타낸 것을 열처리 변태도라 이며, TTT선도, CCT선도 2종류가 있다.

1) TTT(항온변태곡선), Time-Temperature-Tranformation

A1변태온도(723°C)이상으로 가열하여 오스테나이트 조직한 후, A1온도이하로 급냉하여 일정온도에서 항온유지하면 오스테나이트 조직이 변태하는 것이 **항온변태**이며, 이 조직의 변화를 시간, 온도에 대한 그림으로 나타낸 것이 **항온 변태곡선** TTT(Time-Temperature-Tranformation)이다. 또한, 곡선의 형태에 따라 C 곡선이라고도 하며, 항온변태가 가장 먼저 일어나는 지점인 C형의 코 부문을 Nose 라 부른다. 그림3-16에 TTT선도를 나타내었다.

- Nose생성: 핵생성시 원자의 이동도와 구동력 때문에 형성된다.

  구동력의 계산은 식(3.7)에 의해 계산된다

$$N = wC_0 \exp\underbrace{\left(-\frac{\Delta G_m}{kT}\right)}_{\text{이동도 항}} \cdot \exp\underbrace{\left(-\frac{\Delta G^*}{kT}\right)}_{\text{구동력 항}} \qquad (3.7)$$

- 핵생성 속도는 원자의 이동도와 구동력에 의해 결징된다.
- 고온에서는 원자의 이동도는 크고 구동력이 작아지며, 저온에서는 구동력은 크나 이동도가 작다.
- 중간온도에서 핵생성 속도가 최대이며 TTT Curve의 Nose는 중간 온도(550°C)에서 생성된다.

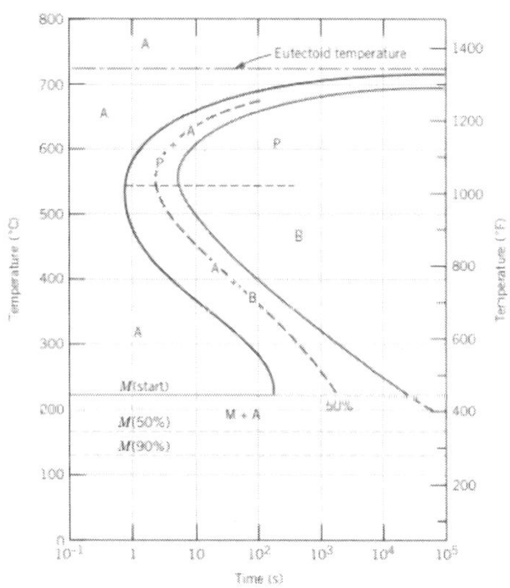

그림3-16 TTT Diagram

- Nose를 중심으로 위에서 항온변태는 펄라이트(Pearlite)조직으로 변태되며, 아래서의 항온변태는 베이나이트(Bainite)조직이 형성된다.

  이 두 조직의 상변태는 시간에 의존하여 이루어 진다.

- 베이나이트(Bainite)조직은 형성 온도에 따라 상부 베이나이트와 하부 베이나이트로 구분되는데 상부 베이나이트는 (550°C~350°C)에서, 하부 베이나이트는 (350°C~250°C)에서 형성된다.

• 그 후 냉각 온도변화에 따라 마르텐사이트(Martensite)가 시작(Ms)되고 종료(Mf)된다. 그림3-17(a)는 상부 베이나이트조직, (b)는 하부 베이나이트 현미경 조직이다.

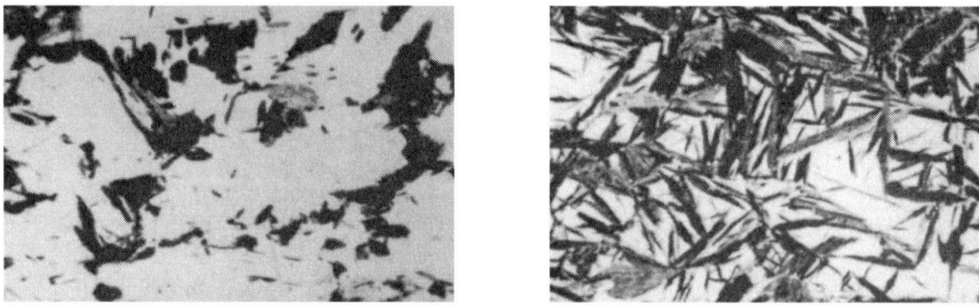

(a) (b)

그림3-17 상부 베이나이트 조직과 하부 베이나이트 조직

2) CCT(연속냉각곡선), Continuous Cooling Tranformation

여러 종류의 냉각속도를 가진 냉각곡선을 따라 변태의 개시점과 종료점을 표현한 것이 **연속냉각 변태도곡선** 또는 CCT곡선(Continuous Cooling Tranformation)이다. 항온 냉각의 경우 급냉한 후 온도를 일정하게 유지해야 하므로 현실적 어려움이 있다. 연속냉각은 이러한 단점을 극복하는 냉각 방식이다. 그림3-18은 CCT 곡선이다.

• 냉각속도는 고온 영역에서 빠르며, 저온 영역에서 느리지만, 통상은 변태온도 구간을 통과하는 시간에서 정의되는 평균 속도가 사용된다.(철강:800~900°C)

• 냉각속도가 빠를수록 조직내 원자들의 이동거리가 짧아지고 생성되는 결정립의 크기가 작아진다. 따라서 결정립이 작아지면 전위이동을 방해하므로 경도가 증가한다. 그림3-18에서 냉각속도에 따라 조직 형성이 달라지며, 냉각속도가 빠를수록 조직의 경도가 높아진다.

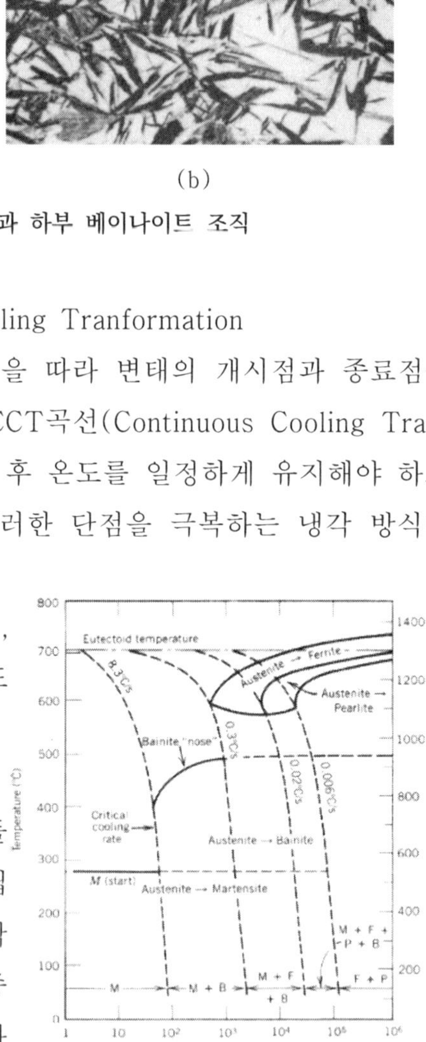

그림3-18 CCT Diagram

3. 강의 열처리 조직

1) 마르텐사이트(Martensite)

1891년 독일의 아돌프마르텐스(Martens)가 발견한 조직. 탄소를 고용하고 있는 α철, 즉 α 고용체(침입형고용체)를 마르텐사이트라고 한다.
현미경 조직적으로는 침상을 나타내고, 결정구조는 체심정방정(體心正方晶, B.C.T.) 및 체심입방정(B.C.C.)이며, 오스테나이트를 급냉하여 퀜칭할 때에 얻어진다. 강의 열처리 조직중 가장 단단하고 취성이 있으며, 강자성을 띈다. 퀜칭한강이 단단한 것은 이 마르텐사이트조직으로 변신하기 때문이다. 탄소강을 수중(물)에서 급랭시켰을 때 금속의 중앙에 발생하는 조직이며, 경도가 매우 높다. 탄소강을 A3 변태점 이상으로(오스테나이트계 구역) 가열하였다가 급냉하면 페라이트는 억제되고 시멘타이트만 과포화 고용체로 석출하게 된다. 변태가 생성되는 온도를 Ms라 하고 변태가 종료되는 점을 Mf라 한다. 마르텐자이트 변태는 무확산 변태이고 현미경으로 관찰하면 침상조직으로 담금질 작업에 의하여 읻어진나. 무확산 변태라서 확산할 시간이 필요하지 않다. 즉 냉각속도에 상관없이 일정 온도가 되면 변태가 일어난다는 뜻이다. 퀜칭시 페라이트가 나오지 않고 마르텐사이트를 얻기 위해 하부임계냉각속도 이상으로 냉각한다.

- 상부임계냉각속도: Ar''변태(마르텐사이트 변태)가 일어나기 시작하는 냉각속노
- 하부임계냉각속도: Ar'(페라이트변태)가 전혀 나타나지 않는 냉각속도

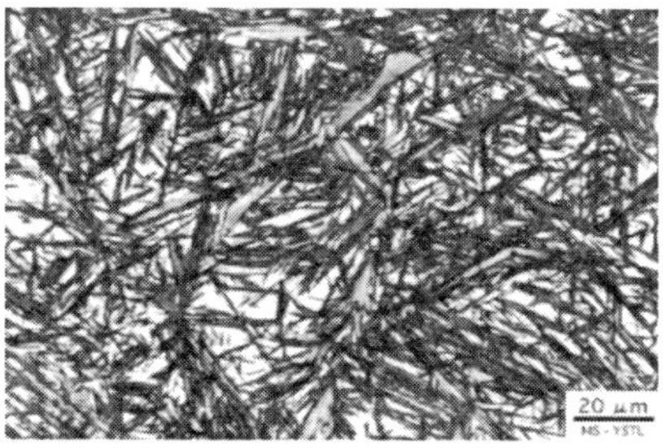

Magnification ×500
Etching solution 3% Nital (Approx. 12s)
Chemical component C 1.16%, Si 0.24%, Mn 0.46%, P 0.013%, S 0.017%
Heat treatment 1,100℃×30min. Oil Quenching for 8s, 180℃ x 15min. Tempering in oil, Air Cooling

그림3-19 마르텐사이트조직과 잔류 오스테나이트

2) 트루스타이트(Troostite)

프랑스의 투르스트(Troost)가 발견한 조직으로 투르스타이트(Troost-ite)라 명명 되었다. 마르텐사이트를 약 400℃에서 템퍼링하였을 때 얻어지는 조직으로 이를 뜨임 트루스타이트라 한다. 또한, 강을 유냉시킬 때 페라이트와 미세 시멘타이트의 혼합조직으로 Ar1 변태를 500~600℃에서 일어나게 할 때 생기는 조직으로 이를 담금 투루스타이트라 한다. 마르텐사이트 조직은 결정상으로 α 철과 세멘타이트의 미세한 입자가 혼합된 조직 상태로 되어 있다. 즉, 마르텐사이트의 기지에 세멘타이트의 미세 입자가 석출된 것과 같은 조직이다. 아주 미세한 펄라이트를 말하는데, 유냉으로 인해 페라이트 변태가 잠시 일어나지만 낮은 온도에서 일어나기 때문에 확산할 시간이 적어서 조대한 펄라이트가 아닌 미세한 펄라이트가 생성된다. 투루스타이트는 마르텐사이트에 버금가는 경도를 갖고 대단히 강한 조직이다. 그림3-20은 투루스타이트 현미경 조직이다.

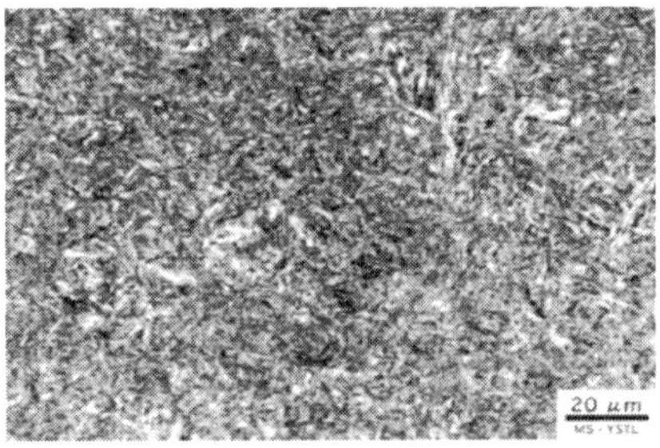

그림3-20 투루스타이트 조직

Heat treatment 850℃×30min. Water Quenching, 350℃×60min Tempering
Hardness 51 HRC
Magnification ×500
Etching reagent 3% Nital (Approx.9s)
Composition
C 0.88% Si 0.28%, Mn0. 36%, P 0.020%
S 0.013%

3) 솔바이트(Sorbite)

1863년 영국의 소르비(H. C. Sorby)가 발견한 조직이다. 마르텐사이트를 500~600℃에서 템퍼링할때 얻어지는 조직으로, 투르스타이트의 시멘타이드가 약간 거칠어진 상태이며, 유중에서 트루스타이트보다 냉각속도가 느릴 때 발생하는 조직이다. 트루스타이트 조직보다 강하며 여러 조직 중 가장 강인한 조직으로 구조용강으로 많이 쓰이며, 인성을 요구하는 와이어로프(Wire Rope)나 스프링(Spring)강 등에 쓰이고 있다. 비교적 높은 온도에서 변태가 일어나 확산이 어느 정도 잘되어 약간 미세하지만 트루스타이트보다는 조대한 펄라이트가 생성된다. 그림3-21은 솔바이트 현미경 조직이다.

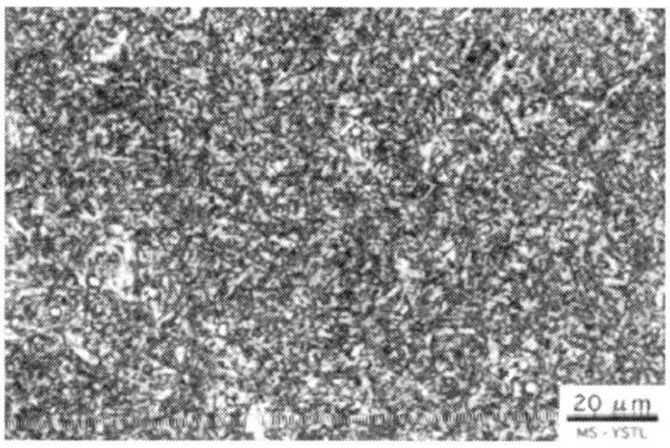

그림3-21 솔바이트 조직

Heat treatment 840℃×30min.Water Quenching, 580℃×60min. Tempering
Hardness 34 HRC
Magnification ×500
Etching reagent 3% Nital (Approx.10s)
Composition
C 0. 88%, Si 0.28%, Mn0. 36%, P0.020%, S 0.013%

4) 베이나이트(Bainite)

1930년 미국의 베인(E. C. Bain)이 발견했다.
오스테나이트를 오스템퍼링이라고 하는 특별한 열처리(등온열처리)할 때 얻어지는 독특한 조직이다. 상부베이나이트는 현미경 조직으로는 흑색의 익모상(翼毛狀, 펄라이트) 하부 베이나이트는 흑색의 침상(마르텐사이트的) 오스템퍼링에의 생긴 베이나이트는 종래의 퀜칭, 템퍼링한 것과 동일한 경도 및 질긴 성질을 가지므로 강인한 성질을 필요로 하는 기계부품에 적용된다. 베이나이트는 저온 변태이므로 매우 미세한 조직을 갖는다.

<베이나니트의 형성>

- Bainte는 nose(550˚C) 온도에서 Ms온도 사이에서 생긴다.
- 300~540˚C에서는 상부베이나이트가 생긴다.
  모양은 ferrite needle에 긴 시멘타이트가분리되어 있다.
- 200~300 ˚C 에서는 하부베이나이트가 생긴다.
  모양은 아주 미세한 rod 또는 blade 형태의 cementite를 함유한 얇은 ferrite 판으로 구성 되어 있다.
- 베이 나이트 영역에서 변태속도는 확산에 의해 제어된다. 베이나이트가 형성되는 저온에서 확산이 느리기 때문에 베이나이트는 아주 미세한 조직을 갖는다.
- Pearlite/ Bainite 경계온도에서 베이나이트와 펄라이트변태를 구분하기

어렵다. 이를 구분하려면 오스테나이트로부터 재가열하여야 한다.

그림3-22는 베이나이트 조직의 형성체계를 그림으로 나타낸 것이다.

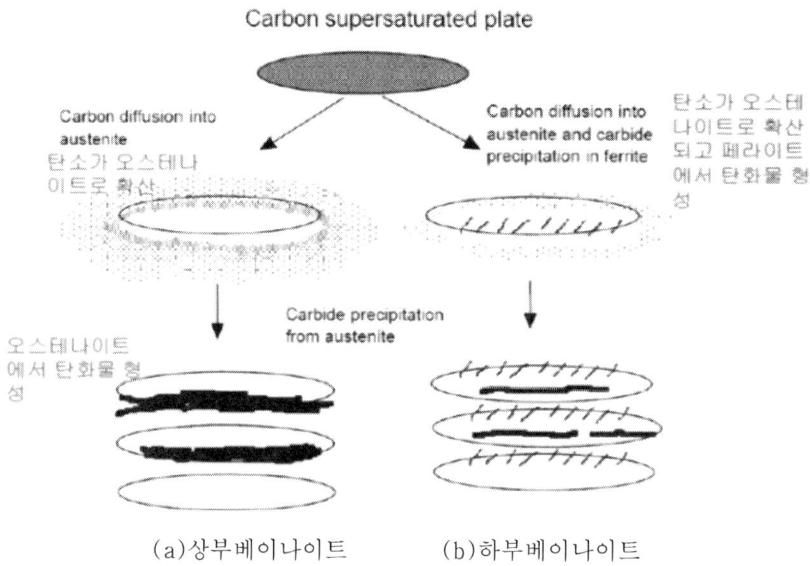

그림3-22 베이나이트 형성체계

4. 열처리 조직의 상호간의 관계

마르텐사이트를 템퍼링하면, 400℃에서 투르스타이트, 600℃에서 솔바이트가얻어진다. 퀜칭 후 400℃이상에서 템퍼링하는 것을 조질처리라 한다. 퀜칭에 의해 얻어지는 조직은 마르텐사이트와 베이나이트, 조질에 의해 얻어지는 조직은 투르스타이트와 솔바이트의 두가지가 된다.

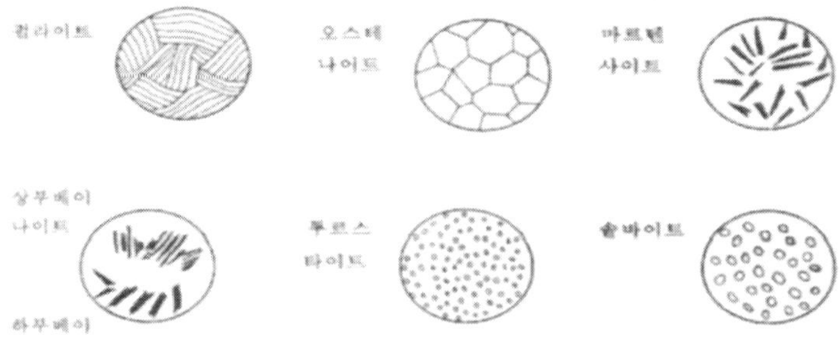

그림3-23 조직상호간의 관계

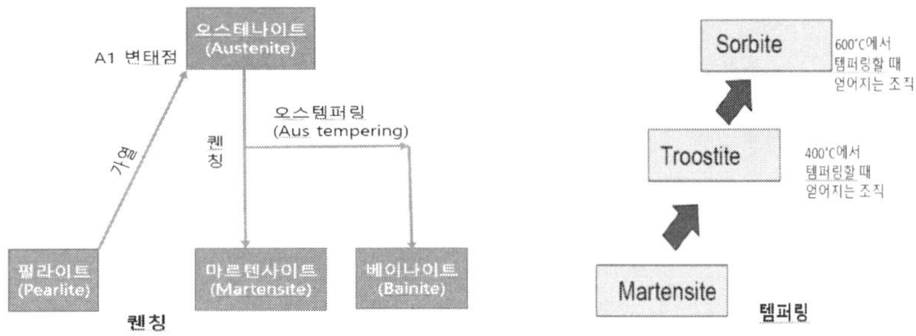

그림3-24 조직상호간의 관계 Diagram

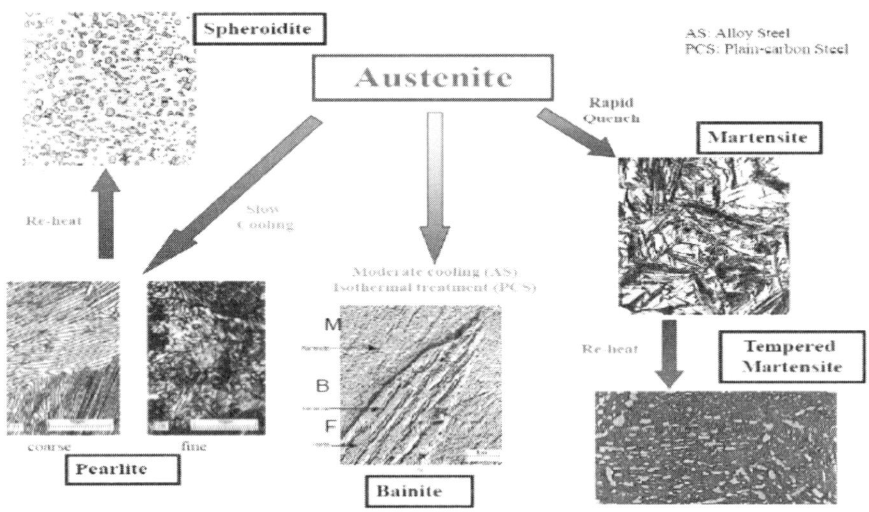

그림3-25 오스테나이트와 관계 조직

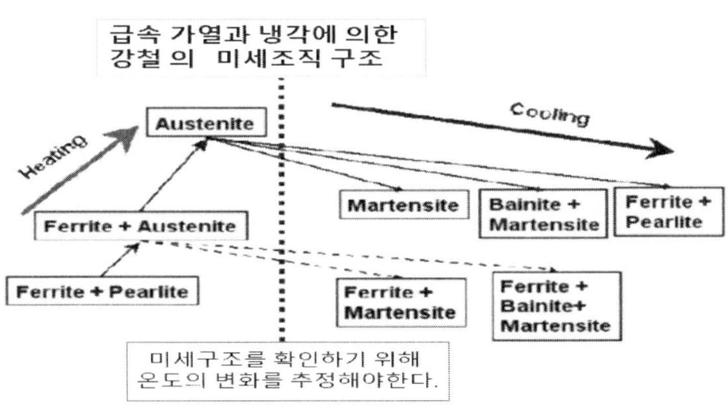

그림3-26 급속가열과 급속냉각에 의한 강철의 조직 구조

3.2.5 강의 상태도와 합금원소의 영향

합금원소는 Fe-C계를 기준으로 평형 관계에 영향을 미치며, 또한 저온의 평형상태로 이동하는 확산과정에 영향을 미친다. 따라서 합금원소는 CCT, TTT 선도에서 열처리성에 영향을 주어 철의 성질을 변화시킨다.

보통주철에서는 C, Si의 성분량과 냉각속도에 따라서 흑연 또는 Fe3C가 정출하는데 반하여 합금주철에서는 합금원소가 흑연화를 돕는가 하면 또는 Fe3C를 안정화하는가에 따라서 응고조직이 달라진다.

또 기지에 대하여는 Ferrite를 나오기 쉽게 하는가, Perlite를 안정하게 하는가 또는 Perlite 변태점을 낮추어 상온조직을 Martensite 또는 Austenite로 하는가에 따라서 합금주철의 성질은 크게 변화한다.

1. Fe-C계 평형상태도에 미치는 합금원소의 영향

3원계 이상의 상태도를 평면도로 나타낸다면 온도축을 분명히 밝히든가(등온단면 평형상태도) 제3원소량을 일정하게 한 Fe-C-X계로 하는 수밖에 없다. 그러나 저합금 등에서는 기본적으로 Fe-C계와 동형의 상태도로 생각되며 Ac3점의 측정을 기본으로 하여 고용화 열처리 온도가 정해져 있다.

고합금강이 되면 상태도의 형상은 상당히 변한다. 그림 3-27은 Fe-C계 **상태도**의 γ 단상 영역에 미치는 합금원소의 영향을 나타낸 것으로서, 점선은 Fe-C계를 나타내고 있다.

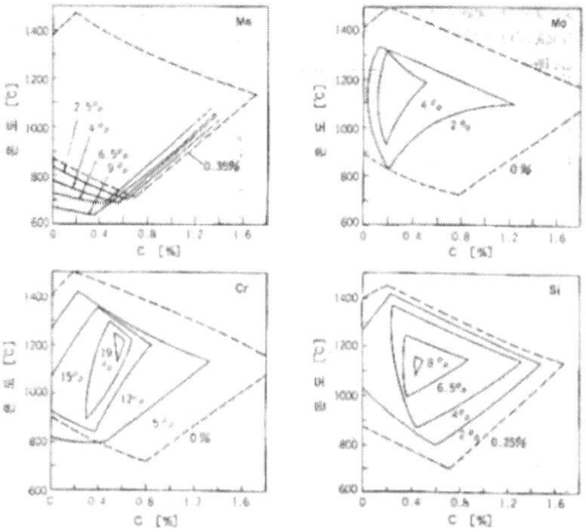

그림3-27 Fe-C계 상태도의 γ단상 영역의 형상에 미치는 합금원소의 영향

Ni이나 Mn은 γ 영역을 확대시키는 효과가 있지만, Mo, Cr, Si 등은 반대로 감소시킨다.
Cr, Mn 등의 합금원소는 Fe와 치환함에 따라 시멘타이트 중에 상당한 양이 고용하여 (Fe·Cr)3C 등의 형으로 나타난다. (M3C→M은 금속원소)
그러나 합금량이 많아지면 M23C6 또는 M6C와 같은 다른 결정형을 가진 탄화물을 형성한다. 특히 Mo, W, V 등 C와 결합력이 강한 원소를 포함한 경우에는 융점이 높은 탄화물을 만듦으로 고용화 열처리는 그만큼 어려워진다.
강한 탄화물 형성원소를 포함한 강은 공용화 열처리에 의해 탄화물이 용입된 것처럼 보여도 실제로는 C만이 확산할 뿐이며 Cr이나 Mo과 같은 치환형 원자는 거의 움직이지 않는 것이 많다. 따라서 퀜칭, 템퍼링을 하면 다시 원래의 위치에 똑같은 형의 탄화물을 만들기 쉽다. 특히 고Cr강 등 큰 공정탄화물을 함유한 경우는 이 경향이 강하고 일종의 유전성을 나타낸다. 이 현상은 열처리와 연계하여 제조 시 단조조직이나 단조 방법 등에서 해결책을 찾아야 한다.
그림3-28에 합금원소에 따른 기본 상태도 변화를 유형별로 표시 하였다.

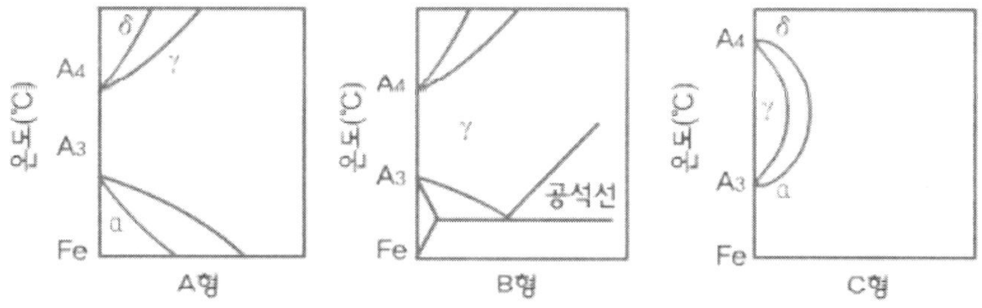

그림3-28 합금원소에 따른 기본 상태도 변화

2. 냉각변태에 미치는 합금원소의 영향

강의 냉각변태는 3개의 온도영역에서 각각 독립된 변태형식을 가지며 3개의 C 곡선이 합성된 것이라 생각된다. 즉 그림 3-28에 나타나듯이 (a) Ar3 직하의 고온측에 위치하는 페라이트 변태영역이다. (b)는 Ar1 부근의 중온측에 의존하는 펄라이트 변태영역이다. (c)는 약 500℃이하의 저온측에 존재하는 베이나이트 변태영역이다. 단지 탄소강의 베이나이트 변태영역은 펄라이트 변태영역과 완전히 중복된 것이라 생각된다.

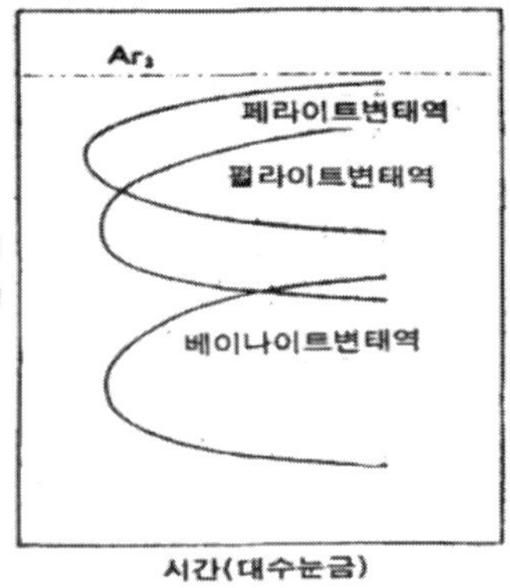

합금원소는 이들 3개의 변태영역에 각각 독립된 영향을 주어 종합된 변태곡선은 그것에 따른 복잡한 변화를 나타낸다. 일반적인 합금원소의 영향은 변태영역을 저온·장시간쪽으로 이동시켜 경화능을 증가시키는 것이다.
C, Ni, Mn, Si 등이 그 대표적인 예이다. Cr은 페라이트 변태를 조장하는 경향을 갖지만 베이나이트 변태는 현저히 억제되어 양 변태 영역의 분리가 뚜렷해진다. Mo는 페라이트 변태를 곤란하게 한다. 그림3-28 냉각에서의 3개의 변태 영역 그 변태 영역을 고온·장시간 방향으로 이동시키지만, 베이나이트 영역으로의 영향은 적다. 따라서 Mo 강에서는 베이나이트 조직을 만들기 쉽다. 합금원소를 복합 첨가하면 변태 억제 효과는 상승적으로 일어난다. 따라서 많은 원소를 소량씩 첨가하는 편이 효과적이다. Cr-Mo강이나 Cr-Mn 강의 뛰어난 경화능에 대해서는 잘 알려져 있으며, Ni-Cr-Mo 강의 경화능은 최고이다.

3. 어닐링, 노말라이징과 합금원소

CCT선도에 미치는 합금원소의 영향은 어닐링과 노말라이징, 합금 원소간의 관계에서 확인된다. 저합금강에서는 A3점 외 기본적으로 탄소강과 같다. 그러나 고합금강이나 공구강에서는 탄화물 고용과 균열성장, 탈탄방지, 최적 냉각속도의 선정 등이 강의 성질에 지대한 영향을 미치는 요소이므로 주의해야 한다. 노말라이징에 대해서는 그 목적에 따라 선택이 필요하다. 저탄소강이나 일부 저탄소 Cr강에서 노말라이징 목적은 기계적 성질 개선이며, 이는 냉각속도를 빨리함으로써 조대한 polygonal ferrite 다각형으로 성장하는 등축정의 ferrite)의 발생을 억제하고 조직 미세화가 가능하며, 변태점 변화에 따른 결정립 세립화, 균일화의 효과 인장 성질 개선, 충격특성에 큰 효과를 얻을 수 있다.

4. 경화능과 그 표시법

경화능은 그 강 본래의 성질이며 조성과 결정 입도에 의해 결정되는 것이다. 경화능을 나타내는 방법에는 여러 가지가 있으며, 퀜칭 시 A1 변태가 완전히 저지되어 마르텐사이트 조직만이 되는 냉각속도인 상부 임계냉각속도와 비교하는 방법이 있다. 그러나 이 방법은 변태개시 거동만이 강조되며 종료의 거동이 완전히 고려되지 않으며, 실용강에서는 100% 마르텐사이트 조직일 필요성이 없다는 점에서 다른 표시법이 구해진다. 이 경우 실용적인 면에서 50% 마르텐사이트 조직까지를 경화 조직으로 간주한다는 약속이 이루어지고 있다. 이 규정에 의하면 필연적으로 강의 변태 종료 거동이 고려된다는 점에 주목해야 한다. 경화능을 종합적으로 판정하기 위해서는 CCT도가 가장 뛰어나지만 품목마다 CCT도를 작성하는 일은 불가능하다. 거기서 가장 실용성이 높은 방법으로서 Jominy test가 사용되고 있다. 그림 3-29(a)는 Jominy test 장치이다. Ø 25×100인 시험편을 규정한 퀜칭온도로 중심부까지 균일하게 가열한 뒤 시험편을 가열로에서 꺼내어 즉시 지지대에 놓고 분수구를 통하여 시험편 하단에 분수 시켜 시험편 전체가 냉각되기까지 적어도 10분간 유지한다. 냉각한 시험편은 반대쪽의 양 측면을 그림 (b)에서와 같이 0.4 mm만 연마(硏磨)제거하고 그 경도를 그리 3-30와 같이 냉각끝에서 1.5-3-5-7-9-11-13-15mm 및 그 이후 5mm 간격으로 HRC(또는 HV)로 측정하고 시험편의 양 측면에서 얻어진 대응하는 첨의 경도 평균치를 구하고 축방향에 걸친 경도 추이를 정리한 것을 Jominy곡선이라 부르며, 그 형상에서 경화능의 정도를 알 수 있다.

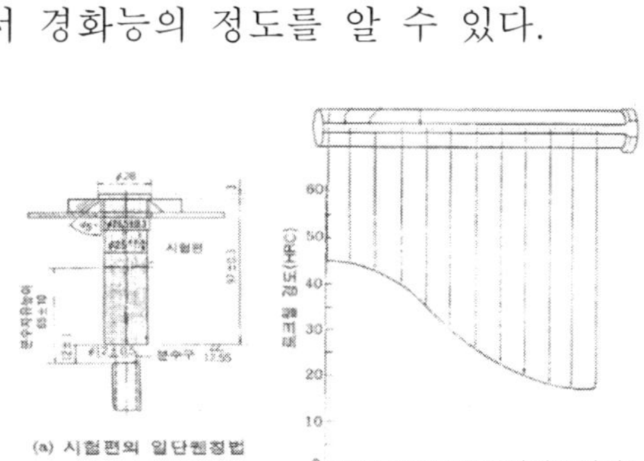

그림3-29 Jominy Test

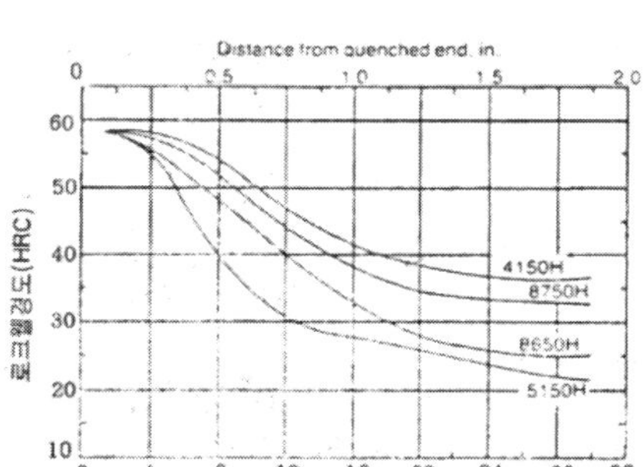

그림3-30 퀜칭단면으로 거리(mm)

출처https://blog.naver.com/hero5550/6008786865

5. 탄소강에 미치는 합금원소의 영향

강은 원래 제강 시 선철, Scrap 등의 원료로부터 혼입되는 미량의 잔류원소는 제강 시 완전 제거가 불가능하다. 이들은 칩임형으로 고용되어 강의 성질에 영향을 미친다. 그러나 크게 보면 철과 탄소의 결합으로 통칭 이를 탄소강이라 한다. 이 탄소강에 추가적인 원소를 고의적으로 첨가하여 강의 성질을 변화하는 것이 합금이다. 탄소강에 대한 합금원소의 영향은 다음과 같이 요약할 수있다.

1) 합금원소의 영향 요약

- 기계적 성질개선
- 내식, 내마모성 개선
- 고온에서 기계적성질 저하방지
- 담금질의 향상
- 단접 및 용접성 향상
- 전.자기적 성질 변화
- 결정립의 성장 방지등

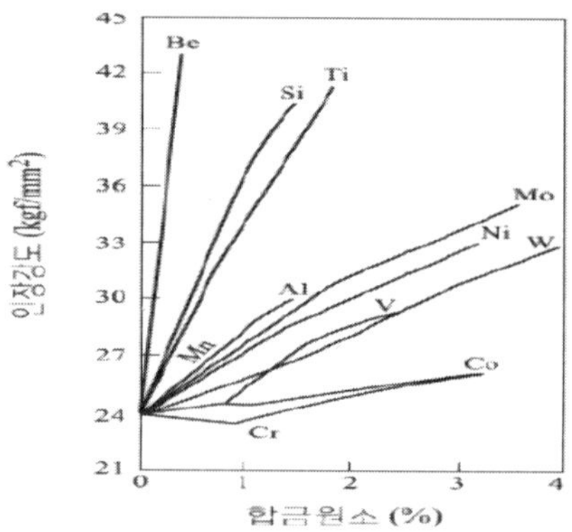

3-31 인장강도에 대한 합금원소 영향

2) 탄소강의 공석점에서 합금원소의 영향

공석점에서 첨가되는 원소의 영향은 공석 온도를 증가 또는 감소시키면서 조직의 변화에 영향을 미친다.

표3-4 공석점에 합금원소가 미치는 영향

공석 온도에 미치는 합금원소	-조직 및 온도증가:페라이트(BCC)생성 →Ti(HCP), Mo(BCC), Si(DC), W(BCC), Cr(BCC) -조직 및 온도감소:Ni(FCC), Mn
공석 탄소량에 미치는 합금원소	-증가할수록 공석 탄소량이 감소 -합금이 페라이트 경향이 클수록 공석탄소량 감소율이크다 -페라이트중에 고용된 상태. -시멘타이트 중에 고용된 상태, 직접 탄소와 결합하여 탄화물이 되는 상태(강의 성질에 크게 영향을 준다) -산화물, 질화물 등 기타 비금속 화합물이 되는 상태. -금속간 화합물이 되는 상태. - 금속이 단일화가 되는 상태

예를 들어 강에 Cr을 첨가했을 때 γ역의 변화는 그림3-32와 같이 Cr의 농도가 증가 할수록

- γ영역이 축소되고
- 공석온도가 증가:2% Cr첨가시 γ역 소멸
- 공석농도 감소

그림3-32에 Fe-C계의 오스테나이트 영역의 Cr농도의 영향을 나타낸 것이고, 그림3-33은 합금원소별 공석온도에 미치는 영향을 나타내었다. 그림3-34는 공석영역에서 철-탄화물 상태도를 탄소강 열처리 온도 구간에서 표현하였다.

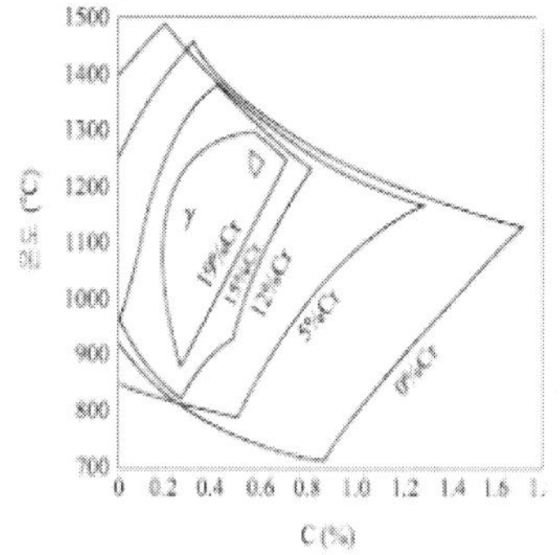

그림3-32 Fe-C계의오스테나이트 영역의 Cr 농도의 영향

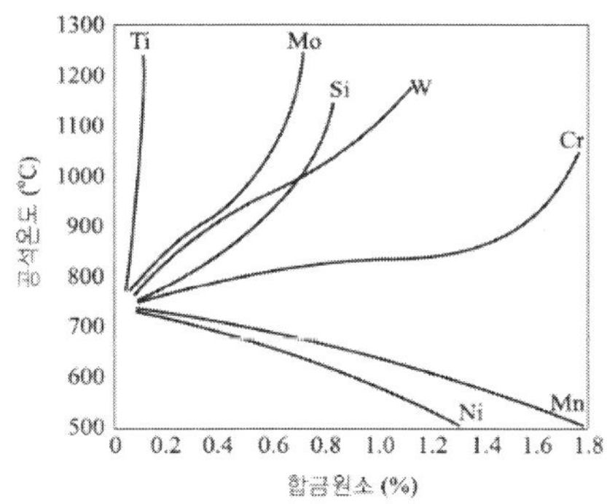

그림3-33 공석온도에 미치는 합금원소의영향

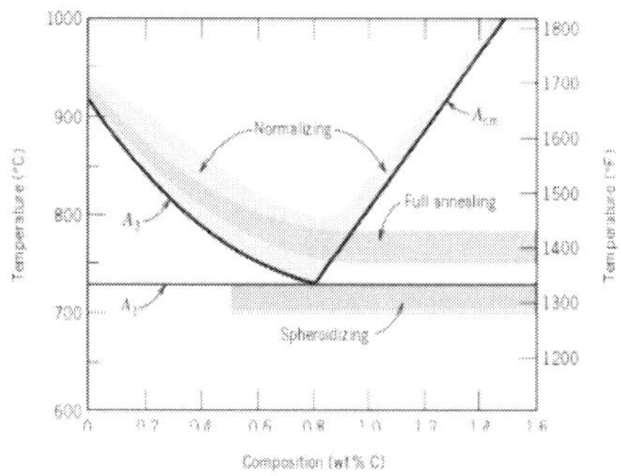

그림3-34 공석영역에서 철-탄화물 상태도(탄소강 열처리 온도구간)

3) 합금원소별 영향

주요 합금의 원소별 금속에 미치는 영향을 표3-5에 요약하였다.

표3-5 원소별 합금에 미치는 영향

합금원소	영　　향
크롬(Cr)	12%이상함유시부동태피막을형성하여부식방지 내식성, 내마모성, 내산화성 향상 내공식성에 현저하게 영향(28~30%이상함유시 상온에서 공식방지) 크롬 첨가량이 많게 되면 σ상(비자성의취약상) 석출 촉진 탄소와 쉽게 결합하여 크롬탄화물(Cr23C6)형성에의한 입계부식발생
니켈(Ni)	오스테나이트 안정화 원소로 강의조직을 미세화함 크롬부동태를 형성시키는데 보조역할(Ni함량이많을수록내식성개선) 함유량이 증가함에 따라 경도, 인장강도, 항복점, 가공경화성 저하 인성, 부식에대한 저항성향상 C 나 N의확산을 느리게 하므로 내열강의 열화방지
탄소(C)	강력한 오스테나이트생성 원소로 열처리시 마르텐사이트조직형성시킴 C량이증대하면 왜곡시효,담금질시효가 현저하게되어 강도는증가, 내충격성저하 0.03%이하에서는 내식성의 영향이거의없으나, 크롬탄화물 (Cr23C6)로서 석출되면 입계부식의 원인, 공식감수성이 증대 (용접열 영향부에서문제 발생)
망간(Mn)	탈산, 탈황제로서의 작용 내식성, 내산화성을 열화 소성변형능이 우수하여 산화물의 박리방지효과가 있어 첨가하기도함 오스테나이트를 안정화시킴으로 비싼 니켈대용합금 원소로 사용
티타늄(Ti)	산소, 질소등의 원소와 친화력이 강하여 강한탈질, 탈산,탈황제로사용 열간 가공성향상시키나, 열연성 표면결함을 유발하기도함 탄소와의친화력이 크롬보다높아 탄화물(TiC)형성에 의한 탄소안정화, 입계부식방지, 결정립미세화, 석출경화효과현저
구리(Cu)	Cu의 미세석출에의한 석출경화효과(0.4%이상첨가시) 비산화성에 대한 내식성향상(P와공존시효과증대) 공식감수성감소(Mo와공존시효과증대) 다량첨가시 열간가공성 저하 및 입계취화촉진 니켈,몰리브덴을 첨가하여 억제
질소(N)	강력한오스테나이트 형성원소로 안정화에 필요한 Ni함량을 줄일 수 있음 (Ni 대용) 인장강도, 항복강도를 증가시키고 연신율을 저하시킴 다른 합금원소(Ti, Zr, V, Nb)와결합 질화물을 형성, 결정립미세화 탄소에비해 오스테나이트의 고용도가 크고 화합물형성 경향이작아 동등 강도에서 내공식특성등 내식성을 우수하게함

니오븀(Nb)	r탄화물형성 방지를 통해 내입계부식성 개선(Nb/C>10) 고온강도, 크리프특성을 향상 결정립미세화, 열간가공성 열화
규소(Si)	탈산제이며 강력한 페라이트생성 원소 내식성, 내공식성 내산화성 개선에 효과적임 2%이상첨가시에 인성을 저하시키고 소성가공성을 해침
몰리브덴(Mo)	부동태를 안정화하여 내식성 향상 내공식 및 틈새 부식 저항성우수 탄화물을 형성, 고온강도, 크리프파단강도를 높이며 인성을개선
알루미늄(Al)	강력한 탈산제이지만 너무많이첨가되면 강을 취약하게함 질화촉진에의한 질화물 미세석출로 결정립미세화 페라이트강의 담금질 경화성을 억제하여 용접성을 개량 고온산화방지 및 내황화성 개선
황(S)	강 속에 함유 되어 있는 S는 보통 Mn과 결합하여 MnS 개재물을 형성한다. 그러나 강 중의 Mn양이 충분치 못할 때에는 Fe와 결합하여 FeS를 형성하기도 하는데, 일반적으로 이 FeS는 결정립계에 그물모양으로 석출되어 있다. 이 FeS는 매우 취약하고 요융점이 낮기 때문에 열간 및 냉간가공시에 균열을 일으킬 수 있다. 따라서 해로운 FeS개재물의 형성을 피하기 위해서는 Mn : S 의 비를 보통 5 : 1로 하고 있다. 일반적으로 Mn, Zn, Ti, Mo등의 원소와 결합하여 강의 피삭성을 개선시킨다.
인(P)	P는 강 속에 균일하게 분포되어 있으면 문제가 없으나, 보통 Fe3P의 해로운 화합물을 형성한다. 이 화합물은 극히 취약하고 편석 되어 있어서 풀림 처리를 하여도 균질화되지 않고 단조, 압연 등의 가공을 하면 길게 늘어난다. 충격저항을 저하시키고, 템퍼링 취성을 촉진하며, 또 쾌삭강에서는 피삭성을 개선시키는 원소로 취급되나, 일반적으로는 불순물로 간주한다.
바나듐(V)	탄화물 형성능력이 커서 미립탄화물을 만들어 강의 조직을 미세화시키므로 고장력강으로부터 각종 공구강에 이르기까지 많이 사용되고 있다. 템퍼일 연화저항성도 Mo이상으로 좋다. 고온강도도 대폭 향상시키지만 산화물인 V2O5는 증기압이 높아서 고온증발하므로 첨가량에 한계가 있다.
텅스텐(W)	W은 고가이고, 비중이 커서 편재하기 쉬우므로 구조용강에는 거의 첨가되지 않지만, 경화능력을 향상시키고 Fe4W2C형의 탄화물을 형성함으로써 공구강 특히 절삭공구강에 이용되고, 18W−4Cr−1V강은 고속도강으로서 유명하다

04

강의 특성과 열처리

4.1 물리적 성질

강의 성질에서 강의 품질을 결정할 때 강도나 경도, 인성, 연신율 등을 기준으로 삼으며, 또 강의 특성은 내식성, 자성, 비중 등에 따라 결정된다.
이러한 강의 성질은 기계적, 물리적, 화학적 성질의 큰 범주에서 관리된다.
강의 물리적 성질은 일반적으로 탄소함유량과 온도의 변화에 따라 특성이 결정되며, 탄소함유량이 증가하면 비중과 열팽창계수, 열전도율이 떨어지게 되며, 비열과 전기저항은 크진다. 또한, 온도의 증가에 따라 열팽창계수는 높아지며, 이는 강의 성질과 열처리의 관계에서 중요한 사항이다.

4.1.1 열팽창계수

강의 열팽창계수(CTE)는 선팽창계수라고도 하며, 금속재료를 가열 시 특정 재료의 길이가 변경되는 능력을 나타낸다. 작은 온도 범위에서 재료의 길이 변화는 온도변화에 비례하며 비례 계수는 선팽창계수 α에 해당한다. 재료의 이 계수가 클수록 온도증가에 따라 더 많이 팽창한다.

온도변화에 따른 선팽창 식은 (4.1)과 같다.

$\Delta L = \alpha \cdot Lo \cdot \Delta T$ (4.1)

ΔL : 길이 변화, Lo : 초기 재료 길이

ΔT : 온도 변화

α : Coefficient of Thermal Expansion(CTE)

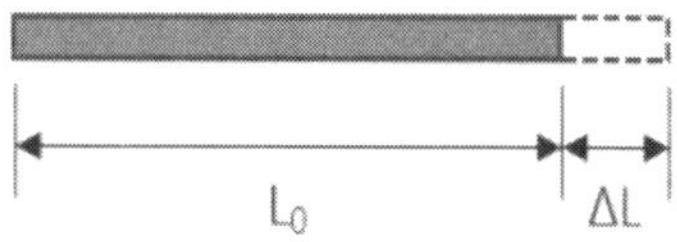

그림4-1 선팽창 모형도

강의 열팽창계수는 표4-1와 같이 일반적으로 20~100°C에서 10.5~12□$^{-6}$ /°C의 범위이나, STS304는 17□10^{-6}/°C 라는 큰 값으로 조직에 따라 차이가 크다.

표4-1 강의 물리적 성질의 비교

강 종	열처리 상태	열팽창계수 [cm/cm · ℃]	열전도도 [cal/cm · s · ℃]	전기저항 [μΩ · cm]
SM 10C	압연의 경우	11.8×10^{-6}(20~93℃)	0.153(20℃)	14.2(20℃)
SM 30C	노말라이징	12.1×10^{-6}(20~100℃)	0.12 (20℃)	19.5(〃)
SM 55C	640℃ 어닐링	11.7×10^{-6}(〃)	0.118(100℃)	19.9(〃)
STC 2(1.2%C)	어닐링	10.7×10^{-6}(〃)	0.103(90℃)	19.6(〃)
SCM 440	600℃ 템퍼링	12.2×10^{-6}(〃)	0.105(50℃)	26.4(〃)
SNCM 240	620℃ 템퍼링	12.0×10^{-6}(〃)	—	24.7(〃)
SNCM 439	650℃ 템퍼링	12.0×10^{-6}(〃)	—	24.8(〃
SPS 7	어닐링	11.3×10^{-6}(〃)	0.062(20℃)	42.9(〃)
SPS 403	750℃ 템퍼링	10.2×10^{-6}(〃)	0.064(〃)	50.6(〃)
STS 304	용체화	17.0×10^{-6}(〃)	0.038(〃)	71 (〃)
STR 1	노말라이징	12.6×10^{-6}(〃)	0.053(〃)	77 (〃)

그림4-2는 온도에 비례하여 팽창하는 금속의 종류별로 표시한 것이다.

금속의 종류별 팽창의 정도는 700°C 이전까지 각각의 차이가 온도에 비례하여 현저한 차이를 보이다가 700°C 근처에서는 대개 같은 정도의 열팽찰계수를 가진다고 봐도 된다고 생각된다.

열팽창계수가 큰 금속은 아연, 납, 마그네슘, 등이며, 열팽창계수가 적은 금속은 텡스텐, 몰리브덴, 바나듐 등이다.

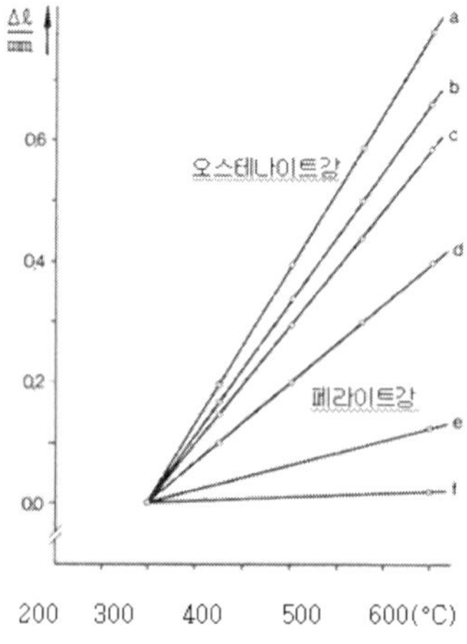

그림4-2 온도에 비례하여 금속별 길이변화

4.1.2 열전도도

강의 열전도도는 내열성, 내마모성 측면에서 중요하다. 표4-1에서 보면 합금성분이 증가하면 작아지고, 상온에서 강의 종류별 차이가 크다. 또한 열처리 조건에 따라 큰 차이가 있다. 그림4-3에서 퀜칭, 템퍼링에서 템퍼링 온도가 높을수록 열전도도가 크다. 하지만 그림4-4에서 보는 바와 같이 온도가 높아지면(800°C부근) 거의 차이가 없다.

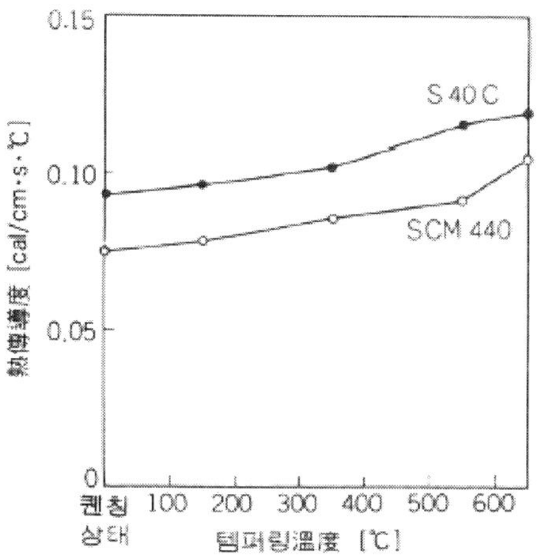

그림4-3 템퍼링 처리온도와 열전도도

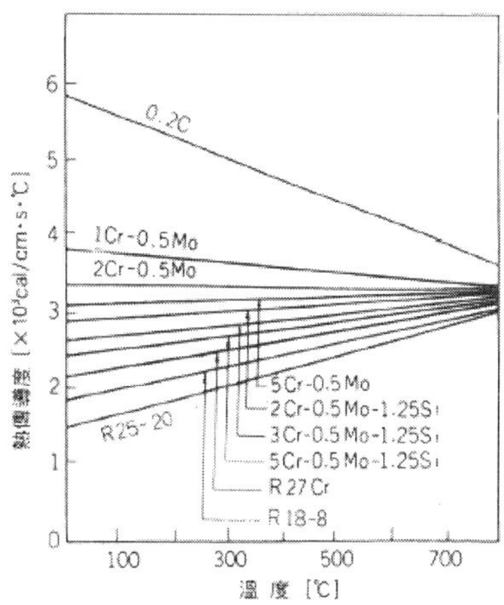

그림4-4 내열강.스테인리스강의 열전도도

4.1.3 자성

자성을 구분하면 강자성체, 상자성체, 반자성체로 구분할 수 있다.

강자성체란, 외부로부터 자계를 가하면 자계와 같은 방향의 자기를 강하게 띠는 동시에, 외부로부터의 자계를 제거해도 계속해서 강한 자기가 남는 것으로 철(Fe), 코발트(Co), 니켈(Ni) 등의 금속이 강자성체에 속한다.

상자성체(paramagnetic material)는 외부로부터 자계를 가하면 자계와 같은 방향의 자기를 약하게 띠지만, 외부로부터의 자계를 제로로 하면 자기를 띠지 않게 되는 것으로 알루미늄(Al), 티탄늄(Ti), 지르코륨(Zr) 등 많은 금속이 여기에 속한다. 반자성체(diamagnetic material)란, 외부로부터 강한 자계를 가하면, 매우 약한 반대 방향의 자기를 띠는 것으로 금(Au), 은(Ag), 구리(Cu). 아연(Zn) 등이 있다.

일반적으로 강은 강자성체이며, 구조용 강이나 공구강 등에서는 자성의 차이가 없다. 하지만 오스테나이트 조직은 비자성체이기 때문에 자성과 관련하여 감안하여 할 사항이다.

4.1.4 전기저항

강의 전기저항은 표4-1에서 보면 탄소(C)함유량이 증가하면 전기저항이 증가하고, 온도의 상승에 따라 증가한다. 그러나 그림4-5에서 보듯이 온도에 따리 변화율은 합금 원소량이 많은 강일수록 작으며, 800°C 이상의 온도범위에서는 강의 종류별 전기저항이 차이가 없다.

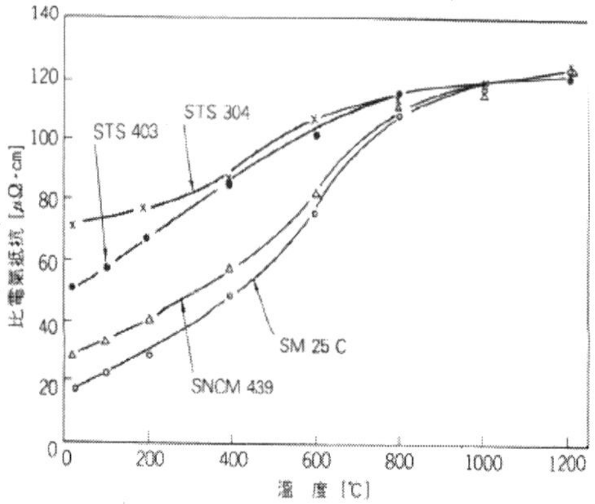

그림4-5 각종의 강 온도에 의한 전기저항변화

4.2 기계적 성질

4.2.1 강도와 인성

강의 성질 중에 가장 기본이 되는 것은 강도(Strength)와 인성(Toughness)이다. 강도(Strength)는 재료에 외력을 작용시키면 변형되거나 파괴되는데 이 외력에 대해 재료 단면에 작용하는 최대 저항력을 말하며, 인장시험에 의한 인장강도(tensile strength)와 항복점(Yield point)으로 재료의 강도를 측정할 수 있습니다. 인성(Toughness)은 충격에 대한 재료의 저항, 즉 굽힘이나 비틀림 작용을 반복하여 가할 때 이 외력에 저항하는 성질이며, 끈기가 있고 질긴 성질로 이 역시 인장시험에 의해 얻어지는 연신율, 단면감소율(단면수축율)과 충격시험에 의한 충격치로 재료의 인성을 확인할 수 있다.

그림4-6은 인장시험기 및 시편을 표시하였다.

강도와 인성은 일반적으로 상반되는 관계의 특성을 갖고 있으며, 강도가 클수록 인성은 저하하는 경향을 나타낸다. 이것은 탄소의 함유량과 관계에서 밀접한 관련이 있는 것으로, 탄소함유량이 증가하면 강도는 높아지고, 반대인 경우 인성은 줄어든다. 그림4-6은 강의 기계적 성질에 미치는 탄소함유량의 영향을 표시하였다.

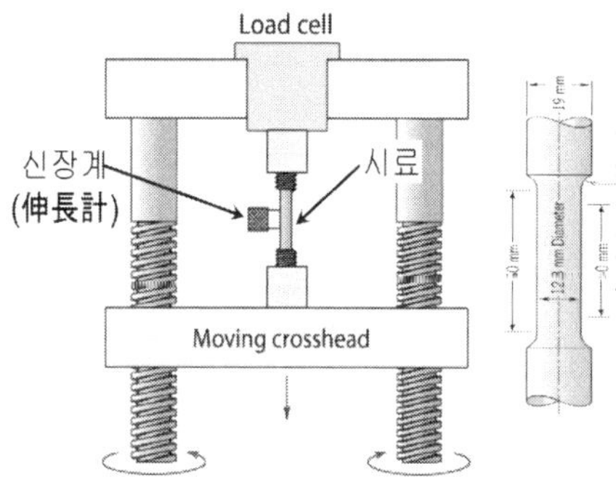

그림4-6 인장시험기 및 시편

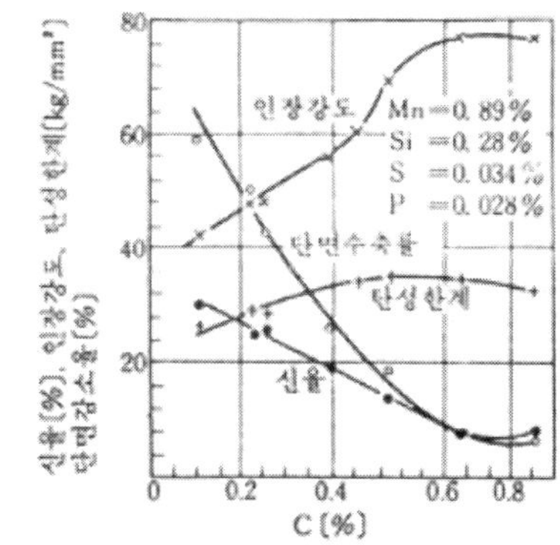

그림4-7 강의 기계적 성질에 C의 영향

1. 강도와 인성의 균형

강의 사용에 있어 강도와 인성의 균형이 필요하다, 균형을 맞추기 위해 퀜칭, 템퍼링의 열처리를 통하여 균형 맞춤을 처리한다. 즉 강을 퀜칭, 경화 처리 후 (경한 마르텐사이트 조직)템퍼링하면 강도와 인성 등이 적절하게 균형을 이루는 상태를 얻을 수 있다. 이 과정에서 저온 템퍼링 영역과 고온 템퍼링 영역이 각각 다른 기계적 성질을 생성시키는데 저온에서는 내부응력을 완화하여 항복강도를 증가시키지만, 저온 템퍼링 취성이 생겨 피로 강도가 저하되고 자연파괴(수소취성, 응력부식파괴)에 민감해진다.

고온(300°C이상)에서는 인장강도가 급격히 저하되고 반대로 연신율, 단면감소율 및 충격치가 증가하며 강도와 인성의 균형이 생긴다. 하지만 600°C 이상에서 템퍼링 취성이 발생한다. 이러한 취성은 소성변형 저항 증가에서 발생하므로 템퍼링 처리에서 취성 영역 관리가 필요하다. 불순물(P, As 등) 억제로 저감 할수 있으며, 고온 영역 취성에 대해서도 Mo, W의 합금화로 개선할 수있다. 그림4-8에 템퍼링 후 기계적 성질을 나타내었다.

템퍼링 온도를 수반하는 강도와 인성 변화를 나타내는 곡선을 템퍼링 곡선이라 한다. 강을 템퍼링 할 때 사용된다. 그림4-9에서 템퍼링 처리 경도의 변화는 Cr, Mo, V, W의 함유량이 많은 경우 450~660°C 영역에서 일시적으로 경화하여 성능곡선에 불연속적 변화를 준다. 이 현상은 이차적으로 석출하여 석출 경화 또는 시효경화라 하며, 이 석출 탄화물은 점차 응집 성장하기 때문에 더욱 템퍼링 온도를 높이면 급속히 경화하여 인성을 회복시킨다.

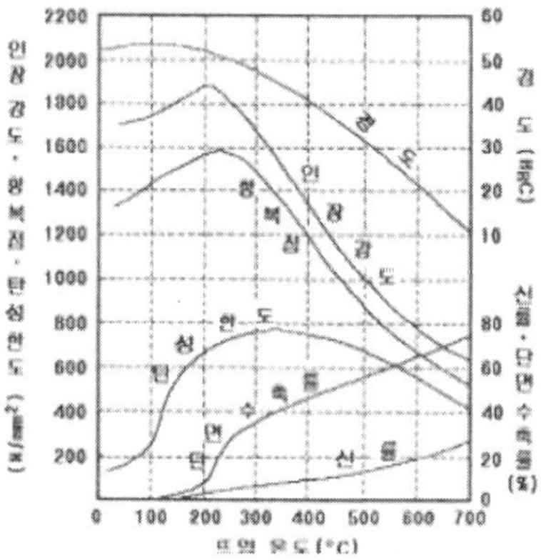

그림4-8 템퍼링후 기계적성질

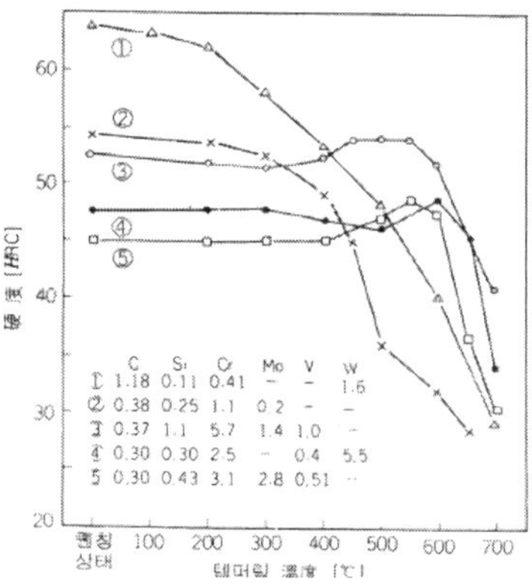

그림4-9각 강종의 템퍼링 경도곡선

2. 질량효과와 방향성

강의 강도와 인성에서 열처리 대상의 부품의 크기(질량)와 강종에 따라 퀜칭템퍼링 후 기계적 성질에 차이가 있다. 즉 같은 재료를 같은 조건에서 담금질 하여 직경이 큰 것과 작은 것을 비교하면 작은 것이 담금질이 더 잘 되고 경화된다. 이와 같이 재료의 질량(크기)이 다르면, 경화층의 깊이가 다르며, 더욱 그 정도가 강종에 따라서 다른 것은 치수 차이에 의해 냉각속도가 다르다.

또한 강의 경화능 차이에 의해 퀜칭조직과 경도차이로 인성이 현저하게 저하된다. 이 현상을 질량 효과(mass effect)라 하고, 경화층의 깊이가 작은 것 즉 내부까지 담금질이 충분히 되지 않는 것을 의미한다. 보통강은 질량효과가 크지만(담금성이 나쁨) 고합금강과 같은 특수강은 적다. 그림4-10에 질량효과가 기계적 성질에 미치는 영향을 표시하였다.

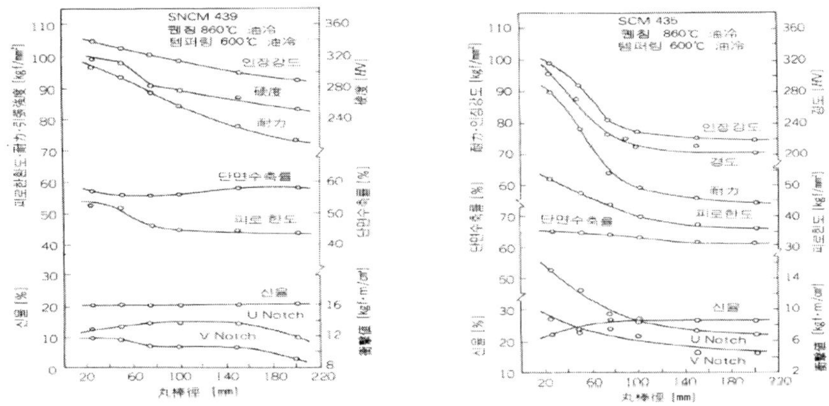

그림4-10 강의 기계적 성질에 미치는 질량효과(예)

3. 강의 저온 인성(천이온도)

강은 저온에서 조직변화 없이 급격히 약해지는 특성이 있다.
충격시험을 통하여 온도-흡수 에너지 곡신에서 확인된나. 이 곡선에서 강이 인성에서 취성으로 변하는 온도를 천이 온도라 하며, 천이 온도 이하에서 에너지 흡수가 낮아져 강의 인성이 저하된다. 또한, 천이 온도는 강종에 따라서도 상당한 차이를 나타내고, 강종의 조직에 따라서도 차이가 발생한디.
따라서 천이 온도는 그 강이 어느 정도의 저온까지 안전성이 있는지를 알 수 있는 중요한 특성이다. 그림4-11에 천이 곡선의 표준형태와 그림4-12에탄소량 변화에 따른 천이 곡선의 변화를 나타내었고, 그림4-13은 Ni 함유량 변화에 따른 저온 인성 변화를 천이 곡선 그래프로 나타내었다. 그림4-14는 강의 조직별 인성과 온도 간의 관계을 나타내었다. 천이 온도를 구하는 방법은 일반적으로

1)15ft-1b(2.1kgf-m)의 흡수 에너지가 얻어지는 온도
(*T*r15, 15ft-1b천이온도)

2)파면 중에서 50%의 면적이 연성 파면을 나타내는 온도
(*T*rs, 파면천이온도)

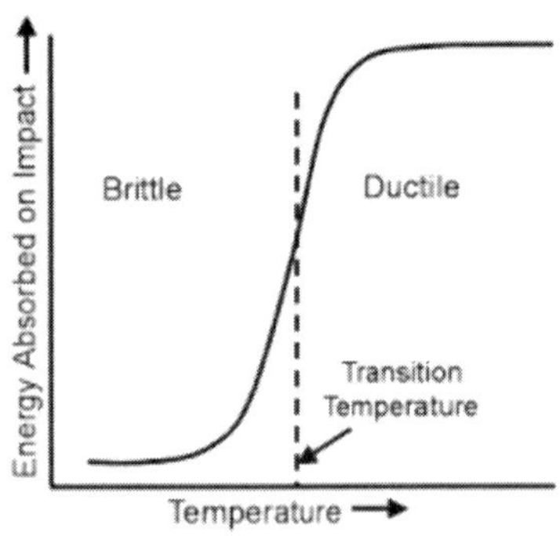

그림4-11 천이곡선의 표준형태

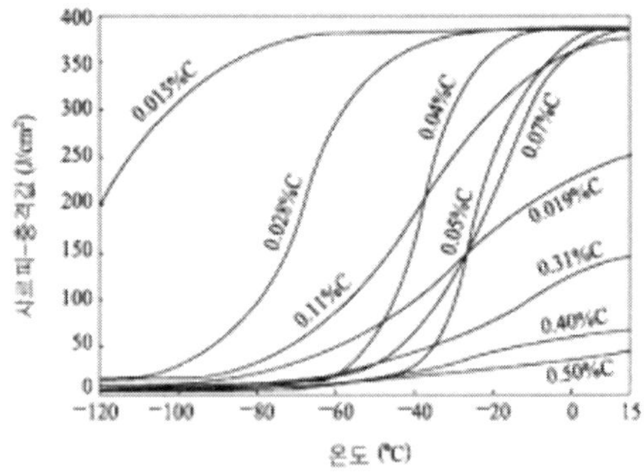

그림4-12 탄소량 따른 천이곡선

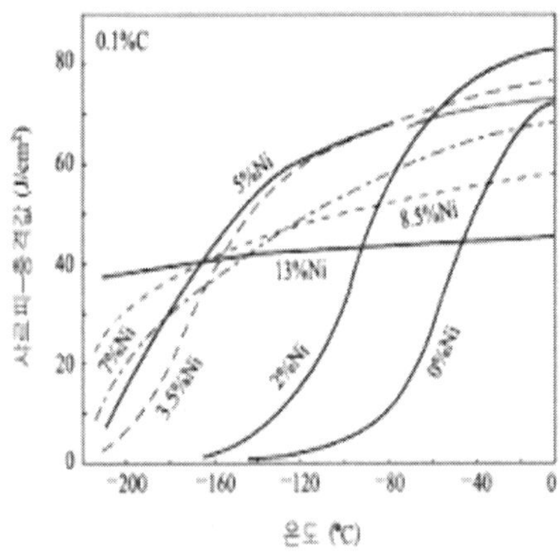

그림4-13 Ni함유량에 따른 저온인성

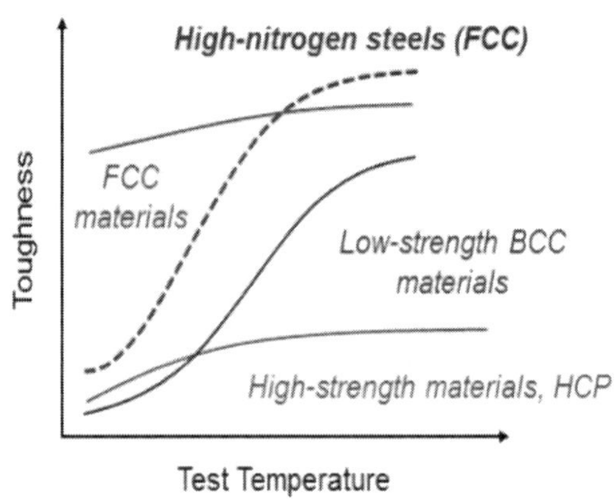

그림4-14 강의 조직별 온도와 인성

4.2.2 피로강도

1. S-N 곡선(응력-반복사이클)

강에 정적 파단강도 이하의 응력을 반복하여 작용하면 피로균열 성장으로 이 성장이 결정립을 만나면 슬립변형이 생기고 균열이 시작되어 파단 되는데 이 현상을 피로(Fatigue)라 한다. 작용하는 응력(S kg/mm²)을 세로축으로, 반복횟수(N)를 가로축으로 하면 $S-N$ 곡선이 얻어진다. N 이 10^6~10^7cycle까지 파괴를 일으키지 않는 응력(S)값을 피로 강도(Fatigue strength)라 한다. 이 응력값은 실험치와 비교하여 실제 기계부품에는 여러 응력이 복합적으로 작용하기 때문에 설계에서 충분히 고려하여야 한다. 그림4-15는 전형적인 $S-N$ 곡선을 나타내었다.

또한, 피로 강도와 인장강도와의 사이에는 그림4-16에서 보는 바와 같이 서로 상관관계가 있으며, 응력의 종류에 따라서도 상당히 다르게 나타난다.

일반적으로 인장강도를 기준으로 응력 종류별 관계는 다음과 같이 정리될 수 있다.

- 회전굽힘은 인장강도의 40~60%
- 인장압축은 인장강도의 30~40%
- 반복비틀림은 인장강도의 15~20% 이다.

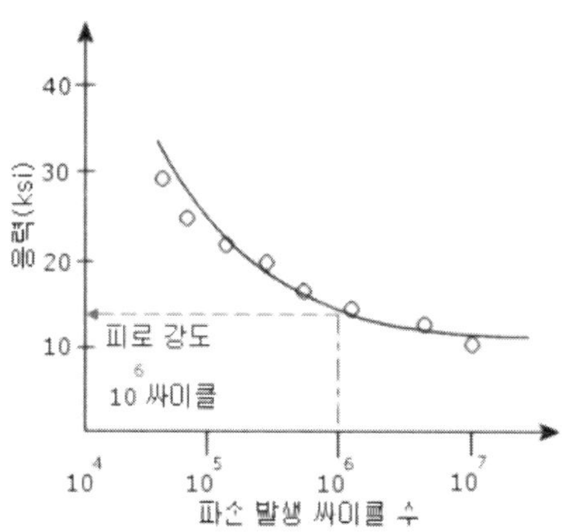

그림4-15 S-N 곡선

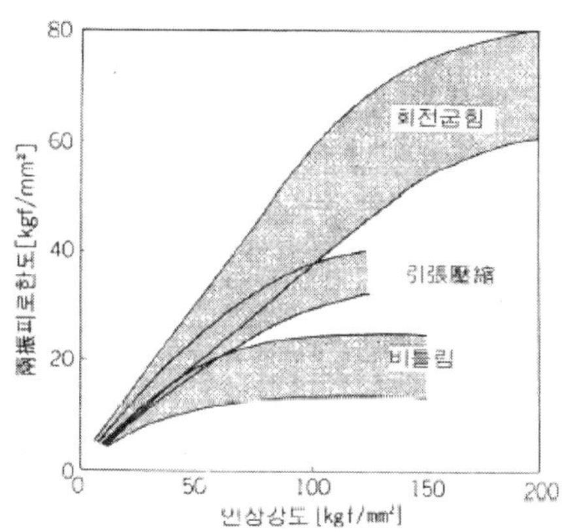

그림4-16 강의 인장강도와 피로강도와의 관계

2. 피로 강도에 미치는 영향인자

피로 강도는 다양한 요인에 의해 영향을 받는다. 피로 강도에 미치는 요인으로는 재료 표면의 다듬질 정도, 결합부의 응력집중현상, 내부잔류응력, 부품의 모양과 크기, 열 및 부식 등의 환경적 요인 등이 주요 요인이다.

1)표면처리 상태의 영향

가공된 표면에는 항상 고르지 않은 가공 흔적이 있는데 이는 작은 노치와 동일하며 이는 재료 표면에 응력집중을 유발하여 재료의 피로 강도 저하의 원인이 된다. 철강 및 알루미늄 합금의 경우 황삭 가공(Rough car)의 피로한도는 연마에 비해 10%~20% 이상 감소하는 것으로 나타났으며, 이러한 표면상태는 재료의 강도가 높을수록 표면 마감에 더 민감하다. 표면 거칠기에 따른 피로 강도와 항복강도의 상관관계에서 표면거칠기가 높을수록 항복에 따른 피로 강도의 증가가 감소한다. 그림4-17은 표면 거칠기 정도별 항복강도를 나타낸 것이다.

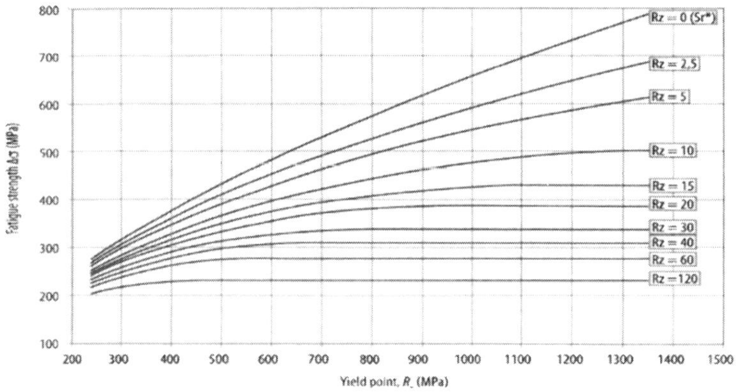

그림4-17 표면거칠기에 따른 강의 항복점

2)응력집중의 영향

부재 표면에 결합부등의 단차(계단과 같은)형상이나 키홈, 나사산, 오일홀 등 실제 기계로 다른 종류의 노치가 있을 수 있으며, 그 부위에는 매우 큰 응력이 발생(응력집중)하며, 이는 피로 강도가 크게 저하되는 원인이 된다. 피로균열은 일반적으로 응력 집중부에서 발생하는 경우가 많으며, 노치의 존재는 노치의 뿌리에 응력이 집중되며, 노치의 심한정도, 노치의 형태 등에 따라 응력 집중형태가 다를 수 있다. 또한, 응력집중이 피로 강도에 미치는 영향의 정도는 재료의 경도에 크게 의존되며, 동일한 응력집중 정도에서도 경도가 높은 재료일수록 피로 강도가 크게 저하하는 반면에, 경도가 낮은 재료의 경우, 비교적 그 영향이 적다.

3)잔류응력과 평균응력

재료의 열처리 즉 고주파 열처리, 침탄, 질화 열처리와 가공 공정중, 용접 등 으로 잔류응력 발생이 존재하며, 이 잔류응력은 피로 강도 저하의 요인이 된다. 따라서 부재 표면에 인장의 잔류응력이 존재하는 경우, 또는 용접 등에 의해 인장잔류 응력이 용접부에 존재하는 경우에 피로 강도를 저하 시키며, 특히 용접 단부는 형상이 급변하는(응력집중이 되는) 부위이기 때문에, 위에서 기술한 응력집중도와 같이 발생하여 피로 강도 저하가 배가된다. 하지만 잔류응력은 반복응력이 가해짐에 따라서 점차 완화되는 특성이 있으며, 반복응력수준에 따라서 차이가 있을 수 있으나 항복 응력을 넘는 높은 응력에 의한 피로(저 사이클 피로)에서는 하중에 반복됨에 따라 응력이 완화되기 때문에 잔류응력의 영향이 크지 않고, 반대로 피로한도 부근의 고 사이클 피로의 경우는 응력완화의 정도가 아주 작기 때문에 잔류응력의 영향도는 크다.
평균응력이 피로 강도에 미치는 영향은 일반적으로 인장평균응력과 압축평균응력으로 구분할 수 있다. 인장의 평균응력은 피로 강도를 저하시키지만 압축의 평균응력은 피로 강도를 향상시키는 효과를 가져온다. 평균응력은 외력에 의해 조절이 가능하다.

4)형상과 치수영향

피로 강도는 형상에 따라 영향을 받는다. 부품의 형상과 크기에 따라 응력이 집중되는 부위가 생기고, 이로 인해 피로 강도가 저하 된다. 피로 강도를 고려해야 할 실제 기계부품은 복잡한 형상이 대부분이다. 따라서 형상과 치수가 피로 강도에 어떤 영향을 주는가에 대해 충분히 고려하여야 한다. 복잡한 형상의 부품과 그렇지 않은 부품의 비교에서 복잡한 형상의 부품의 피로한도는 3/1~4/1 수준이다. 피로한도를 형상 계수화 하여 그림4-18에 나타내었다.
또한, 이 형상계수와 더불어 피로 강도에 대해 고려해야할 인자는 치수효과가 있다. 두께가 다른 A(100mm)와 B(200mm)부재의 비교에서 재질이 동일하고 부재의 표면에 동일한 응력이 가해진다고 가정하면 휨, 또는, 비틀림, 결합부가 있을 시, 물리적인 부재 크기가 클수록 피로 강도가 저하하게 된다.

직경 100mm의 시편의 피로 강도는 직경 10mm의 시편보다도 약 10~20% 정도 저하된다고 알려져 있다. 그림4-19에 치수효과를 나타내었다.

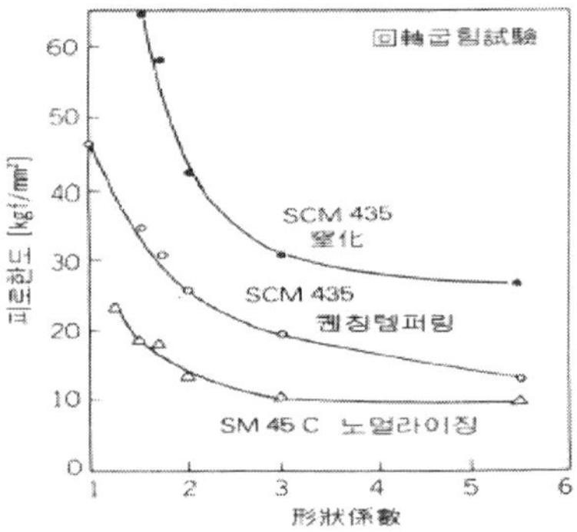

그림4-18 피로강도와 시험편 형상

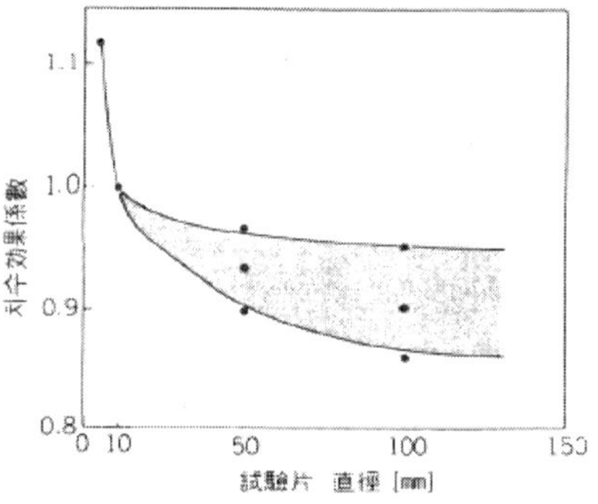

그림4-19 피로강도에 미치는 치수효과

5)열 및 부식 등의 환경적 요인

강의 피로 강도는 고온의 열변화에 따른 열응력, 즉 급격한 열변화로 열충격에 의한 피로 강도 저하, 작은 열응력의 반복성 열변화에 따른 열피로로 인한 피로강도가 저하 된다. 고온에 대한 피로 강도와 온도의 상관관계는 탄성계수의 온도 의존성에 따라 달라진다. 모재의 경우 탄성계수의 온도 의존성은 항복강도와 거의 동일하나, 용접된 강재에서는 온도에 따른 탄성계수 변화가 존재하고, 모재라 할지라도 400℃ 이상에서는 크리프 현상에 의한 피로 문제가 발생하게 된다. 강은 실온 이하 저온에서 그 항복점과 인장강도는 증가하지만 연신율이나 교축은 −160℃ 부근에서 갑자기 저하한다. 그 특성은 재료에 따라서 큰 차이가 있고, 특히 저온용 강재라 하는 것은 우수한 저온특성을 가지고 있다. 또 피로 강도는 저온으로 될수록 증가한다.

대기중엔 습기가 존재하며, 강은 부식환경에서 피로강도가 현저하게 저하된다. 강의 부식은 대부분 반복응력과 화학적 부식이 동시에 작용하여 부식 피로가 발생하며, 응력을 받지 않아도 부식을 받아 금속표면에 피트(pit)가 형성되어 피트가 노치로 작용하여 피로 강도가 감소한다. 부식 피로가 적용되는 상황과 정상적인 비교에서 최대 40%까지 피로 강도가 감소하는 것으로 알려져 있다.

3. 피로 강도의 개선책

위와 같이 피로 강도에는 여러 요인이 존재하지만, 기본적으로 강의 인장강도를 크게하는 것이 높은 피로 강도를 얻는 방법이다. 그러나 인장강도를 너무 과하게 높이면 인성이 저하되어 기계부품에 있어 효과적인 설계적 목적을 달성할 수 없다. 따라서 피로 강도는 표면층의 변화, 즉 표면경화처리의 열처리 방법을 적용하는 것이 효과적이다. 실제 표면경화법인 침탄, 질화, 고주파 퀜칭한 후 강의 실험에서 피로 강도가 현저히 향상되었고, 그 이유로 표층부에 압축응력이 얻어지기 때문이다. 또한, 부식 피로의 개선방법으로 내식성을 고려한 조치와 표면에 압축 잔류응력을 형성하거나, 부식억제제인 휘발성 lnhibitor를 이용하여 습기작용을 억제시키거나, 표면으로부터 습기를 제거시킬 수 있다. 물속에서 재료 역시 수용성 lnhibitor를 사용하여 방지할 수 있다.

4.2.3 내마모성

내마모성은 내구성의 하나로 반복적인 사용에 의해 마모되는 현상에 대해 견디고 그 성능을 유지하는 성질을 말한다. 이처럼 마모란 연마나 마찰 등의 기계적인 작용으로 인해 재료가 표면에서부터 마모되어가는 현상을 나타낸다. 또한, 서로 상대운동을 하는 금속면의 기계적인 긁힘이나 금속적 점착 등에 의해 그 표면이 소모되어 가는 현상을 말하고 이런 것에 견디는 성질을 내마모성이라 한다. 내마모성을 향상시키기 위해 표면 경도를 높이는 방법이 유효하지만, 마모의 종류, 재료에 따라 열처리 방법을 선택해야 한다. 표면의 경도가 HRC40기준으로 이하는 마모량이 크고 이상은 마모량이 적다. 또한, 경도증가와 함께 내부 잔류응력이 적어야 한다.(담금질과 뜨임을 동시에 실시) 금속의 조직적 측면에서 마르텐사이트 조직화가 마모성에 유효하다.

1. 마모의 종류

1) 긁힘마모(Abrasion)

긁힘마모란 중장비의 운용 중 토사의 긁힘에 의해 마모율이 심한 형태의 마모로 마찰이 심한 굴곡과 휨을 수반하여 마모가 일어난다. 통상 토사마모라 불리는 것으로 금속에서 그 형태 및 응력이나 충격이 가해지는 방법에 따라 다은의 세가지로 구분할 수 있다.

- 가우징 마모(Gouging Abrasion)
  거칠은 연마재 물질을 억지로 금속으로 절단하는 관계로 금속표면은 대부분이 크게 찢겨진 듯한 형으로 마모되어 가며, 작용응력과 충격하중 모두 크게 작용한다.
- 연마마모(Grinding Abrasion)
  작은 연마재 물질이 금속 표면과 서로 마찰되면서 부서져 가므로 금속 표면은 비교적 미세하게 마모되며, 작용 응력은 크고 충격하중은 작다.
- 스크레칭 마모(Scratching Abrasion)

작은 연마재 물질이 금속표면에 대해 상대적으로 움직이면서 잘게 부서지므로 금속표면은 마찰을 수반하면서 아주 미세하게 마모된다. 통상 침식마모(erosion)라 하며 이 경우 작용 응력과 충격하중은 모두 작다.

이런 종류의 침식 마모에 대해 강의 경도에 대한 조직 또는 표면경화처리의 영향을 그림4-20에 타내 내었다. 내마모성에는 경도가 우선 중요하며 다음에 단단한 탄화물의 존재가 큰 효과를 발휘한다. 따라서 마모 시에 가해지는 작용 응력과 충격하중을 고려하여, 마모에 대한 기본적인 재료의 종류, 및 열처리의 선택방법 설정이 중요하다.

부품의 설계상 목적에서 강도가 중요한 경우, 강도와 인성의 균형이 필요한 경우, 충격성을 필요로한 경우 등을 고려하여 재료의 선택이 되어야 한다.

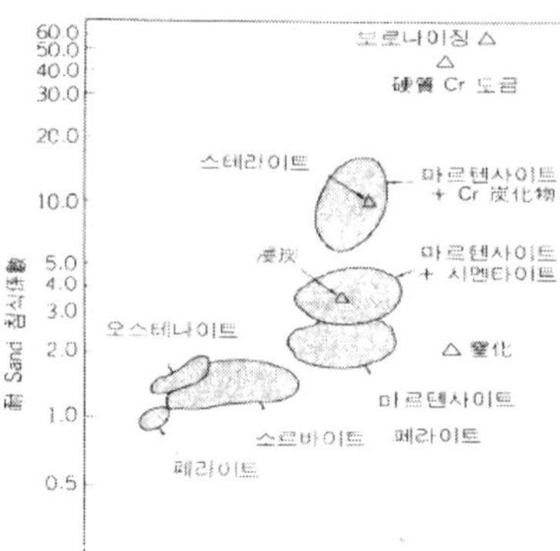

그림4-20 조직,경도와 내침식성

2) 응착마모

불량한 윤활 및 접촉 상태나 건식 가공 과정에서 마찰로 인해 접촉점에 높은 열이 발생하여 한편의 금속이 반대쪽에 융착되어 찢겨가는 현상이다. 이러한 마모를 방지하기 위해 정확한 윤활성을 유지하는 것과 온도상승에 대한 관리가 필요하다. 또한, 재료의 선택에서 윤활성과 내열성의 특성을 가진(SKH9, STD11등)고급강을 선택하는 것도 유효하나, 일반강에 각종 표면경화처리를 하여 내응착 마모성을 높이는 것이 더 효과적일 수 있다.

3) 피로마모

반복적이고 교차적인 기계적 응력으로 인해 응력을 받은 표면 아래에서 균열이 발생하고 확산되어 표면이 파괴되는 현상으로, 즉 금속끼리 접촉할 경우에 그 접촉 면적이 작아 생기는 응력집중이 작용하여 이상 마모로 전단응력이 생겨 파괴되는 것이 피로 마모이다.

피로 마모 방지를 위해 발생할 전단응력 부분에 설계상 재료 자체에 강도를 보강하거나, 전단응력의 발생 부위의 표충부에 표면경화처리를 하여 강도를 향상시키는 방법이 유효하다.

4) 부식마모

부식은 금속과 금속이 접촉하는 물질 즉 염분, 용제, 기름 용해제, 세척제, 전해질 용액, 습식 가스 또는 융해늘 사이에서 전기 화학 반응으로 인해 발생한다. 기계적 하중 역시 부식에 영향을 줄 수 있다.

부식마모의 방지를 위해 마찰에서 화학반응이 생기지 않도록 표충부를 화학적으로 불활성 상태로 하는 것이 바람직하며, 그에 상응한 경도를 가진 내식재료의 선택이나, 표충부를 세라믹계 물질로 표면경화처리 하는 것이 유효하다.

4.2.4 절삭성

절삭성(Machinability)이란, 강재에서 부품을 절삭할 경우 절삭의 용이도 정도를 의미하는 것으로 기계 가공비 결정의 중요한 요소이다. 절삭성의 좋고 나쁨의 기준은 공구의 수명과 연관되어 있다.

1. 공구수명과 절삭성

공구수명과 절삭성의 관계에서 공구 수명은 절삭조건, 즉 절삭속도, 절삭량, 이송속도 등의 조건에 절대적인 영향을 받지만, 절삭조건이 일정한 경우, 공구수명은 강재의 절삭성을 결정할 수 있는 기준이 될 수 있다. 공구의 수명 판정 기준은 일정기간내 공구 마모량으로 결정된다. 공구수명은 피삭재의 경도에 크기에 크게 영향을 받지만, 피삭재의 경도를 너무 낮추고 인성을 현저히 높인 소르바이트조직이나 오스테나이트조직일 경우 오히려 절삭저항이 크져 공구수명을 저해하는 결과를 가져오므로 약한 페라이트 조직이나 펄라이트 조직이 절삭성을 높이는데 효과적이다. 근본적으로 피삭물의 재질 경도가 높을수록 공구수명은 짧아진다. 그림4-21에 피삭물의 재질별 공구수명 추이를 나타 내었다. 강의 절삭성에 원소의 함유량에 따라 절삭성이 영향을 받으므로 사용목적과 절삭성을 고려하여 선택할 필요가 있다. 표4-1에 강의 원소 함유량에 따른 절삭성에 미치는 요인을 정리하였다.

절삭성의 개선과 공구마모를 최소화하기 위해 절삭 시 공구의 표면에 윤활성 피막을 형성하여 마찰력을 감소시키는 절삭유제를 사용하는 것이 효과적이다.

표4-1 원소가 절삭성에 미치는 요인

원 소	절삭성에 미치는 요인
탄소(C)	함유량이 0.3%까지는 절삭성이 좋고 이상이면 안좋음
망간(Mn)	1%까지는 강도, 경도, 취성을 증가시켜 절삭성이 좋아지며 1%이상이면 절삭성이 나빠짐
규소(Si)	규소는 피삭성을 저하시킴
인(P)	인은 피삭성을 좋게함. 0.1%일때가 가장 좋음
황(S)	황은 피삭성을 좋게함, 0.3% 이하가 피삭성을 좋게 함 쾌삭강에는 황을 첨가함
니켈(Ni)	철에 고용되는 니켈은 피삭성을 나쁘게 함
납(Pb)	납은 절삭칩의 처리를 용이하게 하며 0.2% 이하면 Pb 쾌삭강이라고 함
산화,황화물	MnS, FeS, MnO, FeO 등의 황화물 및 산화물들은 연질로 피삭성을 좋게 함 Al2O3, SiO2는 경하므로 피삭성을 나쁘게 함
탄화물 원소	Cr, V, W, Mo는 탄화물을 형성하여 피삭성을 나쁘게 함

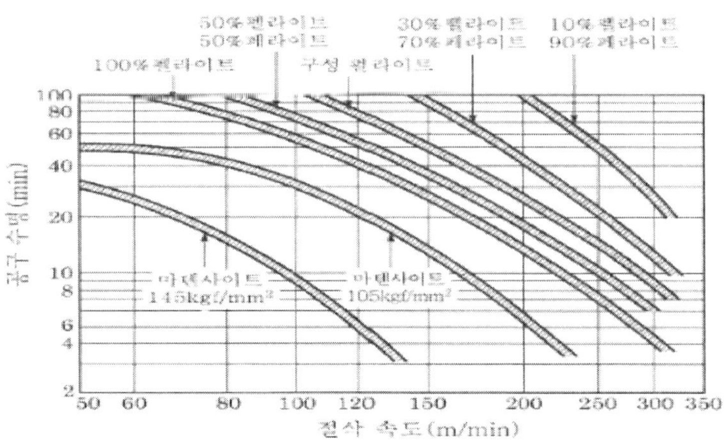

그림4-21 열처리 조직에 따른 피삭성

4.2.5 냉간가공성

1. 가공경화와 변형능

냉간 가공성이란 재결정온도 이하의 영역, 즉 상온상태에서 소성변형에 의해 금속을 강화하는 공정으로 변형저항이 아주 크다. 따라서 냉간가공의 특징으로 냉간가공이 진행되는 과정에서 재료에 가공경화 현상이 발생한다.
특히 재료에 탄소(C), 질소(N), 인(P) 등이 많으면 가공변형에 의한 가공경화의 정도가 커져서 변형저항이 현저히 증가한다. 가공경화는 가공도에 따라 증가하며, 잔류응력의 크기로 설명할 수 있다. 그 영향은 인장강도, 항복점, 탄성한계, 경도 등의 성질은 점차 증가 되고, 연신율, 단면수축률, 충격치 등은 반대로 현저히 저하된다. 이러한 기계적 성질변화는 냉간가공의 계속적 진행을 위한 결정의 단계에 도달한다. 냉간가공이 과도하면 최종 형상에 도달하기 전에 파손될 우려가 있다. 이것을 변화능의 한계라 한다. 이 변화능의 한계는 압축시험으로 확인할 수 있다. 즉 길이와 직경의 비가 2:1의 원주형 시험편을 축방향으로 압축하고 육안으로 확인되는 균열이 표면에 발생하기까지의 압축률(한계압축률)을 구하는 것으로 이 값이 어느 정도의 냉간가공을 가할 수 있는지를 판단할 수 있다. 그 이상의 가공이 필요할 경우 가공 전 내부응력을 제거하는 풀림을 실시하여 취성을 감소시킨 후 다시 냉간가공을 하여야 한다. 그 외 냉간가공의 작업에서 고려되어야 할 사항으로 재료에 잔재하는 결함 즉 비금속 개재물, 표면흠 및 표면탈탄, 등을 확인하여야 하며, 이러한 결함은 냉간가공 시 응력집중으로 균열, 변형의 시초가 되어 파괴에 이른다. 그림4-22, 23에 냉간가공에 따른 기계적 성질 변화를 나타내었다.

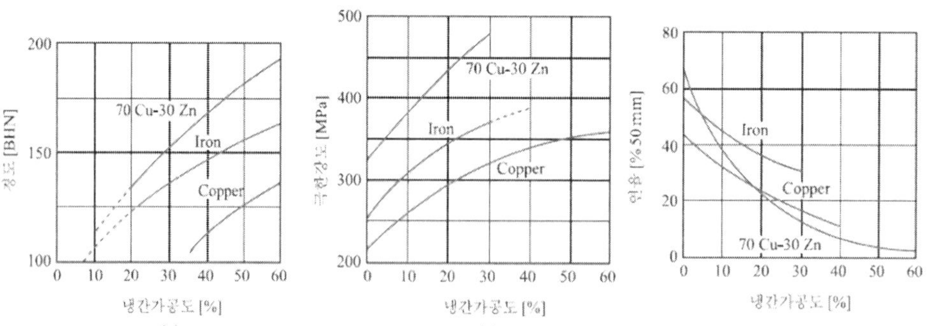

(a)냉간가공시의 경도의 변화 (b)냉간가공시의 강도의 변 (c)냉간가공시의 연성의 변화

그림4-22 1040강재, 황동, 구리의 가공경화 기계적 성질 변화

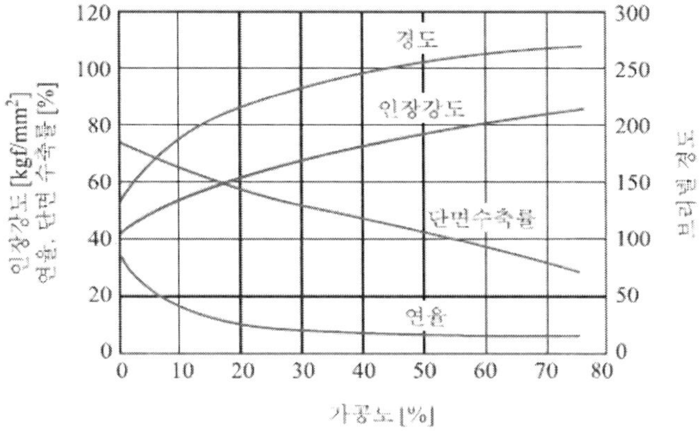

그림4-23 극연강의 냉간가공에 따른 기계적 성질의 변화

2) 내부응력 이완으로 재질특성 회복

냉간가공 과정에서 잔류응력의 생성, 재료에 큰 변형에너지가 생긴다. 즉 냉간가공의 작용에 의해서 결정립이 비틀어지거나, 일그러지면서 기계적 성질, 조직의 변화가 온다. 이러한 현상을 개선하기 위해 적절한 온노로 재가열(풀림)하면 내부응력이 이완되고, 응력이 없는 새로운 결정립 핵이 생성되어 점차 성장하여 새로운 결정립이 된다. 즉 냉간가공에 의해 변화된 기계적 성질이나 조직이 변화전 상태로 회복되는 것이다.

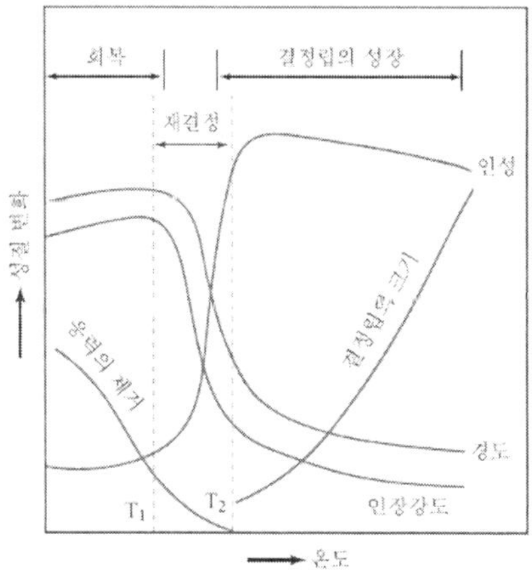

그림4-24 재가열에 의한 기계적 성질변화

4.2.6 열간가공성

1. 강의 변형저항과 변형능

열간 가공이란 재료를 재결정온도 이상으로 승온 시켜 고온에서 연화되어 연성이 크지는 것을 이용하여 가공변형과 재결정이 동시에 일어나는 열간가

공성은 냉간의 경우와 같이 변형 저항과 변형 능이 발생된다.

즉 강은 고온(800°C이상)에서 인장강도가 급격히 감소하고 반대로 연신률, 단면수축률은 급격히 증가한다. 인장시험에서 열간 가공에 대한 변형 저항은 강의종류에 따라 많은 차이가 있으며, 일반적으로 합금 원소량이 많을수록 변형 저항이 크다. 그림4-25에 각 강의 종류별 고온에서의 변형 저항을 나타내었다. 또한, 변형 저항은 변형속도와의 관계에서 변형속도가 증가하면 변형 저항도 크진다. 예를 들어 충격의 변형속도는 변형 저항이 극단적으로 크진다. 그림4-26에 강의 변형 저항과 변형속도와의 관계를 나타내었다.

한편 강의 변화능도 같은 영향을 나타내고 변형 저항이 크면 반비례하여 변화능도 작아진다. 이것은 고온 취성의 영향이다.

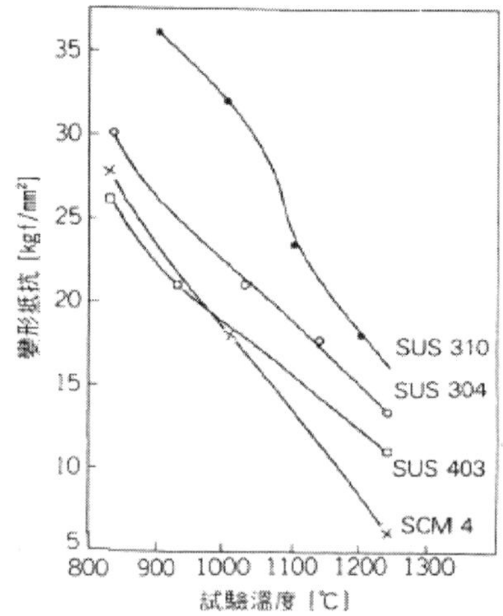

그림4-25 강의 종류별 고온에서 변형저항

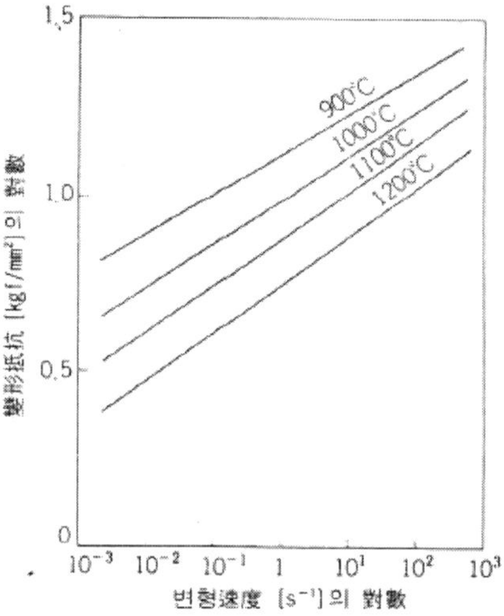

그림4-26 강의 변형저항과 변형속도

2. 강의 취성

1) 고온취성

황의 함유량이 많은 탄소강이 900~1000℃에서 적열상태가 되었을 때 취성이 발생하여 쉽게 파괴되는 성질로 철에 황의 함유량이 많으면 황화철이 되면서 결정립계 부근의 황이 망상으로 분포되면서 결정립계가 파괴된다. 이를 방지하려면 망간을 사용하여 황을 탈유하고, 탈탄하면 된다.

2) 청열취성

강은 일반적으로 온도가 올라가면 조직이 연해지지만 200~300℃ 구간에서는 오히려 인장강도와 경도값이 상온일 때보다 커지게 된다. 반면, 연신율이나 성형성은 오히려 작아져서 취성이 커지게 되는데 이를 청열취성이라 하며 따라서 탄소강은 200~300도에서는 가공을 피해야 한다. 이 온도범위에서는 절의 표면에 푸른 산화피막이 형성되므로 청열취성 이라고 불린다.

방지책으로 청열취성은 질소(N) 또는, 탄소강 중 탄소의 석출이나 표면의 산화피막을 형성하는 인(P)에 기인하는 것으로, 질소가스, 산소와 같이 탈탁이나 강재를 강화시키는 가스를 배제시키고, 취성 발생 범위인 200~300°C 구간을 급냉시켜 피하고, 해당구간 에서는 소성가공을 하지 않는다. 그림4-27에서 200~300°C 구간의 연신율이 떨어지는 현상을 볼 수 있다.

3) 저온취성

일반적으로 물질은 온도가 내려갈수록 단단해지고 취성이 증가하나 강은 0도 이하, 특히 영하20~영하30도 구간(천이온도)에서 급격하게 취성이 증가하게 되어 부스러지기 매우 쉬운 상태가 된다. 이를 저온취성이라 한다. 특히 구조물에 예리한 노치와 인장 잔류응력 존재는 저온취성을 현저하게 발생시킨다. 그림4-28에서 노치에서 취성이 현저히게 발생힘을 표현하였다.

탄소강의 경우 -70°C 부근에서 충격치가 “0”에 가까워지는 취성을 가진다.

지온취싱을 삼소시키기 위해 망간(Mn)을 첨가하면 된다.

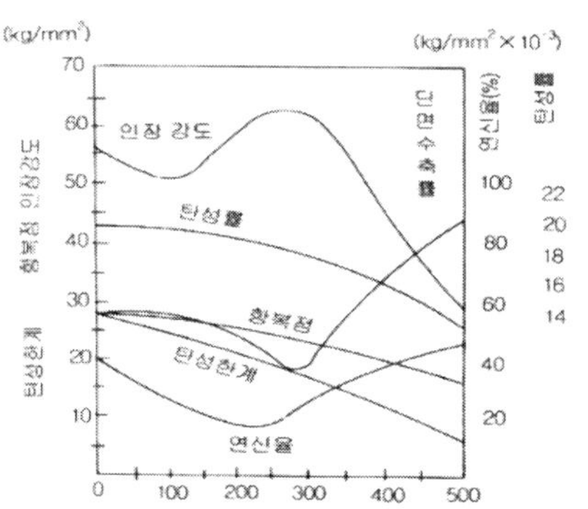

그림4-27 청열취성(온도와 기계적 성질)

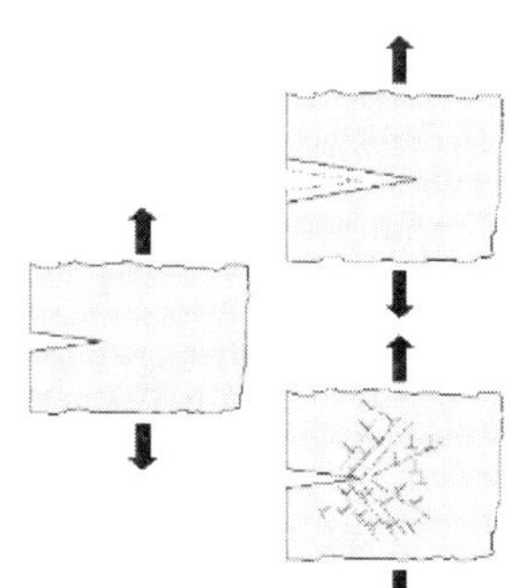

그림4-28 노치에서의 저온취성

4) 뜨임취성

강은 담금질 후 내부변형을 제거하고 인성 및 연성을 증대시키기 위해 뜨임을 실시한다. 그러나 충격값이 연화와 더불어 증가하지 않고 저하 하는 경우가 있는데 이 현상을 뜨임취성이라 한다.

뜨임 취성은 Mn, Cr, Ni, V 등을 함유하고 있는 합금계 용접 금속에서 많이 발생하며, 주요 원인은 결정립의 성장과 결정입계에 석출한 합금 성분이다.

5) 상온취성

온도가 상온 이하로 내려가면 충격치가 감소하여 쉽게 파손되는 성질을 말하며, 예로서 강(鋼)중에 P가 많으면 Fe3P가 형성되어 결정 경계에 석출한다. P가 적으면 강중에 고용(固溶)되고 경도와 강도가 다소 증가하고 연율이 감소한다. 강중의 P는 상온취성의 원인이 된다. P가 소량이고 균일하게 분포되어 있으면 별로 해롭지 않으나 P는 편석이 생기기 쉽고 충격치를 감소시키는 경향이 있으므로 소량으로 제한한다.

P에 의한 유해 정도는 C양이 많을수록 크고, 공구강에서는 0.025% 이하, 반경강에서는 0.04% 이하, 연강에서는 0.06% 이하로 제한한다.

6) 수소취성

여러 가지 이유로 수소가 금속에 흡수되면 금속의 격자에 변화가 생기면서 결정이 약해진다. 강철 등의 금속재료에 수소 약화가 일어나면 큰 기계나 구조물이 파괴되는 등 심각한 안전사고의 원인이 되기도 한다.

금속 부식과 함께 진행되기도 하는데 부식을 일으키는 전기화학적인 반응이 수소약화의 원인이 되기도 하며, 또한 수소취성은 부식 특히 응력부식(stress corrosion)을 촉진하는 하나의 원인이 되기도 한다.

수소취성의 원인은 수분이 많은 환경에서 사용 시 수소와 재료가 부식을 일으켜 수소가 침투하거나, 도금액 중 수소가 금속 석출과 함께 석출하는 경우, 제강공정 중 수소 유입 등의 경우이다. 방지책으로 수분접촉의 회피, 수소가 침투된 경우, 약 200℃에서 2~4시간 베이킹 처리하여 탈수소, 음극 방식으로 수소 침투 방지, 용접 후 탈수소처리 등이다.

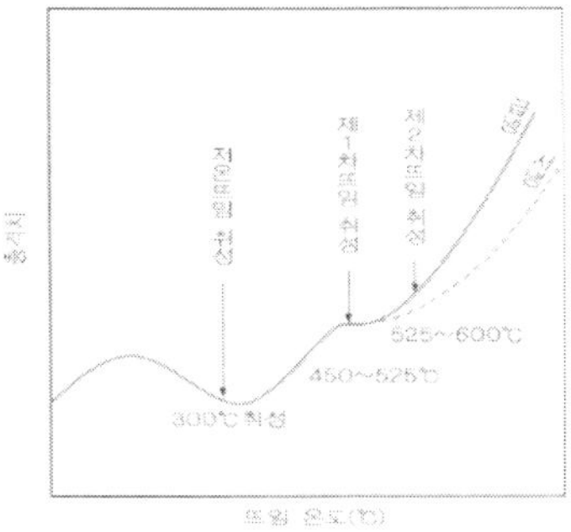

그림4-29 뜨임취성

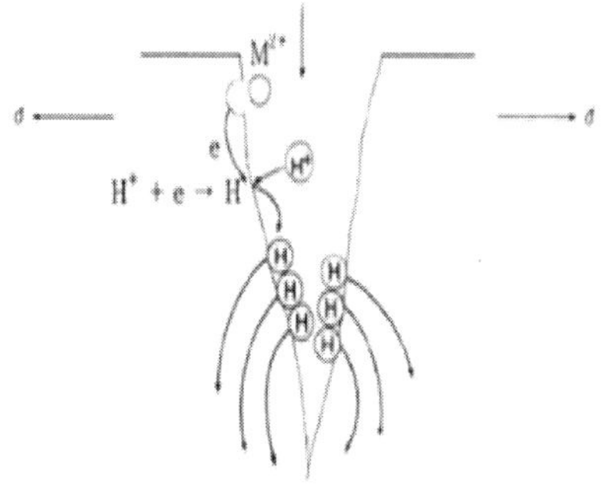

그림4-30 수소취성

2. 열간가공에 의한 조직변화

열간 가공성과 관련하여 열간 가공 시에 결정입자의 변화는 가공 전의 결정입도가 가열에 의해 파괴되며, 가공 후 재결정을 만든다. 따라서 가공 종료온도가 열간 가공 후의 결정입도에 직접 관계되며, 변태점보다 높은 온도에서의 가공종료는 결정의 조대화를 초래한다. 조식의 조대화를 방지를 위해 나이오븀(Nb), 타이타늄(Ti)의 성분 원소를 미량 첨가하면 효과적이다.

4.2.7 용접성

금속의 용접의 난이를 표시하기 위하여 '용접성(Weldability)'은 사용한 모재가 용접에 적합한지, 목적에 맞게 용접되었는지 등을 나타내는 성질이다. 따라서 용접성은 강의 중요한 특성중의 하나이며, 용접 과정에 있어서 용접균열과 용접시 경화능을 생각할 필요가 있다.

1. 용접균열

강을 용접할 경우 융착근속과 모재 사이는 급열과 급냉으로 인해 비드 균열이 생긴다. 급열, 급냉의 과정은 강의 변태를 수반한다. 마르텐사이트 종료온도(Mf)가 낮을수록 균열발생이 쉬워지며, 고탄소계강, 고합금원소의 강은 마르텐사이트 종료 온도를 저하시키므로 균열이 생기기 쉽다. 용접 균열 감소를 위해 용접시 냉각속도를 작게 하든지, 저수소계의 용접봉을 사용하면 화학성분을 감소시켜 용접균열을 최소화 할 수 있다.

2. 경화능

강을 용접할 시 융착금속과 인접한 모재부에 열영향부가 생기고 이 부분의 경도는 비 영향부에 비해 현저히 경화되며, 경화의 정도를 경화능이라 한다. 경화능이 클수록 용접성이 손상되기 때문에 경화능은 용접성을 결정하는 중요한 인자이다. 이와 관계되는 화학성분의 영향은 탄소당량(Ceq)으로서

$$Ceq = C + 1/6Mn + 1/15Ni + 1/5Cr + 1/4Mo + 1/13Cu + 1/2P \qquad (4.1)$$

식(4.1)과 같이 나타낼 수 있으며, 이 값이 클수록 열영향부의 최고 경도도 크게 된다. 이러한 열영향부의 경화를 감소시키기 위해 용접 시 예열 및 후열 조정이 필요하다.

4.3 화학적 성질

4.3.1 내식성

1. 부동태의 형성

부식(corrosion)이란 금속이 그 주위환경의 여러 가지 물질과 화학적 반응이나 전기화학적 반응에 의해 발생 되는 금속의 파괴 및 유효수명의 단축을 말한다. 금속은 조건만 갖추어진다면 이온화하려는 경향이 있다. 그러므로 부식의 또 다른 과학적 표현으로 금속이 이온화하는 경향이라고 한다. 또한 모든 금속은 부식된다. 내식성 금속(백금, 금, 은, 구리, 스테인레스강)의 부식생성물(녹)은 피막이 치밀하여 공기나 물을 통과하지 못하게 함으로써 부식진행을 차단하는 것을 부동태라 한다. 부동태는 피막을 형성함으로써 부식환경을 차단하여 부동태화될 수 있으며, 이것은 임계 양극전류 밀도가 낮을수록, 기본 부동태 전위가 낮을수록 쉽게 부동태화 된다. 강의 경우 부동태 생성은 크롬(Cr)과 밀접한 관계가 있다. 크롬(Cr)함유량이 12% 이상이면 부동태 형성에 효과적이다. 또 니켈(Ni) 등 다른 내식성 원소를 첨가한다면 더욱 임계전류밀도가 작아지고 내식성이 향상된다. 이러한 전기화학적 성질을

이용한 강의 합금화가 스테인레스강이다. 그러나 부식 환경에서 내식성을 발휘하기 위해 부동태를 유지하는 조건이 만족 되어야 한다. ①부식물의 종류와 농도, ②액의 온도 및 유속, ③액의 pH 및 용존산소량, ④공존원소의 종류 등에 따라 변하며, 특히 온도와 pH는 강의 내식성을 나타내는 영역 즉 부동태 영역을 결정하는 최대의 인자이다. 그림4-31에서 철(Fe)의 전위-전류곡선을 표시하였다. 그림4-32에서 철근의 자연전위와 pH관계를 나타내었다.

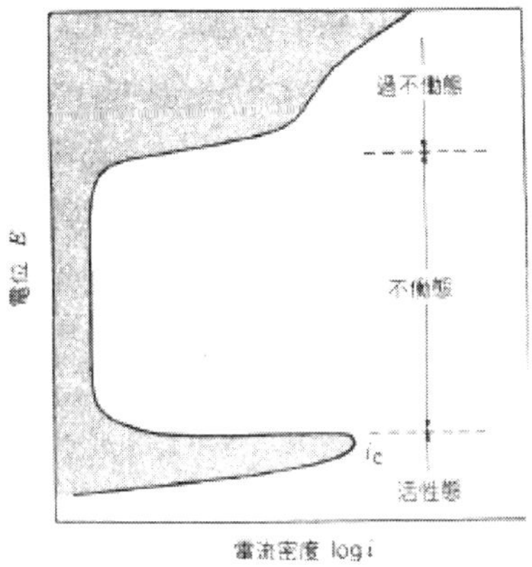

그림4-31 Fe의 전위-전류곡선

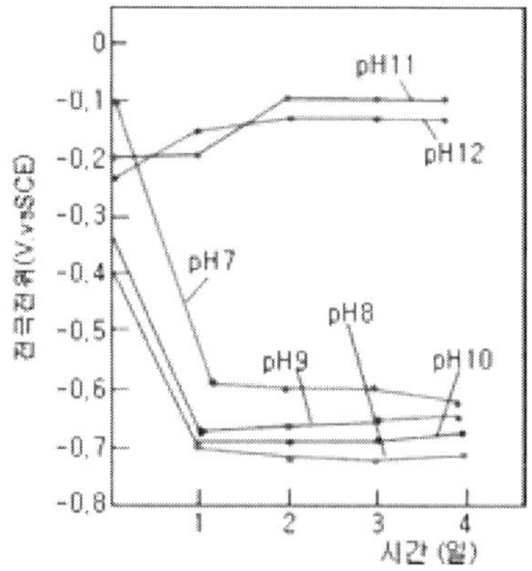

그림4-32 철근의 자연전위와 pH관계

2. 부식의 종류

1) 전면부식(균일부식)

전면부식이란 동일 환경조건에 접해 있는 금속의 표면이 일정하게 녹으로 변해가며 금속의 두께가 어디든지 같은 속도로 소모되어 가는 경우를 말하나, 환경이 금속면의 어디서도 일정하거나 또 금속 자체의 성질도 전면이 일정하지 않으므로 정확하게 전면부식은 일어나지 않게 된다. 대개의 부식면은 철, 산중에서의 많은 금속 혹은 고온 산소 등에서는 거의 전면이 균일하게 침식되므로, 이것들을 전면부식이라고 한다. 전면부식의 경우에 금속체의 형태는 부식전과 서로 같은 형태를 유지하므로 부식의 정도는 일정 시간에 단위면적당 중량이 얼마만큼 줄었는가로 나타낼 수가 있다. 그러나 금속에 따라서 밀도가 다르기 때문에 직접 비교가 어려우므로, 그것을 다시 밀도로 나눠서 길이의 단위로 하여 전면이 일정하게 부식한 것으로 하고 두께가 얼만큼 감소했는가의 수치를 침식도로 나타내는 수도 있다. 다만 여기서 주의할 것은 일반적으로 부식의 속도는 시간과 직선 관계에 있다고 한정되어 있지는 않으므로 너무 짧은 기간의 시험에서 얻은 값을 단순히 계산만으로 1년간의 침식도에 대입하는 것은 맞지 않는다.
전면부식은 전체적인 강도와 강성에 영향을 미치면서 큰 사고로 연결될 우려가 있다.

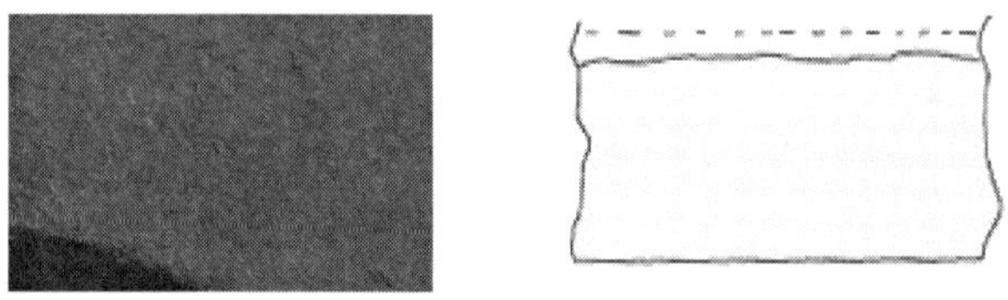

그림4-33 전면부식의 현미경 사진과 부식형태

2) 부분 부식(공식孔蝕)

강이 부동태화 상태라 할지라도 부분적으로 양극상태가 된다면 그 부분만 부식이 진행된다. 일반적으로 스텐레스강 및 티타늄 등과 같이 표면에 생성하는 부동태막에 의해 내식성이 유지되는 금속 및 합금의 경우, 표면의 일부가 일부 파괴되어 새로운 표면이 노출되면, 그 일부가 용해하여 국부적으로 부식이 진행한다. 이러한 부식형태를 부분 부식 또는 공식(pitting)이라 한다. 이것의 방지책으로 국부전지가 형성되지 않도록 강을 균일조직으로 하는 것이 효과적이다.

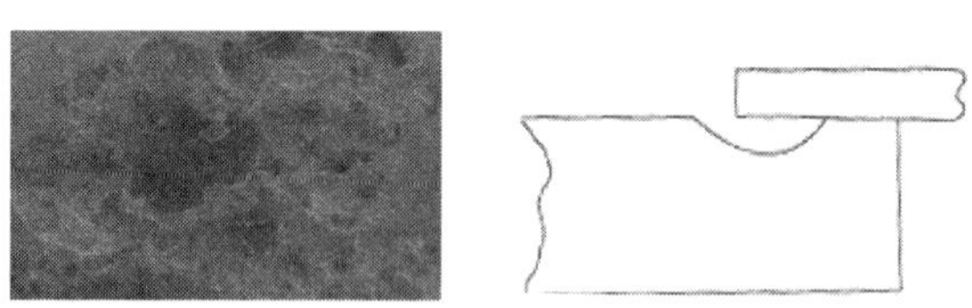

그림4-34 염화물이 함유된 유체로 인한 공식부식과 부분부식 형태

3) 입계부식

강은 무수한 결정입자로 이루어져 있으며, 큰 면적을 가진 결정입자와 작은

면적의 입계 물질과의 사이에서 양극과 음극이 형성되면 입계가 우선적으로 부식된다. 이러한 현상을 입계부식 현상이라 한다.
오스테나이트계 스텐레스강을 500~800℃로 가열시키면 결정입계에 탄화물 (Cr23C6)가 생성하고 인접부분의 Cr량은 감소하여 Cr결핍증이 형성된다. 이러한 상태를 만드는 것을 예민화처리(Sensitization treatment)라 한다. 이렇게 처리된 강을 산성용액중에 침지하면 Cr결핍층이 현저히 부식되어 떨어져 나간다.

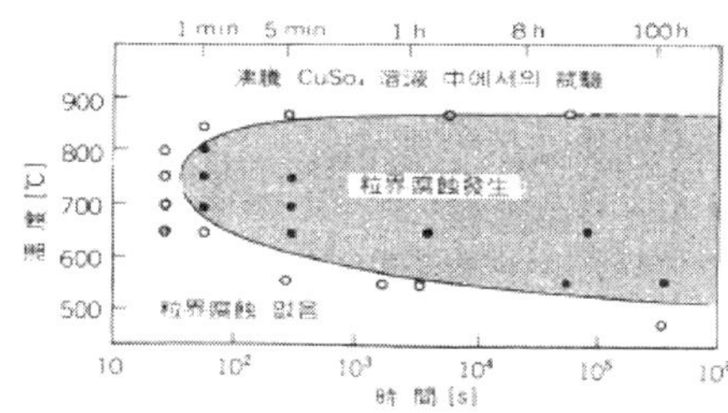

그림4-35 스테인리스강(0.05%C)예민화 실험

3. 응력부식균열

응력부식 균열(Stress Corrosion Cracking)은 재료, 환경, 응력 이 3개가 특정 조건을 만족하는 경우에만 발생한다. 일반적으로 내식성이 우수한 재료는 표면에 부동태 막이 형성되어있지만, 그 피막이 외직 요인에 의해 국부적으로 파괴되어 공식(pitting) 또는 응력부식 균열의 기점으로 된다. 국부적으로 응력집중이 증대되어 내부의 용액은 SCC(Stress Corrosion Cracking)전파에 기여하여 균열이 진전하여 간다. 이처럼 피막의 생성과 파괴가 어떠한 조건하에서만 생겨 균열은 진행한다. 표면 피막의 보호성이 불충분하면 전문부식으로 되어 응력부식 균열은 발생하지 않는다. 따라서 응력부식 균열은 내식성이 좋은 재료에만 발생한다. 어떠한 환경에서 균열 저항성이 큰 재료라도 다른 환경에서는 응력부식 균열이 발생할 가능성이 충분히 있다.
응력(stress)을 받은 부분은 다른 부분보다 에너지가 높으며, 다른 원소와 화합하려고 하는 힘이 커서 상대적으로 양극이 되고, 전해질 내부에 있으면 전자를 잃어 소멸한다. 결정입계는 용체에서부터 결정이 생길 때 응력을 받고 있기 때문에, 내부 금속보다 높은 위치에너지(자유에너지)를 가지고 있어, 양극이 되어 부식이된다. 또한, 기계적으로 응력을 받은 부분도 양극이 되어 부식이 이루어 진다.

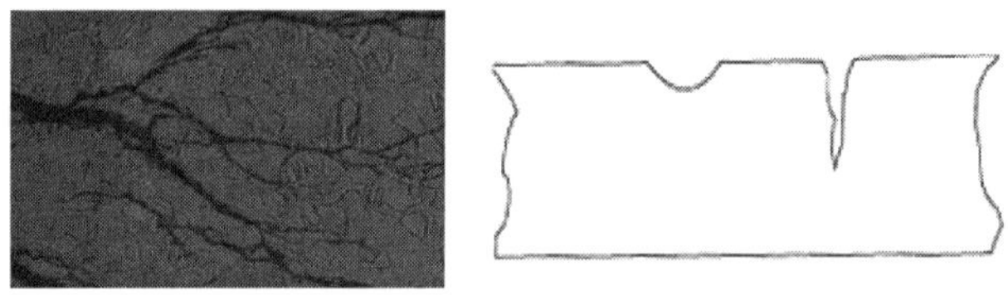

그림4-36 응력부식균열의 현미경 사진과 부식형태

4.3.2 내열성

금속합금의 내열성은 용융점, 열 안정성 및 고온에서의 기계적 특성에 따라 결정된다. 내열성이 가장 좋은 합금은 높은 온도에서도 특성변화가 없이 그 기능을 유지해야 하며, 이러한 특성은 항공우주, 에너지, 야금 등의 분야에서 요구되는 특성이다.

1. 크리프(Creep)강도

고온에서 장시간 연속하여 부하 응력을 받는 부품에 대해 변형량이 허용치 내 존재하는 부하 능력을 확인하는 것은 강의 사용선택에서 대단히 중요하다. 이의 한계를 확인하는 방법은 크리프(Creep)시험으로 가능하며, 다음의 단계로 구분할 수 있다. 재료에 하중을 가하면 순간적으로 응력에 대응하는 변형이 생긴다. 시간의 경과와 함께 변형이 점차 증가하여 파단에 이른다.
그림4-37에서 ε_0가 부하 시의 순간변형이며, 1기 크리프~3기 크리프까지를 크리프 변형이라 한다. 초기 순간변형은 제외하고 일반적으로 3단계로 나눈다.

- 초기변형:하중을 가하는 순간 탄성변형 + 시간관계 없이 소성변형합(ε_0)
- 제1기크리프(천이크리프):초기단계를 지나며 비교적 높은 속도로 변형율 증가, 하지만 변형속도는 감소.
- 제2기크리프(정상크리프):가공경화와 회복연화가 서로 균형을 이루면서 일정 변형속도가 유지되는 구간 2차 크리프 구간의 평균 크리프 속도를 최소 크리프속도,

최소 크리프율이라 함.

- 제3기크리프(가속크리프): 변형속도가 점차 증가하여 파단에 도달할 때까지의 구간, 재료에 수축이나 내부 공동의 형성으로 인한 유효 단면의 감소가 발생.

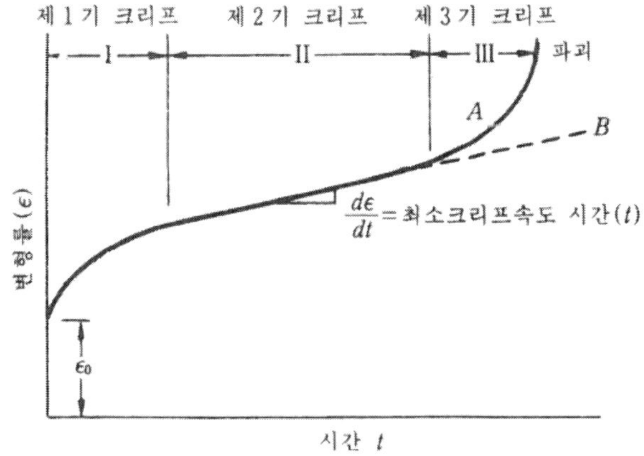

그림4-37 크리프(Creep) 곡선

강의 합금의 종류 및 미세조직이 크리프(Creep)강도에 현저한 영향을 미친다. 페라이트계 재료는 600°C 이하의 저온 영역에서 높은 크리프(Creep)강도를 나타내며, Cr, Mo, V, W와 같은 합금원소를 많이 함유하고, 합금원소의 탄화물이 균일하고 미세하게 분포할수록 크리프(Creep)강도가 높다.

오스테나이트계 재료는 600°C 이상에서 높은 크리프(Creep)강도를 보이며, 화학 성분에 따라 현저한 차이를 보인다. 그림4-38에서 보면 고온강도 시간이 100,000시간이 경과한 후 허용변형 1%의 크리프(Creep)강도에서 Ni량이 많은 것이 같은 Ni, Cr양에 C와 강력하게 결합하는 Nb, Ti를 소량 첨가한 합금이 안정적이고 높은 강도를 보이고 있다. 이것은 오스테나이트 조직이 고온에서 석출할 "상"의 종류 및 석출속도, 분포상태에서 차이가 있는 결과이다.

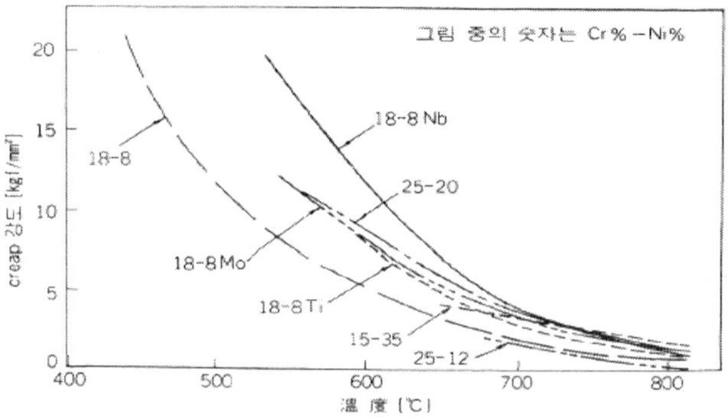

그림4-38 각종 스테인리스강의 1%/100,000h의 그리프(Creep)강도

2. 내산화성

내산화성이란 산소와 반응하여도 산화가 억제되는 특성이다. 금속이 고온으로 인한 산화에 의해 부식하는 현상은 금속표면에 반응생성물로서 산화물 피막이 생기고 금속원소 또는 산소가 이온형으로 이 피막을 통과하면서 진행된다. 그 결과 강은 외층에서부터 Fe_2O_3, Fe_3O_4, FeO의 3“상“으로 이루어진 산화물 형태의 피막이 생성된다. 강의 내산화성을 높이기 위해 생성 피막을 통한 금속이온 및 산소이온의 이동이 느린 치밀한 산화물 피막을 산화 초기에 생성시키는 것이 가장 효과적이다. Cr, Al, Si, Ni의 합금원소를 활용하여 이의 생성을 용이하게 할 수 있으며, 이중 Cr은 기계적 성질, 가공성을 해치지 않고 고온 강도를 개선할 수 있으며, Al, Si, Ni은 Cr과 함께 첨가하여야 내산화성 개선에 효과적이다. 그림4−39에서 0.5%의 탄소와 크롬(Cr)합금강의 220h 실험결과의 내산화성을 온도별로 표현하였다. 또한, 그림4−40에서 Al을 첨가한 Cr 강의 고온 산화 저항을 크롬(Cr) 함유별로 나타내었다.

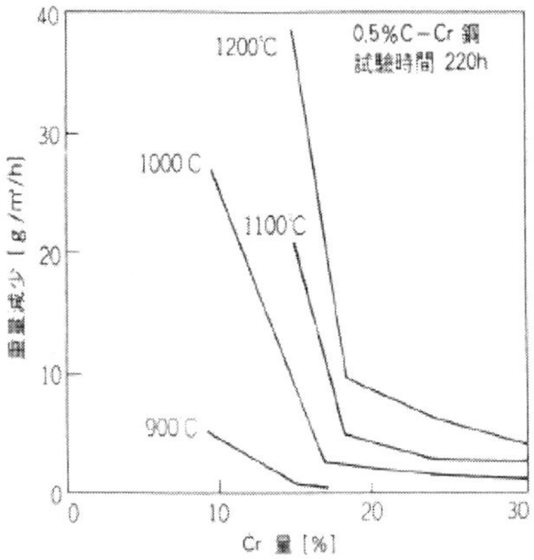

그림4-39 0.5% C-Cr강의 내산화성

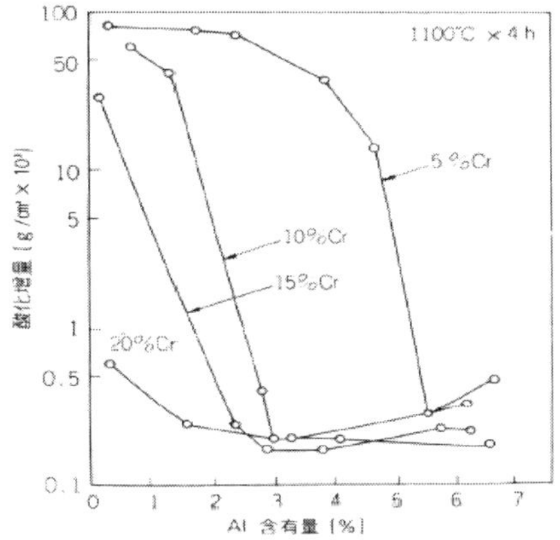

그림4-40 Al첨가 강의 고온산화 저항

산화 부식에 있어 산소외 S(H_2S, SO_2)나 할로켄 원소(Cl, F)와 관계되는 부식 현상은

- 유화물, 산화물과의 공정물 등 저용융점 생성물이 생기기 쉽다.
- 용적변화가 커지며 생성피막의 균열, 박리 등이 생기기 쉽다.

따라서 내식성을 위한 피막 형성이 용이하지 못하여 부식도가 현저히 크게 되는데 이러한 부식조건에서는 Co나 희토류 원소가 내식성 개선에 유효하다. 이외에 고온 강도를 높일 목적으로 Mo, V 등이 첨가되는 경우가 많지만, 이 종류의 합금원소가 생성하는 산화물은 모두 비점, 또는 용융점이 낮고 또 다른 산화물과 공정을 만들어 더욱 저용융점이 되는 까닭에 가속 산화(Accelerated Oxidation)라 불리는 상산화 현상을 나타낼 우려가 있다.

05

열처리 설비와 운용

5.1 가열장치

열처리로는 가열열원, 가열방식, 용도, 로의형식, 이송방식 등에 따라 각종 형식이 존재하며, 열처리 부품의 처리목적, 재질, 형상, 처리량에 따라 구분된다. 열처리로의 구비해야 할 조건은 온도조절이 용이해야 하고, 노내의 온도분포가 균일해야 하며, 직. 간접으로 가열하여 산화 및 탈탄이 없어야 한다. 또한 연속퀜칭이나 단속 조업 가열, 냉각의 특성, 허용온도 분포의 정밀도, 안정성, 에너지 절감, 경제성 등의 검토가 매우 중요한 조건이다. 가열장치의 구조는 열원의 종류, 가열방식, 가열용량, 승온특성, 균열특성, 분위기 정밀도 등에 의해 결정된다.

5.1.1 열원의 종류

열처리로의 기본적 열원은 전기, 연료(기름, 가스)이다. 구체적으로 연료 열원으로 중유, 등유, LPG가스, 도시가스 등을 연소하여 열을 얻는 연소발열과 직접 또는 간접으로 처리품에 가열하는 방식이 있으며, 전기의 열원으로 전기저항, 유도가열, 전자가열. 레이져 가열 아크가열 등이 있다.

열원의 선택조건은 전기나 연료의 단가, 공급을 위한 설비비, 공급의 안정성 등 원가를 고려한 경제적 측면과 열처리 기술적 측면의 승온 특성, 온도분포, 가열 분위기, 노의 영향, 온도 분위기 제어의 난이도 등이 열처리 목적에 적당한 것인지에 대한 기준을 바탕으로 종합하여 선택하여야 한다.

전기저항로는 연소로에 비해 온도조작이 용이하나 최근에는 연소 가열의 연소기구, 온도 조절기구 등이 기술적 개선으로 전기저항로와 동등한 연소 가열로의 기능이 확보되었다. 약 1600°C 이상의 고온 열처리에서는 전기가열이 효과적이지만 연소 가열은 연소생성 가스의 유속이 처리품의 열교환을 높여 급속가열에 유리하다. 그러나 연소 소음의 발생, 질소산화물, 유황산화물 등의 배기가스 발생의 공해대책이 필요한 단점이 있다.

표5-1 가열비의 열원별 비교

열원	단위당 열량	단가	연료비/1만kcal	노의 열효율	가열비/1만kcal
전기	860kcal/kw	173원/kw	2,006.8원	60%	3,343.원
LPG	12,000kcal/kg	1,587원/kg	1,322.4원	40%	3,306원
중유	10,500kcal/l	930원/l	885,7원	20%	4,429원

2025년 1월 적용단가

가열원의 합리적이고 효율적 결정을 위해 여러 가지 요인을 종합하여 신중하게 결정하여야 한다. 일반적으로 연소가열이 전기가열에 비해 저렴하다고 하지만 노의종류, 열원의 단가변동 열원의 노에 대한 열효율 등을 고려하여야 한다. 표5-1의 가열비 비교에서 전기열원과 가스열원의 차이가 비슷하며, 오히려 중유가 더 비싸다. 노의 가열효율은 노의 형상과 열원의 종류에 따라 크게 차이가 있으므로 원가를 고려한 경제적 측면과 열처리 부품의 기술적 목적을 고려하여 결정하여야 한다.

5.1.2 열원과 가열방식

열처리 가열의 열원으로 연소물의 연소열을 이용하는 방식과 전기저항을 이용한 방식에 대해 앞서 언급한 바 있다. 가열방식은 열원의 종류에 따라 발열방식이 다르며, 열처리 부품으로 열전달 방식은 연소 가열과 전기가열에도 직접가열과 간접가열 방식이 있다. 연소 가열에서 직접가열은 연소 생성가스가 직접 열처리품에 접하는 가열방식이며, 전기가열의 직접가열은 열처리 부품에 직접 전류를 흐르게 하는 가열방식이다. 연소 직접가열 방식의 특징은 간접가열에 비해 가열속도가 빠르며, 버너의 배치가 용이한 장점과 처리부품에 산화가 많은 단점이 있다. 열처리에 있어 직접가열의 경우는 드물고 대부분 간접가열 방식이다. 그림5-1은 flat frame burner를 이용한 직접가열로의 단면도이다. 연소 간접가열 방식은 그림5-2와 같이 radiant tube burner 내에서 연소 발열시켜 튜브의 표면에서 방사에 의해 가열하는 방식이며, 그림5-3은 외부에서 연소 발열시켜 실내의 처리품을 방사 가열하는 형식으로 열원의 성분이 되는 가스나 복사열이 피열처리 재질에 미치는 화학반응을 고려하여 muffle case를 설치한다. 이 방식의 특징은 가스분위기 중에서 가열이 가능하며, 무산화, 광휘가연처리, 침탄, 질화, 납땜 등이 가능한 반면 radiant tube burner나 muffle 등은 내열강의 사용량이 큰 점, 최고 사용온도가 1200℃로 제한되는 점 등의 결점이 있다.

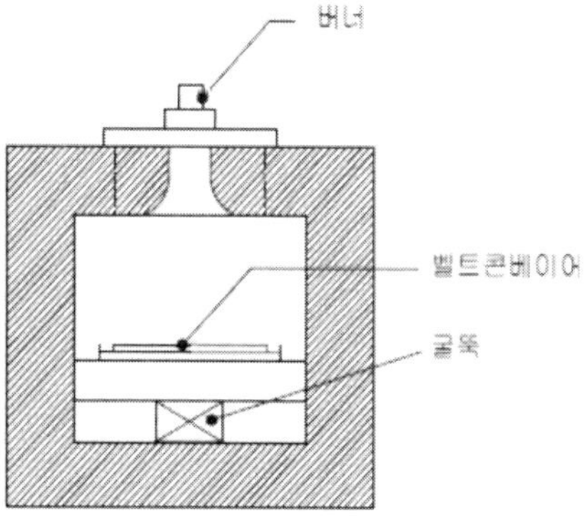

그림5-1 직화식 가스 가열로

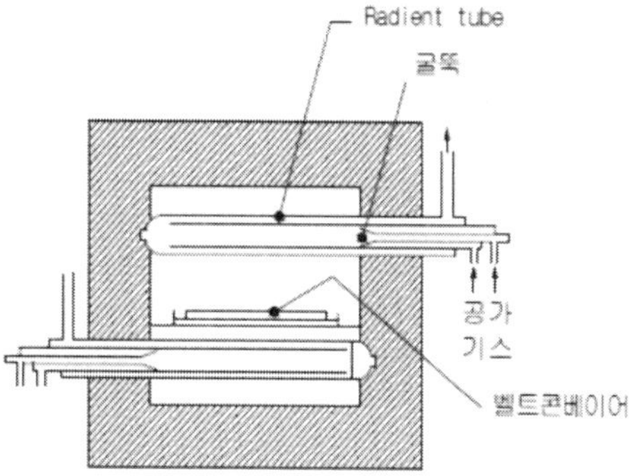

그림5-2 Radiant tube buener 가열로

일반적으로 직화식이 간접가열보다 가열효율이 좋다고 생각되지만, radiant tube burner에서 효율이 60~70%인 것이 생겨 직화식보다 오히려 효율이 좋은 노가 제작되게 되었다. 이것은 그림 5-2에 나타났듯이 연소 배기가스와 연소 공기가 버너 입구에서 열교환 하여 공기를 예열하기 때문이다.

전기 직접가열방식의 특징은 처리부품에 직접 전류를 흐르게 하므로 급속가열을 할 수 있지만, 저항가열 이므로 처리부품의 형상, 재질의 얼룩 등으로 인해 균일가열이 곤란한 점이 많다. 또 전기를 통하기 위한 접속부에 상처가 나기 쉬운 결점이 있다. 이 가열방식은 강의 발렛이나 선재의 가열에 사용되고 있다. 그림 5-4의 전기에 의한 간접가열방식은 열처리에 가장 많이 이용되고 있으며 저항 가열방식의 대표적 방식이다. 표5-2에 열원의 종류에 따른 가열방식과 열처리 용도를 나타내었다.

표5-2 열원과 가열방식에 의한 열처리의 용도

열원		가열방식	용도
연소가열	중유 등유 LPG 도시가스	기름버너 가스버너	직접가열 압연, 단조 퀜칭, 템퍼링 노말라이징, 어닐링 열풍발생
		Radiant tube 버너	간접가열 무산화가열 침탄, 질화 납땜, 소결
전기가열	저항가열	직접통선	직접가열 압연, 단조 파텐팅
		금속발열체	연소간접가열과 같다.
		비금속발열체	용도
		전극	진공, 염욕열처리
	유도가열	고주파	급속가열 표면경화 납땜, 압연, 단조
		저주파	압연, 단조
		전자빔	압연, 단조
		글로방전	이온질화, 납땜
		레이저 빔	미소부분의 표면경화 표면합금화

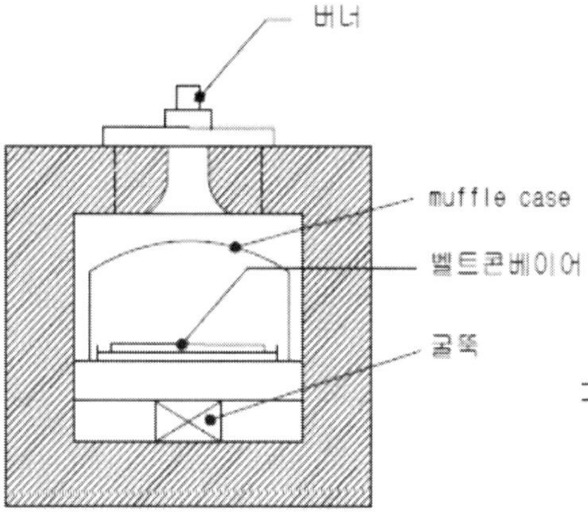

그림5-3 간접 가스 가열로

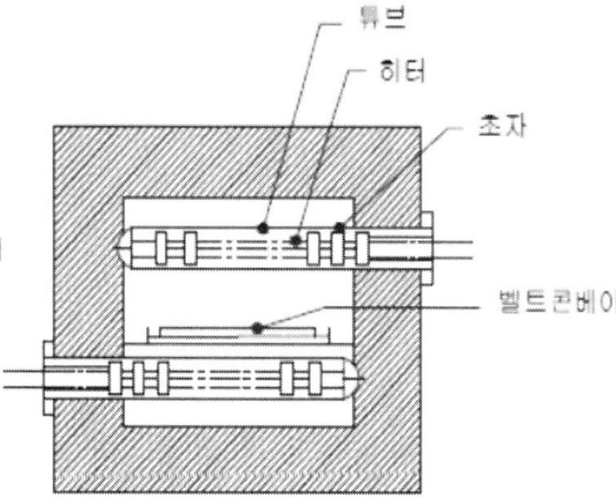

그림5-4 전열 tube 가열로

5.1.3 열처리로의 분류

1. 조업방식에 의한 분류

열처리로는 조업방식으로부터 우선 연속식과 batch식으로 구분된다. 연속식은 처리부품을 노의 입구에서 장입하여, 승온, 유지, 냉각 등의 처리를 연속적으로 하여 다른 쪽에서 추출하는 방법의 노이다. 연속로의 분류는 주로 처리부품의 노내 이송방식에 따라 구분한다. 연속식에는 처리부품이 항상 이동하고 있는 순수연속식(mesh belt식)과 간헐적으로 보내는 간결연속식 (pusher식)이 있다. batch식은 처리부품을 노내 장입하여 같은 위치에서 승온, 유지를 하여 냉각 또는 추출하여 냉각하는 형식의 로이다. 연속식은 소품종 다량생산에 적합하며, batch식은 다품종 소량생산에 적합하다. 최근 공업생산구조가 변화하여 전용적인 연속로의 용도가 적어지고 batch형 다목적 연속로 방식의 요구가 증가하고 있다.

2. 가열방식과 처리목적에 의한 분류

열처리로는 가열방식에 의해 전기저항로, 연소로, 염욕로, 고주파 가열장치 등으로 분류되며, 가열 분위기에 따라 가스 분위기로, 진공로, 염욕로 등의 명칭으로 구분된다. 열처리로의 종류별 분류를 표 5-3에 나타내었다.

표5-3 열처리로의 종류

기열방식에 의한 분류	조업과 반송방식에 따른 분류			열처리에 의한 분류
	Batch식	연속식		
연소가열	상형	Pusher식	Skit rail형	단조가열로
전기저항가열			Roller hearth형	어닐링로
유도가열			Monorail형	노말라이징로
전자가열			대차형	
가열분위기에 의한 분류		콘베이어형	Roller hearth형	퀜칭로
			Belt형	템퍼링로
			Shaker hearth형	침탄(질화)로
			회전 retort형	질화로
분위기로			Working beam형	소결로
유동입자로			Monorail형	납땜로
진공로			회전로상형	
염욕로		Strand형	Roller hearth형	유도열처리로
연욕로			가네다리형	진공열처리로
유욕로			다와즈도란스형	염욕열처리로

5.1.4 열처리로와 가열방식

1. 전기로

전기로란 전기에너지를 열에너지로 변환하여 고온에서 시료를 처리하는 장비로 열처리 부품의 재질에 따라 가열온도 범위가 일반적으로 1000~2000℃ 정도 이며, 전기저항, 전자유도, 방전 등 전기의 물리적 특성을 이용하여 가열하는 것으로서 기본적인 형태는 튜브로(tube furnace)와 박스형로(box furnace)으로 구분된다. 그림5-5에 tube furnace와 그림5-6에 box furnace를 표현하였다. 전기로의 원리는 전류에 의한 발열 작용으로 저항체, 발열체를 전자가 통과하면서 마찰력을 받아 전기에너지를 열로 전환하여 발열체에 의해 발생한 열의 전도, 대류, 복사에 의하여 열처리물을 가열하는 원리이다.

발열체로는 니크롬선, 철크롬선 등 **금속발열체**와 탄화규소, 실리콘, 실리콘카바이트 등 **비금속 발열체**가 사용된다. 전기로의 특징으로 ①가열 및 냉각 속도 조절 가능하다 ②매우 정밀하고 높은 온도의 열처리가 가능하다 ③온도 이용범위가 넓다 ④분위기 제어가 가능하며, ⑤특별한 전원 장치 및 연료가 불필요하다. ⑥단열효과및 열효율이 좋다. ⑦적은 사용원료제약 및 불순물 혼입양의 최소화로 고품질의 열처리가 가능하다. ⑧회수율이 좋다.

표5-4 전기로의 특징

구분	Tube Furnace	Box Furnace
온도분포	온도분포 불균일	온도분포가 균일
반응로 형태	수평/수직로 가능	반응로 고정
시료의 양	열처리 양 제한	많은 양 열처리 가능

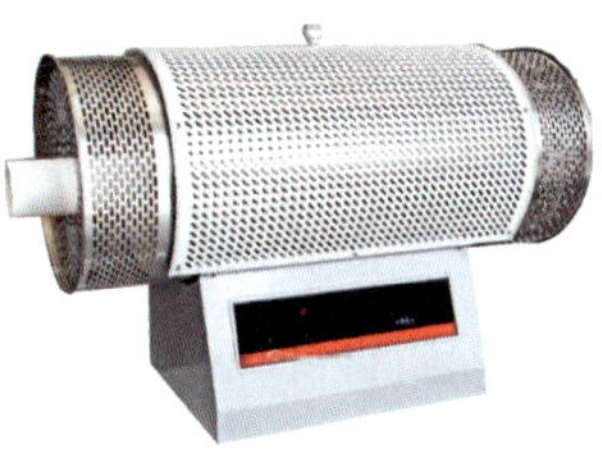

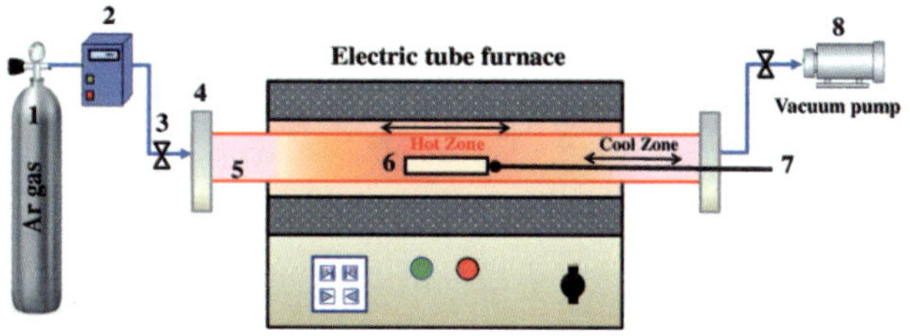

그림5-5 Tube Furnace type 전기로

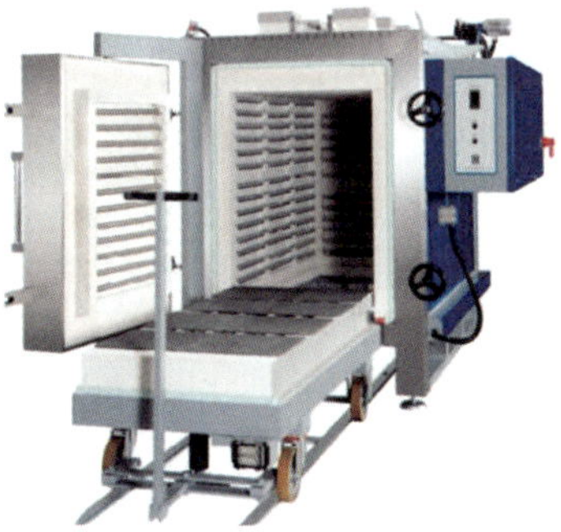

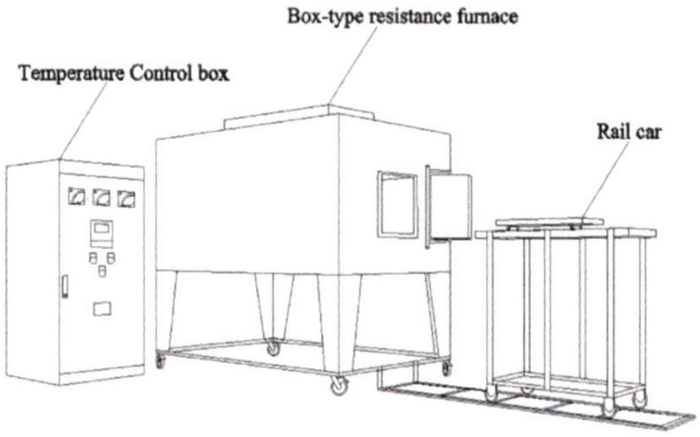

그림5-6 Box Furnace type 전기로

전기로의 적용분야는 SiC 합성소결, 알루미나, 지르코니아 등 고온 세라믹 소성과 탄소, 흑연 전극물질, 반도체 재료 열처리 금속정제, 등에 사용된다. 전기로는 용도, 가열방식, 구조, 용량 등에 따라 **저항로**(간접식 또는 직접식), **아크로**, **유도로**로 분류된다.

1) 전기저항로

전선 코일에 전류를 통전하면 저항성에 의해 피 열물을 가열하는 爐를 저항가열로라 한다. 이중 금속 또는 비금속 발열체를 설치하고, 여기에 전류를 통하여 주울 열에 의해서 간접적으로 피 열물을 가열하는 방식을 간접식 저항로라고 부르며, 직접적으로 피 열물에 전류를 통하여 가열시키는 방식을 직접식 저항로라고 한다.

전기저항로의 저항 발열체에는 금속발열체와 비금속 발열체가 있다. 금속발열체는 니크롬과 철크롬이 KS에 규정되어 있고, 그 외에 각종 합금이나 몰리브덴, 실리콘 합금 발열체가 1500℃ 정도까지 사용되며, 1500~2000℃의 고온환원 분위기 중에서는 몰리브덴, 텅스텐 등의 순금속이 이용되고 있다. 또 고온산화 분위기 중에서 1800℃까지 사용할 수 있는 $LaCrO_3$ 발열체도 개발되어 사용되고 있다. 비금속 발열체는 탄화규소가 가장 많아 1600℃ 정도까지 사용 가능하며, 고온용으로서 흑연계 발열체가 불활성 가스나 수소가스 중에서 3000℃ 정도까지 사용된다. 진공 중에서는 2200℃ 정도까지 사용되고 있다. 또 흑연 관상로는 관 자체가 저항 발열체로서 불활성 가스 중에서 2800℃까지 사용되며, 특수한 것으로 Zr이 발열체로서 열풍 발생기 등에 이용되고 있다. 전기저항로의 발열체를 표 5-5에 정리하였다.

전기저항 분위기로에는 전기발열체가 설치된 가열실에 피열처리 재질이 놓이게 된다. 투입장소를 통하여 열처리로의 가열실에 넣고 열처리 온도처리 후에 로의 중앙 부분의 기름탱크에서 필요한 냉각공정을 거친 후 다시 투입장소로 추출되는 방식이다. 그림5-7은 대표적인 다목적 전기저항 분위기로이다.

표5-5 전기저항로의 발열체

종류	구분	재 질	최고온도	형상	특 성
금속 발열체	합금	니크롬 Ni-Cr	1100 ℃	환선	용접이 가능하여 가공 및 취급이 용이 하다
		철 크롬 Fe-Cr	1150 ℃	환선	Ni-Cr 보다 약간 가공성이 떨어지나 값이 저 렴하다
		철.크롬.알미늄 Fe-Cr-Al	1400 ℃	환선	철 크롬과 비슷하나 고온 사용이 가능하다
	순금속	Molybdenum Tungsten Plati num	1750 ℃	환선 외	산화 및 침화가 쉽게 되므로 진공 또는 수소 분위기 하에서만 사용이 가능 하다
비금속 발열체	고온용	탄화규소 Silicon Carbide	1600 ℃	봉상	요업제품으로 가공이 불가하며 사용시간이 지날수록 저항값이 증가하는 부 저항 온도계 수가 크다는 단점이 있으나 가격이 저렴하여 중 고온용 전기로에 많이 쓰이고 있다.
		MoSi 2	1800 ℃	봉상	고온에서 재결정화하며 분위기 가스 하에서 의 최고온도 사용에 제한 있으며, 내산화성 이 뛰어나고 사용시간에 따른 전기적 특성 변화가 없다는 장점이 있다
		란탄 크로마이트	1800 ℃	봉상	물리적인 충격이 MoSi2 보다 강한 편이나, 승온 시간이 늦으며 가격이 비싸다.
	초고온용	흑연 Graphite	3000 ℃	관.면외	산화가 쉬우나, 가공이 용이하고 분위기 하에 서 초고온까지 사용 가능하다. 특히 열 내구 성이 강하며 열전도도가 좋고, 열팽창계수가 낮고 가벼운 특징이 있어 진공로의 발열체로 주로 사용되고 있다.
		지르코니아 ZrO2	2100 ℃	봉상	산화분위기에서 초고온까지 사용할 수 있다는 장점이 있으나 가격이 비싸다는 흠이 있다.

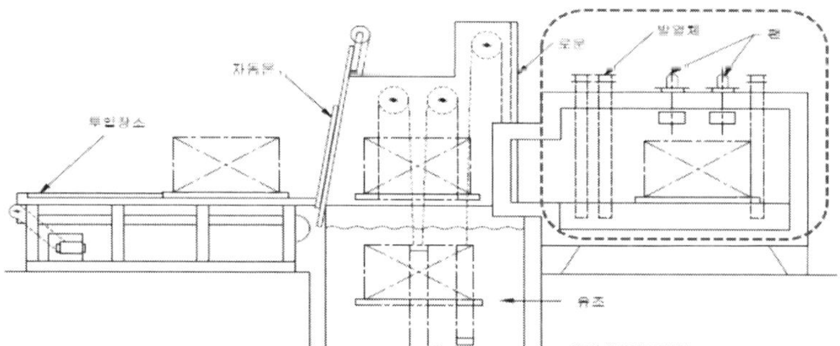

그림5-7 다목적 전기저항 분위기로

2) 아크로

열처리 아트로는 로안의 피열처리물에 전류를 흘려 가열하여 열처리하는 방법으로 피열처리물과 3개의 전극 사이에 아크 형태의 전류를 흘려서 가열한다. 직접식과 간접식으로 분류되며, 직접 아크가열은 피열처리물을 아크의 한쪽의 전극으로 하여 통전하는 방식이로 전극사이에 발생하는 아크열을 이용하여 피열처리물 자체를 아크전극으로 하거나, 아크매질로 하는 가열방식이다. 간접 아크가열(Indirect Electric Arc Heating)은 아크의 열을 복사에 의하여 피열처리물에 가열하는 것이로, 전극간에 발생하는 아크열을 이용하는 아크가열로 피열처리물을 전극 또는 중간 극으로 하지 않으며, 아크의 발생에는 2개의 전용 전극을 쓴다. 그림5-8은 아크열을 이용한 전기로이며, 그림5-9와 그림5-10은 직접 아크가열과 간접 아크가열 형태를 표현하였다.

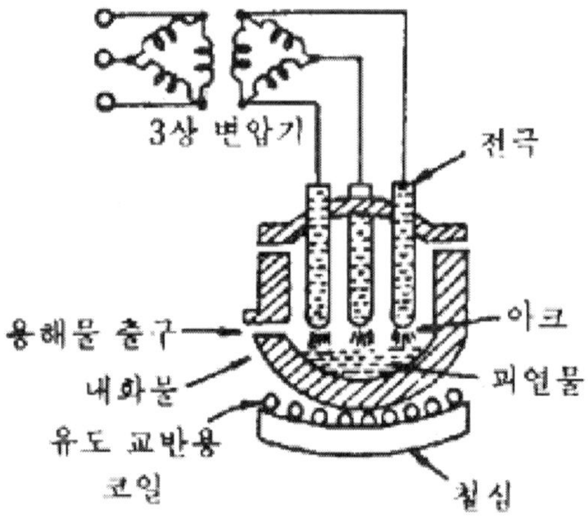

그림5-9 직접 아크가열로

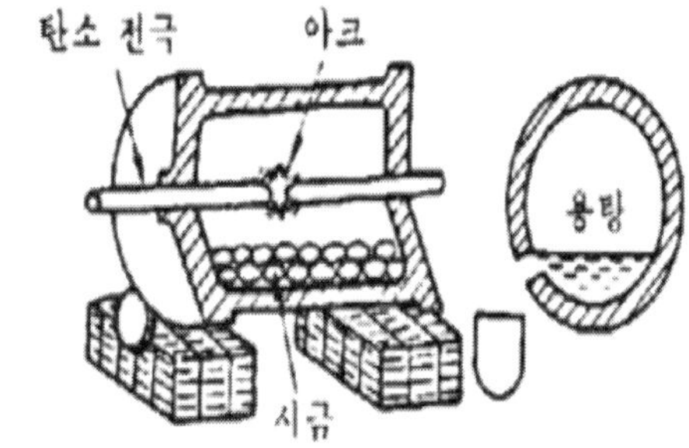

그림5-8 아크열을 이용한 전기로

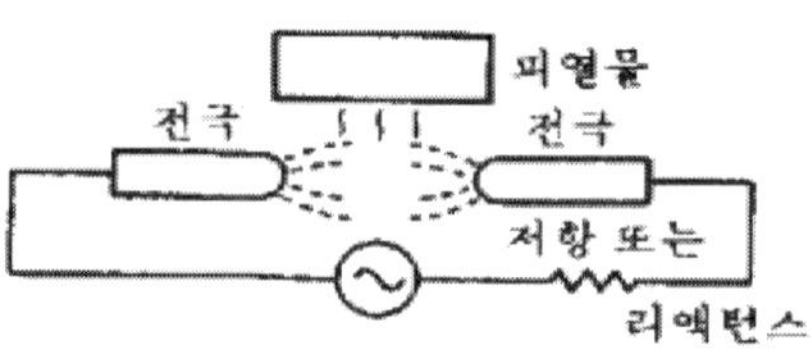

그림5-10 간접 아크가열로

3) 고주파 유도로(고주파 열처리로)

고주파발진기와 가열코일 및 냉각장치로 구성되며, 1kHz~50kHz에서 처리물과 코일사이 에서의 유도에 의해 처리품이 직접 발열하므로 승온이 빠르며 효율도 좋다. 발진주파수의 선택으로 가열이 표면에 한정되어 표면경화가 가능한 특징이 있다. 내부까지 가열하는 것은 1kHz 등의 낮은 주파수가 사용된다.

고주파가열은 유도가열과 유전가열이 있으며, 사용 주파수에 따라 저주파유도로와 고주파 유도로로 구분되며 또한 구조적으로는 도가니형과 홈형으로 구분되며, 다음과 같은 특징이 있다.

- 단시간 가열이 가능하므로 연속, 신속처리, 대량생산방식이 가능하다.
- 필요한 국부만 선택 가열이 가능하므로 전력, 시간 및 노력이 절약되고 불필요한 개소의 가열이 없으므로 품질이 향상된다.
- 금속의 열처리, 실리콘·게르마늄의 정련, 등 그 응용범위가 넓다.

그림5-11은 고주파 유도가열의 원리를 나타냈으며, 그림5-12는 고주파 유도로의 도가니형로를 표현하였다.

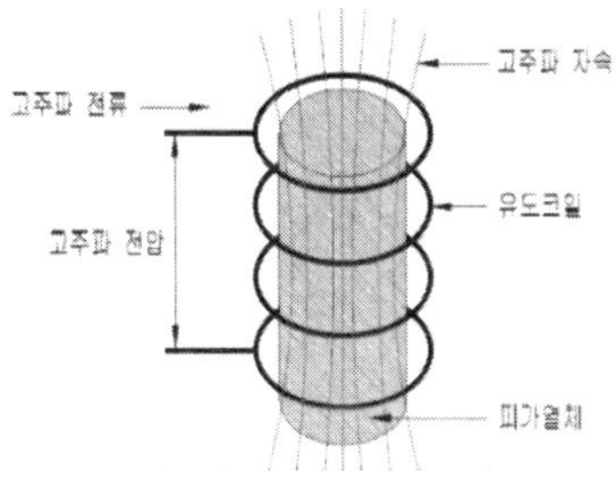

그림5-11 고주파 유도로의 원리

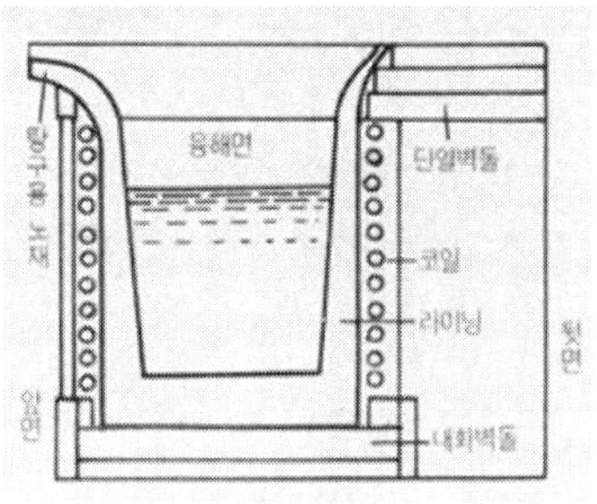

그림5-12 고주파 유도로(도가니형)

그림5-13은 원통형 유도로로서 도전성 피열처리물을 코일속에 두고 교번지계에 의해 피열처리물에 생기는 와선류손이나 히스테리시스손으로 피열처리물을 가열하는 로의 형식이다. 그림5-14는 저주파유도로로 피열처리 금속을 변압기의 2차 금속으로 하여 저주파 유도가열을 이용한 형식의 로이다.

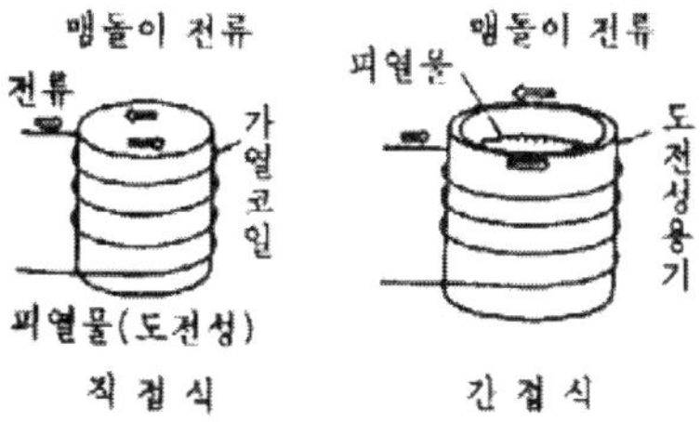

그림5-13 원통형 유도로

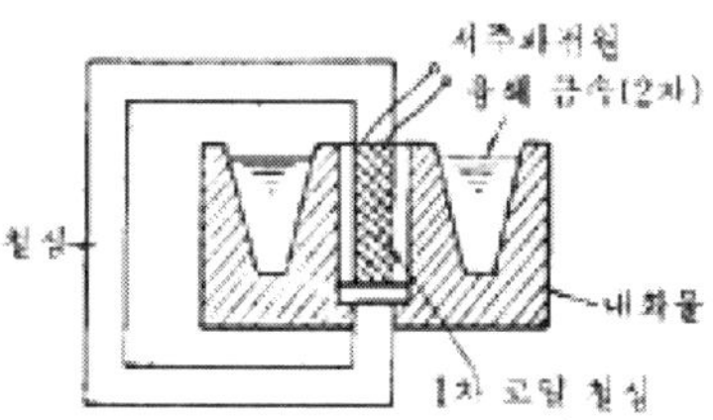

그림5-14 저주파 유도로

2. 연소로

연소로에는 가스 연료 및 액체 연료가 쓰여지고 있으나, 액체 연료 중에서 저급 중유는 유황의 함유에 따른 유황 산화물 등의 공해 물질 배출로 사용량은 감소하고, 등유, A 중유가 사용되고 있다. 최근에는 열처리로의 승온 특성, 균열특성, 분위기 안정성 등의 요구에 따라 가스 연료가 많이 이용되게 되었다. 그러나 고온 연소는 질소산화물의 배출에 의한 공해를 발생하므로 연소로는 효율과 저공해를 충분히 검토한 다음에 선택할 필요가 있다. 저 NO_x 버너의 선택 등이 그 대책의 하나이다. 효율이 60~70%인 버너의 예를 그림 5-2에 나타냈으나 이 버너를 사용하는 데 있어서 그림 5-2, 그림 5-4의 비교로 알 수 있듯이 전기가열로와 거의 같은 구조의 분위기로가 존재한다. 그림 5-8은 직접가열방식의 가스가열 mesh belt식 노말라이징로이다.

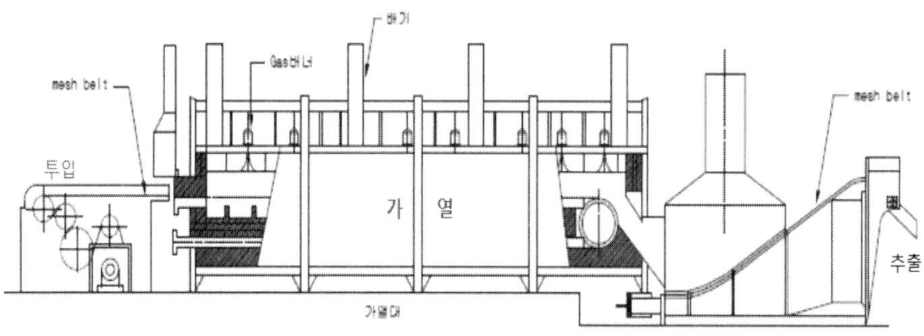

그림5-8 Mesh belt식 노말라이징(normalizing)로

3. 염욕로

염욕로는 용융염의 열용량이 크고 처리부품의 급속가열이 가능하며 거의 무산화상태로 가열이 된다. 고속도강 등의 열처리와 같이 1200~1350℃ 고운에서 무산화, 금속가열이 요구되는 경우에 적합하며, 등온 퀜칭에도 염욕이 많이 사용되고 있다. 또한, 고온퀜칭, 템퍼링, 오스템퍼링, 마르퀜칭, 오스테나이트계의 스테인리스강, 다이스강의 열처리, 구조용 공구강의 예열 가열용, 비철금속의 열처리, 시효처리, 착색처리 등에도 적용하고 있다.

염욕에 사용되는 무기염은 고온용에는 $BaCl_2$를 주로 사용하며, 융점조절을 위해 NaCl, KCl을 가한다. 저온용으로서는 $NaNO_3$, $NaNO_2$, KNO_3, KNO_2나 $NaCO_3$, $K2CO_3$ 등이 이용된다. 액체침단, 염욕질화용으로서 NaCN이나 NaOCN을 함유하는 염욕이 사용되지만 NaCN 가스나 그 수용액의 무공해처리의 설비와 처리에 비용이 든다는 점과 엄밀한 처리가 요구되는 점에서 그 이용이 점차 감소하고 있다. 표5-6에 용융염의 사용 목적에 따른 분류를 정리하였다.

표5-6 용융염의 사용목적에 따른 분류

구분	사용무기염	사용온도	열처리용도
저온용염욕	$NaNO_3$,NaO_2,KNO_3 KNO_2,$NaCO_3$,K_2CO_3	150~550℃	마르퀜칭, 마르템퍼링, 뜨임 등 항온열처리,비철금속열처리. 시효처리
중온용염욕	NaCl,KCl, $CaCl_2$,$BaCl_2$	550~950℃	담금질가열, 고속도강의 열처리, 예열, 뜨임, 오스템퍼링
고온용염욕	$BaCl_2$	1000~1350℃	고속도강 담금질, 오스테나이트계 스테인리스, 다이스강 담금질

염욕로에는 직접가열방식과 간접가열방식이 있다. 직접가열방식의 염욕로는 염욕로에 직접 전극을 삽입하고 내부저항을 이용하여 가열하는 방식인데, 염욕재의 전기전도도가 전극 재료에 비하여 낮으므로 이 가열방법이 가능하다. 1350℃로 사용할 수 있다. 간접가열방식의 염욕로는 장게 포트의 외측에서 가스, 기름의 연소열로 또는 금속저항계 탄화규소 발열체 등에 의한 전열에 의해 가열하는 형식으로 노 외부에서 가열하는 외열식 염욕로로서 1100℃가 최고 사용온도이다.

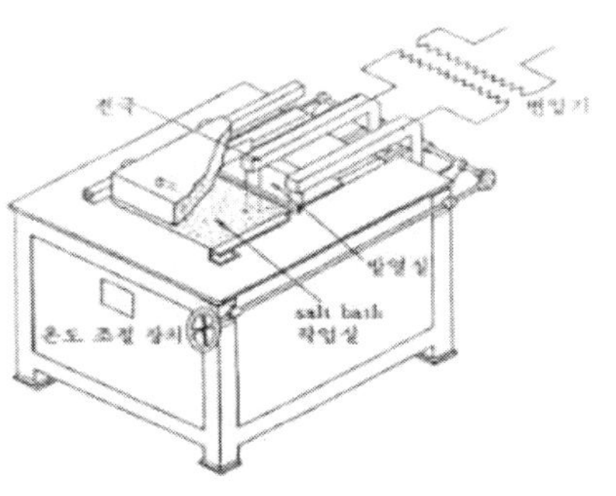

그림5-9 직접가열방식 전극염욕로

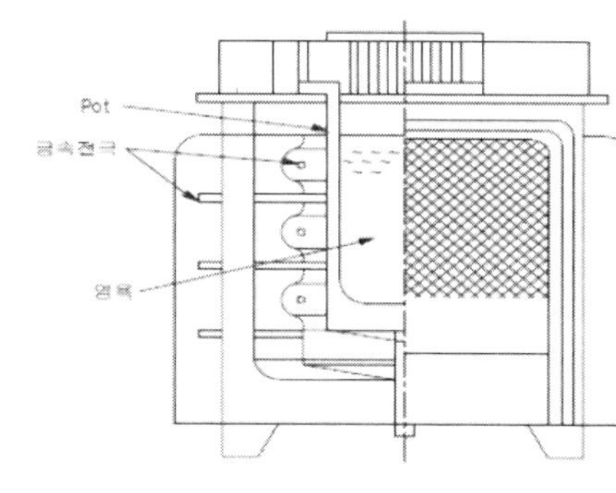

그림5-10 간접가열방식 외열식염욕로

특수용도로서 A1 납땜로가 있다. 조립된 알루미늄 구조물과 접합부에 clad 되어있는 납재를 염욕 중에서 승온하는 방법으로, 산화물을 제거하여 납의 흐름을 좋게 하고 접합을 완전히 하는 작용을 가진 염욕제, 즉 후랙스 염욕을 사용한다. 그림5-11은 그 구조를 나타낸다. 이 염욕은 철, 구리 등의 금속이 용해되면 납땜성이 나쁘게 되므로 전극은 흑연을 사용한다.

4mx10mx5m의 대형 납땜로는 1300 kW로 운전되고, 전극의 소모는 600℃로 사용할 경우 1년에 약 30 mm이며, 전극은 pusher에 의해 노내로 압입되는 구조이다.

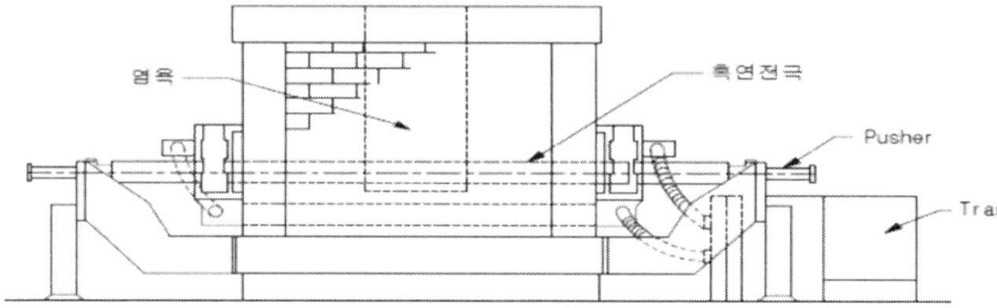

그림5-11 흑연 전극 염욕로

4. 진공로

진공로는 10^{-2}~10^{-5}mmHg 정도의 감압하에서 열처리 부품을 가열하는 것으로서 열처리 부품의 산화, 탈탄을 방지할 수 있으며, 특히 진공 상태에서 열처리를 수행하기 때문에 주위로부터의 오염이 상대적으로 적고, 브레이징 용접시 결합부에 용재의 침투가 균일하게 이루어져 접합성을 향상시키는 장점이 있다. 가열방식으로는 외열식과 내열식이 있으며, 외열식은 챔버 외부의 Support Tube에 지지 되는 발열체를 이용하는 형태로 사용온도에 한계가 있으며, 승온, 냉각속도가 느리는 단점이 있다.

내열식은 외각이 수냉되고 발열체, 단열판, 열처리품을 모두 진공실에 넣고 하는 형태로 열처리품의 냉각을 불활성가스 중에서 하는것과 퀜칭유 중에서 퀜칭하는 것 등이 있다. 진공로는 퀜칭, 어닐링, 침탄, 납땜, 소결, 탈질소 등에 사용되며, 특히 수소 등으로 처리할 수 없는 티타늄함유 스테인리스강의 광휘어닐링이나 남땜을 할 수 있는 특징이 있다. 진공로는 노내의 내화재료와 가스량, 배기 능력에 따라 성능이 결정되며, 용도에 따라 진공풀림로(열처리용), 진공 고온가열로(금속산화물 소결처리), 가스분석용 진공로(금속에 용해되어있는 가스분석), 흑연 탈가스진공로(흑연의 탈가스) 등이 있다.
그림5-12에 진공 열처리 내부를 표현하였으며, 그림5-13에서 진공 열처리로의 개념도를 나타내었다.

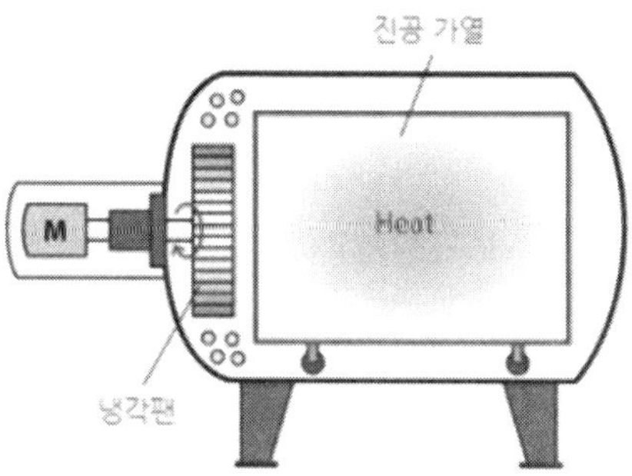

그림5-12 진공열처리로의 내부

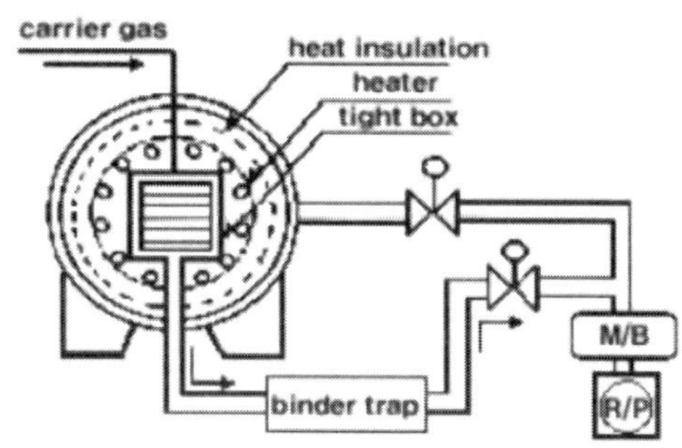

그림5-13 진공열처리로의 개념도

진공로의 냉각 방식은 가열 후 가열실내 가스를 냉각하는 형태의 가스냉각과 가열실과 별도 분리되어있는 냉각실을 통한 기름냉각이 있다. 가스냉각은 가열 후 산소가 배제된 불황성 가스를 주입하여 냉각처리 하며, 기름냉각 방식은 가열 후 진공로 내부에 설치된 기름탱크에 담금으로써 냉각하는 방식이다. 그림5-14에 가스냉각 진공로와 그림5 15에 기름냉각 진공로를 표현하였으며, 그림5-16에 고온 진공 열처리로를 나타내었다.

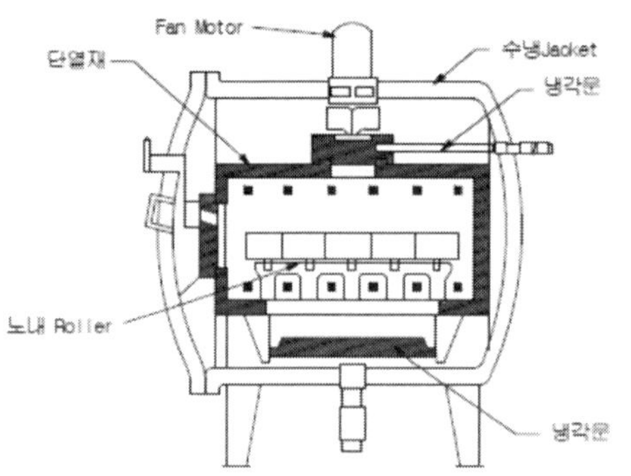

그림5-14 가스냉각 진공로

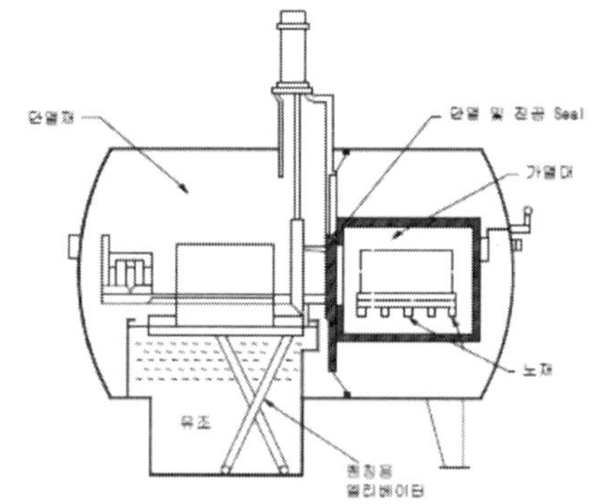

그림5-15 기름냉각 진공로

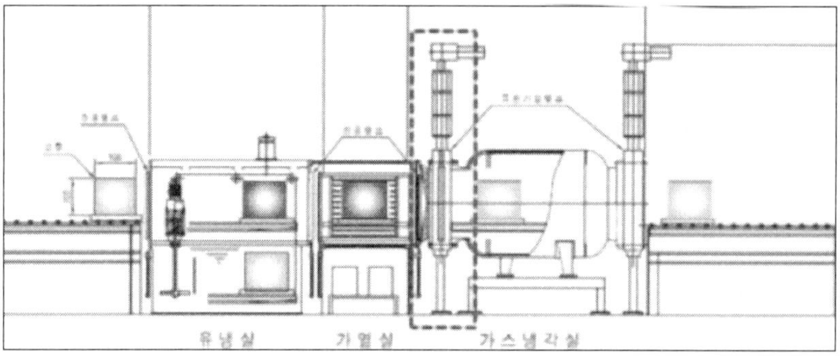

그림5-16 고온 진공 열처리로

5) 화염 열처리로

화염 열처리로는 가열버너와 냉각장치로 구성된다. 처리품의 표면을 가열, 냉각하여 퀜칭하는 것으로 화염의 온도가 높고 부하를 크게 할 필요가 있으며 아세틸렌, 프로판 등과 산소의 혼합기체가 사용된다. 버너는 열처리품의 형상에 맞춰 제작된다. 그림5-17에 화염열처리 형태를 표현하였다.

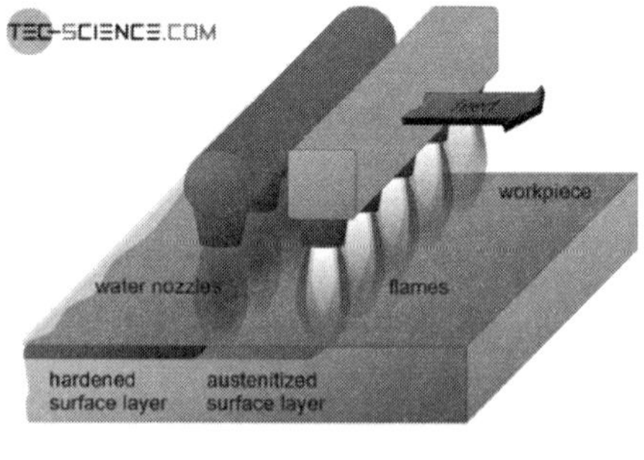

그림5-17 화염 열처리

6. 이온충격 열처리

그림에 나타냈듯이 진공으로 된 금속용기 내의 처리품을(−)극으로 용기를 (+)극으로 하여 용기 내의 가스압력을 1/1,000기압 정도로 하고 수백볼트의 직류전압을 가하면 열처리품의 표면에 글로방전이 생긴다. 질소나 수소가스가 전리하여 양이온이 되어(−)극의 열처리품에 고속으로 충돌한다. 이 이온이 가진 높은 에너지가 열로 변환되어 처열리품의 표면 온도가 상승하는 현상을 질화, 침탄, 납땜에 이용하고 그중에서도 질화처리가 가장 많이 실용화되고 있다. 이온질화는 질소, 수소, 프로판가스 등을 사용하며 질소의 양이온이 열처리품의 철 등과 결합하여 질화철을 형성한다.

수소는 처리품의 표면 정화작용이 있으며 프로판 등의 미량 첨가는 화합층의 기계적 성질을 개선하고 있다. 글로방전만의 가열로는 표면상태에 의한 이상방전이나 형상에 의한 온도 편차가 나오기 쉬우므로 최근 실내에 가열히터를 설치함에 따라 방전을 쉽게 제어하며 안정된 질화처리나 다른 열처리로의 이용도를 높이고 있다. 그림5-18에 이온질화 장치로의 개념도를 나타내었다.

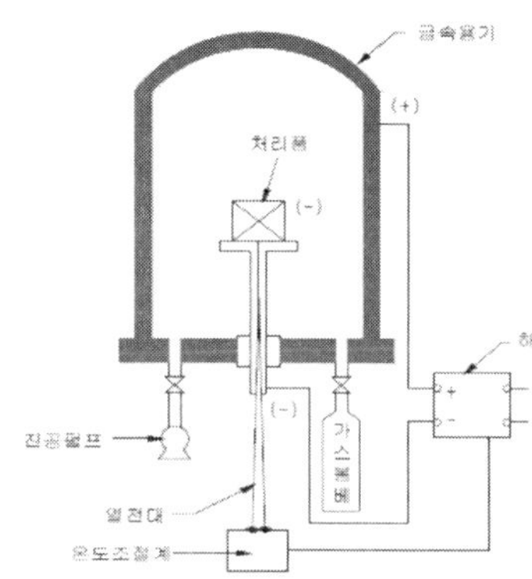

그림5-18 이온질화장치로

7. 전자빔 열처리로

전자빔 열처리로는 전자빔을 텔레비젼과같이 조사하면서 처리품의 표면을 가열하여 켄칭하는 노이다. 이 방법은 균일한 깊이로 또한 극히 얇은층의 켄칭을할 수 있다. 전자빔은 대단히 접속성이 좋으며 집중적으로 조사할 수 있어 현재도 금속의 가공에 이용되고 있다. 열처리에서의 이용도가 낮은 것은 장치가 고가인 점과 통상 전자빔 진공 중에서 사용되기 위해서는 냉각을 열확산에 의존할 수밖에 없어 극히 얇은 가열층 때문에 얇은 켄칭 깊이의 것과 국부적 경화에 이용범위가 한정되기 때문이다.

8. 레이저 열처리로

레이저는 빛의 파장을 동위상으로 함에 따라 합성파는 진폭이 증폭되어 큰 에너지를 가질 수 있으므로 금속표면에 조사하여 절단이나 용접에 이용되고 있다. 그 조사를 면으로 주사하는 것과 레이저 출력의 조절에 따라 열처리품의 표면온도를 조절함으로써 ±5℃ 정도의 가열을 유지할 수 있다. 가열 부분의 질량이 작으므로 단시간의 조사를 한 뒤 조사를 멈추는 것으로서 자가 냉각되어 퀜칭된다. 예를 들면 주철 표면에 레이저 조사를 약 8초 동안 하면 경화 깊이 약 1mm를 얻을 수 있다.

전자빔이나 레이저는 뛰어난 특성을 가지며 특색 있는 열처리에 이용할 수 있으며, 최근에 개발이 활발히 진행됨에 따라 향후 그 이용도가 높아질 것으로 예상된다.

9. 연속열처리로

Non-Stop방식의 열처리로 노에 장입된 열처리 제품이 직접 이동하면서 정해진 온도와 산소농도 등의 조건에 따라 열처리가 진행되는 형식으로 소품종 다량생산 부품의 열처리에 적합하며, 열처리 품의 형상이나 중량, 처리목적 등에 의해 노내 운송방식, 분위기의 종류, 가열방식, 냉각 방식이 선택된다.

연속열처리의 분류는 표5-3에 정리하였다.

1) Pusher식 연속로

Pusher식 연속로는 단위 중량이 크고 지름이 긴 처리부품의 노말라이징, 어닐링, 퀜칭, 침탄, 템퍼링등의 열처리에 널리 이용되며, Pusher로는 크게 구분하면 처리부품을 직접 눌러 넣어 부품이 앞의 부품을 누르는 형식과 처리부품을 얹은 tray나 바스켓을 Pusher가 누르는 형식 등이 있다. 그림5-19는 체인 구동에 의한 Pusher 방식이며, 처리품을 Tray에 얹어 장입되는 것으로 유조를 가진 연속퀜칭로이다. 노 내는 무산화 분위기이며 가열은 Tube heater에 의한다. Tray는 미끄럼 레일위를 지나가서 유조 위에 인출되어 엘리베이터에서 오일퀜칭되어 인출, 압송, Pusher로 세정실, 템퍼링로로 보내진다. Pusher로는 처리품의 중량, 형상, 처리분위기, 온도에 따라 노 내에 미끄럼 레일, 롤, 대차 등 여러 형식의 것이 있다. Pusher의 동력은 전동기 구동의 체인방식과 Screw방식, 유압Cylinder, 공기압 Cylinder 방식 등이 있다.

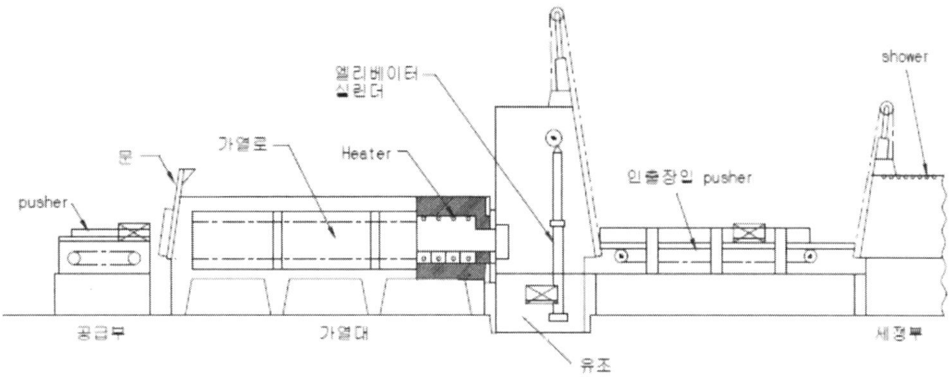

그림5-19 Puaher Type 퀜칭열처리로(체인구동방식)

2) Conveyer식 연속로

그림5-20 Roller Conveyer 연속로

Conveyer방식의 연속로는 여러 형식이 있다. 일반적인 열처리에는 Roller hearth belt형 Shaker hearth형, 회전 Retort형, 회전로 바닥형이 많이 사용되고 있으며, 그 중에서 Roller hearth 및 Belt Conveyer가 가장 많이 사용된다. 그림5-20에 Roller hearth형의 Conveyer 형식의 연속로를 표현하였다.

(1) Mesh belt식 무산화 퀜칭로

Tube heater 보호 분위기 가열로와 퀜칭유조, 세척, 템퍼링로를 접속한 연속 열처리로이며 주로 작은부품의 소품종 대량생산에 적합하다. 처리부품은 Mesh belt 위에서 노내를 이동하므로 승온이동일한 형태가 되며, 균일성이 높고 처리품만 유조로 낙하되며, 서로 중복되는 일이 적은 점과 퀜칭경도의 균일성이 높은 점이 특징이다. 그림5-21, Mesh belt식 연속로의 구조이며, 그림 5-22는 Mesh belt식 연속로의 퀜칭, 템퍼링로를 나타내었다.

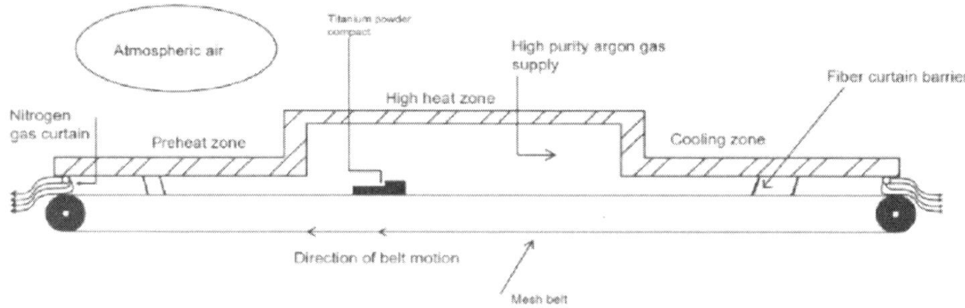

그림5-21 Mesh belt식 연속로의 구조

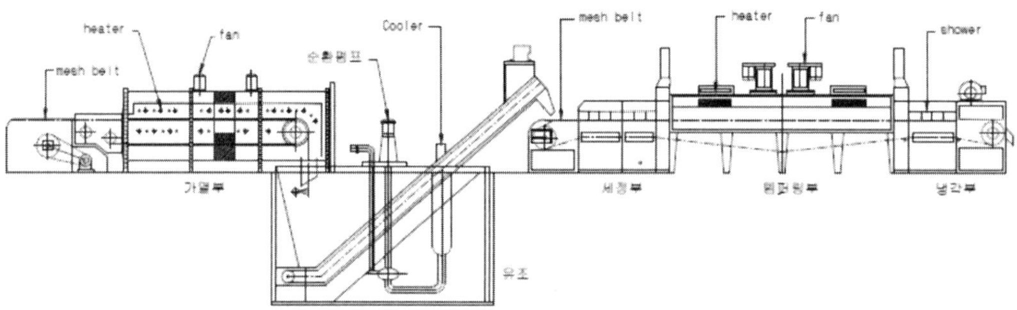

그림5-22 Mesh belt식 연속로의 퀜칭, 탬퍼링로

(2) 회전 Retort belt식 침탄퀜칭로

호퍼를 통해 열처리품을 장입하고, Retort 내면에서 나선형으로 회전하여 처리품을 이송하는 구조로 작은 부품은 회전에 의해 얼룩 없는 가열을 할 수 있으며 분위기 가스에 대해서도 처리부품이 항상 잘 섞여져서 균일하게 퀜칭되는 특징이 있다. 단면 형상이 복잡한 것은 변형되기 쉬운 결점이 있다. 그림5-23 에 회전 Retort belt식 침탄퀜칭로를 나타내었다.

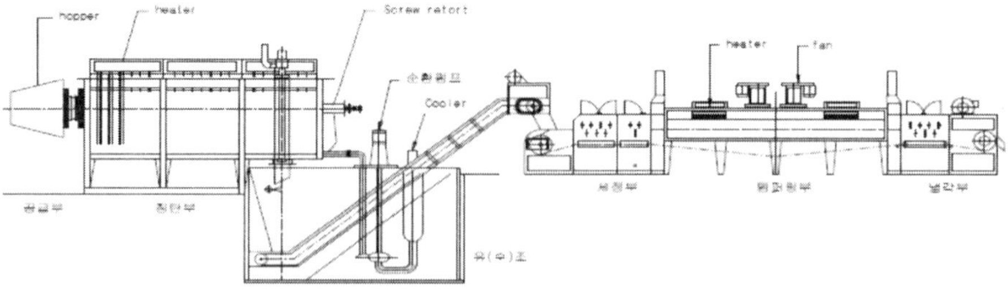

그림5-23 회전 Retort belt식 침탄퀜칭로

(3) Mesh belt식 침탄퀜칭로

Mesh belt식 침탄 퀜칭로는 Purge zone, 예열(승온) Zone, 침탄(침탄질화) Zone, 퀜칭가열 Zone으로 구분되며, 분위기도 노 내 커튼에 의해 각 지역에 대응한 제어를 할 수 있다. 침탄 Zone은 높은 탄소포텐셜과 균일성이 요구되므로 전후 커튼사이의 분위기를 잘 섞어 흡열형 캐리어 가스에 생가스를 첨가하며, 분위기의 탄소포텐셜을 조정한다. Purge zone에서는 공기를 분위기 가스로 치환한다. 예열 Zone에서는 처리품의 온도가 낮으므로 분위기의 탄소포텐셜이 높으면 처리부품의 표면에 탄소가 석출하여 침탄을 저해하는 일이 있으므로 캐리어가스만을 송입한다. .

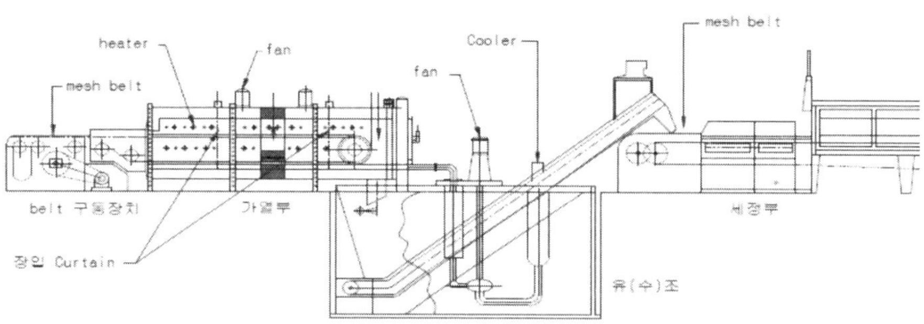

그림5-24 Mesh belt식 연속침탄로

경화를 위해 침탄 온도부터 퀜칭 온도로 강하시키는 Zone은 그 온도에서의 탄소 평형을 얻기 위해 분위기를 달리 조정할 필요가 있다. 그림5-24에 Mesh belt식 연속침탄로를 표현하였다.

(4) Mesh belt식 납땜로

탄화규소 발열체를 가진 가열실과 냉각실등을 접속한 것으로서 분위기 가스 중에서 가열하여 모재와 납땜재를 환원시킨 다음 납재를 용해시켜 접합부의 모세관현상과 표면장력을 이용해 접합부를 치밀하게 접합시키는 것이다.
구리합금납, 니켈합금납, 팔라듐합금납, 금납 등이 있다. 납땜 분위기는 플럭스(Flux)를 사용할 때는 공기가 좋지만, 건조 공기나 질소를 사용하면 Flux가 소량이어서 좋고 깨끗한 납땜을 할 수 있다.

황동은 통상 Flux를 사용한다. Flux를 사용치 않는 납땜의 분위기는 접합 모재와 납재가 환원되는 것을 선택한다. 예를 들면 철을 구리납으로 납땜하기 위한 분위기는 발열형 가스가 좋다. 이것은 철, 구리 모두 고온에서 환원되며 또 가스의 단가가 다른 분위기 가스와 비교해 가장 싸기 때문이다. 그러나 이 가스의 탄소포텐셜이 낮으므로 탈탄의 염려가 없는 저탄소강이나 구리의 납땜에 이용된다. 분위기 가스는 금속에 대한 환원력과 구리와의 탄소 평형을 고려하여 선택할 필요가 있다. 그림5-25에 Mesh belt식 납땜로를 표현하였다.

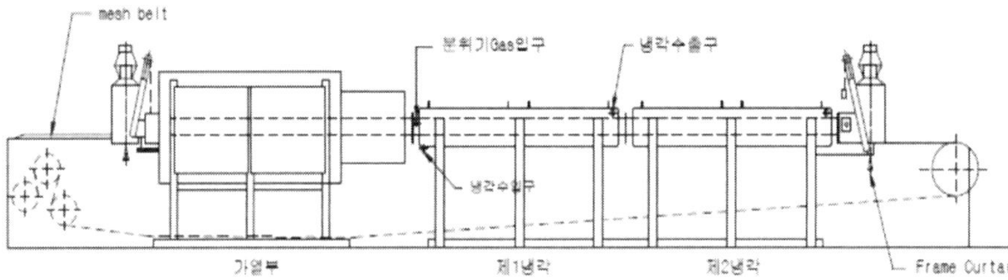

그림5-25 Mesh belt식 납땜로

(5) Roller hearth식 어닐링로

강관이나 봉강과 같이 길이가 긴 경우 Roller의 회전에 의해 처리품만을노 내에서 이송되는 것에 적합하다. 가열실과 냉각실을 연결한 것으로서 분위기 중에서 가열냉각하는 것과 공기 중 또는 연소가스 중에서 처리하는 것이 있다.

처리품만이 이송되므로 Retort식 또는 Belt식에 비해 열 방출이 적은 이점이 있으나, Roller 축수부에서의 방열 노 내 용적이 커서 방열이 큰 점, 분위기 정밀도의 유지가 어려운 점 등의 결점이 있다.

5.2 냉각장치

열처리용 냉각장치에는 열처링의 목적, 열처리품의 재질과 형상 등에 따라 적절한 냉각제와 교반기능 및 온도조절기능을 가지며, 필요한 열용량의 것을 선택하여야 한다. 냉각제의 냉각특성을 퀜칭 열처리의 경우에 대해 예를 들어 고찰해 보면, 다음 표5-7과 같이 4단계로 구분하여 설명할 수 있다.

표5-7 퀜칭열처리의 단계별 냉각특성

1단계	열치리품의 냉각액과 접속하여 빠른 속도로 냉각되기 시작한다.
2단계	열제품의 표면 부조의 냉각액 온도가 상승하여 비등점에 달해 증기막이 생겨 열 전달이 나빠지고 냉각속도가 느려진다.
3단계	증기막이 깨져 냉각액이 비등하므로 냉각속도는 가장 크다.
4단계	열처리품의 온도가 내려가고 서냉이 된다.

5.2.1 냉각제의 종류

1. 공기

냉각능력이 가장 작은 냉각제이며, 팬 등으로 냉각속도를 크게 한다.
공기 냉각은 재료를 정지된 공기 또는 움직이는 공기 속에서 냉각시키는 보다 부드러운 방법으로 일반적으로 특정 유형의 알루미늄 및 구리합금과 같이 급속냉각이 필요하지 않은 재료에 사용된다.
냉각 방법의 선택은 진공로, 피트 용광로, 레토르트 용광로 또는 배치 및 연속 오븐과 같이 사용되는 용광로 유형에 따라 달라지며, 냉각공정의 적절한 선택과 제어는 원하는 재질특성을 달성하고 열처리된 부품의 품질을 보장하는 데 중요한 사항이다.

2. 물

냉각능력이 가장 큰 냉각제이지만 수증기 막으로 인해 냉각 시 경화 얼룩(soft spot)이나 경도 부족이 되기 쉽다. 수온이 30℃를 넘으면 냉각능력이 급격히 저하하므로 수온을 30℃ 이하로 하고 충분한 교반을 할 필요가 있다.

경화 얼룩의 방지와 냉각속도를 크게하기 위해서 염류를 첨가하기도 한다. 수용성 퀜칭제의 소량 첨가도 경화 얼룩의 방지에 효과가 있다. 수용성 퀜칭제는 고분자 유기제를 물에 혼합하여 그 농도에 따라 냉각속도를 조절할 수 있는 특징이 있다(혼합비율은 수%에서 수십%) 이때 물과 기름 중간에 냉각속도가 얻어지며, 고주파 퀜칭에도 사용되고 있다.

3. 기름

오일 담금질은 특정 유형의 강철 및 합금에 유리한 보다 균일한 냉각 공정을 제공할 수 있으나, 냉각속도가 비교적 느리다.

퀜칭유에는 광유가 널리 이용되며, KS M 2170에서 열처리유를 규격화하고 있다. 광유의 종류, 점도, 비점범위, 유온, 첨가제의 안정성 등에 따라 그 냉각성능이 결정된다. 퀜칭유는 일반적으로 60~80℃에서 냉각능력이 가장 크다. 기름에 물이 혼입되면 냉각능력은 저하하고 또 퀜칭 균열의 원인도 된다. 퀜칭유는 여러 종류가 있으므로 강종과 처리목적에 따라 적합한 것을 선택할 수 있다. 표5-8에 KS규격의 열처리 유종을 용도별로 나타내었다.

표5-8 KS규격의 열처리유 종류 및 용도

종 류		용 도
1종	1호	담금질로 경화되기 쉬운 재료의 담금질유
	2호	담금질로 경화되기 어려운 재료의 담금질유
2종	1호	120℃내외의 열중탕 담금질용
	2호	160℃내외의 열중탕 담금질용
3종	1호	유온 150℃내외의 템퍼링용
	2호	유온 200℃내외의 템퍼링용

4. 염욕

오스템퍼링이나 마르템퍼링에 이용된다. 160~500℃에는 질산소다, 질산칼리계가, 그리고 500℃ 이상에는 염화바륨, 염화나트륨, 염화칼슘의 혼합제가 이용되고 있다. 염욕은 열용량이 크고 증기막을 만들지 않으므로 냉각능력이 크다. 질산제 염욕에 탄소나 유기물이 혼입되면 폭발을 일으키므로 주의를

요한다.

5. 금속욕

납(Pb) 등의 저용점 금속이 이용되며, 냉각능력이 크다. 독성에 주의가 필요하다.

5.2.2 냉각장치의 종류

1. 공랭(가스냉각) 장치

구조용 합금강의 노말라이징과, 공기 냉각강의 퀜칭 등에 이용된다. 다이스강의 분위기 가스 중에서의 퀜칭은 그림5-26과 같이 가스순환 회로에 열교환기를 넣어 무산화 냉각을 시킨다. 또 가열은 분위기 중에서 하고, 냉각은 대기 중에서 팬 등으로 강제냉각시켜도 실용상 지장이 없다.

2. 수냉장치

수냉조는 처리재의 보유 열량으로 인해 수온 상승이 허용온도 이상이 되지 않을 수량이 필요하며 교반을 충분히 하여 처리재를 균일하게 냉각한다. 수온이 30℃를 넘지 않도록 물을 냉각조, 냉각탑, 냉각 냉수기 등을 이용해 통상 10~25℃로 하여 순환 사용한다. 교반에는 프로펠러, 펌프가 이용된다.

3. 유냉장치

유냉장치는 퀜칭에 가장 널리 이용되고 있으며 기름과 가열기와 냉각기가 부착되어 기름의 온도를 조절하는 구조로 되어있다. 교반은 프로펠러식과 펌프에 의한 분류방식 등이 있다. 일반적으로 유량은 처리품 중량의 10~15배가 필요하다. 그림5-27은 펌프순환식 유조의 예이다. 유조는 기름의 국부가열로 인해 발화되지 않도록 기름냉각과 교반을 시킨다. 또한, 퀜칭품을 치구 등으로 장착하여 유조에 넣을 때 속도가 느리면 기름증기로 인해 착화하여 유면 전체가 타기 시작하는 일이 있으므로 주의가 필요하다.

4. 염욕냉각장치

염욕은 항온조로서 오스템퍼링, 마르템퍼링에 이용된다. 처리될 강재의 종류에 따라 그것이 S 곡선에서 온도와 유지시간이 정해진다. 조는 열용량이 크고 온도변화가 작은 것이 필요하며 냉각능력이 큰 염이 사용되고 자동온도조절이 필요하다. 취급상의 주의할 점은 염욕조에 질산염을 이용할 때 탄소나 유기물의 혼입은 폭발의 원인이 된다. 특히 500℃ 이상은 위험도가 높다. 500°C 에서는 산화작용이 강해지므로 폭발위험이 있고, pot나 장치의 금속이 침식된다. 가열조에 염을 집어넣으면 냉각능력이 저하하고, 처리품이 산화되는 원인이 된다. 500 ℃ 이상의 항온조에는 탄산소다를 함유한 염욕이 이용되지만, 이 염은 pot 등에 강한 침식성을 가지므로 pot나 열전대는 정기적으로 교환하는 것이 좋다.

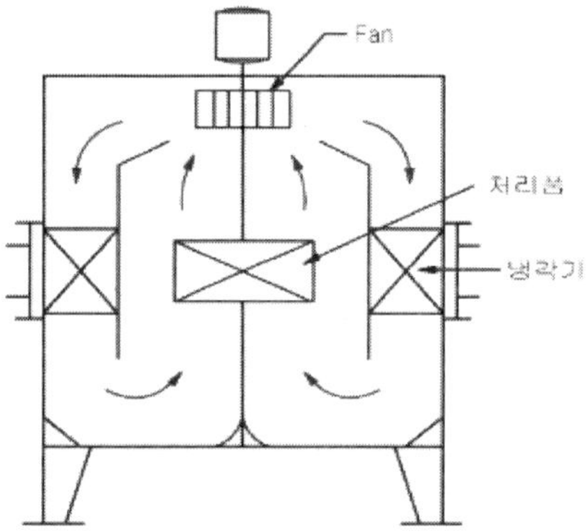

그림5-26 가스냉각실

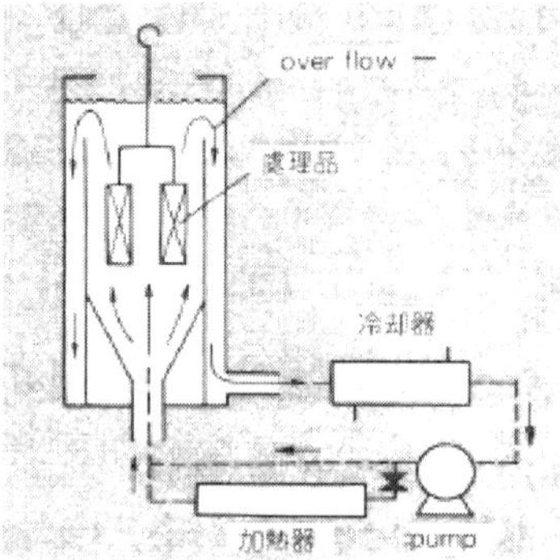

그림5-27 펌프순환식 기름냉각조

5. 분사냉각장치

냉각제를 퀜칭품에 분사하여 급랭하는 장치로서, 퀜칭품을 화전시킴에 따라 표면의 수증기나 기포가 제거되어 냉각속도를 증가시키며 또한 퀜칭품의 굴곡을 방지할 수 있다. 고주파 퀜칭에는 이 방법이 많이 이용되며, 롤러나 shaft의 지름이 큰 것에 효과가 있다.

6. subzero 처리장치

합금공구강 등 합금원소가 많은 것은 퀜칭한 후, 잔류 오스테나이트량과 그

안정도가 증가하여 200℃ 정도의 템퍼링에서는 거의 분해하지 않으므로 -60 ~ −190℃까지 냉각하여 마르텐사이트 변태를 완결시킨다. 냉각방법은 −80℃ 정도까지인 소형 냉각조의 경우 알코올에 dry ice 를 투입하여 행하며, 대량처리에는 냉동기를 이용하는 경우도 있다. 최근에는 액체 질소를 쉽게 입수할 수 있게 되어서 이것을 −190°C 의 냉각제로 하여 subzero에 이용하고 있다.

7. 냉각장치 규격

냉각상지에 관한 KS규격은 각 열처리 종류별로 규격화(KS B 4903, 4904) 되어있다. 강의종류에 따라 퀜칭의 냉각 방법은 각각 다르며,(탄소공구강:수냉, 합금공구강:유냉)규격에 기초하여 처리품의 크기 등을 고려하여 적당히 냉각방법을 선택하여야 한다. 표5−9에 퀜칭 냉각설비의 온도와 정밀도를 표현하였다.

표5-9 퀜칭 냉각설비의 온도 정밀도

가공의 종류	냉각설비	사용온도 정밀도[℃]	적용하는 가공 구분
수, 유, 공기 퀜칭, 템퍼링	수 조	목적온도 10	1, 2, 3, 4 호
		목적온도 15	3, 4 호
	유 조	목적온도 25	1, 2, 3, 4 호
		목적온도 30	3, 4 호
	공 기	실 온	1, 2 호
열 욕 퀜칭, 템퍼링	열 욕 조	오스템퍼링 10	1, 2 호
		마르퀜칭 20	1, 2 호
침 탄 퀜칭, 템퍼링	수 조	10	
	유 조	25	
	열 욕 조	20	
	공 기	실 온	
고 주 파 퀜칭, 템퍼링	수	10 ~ 35	
	유	40 ~ 80	

5.2.3 분위기 가스와 그 발생장치

1. 분위기 가스의 종류

열처리용의 분위기 가스는 공장에서 제조되는 질소, 알곤, 수소 등이 있으며, 이외에는 탄화수소(프로판, 메탄 등)나 암모니아를 원료로 하여 열처리공장에서 발생기의해 제조 사용한다. 최근에는 공기에서 질소를 분리하는 질소발생 기가 열처리 공장에서 사용되기 시작했다. 또 에너지 절감, 자원절감 대책으로서 연소 배기가스를 분위기 가스로 개질하여 이용하는 것도 행해지고 있다. 일반적인 열처리용 분위기 가스의 종류와 제법을 표 5-10 에 나타냈다.

표5-10 열처리용 분위기 가스의 종류와 제법

종　　류	제　　　　　　　　　　법
질소가스 (Nitrogen)	공기(O_2-20%/N_2-80%)를 압축 액화시켜, 비점차를 이용하여 N_2를 분리 공기를 3kg/cm_3 으로 압축시켜 수분과 O_2 를 제거 한 뒤 탄소분자로 다시 O_2 를 제거하여 얻는다.
수소가스 (Hydrogen)	탄화수소가스의 수증기 재질 또는 수소분해에 의해 얻는다 강 환원성 H_2를 함유한 미량의 O_2를 촉매로 사용하여 H_2O로 만들고 다시 활성 Alumina로 제거하여 얻는 제법
아르곤가스 (Argon)	공기를 냉각 분리 할 때 얻어진 95-98% Ar보다 O_2 N_2 H_2를 Zeolite 사용으로 제거 정재하여 얻는 제법
암모니아 분해가스	암모니아를 분해하여 H_2, N_2로 한 것.
흡열형 변성가스	탄산수소 가스와 공기의 혼합을 고온의 촉매 중을 통해서 CO_2, H_2, N_2,
발열형 변성가스	탄산수소 가스에 공기의 혼합하고, 적당한 혼합비에서 연소시킨 것.

2. 발열형 가스발생 장치

발열형 반응의 기본개념은 열을 일으키는
반응으로 반응물질이 생성물질보다 에너지가 크며,
연소반응, 기체 용해 반응, 금속과산의 반응 등이
발열반응의 대표적 "예"이다.
발열반응의 대표적 이용사례는 주머니 난로의 핫팩으 철가루와 산소의 산화

반응에 따른 열이 발생한다. 그 외 로켓연료, 화약폭발 등이 발열반응의 적용사례이다. 그림5-28은 기본적인 발열반응의 형태를 나타내었다.

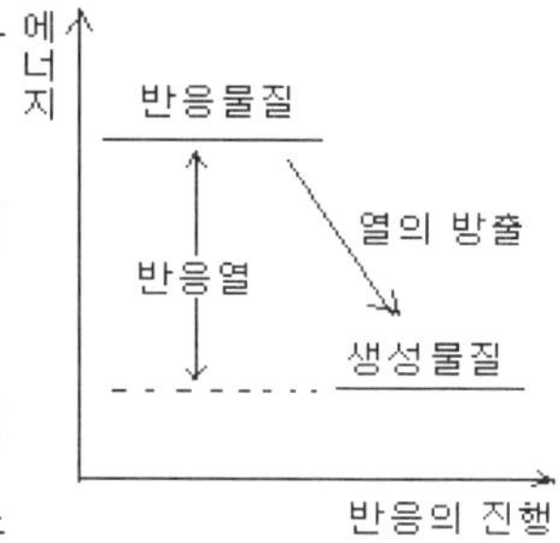

그림5-28 발열반응의기본적 형태

그림 5-29는 발열형 가스 발생 장치의 구성도이다. 이것은 탄화수소에 공기를 더하여 분위기 가스를 연소생성 하는 것으로 혼합비로서 조성을 조정한다.

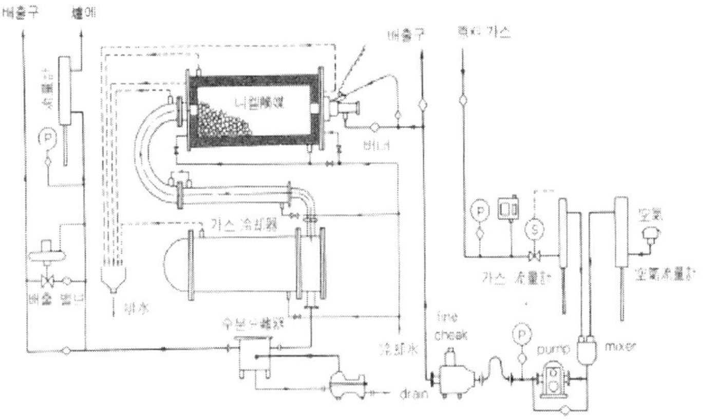

그림5-29 발열형 가스변성로의 구성

이것을 변성이라 한다.

여기서는 프로판(C_3H_8)을 원료로 하는 변성에 대해 설명하면, 프로판과 공기의 혼합비와 생성 가스 조성의 관계를 그림5-30에 나타내었다. 단, H_2O는 5°C에서 냉각탈수 하였으며, 발열량은 점선으로 나타내었다. 그림의 우측 끝이 완전연소한 경우로

$$C_3H_8 + 23.8\ Air = 3CO_2 + 4H_2O + 18.8\ N_2 + 22{,}000\ kcal/m^3$$

와 같이 용적비로 프로판1에 대해 공기 23.8이다. 공기를 그것의 66%로 줄이면

$$C_3H_8 + 14.3\ Air = 1.2\ CO_2 + 1.8\ CO + 1.8\ H_2O + 2.2\ H_2 + 11.3\ N_2 + 10{,}900\ kcal/m^3$$

가 되며, 그림의 좌측 끝이 그것이다. 이처럼 발열형 가스 변성은 환원성 가수 CO, H_2를 발생시키는 연소이며, 공기의 혼합률을 적게 하는 만큼 CO와 H_2가 증가하지만, 그 한계는 약 60%이며, 이 이하에서는 그을음이 생긴다. 이 가스의 Fe에 대한 산화·환원작용은 그림5-31에 나타내듯이 처리온도에 있어 CO/CO_2, H_2/H_2O비로 정해진다. 변성 가스성분 중 H_2O는 냉각탈수로 비교적 쉽게 제거할 수 있으며, H_2/H_2O를 크게 하여 환원력을 증가한다. CO_2의 제거방법은 질소형 가스항에서 서술하겠다. 여기서 주의를 요하는 것은 그림5-30에서 나타내는 조성은 냉각탈수한 것이므로 이것이 노에 보내어져 가열되면 수성가스반응 $CO_2 + H_2 \rightleftarrows CO + H_2O$ 식에 따라 그 온도에서 정하는 조성으로 변화하므로 이것은 대단히 중요하다. 이유로는 이 가스가 강에 대해 탈탄성으로 보기 때문이다. 그 이유는 CO_2가 많기 때문에 중탄소강 등의 광휘처리는 가능하여도 탈탄된다. 용도는 저탄소강의 노말라이징, 어닐링, 구리의 어닐링, 납땜 등이다. 탈탄침탄평형에 대해서는 흡열형 가스 발생장치에서 확인할 수 있다.

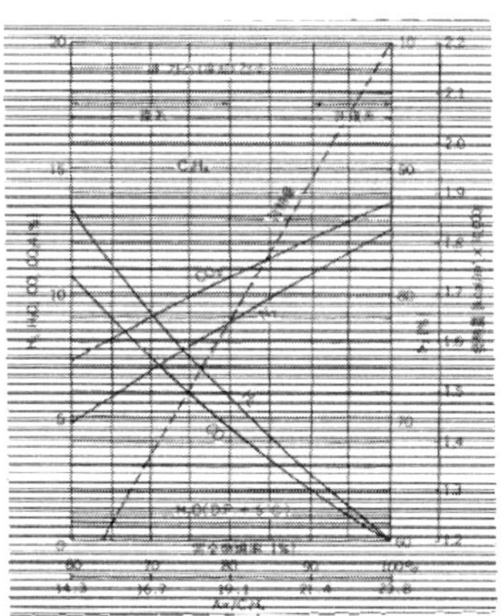

그림5-31 산화.환원의 평형도

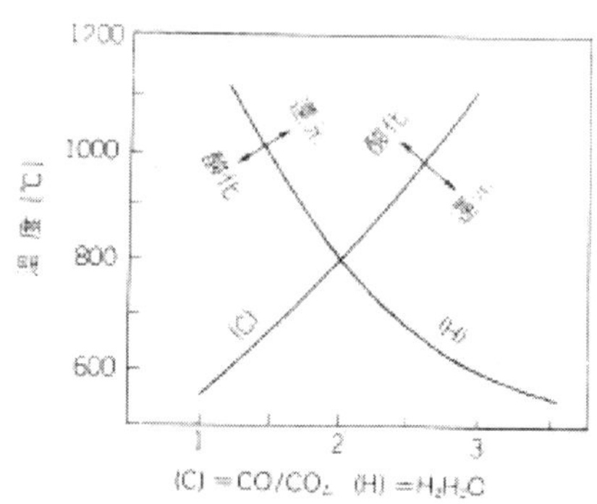

그림5-30 프로판 가스의 조성변화

3. 질소형 가스의 발생장치

질소형 가스는 발열형 가스 조성 중의 CO_2와 H_2O을 제거한 것이다. 그림5-32에 나타내었다. 그림5-32는 CO_2, H_2O 흡착제거장치의 구성도이며, 흡착형에 제올라이트계의 것을 이용하여 CO_2, H_2O를 흡착한 흡착제는 진공 펌프로서 탈착 재생한다. 이것은 2개의 흡착통을 상호교환하여 N_2를 연속발생하고 있다. 종래에는 흡착에 모노에탄올아민(MEA) 용액이 사용되어왔으나, 이 액은 금속에 대해 부식성이 있으므로 폐액이 공해원이 되는 점과 CO_2를 제거한 뒤 H_2O의 제거장치가 필요하다는 점에서 최근에는 이 제올라이트계 흡착. 진공탈착법이 많이 이용되게 되었다. 이 가스의 조성은 표5-11에서처럼, CO, H_2량은 발열변성시의 공기와 가스의 혼합비를 조성 함으로써 0.05~5%로 할 수 있다. 질소형 가스의 제법에서 알 수 있듯이 발열변성에서의 가스와 공기의 혼합비를 완전연소에 가까운 점에서 혼합조절한 radiant tube burner의 연소 배기가스가 이 발생 장치의 원료가스로서 사용될 수 있으며, 에너지가 절감된다. 이 가스의 용도는 널리 노말라이징, 어닐링, 퀜칭, 납땜, 소결에 이용된다.

최근에는 공기를 흡착분리하여 N_2를 빼내는 방식의 것이 열처리에 이용되게 되었다. 이 원리는 그림 5-32에서 나타낸 흡착 분리장치와 거의 같은 것으로서 N_2와 O_2의 분자 크기의 차이를 이용한 분리법으로써 흡착 효율을 높이기 위해 그림5-32의 입구측에 공기의 승압기를 부착하여 흡착통에 압입한다. 또 교환시간은 약 1분간이다. 이 장치의 압축기와 진공 펌프에 소비되는 전력은 0.7~0.9 kW/m^3 N_2이며, 100m^3 발생기는 90kW의 선동기를 갖추고 있다. 이 N2의 순도는 99.9%가 최고이며, 0.1%의 O_2를 함유하고 있다. 이것을 열처리에 지장이 없는 양까지 내리게 하기 위해서는 재처리가 필요하다.

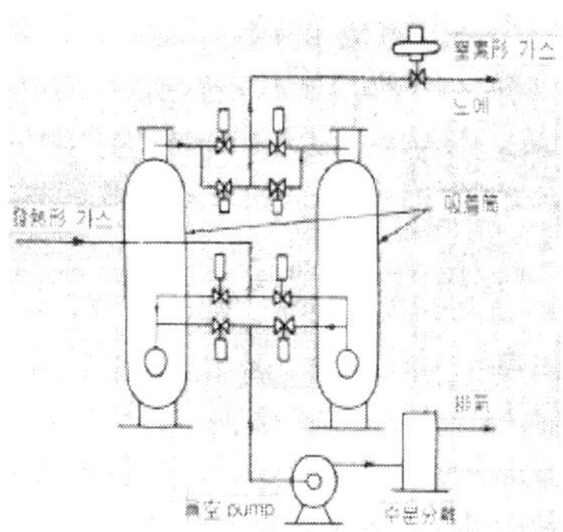

그림5-32 CO_2, H_2O 흡착제거장치

표5-11 질소형 가스의 조성

조성	CO_2	CO	H_2	H_2O	N_2	기타
용적[%]	0,05~0.1	0.01~5.0	0.01~5.0	D.P.~60°이하	나머지	미량

4. 흡열형 가스발생 장치

흡열반응의 기본개념은 열을 흡수하는 반응으로 반응물질이 생성물질보다 에너지가 작으며, 광합성, 열분해, 냉매의 기화현상, 염화나트륨, 염화암모늄, 질산암모늄의 용해반응 등이 흡열반응의 "예"이다. 흡열반응의 "예"이다. 흡열반응의 대표적인 이용사례는 냉찜질 팩으로 질산암모늄과 물의 흡열반응을 이용한 것이다. 이외에도 에어콘, 냉장고 등이 그 사례에 속한다, 그림5-33은 기본적인 흡열반응의 형태를 나타내었다.

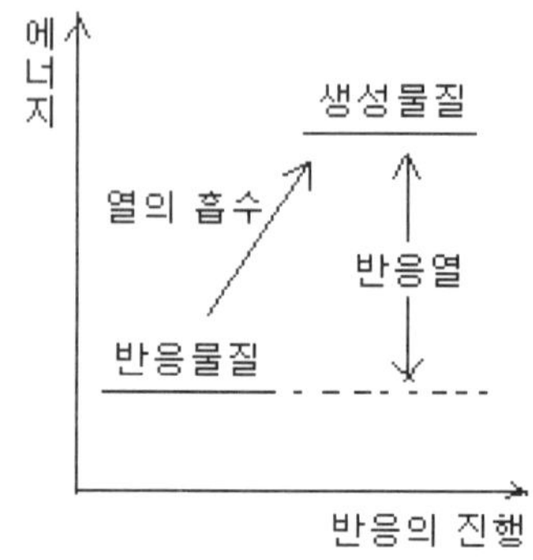

그림5-33 흡열반응의 기본적형태

그림5-34는 흡열형 가스 발생 장치의 구성도이다. 흡열형 가스는 그림에 나타내듯이 원료의 탄화수소와 공기를 혼합한 고온(1050~ 1100°C)의 Ni 촉매재 속을 통해 CO, H_2, N_2를 주성분으로 하는 분위기 가스로 변성하는 것으로서, 그 반응식은 다음과 같다.

$$C_3H_8 + 7.14\ Air = 3CO + 4H_2 + 5.64N_2 + 2400\ kcal/m^3$$

식이 나타내듯이 변성 반응은 발열반응인데 변성통 내의 반응은 입구부에서 발열반응, 흡열반응, 평형 반응을 거쳐, 출구에서 생성가스로서 냉각기에 보내진다. 이 흡열 반응대가 강한 점과 통 전체의 온도를 유지하기 위해 외부에서 가열하기 때문에 흡열형 가스라 불리고 있다.

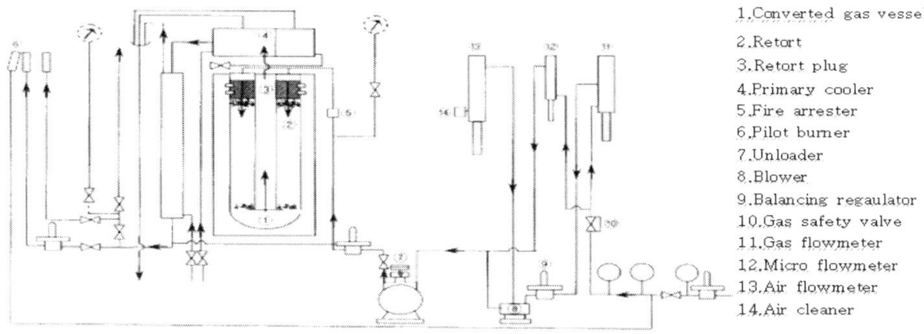

그림5-34 흡열형 가스발생기의 공정도

윗식은 단순한 이론 식이며, 실제는 주성분 CO, N_2, H_2 이외에 CO_2, H_2O, CH_4 등이 미량 함유되어 있다. 이들 성분 사이에는

$$CO_2 + H_2 \rightleftarrows CO + H_2O$$

의 수성가스 반응이 처리온도에서 정해진 평형을 유지한다. 이 평형상태에서

$$K_1 = p_{co} \cdot p_{H_2O} / p_{CO_2} \cdot p_{H_2} \qquad (5.1)$$

식(5.1)이 성립한다. 여기서 p_{co}, p_{H_2O} 등은 각각의 가스분압이며, 정수 K_1 온도에만 의존하는 평형상수이다. K_1의 값은 연구자에 의해 상당한 차가 있는데 그 일례를 표5-12에 나타내었다. 원료 프로판과 공기의 혼합비와 그것에 대한 변성 가스 조성 예를 표5-13에 나타내었다. 이 표가 나타내는 것과 같이 가스량을 일정하게 하고 공기량을 변화시켜 변성 가스 조성 중의 수증기량을 노점 온도로 1℃ 변화시킬 경우 공기의 변화량은 0.2%이다. 이렇게 흡열형 가스 변성에서는 가스와 공기의 유량을 정밀하게 하여 가스를 850℃의 열처리로 송입했을 때 가스 변성이 변화하는데 표5-12를 사용하면 조성을 예측할 수 있다.

표5-12 평형상수 K_1, K_2의 값

온도[℃]	800	850	900	950	1000	1050	1100
K_1	0,91	1,14	1.33	1.53	1.74	1.97	2.20
K_2	6.23	14-53	31.57	64-32	123.91	227.19	398.52

㈜ K_1: $CO_2+H_2 \rightleftarrows CO+H_2O$ 평형상수 K_2: $2CO \rightleftarrows [C]+CO_2$ 평형상수

표5-13 공기/프로판의 혼합비와 변성가스 조성의 예

공기/가스	CO_2	CO	H_2	H_2O(D,P)	N_2
7.5/1	0.4	22.9	30.5	0.7(2℃)	잔
7.3/1	0.2	23.9	31.1	0.25(−10℃)	잔

일반적으로 흡열형 가스 발생 장치에 사용된 원료가스는 LPG 및 도시가스이다. 원료가스가 구비 해야 할 조건은 일정 조성의 가스가 계속 공급될 것, 유황 따위의 불순물이 적을 것 등이다. LPG 라 해도 순수한 프로판, 순수한 부탄 등은 고가로 입수하기도 어렵다. 통상 공업용으로 사용하는 LPG는 각종 탄화수소의 혼합물이다. 일례를 들면 프로필렌(C_3H_6) 6.4%, 프로판(C_3H_8) 19.5%, 부틸렌(C_3H_8) 18.4%, 부탄 (C_3H_{10}) 55.7%인 LPG 3호 등이 있다. 이들 원료가스를 변성할 때, 가스와 공기의 혼합비를 정하기 위한 간이법으로서 이 가스의 C와 H 비를 구하여 $C_{3.741}H_{8.986}$으로 나타내고, 이것을 이용해 변성반응식을 만들면 다음 식이 된다.

$$C_{3.741}H_{8.986} + 3.741/2O_2 = 3.741\ CO + 8.986/2H_2 \qquad (5.2)$$

공기 중 산소를 21%로 하면 1.8705/0.21 = 8.91 이 되고 가스/공기 = 1/8. 91이 이론 혼합비이다.

흡열형 가스 발생 장치의 운전은, 변성온도를 일정하게 하여 변성 가스 중의 미량의 H_2O 또는 CO_2양을 측정하여 이것들이 소정 값에서 안정하도록 원료가스와 공기의 혼합비를 조정하는 것이다. 발생 장치의 운전 시 제원은 장치 제작자 및 촉매 제작자가 추천하는 것이 좋으며, 일반적으로는 변송통의 온도를 1050~1100℃ 로 하고 변성 가스의 노점은 0~5℃, 또 CO_2는 0.25~0. 35%가 되도록 조정한다. 이 수치를 이용하는 이유는 이보다 낮은 수치의 변성일 경우 가스의 농도가 높아 촉매 등에 그을음이 발생하여 그 수명을 짧게 하거나 촉매의 기능이 떨어져 변성이 불안정해지고 마침내는 변성하지 않게 되기 때문이다.

그러나 퀜칭이나, 어닐링처리의 경우 강의 탄소농도에 평형을 이룬다. 즉 탈탄이나 침탄이 없는 분위기로 하기 위해서는 발생 장치의 노점 또는 CO_2를 조정하여 노에 송입 하며, 이때의 지표가 되는 것이 그림5-35, 그림5-36에 나타낸 노점 및 CO_2 양과 평형 탄소농도 (carbon potential)의 각 온도에 대한 관계도이다. 예를 들면 0.8%C 강을 850°C로 가열할 때 분위기 가스의 노점은 2.5℃, CO_2는 0.5%이다.

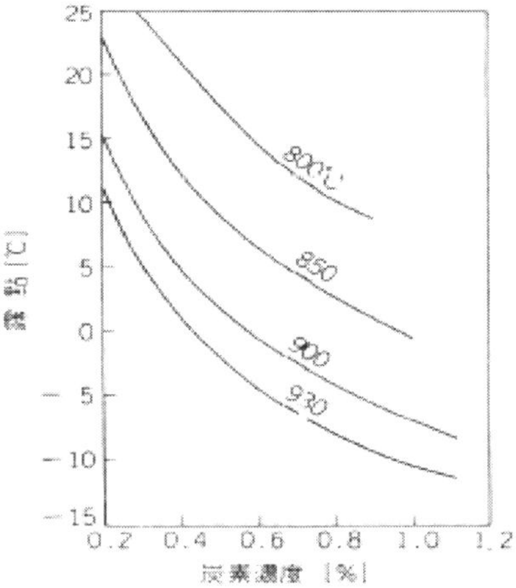

그림5-35 노점과 탄소농도

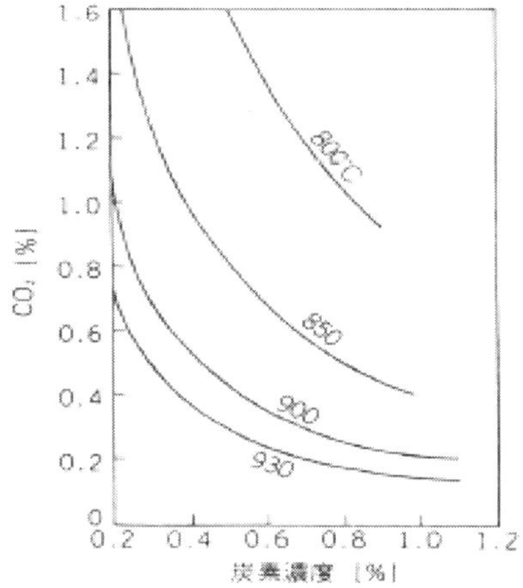

그림5-36 CO_2와 탄소농도

그러나 실제 작업에서는 노 내에 H_2O, O_2, C 등의 불순물이 주입되므로 통상 송입가스 노점보다 몇도 높아지므로(유조의 기름증기가 노 내에 들어갈 경우는 몇도 낮아진다) 이 변화분을 예상하여 변성노점을 정한다.

가스 침탄에서는 강 표면의 탄소와 분위기 사이에

$$2\ CO \rightleftarrows [C] + CO_2 \qquad (5.3)$$

이란 Boundouard의 반응이 성립한다. 이것은 강의 표면탄소농도를 결정하는 반응으로서 이때의 평형상수를 K_2, 분압을 p_{co}, p_{CO_2}, 탄소의 활량을 α_c, 오스테나이트의 포화탄소농도를 α_s %, 강의 표면탄소량 = 탄소 포텐셜을 Pc %로 하면 $\alpha_c = Pc/\alpha_s$이므로,

$$K_2 = (p_{co})^2/\alpha_c \cdot p_{CO_2} = (p_{co})^2/(Pc/\alpha_s) \cdot p_{CO_2} \tag{5.4}$$

$$\therefore\ Pc = \alpha_s \cdot (p_{co})^2/K_2 \cdot p_{CO_2} \tag{5.5}$$

P_{CO}는 원료가스에 의해 정해지는 일정한 값이므로 p_{CO_2}를 측정하면 탄소 포텐셜 Pc를 알 수 있다. 또한, 식(5.1)로부터

$$Pc = \alpha_s \cdot K_1 \cdot p_{co} \cdot p_{H_2}/K_2 \cdot p_{H_2O} \tag{5.6}$$

가 되며, p_{co}는 p_{H_2}의 원료가스에 의해 정해지고 일정하므로 p_{H_2O} 즉, 노점을 측정하면 탄소 포텐셜을 알 수 있다.

위식에서 구해진 값은 이론계산치이며 실제의 열처리 작업에서는 통상 상당한 차이가 나타난다. 따라서 이것을 지표로서 사용하며, 각각의 처리로에 대한 처리 결과로부터 보정해 둘 필요가 있다. 탄소 포텐셜을 정확히 측정하려면 이론계산 처리에서는 CO와 H_2는 일정하다는 가정하에 계산하였으므로 CO_2 또는 H_2O 이외에 CO 와 H_2를 측정 해야 한다.

분위기 가스 중의 노점 측정에는 ① 염화리튬법, ② 경냉각법(鏡冷却法), ③ 가압분무상자법, ④ 산화알루미나 등의 전극법, ⑤ 노점 cup법 등이 있다. 노의 자동 제어에는 ①, ②, ④가 이용된다. CO_2의 측정은 적외선 분석법이 거의 대부분이며 Orsat법 등은 양이 많은 성분가스의 분석용이며, 그 외에 가스 크로마토그래프법도 이용된다.

최근에는 고감도인 산소 센서가 보급되어 탄소 포텐셜 측정 및 제어에 이용되고 있다. 그 특정 원리는 지르코니아계의 산소 전지를 사용하여 고온에서 공기 중의 O_2 농도와 측정가스 중의 O_2농도비를 측정하는 것으로서 큰 기전력 이 나오기 때문에 O_2 양이 10^{-23}정도까지 측정할 수 있다. 노내 가스 상호간에는

$$CO + 1/2O_2 \rightleftarrows CO_2 \tag{5.7}$$

의 평형반응이 성립하고 있으며, O_2의 분압을 p_{O_2}, 평형상수를 K_3이라 하면

$$K_3 = p_{CO_2}/p_{co} \bullet p_{O_2^{1/2}} \tag{5.8}$$

가 된다. 전술한 식 (5.3)과 식 (5.5)에서

$$P_C = \alpha_s \bullet p_{co}/K_2 \bullet K_3 \bullet p_{O_2^{1/2}} \tag{5.9}$$

가 유도된다. 이때 p_{co}는 일정하므로 p_{CO_2}를 측정하는 것으로서 Pc를 계산할 수 있다.

5. 암모니아형 가스의 발생장치

그림5-37은 암모니아 분해장치의 구성도이다. 기화된 암모니아 가스를 고온의 니켈 촉매를 통해 수소와 질소로 분해하는 것으로서, retort 온도는 일반적 으로 900~1000℃이다. 이 분해반응은 $2NH_3 \rightleftarrows N_2 + 3H_2$로 나타낸다. 이 분해가스는 고가인 수소 대신에 열처리에도 많이 사용되고 있으며, 이 분해가스는 미분해 암모니아가 잔류하는 결점이 있으며 스테인리스강의 열처리 등에는 이것을 적게 사용할 필요가 있다. 이런 까닭에 분해온도를 높게 하든지, 흡착제로 제거하지만, 고온으로 하면 retort나 촉매의 수명이 짧아지므로 일반적으로 흡착제를 이용해 수 ppm 정도까지 제거한다. 분해가스의 노점은 -40℃ 정도이며, 스테인리스강의 광휘 열처리에는 노점이 약간높기 때문에 이 흡착제는 동시에 수분도 흡착 제거하여 -60℃ 이하로 할 수 있다. 수분과 암모니아를 흡착한 흡착제는 가열로서 재생하는 방법과 진공으로 재생하는 방법 등이 있다. 이들 2개통 모두를 바꿔 분해 가스를 연속 발생시킨다. 용도는 스테인리스강의 광휘 어닐링, 납땜, 소결 등이며, 또 환원에도 사용된다. 이 암모니아 분해 가스의 노점과 온도 등에 의한 산화, 환원 평형곡선을 그림 5-38에 나타낸다. 이 그림은 H_2, N_2 및 진공처리에 이용가능하다.

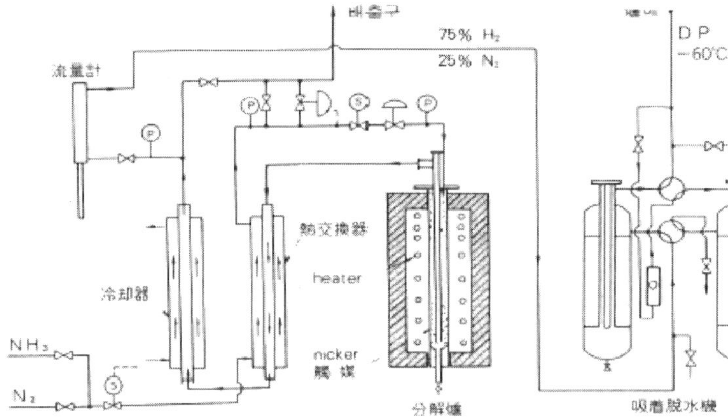

그림5-37 암모니아 분해로의 구성도

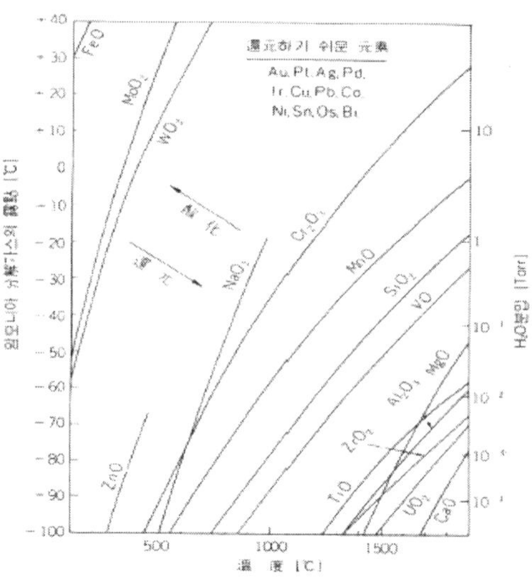

그림5-38 NH_3 분해가스 중의 금속의 산화.환원평형

6. 기타 분위기 가스의 제법

산소공장 등에서 영하(subzero)법으로 얻어지는 질소는 노점 −70℃ 이하, 산소 2ppm 이하로서 상당히 순도가 높으며, 가격도 tank 설비를 갖춘다면 흡열형 가스와 암모니아 분해 가스의 중간 정도이기 때문에 열처리로의 이용이 유리하다. 수년 전부터 미국에서는 천연가스의 가격이나 공급이 불안정하

기 때문에 대체 분위기로서 질소를 이용하는 시험이 보고되고 있다. 일본에서도 질소 베이스의 분위기로서 열처리에 이용하여 왔다. 질소 베이스의 침탄처리도 시도되고 있으나, 경제성에 난점이 있으므로 보급되고 있지 않지만 이들을 함유한 질소에 의한 열처리는 증가하는 경향이다. 또한, 배기가스의 질소화 분위기의 이용 등도 주목 되고 있다.

5.2.4 온도측정과 온도의 제어법

1. 온도측정 방법

온도란 물체의 온기를 나타내는 척도이다. 물체의 온도를 측정하는 데에는 온도의 상하에 의해 어떤 변화를 나타내는 측온체에 접촉시켜, 양자가 같은 온도가 되었을 때의 변화량으로, 온도를 아는 **열전온도계**와 같은 접촉식과 물체는 항상 열방사 에너지를 내고 있는 점을 고려하여 이 에너지양을 측정함으로써 물체의 온도를 아는 **방사온도계**와 같은 비접촉방식 등이 있다. 각종 온도계는 표5-14에 나타내는 온도 범위에서 사용되고 있다.

표5-14 각종 온도계의 사용온도 범위

종 류	원 리	측성범위	특 징	용 도
열전대식 온도계	이종금속간에 발생하는 기전력을 직류 mV계 또는 선유자에 의해 측정함.	0 ~ 1,800℃	정밀도 좋음 자동제어, 기록가능 값 저렴	일반 열치리로
전기 저항식 온도계	저항선의 온도저항이 변하는 것을 이용해 전기력으로 측정함.	-200 ~ 500℃	정밀도 좋음 자동제어, 기록가능 고온측정 불가 가격 비쌈	저온로용 (저온뜨임로용)
공고온계	고온계의 적색방사선을 계기내에 있는 표준 필타멘트와 그밝기의 비로 측정.	700 ~ 2,000℃	저온측정 불가 보정 및 숙련 요망 기록, 제어 불가	직접 물체 측정용 단조용 가열로
방사 온도계	물체에 발하는 방사에너지를 열전쌍에 연결시켜 측정함.	800 ~ 2,000℃	저온 측정 불가 보정 요함	시험용

온도측정에는 우선 온도눈금을 정해야 한다. 이 온도눈금은 국제실용온도눈금(1968년)의 국제협정에 의한 것이다. 협정의 개요를 보면 얼음과 물과 수증기의 평형온도(물의 삼중점)을 +0.01도로 하고 액체인 물과 그 수증기

의 평형온도(물의 비등점)를 100도로 하여 이것을 celsius(℃)로 하고 있다. 이것에 대해 열역학온도는 단위를 kelvin(K)으로 나타내며, 물의 삼중점을 273.16K로 정의하고 있다. 그 외 눈금의 기준온도(정점)로서 (산소의 비등점) −182.97℃, (유황의 비등점) 444−6℃, (온의 응고점) 960.8℃, (금의 응고점) 1063℃ 이외에 약 30종의 정점이 이용되고 있다.
우리나라의 온도계측 장치에 대한 구체적인 법령과 기술적 지침(KS A 0514. KOSHA E−90−2011)에 상세히 정해져 있다.

2. 열전온도계

열처리 작업에서의 온도측정은 열전온도계에 의한 측정이 대부분이다.

1) 열전대

열전대란 서로 다른 2종의 금속선으로 폐회로를 만들어 그 접합점에 온도를 가하면 온도차에 대응하는 열기전력이 발생하여 폐회로에 열전류가 흐르며, 한쪽접합점을 떼어 미전압계를 연결하면 기전력을 측정할 수 있고 이 기전력은 온도에 비례하므로 온도를 측정할 수 있는 원리이다. 그림5−39에서 보는 바와 같이 다른 금속을 접촉시키면, 세이벡(seebeck)이 발견한 원리에 의하여 두 금속의 자유전자 차이에 의해 양 금속 간에 접촉 전위차를 만든다. 이 전위차(열기전력,mV)를 계기에 의해 지시시키는 것이 **열전온도계**이다. 상용되는 열전대표는 표5−15에 나타냈다, 이외에 이리듐−로듐이 2100℃, 텅스텐−레늄이 3000℃ 온도의 측정이 가능하다.

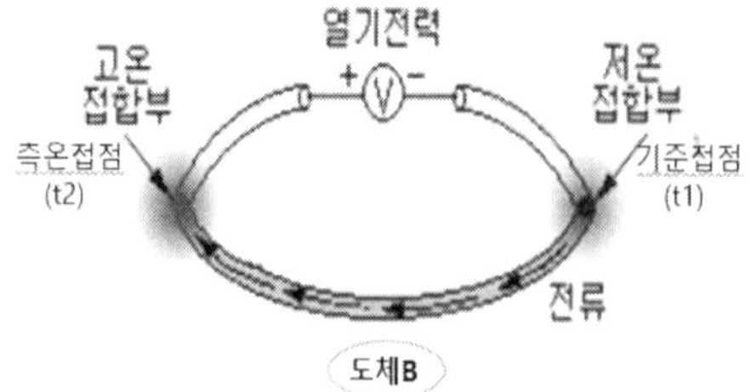

그림5-39 열전대 회로도(seebeck효과)

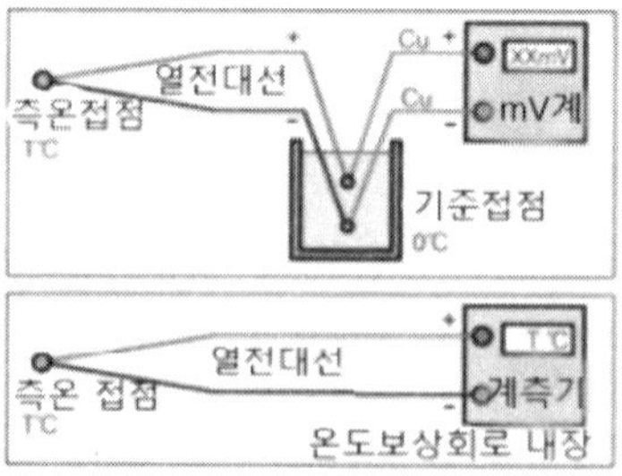

그림5-40 열전대의 기본접점

표5-15 열전대의 종류와 사용온도 범위

구성재료 기호	구성재료 + 접합선	구성재료 - 접합선	소선지름 (MMΦ)	상용한도 (°C)	과열 사용한도 (°C)	비고
B	백금 70% + 로듐 30%	백금 94% + 로듐 6%	0.50	1,500	1,700	귀금속 열전대
R	백금 87% + 로듐 13%	순백금	0.50	1,400	1,600	
S	백금 90% + 로듐 10%	순백금				
N	니켈을 주성분으로 한 크롬, 실리콘 합금 (니켈 84% + 크롬 14% + 실리콘 1.65%)	니켈을 주성분으로 한 실리콘 합금 (니켈 95% + 실리콘 4.4%)	0.65	850	900	비금속 열전대
			1.00	950	1,000	
			1.60	1,050	1,100	
			2.30	1,100	1,150	
			3.20	1,200	1,250	
K	니켈을 주성분으로 한 크롬합금 (니켈 90% + 크롬 10%)	니켈을 주성분으로 한 알루미늄, 안티몬, 망간 합금 (니켈 94% + 알루미늄 3% + 안티몬 1% + 망간 2%)	0.65	650	850	
			1.00	750	950	
			1.60	850	1,050	
			2.30	900	1,100	
			3.20	1,000	1,200	
E	니켈을 주성분으로 한 크롬합금 (니켈 90% + 크롬 10%)	구리와 니켈의 합금 (구리 55% + 니켈 45%)	0.65	450	500	
			1.00	500	550	
			1.60	550	650	
			2.30	600	750	
			3.20	700	800	
J	순철	구리와 니켈의 합금 (구리 55% + 니켈 45%)	0.65	400	500	
			1.00	450	550	
			1.60	500	650	
			2.30	550	750	
			3.20	600	750	
T	순동	구리와 니켈의 합금 (구리 55% + 니켈 45%)	0.32	200	250	
			0.65	200	250	
			1.00	250	300	
			1.60	300	350	

2) 보호관

KOSHA에 의한 열전대선의 보호를 위해 보호관의 선정 지침을 상세하게 규정하여 놓았다. 열전대선의 보호를 위해 금속과 비금속의 보호관이 사용되고 있다. 금속 보호관에는 동(300℃), 황동(400℃), Cr계 스테인리스강, 오스테나이트계 스테인리스강(600~1,200℃) 등이 있으며, 고온 환원 분위기 중에서는 몰리브덴 (1800~2200℃) 등이 사용되고 있다. 비금속 보호관은 염화비닐(50℃), 폴리에틸렌(80℃), 불소수지(250℃), 유리(500℃), 석영(1000℃), 자기(1000~1600℃), 아랜덤(1400℃), 카보런덤(1400~1600℃), 흑연(1600℃), 알루미나(1850℃) 등이 있다.

3) 보상전선과 기준접점

열전대의 특색은 그림5-39에 나타낸 양 접점의 온도차에 해당하는 전압이 발생하여 다른 전원이 필요치 않은 점이며, 온도눈금은 이 접점의 한 쪽이 0℃로 눈금이 그어져 있으므로 실제 열전대의 측온 접점에 대해 반대쪽의 접점인 기준접점(냉접점 이라고도 한다)을 0℃(또는 측정 시의 온도)로 보정할 필요가 있는 결점을 갖고 있다. 기준접점은 열전대의 단자부이며, 실측 중, 가끔 100℃ 전후로 승온하면 그 상태로는 이 단자온도를 보정하는 것이 곤란하다. 따라서 단자(기준접점)온도 관리를 쉽도록 하기 위하여 열전대를 연장하여 계기의 단자부로 하는 것이 보상 도선이다. 보상 도선은 100~150℃까지 그 열전대와 같은 기전력을 발생하는 값싼 대용선이다. 그림5-40의 열전대의 기본접점 회로에서 온도 보상회로가 내장되어 전기적으로 계기 단자부의 온도를 보정하는 것이 기준접점 자동 보상기이다.

4) 표시계기

열전온도계는 대별하여 편위법과 영위법에 의한 것 등이 있다. 편위법은 가동 coil형이 그 예이며, 가격은 비교적 싸지만 회로의 저항변화가 지시값을 변화시키는 결점이 있다. 이것에 비해 영위법은 자동평형형이 대표적이며, 열전대에서의 전압과 계기에서 발생하는 전압을 비교하여 그 차가 0인 점으로 측정하는 것이므로 외부 회로의 저항 변화가 무시 가능하며 정확하게 측정이 가능하다. 모두 기준접점 자동 보상회로를 내장하고 있다. 측정 회로의 결선법과 표준측정방식은 KS C 1606 “온도의 전기적 측정방법”으로 규정되어 있다.

3. 온도측정에서의 전기적 오차

온도계측에 있어서는 일반적으로 전기적 오차와 열적 오차를 수반한다. 전기적인 것은 비교적 원인이 파악되어 제거하기 쉬우나 열적 오차는 원인이 파악되기 어려우며 정량도 측정도 어렵다.

1) 계기단독오차

시간의 경과에 따른 오차는 발견되기 어려우므로 정기적으로 검사를 하여 오차를 확인하고 수정해 사용한다.

2) 측온체의 단독오차

일반적으로 제작자에 의해 오차는 보증되어 있다. 따라서 표준열전대 등을 구입시 제작자의 검사확인서와 자체검사로 온도계의 신뢰성을 확보할 수 있으며, 상용 사용 한도와 과열 사용 한도에 따라 검사의 횟수를 구분하여 정기검사를 한다.

3) 보상도선의 오차

KS규격에서는 일반용과 내열용으로 구분하며, 다시 보통급과 정밀급으로 구분하고 있다. 허용오차가 ±1℃에서 ±3℃로 다른 경우 사용 시에는 그 구분을 확인할 필요가 있다.

4) 기준접점 온도 보상기의 단독오차

이것은 보상의 불완전에 의한 오차가 많다. 얼음냉각식은 얼음과 물, 공기의 삼중점에서 0℃를 얻는 것이므로 불순물이 들어가면 약간의 오차가 생긴다. 식염을 0.03% 넣으면 0.01℃ 낮아진다. 전기식 보상기는 주변의 온도분포가 정밀도에 영향을 미친다.

5) 회로의 절연저항 저하에 따른 오차

고온에서 열전대의 보호관이나 보상도선의 절연관의 경우, 절연이 저하되면서 지시 오차가 나타나며 교류전류의 누전이 있으면 지시가 불안정해진다.

6) 전자유도에 의한 오차

특히 자동평형계기는 외부에서의 전자유도에 의한 잡음에 의해 오차 및 계기감도의 저하를 초래하며 보상 도선의 배선을 전력선과 병행시키면 큰 장해가 된다.

7) 외부저항의 변화에 의한 오차

가동코일형 열전온도계는 지정된 저항치와 함께 접촉 불량에도 주의해야 한다. 열전대의 열화 등으로서 저항치가 커지면 지시치가 낮아진다. 외부저항은 때때로 바로 조정할 필요가 있다.

4. 온도측정에 있어서의 열적 오차

1) 열전도에 의한 오차

측온체를 피측온체에 접촉하여 측온할 때 피측온체의 열용량이 측온체와 비교해서 작을 경우, 또는 피측온체의 열전도율이 작을 경우에는 오차가 크게 나타난다. 또 측온체를 넣는 깊이가 얕으면 그림5-41에 나타나듯이 열이 측온체의 보호관 등을 통해 밖으로 방출되는 까닭에 온도구배가 생겨 측온접점이 측정하고 싶은 노온보다 낮아진다. 이것의 대책으로는 금속 보호관의 경우는 직경의 15~20배, 비금속 보호관이라면 10~15배로 깊이 넣으면 좋다. 이런점 때문에 보호관의 지름은 내구성이 허락하는 한 작게 하는 것이 좋다.

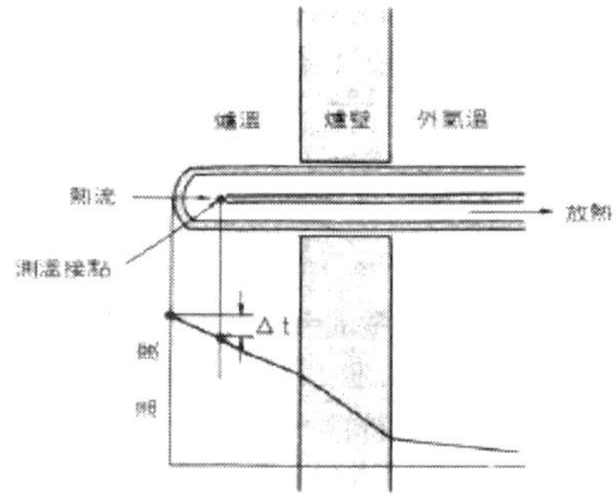

그림5-41 열전대의 열전도 오차

2) 시간지연에 따른 오차

이것에는 3종류가 있으며, 우선 온도가 일정한 경우는 측온체가 가진 시정수(時定數, 실제 온도의 63.2%가 되기까지의 시간)의 약 5배 시간이 경과하면 거의 정확한 온도가 된다. 다음에 측온 대상의 온도가 일정 속도로 변화할 때는 측정 온도가 실제 온도에 대해 어떤 온도차를 가진 채 변화하고 있다는 점에 주의를 해야 한다. 또 측정 온도가 cycling하고 있는 경우의 오차는 주기적으로 증감하는 것이지만, 실제 온도의 진폭보다 측정 온도의 진폭이 작아지는 점에 주의해야 한다. 측온체의 시정수를 작게 하면 진폭 차가 작아지고 거의 정확한 변화를 측정할 수 있다.

3) 자기 가열에 의한 오차

이것은 백금저항온도계(금속의 전기저항은 온도가 상승하면 증가하는 것을 이용한 온도계)에서만 일어난다. 측정 전류에 의해 측온체가 가열됨으로써 생기는 오차인데 실제의 계기는 눈금을 잴 때의 측정 전류치로 하므로 문제는 그다지 없다.

4) 방사열에 의한 오차

방사 에너지는 온도의 4제곱에 비례하므로 측온체가 heater와 같은 고온방사를 받을 때는 100℃ 오차가 나온다. 이 오차를 작게 하는 데는 온도차가 큰 heater나 벽에서의 방사가 측온체에 직접 닿지 않도록 한다. 또 교반기를 이용해 노내 기체의 유속을 강하게 하는 방법도 있다.

5) 고속기류에 의한 오차

고속기류 속으로 측온체를 넣으면 기체의 압축이나 내부마찰 때문에 열을 만들어 실제 온도보다 높게 지시된다. 초속 20mm 이상일 때는 보정을 필요로 한다.

6) 공기의 침입에 의한 오차

측온체의 삽입구멍 등에서 냉풍이 들어와 오차가 나는 일도 종종 있다.

5. 온도제어법

열처리 작업에서 온도제어의 결과는 직접 열처리의 정밀도를 좌우하므로, 정확한 제어가 보증되어야 한다. 여기서 말하는 제어는 자동제어이며, 온도제어 이외에 작업자를 위험한 혹은 단조로운 기계적 노동에서 해방시키는 것이다. 고온, 진동, 소음, 먼지, 유독가스 등이 존재하는 환경에서는 한층 더 중요하다. 제어방식과 조절 동작의 종류를 표5-16에 나타내었다.

표5-16 제어방식과 조절동작

제 어 방 식	조 절 동 작
ON-OFF	2위치
	3위치
	P(비례)
연 속	P(비례)
	PI(비례+적분)
	PD(비례+미분)
	PID(비례+적분+미분)

1) 2.3 위치 제어

제어량에서 목표치를 뺀 값을 제어편차 또는 간단히 편차라고도 한다. 2위치 동작에서는 편차가 +인지 -인지에 따라 가열원을 제어하는 조작부에 on이나 off의 2개 위치가 있다. 열전기를 사용할 경우 예로 들면 설정점까지는 전류가 흐르며 설정점을 넘으면 전류가 끊기는 동작이다. 3위치는 설정점이 2개소 있으며, 조작부가 상, 중, 하로 3개의 위치를 나타내는 것으로 가열과 냉각의 제어 동작 사이에 중간대를 설치하는 것 등이 이 예이다. 기본적인 ON-OFF의 2위치 동작을 SP(설정값)대비 PV(현재값)의 편차와 반복성 관계를 그림5-42에 나타내었다.

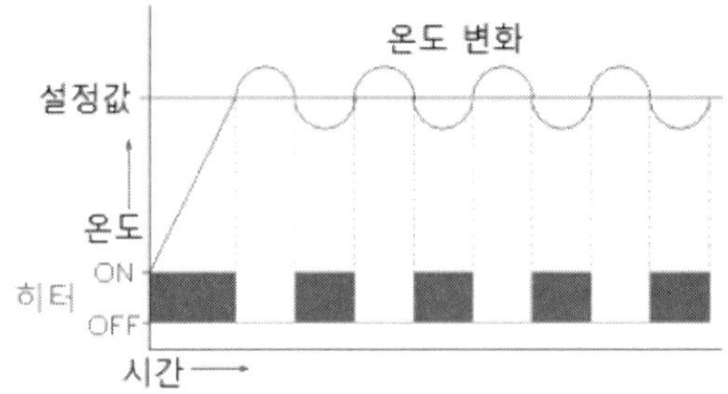

그림5-42 2위치제어(ON-OFF제어)

2) 비례제어(P동작)

2위치 제어에서는 만족하지 못한 제어 결과가 나타날 때 특히 버너 등과 같이 ON-OFF로 하고 싶지 않을 때는 편차와 조작량(열원 출력) 등이 연속적으로 비례관계를 갖는 제어 동작이 바람직하다. 이 관계를 도시하면 그림5-43이며, 설정치에 대해서 비례대를 가지며, 비례대 내에서 설정치와 현재 온도의 편차에 비례하는 조작량을 출력하는 제어 동작이다.
온도가 비례주기 시작점에 도달할 때까지는 조작량은 100%가 되어 출력은 ON 되고, 시작점을 넘어서면 비례주기를 갖게 되고 각 주기 내에서 제어출력이 ON, OFF 하여, 설정치에 도달하면 조작량은 50%가 되어 ON, OFF 시간은 1:1이 된다. ON/OFF 제어에서 발생하는 헌팅 현상을 줄일 수 있으나, 설정치에 도달하는데 시간이 걸리고 Offset이 발생한다. 여기서 그림5-44에서 보는 바와 같이 비례대를 크게할 경우 설정치에 도달하는 시간이 길어지고 Offset이 커지며, 비례대를 작게할 경우 설정치에 도달하는 시간이 짧고, Offset도 작아지지만 헌팅 현상이 발생하기 쉽다.

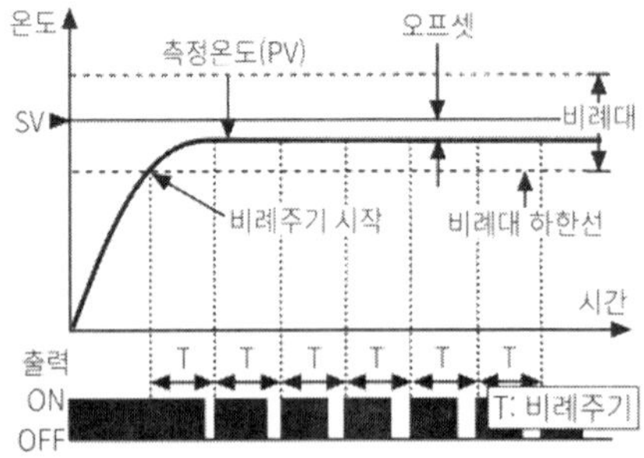

그림5-43 설정치와 현재값의 주기

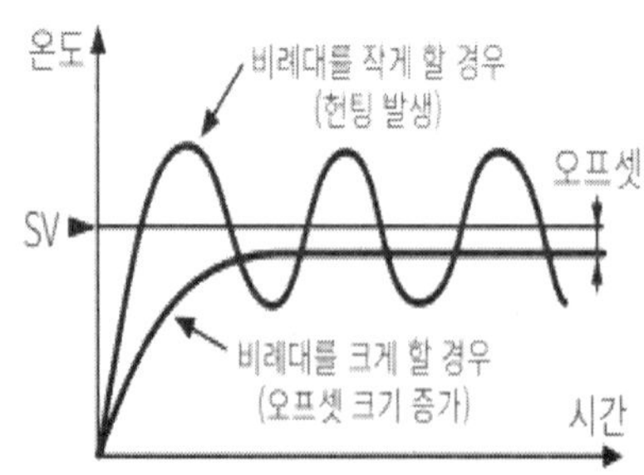

그림5-44 비례제어의 설정값온도 범위조정

3) 비례 적분제어(PI)

비례 적분 제어(PI)는 비례제어에서 발생하는 오프셋을 적분동작(I)이 자동으로 수정하여 SV를 안정적으로 유지하며, 적분 시간은 적분동작의 강도를 나타내는 단위로, 편차가 일정할 때 얻어지는 조작량과 비례하고, 동작에 의해 얻어지는 조작량이 같아지는 데까지 걸리는 시간이다. 적분 시간을 짧게 하면, 수정 동작이 강하게 되어 오프셋을 짧은 시간 내에 없앨 수 있지만 헌팅이 발생하는 원인이 된다.

적분 시간을 길게 하면 수정 동작이 약해져 오프셋 (Offset)을 없애기까지 긴 시간이 소요된다. 그림5-45와 5-46에 비례 적분 제어에서 적분동작과 시간과의 관계를 표현하였다.

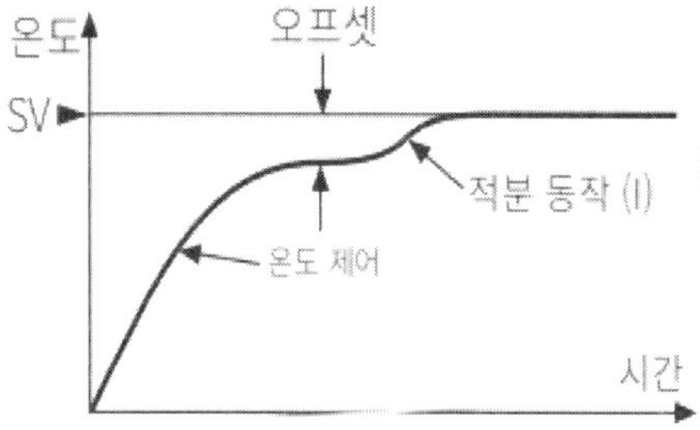

그림5-45 비례적분 온도제어

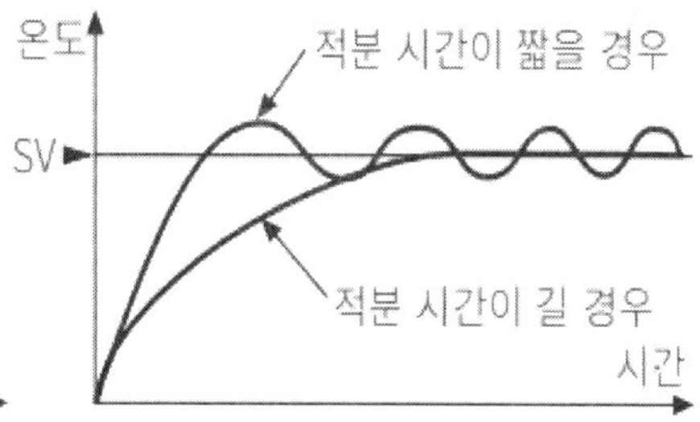

그림5-46 비례적분 동작과 시간관계

4) 비례 미분제어(PD)

비례 미분 제어(PD)는 비례제어(P)와 비교해서 외란에 의한 급격한 온도변화에 대한 응답이 빠르다. 미분 동작(D)은 온도변화의 기울기에 비례하는 조작량으로 수정 동작을 하며, 급격한 외란에 대해서 큰 조작량을 주어 단시간 내에 제어온도를 안정시키는 동작이다. 미분 시간을 짧게 하면 외란 온도에 대한 수정 동작이 약해져서 급격한 온도변화에 대한 응답이 늦어지고, 설정값까지 도달하는 시간은 길어지지만, 오버슈트가 발생하지 않는다. 미분 시간을 길게 하면 외란 온도에 대한 수정 동작이 강하게 되어 급격한 온도변화에 대한 응답이 빨라진다.

따라서 설정값에 도달하는 시간은 짧아지지만, 오버슈트가 발생하기 쉽다.

그림5-47과 5-48에 비례 미분 제어(PD)의 온도제어 상태를 표현하였다.

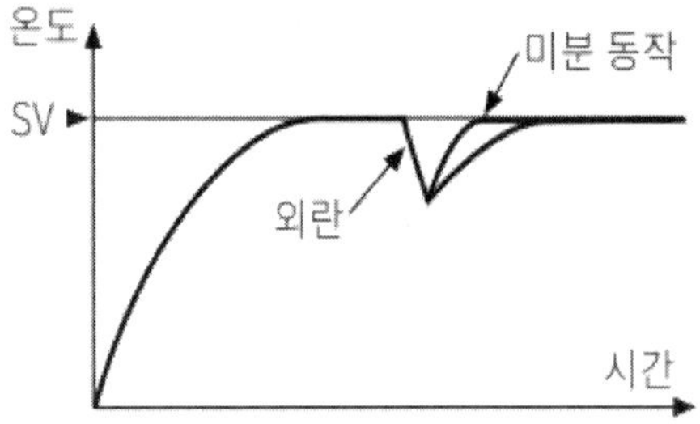

그림5-47 비례 미분 온도제어

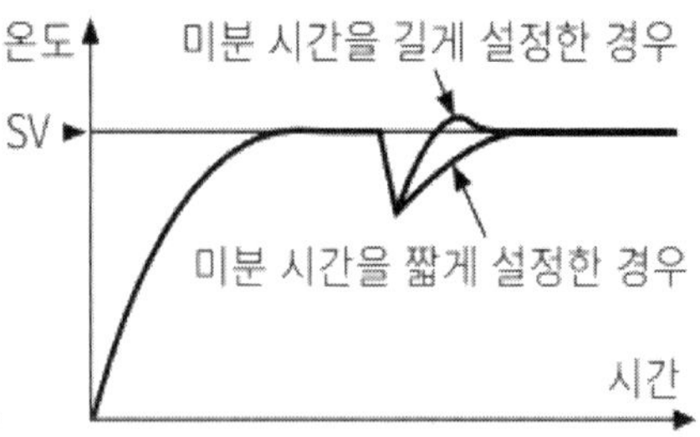

그림5-48 비례미분동작과 시간관계

5) PID제어

PID(Proprotional-Integral-Differential-controller)는 피드백을 통해 제어를 구현하는 형식으로 현재값 (PV)과 설정값 (SV)의 편차에 비례한 출력을 내는 비례 동작 (Proportional Action : P 동작)과, 그 편차의 적분에 비례하는 출력을 내는 적분동작 (Integral Action : I 동작)과, 편차의 미분에 비례한 출력을내는 미분동작 (Derivative Action : D 동작)의 합을 출력하는 제어 방법이다.

즉 비례제어로서 발생한 편차(off set)를 자동적으로 수정하는 동작이 적분동작(I동작)이며, 조작량은 동작신호의 적분치에 비례하므로 편차라는 신호가 있는 한 조작출력은 증가하며 결국은 편차를 0으로 한다. P동작에 I동작을 가한 PI 동작은 비교적 느린 process에 적용되고 있다.

미분동작(D동작)은 제어량의 변화속도에 따라 조작단의 위치를 결정하는 것으로 조작량이 동작 신호의 미분치에 비례하므로 작은 외부신호에 대해서도 크게 반응하며 소위 제어량의 미래 상황을 예지하여 행하는 재빠른 동작이다. PID 동작은 응답을 시작하는 데 있어 지연에 의해 허비되는 시간이 크고 전달지연이 큰 process에 적용된다. 즉 이러한 process에서 PID 동작을 사용하여 cycling을 막기 위해 비례대를 크게 하여(비례 감도를 작게 하여) 수정비율을 작게(적분 시간을 크게) 해야 하지만 부하 변화가 일어났을 때에 큰 off set이 생겨 설정치가 되기까지의 시간이 길게 걸린다. 이러한 경우

D 동작을 가하면 편차가 일어나 처음에 큰 정정 동작을 하여 PI 동작만의 경우보다 크게 조작단을 움직이지만, 그 후 작용은 없어지고 조작부는 PI 동작만으로 안정된 제어를 하게 된다. 이러한 PID 제어의 특성을 그림5-49에 나타내었다. 가열량을 직접 제어하는 조작단 기기와 조절 동작의 조합 예를 표5-17에 나타내었다.

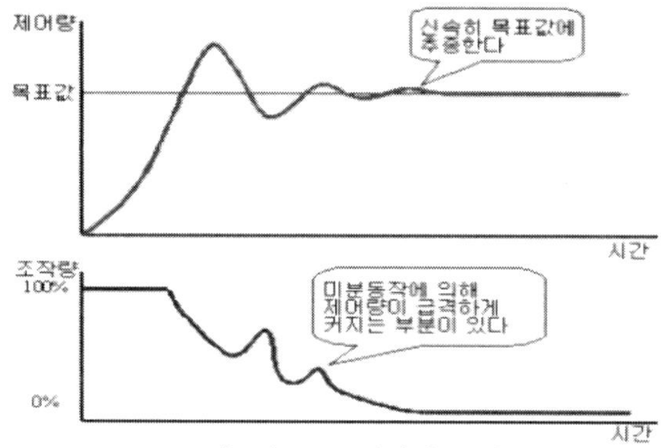

그림5-49 PID제어의 특성

표5-17 온도조절계와 조작단 기기

항목 / 조작단	조 절 계							
	ON-OFF			ON-OFF servo	전류출력		Pulse	
	2위치	비례	PID	PID	비례	PID	비례	PID
전자개폐기,전자벨브	○	○						
수 은 relay	○	○						
가포화 reacter					○	○		
전동전압 조정기				○				
Thyristor regulator	○	○	○		○	○		
Thyristor unit							○	○
전동벨브				○				

06

강의 일반 열처리 공정

6.1 열처리의 목적과 분류

금속은 적당한 온도로 가열했다가 적당한 속도로 냉각시키면 가열하기 전과 매우 다른 성질로 변한다. 이 성질의 변화는 사용 목적에 따라 그 방법을 선택하고, 금속, 합금의 요구조건에 맞도록 가열, 냉각으로 조작하는 것이다.

열처리란 금속 또는 합금에 요구되는 성질 즉 강도, 경도, 내마모성, 내충격성, 가공성 등의 제반 성능을 부여하기 위한 목적으로 가열과 냉각의 조작을 여러 가지로 조합시키는 기술이다. 이러한 열처리는 금속 또는 합금의 재결정, 원자의 확산, 상 변태를 이용하는 것이다.

열처리는 기계부품 제조공정 중 필수적인 공정으로 부품에 요구되는 여러 가지 기계적 성질을 향상시켜 기계의 성능향상 및 수명을 연장시킬 수 있다. 특히 공구강, 고속도공구강, 금형용강 등의 합금강은 원료 자체가 고가이고 제품설계와 가공에 있어서 기술적인 어려움이 많아 부품제조에 소요되는 생산원가가 비싼데, 이런 부품의 열처리는 그 결과가 매우 중요하다. 또한 열처리는 값싼 소재의 성능을 향상시켜 값비싼 고급재료에 상응하는 기능을 발휘시킬 수 있으므로 제품의 원가절감에도 기여한다.

열처리 분야가 타 산업과의 관련 및 파급효과를 보면 제조, 성형, 가공 등의 공정을 거쳐 생산된 제품의 성능향상을 위해 처리하는 기술이 열처리이므로 이들이 아무리 훌륭히 이루어졌다고 하더라도 열처리가 따라주지 못하면 완제품으로서의 제성능을 발휘할 수 없다. 열처리기술의 발전 없이는 다른 산업의 발전이 이루어질 수 없는 상호 밀접한 관계가 있다. 따라서 열처리 효과는 모든 소재 및 가공 분야에 미치므로 열처리 관련 산업이란 금속 소재가 쓰이는 산업 분야 모두를 포함한다고 할 수 있다. 다음은 열처리의 목적을 요약한 것이다.

1. 기계재료의 성질 개량
   - 강도, 경도, 인성, 연성, 내마멸성, 내열성, 내식성, 향상 및 변형방지
2. 기계재료 가공성 개량
   - 피삭성 향상, 소성가공성 향상
3. 조직을 미세화하여 방향성을 적게 하고 편석 이적은 균일한 상태로 함
4. 거시적 응력을 제거하고 기계가공에 의한 제품의 변형 발생 또는 사용중 파손 방지.

열처리의 구분은 크게 일반 열처리와 표면열처리로 구분하며, 조질열처리, 진공열처리, 증착법, 금속피막 등 특수한 열처리를 기타 열처리로 구분 하였다.

표6-1 열처리의 종류

<table>
<tr><th>구 분</th><th colspan="3">종 류</th><th>주요목적</th></tr>
<tr><td rowspan="10">일반열처리 공정</td><td colspan="3">풀림(Annealing)</td><td>재질연화,
내부응력제거</td></tr>
<tr><td colspan="3">불림(Normalizing)</td><td>재질균질화
표준화</td></tr>
<tr><td colspan="3">뜨임(Tempering)</td><td>인성향상</td></tr>
<tr><td rowspan="5">담 금 질
(Quenching)</td><td colspan="2">인상담금질(Time Quenching)</td><td rowspan="2">재질경화</td></tr>
<tr><td rowspan="4">항온
열처리</td><td>마퀜칭(Marquenching)</td></tr>
<tr><td>마템퍼링(Martempering)</td><td>조직안정화</td></tr>
<tr><td>오스템퍼링(Austempering)</td><td>균열최소화</td></tr>
<tr><td>오스포밍(Ausforming)</td><td>고강인성화</td></tr>
<tr><td colspan="3">고용화 처리</td><td>내식성향상</td></tr>
<tr><td colspan="3">Sub-zero</td><td>조직안정화</td></tr>
<tr><td rowspan="8">표면열처리 공정</td><td colspan="3">침탄</td><td rowspan="8">표면경화</td></tr>
<tr><td colspan="3">침탄질화</td></tr>
<tr><td colspan="3">질화</td></tr>
<tr><td colspan="3">탄질화물 침투법</td></tr>
<tr><td colspan="3">고주파 표면경화처리</td></tr>
<tr><td colspan="3">화염 표면경화처리</td></tr>
<tr><td colspan="3">레이져 표면경화처리</td></tr>
<tr><td colspan="3">전자빔 표면경화처리</td></tr>
<tr><td rowspan="5">기타열처리 공정</td><td colspan="3">조질처리</td><td>조직미세화</td></tr>
<tr><td colspan="3">진공처리</td><td>조직경화</td></tr>
<tr><td colspan="3">증착법(Vaper deposition)</td><td rowspan="2">내식성
내마모성개선</td></tr>
<tr><td colspan="3">플라즈마(Plasma)열처리</td></tr>
<tr><td colspan="3">금속피막 열처리</td><td>내마모성개선</td></tr>
</table>

6.2 풀림(Annealing)

강재를 단조, 용접 등의 작업에서 고온으로 가열하여 작업하게 되므로, 과열 조직으로 인한 내부 열응력이 변형을 유발하여, 그 조직이 불균일하고 거칠다. 또한 냉간 가공품은 소성가공, 기계 가공에 의한 가공 응력이 존재하므로 담금질 후 변형의 원인이 되고 경도도 저하된다. 이러한 조직을 균일하게 하고, 결정입자의 조정, 연화, 또는 내부에 형성된 응력을 제거하기 위해 적당히 가열하고 천천히 냉각하는 열처리를 풀림이라 한다. 즉 강의 인장강도, 항복점, 연신율 등이 낮은 상태에 적당한 강도와 인성을 갖게하기 위하여, 혹은 여러 가지 이유로 변태온도보다 30~50도 높은 온도로 일정 시간 가열하여 미세한 오스테나이트로 변화시킨 후 서서히 냉각시켜 미세한 페라이트와 펄라이트 조직을 만들어 강철에 소성을 주게 하고 기계 가공을 쉽게 하는 열처리 공정이다.

이러한 풀림 열처리의 종류는 완전풀림(Full Annealing),항온풀림(Isothermal Annealing), 구상화풀림(SpheroidizingAnnealing), 확산풀림(Duffusion Annealing), 응력제거풀림(Stress Relief Annealing, 저온풀림), 연화풀림(SofttieningAnnealing)으로 구분할 수 있다.

6.2.1 완전풀림(Full Annealing)

아공석강 (C0.025~0.77%)은 A3 이상 +50도로 가열하여 완전 오스테나이트화 처리 후 노내에서 매우 천천히 냉각하고, 과공석강(C0.77%~2.0%)은 A1이상 +50도로 가열하여 오스테나이트와 시멘타이트 혼합조직이 되도록 충분히 유지한 다음 매우 천천히 냉각하는 열처리를 완전풀림이라 한다.

일반적으로 열간압연 또는 단조작업을 행한 강재는 조직이 불균일하다든지, 잔류응력이 존재한다든지, 또는 연화가 불충분하여 절삭 가공이나 소성가공이 곤란할 때 금속재료를 연화시켜서 절삭 가공을 쉽게 하기 위해서는 완전풀림이 적당하다. 그림6-1에 완전풀림의 열처리 사이클을 표현하였다.

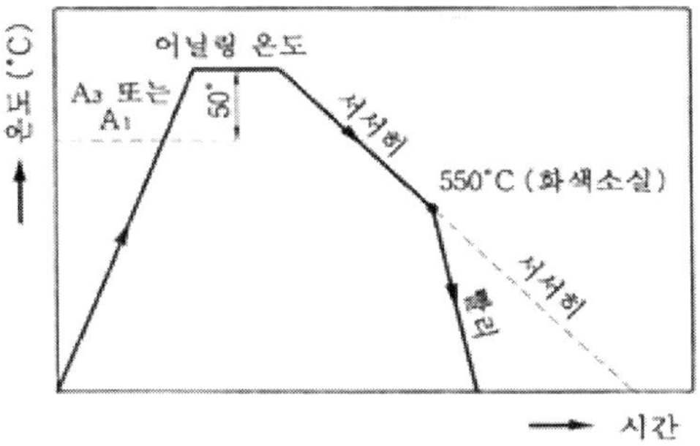

그림6-1 완전풀림 사이클

6.2.2 항온풀림((Isothermal Annealing)

항온풀림은 완전풀림에서 항온변태를 이용하는 형태로 강을 오스테나이트화 한 후 TTT곡선의 nose 온도에 해당되는 600~650℃의 노 속에 넣어 이 온도에서 5~6시간 동안 유지한 다음 꺼내어 공랭하는 것이다.

고속도강과 같은 합금강은 아주 서냉하지 않으면 페라이트 변태가 끝나지 않으며, 잔류오스테나이트는 베이나이트나 마르텐사이트로 변태하므로 충분히 연화시킬 수 없게 된다. 그러나 이와 같은 합금강도 어느 일정한 온도에서 유지시켜 항온변태를 시키면 단시간 내에 변태가 끝나므로 쉽게 연화된다.

항온풀림은 자동차부품용의 기계구조용 서합금강과 합금공구강 및 고속도공구강등 합금원소를 많이 함유하는 공구강에서 풀림시간을 단축시킬 수 있으며, 노냉 작업이 아니므로 연속작업이 가능하다. 따라서 처리시간 단축과 대량생산에 적합하여, 현장에서 그 이용도가 높다. 그림6-2에 항온풀림 사이클과 6-3에 열처리 선도를 나타내었다.

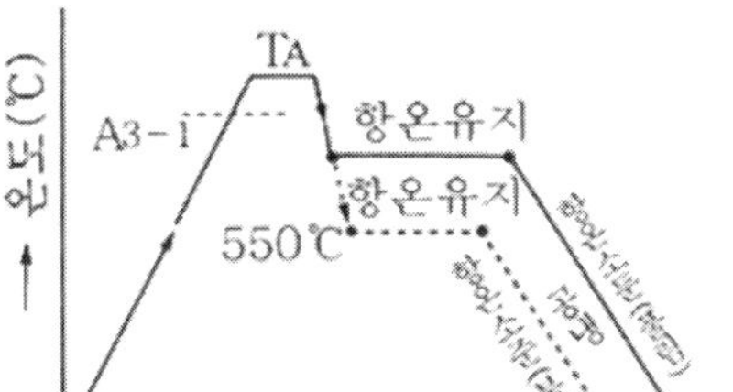

그림6-2 항온풀림 열처리 사이클

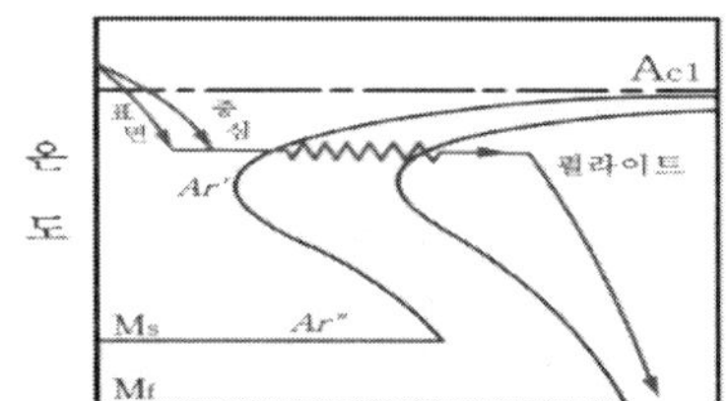

그림6-3 항온풀림 열처리 선도

6.2.3 구상화 풀림(SpheroidizingAnnealing)

강의 조직에서 탄소입자를 구상화하는 것으로 펄라이트를 구성하는 층상시멘타이트나 또는 망상(網狀)으로 나타나는 초석시멘타이트가 그대로 존재하면 기계 가공성이 나빠지고, 특히 퀜칭열처리 시 균열이나 변형 발생 우려가 존재한다.

따라서 소성가공이나 절삭 가공을 쉽게하기 위해서, 기계적 성질을 개선하기 위해서, 또는 Quenching시 균열이나 변형발생을 방지할 목적으로 탄화물을 구상화시키는 열처리를 구상화풀림이라 한다.

강을 A1점 직상 또는 직하의 온도에서 장시간 유지 반복해서 망상의 Cementite를구상화시키기 위한 조작으로써 이는 과공석강의 기계 가공성을 증가시키고 담금질균열 방지한다. 보다 완전히 구상화시키기 위해서는 구상화풀림 하기전에 불림처리해서 결정립을 미세화하고 난 후 실시하는 것이 좋다. 구상화 방법으로

1. Ac1점보다 약간 높은 온도(760~780℃)로 1~2시간 가열 후 서서히 냉각 하는방법
2. Ac1점, 직상, 직하 20~30℃ 사이에서 가열과 냉각을 반복하는 방법
3. Ac3 및 Acm온도 이상으로 가열하여 Fe3C를 고용시킨 후 급랭하여 망상 Fe3출하지 않도록 냉각 후 다시 가열하여(a) 또는 (b)에 따르는 방법으로 과공석강을 구상화한다.
4. 항온변태, 즉 760~780℃에서 700℃까지 냉각하고, 이 온도에서 3시간 동안 유지 후 공냉하는 방법이 있다.

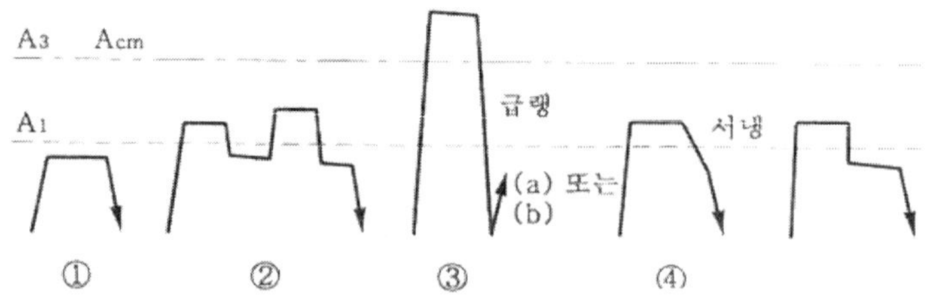

그림6-4 시멘타이트 구상화에 대한 풀림

6.2.4 확산풀림(Duffusion Annealing)

주조조직에서 형성된 편석을 균질화시키는 것으로, 일반적으로 응고된 주조조직에서 주형에 접한 부분은 합금원소나 불순물이 극히 적고, 주형 벽에 수직한 방향으로 응고가 진행됨에 따라 합금원소와 불순물이 많아지며, 최후로 응고한 부분에 합금원소가 가장 많이 잔존하게 된다. 이와 같은 현상을 편석(遍析, segregation)이라 한다. 강괴의 경우, 편석은 1300℃정도에서 수시간 동안 가열하는 균질화 처리와 그다음의 열간가공에 의해서 어느 정도 균질화 되지만 완전히 해소되지는 못한다. 따라서 이러한 상태의 주괴를 단조나 압연을 하면 편석된 것들이 가공 방향으로 늘어나 섬유상 편석이 나타난다.인(P), 몰리브덴(Mo) 등이 많이 함유된 강에서는 그 경향이 더욱 두드러지게 나타난다. 이와 같은 주괴 편석이나 섬유상 편석을 없애고 강을 균질화시키기 위해서는 고온에서 장시간 가열하여 확산시킬 필요가 있다. 이와 같은 열처리를 확산풀림 또는 균질화풀림이라고 한다.

가열온도는 합금의 종류나 편석 정도에 따라서 다르며, 주괴편석 제거를 위해서는 1200~1300℃, 고탄소강에서는 1100~1200℃, 단조나 압연재의 섬유상 편석을 제거하기 위해서는 900~1200℃ 범위에서 열처리하는 것이 적당하다.

확산풀림을 할 때 풀림온도가 높을수록 균질화는 빠르게 일어나지만, 결정립이 조대화 되므로 주의하여야 한다. 그림6-5에 확산풀림을 표현하였다.

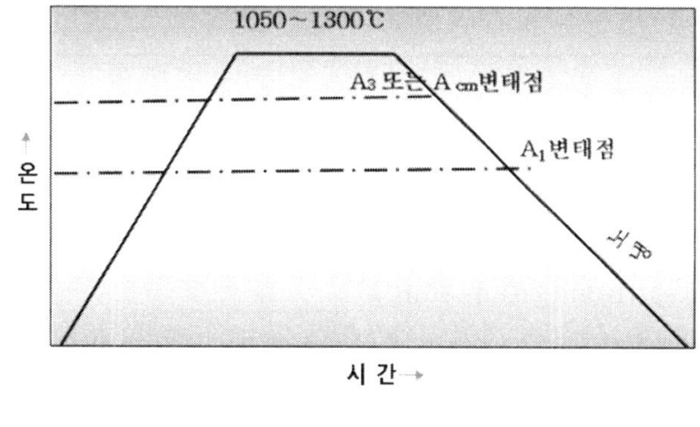

그림6-5 확산풀림 열처리 사이클

6.2.5 응력제거풀림(Stress Relief Annealing, 저온풀림)

금속재료를 일정 온도에서 일정 시간 유지 후 냉각시킨 조작이며 주조, 단조, 기계가공, 냉간가공 및 용접 후에 잔류응력을 제거하기 위함이다.
보통 500~700℃로 가열 일정 시간 유지 후 서냉한다. A_1 점 이상에서는 변태로 인하여 응력이 발생 되고 또 응력이 제거되는 온도가 625℃정도 되므로 보통 500~700℃에서 한다. 응력제거로 인한 조직상의 변화는 일어나지 않더라도 제품을 사용하고 있는 동안의 사고 등이 감소된다. 이 종류의 풀림을 A_1 변태점 이하에서 이루어지므로 저온 풀림이라 하기도 한다.
잔류응력이 남아 있는 금속 부품을 그대로 사용하면 시간이 경과함에 따라 차차 그 응력이 성장 되어 치수나 모양이 변화될 경우가 있다. 이와 같이 변형을 방지하기 위해서는 재료를 적당한 온도로 재질특성에 따라 가열하여 잔류응력을 충분히 제거해 줄 필요가 있다. 그림6-6에 응력제거 풀림을 나타내었다.

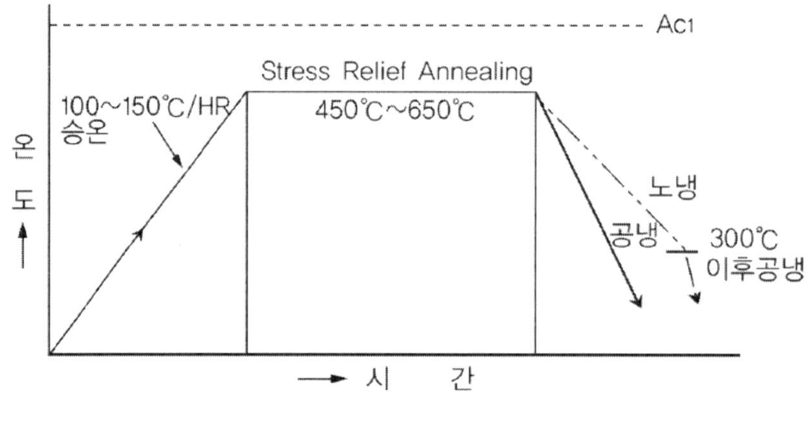

그림6-6 응력제거 풀림 사이클

6.2.6 연화풀림(SofttteningAnnealing)

금속 및 합금의 대부분은 냉간가공의 결과로 가공경화에 의해 강도가 증가되고, 취약해져 가공성이 현저히 떨어진다. 따라서 가공성의 확보를 위해 연화가 필요하며, 연화과정은 냉간가공된 동 및 동합금 가공재를 재결정온도이상 약간의 고온도로 가열, 유지한 후 냉각하는 열처리를 한다. 결정입자의 크기에 영향을 주는 인자는 가열온도와 가열시간이다. 온도가 높을수록 결정입자가 조대화가 되며, 시간이 길수록 결정입자는 조대화 하며, 동일 결정입도를 얻는데 걸리는 시간은 가열온도가 높을수록 짧아진다. 가공도는 냉간 가공도가 클수록 재결정온도는 저하하며, 연화 풀림 후의 결정립은 미세화하여 조직을 재결정하여, 가공조직을 확보할 수 있다. 그림6-7에 수냉연화풀림과 6-8에 공냉연화풀림을 나타내었다.

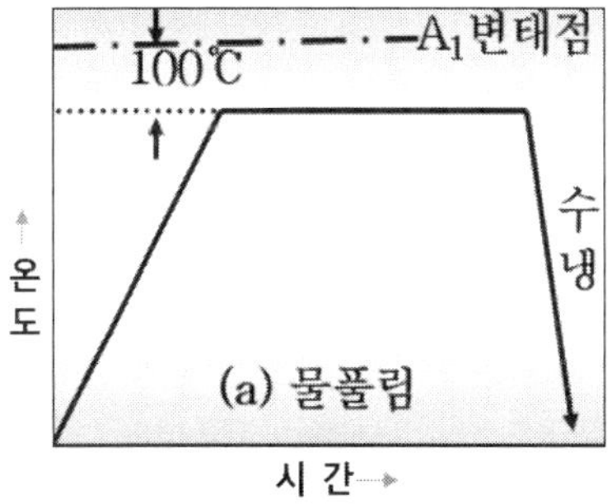

그림6-7 수냉 연화풀림

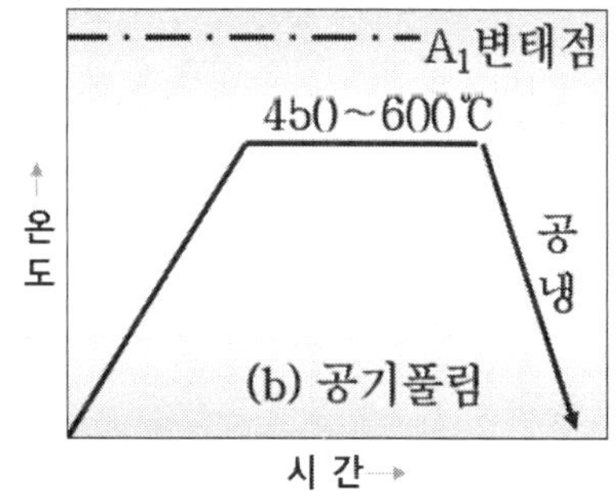

그림6-8 공냉 연화풀림

6.3 불림(Normalizing)

불림의 목직은 걸정 소식을 미세화하고 냉간 가공이나 단조 등으로 인한 내부응력을 제거하며 결정 조직이나 기계적 성질과 물리적 성질 등을 표준화시키는 데 있다. 강을 불림처리하면 취성이 저하되고 주강의 경우 주조 상태에 비해 연성이나 인성 등 기계적 성질이 현저히 개선된다. 재료를 변태점 이상의 적당한 온도로 가열한 다음 일정 시간 유지시킨 후 공기 중에서 냉각시킨다. 이렇게 하여 미세하고 균일하게 표준화된 금속조직을 얻을 수 있다.

불림은 재질 개선이 가열과 냉각과정에서 이루어지며, 가열 시 망상조직(섬유상조직)을 파괴하고, 단조 등으로 인한 과열조직, 주조조직을 개선한다. 냉각과정에서 균일한 층상 펄라이트(Pearlite)와 조직의 미세화, 균일화 한다.

냉각의 방법은 공냉이 원칙이나 상황에 따라 Air Quenching 하는 경우도 있다. 또한, 열처리 품의 크기나 재질에 따라서, 같은 냉각 조건이라도 얻어지는 조직과 성질이 다를 수 있다. 불림의 종류는 보통불림, 2단불림, 항온불림, 이중불림으로 구분한다.

6.3.1 보통불림(Conventional normalizing)

보통불림은 Ac_3 또는 Acm 보다 40~60℃높은 온도까지 상승시킨 후 노내에서 유지 후 공냉하는 방법이다. 이 방법은 대기중에 공냉하는 방법으로 주변 환경에 영향을 받아 불림열처리 효과에 영향을 미치게 되므로 주의가 필요하다. 그림6-9에 보통불림을 표현하였다.

6.3.2 2단불림(Stepped Normalizing

2단불림은 불림의 유지온도에서 550도까지 공냉 후 그 이후에는 다른 곳에서 서서히 냉각시키는 방법이다. 이렇게 하면 구조용 강 (중탄소강, 0.3~0.5%)의 경우 초석 페라이트가 미세한 펄라이트 조직으로 변하면서 연신율 및 강인성이 향상되는 것을 기대할 수 있다. 그림6-10에 2단 불림을 나타내었다.

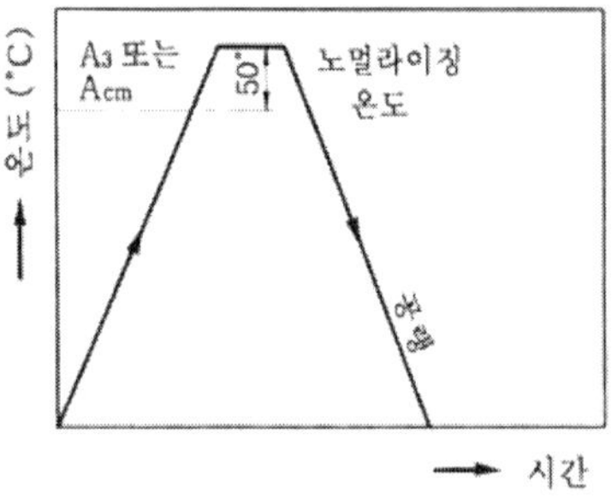

그림6-9 보통불림

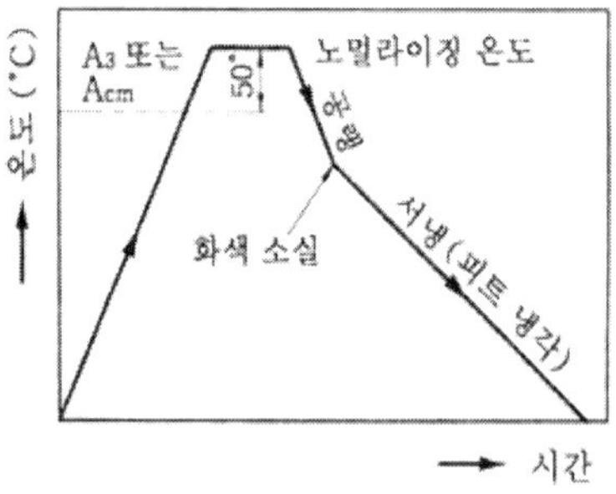

그림6-10 2단불림

6.3.3 항온불림(Isothermal normalizing)

항온불림은 가열온도 A3 또는 Acm 선보다 30~60도 더 가열한 상태의 온도 에서 등온변태 곡선 Nose의 온도 부근인 550도 부근에서 등온변태 시킨 후 상온까지 공냉하는 방법이다. 550도까지 냉각 후 온도를 5~7분 등온 상태 유지 후 베이나이트 조직을 얻을 수 있다. 베이나이트 조직이 되면 마텐사이트 조직과 달리 경도가 낮아지긴 하지만 그만큼 인성이 **늘어나**고 강도도 적당진다. 또한, 저탄소 합금강의 경우 절삭성이 향상된다. 그림6-11에 항온불림을 나타내었다.

6.3.4 이중불림(Double Normalizing)

이중불림은 불림을 두 번 하는 것으로, 930도 온도까지 가열 후 공냉을 시킨 후 820도 온도로 한 번 더 가열 후 공냉 시키는 방법이다. 방법으로는 미세화된 펄라이트 조직을 얻을 수 있으며 차축재와 저온용 저탄소강 강인화에 주로 이 방법이 적용되며, 불림 후에는 뜨임 처리를 해야한다.

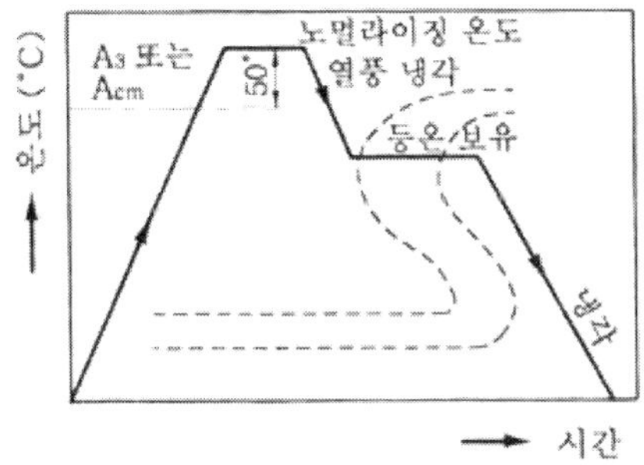

그림6-11 항온불림

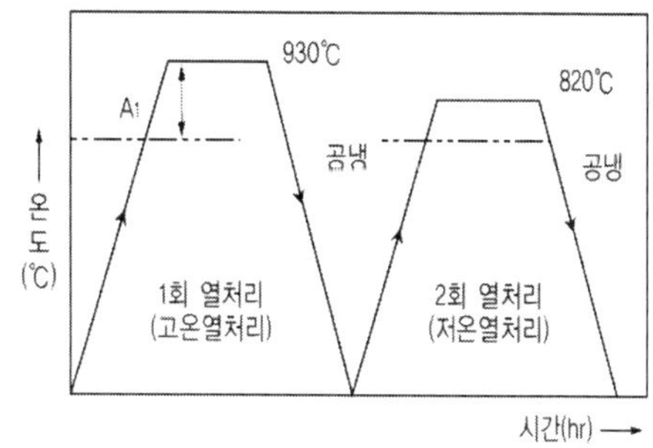

그림6-12 이중불림

6.4 뜨임(Tempering)

담금질한 강은 불안정한 상태이다. 즉 경도가 대단히 높고, 취약하며, 내부 응력이 생겨 인장이나 압축 하중을 받을 경우 파손 가능성이 크다. 따라서 응력제거 등 추가적 초치가 필요하다. 또한, 담금질 완료 상태에서는 오스테나이트 조직이 잔류하여 시간이 지남에 따라 재료가 형상, 치수 등에 변형이 온다. 뜨임은 이러한 담금질 후의 강의 잔류응력을 제거하고, 치수 및 형상을 안정화시키고, 경도와 인성을 조정하는 열처리이다. 뜨임에는 저온뜨임과 고온뜨임의 방법이 있다.

6.4.1 저온뜨임

저온 뜨임은 담금질 후 80℃~300℃로 가열하여 냉각하는 방법으로, 기존 담금질의 고경도 및 내마모성을 유지하는 목적으로 인성보다 경도와 내마모성이 더 필요할 경우에 하는 것이다. 조직적으로는 α-마르텐사이트에서 β-마르텐사이트로 변화하여 안정된 마르텐사이트 조직을 형성한다. 하지만 뜨임시에 취성이 발생하며, 내식성과 내충격성이 일반적 마르텐사이트 조직에서 보다 감소한다. 보통 침탄처리 후 고탄소강 및 냉간공구강을 뜨임처리하는데 적용된다.

6.4.2 고온뜨임

고온 뜨임은 담금질 후 550℃~650℃까지 가열하는 것으로, 경도나 내마모성 보다 인성을 더 중요하게 요구될 때 하는 열처리이다. 금속의 조직적 측면에서 온도 400℃부근에서는 martensite조직 → troostite조직변화, 온도 600℃ 부근에서는 martensite조직 → sorbite조직으로 변화되며, 온도 650~A1점에서 입상 pearlite가 된다. 뜨임은 그림6-13에 저온뜨임과 고온뜨임을 나타내었으며, 표6-2에서 Tempering 온도변화에 따른 조직변화를 정리하였다. 앞에서 언급했듯이 뜨임은 경화시킨 강제는 반드시 해야 하며, 담금질 후 방치하지 말고 즉시 시행하여야 한다. 또한, 뜨임 취성과 2차 경화의 발생에 주의가 필요하다.

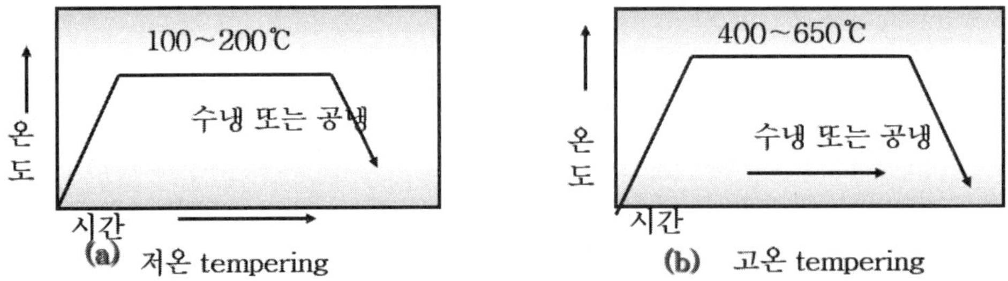

그림6-13 저온Tempering, 고온Tempering

표6-2 Tempering 온도에 따른 조직변화

변화시작온도	변화변태온도	부피변화	조직변화내용
60℃	120~170℃	수축	αMartensite→βMartensite
150℃	230~350℃	팽창	전류Austenite→Martensite
200℃	300~400℃	수축	Martensite→Troostite
400℃	500~600℃	수축	Troostite→Sorbite
600℃	700℃	수축	Sorbite→Pearlite

6.4.3 뜨임취성

뜨임취성은 뜨임의 목적에 반하여 특정 뜨임온도에서 취하가 되는 경우로 이 온도에서의 뜨임 열처리를 피하도록 KS규격 등에서 일반적 규격화 되어 있다.

뜨임취성은 저온과 고온에서 각각 발생되며, 저온뜨임 취성은 250~350℃의 뜨임에서 발생 되며, 잔류 오스테나이트가 분해되면서, 인(P), 질소 (N) 등의 불순물이 구 오스테나이트 결정립계에 석출하는 과정에서 발생된다.

또한, 300℃ 부근에서 ε 탄화물(Fe_2C)이 Fe_3C로 변화하면서 발생한다. 이 지온 댐퍼링 취성의 방지는 이온도 영역으로부터 뜨임을 피하거나 P, N, Sb 등으로 감소시키거나, Al, Ti, B 등을 첨가하면 감소할 수 있다.

고온 뜨임 취성은 결정입계에 탄화물, 인화물, 질화물, 경한 합금탄화물이 석출하면서 발생한다. 450~550℃에서의 뜨임에서 발생 되는 취화를 고온 뜨임 취성이라고 부른다. 이온도 영역을 피하여 550~650℃로부터 뜨임을 하여도 500℃ 부근을 서냉하면 동일하게 고온 뜨임 취성이 발생되게 된다. 그래서 고온뜨임 취성을 피하여 550~650℃로부터 뜨임을 할 때에는 급냉이 추천된다. 취화를 피하는 냉각속도는 공냉 이상이 바람직하다. 급냉시 취하를 일으키는 강종(SCr계, 침탄용강, 기계구조용강, 합금강)은 급냉에서 제외하여야 한다.

6.5 담금질(Quenching)

담금질의 주요 목적은 금속의 경도와 강도를 증가시키는 것이며, 이는 금속 부품의 마모 저항성을 향상 시키고 더 견고하고 내구성 있는 제품을 만들기 위해 필요한 과정이다. 또한, 담금질은 금속의 내부 구조를 변화시켜 기계적 성질을 개선한다. 즉 담금질은 임계온도 이상의 상태로부터 물, 기름 등에 의해 급냉시켜 오스테나이트 조직에서 마르텐자이트(Martensite)조직을 얻는 것으로 강의 경화가 주목적이다.

6.5.1 담금질의 일반적 열처리공정

담금질 열처리 과정은 가열단계, 유지단계, 냉각단계로 거쳐 진행된다.

1. 가열단계

금속을 변태온도 이상으로(720~800℃)가열하여 금속의 결정구조가 오스테나이트 상태로 변화시키는 과정으로 즉 아공석강을 A3 변태점 이상 30~50°C, 과공석강은 A1 변태점 이상 30~50℃로 가열하여 이 온도에서 탄화물을 고용시켜 균일한 오스테나이트가 되도록 한다.

가열단계는 가열온도가 너무 높으면 담금질은 되기 쉬우나 담금질 후 마르텐사이트(Martensite)조직이 조대화 되어 재질이 취약하며 심한 경우 담금질 균열을일으키며 또는 온도가 너무 낮은 경우 강이 완전히 오스테나이트(Austenite)화 되지 않고 오스테나이트(Austenite)와 페라이트(Ferrite)의혼합 조직이 되어서 이상태로 급랭하면 오스테나이트(Austenite)는 마르텐사이트(Martensite)로 변태하지만, 페라이트(Ferrite)는 변태 되지 않고 그대로 존재하여 경도의 분포가 고르지 못하다. 그림6-14에 담금질 온도 범위를 표현하였다.

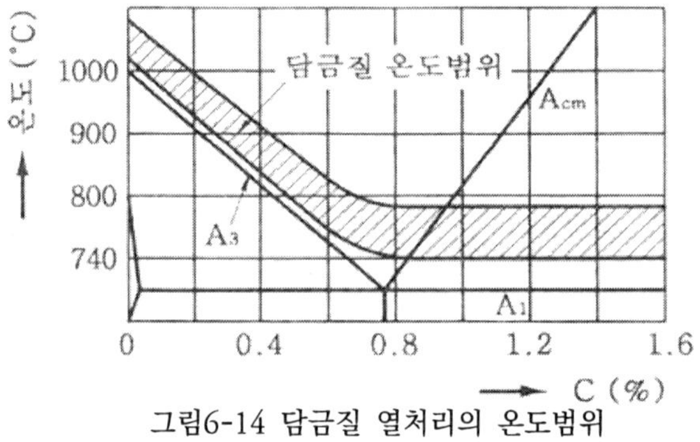

그림6-14 담금질 열처리의 온도범위

2. 유지단계

유지단계는 가열된 금속을 일정 시간 동안 그 온도에서 유지하는 과정으로 이 과정은 금속 내부의 모든 부분이 균일하게 오스테나이트 상태로 변화할 수 있도록 하는 단계이며 유지시간은 합금원소의 함유 정도에 따라 다르며 기계구조용 강이나 탄소공구강에서는 두께 25mm당 20~30분, 다이스강인 경우 45 분, 스테인리스강은 60분 전후가 된다. 이 유지시간은 가열속도에 의해서도 변하며 가열이 느리다면 승온 중(물론 A1점 이상) 에서도 서서히 변태가 진행하기 때문에 짧아도 좋으며 급속가열의 경우는 다소 길게 유지하는 것이 좋다.

3. 냉각단계

냉각단계는 금속을 매우 빠르게 냉각시키는 단계로, 냉각 매체로는 물, 기름, 염욕 등이 쓰이며, 냉각속도는 금속의 종류와 원하는 최종 특성에 따라 달라진다. 액체 냉각제인 경우는 냉각제를 교반 해 주는 것이 좋다. 교반 해 주지 않고 가만히 식히면 강에 접하는 부분은 온도가 올라가 국부적으로 기화하여 기포가 생기며 이 부분의 냉각속도가 떨어져 Martensite변태를 저해하여 경도가 낮아진다. 빠른 냉각은 금속의 내부 구조를 급격히 변경하여 마르텐사이트 같은 더 경도가 높은 상태를 형성한다. 냉각단계를 세분화하면 3단계로 나눌 수 있다.

1단계는 증기막 단계로 수증기가 전면에 접촉한 상태로 강은 수증기의 박막으로 싸이므로 탈열이 방해되어 냉각속도가 늦다.

2단계는 비등단계로 수증기와 물이 접촉하여, 강의 표면에 수증기 막은 부분적으로 제거되고, 냉각속도가 빨라진다.

3단계는 대류단계로 물이 항상 접촉된 상태이며, 대류막의 냉각이 되기 때문에 냉각속도는 느려진다. 그림6-15에 담금질의 냉각방법을 타 열처리 방법과 비교하여 표현하였고, 그림6-16에 냉각단계의 세분화를 표현하였다.

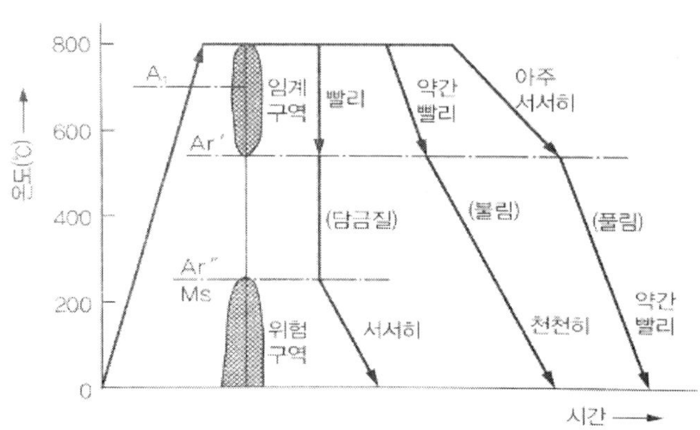

Ar′변태: Austenite
→ Troostite
Ar″변태: Austenite
→ Martensite

그림6-16 담금질 냉각방법과 타열처리 냉각법의 비교

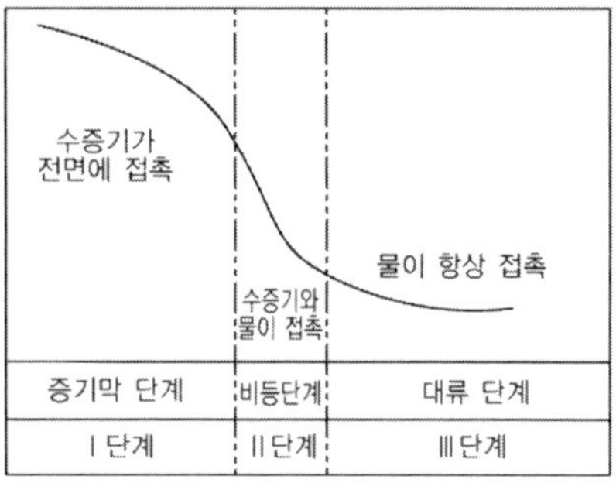

그림6-17 냉각의3단계

Ⅰ단계: 강은 수증기의 박막으로 싸이므로 발열이 방해 되어 냉각속도가 늦다.

Ⅱ단계: 강의 표면 수증기막은 부분적으로 제거되고 냉각속도가 빨라진다.

Ⅲ단계: 대류막의 냉각이 되기 때문에 냉각속도가 느려진다.

4. 담금질에 미치는 요인

1) 강의 화학적 성분에 따른 변화

담금질 열처리는 강의 화학적 성분에 따라 그 결과가 달라진다. 담금질 경도는 강에 포함된 탄소(C)의 함유량이 0.6%일 때까지는 경도가 증가하나, 그 이상인 경우는 경도가 변하지 않고 일정한 경향을 나타낸다. 또한, 경화깊이에도 탄소(C)는 크게 영향을 미친다. 그림6-18에 탄소함유량에 따른 탄소강과 합금강의 경도 분포를 나타내었다.

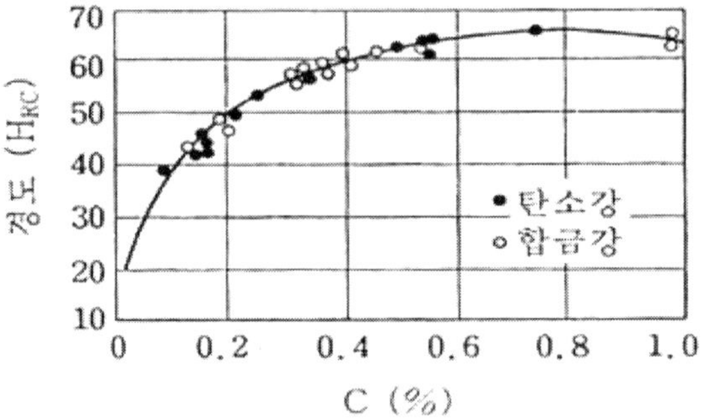

그림6-18 강의 탄소함유량과 경도분포

2) 부품형상에 따른 변화

담금질 열처리에서 열처리 부품의 형상에 영향을 받는다. 특히 정밀한 경도분포 등을 요구하는 부품에는 그 형상을 고려한 열처리 방법이 선택되어야 한다.

냉각에서 부품의 형상에서 구형이 비교적 빠르게 냉각되고, 판재는 냉각이 느리다. 냉각관리에서 충분히 고려하여야 한다. 또한, 두께의 급변화, 예리한 모서리부, 계단두께, 막힌 구멍 등은 열처리가 불리한 형상이다. 예를 들어 요철부(+) 부분은 냉각속도가 평면부에 비해 7배정도 빠르며, 요철부(-)부분은 평면에 비해 1/3배 정도 빠르다고 알려져 있다, 이러한 결과는 열처리 변형, 경도 불균일 응력 집중현상이 생기며, 균열발생의 원인이 된다. 따라서 근본적으로 설계단계에서 고려되어야 하지만 열처리 과정에서 응력 집중을 방지할 수 있도록 관리가 필요하다.

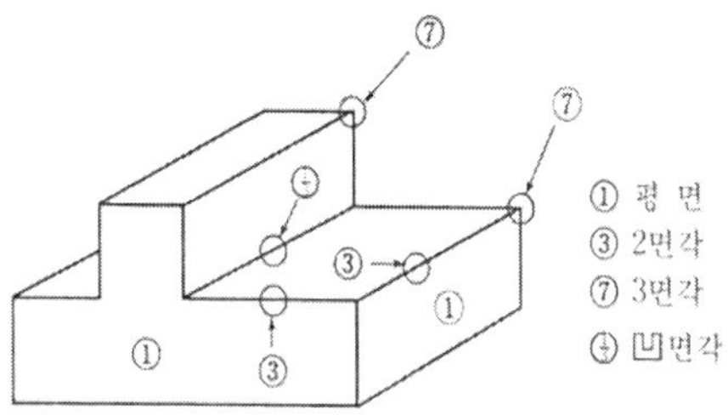

그림6-19 요철형태의 열처리

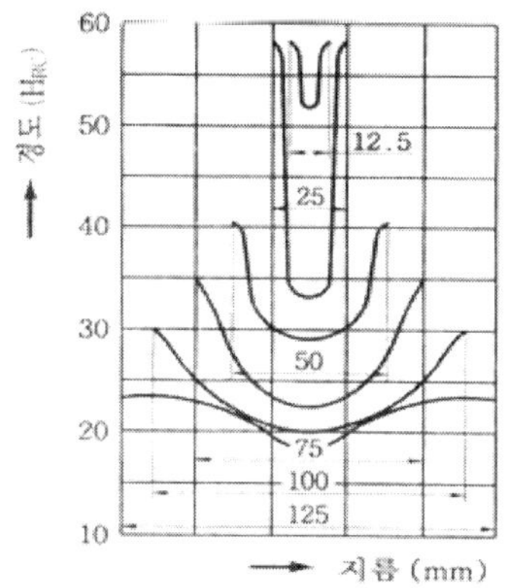

그림6-20 두께변화에 대한 영향

3)길이와 체적변화

담금질 과정중 가열과 냉각사이클 중 제품에서는 길이와 체적의 변화가 일어난다. 급속냉각에 따라 외부와 내부에서 발생하는 수축과 마르텐사이트 변태에 의한 팽창이 일어나는 시점이 일치하지 않으므로 인해 제품내부에 인장 응력이 존재하며, 특정 부위에 응력이 집중되어 균열의 원인이 된다. 냉각관리에 있어 균일한 냉각관리가 필요하다.

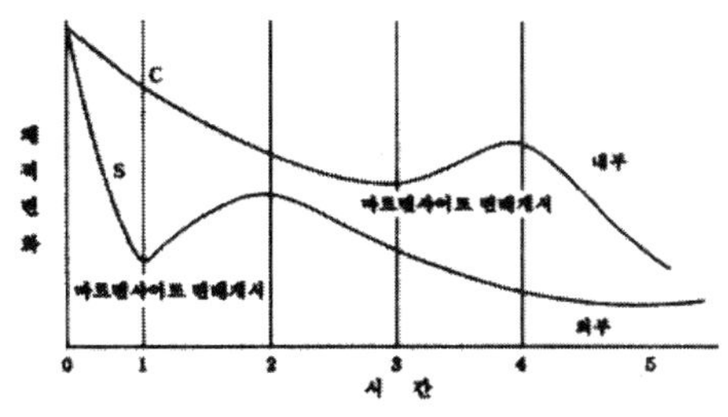

그림6-21 담금질에 따른 체적변화

4) 냉각액의 영향

냉각과정은 담금질 균열의 발생에 밀접한 관련성이 있다. 안정된 냉각과정은 냉매의 종류, 온도, 교반방법, 분사방법, 교반, 분사의 강도. 냉각시간, 입수자세 등과 관련성이 있으며, 제품 종류에 따라 최적의 방법을 선택해야 한다. 또한, 냉매의 선택도 매우 중요하다. 냉매의 종류는 물, 기름, 수용성 냉각제, 염욕 등의 종류가 있으며, 재질과 열처리 목적에 따라 선택해야 하고, 냉각능과 잔류열을 일정하게 유지하기 위해서는 냉매의 온도관리가 중요하다. 일반적으로 냉각과정이 안정되고, 온도관리가 쉬운 30~40℃ 부근에서 온도 범위를 좁혀서 관리하는 것이 바람직하다. 물은 기름에 비해 열전도가 크므로 냉각속도가 빠르다. 또한, 염수, NaOH용액, 황산 등도 냉각속도가 빠른 냉매이다.

기름 냉매는 열처리품의 종류와 열처리 목적에 따라 온도 범위가 다르다. 저온담금질(60~80℃), 중온담금질(100~130℃), 고온(150~180℃)범위에서 사용된다. 물과 비교하여 온도 관리 범위가 넓으며, 냉각능이 안정적이다. 하지만 물 혼입, 혹은 기름이 열화하면 불안정하게 되어 담금질 균열과 얼룩의 원인이 된다. 그림6-22는 냉매별 냉각곡선에 미치는 온도의 영향을 표시하였다.

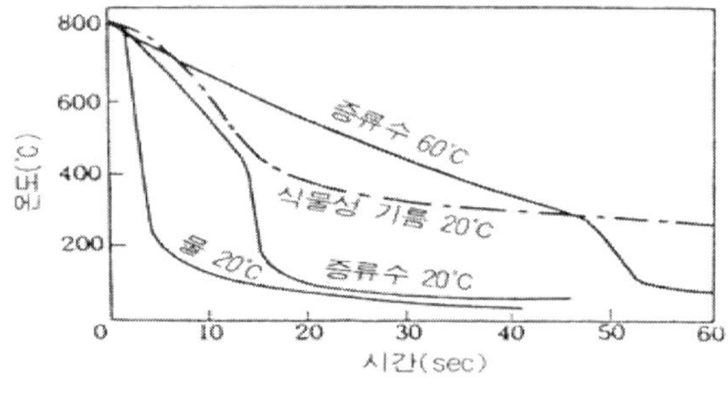

그림6-22 냉매별 냉각곡선에 미치는 온도의 영향

6.5.2 인상담금질(Time Quenching)

냉각속도의 변환을 냉각시간으로 조절하는 담금질로 최초에는 냉각수로 급냉 시키고, 적정 시간이 경과 되면 인상하여 유냉, 또는 공냉 시킨다.

임계 구역에서는 빨리 그리고 위험 구역에서는 천천히 냉각을 실행하기 좋은 방법으로 시간 담금질이라고도 한다. 인상담금질은 인상 시기가 중요하다.
인상시기를 결정하는 방법으로 여러 가지가 존재하며, 그 선택은 수냉, 유냉, 제품의 형상, 두께 등을 고려하여 최적의 방법으로 결정하여야 한다.
인상하는 시기에 따라 냉각액에 담그는 순간부터 초읽기로 결정하는 것이 시간 담금질이며, 수냉이면, 두께 3mm당 1초 유냉이면, 3초로 하고, 수냉일 때는 인상 후 유냉 또는 온수 중에 침투시키고, 유냉일 때는 인상 시켜서 공냉한다. 이것을 인상담금질, 2단 담금질, 계단 담금질이라 한다.
담금질 시 Martensite 변태에 의한 변태 응력에 기인한 담금질 균열은 냉각과 동시에 발생하는 것이 아닌 Ms(Martensite가 생성되기 시작하는 온도지점)에서부터 시작되는데 이러한 Ms 이하의 지점을 천천히 냉각시킴으로써 균열을 예방하기 위한 것이다. 그림6-23은 인상담금질의 사이클을 표현하였다.

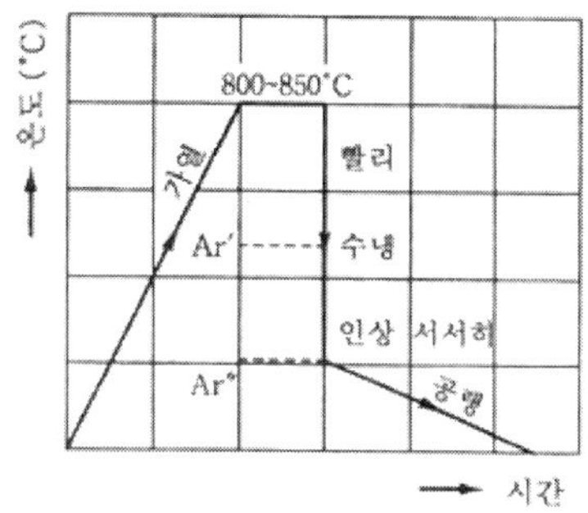

그림6-23 인상담금질의 사이클

6.5.3 항온열처리(Isothermal Heattreatment)

강을 오스테나이트 상태로부터 A_1 변태점 이하의 항온 중에 담금질한 그대로 유지했을 때 변태가 시작되고 완료되면, 다시 냉각 조작하면 변태가 일어나는데 이때의 변태를 항온변태, 이것을 이용한 열처리가 항온열처리이다.
그림6-24는 항온열처리 사이클을 나타낸 것으로 AB 구간은 서서히 가열하여 오스테나이트화 하고, BC 구간에서는 가열이 균일하도록 일정 시간 항온 유지하며, D까지 염욕 급냉 하고, DE간에 일정 시간 일정 온도에서 항온 뜨임한 후 공냉한다. 담금질과 뜨임 2종의 열처리 공정을 동시에 할 수 있어 담금질에서 발생할 수 있는 파손을 방지할 수 있는 열처리법이다.

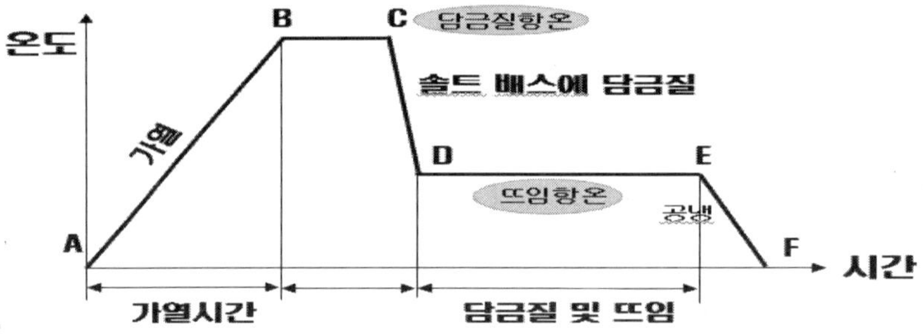

그림6-24 항온열처리의 일반적인 사이클

항온 변태개시온도, 변태완료 온도와 변태시간 과의 관계를 나타낸 곡선을 항온변태곡선 또는 TTT곡선(Time Temperature Transformation curve) 또는 S곡선이라한다. 그림6-25에서 550~720℃는 Pearlite가 생기는 범위이고 550℃ 부근의 돌출부를 S곡선의코(Nose)라하며 이 부근이 변태가 가장 빨리 진행한다. S곡선의코 밑부분의 침상 bainite조직이 나타나며, Nose부분의 Bainite를 상부Baimite라 하고 Martensite변태점 부근을 하부Bainite라 한다.
그림6-26는 연속냉각 변태곡선으로, 오스테나이트 조직에서 냉각속도를 여러 가지로 선택하여, 연속냉각하면, 냉각속도에 따라 변태가 달라지며, 이 방법으로 냉각과정에서 변태를 일으켜 목적하는 조직을 얻는 것이다. 이러한 열처리 선도를 CCT 곡선이라 한다. 항온 냉각의 경우 급냉 후 온도를 일정시간 유지하는 어려움으로 실제 열처리 현장에서는 적용이 용이하지 못하므로 대부분의 담금질 열처리는 연속냉각방식의 열처리로 시행된다.
같은 조직이라도 냉각속도에 따라 경도가 달라지며, 냉각속도가 빠를수록 탄소원자의 이동거리가 짧아져 결정립의 크기가 작아지고, 작아진 결정립이 전위 이동을 방해 하므로 경도가 높아진다. 곡선 ①은 거치른 펄라이트 조직으로 냉각속도가 그중 가장 느린 경우의 조직이며, 곡선 ②는 미세한 펄라이트 조직을 얻을 수 있다.
곡선 ③은 마르텐자이트 조직과 펄라이트 조직이 공존하는 조직이 되며, 곡선④는 냉각속도가 가장 빠른 경우로 경도가 가장 높은 마르텐자이트 조직이 형성된다.

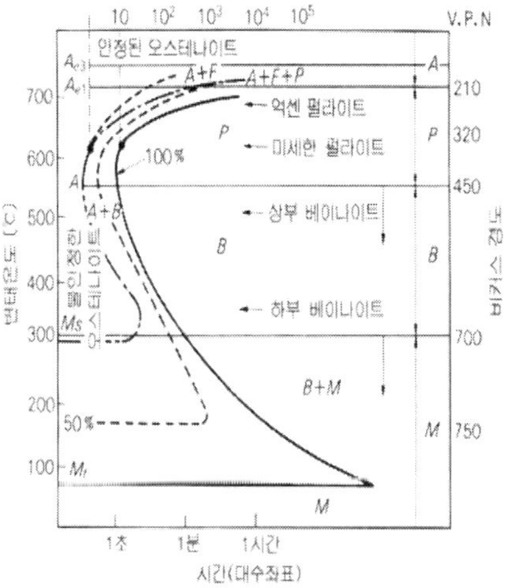

그림6-25 항온열처리 선도

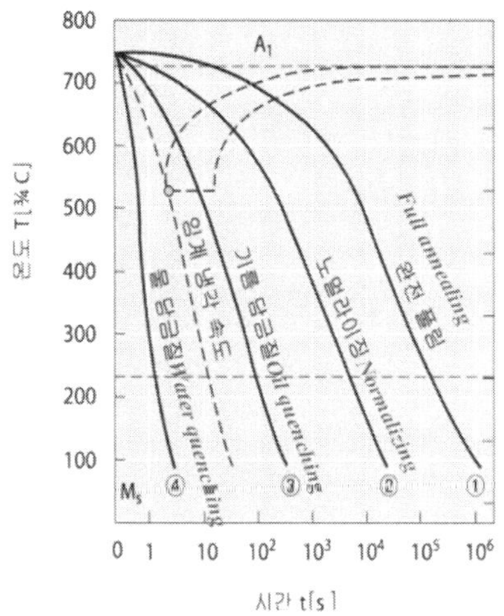

그림6-26 연속냉각 열처리 곡선

1. 마퀜칭(Marquenching)

마르텐자이트 변태 완료 후 뜨임(Tempering)하는 형태의 열처리로 오스테나이트까지 가열한 후 마르텐자이트 시작(MS)까지 외부와 내부의 온도가 균일하게 될 때까지 항온유지 염욕 담금질하고, 그 후 꺼내어 공냉시키는 열처리 방법이다. 이와 같이 열처리를 하면 재료의 외부와 내부가 동시에 서서히 마르텐자이트화 되면서 균일한 마르텐자이트 조직으로 담금질 변형과 균열을 방지할 수 있다. 합금상, 고탄소강, 침탄부 등의 담금질에 적합하며, 복잡한 형상의 열처리 품에 적용된다. 그림5-27에 마퀜칭(Marquenching) 열처리 선도를 나타내었다.

2. 마템퍼링(Martempering)

마템퍼링은 마르텐자이트 Ms점과 Mf지점 사이(100~200℃)에서 항온처리하는 열처리로 강을 Austenite 상태로부터 Ms점 이하의 염욕에 담금질해서 과냉각Austenite의 변태가 완료될 때까지 유지한 후 공랭하는 열처리이다. Martempering을 이용하면 Martensite의 뜨임 과정 및 담금질응력의 제거, 하부Bainite 등에 의하여 경도가 저하되지 않고 인성이 우수하며, 충격치가 높은 재료를 얻을 수 있다. 그림6-28에 마템퍼링 열처리 선도를 나타내었다

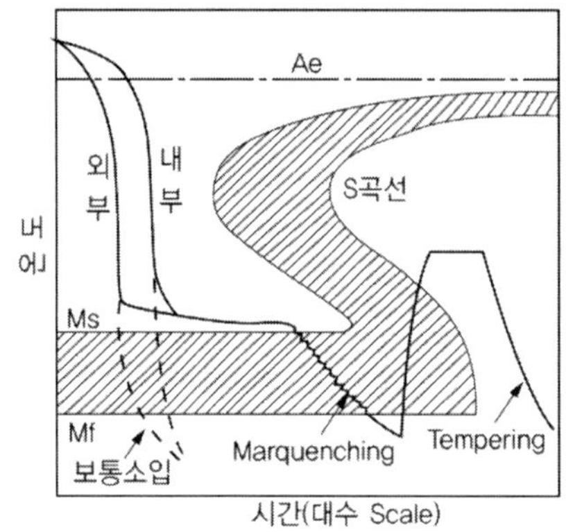

그림6-27 마퀜칭 열처리 선도

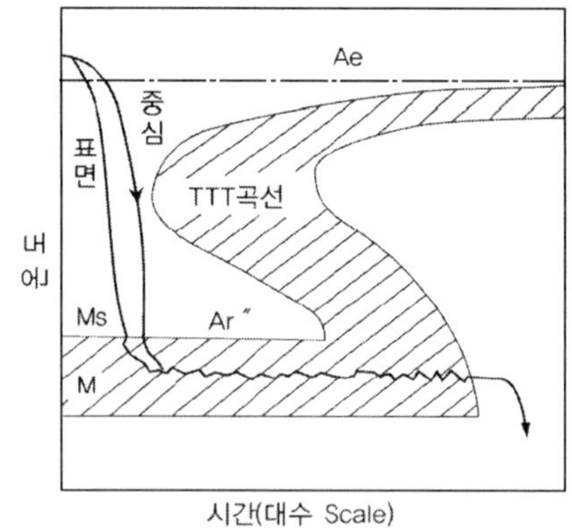

그림6-28 마템퍼링 열처리 선도

3. 오스템퍼링(Austempering)

오스테나이트화 후 마르텐자이트 변태개시점(Ms)과 S 항온곡선 nose부분 사이의 온도에서 염욕에 담금질하고, Ms 상부과냉 오스테나이트가 변태완료시 까지 항온 유지하면 베이나이트 조직이 충분히 석출된다. 그때 공냉하면 오스테나이트 조직이 베이나이트 조직으로 변태가 완료된다.

이것을 오스템퍼링(Austempering)이라 하며, 베이나이트 담금질이라고도 한다. 오스템퍼링 (Austempering)은 보통담금질에 비해 연신율과 충격치 등이 우수하며, 강인성이 풍부하고, 담금질 변형과 균열이 발생하지 않는다.

그림6-29에 오스펌퍼링(Austempering)의 열처리 사이클을 표시하였고, 그림6-30에 오스템퍼링(Austempering)열처리 선도를 나타내었다.

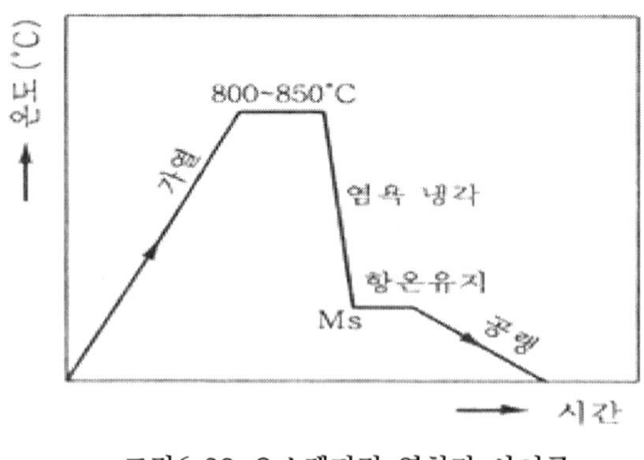

그림6-29 오스템퍼링 열처리 사이클

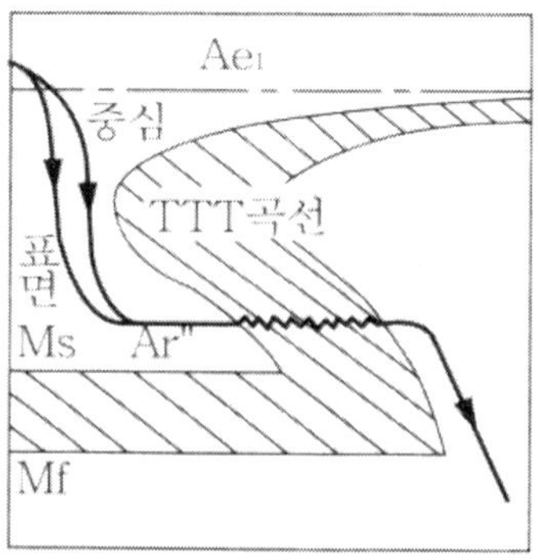

그림6-30 오스템퍼링 열처리선도

4. 오스포밍(Ausforming)

대표적인 가공 열처리로 강의 강도를 증가시키는 열처리법이다. 강을 오스테나이트화 한 후 S 곡선의 nose까지 염욕 후 급냉 하고, 이후에 이온도에서 소성가공을 한다. 즉 준안정 오스테나이트 영역에서 성형가공(forming)을 하여 인장강도를 높여 고강인성을 얻는 열처리다. 연성과 인성을 그다지 해치지 않고 강도를 향상시키며(우수한 표면경화층)인성 저하 없이 강도 50% 향상시킬 수 있다. 탄소량이 적은 강은 효과가 적으므로 탄소함유량 0.95% 이상의 탄소강을 대상으로 실시하며, 일반적으로 고탄소, 고크롬강에 적용한다. 가공도/탄소량이 높고, 가공온도가 낮을수록 강화되지만, 대신 소성변형이 어렵다. 그림6-31에 오스포밍 열처리 선도를 나타내었다.

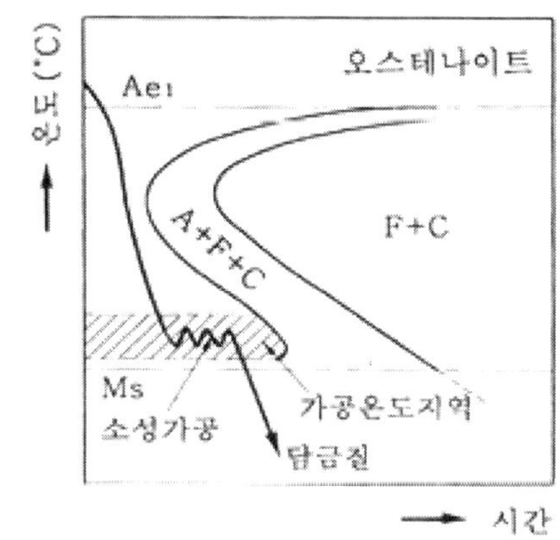

그림6-31 오스포밍 담금질 열처리 선도

6.6 고용화 열처리

6.6.1 오스테나이트계 스테인리스강

강(鋼)의 합금 성분을 고용체로 용해하는 온도 이상으로 가열하고 충분한 시간 동안 유지한 다음 급랭하여, 합금 성분의 석출(析出)을 저해함으로써 상온에서 고용체의 조직을 얻는 열처리법이다. 대표적 고용화 열처리 강은 오스테나이트계 스테인리스강 중 내식성이 가장 뛰어난 STS 304, 304L, 316, 316L 등이다. 이 강을 약 1100℃로 가열하여 일정 시간 유지하여, 전체가 같은 오스테나이트가 된 시점에서 이것을 급랭하면 원자가 확산할 여유가 없으므로 상온에서도 오스테나이트 상태가 된다.

이 처리에 냉간가공이나 용접 등에 의해 생긴 내부응력을 제거하고, 열간가공이나 용접에 의해 석출한 **Cr 탄화물**과 σ상(Cr 45% 전후인 Fe-Cr 합금으로서 약하다)을 고용시키면 연성의 개선과 내식성의 향상이 얻어진다. 처리 온도가 높을수록 탄화물은 잘 고용되는 반면 결정 입도가 조대화 한다든지 표면에 산화물이 생긴다. 가열유지시간은 1h/25mm, 얇은 판이라면 1.5min/1mm를 표준으로 한다. 이 표준은 STS 304, 316, 321에는 적용되지만, 탄소량이 많은 STS 301,302나 Cr, Ni 이 많은 309 S, 310 S 등은 확산시간이 필요하므로 약 20% 증가가 적절하다. 냉각속도는 빠를수록 좋다. 느리면 고용된 탄소가 다시 탄화물로서 석출하기 때문이다. 그러나 너무 빨라도 열응력에 의해 변형되므로 처리부품의 형상, 두께, 치수 등을 충분히 고려한 후에 수냉, 유냉 또는 공랭 등을 선택한다. 일반적으로 비교적 두께가 얇은 것 또는 작은 것은 공랭하고 두께가 두꺼운 것은 수냉한다.

550~850℃의 온도 범위에서 탄소와 Cr은 결합하여 Cr 탄화물을 만들기 쉽고, 입계부식의 원인이 되어 내식성이 현저히 나빠진다. 이것을 방지하는 데는 500~900℃의 온도구역을 가능한 한 빨리 냉각시킬 필요가 있다. 입계부식 시험을 하기 위해 이온도 범위로 가열하는 것을 **예민화 열처리**라고 한다. 그림6-32는 고용화 열처리의 사이클을 나타내었다.

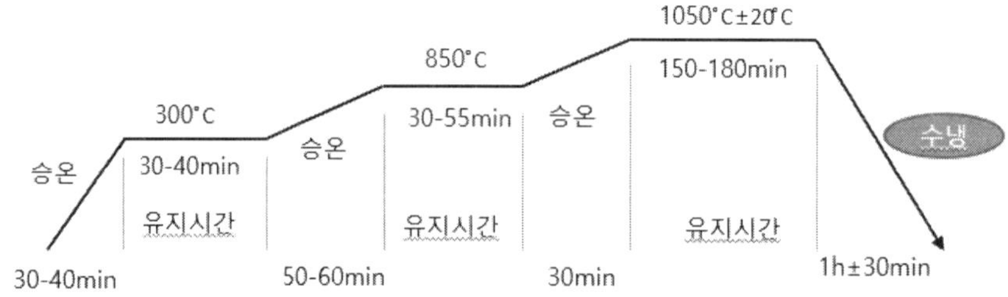

그림6-32 고용화 열처리 사이클

6.6.2 고 망간(Mn)강

고망간(Mn)강은 내마모강의 대표적 강종이며, 주성분은 0.9%~1.4%C, 10~15% Mn이다. 주조, 단조 또는 압연에 의해 만들어진 그대로의 상태에서는 탄화물이 결정 입계에 석출하여 취약한 상태에 있다. 이 석출 탄화물을 고용시키기 위해 1050~1100℃로 가열하고 일반적으로 1.5h/25mm를 유지한 뒤 급랭(수냉)한다. 이 열처리에 의한 조직은 균일한 오스테나이트가 되며, 단단해지지 않고 강인성과 내마모성이 향상된다. 이 처리를 **수인성 처리**라고 한다. 수인 처리된 고망간(Mn)강은 HB 200 정도의 경도인데 타격, 가압 등의 상은 가공에 의해 HB 600~ 700 정도까지 가공 경화되어 내마모성이 증가 되는 것이 특징이다. 고망간(Mn)강은 열전도가 매우 나쁘며, 열팽창계수도 보통강에 비해 약 50%나 크므로 열변형 발생이 많다. 이런 까닭에 가열 시 균열이 발생하기 쉬우므로 특히 800℃ 까지 가열에는 40℃/1h 정도의 천천히 가열이 필요하다.

6.7 심냉처리(Sub-zero Treatment)

6.7.1 심냉처리의 목적

심냉처리란 0℃ 이하의 낮은 온도에서, 즉 심냉(Sub-zero)온도에서 냉각시키는 열처리이다. 이 처리의 주목적은 경화된 강 중의 잔류 오스테나이트를 마르텐자이트화 시키는 것으로, 공구강의 경도증가 및 성능향상을 기할 수 있다. 또한, 게이지와 베어링 등 정밀 기계 부품의 조직을 안정화시키고 시효에 의한 형성과 치수 변화를 방지할 수 있으며, 특수 침탄용강의 침탄 부분을 완전히 마르텐자이트로 변화시켜 표면을 경화시키고, Stainless steel에는 우수한 기계적 성질을 부여 한다. 또한, 내마모성 및 내피로성을 향상시키고, 냉각박음에도 이용된다.

6.7.2 잔류 오스테나이트의 발생원인과 영향

상온으로 담금질 시, 마르텐사이트 변태가 끝나는 온도인 Mf가 상온보다 위에 위치한다. 따라서, 상온으로 급냉 하면 마르텐사이트 변태가 전부 끝나지 못하고 잔류 오스테나이트가 형성되게 된다. 이것은 온도가 과도하게 높거나 냉각속도가 느리거나, 탄소함유량이 많거나, 마르텐자이트 변태개시에서 서냉 할 경우에 발생한다. 잔류 오스테나이트가 존재하면, 담금질하여도 경도가 상승하지 않고 경도 불균일 현상으로 마모가 빠르다. 또한, 잔류 오스테나이트는 상온에서 불안정하므로 시간 경과에 따라서 시효변화가 발생 된다. 시효변화로 인해 정밀도를 요구하는 베어링, 금형 등에 변형이 일어난다.

6.7.3 처리방법 및 처리시기

서브제로 처리는 잔류 오스테나이트를 감소시키기 위해 행하는 것이며, 담금질 후 즉각 0℃ 이하의 온도로 냉각시키므로 영하처리라고도 한다. 구체적으로는 에테르, 아세톤, 알코올 등의 유기용제와 드라이아이스(-78℃)에서 냉각한다든지, 탄산가스(-13℃), 액체질소(-196℃) 등도 이용된다. 그러나 서브제로 처리의 온도로서-190℃에서 처리하더라도 수 %의 잔류 오스테나이트가 남으므로 일반적으로는 -80~-100°C로 충분하다. 액체지산소(-183℃)는 위험하므로 사용하지 않는다. 이 서브제로 처리는 담금질 후 신속히 행하는 것이 중요하며, 그 효과도 크다. 담금질 후 장시간 실온으로 방치한다든지 또는 템퍼링 처리 후에는 잔류 오스테나이트가 그대로 안정화되면, 마르텐사이트화 하기 어려워지므로 서브제로 처리의 효과가 적어진다.

고합금강인 경우는 템퍼링과 서브제로 처리 등을 반복하여 균열이나 변형을 막는 경우도 있다. 서브제로 처리에서 담금질 부품에 탈탄층이 있으면 서브제로 균열이 발생하기 쉬우므로 탈탄층을 제거하든지 혹은 100℃에서 semi-템퍼링을 행해 탈탄층의 인장 응력을 감소시킨 후에 서브제로 처리를 하면 좋다. 서브제로 처리는 극저온욕에서 처리하므로 급격히 냉각되면 균열의 발생이나 변형이 커질 우려가 있으므로 천천히 냉각하는 것이 좋다. 예를 들면 처리부품을 2~3단계로 나누어 냉각시키든지 또는, 처리품을 피복하여 냉각시키면 서브제로 처리시간으로서는 30~90 분 정도가 충분하다. 처리 후에는 공랭보다는 오히려 수중이나 유중에 투입하는 편이 서브제로 균열을 방지할 수 있다.

6.7.4 심냉처리의 효과

내부응력이 최소화된 상태로 전오스테나이트가 마르텐자이트화 되어 있으므로 시효에 의한 형상, 치수 변형을 방지하고, 내마모성, 내피로성 등의 기계적 성질을 개선한다. 잔류 오스테나이트가 존재할 시는 담금질 처리에서 온도가 낮을때는 경도 불균일이 적고, 담금질 온도가 높을 때는 경도 불균일이 커진다. 심냉처리로 잔류 오스테나이트가 해소되면, 담금질 온도가 높을수록 경도 상승이 현저하다, 정밀을 요하는 베어링강의 실험에서 일반 담금질과 심냉처리 후의 비교에서 경도의 차이가 HRC로 3~4차이를 보였다. 그림6-33에서 공랭 시편은 400도 부근에서 경도 상승이 나타나도 560도에서 최고 경도에 도달하지만 심랭처리한 강은 담금질상태에서 HRC가 전체적으로 높고 2차 경화의 극대치는 오히려 낮아 안정적이며, 고온취성과 뜨임취성 방지을 방지하여 비심랭처리 대비 내마모성(경도)이 우수해진다.

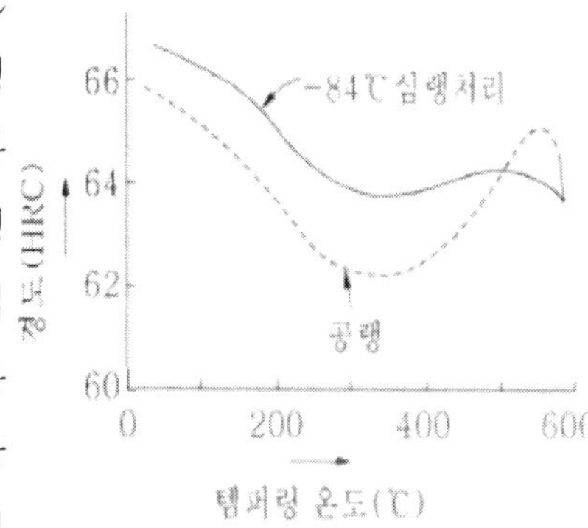

그림6-33 공구강의 심냉처리 경도비교

그림6-34는 담금질, 심냉처리, 템퍼링의 연속성을 나타내었다.

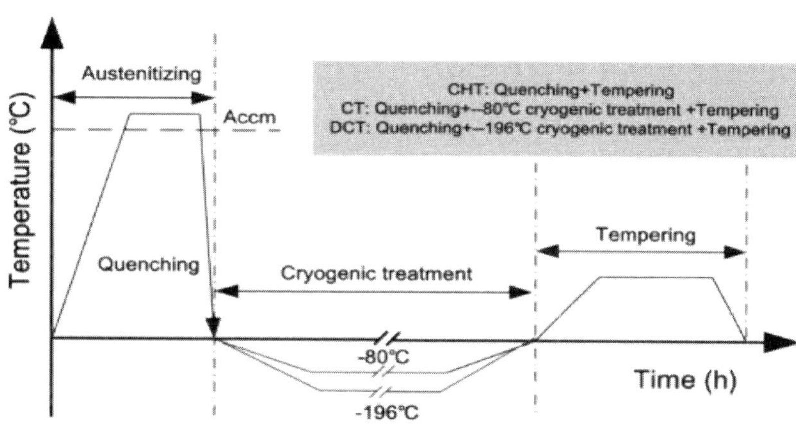

그림6-34 담금질→심냉처리→템퍼링의 열처리 연속도

6.8 주요 기계부품용강의 열처리

기계구조용강에는 탄소강과 합금강 등이 있으며, 특수용도강에는 스테인리스강, 공구강, 스프링강, 쾌삭강, 베어링강, 초합금 등이 있다. 기계부품용으로 사용되고 있는 주요 기계구조용 강의 열처리에 방법에 대해 논하자 한다.

6.8.1 기계구조용 탄소강의 열처리

기계구조용 탄소강은 강도 및 충격 저항성이 필요한 부품에 어울리는 강재로, 일반적으로 탄소 함량이 높기 때문에 인장강도, 연성 및 내마모성이 높은 강으로 뛰어난 기계적 성질이 요구되는 경우에 기계부품용으로 널리 사용되고 있다. SM 10C~SM 25C까지 비교적 탄소량이 적은 강은 담금질해도 높은 경도가 얻어지기 어렵고 질량효과도 크므로 일반적으로 노말라이징 하고 나서 기계가공을 실시한다. SM 28C 이상인 중탄소강은 담금질, 템퍼링에 의해 현저히 기계적 성질이 개선된다. 그러나 경화능이 나쁘므로 두께 또는 지름이 25mm 이상인 것은 수냉 할 필요가 있다. 유냉으로는 불완전 담금질이 되며 소정의 기계적 성질이 얻어지지 않는다. 단 수냉인 경우는 냉각이 빠르므로 담금질 변형이 크며 담금질 균열 발생의 위험성도 크므로 사용할 강종 혹은 형상, 치수에 따라 물과 기름을 분류하여 사용하는 것이 바람직하다. 피삭성을 좋게 하는 열처리로서는 저탄소강인 경우 어닐링으로는 너무 연해져서 절단면이 찢어지기 쉬우므로 노말라이징이 좋으며, 중. 고 탄소강에서는 어닐링이 좋다. 일반적으로 피삭성에 적합한 경도는 HB 190～229 정도이다. KS에서는 탄소의 함유량에 따라서 기계구조용 탄소강재를 20종류로 분류되어 있는데, 일반적으로 사용되고 있는 것은 SM35C(JIS 표기 S35C)와 SM45C(JIS 표기 S45C)이다. 이 강종(鋼種)의 기호 표시법은 평균 탄소량을 나타내는 숫자를 S(steel)와 C(carbon) 사이에 표시한다. 따라서 SM35C란 탄소의 평균 함유량이 0.35%인 강재라는 것을 의미한다. 표6-3은 주요 구조용 탄소강의 성분을 나타내었다.

표6-3 주요 구조용 탄소강의 성분표

구분	C	Si	Mn	P	S	Cr	Mo	Ni	W	V
SM20C	0.18~0.23	0.15~0.35	0.30~0.60	≤ 0.030	≤ 0.035	-	-	-	-	-
SM45C	0.42~0.48	0.15~0.35	0.60~0.90	≤ 0.030	≤ 0.035	-	-	-	-	-
SCM440(4)	0.38~0.43	0.15~0.35	0.60~0.85	≤ 0.030	≤ 0.030	0.90~1.20	0.15~0.30	-	-	-
SCM415(21)	0.13~0.18	0.15~0.35	0.60~0.85	≤ 0.030	≤ 0.030	0.90~1.20	0.15~0.30	-	-	-
SNCM8	0.36~0.43	0.15~0.35	0.60~0.90	≤ 0.030	≤ 0.030	0.60~1.00	0.15~0.30	1.60~2.00	-	-
SNCM21	0.17~0.23	0.15~0.35	0.60~0.90	≤ 0.030	≤ 0.030	0.40~0.65	0.15~0.30	0.40~0.70	-	-

표6-4 주요 기계구조용 탄소강의 열처리와 기계적 특성

기호	열처리(℃)				기계적 성질	
	노멀라이징 (N)	어닐링 (A)	퀀칭 (H)	템퍼링	열처리	경도 (HB)
S28C S30C	850~900 공랭	약 840 노랭	850~900 수랭	550~650 급랭	N	137~197
					A	126~156
					H	152~212
S38C S40C	830~880 공랭	약 820 노랭	830~880 수랭	550~650 급랭	N	156~217
					A	131~163
					H	179~255
S43C S45C	820~870 공랭	약 810 노랭	820~870 수랭	550~650 급랭	N	167~229
					A	137~170
					H	201~269
S48C S50C	810~860 공랭	약 800 노랭	810~860 수랭	550~650 급랭	N	170~235
					A	143~187
					H	212~277
S53C S55C S58C	800~850 공랭	약 790 노랭	800~850 수랭	550~650 급랭	N	183~255
					A	149~192
					H	229~285

6.8.2 기계구조용 합금강의 열처리

구조용 합금강은 강을 기본으로 하여 다른 원소를 첨가하여 기계적, 물리적, 화학적 성질을 개선 시킨 것으로, 일반 강과 달리, 강도, 인성, 내식성, 내열성 등의 특성이 향상되어 있다. 기계구조용 합금강은 각종 기계, 차량, 그 외 경도보다 오히려 인성이 요구되는 부품에 다량으로 사용되고 있다. 따라서 이것을 강인강이라 부르기도 한다. 통상 인성 향상을 위해서는 Ni, Cr, Mo, Mn, V, Al, B 등의 원소를 필요량과 종류를 조합하여 첨가한다. 그 종류나 첨가량은 목적, 용도에 따라 다르다. 구조용 합금강은 강재 혹은 단조 소형재의 상태에서 각각 강종에 따라 어닐링, 노말라이징 혹은 노말라이징 후 템퍼링하여 기계적 성질을 조정하여 피삭성을 개선하고 나서 기계가공을 실시하며, 그 후에 담금질, 템퍼링을 한다. 표6-5에 주요 구조용 합금강을 정리하였다.

표6-5 구조용 합금강의 종류

종류의 기호	분류	종류의 기호	분류	종류의 기호	분류	종류의 기호	분류
SMn 420	망가니즈강	SCr 445	크로뮴강	SCM 440	크로뮴몰리브데넘강	SNCM 420	니켈크로뮴몰리브데넘강
SMn 433				SCM 445		SNCM 431	
SMn 438		SCM 415	크로뮴몰리브데넘강	SCM 822		SNCM 439	
SMn 443		SCM 418		SNC 236	니켈크로뮴강	SNCM 447	
SMnC 420	망가니즈크로뮴강	SCM 420		SNC 415		SNCM 616	
SMnC 443		SCM 421		SNC 631		SNCM 625	
SCr 415	크로뮴강	SCM 425		SNC 815		SNCM 630	
SCr 420		SCM 430		SNC 836		SNCM 815	
SCr 430		SCM 432		SNCM 220	니켈몰리브데넘강		
SCr 435		SCM 435		SNCM 240			
SCr 440				SNCM 415			

1. Mn강, Mn-Cr강

탄소강의 Mn을 약 2배인 1.5% 전후로 증가시켜 경화능을 향상시킨 것이 Mn강이며, 이것에 Cr을 0.5% 전후로 가하여 더욱 경화능을 좋게 하고 합금강의 대용으로 사용하는 것이 Mn-Cr 강이다. 값이 저렴하여 건설기계나 자동차 등 차량용에 이용되고 있다. 표6-6에 기계구조용 합금강의 노멀라이징 및 어닐링 열처리 온도를 나타내었다.

표6-6 기계구조용 합금강의 노멀라이징 및 어닐링 온도

강 종	KS기호	노멀라이징		어 닐 링	
		조건(℃,공랭)	경도(HB)	조건(℃,공랭	경도(HB)
Cr	SCr 430	830~880	–	약 830	170~207
	SCr 435	830~880	–	약 830	174~212
	SCr 440	830~880	–	약 830	179~217
	SCr 445	830~880	–	약 830	179~217
Cr-Mo강	SCM 432	830~880	–	약 830	174~212
	SCM 430	830~880	–	약 830	174~212
	SCM 435	830~880	–	약 830	174~212
	SCM 440	830~880	–	약 830	179~217
	SCM 445	830~880	–	약 830	179~217
Ni-Cr강	SNC 236	820~880	–	약 820	174~212
	SNC 631	820~880	–	약 820	183~223
	SNC 836	820~880	–	약 820	192~229
Ni-Cr-Mo강	SNCM 431	820~870	–	약 820	187~235
	SNCM 625	820~870	–	약 670	212~262
	SNCM 630	850~950	–	약 670	212~262
	SNCM 240	820~870	–	약 820	170~207
	SNCM 439	820~870	–	약 820	217~269
	SNCM 447	820~870	–	약 820	217~269

2. Cr 강

중탄소강에 Cr을 0.90~1.20% 첨가하고 Mn이 0.60~0.85%인 것으로 중탄소강의 경화능을 개선한 강이다. 이 강은 경화능이 좋으므로 탄소강보다 상

당히 큰 부품에도 사용되며 비교적 가격도 싸고 기계부품이나 차량부품용에 널리 이용된다. 그러나 템퍼링 취성을 일우키기 쉬우므로 템퍼링 가열 후의 냉각은 수냉 이나 유냉으로 급냉한다.

3. Cr－Mo 강

Mo 강을 약 0.15～0.30% 첨가하여 Cr 강보다 경화능을 향상시키고 Cr 강이나 Ni－Cr 강보다도 고온 템퍼링 취성을 저감하고 템퍼링 연화 저항성을 크게 한 것이다. 따라서, 같은 경도 또는 인장강도에서는 템퍼링 온도도 높아지고 인성도 커진다.

4. Ni－Cr 강

강인강의 대표적인 강종이며, Ni은 페라이트에 고용하여 인성을 주며 Cr 은 탄화물을 만들어 경도를 높인다. 더욱이 Ni 과 Cr의 상승작용으로 경화능을 좋게 하고 있다. 그러나 Ni 과 Cr양이 많은 것은 템퍼링 취성에 민감하므로 템퍼링 가열온도에서의 냉각은 급랭(수냉 또는 유냉)할 필요가 있다. 원래 병기용으로 개발된 것이며, 값이 비싼 까닭에 현재 그 대부분은 강도가 비슷한 Cr－Mo 강으로 대체되고 있다. 그러나 저온 인성의 양호함과 또는 고온 가열에 의해서도 결정 입자의 조대화가 잘 일어나지 않고 열간 가공이 쉬운 점은 높이 평가되고 있다.

5. Ni－Cr－Mo 강

Ni－Cr 강에 Mo를 첨가하여 경화능을 현저히 개선함과 동시에 템퍼링 연화 저항성을 증가시키며 템퍼링 취성을 적게 만들었다. Ni－Cr 강에 비하면 같은 경도인 것에서 템퍼링 온도가 높으므로 인성이 보다 높으며, 구조용강 중에서 가장 우수한 강이다. 표6－7에 기계구조용 합금강의 담금질 및 템퍼링 후 기계적 성질을 나타내었다.

표6-7 기계구조용 합금강의 담금질 및 템퍼링 후 기계적 성질

강 종	KS기호	열처리(℃)		항복점 (kgf/mm²)	인장강도 (kgf/mm²)	경도 (HB)
		퀜칭	템퍼링			
Cr강	SCr 430	830~880 OQ	550~650 급랭	> 65	> 80	229~285
	SCr 435	830~880 〃	550~650 〃	> 75	> 90	225~311
	SCr 440	830~880 〃	550~650 〃	> 80	> 95	269~321
	SCr 445	830~880 〃	550~650 〃	> 85	> 100	285~341
Cr-Mo강	SCM 432	830~880 〃	550~650 〃	> 75	> 90	255~321
	SCM 430	830~880 〃	550~650 〃	> 70	> 85	241~293
	SCM 435	830~880 〃	550~650 〃	> 80	> 95	269~320
	SCM 440	830~880 〃	550~650 〃	> 85	> 100	285~341
	SCM 445	830~880 〃	550~650 〃	> 90	> 105	302~363
Ni-Cr강	SNC 236	820~880 〃	550~650 〃	> 60	> 75	212~255
	SNC 631	820~880 〃	550~650 〃	> 70	> 85	248~302
	SNC 836	820~880 〃	550~650 〃	> 80	> 95	269~321
Ni-Cr-Mo강	SNCM 431	820~870 〃	570~670 〃	> 70	> 85	248~302
	SNCM 625	820~870 〃	570~670 〃	> 85	> 95	269~321
	SNCM 630	820~870 〃	550~650 〃	> 90	> 110	302~352
	SNCM 240	820~870 〃	580~680 〃	> 80	> 90	255~311
	SNCM 439	820~870 〃	580~680 〃	> 90	> 100	293~352
	SNCM 447	820~870 〃	580~680 〃	> 95	> 105	302~363

6. Ni-Si-Cr-Mo 강

Ni-Cr-Mo 강에 약2% Si를 첨가하면 강도와 인성이 상당히 증가한다.

Ni-Cr-Mo+2% Si 강의 인성이 증가하는 것은 Si이 Tempering된 Maetensite에 존재하는 잔류 Austenite에서 Cementite가 석출하는 것을 지연시키고 ε 탄화물을 안정화시키기 때문이다. Si 함량이 낮은 강은 Quenching하고 Tempering하면, 잔류 Austenite가 200~370℃에서 Tempering할 때 분해되어 그 주위에 Cementite 핵을 형성한다. 이 반응에 의해서 Martensite 취성이 일어나지만 Si를 함유하는 Ni-Cr-Mo강에서는 ε 탄화물로부터 Cementite의 생성이 억제될뿐 아니라, 잔류 Austenite에서 Cementite의 생성도 억제된다. 따라서 Ni-Cr-Mo+2% Si 합금강은 Tempering된 상태에서 강도와 인성이 크게 향상된다.

6.8.3 스프링강의 열처리

대형 스프링은 주로 열간 마무리 가공에 의해 제조되는데 탄성한도가 높고 피로한도가 큰 것이 필요하며, 담금질, 템퍼링에 의해 강인성을 갖게 한다. 담금질에 의해 재료의 중심부를 50% 마르텐사이트 조직으로 할 수 있는 치수를 환봉인 경우는 임계직경이라 하며, 판재인 경우에는 임계두께라고 한다. 표6-8에 나타냈으며, 임계두께는 거의 임 계직경의 60%가 되고 있다. 표에서 실제의 스프링의 예를 참고하기 위해 비교 표기하였다. 또한, 여기서 말하는 임계직경은 냉각제를 강하게 교반하는 경우이며, 무한대의 냉각능력을 가진 냉각제를 상정한 이상 임계직경은 아니다. 또한, 스프링인 경우는 최대 응력이 반드시 표면에 나타나므로 탈탄, 표면 흠, 표면의 거침 따위의 표면결함은 스프링의 피로나 강도에 크게 영향을 주므로 열처리 공정에서 이런 결함이 발생하지 않도록 충분히 주의할 필요가 있다. 표6-9에 SPS6과 SPS13 스프링강의 담금질과 템퍼링 열처리 온도에 의한 기계적 성질을 나타냈다.

표6-8 스프링강의 임계치수와 실제의 스프링의 예

강종	임 계 직 경(mm)			임 계 두 께(mm)		
	수냉	유냉	유내의실예	수냉	유냉	유냉의실예
C강(SPS 3)	33	18	10	19	11	6
Si-Mn강(SPS 6)	53	30	20	31	18	12
Mn-Cr강(SPS 9)	87	55	34	52	33	20
Cr-V강(SPS 10)	92	60	40	56	36	25
B강(SPS 11A)	104	67	45	63	41	30

표6-8 스프링강의 열처리와 기계적성질

KS 규격	열처리 온도(°C)		기계적 성질	
	담금질	뜨임	내력 0.2% Kgf/mm²	인장강도 Kgf/mm²
SPS6	830~860 유냉	450~500	110 이상	125 이상
SPS13	830~860 유냉	510~570	110 이상	125 이상

6.8.4 베어링강의 열처리

냉간 가공용 베어링강은 담금질 전 기계가공성 확보를 위해 완전한 구상화 어닐링이 필요하다, 단조, 압연 등에 의해 만들어진 베어링 강재는 너무 두꺼운 초망상 시멘타이트가 결정립계에 석출 또는 층상 펄라이트 조직으로 형성되어있으므로 이러한 조직상태를 변화 시키기 위해 구상화 어닐링이 필요하며, 구상화 어닐링을 쉽게 하기 위해 먼저 노말라이징을 한다.

이를 위해서는 Acm 변태점 바로 위 890~920℃로 소요시간 가열 후 공랭시킨다. 노말라이징 경도는 HRC 25-38이다. 다음에 구상화 어닐링을 하여 기계가공성을 좋게 하고 담금질, 템퍼링으로서 양호한 조직과 기계적 성질, 내마모성을 얻도록 한다. 어닐링 경도는 HRB 95 이하이다. 그림6-35에 베어링강의 열처리 사이클 선도를 나타냈다. 베어링강은 탄소량이 약 1%의 고탄소강 이므로 탈탄이나 산화방지를 위해 무산화분위기 중에서 가열한다. 템퍼링은 120~200°C에서 소요시간 유지한 뒤 공랭한다. 템퍼링 경도는 HRC 60~64 정도이다. 또한, 구상화 어닐링에 대해서는 이미 서술한 바와 같이 베어링강인 경우에는 서냉법 또는 그림6-35와 같은 등온유지법이 채택되고 있다. 어닐링 후의 구상화 탄화물의 평균직경은 0.4~0.5μm인 것이 좋으며, 그러기 위해서는 부품의 형상이나 크기, 장입량 등에 따라 각각에 상응하는 엄격한 가열 냉각곡선이 택해진다. 노말라이징 후의 베어링강은 균일한 미세 펄라이트조직이 된다. 이것을 Ac1 변태점을 넘는 온도로 가열하면 미세한 탄화물은 오스테나이트 중에 고용되지만, 완전히 고용시키는 것은 아니며 나중에 구상화 시멘타이트가 되는 핵으로서 적량의 탄화물을 남겨둔다. 이것을 냉각하여 Ar1 변태점 부근을 서냉하면 전기의 잔존탄화물을 핵으로 하여 오스테나이트 중의 과포화한 탄소가 응집 석출하는데 이 서냉 구역에서 충분한 시간을 취함에 따라 희망하는 크기의 구상화 탄화물의 균일한 분포가 얻어진다. 이것을 다시 Ac1 변태점을 넘어 가열하면 구상화 탄화물은 다시 오스테나이트 중으로 고용하고자 하나, 형태가 안정한 구상인 점과 Cr의 존재 때문에 이번에는 고용되는 속도가 완만해져 그림6-35의 담금질 온도와 유지시간에서 용해되지 않은 구상화 탄화물이 남는다. 한편 기지쪽은 C량이 0.5~0.6%의 적정량이 되므로 이것을 일반적으로 유냉함에 따라 최고의 담금질 경도를 얻을 수 있다. 이것을 저온 템퍼링이라 한다.

담금질 후의 현미경 조직에서 구상화 탄화물이 면적률의 7～8%일 때 가장 베어링 수명이 길다고 한다. 구상화 어닐링 후의 면적률은 약 15%이므로 이것을 담금질하여 7～8% 남기기 위해서는 어닐링 후의 구상화 탄화물의 크기를 엄격하게 0.4～0.5μm로 조정해 두어야 한다. 그런 까닭에 노의 유효길이가 긴 연속로에서 구상화 어닐링이 행 해지고 있다.

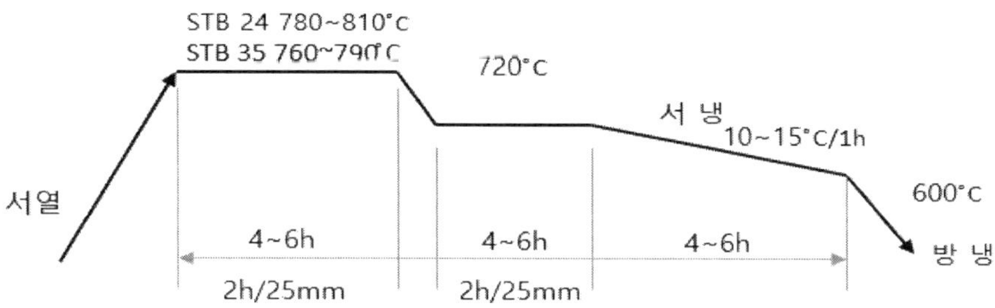

(a) 베어링강의 등온유지 구상화 어닐링 사이클

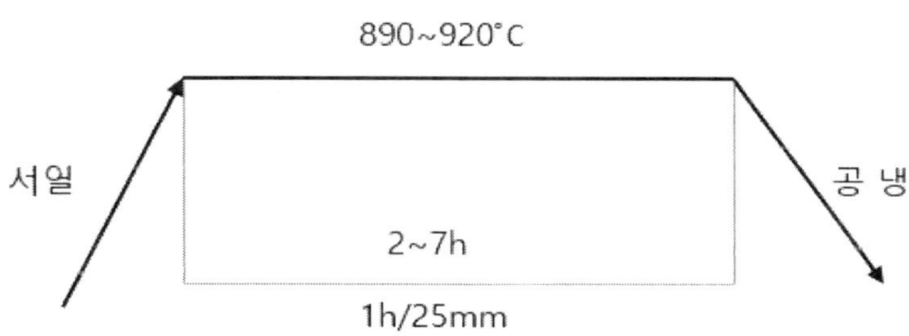

(b) 베어링강의 노말라이징 열처리 사이클

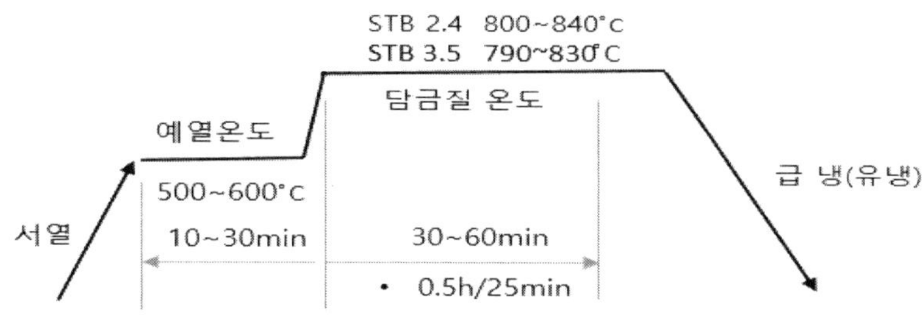

(c) 베어링강의 열처리 사이클

그림6-35 베어링강의 열처리 사이클 선도

크롬 베어링강은 일반적으로 830~860℃에서 가열하여 오일 담금질 되고, 150~180℃에서 템퍼링 한다. 정밀 베어링의 구조에서는 잔류 오스테나이트의 양을 최대한 줄이지 않으면 사용 중에 잔류 오스테나이트를 안정적으로 유지해야 합니다. 따라서 담금질 후 -80~140°C에서 심냉처리를 하여 잔류 오스테나이트를 최소화해야 한다.

6.8.5 내열강의 강도와 열처리

일반적으로 약 350°C 이상의 온도에서 사용되는 강재를 내열강이라 한다.
KS 에는 열간압연 강재, 주강품, 단조품이 널리 규격화되어 있다. 그 밖에 합금원소의 합계가 50% 이상이 되는 Fe계 초합금도 고온에서 사용된다.
내열강으로서의 필요조건은 고온에서 내식성과 동시에 크리프강도, 크리프한도, 고온 단시간 인장강도, 고온 피로 강도, 내마모성 등의 기계적 성질이 있어야 한다. 여기서는 STH 1, 3, 36, 38강의 100시간 크리프 파단강도를 그림6-36에 나타내었고, STH 600상당의 H46 열처리 조건과 기계적 성질의 관계를 그림6-37에 나타내었다.

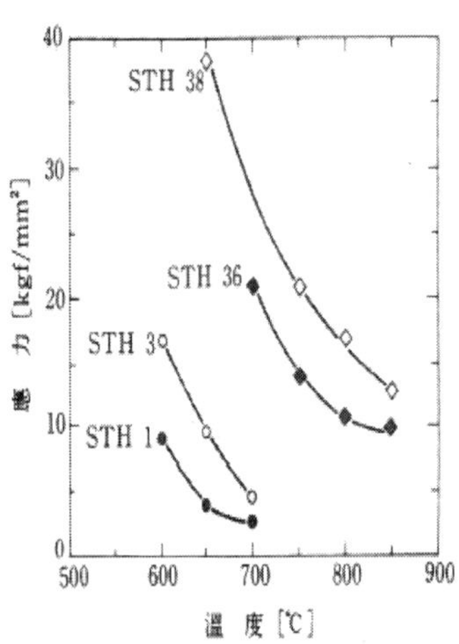

그림6-36 STH 1, 3, 38의
100h 그리프 파단강도

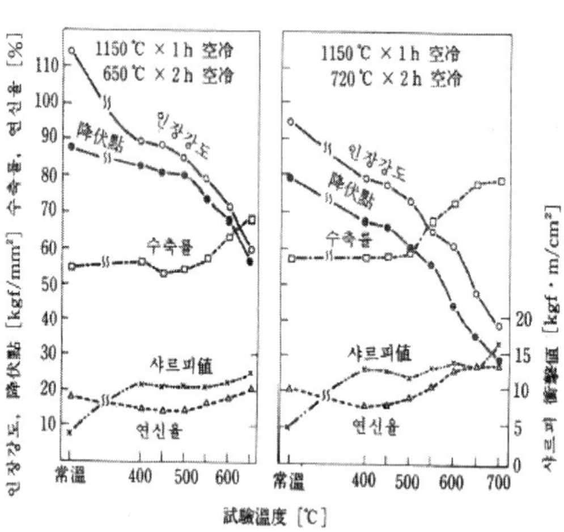

그림6-37 H46(STH600)의
열처리 조건과 기계적 성질

07

표면 열처리 공정

7.1 표면경화 열처리개요와 종류

먼저 표면경화 열처리란 재료 전체가 아닌 표면만 경화하고 내부는 인성을 그대로 유지하여, 내마모성과 내충격성, 내피로성을 더욱 향상시키는 열처리를 표면경화처리라 한다.

표면경화 처리의 형태는 부품을 전부분 가열하여 처리하는 것과 부분가열 해서 처리하는 방법으로 구분할 수 있다. 담금질을 수반하여 경도를 얻는 처리법으로 침탄, 침탄침질화, 고주파 담금질, 화염담금질로 구분되며, 질화물에 의해 경도를 얻는 처리법으로 가스질화, 산질화, 염욕질화, 이온질화, 가스연질화, 침류질화가 있다. 높은 경도를 얻는 처리법으로 탄화물(TiC, VC 등)피복법, 붕화처리, 크로마이징 등이 있으며, 마찰면의 응착 억제작용을 이용한 처리법으로 수증기처리, 침류처리가 있다. 내식성 향상을 목적으로 한 처리법으로 알루미나이징, 칼로라이칭, 실리코나이칭의 표면 열처리법으로 구분할 수 있다.

7.2 침탄처리

침탄열처리는 저탄소(0.15~0,18%)합금강을 침탄제속에 넣고 약 900℃에서 930℃로 8~10시간 가열하면 강의 표면이 시간이 지남에 따라서 강 표면에 약 2mm 깊이로 침탄 된다. 침탄 열처리의 종류는 고체침탄법, 액체침탄법, 가스침탄법, 진공침탄 등으로 구분 되며, 탄소함유량을 증가시키는 열처리 방법이다.

침탄열처리에서 침탄제로는 고체 침탄제는 목탄, 코크스, 골탄 등이 사용되며, 액체 침탄제로 청화칼리, 청화소다 등이 사용되고, 가스침탄제로는 일산화탄소, 탄화수소를 함유한 석탄가스, 등화용 가스 등이 사용된다.

침탄열처리의 특성으로 표면의 탄소농도를 조절할 수 있으며, 직접 처리품을 가열하기 때문에 열효율이 좋고, 침탄종료 후 담금질이 가능하다. 또한 다량생산에 적합하며, 짧은 시간에 표면경화가 가능하고, 침탄 후 수정이 가능하다.

설비의 자동화 구축이 가능하여 효율성이 높으며, 품질관리가 용이하다. 하지만 단점으로 변형이 쉽게 생긴다. 표7-1에 침탄종류별 일반적인 내용을 구분하여 표기하였다. 실제 침탄처리에 있어서는 처리품의 형태, 처리 후의 치수정밀도, 처리 수량, 처리비용, 설비투자비 등의 중요한 사항에 대해 검토 대상이 되어야 한다. 최근에는 흡열형 변성가스를 이용한 가스 침탄법과 진공기술을 이용한 진공 침탄, 이온 열처리에 의한 이온 침탄 열처리가 상용화 되고 있다.

표7-1 침탄법의 종류별 특징

구분	경화깊이 (mm)	장 점	단 점
고체 침탄	0.25~3.0	-대물 처리가 가능 -소량생산위주 -설비비가 싸다.	-경화도 분포가 크다. -과잉침탄하기 쉽다. -작업환경이 조금나쁘다. -침탄시간이 길다.
액체 침탄	0.05~1,0	-정밀가공 소형제품유리 -온도조절과 작업이 용이하다. -얇은 경화층이 가능 -대량생산에 적합	-염류는 비싸 소모가 많다. -열처리 이후 세척이 까다롭다. -배수처리 시설이 필요하다. -침단방시가 곤란하다.
가스 침탄	0.25~3.0	-균일한 침탄층이 가능하다. -불량위험이적고,열효율이좋다. -경도조절이 가능하다. -대량생산과 자동화 구축용이	-전문적인 기술이 필요하다. -안전관리가 필수적이다. -설비 유지비가 비싸다.
진공 침탄	0.20~3,0	-침탄제의 효율이 높고 표면이 청정화 된다. -경제적이며, 짧은 시간에 깊은 침탄 깊이를 얻을 수 있다.	-높은 온도에서 침탄처리 하는 것이 대부분이므로, 재료의 결정립 성장과 변형 발생의 위험이 있다.

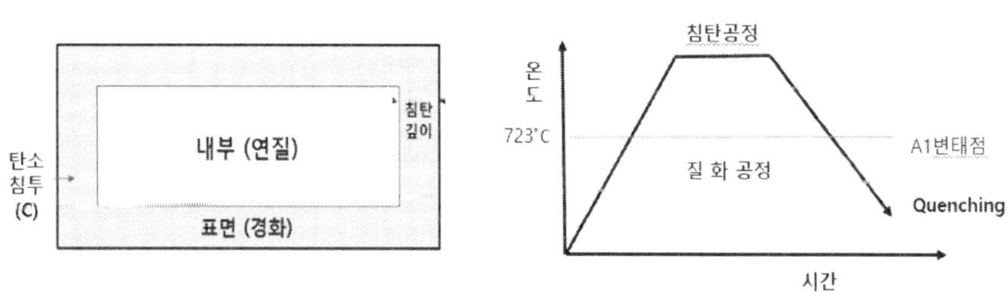

그림7-1 침탄 열처리의 약식도

그림7-2 침탄 서냉 조직사진

그림7-3 침탄 급냉 조직사진

침탄 열처리는 A1(723℃)이상 고온 열처리로 급냉, 퀜칭하여, 마르텐사이트 조직의 변태를 유도하고, 심부는 저탄소강 고유의 조직을 유지하여, 표면경도, 강도, 인성의 기계적 성질을 확보하는 열처리이다.
그림7-1에서 침탄 열처리의 약식도와 약식 사이클을 표현하였다.
그림 7-2와 7-3은 침탄 시 냉각시간의 비교로서 냉각시간이 침탄조직의 균일성과 밀접한 관련이 있음을 보여주고 있다. 침탄 후 급냉의 조직분포가 균일하고 안정적이다.

7.2.1 고체침탄법

전통적 침탄법으로 고온에서 금속이나 비금속을 주강의 표면에 확산, 침투시킴으로써 표면에 합금층을 생성시키는 방법이다. 처리품을 침탄제와 함께 침탄상자에 채워 밀폐하고 일정시간 900~1000 ℃로 가열하여 침탄 후 침탄 상자와 같이 담금질하는 방법이다.
침탄 반응의 원리는 [Fe-C]에서 오스테나이트 중에 탄소가 고용한 상태를 표시해 보면

$$C + O_2 \rightarrow CO_2 \quad (7.1)$$

$$C + CO_2 \rightarrow 2CO \quad (7.2)$$

$$2CO + Fe \rightarrow [Fe - C] \quad (7.3)$$

침탄 반응은 위의 반응식이 나타내듯이 침탄 상자 속의 산소(O2)와 목탄에 의해 생긴 일산화탄소(CO)에 의한 것이다. 침탄 반응을 활발히 하기 위해 침탄 촉진제로서 탄산바륨(BaCO3), 탄산칼륨(K2CO), 탄산스트론듐(SrCO3)이 목탄에 혼합되는데 함유량은 10~50%이다. 고체 침탄의 결점 중의 하나는 과잉 침탄되기 쉬운점인데 특히 Cr을 함유한 강종에서는 표면층의 탄소농도가 높아지고 때로는 시멘타이트가 생성된다. 통상 인성이 저하되므로 촉진제의 함유량을 감소시킨다든지, 오래된 침탄제를 이용하는 방법 등에 의해 침탄성을 저하시킨다. 이 방법을 완화침탄이라 부른다. 그러나 예외적으로 표면층의 시멘타이트의 존재가 유효한 기계부품도 있다. 경화층의 불균일이 생기는 것은 침탄제의 열전도가 나쁜점과, 침탄상자 내의 외측과 중심부 등

에서 승온시간에 차가 있는 것에 기인하는 까닭으로 침탄상자에 충전할 때 주의가 필요하다.

2. 액체침탄법

시안소다(NaCN)을 주성분으로 하여 중성염이나 탄산염을 첨가한 침탄제로 된 용액속에 침탄할 재료를 담구어 침탄시키는 방법이다. 사용온도는 800~930℃이다. 실제로는 침탄과 질화가 동시에 일어나므로 정확하게 침탄 침질처리와 동일한 방법이다. 그러나 종래부터 침탄법의 일종으로 분류되고 있다.

처리품은 염욕 NaCN, Na_2CO_3, NaCl 등 중에 침적하여 침탄 후 유냉하는 공정으로 진행된다. 공기 중의 산소나 탄산가스(CO_2)와 접촉하여 NaCN 의 일부는 시안화소다(NaCNO)로 변한다. NaCN은 유독 물질로 공해문제가 발생하여 고가의 배수처리시설이 필수적이다. 따라서 NaCN을 함유하지 않은 침탄제사용이 실용화 되고 있다. 액체침탄의 침탄 반응식은 다음과 같다.

$$2NaCN + O_2 = 2NaCNO \qquad (7.4)$$

$$NaCN + CO_2 + NaCNO + CO \qquad (7.5)$$

이 NaCNO 는 고온측 반응과 저온측 반응으로 나뉘어 CO와 원자상 질소(N)를 만들어 침탄과 질화가 행해진다. [Fe—N] 을 강에 질소가 고용된 상태로 나타낸다고 하면

고 온 측 4NaCNO = 2NaCN + Na2 CO3 + CO + 2(N) (7.6)

저 온 측 5NaCNO = 3NaCN + Na2 CO3 + CO2 + 2(N) (7.7)

침 탄반응 Fe + 2 CO = [Fe−C + CO2 (7.8)

질화반응 Fe + (N) = [Fe−N] (7.9)

액체 침탄의 특징으로 700도 이하일 때는 주로 질화가, 800도 이상일 때는 주로 침탄이 발생하는 침탄, 질화가 공존하는 열처리 법이다.

침탄 깊이는 900도에서 30분 처리에 의해 약 0.3mm 정도가 얻어지며, 온도

조절이 쉽고 일정 시간을 지속할 수 있는 장점과 함께 산화가 방지되고 시간이 절약된다. 또한, 내마모성이 우수하고 변형이 적으며, 마템퍼링, 마퀜칭 등 항온열처리 조작이 편리하다. 단점으로 침탄제의 값이 비싸고, 침탄층이 얇으며, 유독가스가 발생해서 환기장치가 필요하다. 그림7-4는 액체침탄의 시안화법 공정도를 나타내었다. 표7-2에서 액체 염욕 조성을 예시하였다.

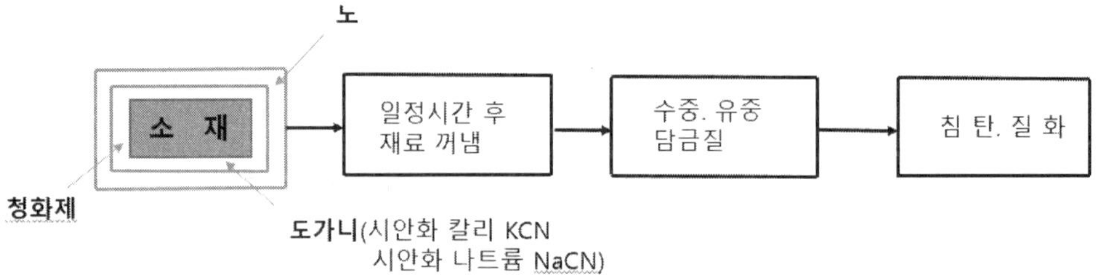

그림7-4 액체침탄의 시안화법 공정도

표7-2 액체염욕 조성의 예

구분	조 성(wt %)					사용온도 (℃)
	NaCN	Na_2CO_3	$BaCl_2$	NaCl	KCl	
고농도	60~70	15~25		15~25		800~870
중농도	40~50 35~45	5~10	40~50	40~50	5~10	800~900 850~900
저농도	17~23 8~12	10~30 10~30	15~40 45~55	20~30 5~15	6~20	850~900 900~930

7.2.2 가스침탄법

가스침탄법은 침탄성 변성가스를 밀폐한 열처리로에 보내어 이 가스 분위기에서 강재를 가열하여 침탄하는 처리법으로 변성 가스를 오스테나이트화된 금속의 표면에 접촉시키면 활성탄소가 침입하여 침탄이 발생되는 원리의 열처리법이다. 가스침탄법 특징은 고체침탄법이 지닌 단점을 보완하기위해 사용된다. 고체 침탄법에 비해 열효율이 높고 공정이 간단하여 사용빈도가 높으며, 침탄제로는 일산화 탄소, 메탄,에탄, 프로판, 천연가스등 탄화수소계가스가 사용된다. 침탄성가스를 변성로에서 변성시킨 후, 변성가스(carrier gas)에 메탄가스, 프로판가스 등 중탄가스(enrich gas)를 혼합하여 사용하며,

가스를 변성로에 넣을때 니켈을 촉매로 하여 침탄가스로 변성시킨다. 온도가 열을 고주파를 이용하여 고체침탄에 비해 침탄시간이 짧고, 효율적이다. 처리온도는 온도: 900~950℃로 가변성이 좋다. 가스침탄의 침탄제 가스의 반응식은 다음과 같다.

$$2CO \rightarrow C + CO_2 \quad (7.10)$$

일산화탄소 : $CO + H_2 \rightarrow C + H_2O$ (7.11)

메탄(천연가스) : $CH_4 \rightarrow C + 2H_2$ (7.12)

에탄(천연가스) : $C_2H_6 \rightarrow C + CH_4 + H_2$ (7.13)

프로판가스 : $C_3H_8 \rightarrow C + C_2H_6 + H_2$ (7.14)

가스침탄의 특징으로 침탄 농도 조절이 용이하고, 가스공급량, 혼합비, 온도의 조절이 가능하여 침탄이 균일하게 된다. 침탄 후에 바로 담금질이 가능하며, 침탄층의 확산 조절이 쉽고, 열효율이 좋다. 설비의 조작이 간단하고 작업환경이 깨끗하며, 연속침탄으로 대량 생산에 적합하다. 또한 설비구축에서 자동화 라인구축이 용이하여 효율적인 생산이 가능하다. 단점으로는 열처리 운영에 대한 전문적 기술이 필요하며, 폭발의 위험으로 전문적인 안전시설과 관리가 요구된다. 또한 설비 유지비가 비싸다. 그림7-4에 가스침탄의 가스 주입경로를 표현하였고

그림7-5에 가스침탄 열처리 공정 사리클을 나타내었다. 그림7-6은 가스침탄 반응 개략도를 나타내었다.

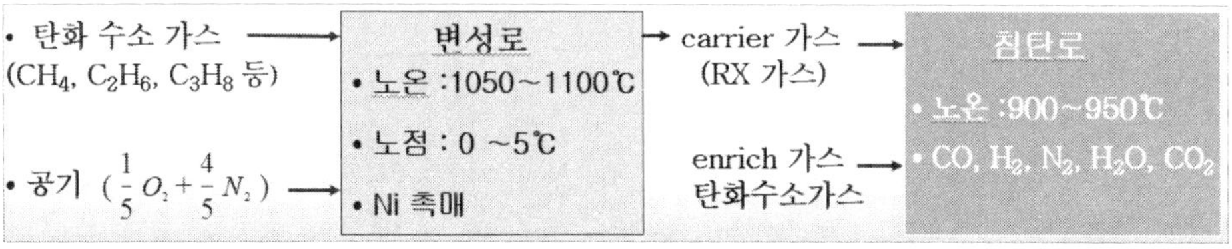

그림7-4 가스침탄의 가스주입 경로

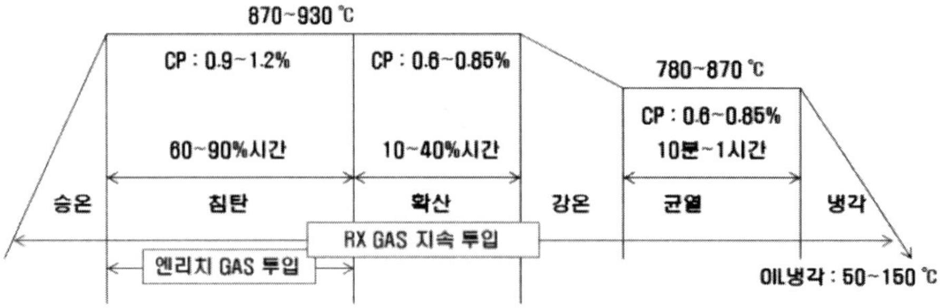

그림7-5 가스침탄 공정 사이클 예

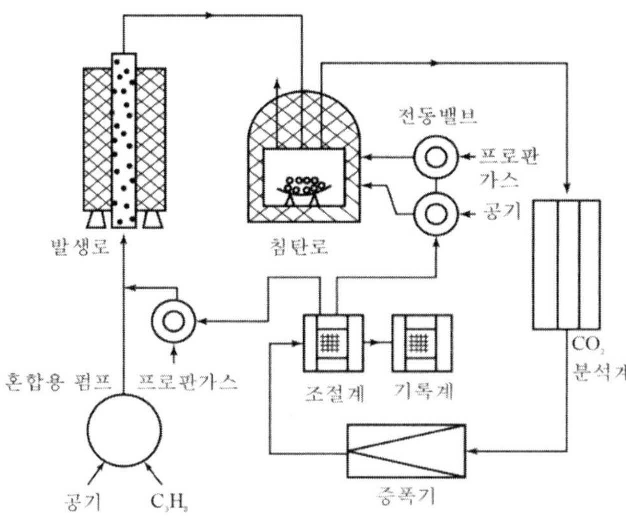

그림7-6 가스침탄 반응 개략도

1) 침탄성 분위기와 그 조절법

가스침탄에 이용되는 대표적인 침탄성 분위기는 흡열형 변성가스이며, 이들은 O_2, CO_2, CO, H2, H_2O, CH_4, N_2, Ar 등의 혼합가스형으로 이용된다. 이들 중 N_2 및 Ar 은 불활성 가스로써 일반적으로 Fe 과는 반응하지 않지만, 다른 가스는 고온에서 표7-3과 같이 환원성, 산화성, 침탄성, 탈탄성, 질화성, 등을 나타낸다.

표7-3 각 가스의 고온에 대한 성질

가스명(화학번호	환원성	산화성	침탄성	탈탄성	그외
산소(O_2)		◎		◎	
탄산가스(CO_2)		◎		◎	
일산화탄소(CO_2)	◎		○		
수소(H_2)	◎			○	
물(H_2O)		◎		◎	
메탄(CH_4)	◎		◎		
프로판(C_4H_8)	◎		◎		
부탄(C_4H_{10})	◎		◎		
질소(N_2)					불활성
아르곤(Ar)					불활성
암모니아(NH_3)					불활성

Fe에 대한 각 가스 반응 및 가스상호간의 반응식은 다음과 같다.

산화환원반응 $2Fe + O_2 \rightarrow 2FeO$ (7.15)

산화환원반응 $Fe + CO_2 \leftrightarrows FeO + CO$ (7.16)

산화환원반응 $Fe + H_2O \leftrightarrows FeO + H_2$ (7.17)

탈탄침탄반응 $[Fe-C] + CO_2 \leftrightarrows Fe + 2\ CO$ (7.20)

틸단침탄반응 $[Fe-C] + H_2O \leftrightarrows Fe + CO + H_2$ (7.21)

탈탄침 탄반응$[Fe-C]+ 2H_1 \leftrightarrows Fe + CH4$ (7.22)

수성 가스반응 $CO + H_2O \leftrightarrows CO_2 + H_2$ (7.23)

Boundouard 반응 $CO_2 + C \leftrightarrows 2CO$ (7.24)

Sooting CH_4 2F18C + $2H_2$ (7.25)

침 질반응 $2Fe + 2\ NH_3 \rightarrow 2[Fe-N] + 3\ H_2$ (7.26)

각 식의 ⇆ 는 반응이 어느 방향으로도 진행하는 것을 나타내는 것이며, 그 방향은 가스혼합비에 의해 결정된다. 식(7.15)~(7.17)은 **산화환원반응**이라 하며, 강이 열처리 중에 **광휘상태**나 **산화상태**인 것을 나타내는 반응이며, 오른쪽으로 진행하면 (→)산화되고, 왼쪽으로 진행하면 (→) 환원된다. 여기서 FeO는 산화철의 한 종류를 든 것이며, 실제로 Fe_2, O_3, Fe_3O_4가 생성되는 경우도 있다. 식(7.20)~(7.22)는 **탈탄침탄반응**이며, 상기와 같이 왼쪽으로 진행하는 방향이 침탄처리이다. 식(7.23)는 **수성가스반응**, 식(7.24)은 Boundouard **반응**으로 불리며, 모두 가스 상호 간 반응이며, 침탄반응의 기초가 되고 있다. 식(7.25)는 메탄의 열분해이며, 노내에 그을음을 발생시키는 경우는 sooting 이라 한다. 또 식(7.26)은 **침질반응**의 일례를 나타낸 것이다. 실제의 침탄성 분위기는 혼합가스이므로 전술한 침탄 혹은 탈탄반응을 진행하면 이윽고 강 중의 탄소량은 증가하지도 감소하지도 않고 일정 해진다. 이것을 **평형**에 달한다고 하여, 이 반응을 **평형반응**이라 부른다. 이 때의 탄소량을 **평형탄소농도** (Carbon potential 이라고도 불린다) 라 하여 침탄성 분위기의 성능은 이 형으로 표현된다. 평형탄소농도의 측정은 두께 0.05~0.1mm 등을 분위기에서 처리한 후 분석에 의해 구하는 것이 보통이다.

그림7-7과 같은 순서로 분위기 조절이 이루어진다면 최적의 분위기 조절을 할 수 있다. 가스 열처리의 결과는 노내의 분위기 가스의 평형탄소농도를 어떻게 조절할 것인가에 의해 결정된다. 그때 피처리품의 두께에 의해 경화층 깊이가 영향을 받는 점과 합금 원소량에 의해 표면 경도가 영향받는 점 등을 고려하여 보정할 필요가 있다. 또한, 평형탄소농도를 관리하기 위해서는 보통 노점법, CO_2량법이나 O_2센서법이 이용된다.

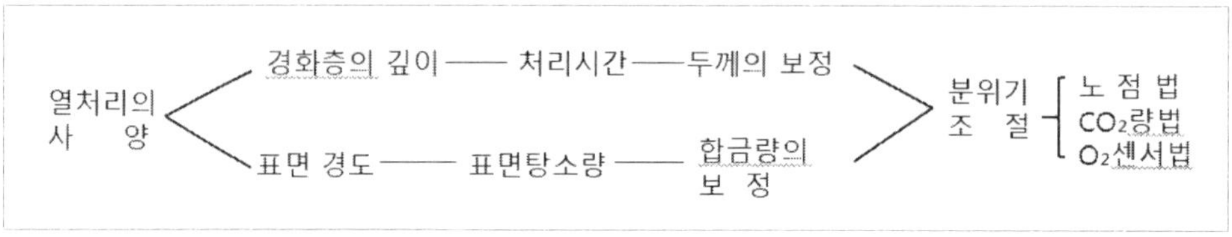

그림7-7 분위기 조절의 순서도

7.2.3 진공침탄법

진공침탄법이란 밀폐된 용기(진공환경)내에 C_3H_8 등의 탄화수소계 침탄성 가스를 300~400 Torr로 투입하고 부품을 900~1050℃로 가열하여 침탄처리 하는 열처리 방법이다. 그림7-8의 진공침탄 사이클에서 ① 침탄가스를 투입하고 승온시켜 823℃이상에서 온도가 균일해질 때까지 1.7h 유지하고

② 침탄고정으로 오스테나이트 온도까지 가열하여 탄소가 최대한 혼합가스를 첨가하여 침탄가스의 분압을 높여야 하며, ③ 확산단계로 탄소를 확산시켜 표면과 탄소농도 기울기를 완만한 상태로 만들어 준다. ④ 830℃에서 균일한 온도를 약 20분 정도 유지 후 유냉 처리한다.

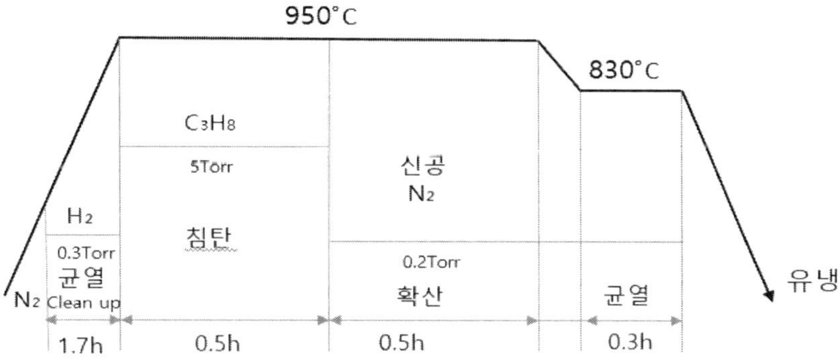

그림7-8 진공침탄 열처리 사이클 선도 예

진공침탄의 특징은 다음과 같이 정리 하였다.

1) 침탄제의 효율이 높고 진공상태에서 진행되므로 표면이 청청화 된다.
2) 짧은 시간에 깊은 침탄이 가능하여 경제적이다.
3) 노내에 산소가 없으므로 산화방지가 된다.
4) 처리품의 이동이 없으므로 이동으로 인한 손상, 변형 우려가 적다.
5) 진공중 가열로 침탄층이 균일성하여 열처리 품질이 확보된다.
6) 높은 온도에서 침탄처리 되므로 결정립 성장과 변형발생 우려가 있다.
7) 투자비가 고가이며, 엄격한 작업조건이 필요하다.

최근에는 진공 침탄 전용재료의 개발을 통해 결정립 성장에 대한 제어가 이루어져, 품질적 측면의 향상과 함께 다양한 제품처리가 가능하다.

5. 침탄 후 열처리 조건과 경화층

같은 시료를 침탄한 후 서냉 및 담금질과 템퍼링한 침탄층의 표면부 조직은 일반적으로 공석강 정도의 농도가 되며, 담금질, 템퍼링 후의 경화층은 마르텐사이트 또는 마르텐사이트+페라이트가 되고 서냉조직의 펄라이트에 대응한다. 침탄 후의 열처리 공정순서는 다음 그림7-9와 같다.

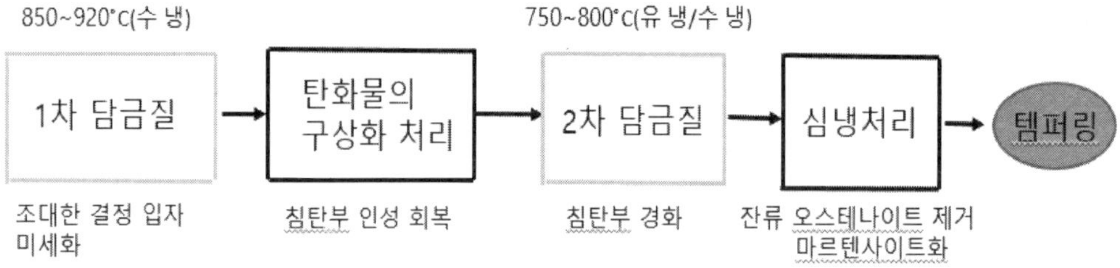

그림7-9 침탄 후 열처리 공정도

표7-4 Ni-Cr강의 침탄 후 담금질법과 경도

처 리 방 법	침탄층의 경도[HRC]			
	탄 소 강		2%Ni-0.5%Cr강	
	침탄표면	0.5mm내측	침탄표면	0.5mm내측
950℃에서 직접 퀜칭	56.4	62.3	47.6	53,4
950℃에서 780℃의 노에 옮긴후 퀜칭	60.3	63.5	61.8	62.9
950℃에서직접퀜칭 후 780℃에서 재퀜칭	60.0	62,0	62,9	62,8
서냉 후 780℃에서 퀜칭	63,0	63,7	62,5	62,9
서냉 후 900℃에서 퀜칭 그 후 780℃에서 2차 퀜칭	64.5	65.1	63.7	64.2

탄소강 및 2% Ni-0.5 Cr 강을 950˚C에서 침탄했을 때의 퀜칭법과 경도 관계를 표7-4에 나타내었다. 950℃에서 직접 퀜칭한 경우는 두 강종 모두 경도가 낮으며 특히 표면 경도가 낮은 것은 잔류 오스테나이트가 다량으로 발생한 결과라고 생각된다. 서냉한 뒤 퀜칭한 경우는 비교적 양호한 경도가 얻어지고 있으나 1차, 2차 퀜칭을 실시한 정규조건에서는 경도가 양호하며 결정 입자의 조정이 이루어져 기계적 성질도 양호하다. 그러나 2회의 퀜칭은 변형 증가와 추가 처리 소요로 앞의 그림7-8과 같이 1차 퀜칭이 생략되는 경우가 많다.

또한, 그림7-9의 침탄 후 열처리 공정에서 탄화물의 구상화 및 심냉처리 공정도 특수한 부품에 적용하는 열처리이다. 침탄 후 확산처리 단계는 좌표면의 탄소량의 저하, 경도분포의 개선, 유효 경화층의 증가를 목적으로 한다.
여기서 유효 경화층 깊이란 침탄 후 퀜칭 그 상태 또는 200℃ 이하에서 템퍼링 한 경화층의 표면에서 그림7-10에 나타내듯이 단면 경도가 HV 550(HRC 50) 인 위치까지의 거리이다. 이것에 대해 경화층의 표면에서부터 경화층과 심부 사이에서 경도 또는 조직의 차이를 구별할 수 없는 위치까지의 거리를 **전경화층 깊이**라 부른다.

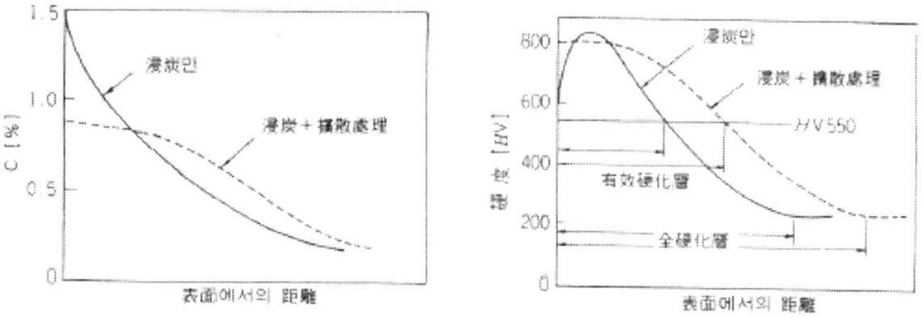

그림7-10 침탄의 확산처리와 경화층 깊이

침탄은 확산현상에 의해 성립되고 있으므로 침탄 방법에 상관없이 전침탄층 깊이는 F. E. Harris의 식에 의해 계산으로 구해진다.
이것을 식 (7.27)에 나타냈는데 *D*는 침탄깊이[in], *T*는 Rankine의 절대온도 (°F + 460), *t* 는 처리시간[h]이다.

$$D = 31.6\sqrt{t}\,/10^{(6700)}{}_{//T} \qquad (7.27)$$

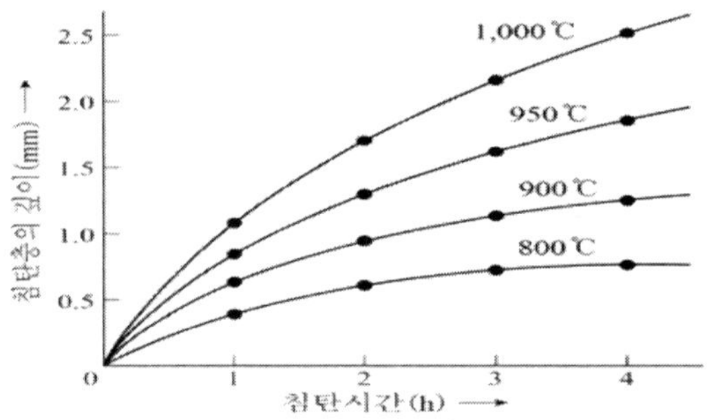

그림7-11 침탄시간, 온도에 따른 침탄층 깊이 추이

계산에 의한 850~1000℃ 에서의 전침탄 깊이를 그림7-11에 나타냈으며, 전경화층 깊이는 이 결과와 거의 일치한다. 침탄층의 깊이는 침탄시간이 길수록 또 온도가 높을수록 더 깊은 침탄층을 확보할 수 있음을 알 수 있다. 그러나 유효경화층 깊이는 퀜칭, 템퍼링 조건에 의해 좌우되므로 어느 정도 적어진다.

침탄경화된 강의 유효 경화층에 대해 KS D 0215에 규정이 정해져 있다. 표7-5에 경화층 심도의 불균일 허용치를 JIS B 6914에 의거 나타내었다.

표7-5 침탄 경화층 심도의 불균일 허용치

경화층 깊이(mm)		길이의 분포			
		유효경화층 깊이(mm)		전경화층 깊이(mm)	
		단체내	동일lot내	단체내	동일lot내
	0.5이하	0.1	0.2	0.2	0.3
0.5이하	1.5이하	0.2	0.3	0.3	0.4
1.5이상	2,5이하	0.3	0.4	0.4	0.5
2.5이상		0.5	0.6	0.6	0.7

7.3 침탄질화 처리(청화법)

침탄질화는 가공성이 좋은 연강, 저탄소강, 또는 압연강재를 가공한 후 표면층에 탄소와 질소를 동시에 확산 침투시키는 방법으로, 침탄성 가스에 암모니아가스(NH3)를 첨가해서 강표면에 침입시킨 후 담금질하여 표면만 경화시키는 열처리 방법이다.

침탄질화의 장점으로 ①강의 내부는 유연한 조직이 그대로 있기 때문에 인성이 높고 표면층은 내마모성을 유지할 수 있으며, ②처리온도가 낮고, 공기담금질이 가능하여, 담금질 변형이나 열처리 균열을 줄일 수 있다.

③합금강 사용이 가능하고, ④청결하며 표면의 광휘상태가 얻어진다.

⑤가스침탄에서 카본 포텐셜을 저하시키는 유해가스는 암모니아가스 첨가로 경감시킨다. 또한 ⑥경화층의 균일성이 좋으며 뜨임에 대한 저항성이 크다.

⑦표면의 화합물층으로 내마모성, 내식성이 향상되며, 입계산화가 개선된다.

⑧가스침탄설비를 그대로 상용할 수 있으며 다량생산에 적합하다.

하지만 담점으로, ①표면층의 탄소 및 질소농도가 상승하기 쉽고, ②잔류 오스테나이트가 발생한다든지 화합물층이 생성하기 쉬우며, ③트레이, 콘베이어 등 노내 내열 부품의 수명이 저히한다. ④분위기의 조절이 복잡해지고 시료가스 채취용 배관에 백색 생성물을 만들기 쉽다.

흡열형 변성가스를 사용한 경우의 가스 침탄처리의 일례를 그림7-12에 나타냈는데 침탄성 분위기에 5% 이하의 NH_3를 첨가하여 800~900℃로 처리하는 것이 보통이다. 또 적하식 분해 가스에 의한 경우는 메탄올에 요소($(NH_2)_2CO$)나 포름아미드($HCONH_2$) 등을 첨가한 적하액이 사용된다.

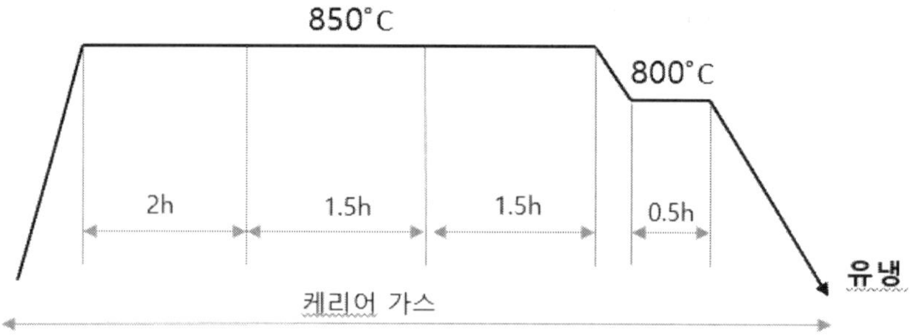

Enriched 가스	0.8%	0.5%	0	0
NH_3	2.5%			0

그림7-12 가스 침탄질화 처리의 예

침탄질화의 반응식은 식(7.28)로 표기할 수 있으며,

$$CO(HN_2)_2 \rightarrow CO + 2H_2 + 2[N] \qquad (7.28)$$

C-H-O-N계의 유기제를 로내에 적주하면, 침탄과 동시에 질화가 일어난다. 이때 발생하는 질소에 의해 질화가 일어나며 CO에 의하여 침탄이 일어나고, 침탄 또는 질화의 주체 여부는 처리온도에 따라서 결정된다.

그림7-13에서 침탄처리된 것과 침탄질화 처리된 열처리 부품의 표면 경도의 깊이를 비교한 것으로, 0.5mm 이내의 표면에서는 침탄처리한 것이 경도가 약간 높으나, 표면에서 2.0mm까지 침탄질화 처리품의 경도가 높고, 2.0mm 이상이 되면, 침탄 처리품과 침탄질화 처리품의 경도가 같아진다.

따라서 표면의 유효경도 범위의 경도에서 침탄질화 처리가 효과적이다는 것을 알 수 있다.

그림7-14에서 침탄질화처리된 시료의 탄소, 질소, 및 잔류 오스테나이트 분포에서 초기에 탄소, 질소 함유량이 많을때는 잔류 오스테나이트가 많은 상태이나, 표면깊이가 길어질수록 잔류 오스테나이트가 줄어들지만 탄소의 경우에 표면에서 0.5mm가 넘어도 많은 잔류 오스테나이트가 존재한다.

반면에 질소는 표면에서 0,5mm 거리에서 잔류 오스테나이트가 미량으로 조직이 마르텐사이트화 되어 표면경화의 상태가 안정적이다. 탄소는 표면에서 0,5mm 이상에서도 많은 잔류 오스테나이트가 존재하므로 표면경화의 불안정성이 크다.
따라서 잔류 오스테나이트를 최소화 하기위해 처리온도와 가스분위 조절을 정밀하게 관리할 필요가 있다.

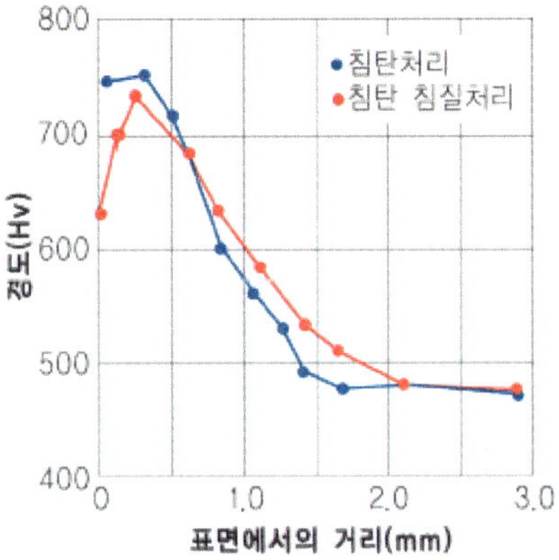

그림7-13 침탄처리와 침탄질화 처리의 경도분포비교

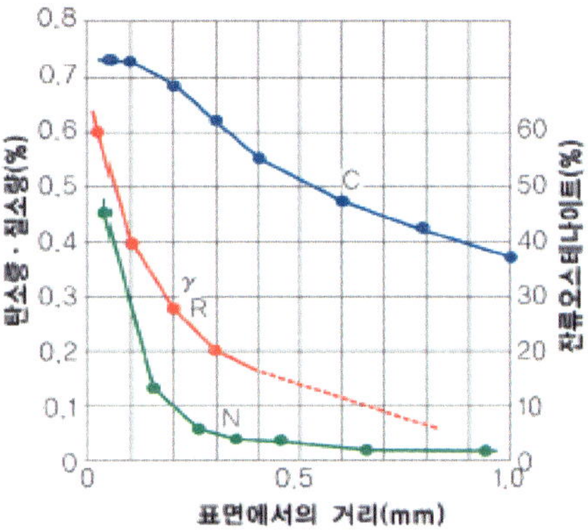

그림7-14 침탄질화 처리된 시료의 탄소 질소 및 잔류 오스테나이트 분포

7.4 질화 처리

강(Steel)표면에 질소(N)를 침투시켜 강 표면을 경화시키는 열화학적 처리 방법이다. 표면 경화면에서 침탄과 유사하지만 A1변태점(723 ℃) 이하인 500~600 ℃의 온도에서 처리하고 조직변화에 의해 경화되는 것이 아니므로 침탄과 비교하여 열처리 변형이 적은 장점이 있다.
고온에서 암모니아(NH3⇄3H+N)를 열분해 해서 발생한 질소가스(N)는 반응성이 커서 철과 쉽게 반응하여 굳은 질화물을 만든다. 50~100시간 유지하여 질화처리 시키는 것을 질화경화법이라 한다. 질화처리의 특징으로 ①높은 경도를 얻기어렵다. ②정밀부품의 표면경화외 사용 용도가 넓다. ③열처리 변형이 적다. ④내마모성이 크며, 피로한도가 향상된다. ⑤내식성이 우수하다. 단점으로는 ①열처리 작업시간이 장시간으로, 생산비가 높다. ②탄소강, Ni강 등은 거의 경화되지 않는다. ③표면에 매우 연한 소상(Fe_2)이 존재하기 쉽다. 그림7-15에 일반적인 질화처리의 개략도를 도시하였다. 질화층의 형성은 처리품의 재질, 처리시간, 온도에 따라 결정된다. 같은 재질이라도 처리시간과 온도에 따라 달라진다. 그림7-16, 17, 18에 나타내었다.

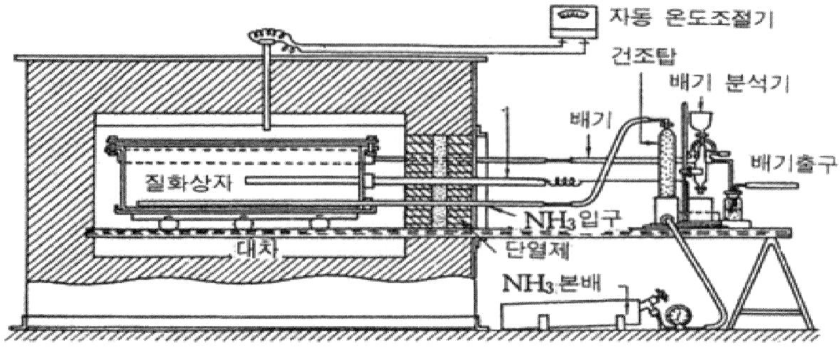

그림7-15 일반적인 질화처리 개략도

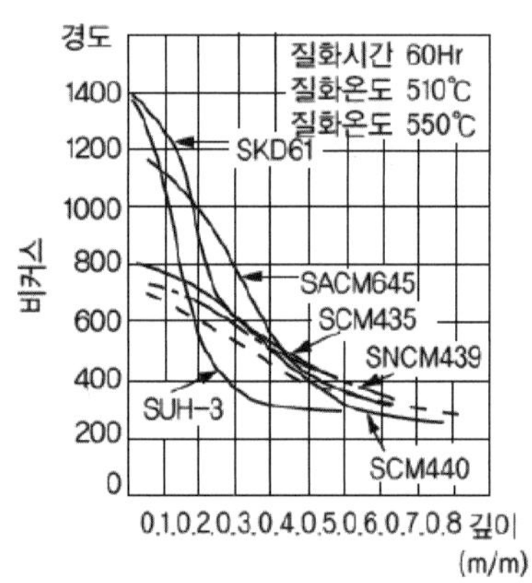

그림7-16 재질에 따른 질화층 깊이

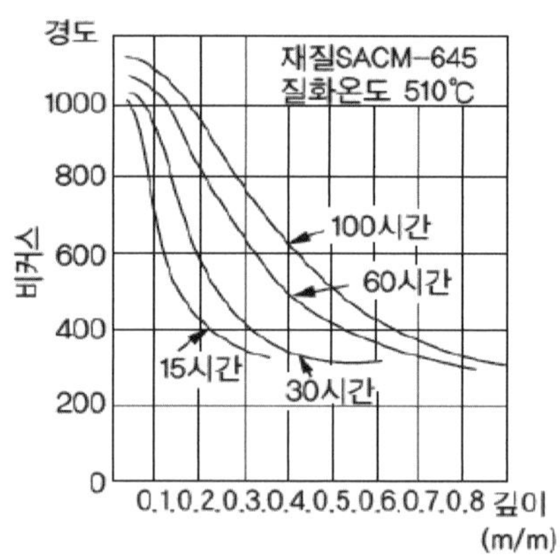

그림7-17 처리시간과 질화층의 깊이

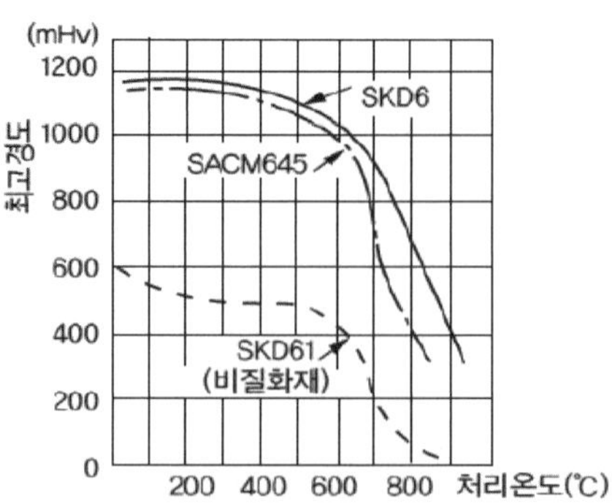

그림7-18 처리온도에 따른 내열성 추이

7.4.1 질화처리의 분류

질화처리의 구분은 크게 침투 원소에 따라 순질화와 연질화로 구분된다. 순질화는 질소(N)만 침투시켜 표면을 강화하는 방법이며, 연질화는 질소(N)와 약간의 탄소(C)를 침투시켜 표면을 강화하는 방법이다. 질화처리의 전체분류를 표7-6에 나타내었다.

표7-6 질화처리의 분류

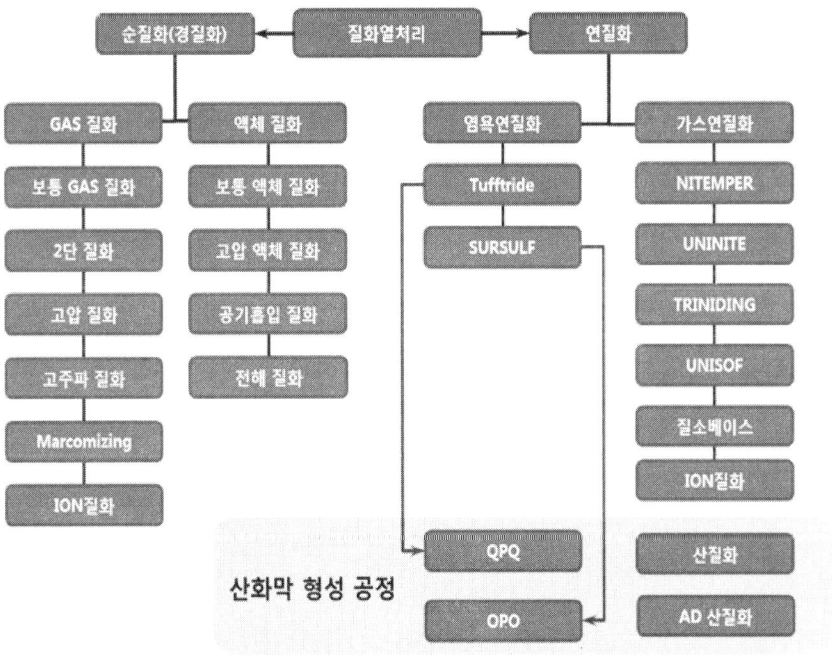

7.4.2 가스질화 및 산질화 처리

가스 질화처리는 질화처리 중 가장 전통적인 방법으로 1923년 독일 Adolf Fly 박사에 의해 개발된 표면경화 열처리법이다.
금속의 A1변태점(723℃)이하의 온도인 500~550℃에서 암모니아 가스에 의해발생된 질소(N)가 강(Steel)중의 미소성분인 Al, Cr, Mo, Ti 등과 화합하여 질화물을 만들고, 그 질화물이 경도를 높인다.
산질화 처리(신속질화법)는 기존가스질화(NH_3)에 소량의 산소(1~5%)를 첨가 처리하는 방법으로 안정적인 침탄 깊이와 경도를 얻을 수 있다.

암모니아 가스(NH_3)의 반응식은 다음과 같다.

$$2NH_3 = 2(N) + 3H_2 \tag{7.29}$$

식 중의 질소(N)은 강 표면에 접촉하여 생긴 원자 상태의 질소이며, 강중에 침 입하여 질화물을 생성한다. 한편 강 중의 합금원소의 질화물은 AIN, CrN, Cr_2N, VN, Mo_2N, Mo_2N 등이 있으나, 합금 원소량이 적으므로 통상의 현미경 조직이나 X선 회절로 확인할 수 있는 것은 Fe 질화물 뿐이다.
일반적으로 질화처리조건은 500~550℃, 50~100시간이 표준으로 되어 있다.
그림7-19에는 가스 질화에서 최고 경도와 질화층 깊이의 관계를 나타낸 그림으로, 질화온도 상승과 함께 질화층 깊이는 증가하지만, 최고 경도는 반대로 저하한다. 경도가 높은 질화층을 얻기 위해 Al, Cr, Ti, V, Mn 등 안정된 질화물을 만드는 합금원소가 강에 함유되어 있어야 한다.
특히 Al 과 Cr을 함유하는 강은 강화하기 쉽고 질화강 외에 다이스강, Cr-Mo강을 질화해도 비교적 높은 경도가 얻어진다.

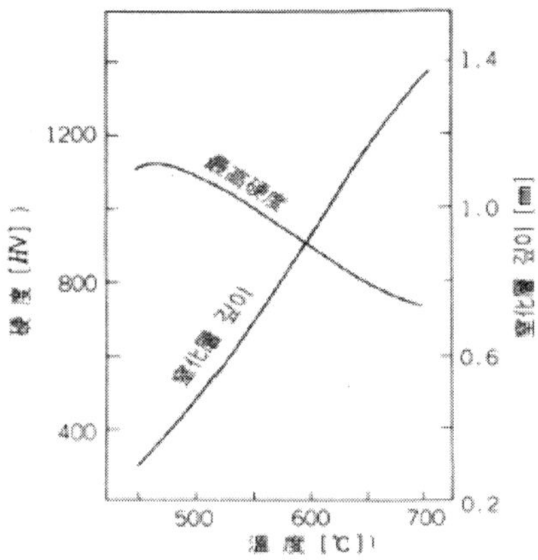

그림7-19 가스질화에서 최고 경도와 질화층 깊이(50h)

가스 질화 시료의 경도 분포의 일례가 그림 7-20이며, 이런 예는 처리방법이 적당하다면 가스 질화에서도 단시간 처리가 가능하다는 것을 나타내고 있다. 종래 두꺼운 질화층을 얻기 위한 50~100시간이란 장시간 처리는 가스 질화처리의 문제점의 하나이며, 질화반응을 촉진시켜 단시간 질화를 목적으로 하는 시도가 여러 가지로 행해지고 있다.

2단질화법이 그 하나이며, 처리 예로서는 500~510℃ × 24h, 600~610℃ × 24h의 2단계 질화를 행함에 따라 경화층을 대폭적으로 증가시킬 수 있다. 또 500℃, 590~650℃, 500°C의 3단계 처리방법이 좋다는 결과 보고서도 있다. 신속질화법으로서 최근 개발된 기술이 산질화법 (酸窒化法)이다. 이

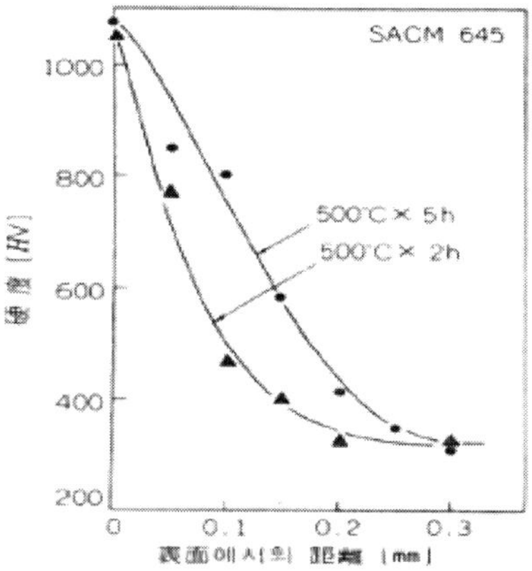

그림7-20 질화처리의 경도분포

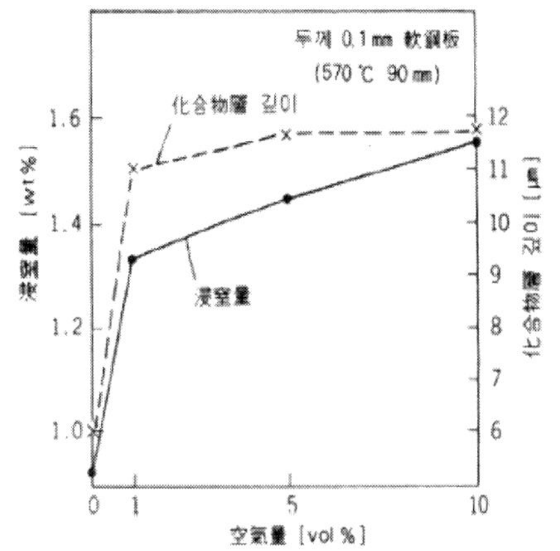

그림7-21 산질화처리의 산소첨가량의영향

방법 은 종래의가스 질화에 사용되는 NH_3에 소량의 공기 혹은 산소를 첨가하여 처리하는 것으로서 일부에서는 실용화되고 있다. 산질화처리에서 공기첨가량의 영향을 그림7-21에 나타내었으며, 동일조건 하에서 화합물층 깊이 및 침질량은 대폭으로 증가하고 있다. 공기첨가량 1~5% 범위에서는 산화층 없이 화합물층이 얻어지는데, 더욱 첨가량을 증가시켜 생성되는 수 μm 의 산화층은 내마모를 필요로하는 부품의 초기 친밀성 향상에 유효하다고 한다. 또 SM 40C부터 STC3 의 탄소강에 적용한 경우의 화합물층 경도는 HV600 ~650 범위에서 안정되어 있다고 보고되고 있다.

7.4.3 염욕질화처리

청아염, 시안산염(KCNO,NaCN)의 화합물로서 염욕에 공기를 불어 넣어 시안 산염의농도를 일정하게 유지하여 처리하는 열처리 방법으로 터프트라이드(Tufftride)법이라고도 한다.

질소(N)의 침투가 신속하게 확산되고, 피로수명이 길고 내식성이 크며 열처리 시간이 짧아 신속 염욕질화법이다. 520~570℃의 온도에서 단시간(10~120분)동안 액체질화처리 한다. 반응식은 다음과 같다.

NaCN(또는 KCN) + O_2(공기투입) → 570℃

→ 5NaCNO → 열분해 3NaCN + Na_2CO_3 +2(N)   (7.30)

연강에 염욕연질화처리를 하면 경도 HRC 54정도 얻을 수 있으며, 연질화를 효과적으로 하기 위해 공기를 불어 넣는 장치가 필요하다. 자동차 부품의 치차류 또는 공구에 많이 이용되는 열처리 방법이다. 냉각과정(수냉 또는 유냉)에서 다소의 변형과 표면에 이물질의 결점이 있다. 그림7-22에 염욕질화 장치의 개략도를 도시하였고, 염욕질화처리의 재질별 경도분포를 표7-7에 나타내었다.

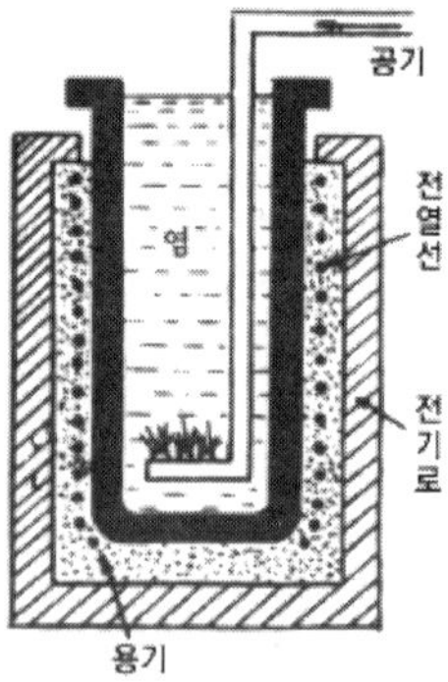

그림7-22 염욕질화장치

염욕질화처리에서 표면경도가 높고, 내마모성이 우수하지만, 공구류나 금형 등 고강도와 고내마모성을 요구하는 경우에는 다음 조건을 만족해야만 효과적이다.

① 내구성을 중시하는 경우에는 사전에 조질처리가 필요하다.

② 변형 및 심부 경도의 관계에서 처리온도는 조질 시의 템퍼링 온도보다 낮은 것이 좋다.

③ 박리를 방지하기 위해 경도분포의 구배를 가능한 완만하게 한다.

④ 표면의 거칠기를 적게 한다.

표7-7 염욕질화처리의 강종별 경도분포와 화합물층 깊이

분 류 (재질)		화합물층(㎛)	확산층(mm)	표면경도(HmV)
주철	FC / FCD	5~10	0.2↑	450~550
저탄소강	S10C / SS41	10~15	0.3↑	500~550
냉간압연강	SPC			450~500
탄소강	S45C / S55C	10~20	0.3↑	550~600
합금강	SCM/SNCM/SCR	10~15	0.3↑	650~750
질화강	SACM	10~15	0.3↑	900~1100
베어링강	SUJ2	10~15	0.3↑	600~700
다이스강	SKD61	5~10	0.1↑	900~1100
	SKD11			
합금공구강	SKS	10~15	0.3↑	550~600
불수강	SUS(austenite)		0.05↑	1100~1200
	SUS(martensite)		0.1↑	1100~1200
금형용강	KP4	10~15	0.3↑	600~700
	KP4M			650~750
쾌삭강	SUM	10~20	0.2↑	350~450
고속도강	SKH	5~10	0.05↑	1100~1400

7.4.4 이온질화처리

1~20Torr의 질소 혼합 가스(N_2 또는 N_2 + H_2)분위기 중에서 로체를 양극,처리물을 음극으로 하여 수백 Volt의 직류전압을 가하면 글로방전이 발생되며 플라즈마가 부드러운 빛으로 처리물을 덮는다. 이때 Ion화된 가스성분은 고속으로 가속되어 처리물 표면에 충돌되어 가열한다. 동시에 스퍼터링(Sputtering)작용으로 질화가 진행된다.

종래의 질화법과 전혀 다른 획기적인 처리법이며, 자동차부품, 정밀부품, 금형등 이용도가 높아지고 있다. 이온이 갖는 고운동 에너지를 열에너지로 변환하여 처리물을 가열하여 표면으로부터 전자, 원자가 반발된다. 이때 전자와 원자는 질소와 화합하여 질화층을 형성한다. 가스 비율조정으로 화합물층 조절이 가능하여 적합한 기계적 성질 가능, 부분 질화가 가능하고 질화 속도가 비교적 빠르다.

가스 이용 효율이 좋고 무공해이며, 강 중 질소농도를 어느 정도 조절할 수 있는 장점이 있다, 반면에 설비장치비가 비싸고 처리 시의 온도를 정확히 측절할 수 없는 단점이 있다. 그림7-23에 플라즈마 이온질화처리의 개략도를 나타내었다.

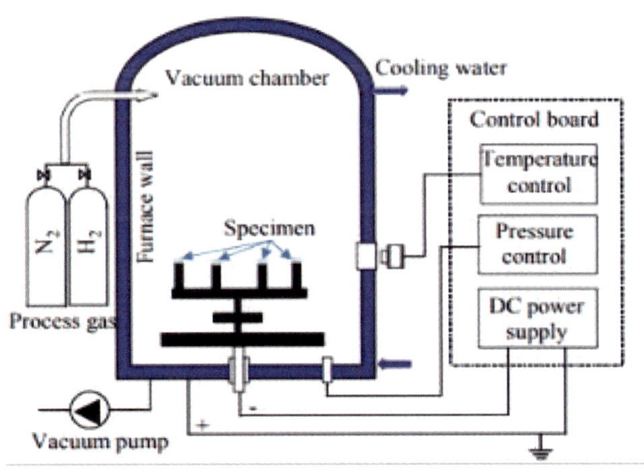

그림7-23 플라즈마 이온질화처리 개략도

그림7-24와 7-25에서 이온질화처리의 질화층 깊이는 전반적으로 공정온도가 증가할수록 증가하는 경향이다. 특히 그림7-25의 580℃와 그림7-24의 500℃비교에서 580℃가 확산층 경도가 높고, 질화층의 깊이가 크게 나타나 피로 강도가 높을 것으로 판단된다. 표면 거칠기의 영향은 미미하다고 생각된다. 이온 질화처리의 질화층과 경도의 형성은 질소 가스의양, 공정시간, 공정온도가 가장 중요하다. 이온질화 열처리의 중요성이 점차 높아지고, 또한 관련 분야의 기술발전을 위한 연구도 활발히 진행되고 있다.

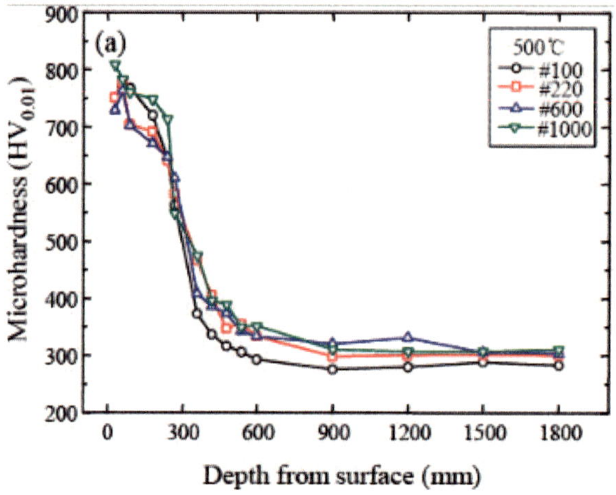

그림7-24 플라즈마 이온질화처리의 SCM440 온도와 경도분포의 관계(500℃)

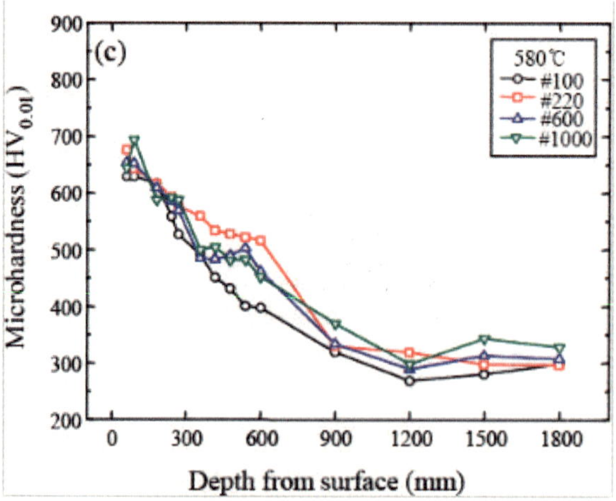

그림7-25 플라즈마 이온질화처리의 SCM440 온도와 경도분포의 관계(580℃)

7.4.5 가스 연질화처리

가스연질화는 N_2, CO_2, H_2, NH_3 등의 혼합가스를 사용하여 Fe-N-C계의 화합물층을 얻게 되며, 냉각 과정에서 진공처리 후 NH_3 또는 N_2 분위기로 냉각하므로써 변형이 없어야 하는 정밀한 제품을 고품질로 처리할 수 **최첨단 열처리 방법**이다. 염욕질화처리의 대체 처리로서 개발된 것으로, 흡열형 변성가스, 또는 적하식 분해가스 등의 침탄성 분위기에 NH_3를 30~70% 첨가하여 550~600℃에서 1~5시간 가열하는 방식이다. 경도는 *HV* 450~900 범위이며, 연강, 고합금강 등 폭넓게 적용된다. 피처리품의 표면층에서는 질소와 동시에 탄소도 확산되며, 가스 연질화처리의 일례로서 550℃ × 3h 처리한 연강(0.04%C)의 현미경 조직과 경도분포를 그림7-26에 나타 내었다. 최표면층은 다른 질화처리와 같이 화합물층이며, Fe_3 N, γ'-Fe_4N의 Fe의 질화물이 주성분이고 경도가 높은 층이다. 탄소강의 경우 그 내부의 확산층에서 침상조직 γ'-Fe_4N이 나타나는 것이 특징인데 경도는 비교적 낮으며 내부로 들어감에 따라 비경화층과의 차는 거의 확인되지 않게 된다. 처리목적은 피로강도, 내식성 향상이며, 일반적으로 구조용강을 이용한 경 하중 부품에 적용된다. 가스연질화의 특성으로

- 변형을 극소화하고 표면의 산화방지로 완성품처리가 가능하다.
- 내마모성, 내식성, 피로강도가 우수하다.
- 열처리 시간이 짧고, 침탄과 질화의 안정된 조직을 얻는다.
- 무공해 방법이며, 어떠한 강종에도 적용이 가능하다.

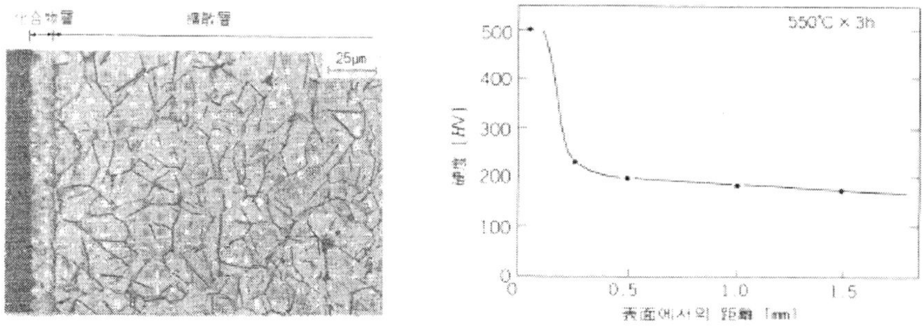

(a) 현미경조직 (b) 경도분포와 경화층 깊이

그림7-26 가스연질화 시료의 현미경조직과 경도분포

7.4.6 침유질화처리

침유질화처리의 공업적인 이용법은 1953 년에 프랑스에서 발표되었으며, 그 후 연구와 발전으로 산업 분야에서 실용화되고 있다. 질소를 칩입 확산시킴에 따라 내마모성 및 내피로성을 향상시키고, 동시에 유황을 침입시킴에 따라 윤활성을 가미한 점이 특징이 되고있다. 또 신속 질화처리로서도 유효하다고 하며, 미량의 유황 화합물을 첨가한 염욕에서 570°C로 1~5h 가열하는 방법이다. 그림7-27에 나타내듯이 최표면에 현저히 연한 화합물층이 생성되고 화합물층과 확산층과의 경계 부근에서 최고의 경도를 나타내고, 다시 확산층 내부를 향해 경도가 저하하고 있다. 또한, 그림7-28에 각 처리시간에서의 화합물층 깊이와 확산층 깊이를 나타냈다. 표7-8에 각종 질화법의 특성을 비교하였다.

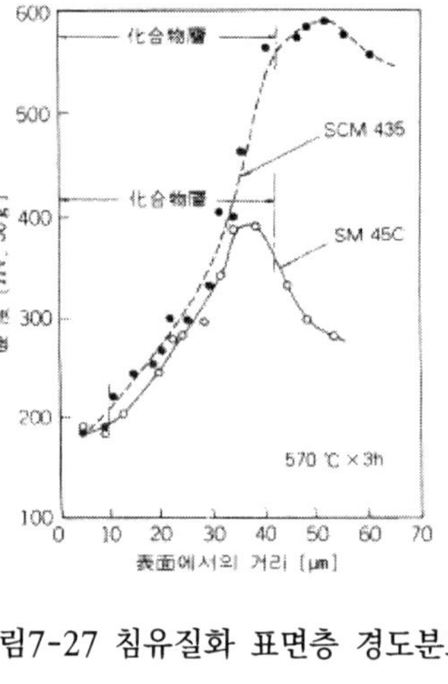

그림7-27 침유질화 표면층 경도분포

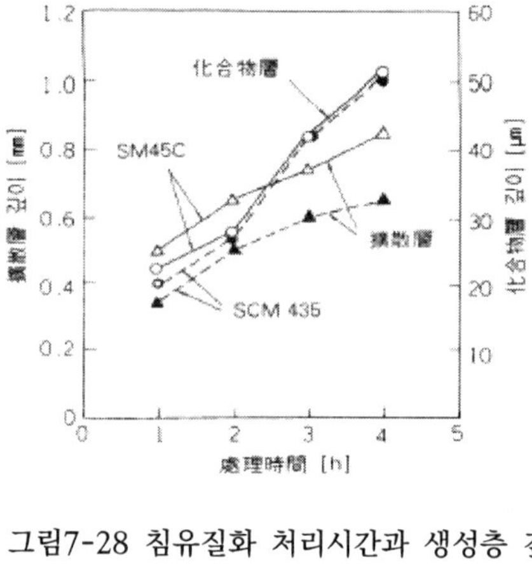

그림7-28 침유질화 처리시간과 생성층 깊이

표7-8 각종 질화법의 특성 비교

분류	경화층(mm)	표면경도(HV)	질화제	질화온도	장 점
가스 질화	화합물층0.03 확산층 0.6	고합금강 (1000~1200	NH_3	520~530 550~590	높은경도,내마모성, 피로강도
염욕 질화	화합물층0.04 확산층 0.4	탄소강 (400~600) 합금강 (600~1200)	CN염 CNO염	550~580	단시간,내소착성,피로강도, 모든강적용가능
가스 연질화			RX가스 CO_2 NH_3	550~600	내마모,내소착성,피로강도.내식성
플라즈마질화	화합물층 1/1000 확산층0.4		N_2+H_2	350~600	질화성양호,화합물층양호 넓은 조건설정가능
염욕 침황질화	화합물층0.04 확산층0.4		CN염 금속화합물	560~570	내소착성
가스 침황질화	화합물층0.02 확산층0.5	탄소강 (400~700) 합금강 (700~1200)	NH_3CO_2 N_2X가스	400~620	내마모성,내소착성,피로강도,내식성, 스테인리스강에 적당

7.5 고주파 표면경화처리(Induction Hardening)

고주파 열처리는 중탄소강 이상에서 행해지며, 고주파를 사용하여 필요한 부분만 가열, 냉각하는 표면만 경화시키는 방법이다.

고주파 열처리의 원리는 전자유도 현상을 이용하는 것으로, 전원이 연결된 코일A 가까이에 코일 B를 놓는 상태(양코일은 비접촉상태)에서 전원 연결하면 자기가 발생하여 이 순간 코일 B에도 전류가 유도된다. 여기에 코일 B대신에 제품(금속)을 놓으면 제품에 전류가 흐르게 되고 저항에 의해 열 발생으로 제품에 직접 가열하므로 효율성 높은 가열을 할 수 있다. 즉 유도된 전류로 처리품을 가열하는 방식의 열처리 방법이다. 코일 A 제작에서 가열하려는 제품의 부분의 모양에 맞춰 제작하여 필요한 부분만 가열하며, 제품의 모양(크기)과 원하는 경화층 깊이에 따라 주파수를 임의로 선정할 수 있어 효과적이다.

7.5.1 고주파 열처리 공정

기본적으로 고주파 전류를 흘리는 코일로 처리품을 감싸야한다 (유도자, inductor) 유도자는 동제로서, 제품과 형태가 일치해야 한다.
적당하고, 균일한 표면 담금질을 위해 상대적으로 회전이나 이동의 경우가 많다. 담금질 방법으로, 정지 퀜칭법과 이동 퀜칭법으로 구분한다.
정지 퀜칭법은 피 처리물의 가열부문을 한번에 퀜칭하는 방법으로 피가열물을 균일하게 냉각하기 위해 피가열물이 정지된 위치에서 회전하여 퀜칭하는 방법이며, 이동 퀜칭법은 피처리물에 부분적인 가열을 하면서 피가열물을 회전시키고 이동하며 연속적으로 퀜칭하는 방법이다.
앞서 언급한 주파수를 임의로 선정할 수 있는 형태로 주파수가 높을수록 가열깊이, 퀜칭깊이가 얕아지며, 퀜칭깊이 1mm의 경우 주파수는 일반적으로 60,000cycle이 필요하다. 이것의 의미는 에너지 집중이 좋고, 좁은 열영향부를 형성한다는 의미이다. 고주파 열처리에 적합한 강종으로 Mn, Cr, B, Ti, Zr, Pb, Ca 등의 합금성분이 함유된 강종에 효과적이다. 고주파 열처리 경화법은 정치단발경화법, 이동경화법, 특수경화법으로 나뉘어지며, 더욱이 퀜칭 조작에 의해 표7-9와 같이 분류되고 있다.

각 방식에서는 각각의 특징이 있으나

각 방식에서는 각각의 특징이 있으나, 자동화, 노동력 절약과 에너지절약면에서 결정되어야 한다. 고주파 열처리 경화를 할 때 가열용 유도자(coil)를 통해 가열되므로 피 열처리품의 치수, 형상에 적합한 코일제작이 가장 중요하다. 유도코일 형상의 예를 그림7-29에 나타냈으며, 형태의 선택은 피처리품과의 관계에서 경험적 요소가 중요하다.

표7-9 고주파경화법의 분류

대분류	소분류
정 치 단발경화법	정지식
	주사식
	요동식
이동경화법	직선식
	회전식
	모방식
특수경화법	직접통전가열식
	액중가열식
	저변형식

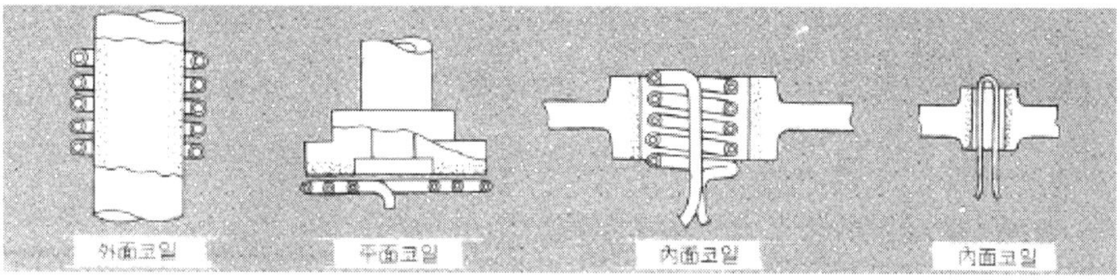

그림7-29 고주파 열처리 코일의 형상별 종류

7.5.2 고주파 열처리 냉각방법

고주파 열처리의 냉각 방식은 가열코일 분사 냉각법, 냉각관 분사 냉각법, 침지냉각법으로 구분된다.

가열코일 분사 냉각법은 유도자로 퀜칭 온도까지 가열되면 전류를 차단하고 유도자 내에 마련된 수많은 작은 구멍에서 물을 분사하는 냉각 방식이다. 냉각관 분사 냉각법은 가열 후 별도의 냉각관을 통해 처리물에 냉각수를 분사하여 냉각하는 방법이다. 침지냉각법은 피가열물을 침지하여 냉각는 방법이고, 냉각제로는 대부분 물을 사용하지만, 변형, 담금질 균열방지를 위해 수용성 유화제, 기름 등을 사용하는 경우도 있으며, 물의 사용온도는 10~35℃, 냉각유는 40~80℃, 수용성 냉각제는 10~40℃이다. 그림7-30에 고주파 열처리 냉각 방법을 표시하였다.

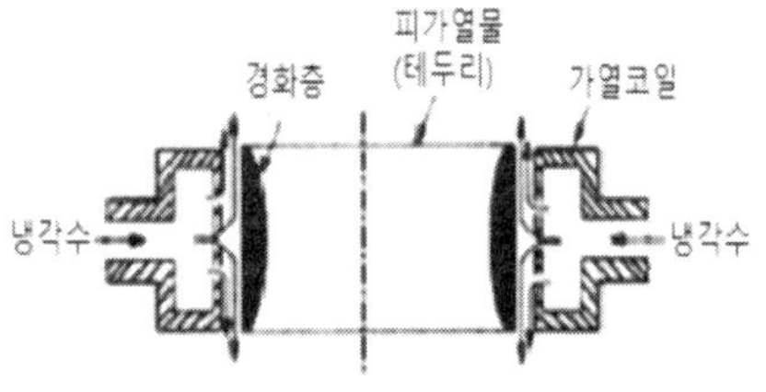

(a) 가열코일 분사 냉각법

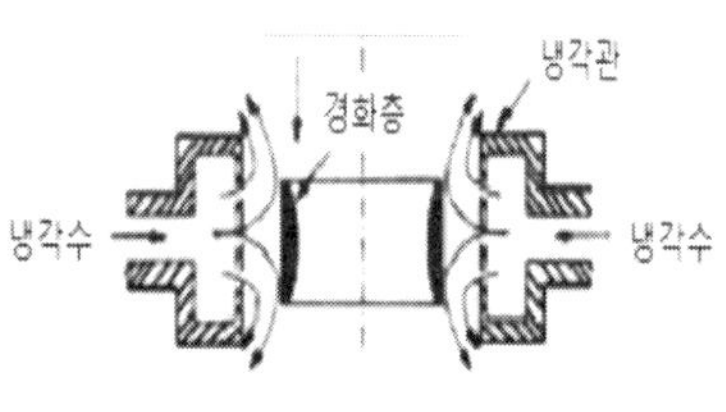

(b) 냉각관 분사방식 냉각법

그림7-30 고주파 열처리 냉각 방법

7.5.3 고주파 표면 열처리의 특성

급속한 가열로 인해 재료의 담금질성, 결정립 성장 방지, 중탄소량 보유강의 절삭성 등을 고려하여야 한다. 고주파 열처리의 장점으로는 월등한 경제성,

고품위의 품질확보, 비접촉 가열, 신속 작업, 연속작업, 등이다.
직접가열 방식에 따른 높은 효율로 총 생산비용이 저렴하다. 설비제작비용이 고가이지만 저렴한 생산 효율로 인해 총생산비용이 충분한 원가 경쟁력을 확보하여 총생산비용은 상대적으로 저렴하다.
또한 부품의 재질과 크기에 따른 적절한 주파수 선택이 가능하므로 균일한 온도, 속도를 임의적으로 제어할 수 있어 고품질의 열처리 가능하다.
열처리 부품을 가열원으로 부터 완벽한 분리, 차단이 가능하여 각종 오염을 방지를 할 수 있다. (반도체 웨이퍼 실리콘 제조 공정등 최첨단 기술분야에 응용) 금속 접합, 건조 등 고주파가열은 대부분 초 단위 작업이 가능하여 재료의 재질 변화 방지및 대량생산의 공정 연결이 용이하여 타 연료장치의 가열방식과 비교하면 획기적으로 효과적이다.
표면은 초경도(HRC60이상)이며, 내층은 인성을 유지하고 있는 특성이 있고, 표피 효과에 의한 표면 압축응력은 피로 강도 증대 효과를 가져옴으로 피로한도가 높아진다. 도금 열처리의 경우 짧은 시간에 균일한 도포로 재료의 획기적 절감이 가능하며, 완전 무공해 작업으로 위생적이고 타 열처리와 비교하여 예비 시간이 필요 없어 설비의 가동율이 좋다. 또한 설치 면적이 작아 효과적이다. 단점으로는 시설 투자비가 고가이므로 열처리의 목적에 부합하는 경화 깊이에 따라 고주파, 중주파로 나누어 열처리 장비를 선택하여야 한다.
재료의 두께에 따라 변형량의 차이가 있을 수 있으며 내경 공차부가 있는 경우의 제품은 재가공이 필요할 수 있다. 또한, 고주파 열처리는 인덕터 형상과 국부적으로 가열로 강종에 제한 강종의 형상에 제한이 있으며, 이것은 고주파가 주변 환경에 영향을 줄 수 있는 요소이다.

7.6 화염표면경화처리

 산소와 연료가스(아세틸렌, 프로판, 메탄, 천연가스)의 혼합 화염으로 강표면을 급속 가열하여 냉각수로 급냉하면 표면에 마르텐사이트층을 형성하여 표면층이 경화되는 열처리 방법이며, 부품의 내부는 연성을 유지하면서 표면의 마모 저항성과 피로강도를 크게 향상시키는 열처리 방법이다.
화염을 사용하여 금속부품의 표면을 오스테나이트화 온도까지(800~900도) 빠르게가열 하여 가열된 부위를 물이나 오일로 신속하게 냉각시킨다.
냉각시 냉각속도는 경화 깊이와 최종경도 결정에 영향을 미치며, 재가열의 경우부품의 인성을 높이기 위해 가열과 냉각과정을 반복할 수 있다.
화염표면경화 열처리의 특징은 ① 피처리품의 크기·형상에 관계없이 다양한 부품과 형상에 적용할 수 있다. ② 부분경화가 가능하다. ③ 설비와 운영비용이 상대적으로 낮아 중소 규묘의 작업에 이상적이다. ④ 특수 장비가 필요없어 현장에서의 유지보수가 용이하다. 단점으로 ① 온도측정이 곤란하다. ② 화염조절이 어렵다는 점 등의 결점이 있다. 특히 품질관리가 곤란한 점이 선택의 어려움을 주고 있다.
그림7-31에 화염 경화의 실시 예를 나타냈는데 (a)보다도 (b)와 같이 예열 버너를 이용한 경우는 경화층 깊이가 두터워지고 경도분포의 구배가 완만한 경향이 있다. 화염 경화에서 경도분포가 급격한 구배일 때는 경화층의 박리와 같은 열처리 결함이 일어나기 쉽다. 화염의 구분은 산화염, 중성염, 환원염으로 구분할 수 있는데 이것은 산소와 아세틸렌의 비에 따라 결정된다.
표7-10과 그림7-32에 나타내었다.

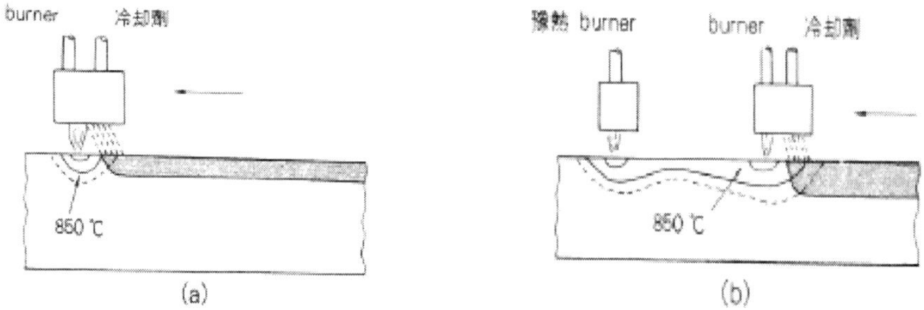

그림7-31 화염경화 의 형태

표7-10 산소-아세틸렌 비(比)에

따른 화염의 종류

산소-아세틸렌(比)	화염종류
1.7이상	산화염
1.0~1.6	중성염
1.0이하	환원염

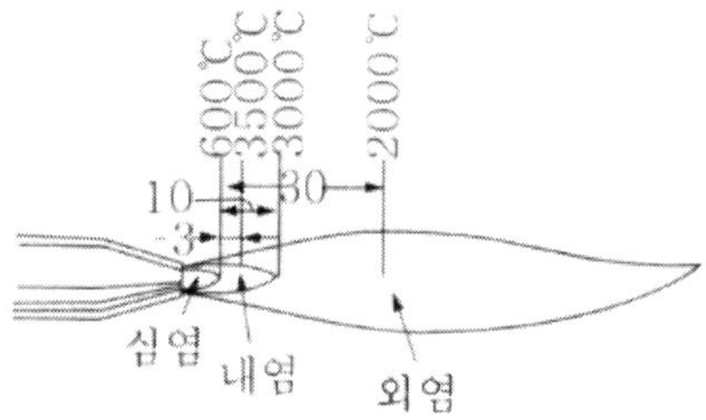

그림7-32 산소-아세틸렌 불꽃

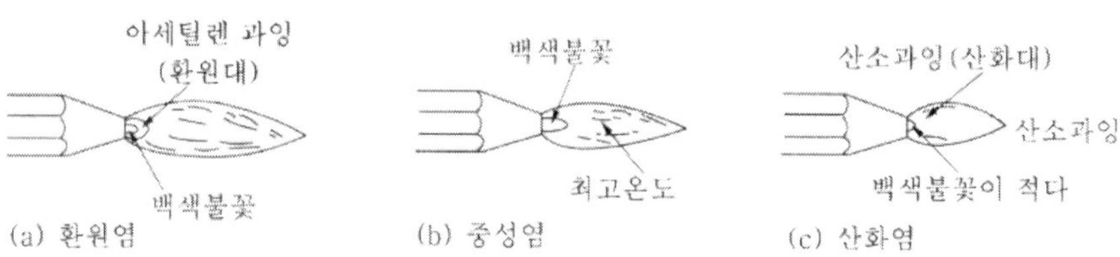

그림7-33 화염 표면경화 처리의 화염종류

7.7 금속탄화 침투법

금속을 침투시켜서 겉표면에 합금층을 만드는 방법이다.
부품 표면에 금속원소와 탄소에 의한 탄화물층을 형성하는 것으로 특히 표면층의 금속조직을 바꾸어 표면경화및 내식성, 내열성, 내마멸성이 등 기계적 성질과 화학적 성질을 획기적으로 향상시키는 것이다.
강재를 가열하여 그 표면에 철과 친화력이 강한 금속 Cr, Al, Si, B, Zn을 고온에서 확산 침투시켜 두 금속의 합금피막을 형성하여 표면을 경화시키는 열처리 방법이다. 금속 침투 원소별 특징을 정리하면 다음과 같다.

7.7.1 세라다이징(Sherdizing)

청분(blue powder)이라고 불리는 300메시(mesh) 정도의 가는 Zn 분말 속에 경화하고자 하는 처리품을 묻고 밀폐하여 가열 350~375도로 가열하고, 2~3시간 처리했을 때 Zn 분말이 확산 침투하여 0.06mm(60미크론)정도의 침투층을 얻을 수 있다.

아연도금과 같은 원리(아연도금 냉간압연강판 등)로 내식성, 방청성을 향상시키는 목적으로 Bolt, Nut 등 소형 부품에 이용된다.

7.7.2 크로마이징(Chromizing)

재료의 표면에 Cr침투하여 도금할 물건을 침투제인 크롬 분말(+Al2O3첨가) 속에 파묻고 1300~1400도에서 3~4시간 가열 유지하면, 사용 처리품은 탄소량이 많아지면 크롬 침투가 곤란해지므로 0.2%C 이하의 연가강을 사용하여 환원성 또는 중성 분위기에서 실시한다. 크로메이트 도금과는 다른 개념으로 Cr 조성으로 표면층은 스테인리스강의 성질을 얻어 내열성, 내식성, 내마모성, 경도가 증대된다.

7.7.3 칼로라이징(Calorizing)

철강의 표면에 Al을 침투 확산시키는 방법으로 Al분말을 소량의 염화암모늄과 혼합시켜 피경화 재료와 같이 회전로 중에 넣어 중성 분위기를 만든 후 850~950℃에서 2시간 정도 가열 유지하여 Al을 침투 확산시키는 것이다.

고온에서 사용하는 관, 용기 등에 사용되고, 적용되며, 고온 산화 방지, 고온 분위기 유황 저항력이 크며, 내열성이 향상된다.

7.7.4 보로나이징(Boronizing)

철강에 붕소를 확산시켜 붕소 화합물을 생성하는 방법으로 900℃에서 붕소 화합물 층이 얻어진다. 표면 경도는 Hv 1300~1400, 경화 깊이는 0.15mm 정도이다. 붕소 침투 후 확산처리 또는 풀림 등을 해서 붕소를 분산시키는 것이 필요하며, 경도가 높아 경인발이나 딥드로잉용 금형의 표면처리에 이용된다.

7.7.5 실리코나이징(Siliconizing)

철강에 Si를 확산 침투, 내산성, 내열성, 내식성 향상시키는 것으로, 규소 또는 페로실리콘 (FeSiO) 합금분말 중에 제품을 넣어 환원성의 염소가스 분위기 중에서 930~1000℃에서 가열하여 확산시킨다.
저탄소강은 2시간 처리하여 0.5~0.8mm 정도의 Si 피막층을 확보된다.

7.8 전자빔 표면경화처리

고에너지 전자빔을 이용하여 금속 부품의 표면 또는 특정 영역을 국소적으로 가열한 후 빠르게 냉각시켜 표면의 경도를 향상시키는 현대적 열처리법이다. 매우 높은 에너지 집중도를 가능하게 하여 깊이 조절과 정밀한 가열이 요구되는 작업에 적합하다.

전자빔 표면경화의 원리는 진공 상태에서 고전압을 이용해 생성된 전자빔을 금속표면에 조사하여 가열하는 원리이며, 전자빔은 금속의 표면에 높은 에너지를 집중시켜 국소적으로 빠르게 가열한다. 이후 자연냉각 또는 급격히 냉각하여 표면의 금속조직이 오스테나이트로 변환되었다가 냉각과정에서 마트텐사이트로 변화하여 표면의 경도가 크게 증가하는 원리이다. 다음은 처리방법을 요약했다.

① 과열: 전자빔장치를 사용하여 타켓금속표면을 정밀하게 가열한다.

② 냉각: 자연냉각 또는 급냉하여 표면층의 경화층을 형성한다.

③ 조절: 전자빔의 에너지, 조사패턴, 가열시간 등을 조절, 처리할 부위에 특성에 맞게 경화 깊이, 경도를 정밀하게 조절한다.

전자빔 표면처리의 장점으로 고정밀도를 얻을 수 있다. 전자빔의 크기와 조사 위치를 매우 정밀하게 조절할 수 있어 필요 부위만 선택적으로 경화시킬 수 있다. 또한 고에너지의 전자빔은 금속내부까지 깊이 침투가능하며, 가열시간이 매우 빨라 공정시간 단축이 가능하다.
진공상태에서 진행되므로 환경오염이 없는 환경친화적 열처리 방법이다.
적용분야는 항공우주산업의 항공기, 우주선의 구조부품 및 엔진부품에 적용되며, 고온과 고압 환경의 핵 반응기의 핵 반응부품과 자동차 산업의 고성능

엔진, 변속기 부품 등 내마모성 피로 강도가 요구되는 부품에 적용하는 열처리법이다.

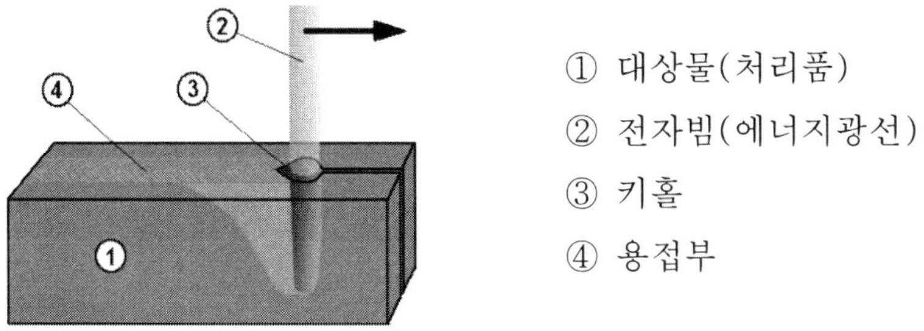

그림7-34 전자빔을 이용한 키홀 용접 예

7.9 레이저 표면경화처리

금속재료의 표면에 높은 에너지밀도를 가지는 레이저빔을 조사하여 처리품의 용융온도 직전까지 급격히 상승시킨 후 급격히 냉각시킴으로써 조직의 변화를 유도하는데, 처리품의 표면에 조사된 레이저빔은 열에너지로 변환되어 처리품의 표면을 가열시키고 다시 냉각시켜(Self-Quenching)재료의 경도 및 강도를 상승시키는 방법이다. 레이저 열처리의 장점을 다음과 같이 정리하였다.

① 열처리 후 열처리품의 치수변화가 거의 없고, 치밀한 조직을 구성하며 표면 경도가 높고 별도의 냉각공정이 필요 없다.

② 3차원형상의 복잡한 기계부품 및 금형 제품, 칼날의 끝부분등 필요 부 위만 선택적 실시할 수 있다.

③ 고온계(Pyrometer)를 이용, 실시간으로 열처리품의 표면 온도를 측정 및 제어하여 대량생산 및 소량생산 공정에도 안정적 열처리 품질 확보가 가능하다.

④ 대상물에 적합한 여러 형태의 빔을 사용함으로써 작업 유연성 및 생산성 향상 효과가 크다.

레이저 열처리 적용 분야는 거의 모든 Tool Steel, Cast lron, Carbon Steel,

등에 적용 가능하다. 하지만 강재의 탄소함유량 0.2%보다 높아야 된다. 적용 제품으로 자동차, 전자, 조선, 항공부품, 사출 및 프레스, 금형, 커팅툴, 대형터빈, 기어의 나사산, 칼날, 공구류 등 다양하게 적용된다.

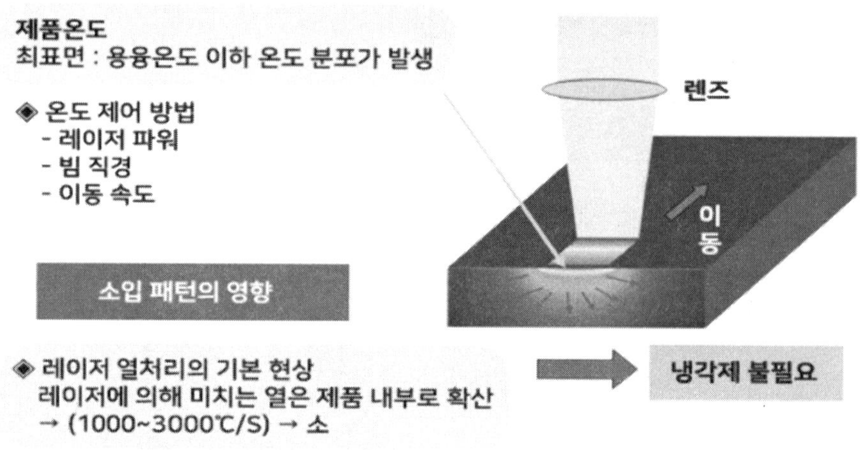

그림7-35 레이져(Laser)열처리 공정

08
기타 열처리

8.1 조질열처리

조질열처리는 열처리 중 가장 중요한 열처리로 담금질(Quenching)과 뜨임(Tempering)을 동시에 진행하는 열처리이다.
금속재료를 840~880℃의 고온에서 가열하여 안정된 오스테나이트화 하여 유지한 뒤 급격히 냉각하고 이후 처리 품의 목적에 따라 적정온도에서 다시 가열하여 템퍼링 하면, 내부의 미세구조가 조절되어 원하는 기계적 성질을 얻는 열처리로서 재료의 경도, 강도, 인성, 등의 균형을 최적화하는 것이다. 특히 중탄소강, 합금강에 적용, 부품의 마모 저항성과 피로강도를 향상시키고 충격에 대한 저항력을 개선하는데 이용된다.

8.1.1 조질열처리 과정

1. 담금질(Quenching)

금속 부품을 오스테나이트화 하기 위해 A3점 또는 A1점 온도 이상

(+30~50℃) 가열한 후 물 또는 오일로 급격히 냉각하여 강내부에 마르텐사이트조직이 형성화 한다. 그림8-1에서 보는 바와 같이 일반적인 조질열처리의 담금질은 3단계의 영역으로 설명할 수 있다.

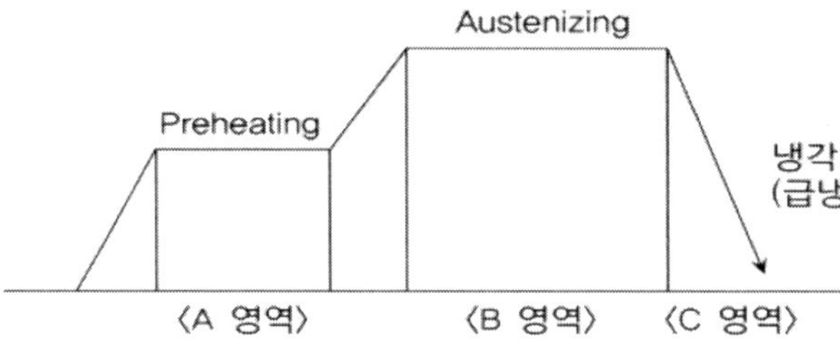

그림8-1 일반적인 조리열처리 담금질 사이클

A영역은 예열단계로 열처리 변형을 방지하기 위해 500~600℃로 가열한다. 강은 500℃에서 탄성에서 소성으로 변화하는 성질이므로 소성상태에서는 열처리 중에 변형이 최소화되기 때문이다. B영역은 오스테나이트화되는 단계로 내. 외부 충분한 가열과 재질에 따른 표준 온도와 시간을 준수하여야 급냉시 미세한 마르텐사이트 조직과 잔류 오스테나이트를 최소화할 수 있다.
C영역은 냉각단계로서 조질 처리 중 매우 중요한 단계이다. 최대한 급냉하되 재질의 화학적 성분, 제품의 두께, 형상을 고려하여 가장 적합한 냉각 방법을 선택하여야 변형, 크랙을 방지할 수 있다.

2. 템퍼링(Tempering)

급속냉각으로 경화된 강을 다시 적정온도(200~)로 가열하여 천천히 냉각하여 재료의 취약성을 완화하여 인성을 얻는 단계로 3단계의 영역으로 설명할 수있다.

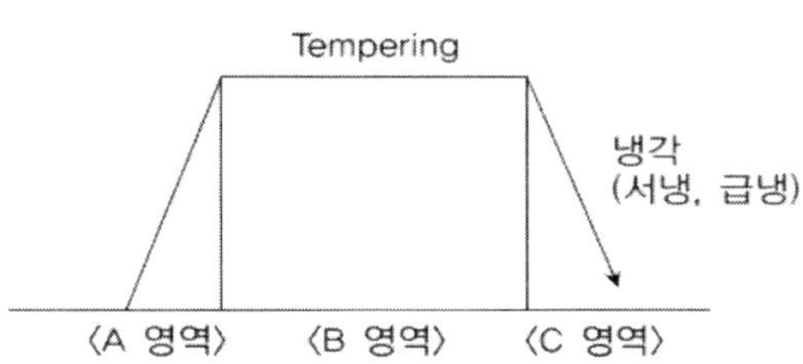

그림8-2 일반적인 조질열처리의 템퍼링 사이클

A영역은 서서히 가열하여야 한다. 이 단계에서 급속 가열하게 되면 담금질 시 형성된 마르텐사이트 조직이 템퍼링 시 표면층만 수축되어 표면에 미세균열인 연마균열이 생기기 때문이다.
B영역은 템퍼링 유지단계로 재질의 화학성분, 제품의 크기, 형상, 두께를 고려하여 적정 시간을 유지해야 한다. 고온, 장시간 유지할 시 조직이 연해져서 열간 취성의 우려가 있다.
C영역은 냉각단계로서 조질 처리의 중요한 단계이다. 재질에 따라 급냉과 서냉의 선택이 필요하다. 최대한 급냉하되 2차 경화를 일으키는 합금강 계열과 고속도강의 공구강은 서냉하여야 한다. 템퍼링 온도와 급냉, 서냉의 충격값은 저온(300℃부근)은 큰 차이가 없으나 고온(500~600℃)은 급냉 시 충격값이 크고, 서냉 시 충격 값이적다.
가열로에서 800℃이상 가열하여 급격한 냉각(수냉 또는 유냉)할 경우 마르텐사이트 조직으로 경도가 HRC 54 정도의 강한 경화가 되어 인성이 전혀 없어진 상태로 취성에 매우 약하게 된다. 이것을 저당한 온도에서 처리품의 요구에 맞게 템퍼링 하면, Troosite 또는 Sorbite 조직화 되어 강하고, 인성이 풍부한 조직변화로 처리품의 경도, 강도, 인성의 균형을 최적화하는 기계적 성질을 얻을 수 있다. 또한, 템퍼링 과정에서 재료 내부의 잔류응력이 완화되어 크랙이나 변형의 위험이 감소된다. 다음은 템퍼링 온도별 조직변화를 표8-1에 나타내었다.

표8-1 온도별 Tempering 생성조직

Tempering온도	200~350℃	350~450℃	450~600℃	600~720℃
생성 조직	Temper-Martensite+Troosite	Tempering -Troosite	Temper-Troosite +Sorbite	Tempering -Sorbite

표 8-1에서 600℃ 이상의 온도에서 Tempering에 의해 얻어진 조직이 Sorbite 조직으로, 그림8-3의 현미경 조직에서 잘 발달한 등축 Ferrite 중에 미세한 구상 Cementite가 분산된 형태로 타 조직에 비해 비교적 미세하다.

Sorbite 조직은 적당한 강도와 뛰어난 충격인성을 갖추고 있으며, 기계구조용강에서 요구되는 가혹한 사용조건을 만족한다.

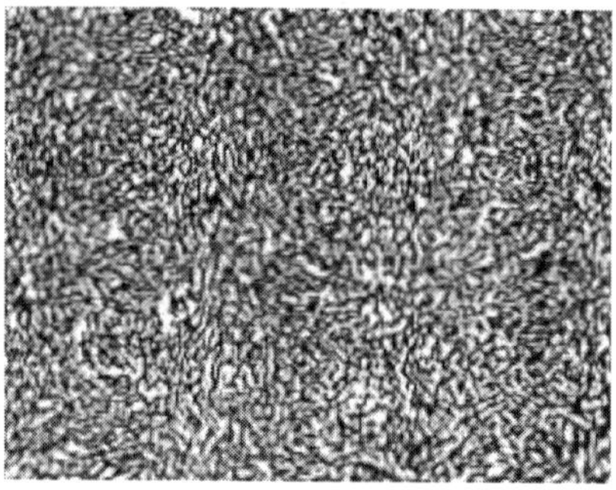

그림8-3 퀜칭+템퍼링(600℃이상)의 Sorbite현미경 조직

8.1.2 조질열처리의 요인

조질열처리에서 경도가 요구수준보다 낮거나, 내부와 외부의 경도가 균일하지 못하고 경도의 편차가 발생된는 경우가 있다. 이것은 다음의 원인에서 발생되었다고 할 수 있다. 즉 가열 시 오스테나이트화의 온도 상태, 냉각속도, 본 재질의 재질 혼입 상태이다. 조질열처리에서 중요한 요소이며, 열처리 과정에서 충분히 고려되어야 한다.

1. 오스테나이트화 온도

오스테나이트화할 때 가열온도가 미달 되면 완전한 오스테나이트로 변태되지않고, Frrite와 Fearlite가 잔재하여 퀜칭시 100% 마르텐사이트 조직을 얻지 못한다. 따라서 충분한 가열로 재료의 내. 외부가 완전 오스테나이트 조직화하여야한다. 오스테나이트의 조직 특성은 고온에서는 안정된 조직이지만 상온에서는 불안정한 조직이며, A1온도 기준으로 오스테나이트 조직의 변태형태는 다음과 같이 정리될 수 있다.

① A1점(723℃)이상의 온도에서 오스테나이트의 자유에너지가 펄라이트보다 적으므로 안정적이다.

② A1(723℃)에서는 에너지가 평행을 이루어 오스테나이트로부터 펄라이

트로 변태가 일어나지 않는다.

③ A1점 이하에서는 오스테나이트의 자유에너지는 펄라이트의 자유에너지보다 많으므로 불안정하다. 따라서 급냉 하면 무확산 변태인 마르텐사이트로 변태가 진행된다.

2. 냉각속도

가열 시 충분한 오스테나이트 조직으로 변태되었다 하더라도 냉각이 불충분하면 적절한 마르텐사이트 조직을 얻을 수 없다. 다시 말해서 급냉이 불충분한 것을 생각할 수 있다. 강을 경화하려면 임계 냉각속도 이상의 속도로 냉각하여야 한다. 이렇게 하기 위해서는 임계구역(약550℃까지)을 약160℃/sec 이상의 속도로 냉각하여야만 오스테나이트가 펄라이트로 변태로 되려는 것을 저지시키고 즉시 무확산 변태인 마르텐사이트 조직으로 변화시킬 수 있다. 이는 빠른 급냉이기에 성분변화하려는 시간적인 여유가 없이 격자변화로 Fe중의 C는 α 고용체로 존재하다가 마르텐사이트로 변태한다.

냉각의 방법에서 내부와 외부의 냉각속도를 같도록 하는 것이 중요하므로 많은량을 한번에 냉각하는것 보다, 개별로 냉각하는 것이 효과적이다.

3. 재질혼입

재질 혼입이 발생되었을 경우 소정의 열처리가 될 수 없으므로 원하는 경도 및 열처리 조직을 얻을 수 없게 된다. 열처리에서는 재료의 재질이 무엇인가에 따라서 모든 열처리 종류, 가열, 냉각, 방법이 각기 다르게 되므로 가장 중요하게 취급되어야 한다. 표8-2에 강종별 표준 조질 열처리의 기계적 특성을 표시하였다.

표8-2 강종별 표준 조질 열처리의 기계적 특성

재질	열처리방법		항복점	인장	신율	단면 수축률	충격치	경도 HB
	Quenching(℃)	Tempering						
S30C	850~900, 수냉	550~650, 수냉	34↑	55↑	23↑	57↑	11↑	152~212
S35C	840~890, 수냉		40↑	58↑	22↑	55↑	10↑	167~235
S40C	830~880, 수냉		45↑	62↑	20↑	50↑	9↑	179~255
S45C	820~870, 수냉		50↑	70↑	17↑	45↑	8↑	201~269
S50C	810~860, 수냉		55↑	75↑	15↑	40↑	7↑	212~277
S55C	800~850, 수냉		60↑	80↑	14↑	35↑	6↑	229~285
SCr2	830~880, 유냉	520~620, 수냉	65↑	80↑	18↑	55↑	9↑	229~293
SCr3			75↑	90↑	15↑	50↑	7↑	255~321
SCr4			80↑	95↑	13↑	45↑	6↑	269~331
SCr5			85↑	100↑	12↑	40↑	5↑	285~352
SCM1	830~880, 유냉	530~630, 수냉	75↑	90↑	16↑	50↑	9↑	255~321
SCM2			70↑	85↑	18↑	55↑	9↑	241~302
SCM3			80↑	95↑	15↑	50↑	8↑	269~331
SCM4			85↑	100↑	12↑	45↑	6↑	285~352
SCM5			90↑	105↑	12↑	40↑	4↑	302~363
SNC1	820~880, 유냉	550~650, 수냉	60↑	75↑	22↑	50↑	12↑	217~277
SNC2			70↑	85↑	18↑	50↑	12↑	248~302
SNC3			80↑	95↑	15↑	45↑	8↑	269~321

8.2 진공열처리

진공열처리(Vacuum HeatTreatment)는 통제된 무산소 환경에서 금속을 경화시키는 특수한 열처리 방법으로, 밀폐된 용기 내에서 진공 펌프를 사용하여 어느 압력 수준까지 공기를 배기시킨 상태에서 수행하는 것으로, 금속 특성에 영향을 미칠 수 있는 공기 누출 위험을 제거하여 복잡한 모양이나 후미진 부분 등의 열처리에 다른 열처리 방법보다 유효한 열처리 방법이다.

진공 열처리기술은 금속 외 비금속의 열처리에도 유용하게 사용되며, 재래의 열처리 작업을 진공 중에서 행하는 진공경화, 진공뜨임, 진공풀림, 진공소결 및 진공브레이징 이외에도 재료의 내부의 성질은 변하지 않고 표면의 조직과 성질만을 개선 시키기 위해 진공로를 이용하는 이온질화, 진공코팅 및 이온주입 등의 최신의 기술 등이 개발되어 적용되고 있다.

8.2.1 진공열처리 과정

① 진공 열처리의 첫 번째 단계는 청결 장치를 이용하여 열처리하고자 하는 제품표면의 먼지나 오일 들의 불순물을 제거한 후 깨끗한 상태로 로에 장입한다.

② 요구되는 정도의 압력 이하로 펌프장치를 이용하여 공기를 배기시킨 후, 경화 처리온도보다 100~200℃ 정도 낮은 온도까지 가열한 후 10~30분 정도 유지하여 예열시킨다.

③ 피처리물 재료에 따라 결정되는 적당한 경화처리 온도까지 가열하여 일정 시간을 유지 시키고 열처리 도중에도 계속 진공 펌프를 이용하여 낮은 압력을 유지하여야 한다.

④ 냉각단계에서는 펌프작동을 중지시킨 후 냉각제용 가스인 질소 또는 아르곤가스를 노에 불어넣어 냉각시키며, 피처리물의 온도가 요구하는 수준에 도달하도록 팬을 작동시켜 가스를 강제 순환시켜 냉각 효과를 높인다.

8.2.2 냉각방법

냉각 시에는 요구하는 조직과 경도가 얻어지도록 냉각속도 조절이 중요하며, 냉각속도는 피처리물을 통한 가스의 순환률, 팬 및 열교환기의 효율, 사용하는 가스의 질량과 부피에 따라 결정된다. 사용하는 가스의 밀도, 비열, 열전도도 등도 냉각률을 결정하는 중요한 결정 인자이다.

작업 시 위험성이 적고, 피처리물의 조직을 해치지 않는 순도 높은 질소가스나 아르곤가스가 냉각제로 주로 사용되며, 헬륨가스도 높은 열전도성 때문에 자주 사용되나 경제성이 다소 떨어지는 단점이 있다. 냉각속도를 증가시킬 목적으로 특수오일을 사용하여 액체 냉각을 시키기는 경우도 있다.

로내의 가스압력과 냉각속도와의 관계는 담금질 시, 냉각이 고르게 빨리 시키는 것이 변형을 최소화할 수 있고 균일한 고품질을 얻을 수 있다.

냉각에 걸리는 시간을 최소로 하기 위해, 터빈 순환장치 등을 이용하여 가스압력을 1기압에서 2기압으로 주입 가스의 압력을 증가시켜 피처리물을 경화처리 온도에서 550℃까지 냉각시키는데 걸리는 시간을 약 50%, 단축시킬 수 있다.

8.2.3 진공열처리의 특징

진공 열처리의 특징과 장점은 ①처리품 표면에 산화반응과 탈탄이 방지되며, ② 처리품의 이동이 없어 재료의 변형이 적고 안전작업이 가능하고, ③ 광휘성(깨끗하고 빛이 나고 하얗게 만드는 성질)과 열효율이 좋다. ④ 냉각속도가 빨라 처리시간이 단축되며, 고품질의 열처리 실현이 가능하다. ⑤ 작업환경이 깨끗하고 친환경적 열처리 시스템이다. ⑥ 고온을 쉽게 얻을 수 있고, 냉각속도 조절이 가능하다. ⑦ Cv, Fi, Ta, Mo, W등도 산화물이 제거되어 광휘를 얻을 수 있다.

⑧투자비가 고가이며 엄격한 작업조건이 요구되고 열처리 싸이클이 길다. ⑨ 피처리물을 균일하게 가열함으로 열처리효과가 좋다. ⑩ 염욕로처리 시 피처리물의 오목진 부분이나 틈 사이에 염이 남아 발생하는 재료 부식이 전혀 고려되지 않아도 되며. ⑪정해진 경화처리 조건에서는 동일한 반복 생산이 가능하다.

진공 열처리는 항공우주, 자동차 제조 등 정밀하고 내구성이 뛰어난 금속 부품의 열처리에 널리 사용되며, 부품의 강도, 연성, 내열성을 포함한 금속의 물리적 특성을 향상시켜 까다로운 응용 분야에 적용된다.

그림8-4에 진공열처리의 개념도를 도시하였다.

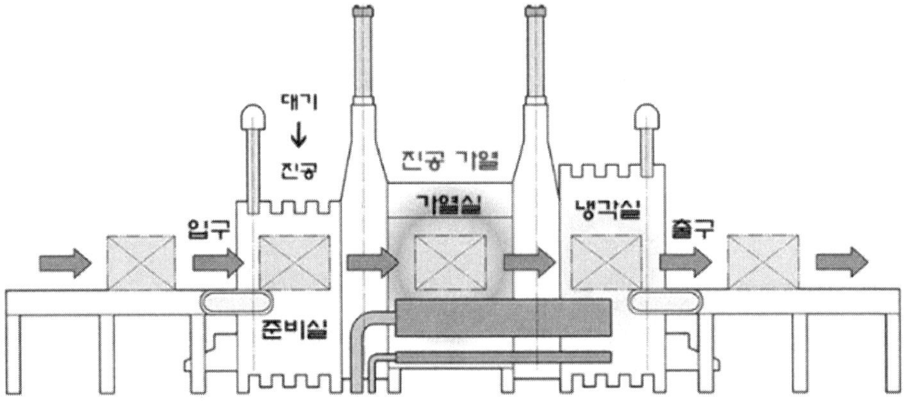

그림8-4 진공열처리도의 개념도

8.3 증착법

기체상의 성분들이 열, 플라즈마 및 에너지 등에 의해서 화학적으로 반응하여 기판 표면에 박막을 형성시키는 방법이다.

이 증착방법은 900℃~1200℃의 반응 용기 내에 사염화티탄가스와 메탄가스 등의 탄화수소를 혼합하여 화학반응에 의해 탄화 티탄을 처리물의 표면에 피복시키는 **화학증착법**(CVD)과 가열하지 않고 진공 용기 내에서 증착물을 플라즈마에 의해 이온화시켜 이온의 전기에너지를 이용하여 처리물에 증착막의 밀착도를 향상시키는 **물리 증착법**(PVD), 원자와 가스를 반응시켜 원자단위의 박막을 성장시키는 **원자층증착법**(ALD) 등의 종류가 있다. 그림8-5에 화학적 증착법과 물리적 증착법을 구분하였다.

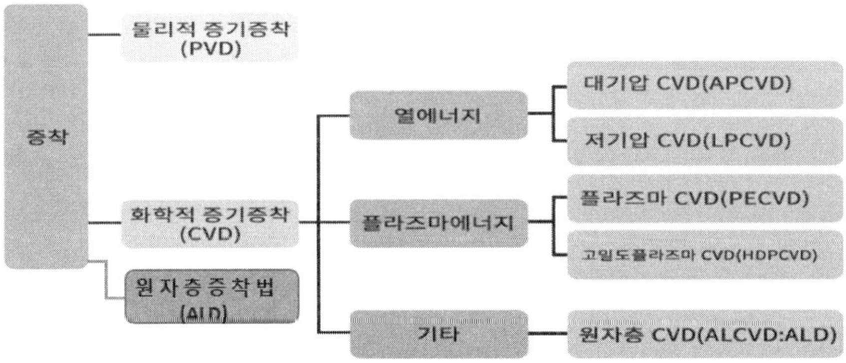

그림8-5 증착법의 구분

8.3.1 화학증착법(Chemical Vapor Deposition)

화학증착(CVD)은 박막을 증착하고 첨단 소재를 합성하는 데 널리 사용되는 다목적 방법으로 박막 재료를 구성하는 원소를 포함하는 가스를 기판 위에 공급해 기판 표면에 **열분해, 광분해, 환원법, 산화작용,산화환원 반응, 치환** 등의 화학적 반응으로 박막을 기판 표면에 형성하는 처리법이다.

열분해는 보통 산소 없이 열을 이용하여 혼합물을 분해하는 것이며, 광분해는 원자와 원자 사이의 결속을 깨뜨리는 에너지로 복사에너지를 이용하여 혼합물을 분해하는 것이다. 환원법은 분자와 수소를 반응시킴으로써 발생하는 화학적 반응이다. 산화작용은 원자 또는 분자를 산소와 반응시키는 화학반응이고, 산화환원반응은 반응물 간의 전자 이동으로 일어나는 반응으로 산화와 환원이 동시에 일어나는 반응이다. 층 구성의 형태는 CVD 공정의 선택된 전구체와 기판, 온도, 챔프압력, 캐리어 가스, 유량, 소스 재료의 양과 비율, 소스와 기판의 거리에 따라 달라진다.

화학증착법은 전자, 자동차, 에너지, 의료 분야를 비롯한 다양한 산업에서 고순도, 내구성, 생체 적합성 등 특정 특성을 가진 소재를 만들기위해 사용되며, 온도, 압력 및 가스 조성을 제어하여 정밀한 재료 성장을 달성하므로 반도체, 보호 코팅, 탄소 나노튜브 및 다이아몬드와 같은 나노 소재를 생산하는데 필수적으로 사용되는 방법이다.

1. 화학증착법(CVD)의 반응단계

① 증착존으로 가스이동

② 박막 전구체(표면반응 후에 박막 형성을 하기 전 물질)가 만들어 진다.

③ 표면으로 전구체가 확산된다.

④ 표면 반응 후 박막이 형성된다.

화학증착법(CVD)의 원료가스 분해방법은 Thermal CVD(열CVD), Plasma Enhanced CVD(PECVD), Atmospheric Pressure CVD(APCVD), Low Pressure CVD(LPCVD), Plasma Assisted CVD(PACVD) 등이 있다.

여기서 500℃ 이하에서 효율적인 방법으로 사용되는 PACVD의 공정의 과정은 코팅요소를 포함한 가스가 진공챔프로 유입되고, AC전압에 의해 전력이 공급되면, 방전이 점화되고, 처리물에 치밀한 코팅을 형성하는 자유탄소, 수소원자(이온 및 라디칼)을 생성한다.

PACVD 에서의 플라즈마의 가장 중요한 역할은 낮은 온도에서 반응가스를 분해 시키는 것으로 열역적으로 안전한 상태에 있는 반응가스 분자가 플라즈마 중의 전자와 충돌하여 그 운동량의 전달로 인하여 분해된다.

Thermal CVD의 분해온도는 1000℃ 이상에서 행해지지만, PACVD는 500°C 이하에서 가능하므로 효율적인 방법이다.

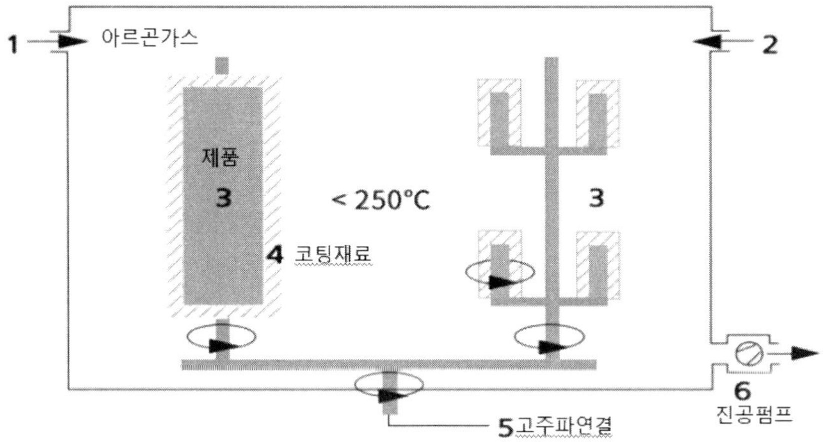

그림8-6 고주파 PACVD 공정을 사용한 코팅법

그림8-6에서 1, 2는 아르콘 가스와 반응성 가스를 주입하고, 3은 제품에 가스를 조사하여 4에서 평면 마그네트 증발원이(코팅재료)가 회전하면서 제품에 코팅된다.

8.3.2 **물리적 증착법**(Physical Vapor Deposition)

물리적 증착법은 증착하고자 하는 박막과 같은 재료를 진공중에서 증발 또는 스퍼터링을 시켜 기판 위에 증착시키는 방법이며, **열증착법, 전자빔증발법, 스퍼터링법**으로 구분한다. 이 증착법은 이물질(먼지, 다른 입자 등)이 박막 과정에 증착되는 것을 방지하기 위해 진공상태에서 진행해야 하며, 증발은 증착할 물질을 기화 하는데 있어 열에너지를 이용한다.
세부적으로 분류하면 필라민트, 저항가열, 전자빔, 아크 등을 용도에 따라 사용하고, 전자빔과 아크 증발원을 이용하는 경우에는 플라즈마가 발생하지만, 물리적 증착법에서는 활성화하지 않는다.

1. 열증착법(Thermal Evaporation)

열증착법은 비교적 간단한 방법으로 증착시키고자 하는 물질을 보트에 올려두고 보트를 가열함으로써 증착 물질을 증발시켜 기판에 증착하는 방식으로 단원소물질을 증착하고자 할 때 주로 사용되는 방법이다.

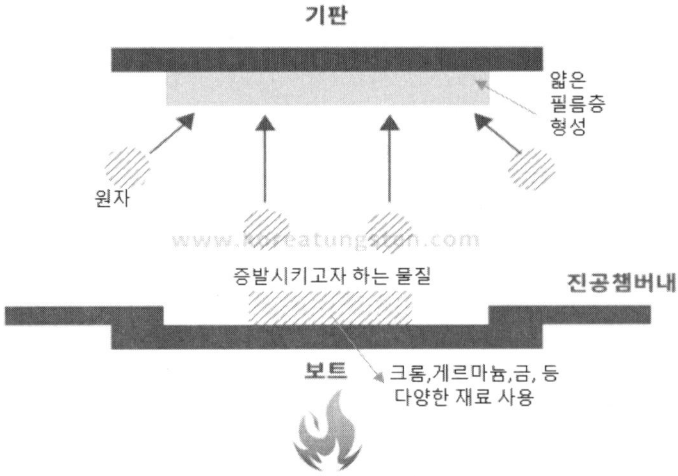

그림8-7 열증착법 개념도

그림8-7에서 보는 바와 같이 진공챔프 내에서 증발시키고자 하는 물질을 가열하면, 재료의 원자가 증발한 후 기판에 증착하여 얇은 필림 또는 응축이 형성되는 형태로 진행된다.

2. 전자빔증발법

전자빔증발법은 열증발법과 거의 동일한 방법으로 물질을 증착시키지만, 보트가열에 의한 열전달이 아니라 전자빔을 이용하여 증착물질을 가열하고 증발시키는 방법이다. 그림8-8에 전자빔 증착법의 개념도를 나타내었다.

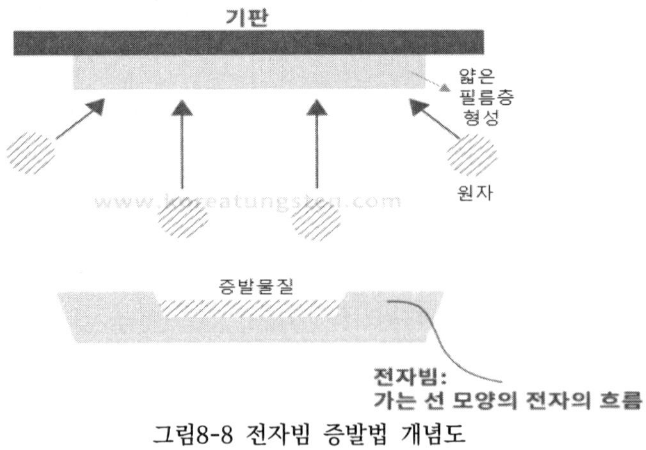

그림8-8 전자빔 증발법 개념도

3. 스퍼터링 증착법(Sputtering)

스퍼터링 증착법은 진공증착법으로 비교적 낮은 진공도에서 플라즈마(Plasma)를 이온화한 불활성 기체, 아르곤, 크립톤, 제논 가스 등을 가속하여 글로 방전 (Glow discharge)으로 형성하여 양이온들이 음극 바이어스된 타켓(Target)에 충돌하도록 함으로써 운동량 전달에 의해 Target의 원자가 방출되도록 하는 방법이다. 스퍼터링 증착법은 높은 에너지의 입자를 타켓에 조사하였을때, 타켓의 구성원자가 타켓표면에서 방출되는 현상을 이용하여 타겟의 물질을 증착한다. 플라즈마발생에 의해 타겟으로 입사되는 아르콘이온이 발생되면, 타겟과 충돌하여 타겟 내부의 원자와 충돌함으로써 타겟으로부터 외부로 타겟원자가 방출되어 기판으로 전달되어 증착하게 되는 원리이다. 그림8-9에 스퍼터링 증착법의 개념도를 표현하였다. 스퍼터링 증착법의 과정을 정리하면 ① 챔프내 낮은 진공상태를 조성하고, ② 낮은 압력으로 아르곤 가스를 챔프로 흘러보낸다. ③ 음극에 전압을 가하면 음극(증착할 대상물질인 타겟이 장착된)과 양극(웨이퍼나 유리)기판사이에 전기장이 형성된다. ④ 전기장에 노출된 아르곤가스는 이온화되면서 기판과 음극간에 플라즈마가 발생한다. ⑤ 음극에 장착되어있는 타겟 물질의 표면은 기판보다 음전위로 유지되므로 아르곤 이온(Ar_+)은 다겟 표면으로 가속 후 충돌되고, 소스원자와 분자들은 타겟 표면에서 방출되어 기판으로 날아가 증착된다.

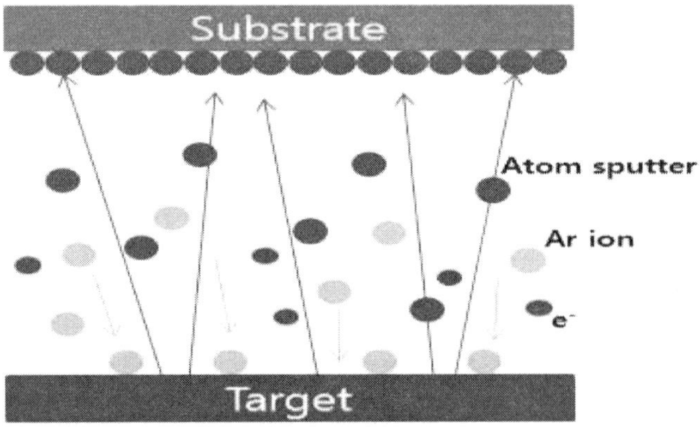

그림8-9 스퍼터링 증착법

8.3.3 원자층증착법(Atomic Layer Deposition)

원자층증착법은(ALD) 기존의 화학증착법(CVD)와 물리증착법(PVD)의 한계점을 극복한 최신 증착법으로 주목받고 있다. 원자층증착법은(ALD) 금속이 포함된 원료와 반응 가스를 교차하여 주입함으로써 박막을 성장시키는 방법이다.

원료와 가스를 반응시켜 원자단위 박막을 성장시키고 이를 되풀이하여 박막두께를 조절하는 방법이다. 원자층증착법(ALD)은 CVD방법과 PVD방법과의 비교에서 뛰어난 장점을 가지고 있다. 원자층증착법(ALD)의 장점을 정리하였다. ① 박막의 두께가 자유롭게 조정이 가능해 박막을 매우얇게 만들 수 있다. ② 다양한 조성이 원자층 수준에서 쉽게조절이 가능하므로 증착 시 조성농도 변화 유도가 가능하여, 기존의 재료선택 한계 극복이 가능하다. ③ 매우 우수한 흡착력을 가진다. ④ Plastic 기반을 가지고 있는 기판에 대해 우수한 도포성과 낮은 공정온도를 가지고 있어 Flexible Display에 실용화 가능성을 높일 수 있다.

그림8-10에 원자층증착법의 공정을 나타내었다.

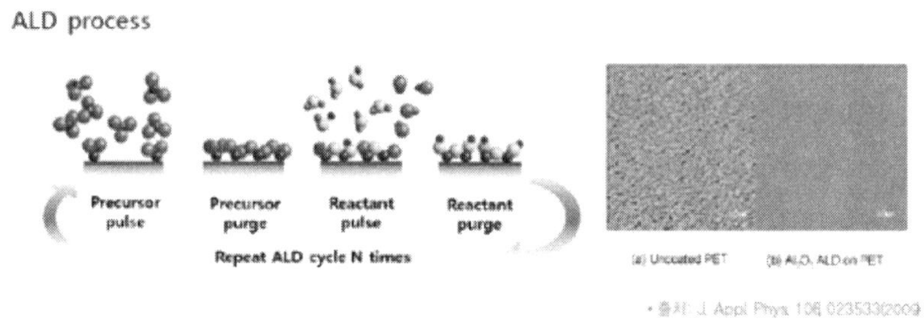

그림8-10 원자층증착법(ALD) 공정

8.3.4 증착법 비교

일반적으로 화학증착법(CVD)가 많이 사용되고, 있지만 CVD방법, PVD방법 모두 장단점을 가지고 있다. 두 증착법을 비교함으로써 향후 발전적인 증착법의 개발에 기초가 되리라 생각한다.

기존의 물리증착법(PVD)와 화학증착법(CVD) 방식은 박막의 증착막 두께가 달라지는 박막 도포성이 상대적으로 낮아 기판 표면에 존재하는 ㎛이하 크기의 파티클 등을 충분히 도포 하지 못하는 한계가 있다. 이러한 한계 극복을 위한 방법으로 최근에는 원자층증착법(ALD)이 개발되어 적용중에 있다.
먼저 일반적을 사용되는 화학증착법(CVD)와 물리증착법(PVD)의 방법을 요약한 것을 그림8-11에 나타내었으며, 표8-3에 각 증착법을 비교하였다.

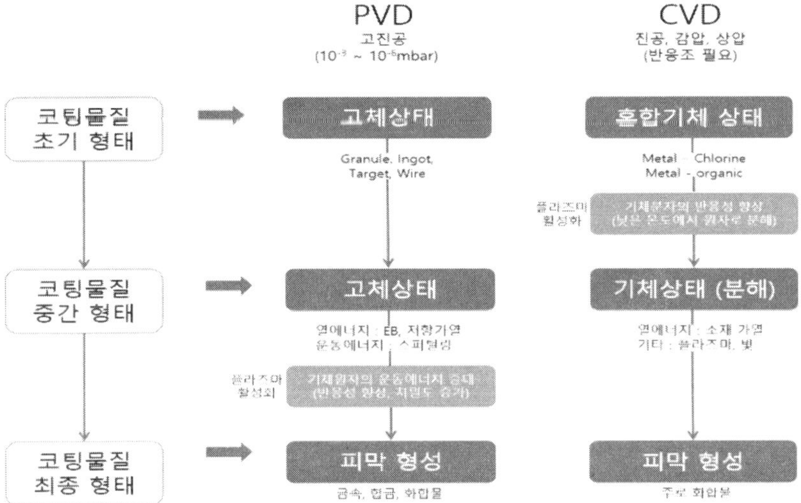

그림8-11 화학증착법(CVD)와 물리증착법(PVD)

표8-3 증착법의 비교(CVD/PVD/ALD)

구분	CVD	PVD	ALD
정의	반응 기체의 화학적 반응에 의해 기판에 증착하는 방법	물리적 힘에 의해 대상물질을 기판에 증착하는 방법이다.	원료와 가스를 반응시켜 원자단위의 박막을 성장시키는 방법
장점	좋은 피복성을 가지고 있으며, 우수한 투습방지효가 있다.	메카니즘이 단순하며, 안전한 공정구현이 가능하고 저온공정이다.	박막의두께 조정이 가능 재료선택에 한계가없고, 매우 우수한 흡착력
단점	상대적인 고온 공정과 공정중 발생되는 파티클 문제,장비가 복잡하다.	박막의 치밀성 및 접합성, 단일층으로 재료보호부족, 투습특성부족하다.	속도,비용,온도나 챔프의 크기에 제약이 있다.

8.4 PLASMA 열처리

낮은 진공상태의 가스분위기에서 Glow 방전을 발생시켜 플라즈마가된 가스 이온의 충돌에너지로써 처리물을 가열과 동시에 표면에서 화학반응을 얻는 방법으로 깨끗한 환경에서 열처리가 가능한 무공해열처리 방법이다. 그림 11-12에 플라즈마 생성과정과 그림11-13에 플라즈마 열처리의 종류를 나타내었다.

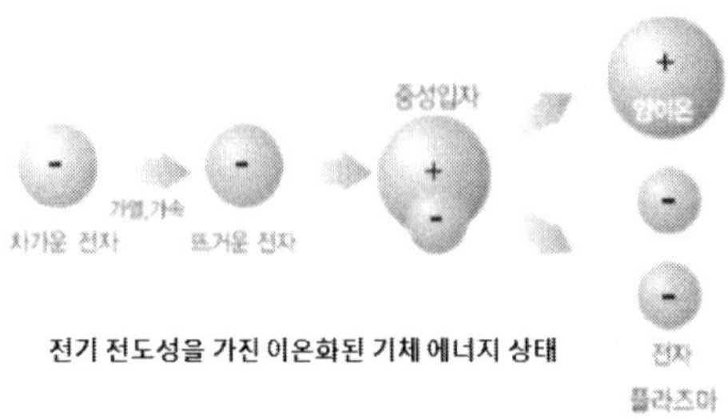

그림8-12 플라즈마 생성과정

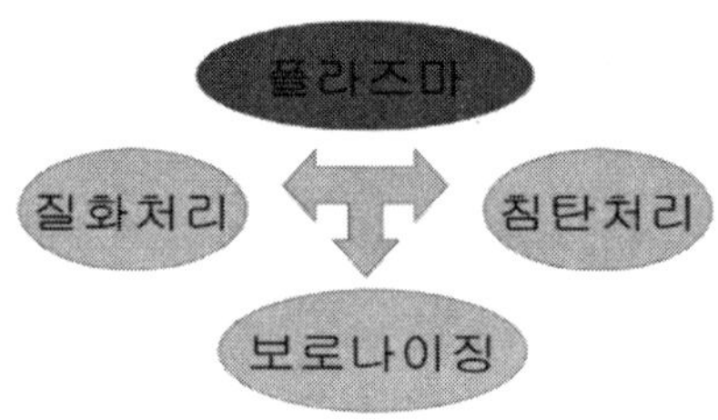

그림8-13 플라즈마 열처리의 종류

8.4.1 플라즈마 질화법

플라즈마 질화법은 N2+H2 가스를 1~10Torr의 희박한 분위기에서의 진공 챔프에서 처리품을 음극(-)챔프벽을 양극(+)으로 하여 수백 volt의 직류전압을 가하여 glow 방전을 일르켜 N+, H+ 이온을 발생시켜 이들 이온이 처리부품의 표면에 높은 에너지를 갖고 충돌하여 처리온도까지 가열과 동시에 표면을 관통하여 단단한 질화물층을 형성하는 열처리 방법이다.
다른 질화법에 비해 복잡하고 이온 충격으로 처리품 표면에 Fe 원자가 돌출되어 플라즈마 중 활성화된 질소(N)과 결합하여 표면에 흡착 불안정화 시켜 계속 질화가 진행된다. 플라즈마 질화처리에서 온도조절은 질화 공정의 동역학에 직접적인 영향을 미치기 때문에 플라즈마 질화에서 중요한 요소이다.
온도조절에서 상대적으로 낮은 온도(최대 350°C)에서 수행될 수 있으며, 이는 정확한 치수 안정성이 필요한 재료에 특히 유리한 것으로 알려져 있다.
저온 질화처리로 변형을 최소화하고 저온경화강의 높은 심부강도를 유지할 수 있다.
플라즈마 질화법의 장점으로 무공해, 작업환경, 작업성이 좋으며, 표면의 화합물층의 자유로운 조정이 가능하고 기공층이 전혀없다.
질화속도가 가스질화에 비해 대단히 빠르며, 저온(350℃이상)으로 열처리 변형이 적다. 단점으로 크기제한이 있으며, 질화온도에서 급냉이 불가하다. 또한, 생산성이 비교적 낮다. 플라즈마 질화는 모든 철 재료, 소결강, 주철, 고합금 공구강, 스테인리스강, 니켈 기반 합금, 티타늄 및 알루미늄 합금에 적용되며, 이러한 광범위한 재료 호환성으로 인해 플라즈마 질화는 다양한 산업 응용 분야에서 다양한 선택이 가능하다. 따라서 플라즈마 질화는 기존 질화 기술에 비해 많은 이점을 제공하는 매우 효과적인 표면 경화 공정으로 더 낮은 온도에서 작동할 수 있는 능력과 공정 매개변수에 대한 탁월한 제어 기능이 결합되어 다양한 산업 분야에서 적용되어 중요한 부품 성능과 수명을 향상시키는 데 선호되는 열처리 방법이다.

8.4.2 플라즈마 침탄법

플라즈마 침탄법은 이온 침탄이라고도 불리며, 약 900도 이상의 고온이 필요하기 때문에 외부 히터로서 가열한다.
처리할 부품을 진공로에 장입하고 탄화수소계 가스를 감압 분위기 중에서 가열, 음극에 놓여 있는 처리물과 전극 사이에 높은 전압을 걸어 glow 방전이 생기게 하여 플라즈마를 발생시킨다. 이때 glow 방전에 의해 분위기 중의 탄소는 이온화 되면서 큰 운동 에너지를 가진 양이온([C]+)으로 되며, 이 탄소 이온이 처리물 표면에 충돌하여 내부로 침투하게 되면 침탄이 되는 방식이다.
플라즈마 내의 수소이온(H2+)이 음극강하에 의해 가속되어 피 처리재의 표면에 충돌하면 피 처리재 표면의 산화물이나 부착물이 제거되어 표면이 세척되는 효과를 가져오며, 이 처리에 의하여 스텐인레스강과 티탄 등 침탄 재료의 침탄이 가능하게 된다. 실제로 플라즈마 침탄 프로세스를 보면, 침탄처리를 행하기 전에 (Ar + H2)가스만을 흘려서, H2+와 Ar+에 의한 이온충돌을 일정시간 실시하여 표면 클리닝처리를 실시한 후에, CH2 가스를 도입하여 침탄처리를 실시한다. 플라즈마 침탄법은 일반적인 가스 침탄과 마찬가지로, 열적으로 활성화된 탄소(C)가 열에너지에 의해 표면에 충돌하고, 강의 촉매작용에 의해 표면에 포획되어 강의 내부로 확산된다. 탄소이온(C+)이 음극강하에 의해 가속되어 강의 표면에 충돌할 때, 탄소이온이 직접 강의 내부로 침투되기도 하고 격자결함을 유발하기도 한다. 또한, 표면에 부착된 것은 내부로 확산해 들어간다.

Argon이온이 음극효과에 의해 가속되어 강의 표면에 충돌할 때, 표면의 철원자(Fe)를 튕겨낸다. 튕겨져 나간 철 원자가 플라즈마 내의 탄소와 결합하여 [FeC]가 생성되고, 강의 촉매작용에 의해 표면에 포획되어 탄소가 내부로 확산해 들어간다. 플라즈마 침탄의 경우에는 플라즈마 상태의 활성화로 인한 반응의 촉진과 함께, 전술한 바와 같은 작용이 첨가되어 가속 침탄이 이루어진다. 이것을 아르곤(Argon)이온의 스퍼터링 효과라 한다. 플라즈마 침탄의 특성으로 ①장치 및 탄소농도 관리가 간편하다 ②전처리 및 침탄 방지가 간단하고 표면이 광택을 갖는다. ③ 침탄 속도가 빠르고 침탄 효율이 높다. ④ 고탄소 및 복합 침탄이 가능하다. ⑤ 경제적이며, 환경이 개선된다. ⑥ 탈탄 및 입계 산화층의 형성을 방지할 수 있다. ⑦변형의 발생이 적고 침탄층이 균일하다. ⑧ 마모, 피로 및 고온연화에 우수한 기계적 성질을 얻을 수 있다. 플라즈마 침탄법은 인쇄기 압연기 등과 같은 대형 베어링에는 고부하가 걸리기 때문에 3~4mm 정도에 깊은 침탄이 요구되는 부품에 적용된다. 플라즈마 질화법의 중요성이 점차 높게 인식되고 있으며, 장치 개발과 제품 적용에 활발한 연구로 그 응용범위는 크게 증가될 전망이다.

8.4.3 브로나이징(Boronizing)

금속표면에 붕소(B)원자를 확산 침투시켜 철브론화합물(Fe_2B)를 형성, 특별한 층을 만들어 금속의 표면 강도를 크게 향상시켜 특수한 기계부품, 볼트, 너트 등에 적용되며 광범위하게 이용되는 열처리 방법으로 봉화처리라고도 한다. 보로나이징은 시간에 따라 금속표면에 생기는 Boride층의 두께가 증가할 수 있으므로, 각자 원하는 경도를 얻기 위하여 작업시간과 온도를 표준화하여 적용한다. 그림8-14에 내부 확산에 의한 표면생성 형태를 나타내었다.

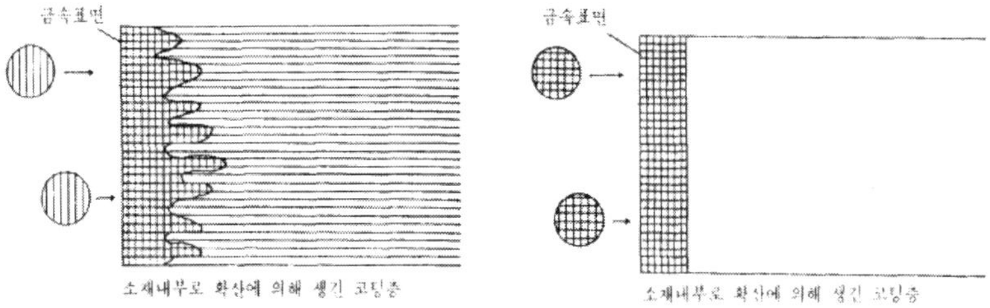

그림8-14 브로나이징처리의 표면 생성 형태

브로나이징 처리의 특징으로 경도, 내마모성을 획기적으로 개선할 수 있으며, 내식성, 내고온산화성도 뛰어나다고 한다. 표면 경도는 *HV*1700~2000, Fe_2B 층에서 1400~1600정도 이나 경화층이 박리되기 쉬운 것이 결점이며, 방지책으로 브로나이징 후 확산처리가 유효하다.

브로나이징 처리에 적합한 재료는 구조용강, 주강, 내식강, 공구강 등이며, 고효율 내부엔진부품: Oil Pump의 Drive gear, Burner Nozzle 각종 공구 , 볼 벨브 등에 적용된다. 브로나이징 처리를 하면 부품의 수명이 2~3배 연장된다. 표8-4에 브로나이징 종류를 나타내었다.

표8-4 브로나이징(붕화처리)의 종류와 내용

포화법	포 화 제	봉화조건		
		온도(℃)	시간(h)	붕화층깊이 (mm)
분말봉화법	boron 또는 ferro boron 과 alumina 및 염화암모늄의 혼합분말	950~1050	3~5	0.1~0.3
기체붕화법	너보론 또는 3염화 boron과 수소의 혼합 분말가스	750~950	2~6	0.05~0.25
	용융붕사와탄화boron 또는 ferro boron	900~1000	1~5	0.06~0.38
용융봉화법	용융붕사와 산화 natrium 및 산화 kalium 및 산화가륨	700~850	1~4	0.08~0.15
전해봉화법	용융붕사	900~950	2~4	0.15~0.35
	용융붕사와 산화 natrium 및 kalium	700~800	1~4	0.01~0.06

8.5 금속피막처리

8.5.1 인산염 피막처리

인산염 피막처리는 1906년 T.W.코슬렛이 발명하고, 그 후 1915년 미국 파아커 러스트 프루프(Parker Rust-Proof)에서 발명하여 붙여진 명칭이다.

철강이나 알루미늄의 화성처리법의 하나로, 금속을 묽은 인산과 화학적으로 반응시켜 금속의 표면을 난용성(難溶性)의 결정질 인산염으로 만들어 금속의 고유 성질을 바꾸는 것이다.

도료(塗料)의 밑바탕, 내마모(耐磨耗), 소성변형(塑性變形) 가공의 윤활, 전기 절연 등의 목적으로 시공하는 것으로서, 각각 그 목적에 적합한 각종 금속의 인산염(燐酸鹽) 용액이 사용된다. 내마모용으로는 인산 망간을 주성분으로 하는 것이 사용된다. 망간 또는 아연과 같은 금속의 제1산염 수용액을 끓는점까지 가열한 것 속에 철강 제품을 담그면, 표면에 불용성인 철 제2, 제3 인산염이 형성된다. 이 피막은 물에도 녹지 않고, 치밀하여 표면을 잘 뒤덮으므로 방시 효과가 크며 도장의 바탕이 되기도 한다.

인산아연계, 인산철계, 인산아연칼슘계, 인산망간계로 구분되며, 약 1~3μm정도 화성층이 생긴다. 화성층의 두께는 형상에 따라 불균일하게 형성되며, 정확한 두께 측정이 불가하여 중량차이로 두께를 산출한다.

1. 인산염피막 화학반응식

인산염 피막처리에서 화성처리에 사용되는 2가 금속은 망간계, 아연계, 철계 등으로 구분한다. 그것에 3% 전후의 혼합성분으로 불용성 피막을 형성하며, 반응식은 다음과 같다.

$Mn(H_2PO_4)_2$ → 망간계

$Zn(H_2PO_4)_2$ → 아연계

$Fe(H_2PO_4)_2$, NaH_2PO_4 → 철계

H_3PO_4 → 공통

$$Me(H_2PO_4)_2 \leftrightarrows MePO_4 \qquad (8.1)$$

$$3Me(H_2PO_4)_2M \leftrightarrows Me(PO_4)_2 + 4H_3PO_4 \qquad (8.2)$$

* Me: Zn, Mn, Fe 등의 금속

이 평형상태의 용액이 철강면을 침지하면 불용성 피막이 형성되며, 다음의 반응식으로 나타난다.

$$2H_3PO_4 + Fe \leftrightarrows Fe(H_2PO_4)_2 + H_2 \qquad (8.3)$$

2. 인산염피막 처리과정

인산염피막 처리에서 화성처리의 방법은 침지법, 스프레이법, 도포법이 있으며, 처리품의 크기, 형상 및 용도에 따라 선택할 수 있다.

인산염피막 처리공정은 ① 사전처리 ② 표면청정 ③ **피막화성처리** ④ **봉공처리** ⑤ 사후처리 ⑥ 마무리 작업 순으로 진행된다.

피막 화성처리의 처리온도, 침지시간, 용도를 각각의 구성계 별로 표8-5에 나타내었다.

표8-5 인산염 피막처리의 각계별 피막화성처리 방법과 용도

구 분		처리온도 (℃)	침지시간 (min)	용 도
$Mn(H_2PO_4)_2$ → 망간계	고온	95~99	10~70	방청 및 내마멸용
$Zn(H_2PO_4)_2$ → 아연계	고온	87~95	10~45	방청도장 하지용(침지시간은 담금 및 분무처리)
	중온	45~75	1~17	
$Fe(H_2PO_4)_2$ → 철계	저온	40~70	8~20	도장 또는 비닐코팅 하지용
$Zn_3(PO_4)_2$ → 인산아연계	중온	60~75	8~20	도장 하지용

봉공처리 단계는 방청성 향상을 위해 봉공처리액(CrO_3)에 담가 60~70℃에서 30~60sec 담금 후 꺼내서 건조한다. 봉공처리는 방식효과를 높이기 위해 유기제(유기아민의 유도체 등) 또는 무기계(중크롬산염 등), 등을 사용하여 봉공처리한다.

인산염피막 처리에서 액 반응을 촉진 시키는 촉진제로 구리염, 산화제, 유기

화합물이 사용된다. 구리염은 Cu 이온을 가하면 철 소제 부식을 촉진하는 역할을 하며, 질산연, 아질산염, 염소산염, 등의 산화제는 음극의 분극을 일으켜 부식을 촉진시키고, 유기 니트로 유도체, 니트로요소, 니트로벤젠 등의 유기화합물은 피막처리의 화학반응을 촉진한다.

3. 인산염 피막처리의 특징

인산염 피막처리의 특징은 전도성이 떨어져 절연 효과가 있어, 금속과 도장층 사이를 물리적으로 이격시킴으로써 도장한 철의 여러 문제를 해결할 수 있는 특징이 있다. 또한, 피막 단독으로 내식성을 부여할 수 있으며, 내마모성 증대와 도료의 밀착 증대, 도장 하지로서의 성능이 최적화되고, 물, 염류, 용제류에 대하여 불용성이다. 전기 불량도체, 부식전파 ,발청을 억제하며, 내열성이 있다. 금속과 도료와의 반응을 차단하여 도막 노화 방지 역할을 한다.

8.5.2 산화피막처리

산화피막(oxidation film)이란 산성 분위기 중의 화학반응, 즉 금속표면을 산화시켜 생성된 산화물로 견고한 산화피막을 금속표면에 형성시키는 것으로 산화 피막처리를 하면 금속은 내구성이 좋아지고, 부식에 강해진다.

산화물 피막은 금속의 표면에 Fe_3O_4(제4산화철)피막을 약 1~3μm 형성하는 것으로 Fe_2O_3(붉은녹)이다. 따라서 산화물 피막으로 인해 직접적인 산소의 노출을 최소화할 수 있다. 산화물 피막처리에는 알칼리 착색법, 수증기 처리법, 질산계 염욕처리법이 있다.

1. 알칼리착색법

알칼리착색법은 알칼리성 환경에서 금속표면에 산화막을 형성하는 과정으로 이 과정은 주로 철과 철금속에 적용되며, 표면을 깨끗하게 한 후 알칼리성 용액진한 가성소다용액과 반응 촉진제를 넣고 150℃에서 가열 후 강재를 침적시킨면 강재 표면에 산화피막이 형성된다. 가성소다는 수산화 나트륨(NaOH)를 약 5분정도 침지하고, 방식성을 높이기 위해 장시간 침지가 되어야 한다. 이 단계에서 금속 표면에 균일한 검은 산화막이 형성된다.

알칼리 착색의 산화피막 반응식은 식 (8.5), (8.6), (8.7)와 같다.

$$4Fe + 3O_2 \rightarrow 2Fe_2O_3 \quad (8.5)$$

$$2Fe_2O_3 + 8NaOH + O_2 \rightarrow 4Na_2FeO_4 + 4H_2 \quad (8.6)$$

$$3Na_2FeO_4 + 5H_2 \rightarrow Fe_3O_4 + 6NaOH + 2H_2O \quad (8.7)$$

2. 수증기처리법(Steam homo treatment)

수증기처리는 500~560℃에서 1~1.5h 수증기의 기류 중에서 가열하여 처리하는 열처리 방법으로 충분한 표면 경도가 얻어지지 않지만 우수한 내마모성을 확보할 수 있는 처리법이다. 얻어진 피막은 Fe_3O_4이며, 밀착성이 좋고, 다공질이며, 그 두께는 10μm 이하이다. 퀜칭, 템퍼링한 고속도강 공구 등에 이용되며,붉은녹(α. Fe_2O_3)이 혼합되지 않는 것이 바람직하다.

3. 질산계 염욕처리

실산계 염욕처리는 질산칼륨(KNO_3)과 질산나트륨($NaNO_3$)의 혼합욕에 소량의 이산화망가니즈(MnO_2)를 첨가 후 용액 온도를 300~400℃로 가열하여 강재를 침지하는 방법이다. 질산계 염욕처리의 효과는 Drill의 경우 천공능력이 1.5배 증가시킬 수 있으며, Deep Hole 가공의 경우 2,4배의 능력증가가 가능하다.

8.5.3 양극산화피막처리

양극산화 피막처리는 양극산화 처리법이라고도 하며, 알루미늄의 양극산화 처리가 대부분이다. 전기도금에서는 도금시키고자 하는 물체를 음극, 양극에는 금속이온(피복재)로 하지만, 양극산화법은 그와 반대로 처리하려고 하는 물체를 양극으로 하여 양극에 물체를 걸어 양극에서 발생하는 산소 가스로 산화시키는 방법이다. 자연 중에 알루미늄 표면이 산화되어, 피막이 생기는 것은 산화알루미늄(Al2O3) 알루미나라고 하는데, 알루미나는 두께가 불균일하고 양이 많지 않다. 따라서 양극산화 처리법을 통해 인위적으로 산화알루미늄을 만든 것을 알루마이트라고 한다.

1. 양극산화처리법

자연계에 있어 산소와 금속의 자연적 결합 습성으로 금속 산화의 부식을 가져온다. 산화피막 처리는 이러한 산소를 이용하여 역으로 금속의 부식을 방지하는 방법이다. 양극산화 처리법은 전기분해를 응용한 방법으로, 금속에 양극을 걸어주면, 전해질에 있는 산소(−)가 양극(+)에 붙으면서 표면에 산화피막을 형성하며 양극산화 금속을 만든다. 따라서 금속의 표면을 적당히 부식시켜 더 큰 부식을 방지하는 원리이다. 보통 20~300V DC 범위이며, 이때 황산과 유기산에서 형성되는 두꺼운 코팅에는 일반적으로 높은 전압이 필요하다. 전류는 양극화알루미늄 면적에 따라 다르며, 일반적으로 30~300A/m2 정도이다. 그림8-15는 전기분해에 의한 전자의 이동으로 산화알루미늄화 과정을 표현하였다.

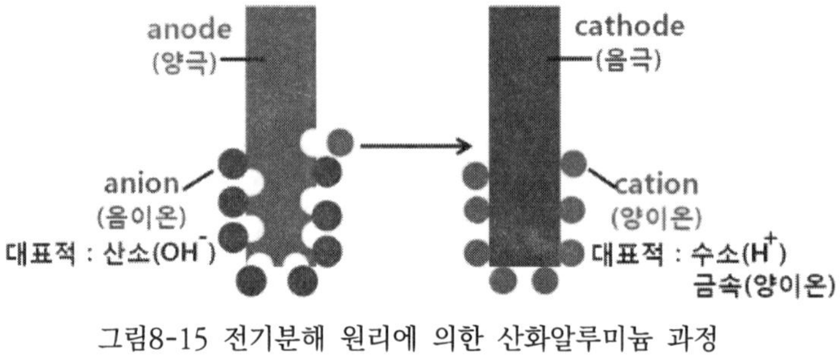

그림8-15 전기분해 원리에 의한 산화알루미늄 과정

양극산화 처리는 알루미늄, 아연, 마그네슘, 티타늄 등의 금속에 양극(+)을 걸어주면 전해질(황산 또는 크롬산 등의 산성용액)에서 산소(−)가 빠져나와 양극인 금속에 붙게 만들어서 적당히 산화시키는 것으로 표면의 내부식성의 저항성을 향상시키고 내구성을 증대시키며, 페인트 등의 코팅 물질도 일반금속보다 더 잘 흡착되게 하는 효과를 가져온다. 그림8-16에 양극화 처리 산화알루미늄 개념도를 나타내었다.

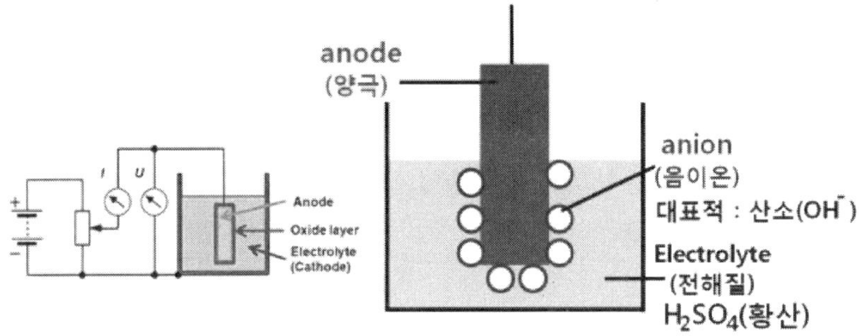

그림8-16 양극화처리 산화알루미늄 개념도

산화알루미늄(Al_2O_3)은 화합물로 산화피막제이며, 순수한 알루미늄의 표면을 감싸며 알루미늄의 부식을 방지한다. 산화알루미늄은 양쪽성산화물(amphoteric, zwitter)이므로, 산성(+)에 대해서는 염기성(−)으로 대응하고, 염기성(−)에서는 산성(+)으로 대응할 수 있는 산화물이다. 양쪽성산화물은 음(陰,−)과 양(陽,+)을 모두 가지고 있으므로 중성(中性)이면서 동시에 두 가지 상태를 모두 대응할 수 있다. 알루미늄 자체는 전기전도도가 우수하지는 않지만, 전기가 통하는 상태이나, 알루미늄 표면에 산화알루미늄이 형성(코팅)되면 금속과 산소의 결합으로 전기 음성도가 중성이 되어 절연체가 된다. 양극산화 알루미늄은 양극산화를 했다고 해서 일반 순수 알루미늄에 비해 강도에 차이가 나지 않으며, 오히려 경도가 증가하여 더 단단해진다. 한편 산화알루미늄층은 비교적 투명하고 무채색이지만, 다공질 구조를 가지고 있어 염료로 염색하거나 코팅하면 다양한 색상의 광택을 낼 수 있다.

양극산화 처리가 가능한 금속은 알루미늄, 티타늄, 마그네슘이 대표적이다. 그 중 대부분은 알루미늄임을 앞서 언급하였다. 알루미늄 합금에서도 마그네슘, 실리콘이 함유된 합금과 아연이 함유된 합금이 양극산화 처리에 적합한 알루미늄 합금으로 알려져 있다.

양극산화 처리한 알루미늄과 철과의 비교에서 본래의 알루미늄은 철보다 전기화학적으로 산소와 반응성이 더 크다. 하지만 알루미늄은 산화알루미늄이 되었을 때 결정구조가 견고해지며, 표면에 단단하게 고정되는 층을 형성하여 외부로부터 추가 산화를 방지하지만, 철은 산화철이 되었을 때 결정구조에 다공질이 더 많아지고 산소와 물이 부식을 가속화 한다.

2. 아노다이징(Anodizing)

양극산화 처리는 아노다이징(Anodizing)처리라고도 한다. 아노다이징 전해처리로 전해액에 따라 황산법, 크롬산법, 옥살선법으로 구분한다.

1) 황산법

황산법은 황산용액 10~20%를 사용하여 내식성을 향상시키기 위해 뜨거운 물이나 중크롬산용액에서 봉공처리한다. 금속광택이 크게 나며 크롬산법에 비해 단단하고 연성이 없으나, 내마모성이 양호하고 제조공정을 조절하여 단단한 피막과 연한 피막을 선택하여 만들 수 있다.

2) 크롬산법

크롬산법은 크롬산 25%, 인산75%의 전해액으로 산화피막을 형성하는 방법으로, 크롬산으로 생성된 산화피막은 대단히 얇아 0.02~0.05mm정도로 치수 변화에 따른 피로강도 영향이 없고, 부분적으로 크롬산을 함유하고 있기 때문에 대단히 얇음에도 불구하고 피막 성질이 매우 보호적이다.

유기피막(organic coating)의 접착을 좋게 하여 내식성을 향상시키고 절연성이 좋아 전기부식(갈바닉부식 등)을 줄여준다. 하지만 산화피막이 얇아 내마모성이나 표면 경도를 필요로 하는 곳은 적합하지 않다.

3) 옥살산법

옥살산법은 옥살산 3~5%의 전해액으로 처리되는 방법으로 어떤 합금에도 염색이 필요 없을 정도의 고운 색깔과 다양한 색의 피막을 형성할 수 있는 장점을 가지고있다. 직류, 교류를 혼합하여 사용하면 효과가 크며 예비 탈지가 필요 없고 피막 광택이 좋다. 그러나 경비가 많이 든다는 단점이 있다.

09

비철금속 열처리

재료의 열처리는 강재를 중심으로 발전해 왔지만, 최근에는 부품사용의 경량화 추세에 따라 비철금속의 강도, 경도, 내식성 등의 기계적, 화학적 성질 개선이 열처리를 통해 요구수준을 달성하고, 만족하여 적용하는 분야가 다양하게 확대되고 있다. 특히 자동차부품, 기계구조용 재료, 항공기 부품. 우주 관련 부품 등

첨단분야의 부품재료에 비철금속의 적용은 광범위하게 확대되고 있으며, 그 중요도가 점차 높아지고 있다. 따라서 비철금속의 열처리기술이 일반 강재의 열처리기술과 함께 비철금속의 특성을 이해하고, 열처리기술을 적용 발전시켜야 하는 중요한 시점이며, 일반 강재를 대체할 수 있는 기회를 비철금속의 열처리기술에서 요구하는 부품의 기계적, 화학적 특성을 얻을 수 있으리라 생각된다.

9.1 알루미늄 합금의 열처리

9.1.1 알루미늄 합금의 열처리개요와 분류

알루미늄의 사용은 순수 알루미늄보다 대부분 합금상태로 사용된다.

Al 합금의 열처리는 석출경화를 통해 가공용 합금 및 주조용 합금의 경도, 강도 등 기계적 성질을 향상시키는 것이다. Al 합금은 열처리란 관점에서 열처리합금과 비열처리 합금으로 분류된다. 열처리 합금은 Cu, Zn, Mg, Si 등의 합금원소를 열처리에 의한 조합으로 금속간화합물(金屬間化合物)로서 얻는 것이며, 비열처리 합금은 소성가공(냉간가공)에 의한 경화와 풀림의 조합으로 적당한 강도를 얻는 것이다. 알루미늄의 열처리에 의한 분류를 표9-1에 나타냈다.

표9-1알루미늄 합금의 분류

구분	열처리합금		비열처리합금	
	합금계	JIS규격	합금계	JIS규격
가공용	Al-Cu	A2XXX	순수Al	A1XXX
	Al-Mg-Si	A6XXX	Al-Mg	A3XXX
	Al-Zn	A7XXX	Al-Si	A4XXX
			Al-Mg	A5XXX
주물용	Al-Cu	AC1A	Al-Si	AC3A
	Al-Cu-Si	AC2A, 2B	Al-Mg	AC7A
	Al-Si-Mg	AC4A, 4C		
	Al-Si-Cu	AC4B		
	Al-Si-Mg-Cu	AC4D		
	Al-Cu-Ni-Mg	AC5A		
	Al-Mg	AC7B		
	Al-Si-Cu-Ni-Mg	AC8A, 8B		
	Al-Si-Cu-Mg	AC8C		

알루미늄 합금에서 알루미늄 성질을 변화시키는 것으로, 열처리, 냉간단조, 등을 실시하여, 재질의 강도와, 경도를 조절하여, 기계적 성질을 향상시키는 것을 조질이라 한다.

알루미늄을 사용하는 용도에 따라 요구조건에 맞게 변경시키는 과정이라 할 수 있으며, 그 내용을 표준화하여 기호로 정리하였다. 표9-2의 KS규격에서 사용되는 알루미늄 합금의 기호에서 열처리 온도 코드 조질 기호 T1~T8까지 다양한 코드가 있으며, 각각 고온에서의 가공, 냉간 가공, 인공 노화 등의 조합을 나타낸다. 또한, H 경화 코드는 가공경화의 정도와 부분적인 어닐링, 안정화, 코팅에 의한 열 효과 등을 나타낸다.

표9-2 알루미늄 합금의 조질기호(KS규격)

기 호		정 의	설 명
F		통상의 제조과정에서 얻어지는 제품 그대로	특별한 조질의 지정 없이 제조된 상태
R		열간 압연한 그대로	열간 압연한 그대로 제조된 재료의 상태를 표시
O		풀림에 의해 가장 연한 상태로 된 것.	풀림에 의해 완전히 재결정된 상태를 표시. 열처리합금의 경우는 풀림 온도로부터 완만한 냉각을 하여 담금질 효과를 완전히 방지할 필요가 있다.
H	H1n	냉간 가공을 하여 가공 경화시킨 것.	n은 2, 4, 6, 8의 숫자로 표시되며 가공경화의 정도를 나타낸다. 즉 8은 경질재, 4는 0과 경질재의 중간(1/2경질)정도의 가공경화상태, 2, 6은 각각 0과 1/2경질, 1/2경질과 경질의 중간정도의 가공경화상태인 것을 나타낸다.
	H2n	가공 경화시킨 것에 적합한 풀림 처리를 한 것.	
	H3n	냉간 가공을 하고 안정화처리를 한 것.	
T	T2	주물을 풀림한 것.	주물의 인성 치수를 안정화시키기 위해 풀림한 것. 특히 완전히 풀림한 것은 T21로 표시
	T3	담금질 후 냉간 가공한 것.	이 처리는 판, 봉, 관등에 대해 더욱 강도를 향상시키기 위해 냉간 가공하는 경우와 교정치수정도(精度)를 높이기 위해 냉간 가공을 하여 가공효과가 나타나는 경우도 있다. 냉간가공도가 통상 T3보다 큰 경우는 특별히 T36으로 표시한다.
	T4	담금질만으로 충분히 상온시효경화가 끝난 것.	통상 4일간정도의 상온방치로 시효가 완료되지만 7N01은 장시간에 걸쳐 진행되므로 1개월경과후 인장성질을 참고치로 하여 규정하고 있다. 특히 사용자가 T4처리한 것은 T42라고 한다.
	T5	고온가공으로부터 급냉하고 뜨임 처리한 것.	기계적 성질의 안정화를 꾀하기 위해 뜨임 처리를 한다. 6063등 고온가공(압출)후의 냉각으로 담금질효과가 얻어지기 쉬운 합금에 적용된다.
	T6	담금질 후 뜨임 처리한 것.	사용자가 T6처리한 것을 T62라고 한다.
	T8	담금질 후 냉간 가공하여 뜨임 처리한 것.	기계적 성질의 향상을 꾀하기 위해 혹은 교정, 치수정도의 향상을 위해 냉간 가공을 하고 그 효과가 인정되는 경우를 나타낸다.

9.1.2 가공용 알루미늄 합금의 열처리 조건

알루미늄 합금의 열처리 조건은 합금의 종류, 제품의 형태, 제조공정, 그리고 부품의 두께에 따라 달라질 수 있으며, 열처리 과정은 합금의 물리적 특성과 최종제품의 성능에 결정적인 영향을 미친다, 열처리의 어닐링, 담금질, 또는 자연 및 인공 노화 등의 공정은 합금의 내부 구조를 최적화하고, 필요한 강도와 경도를 얻는 과정이다. 각 공정은 알루미늄 합금의 특성을 극대화하고, 특정 응용 분야에서의 목적에 맞게 사용을 가능하게 한다.

이러한 알루미늄 합금의 열처리는 표준화된 시스템이 개발되어 있으며, 표 9-3에 전신재(展伸材) 알루미늄 합금의 종류별, 질별 담금질, 뜨임 등의 표준열처리 조건을 표현하였다.

표9-3 가공용 알루미늄 합금의 표준열처리 조건

종류	질별	용화제처리(℃)	담금질	시효경화처리(뜨임) [3]
2011	T3 T8	520 ~ 530 "	수냉 "	- 약160℃ 약 14h
2014	T4, T42, T3 T4, T42 T4 T6, T62 T6, T62 T6	495 ~ 505 " " " " "	수냉 " " " " "	- - - 170 ~ 180℃ 8 ~ 12h 150 ~ 160℃ 17 ~ 20h [4] 170 ~ 180℃ 8 ~ 12h " "
2017	T4, T42, T3 T4, T42 T4	495 ~ 510 " "	수냉 " "	- - -
2117	T4	475 ~ 500	수냉	-
2018	T61	505 ~ 520	열탕(熱湯)	165 ~ 175℃ 8 ~ 12h
2218	T61	505 ~ 515	열탕(")	165 ~ 175℃ 8 ~ 12h
2025	T4, T42, T3, T36 T4, T42 T4, T42 T4 T62 T62	490 ~ 500 480 ~ 500 490 ~ 500 " 490 ~ 500 "	수냉 " " " " "	- - - - 190 ~ 195℃ 약 16h " 11 ~ 13h [5] " 약16h
2028	T6	510 ~ 520	수냉	165 ~ 175℃ 6 ~ 14h
2N01	T6	520 ~ 530	수냉	160 ~ 170℃ 12℃ 20h
4032	T6	505 ~ 520	수냉	165 ~ 175℃ 8 ~ 12h
6061	T4, T42 T4 T6, T62 T6	515 ~ 550 " " "	수냉 " " "	- - 170 ~ 180℃ 7.5 ~ 8.5h " "
6063	T5 T6	- 515 ~ 525	- 수냉 [2]	약 205℃ 약 1h 약 170℃ 약 8h
6151	T6	510 ~ 525	수냉 [2]	165 ~ 175℃ 8 ~ 12h
7075	T6, T62 T6, T62 T6	460 ~ 500 460 ~ 470 460 ~ 475		115 ~ 125℃ 22h 이상 " " " 24 ~ 28h
7N01	T4 T5 T6	약 450℃ 공냉 또는 수냉 - - 약 450℃ 공냉 또는 수냉		- 약 120℃ 24h " "

표9-4 가공용 알루미늄 합금의 풀림 조건

합 금	풀 림 조 건	합 금	풀 림 조 건
1080	340 ~ 410℃ 공냉 또는 노냉	5083	340 ~ 410℃ 공냉 또는 노냉 [1]
1070	"	5154	"
1050	"	5N01	"
1100	"	2014	340 ~ 410℃ 공냉 또는 노냉 [2]
1200	"	2017	"
3003	약 410℃ 공냉 또는 노냉	2024	"
3203	"	6061	"
5005	340 ~ 410℃ 공냉 또는 노냉	7075	340 ~ 410℃ 공냉 또는 노냉 [3]
5052	"	7N01	약 410℃ 노냉
5056	"		

열처리한 것을 풀림하는 경우 약 410℃로 가열하고, 1시간 이상 그 온도를 유지하여야 하며, 냉각은 260℃까지는 28℃/h 이하의 냉각속도로 하는 것이 바람식하나. 260℃ 이하에서는 냉각속도는 문제 되지 않는다. 표9-4에 전신재(가공용) 알루미늄 합금의 풀림 조건을 표시하였다.

9.1.3 주물용 알루미늄의 열처리 조건

알루미늄 주물을 열처리하는 것은 강도, 경도, 내구성 등 기계적 특성을 향상시키는 데 매우 중요한 공정이다. 알루미늄 주물의 열처리 공정은 원하는 재료 특성을 얻기 위해 가열과 냉각을 제어하는 과정이 중요하며, 알루미늄 주물의 일반적인 열처리 방법에는 용액 열처리, 담금질, 노화(자연 또는 인공) 등이 있다. 뒤틀림이나 균열과 같은 결함을 방지하기 위해 각 단계를 적절하게 제어해야 하고, 온도, 시간, 냉각속도 등의 과정은 합금 구성과 주물의 용도에 따라 선택하여야 하며, 열처리의 중요한 조건으로, 주물의 성능 요구 사항과 충족을 위해 표준화된 조건을 준수하여야 한다. 알루미늄 합금 주물의 열처리 조건은 Al-Cu, Al-Cu-Si, Al-Si-Mg 등의 합금계에 따라 구별되며, 각 합금과 용도에 따라 상세하게 구분된다. 주물용 합금의 열처리 조건은 KS규격에 표준화되어 있다. 일반적으로 이 표준화 준한 열처리 과정의 결과는 규격을 만족시키는 기계적 성질을 쉽게 얻을 수 있다.
표9-5에 주물용 알루미늄 합금의 표준 열처리 조건을 표시하였다.

표9-5 주물용 알루미늄 합금의 표준 열처리 조건

종 류	금형 주물				사형 주물			
	용체화		뜨임		용체화		뜨임	
	온도 (℃)	시간 (h)	온도 (℃)	시간 (h)	온도 (℃)	시간 (h)	온도 (℃)	시간 (h)
AC1A-T6	약515	약10	약160	약8	약515	약10	약160	약8
AC2A-T6	" 510	" 8	" 160	" 10	" 510	" 8	" 160	"10
AC2A-T6	" 500	" 10	" 160	" 5	" 500	" 10	" 160	" 5
AC4A-T6	" 525	" 10	" 170	" 9	" 525	" 10	" 170	" 9
AC4A-T6	" 500	" 10	" 160	" 7	" 500	" 10	" 160	" 7
AC4A-T6	-	-	" 225	" 5	-	-	" 225	" 5
-T6	약525	약8	" 160	" 6	약525	약8	" 160	" 6
-T61	" 525	" 8	" 170	" 7	" 525	" 8	" 170	" 7
AC4D-T5	-	-	" 225	" 5	-	-	" 225	" 5
-T6	약525	약10	" 160	" 10	약525	약10	" 160	" 10
AC5A-T6	" 520	" 7	" 200	" 5	" 520	" 7	" 200	" 5
-T7	" 520	" 7	" 300	" 4	" 520	" 7	" 320	" 4
AC7B-T4	" 430	" 18	-	-	" 430	" 18	-	-
AC8A-T5	-	-	약180	약8	-	-	-	
-T6	약520	약4	" 170	" 10	-	-	-	
AC8B-T5	-	-	" 180	" 8	-	-	-	
-T6	약520	약4	" 170	" 10	-	-	-	
AC8C-T5	-	-	" 180	" 8	-	-	-	
-T6	약520	약4	" 170	" 10	-	-	-	

그러나 기계적 성질은 열처리 조건에 의해 현저하게 변화하는 경우가 많으므로 각각의 합금, 주물에 있어 열처리 조건과 기계적 성질의 관계에 대해 사전에 충분히 검토되어야 하며, 실제 생산에서 합금특성의 최적 열처리 조건과 함께 작업성, 경제성 등도 고려해서 조건이 설정되어야 한다.

9.1.4 주물용 알루미늄 열처리 종류

주물용 알루미늄합금의 열처리에 있어서 종류와 그 과정은 다음과 같다.

1. 용체화처리

주물을 500℃ 전후의 용융 개시온도 직하의 고온에서 가열, 유지하고, 주조

시 편석에 의한 조직과 성분의 불균일을 해소하고 용질 원자를 모상으로 충분히 용융 되어 과포화 고용체를 얻는다.

2. 담금질처리

고온의 과포화 고용체를 실온 내지 100℃ 전후의 수중 혹은 유중에 투입해서 급랭함으로써 고온의 상태를 실온까지 유지한다.

3. 시효경화처리

실온에서 200℃ 전후의 비교적 낮은 온도로 가열·유지하고 용체화, 담금질 등에 의해 과포화로 고용한 성분을 석출시킨다.

실온에 있어서의 자연적 시효경화를 자연시효 혹은 실온시효, 인위적인 가열에 의한 시효경화를 인공시효(탬퍼링)라고 한다. 시효경화의 종류는 다음과 같다.

1) 자연시효 (Natural Aging)

용체화처리 이후 상온에서 방치, 용질원자가 국부적으로 집합하여 석출한다.

2) 인공시효 (Artificial Aging)

노능에 넣어 온도를 강제로 조금 올림 (100~150도)내부 원자들의 운동이 더욱 활발해져 시효가 더 빠르게 진행된다.

3) 과시효 (Over Aging), 안정화처리

시효를 오래해서 입자가 조대해져, 강도가 약해지는 현상이다.

강도/경도가 너무 높아 균열의 위험이 있다면 일부러 과시효 처리해서 안정화하는 방법을 안정화 처리라 한다.

4) 변형시효 (Strain Aging)

상온에서 소성가공한 뒤 낮은 온도에서 가열하거나, 상온에서 방치하면 강도가 증대하고 연성이 감소하는 편이며, 냉간 가공한 강을 저온뜨임(100~150도)할때 발생한다. 그림9-1에 두랄루민의 담금질과 온도 관계를 나타냈으며, 그림9-2에서 상온에서 방치 시 자연시효에 의한 인장강도의 변화를 나타내었다.

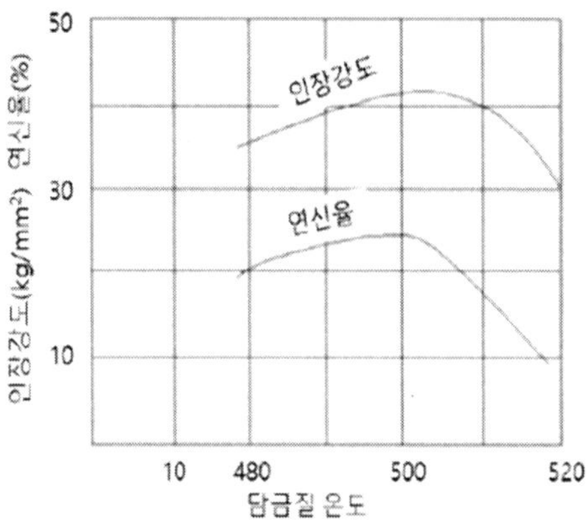

그림9-1 두랄루민의 담금질 온도와 기계적 성질 관계

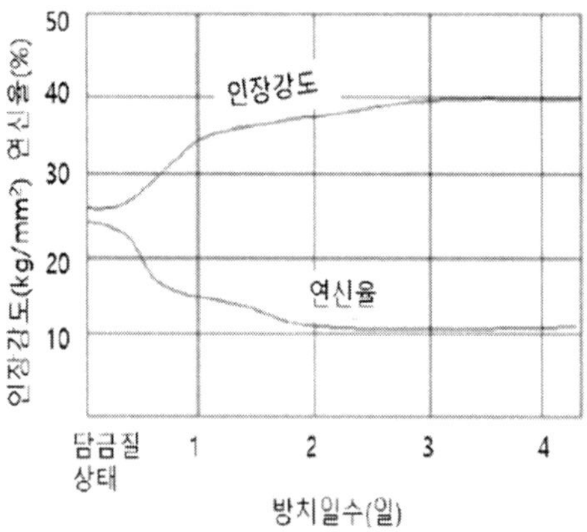

그림9-2 상온에서 자연시효의 인장강도 변화추이

4. 소둔처리

300~400℃ 전후로 가열, 유지한 후 서냉에 의해 잔류응력의 제거, 또는 연질화 시킨다.

통상의 열처리는 이들 각 처리를 단독 혹은 조합시켜 실시함으로써 필요로 하는 특성을 얻을 수 있다.

주물을 특히 열처리하지 않은 상태에서 사용하는 F재 상태에서의 사용을 제외하면 용체화처리 후 담금질, 탬퍼링(시효경화처리)을 하는 T6 처리재에서의 사용이 일반적이다. T6처리 보다 더 높은 강도를 얻기 위해 인공시효 조건을 조정한 T62 처리도 이용될 수 있다. 이외 피스톤 등의 고온에서 사용되는 주물일 경우에는 T6처리 보다는 고온에서 탬퍼링되고, 치수 안정성이 우수한 T7 처리가 많이 사용되고 있다. T6처리 만큼의 대폭적인 강도 향상은 필요 없지만 약간의 경도, 강도의 향상, 혹은 치수 안정성의 향상이 필요한 경우에는 시효경화처리만의 T5 처리가 이용된다.

용체화처리만 하는 T4 처리는 Al-Cu계의 AC1A, AC1B 등에는 이용되지만 그 외의 경우에서 사용하는 경우는 적다.

9.1.5 알루미늄합금의 열처리 변형과 대책

정밀가공과 이들 알루미늄 합금의 열처리와의 관계에서 가장 특징적인 것은 변형에 관한 문제이다. 제품이나 반제품의 열처리에 의해 발생하는 열변형이나 조직변화에 의한 변형 혹은 소재의 잔류응력에 기인하는 기계 가공 후의 가공 변형 등은 정밀부품을 가공할 때 충분히 고려해야 한다.
알루미늄 합금의 열처리와 변형 사이에는 그림9-3에 표시한 것과 같은 관련성이 있는데 이들 변형의 발생원인이나 그 대책에 관하여 살펴보고자 한다.

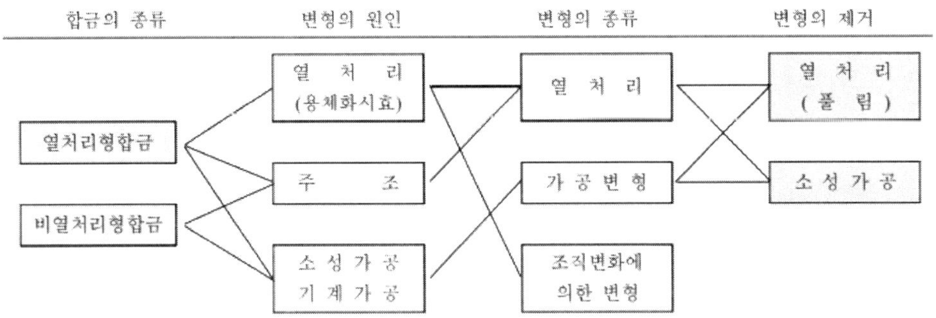

그림9-3 알루미늄합금의 열처리 변형요인

1. 용체화 처리 및 시효처리에 의한 변형

용체화 처리는 고온에서 급냉하는 조작이므로 재료의 내외부에는 열전도의 시간 차이에 의한 불균일한 온도차가 발생한다. 이 온도차에 의해 불균일한 체적변화가 생겨 재료 내부에는 응력(열응력)이 발생하는데, 이 응력이 그 온도에 있어서 항복점 이상으로 되면 재료는 부분적으로 소성변형을 일으킨다. 상온에서 유지된 때에는 이 소형변형이 부분적인 체적의 불균일로 되어 잔류하기 때문에 변형이나 잔류응력이 발생한다. 잔류응력은 정적(靜的)으로는 균형이 유지되고 있지만 장시간 방치할 경우 온도변화에 의해 발생하는 미세한 팽창, 수축에 따라 변형의 원인이 되며, 또 재료의 일부를 제거할 경우에는 응력의 재균형에 의해 변형이 발생하기 때문에 정밀가공에 있어서는 부정적인 요인이다. 용체화 처리(급냉)에 의해 발생하는 잔류응력은 일반적으로 표면에서는 압축, 내부에서는 인장으로 된다. 용체화 처리에 있어서 잔류응력에 미치는 여러 가지 인자(因子)의 영향은 다음과 같다

① 용체화처리 온도가 낮을수록 발생하는 열응력이 작으므로 잔류응력은 작다. ② 냉각속도가 느릴수록 열응력이 작으므로 잔류응력은 작다. 냉매

(冷 媒)의 냉각능력은 냉수, 온탕, 염욕, 기름, 공기의 순이다. ③재료의 치수(두께)가 작은 것일수록 냉각이 균일하게 행해지므로 잔류응력은 작다. ④ 재질은 일반적으로 재료의 영율(Young's modules), 항복점, 인장강도, 열팽창계수, 고온강도가 작을수록 잔류응력은 작다.

용체화 처리 시에 있어서 기본적으로 잔류응력의 발생을 억제하는 방법과 발생한 잔류응력을 완화시키는 방법으로 나누어 진다.

2. 잔류응력의 발생을 억제하는 방법

1) 용체화 처리의 냉각속도를 작게 한다. 온수(溫水)중에 담금질함으로써 기계적 성질에 영향을 주지 않고 잔류응력을 억제할 수 있다. 그림9-4에 냉각수의 온도에 따른 잔류응력의 변화를 나타낸 것이다. 80℃의 온수 담금질은 냉수 담금질에 비해 발생하는 잔류응력이 20% 정도이다. 같은 목적으로 기름 담금질, 분무 담금질, 충풍(衝風)도 사용된다.

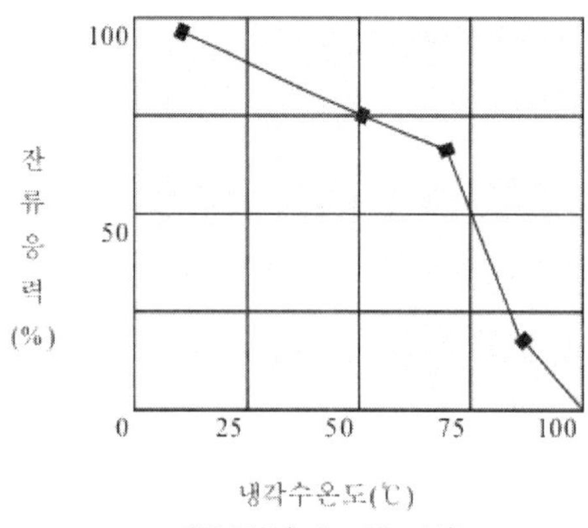

그림9-4 냉각수 온도와 잔류응력

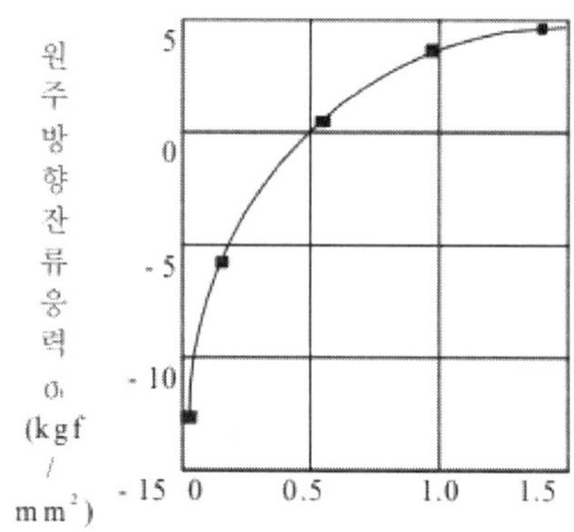

그림9-5 Al-Zn-Mg-Cu(0.5%) 담금질 후 인장가공에서 원주방향 잔류응력 변화

3. 발생 잔류응력을 완화하는 방법

1) 담금질 후 약간의 소성변형을 준다.

재료에 균일한 외력을 가해 재료를 부분적으로 소성 변형시킴으로써 그 변형에 상응하는 만큼의 잔류응력을 완화시킬 수 있다. 그림9-5는 담금질처리한 관(館)을 인장가공한 때 외표면(外表面)에 있어서의 원주(圓周)방향의 잔류응력을 나타낸 것이다. 약간의 인장으로 압축응력은 급격히 완화되고 있다. 0.5%이상의 인장에서 인장 응력으로 되어 응력분포는 역전된다. 이 방법은 봉, 관, 판 등과 같은 단순한 형상에 한해 효과적이다.

2) 냉각가열법(Unhill quenching)

용체화 처리 후 재료를 액체질소(-196℃)에 침지 시킨다. 그 후 곧바로 고온 수증기 중에 유지하고 급속히 가열한다. 이 방법에 의해 재료는 용체화 처리한 경우와 반대의 열이력(熱履歷)을 가지므로 잔류응력은 완화되고 또 시효 후의 기계적 성질은 변하지 않는다. 시효처리는 그 후에 행한다.

3) 고온뜨임

담금질에 의한 잔류응력은 보통의 뜨임 조건으로는 거의 감소하지 않지만 더 높은 온도로 처리하여 재료를 연화시키고 잔류응력을 완화시킬 수 있다. 단 이 방법은 보통, 상온시효에서 재료의 강도나 내식성을 저하시키므로 주의가 필요하다. 7075와 같은 Al-Zn-Mg 합금은 표9-6에 표시한 것과 같이 120℃ x 24시간의 일반적인 뜨임 처리 후 180℃ x 3시간의 2단계 처리를 하여 기계적 성질을 저하시키지 않고 잔류응력을 완화시킬 수 있다.

표9-6 Al-Zn-Mg-Cu(0.5%)담금질처리관의 시효조건과 기계적 성질

기계적성질 / 시효조건	인장강도 σB (kgf/mm²)	항복강도 $\sigma_{0.2}$ (kgf/mm²)	연신율 δ (%)	외표면의 원주방향 잔류응력 σ_1 (kgf/mm²)
실온 x 3일 → 120℃ x 24h	33.7	49.0	9.7	-12.5
실온 x 3일 → 120℃ x 24h 180℃ x 3h	53.6	48.8	10.0	-8.2

4) 시효처리 공정변경

시효처리의 공정을 변경하여 단조품의 용체화 처리에 의한 변형을 피할 수 있다. 예로서 냉간 단조품은 블랭크→단조→용체화 시효처리를 블랭크→용체화처리→단조→시효처리로 공정을 변경함으로써 변형을 최소화할 수 있다. 그림9-6은 냉간 단조품의 공정차이에 따른 진원도(眞圓度)의 분포를 나타낸 것이다. 단조 후에 다량의 부품을 용체화 처리할 경우에는 변형이 생기기 쉬우므로 이 방법은 효과적이다. 단 이때 용체화처리 재의 단조성은 재료에 따라 단조 균열이 일어나는 경우가 있다. 또 상온시효하기 쉬운 재료는 용체화처리 후 즉시 단조해야 변형을 피할 수 있다.

시효과정에서는 과포화 고용체에서 제2상(相)이 석출함에 따라 결정격자는 변형, 치수 변화가 일어난다. 그림9-7은 2014, 6061, 7075의 고온 시효처리에 있어서 시효시간과 치수 변화량의 관계를 나타낸 것이다. 석출상(析出相)의 종류에 따라 치수 변화량은 다르며 고온 시효처리재는 상온방치에 의해 일어나는 치수 변화가 매우 적다.

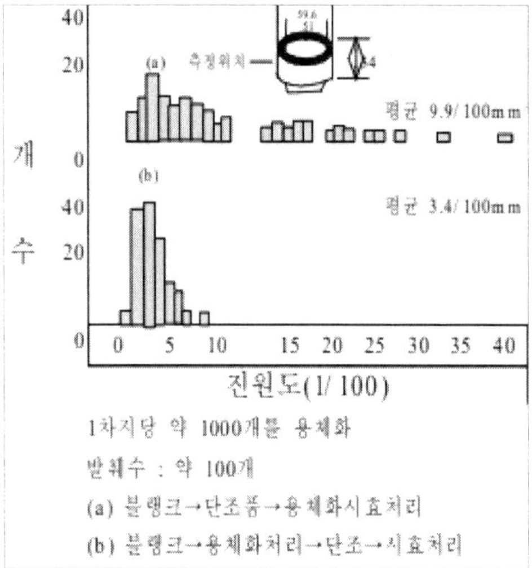

그림9-6 Al-Mg-Si계 쾌삭 알루미늄 합금 단조품의 진원도

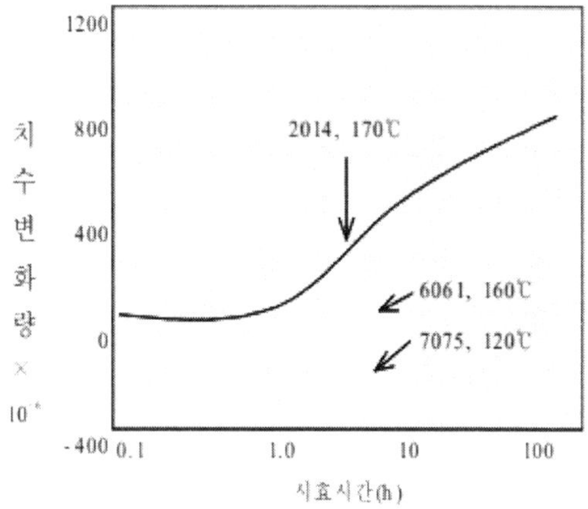

그림9-7 T6 시효처리의 시간과 치수 변화량

4. 비열처리 알루미늄 합금의 변형

비열처리 합금은 압연, 인발, 압출 등의 소성가공에 의해 가공경화가 일어나 강도를 얻고 있지만, 그 결과, 재료에는 잔류응력이 발생한다. 따라서 일반적으로 경질(硬質)일수록 잔류응력은 크다.

Al-Mg계 합금에서는 장시간 실온에 방치해 두면, 강도, 내식성이 저하하는 시효변화현상을 방지하기 위해서 소성가공 후 안정화 처리를 한다. 보통 안정화 처리는 150℃ 전후에서 실시하는 경우가 많지만, 잔류응력을 완화시키기 위한 응력제거 풀림은 더 높은 온동에서 실시할 필요가 있다. 단 응력제거 풀림에 의해 기계적 성질은 저하된다. 그림9-8은 A5056-$H1_2$ 관의 가열온도와 잔류응력, 기계적 성질의 관계를 나타낸 것으로 잔류응력이 대부분 제거된 200~250℃의 온도에서 인장강도는 H32(32kgf/mm²)의 규격 이하로 만족하지 못하고 있다.

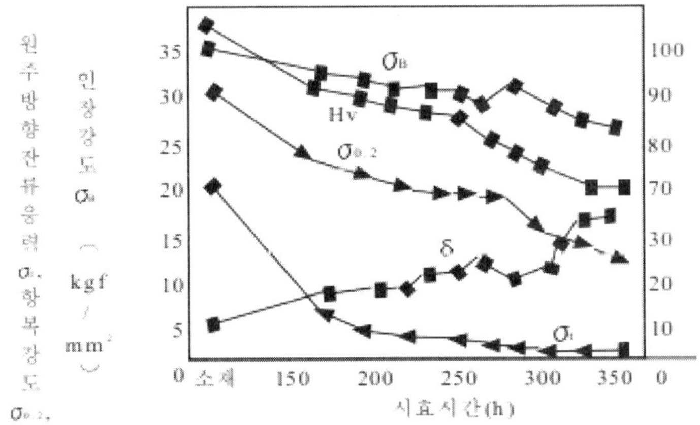

그림9-8 A5060TD-H_{12}(ϕ64xϕ56)의 가열온도와 기계적 성질관계

5. 알루미늄 합금주물의 변형

알루미늄 합금 주물은 치수 안정화를 위한 열처리로써 T5, T7 처리가 있는데 이들 처리는 주조 응력의 완화와 조직성장에 의한 경년변화를 방지하기 위한 것이다. 주조 응력은 주조과정에서 주물이 불균일하게 냉각되어 부분적인 응고속도의 차이가 생겨 발생한다. 일반적으로 빨리 응고하는 표면에 압

축응력, 늦게 응고되는 내부에 인장 응력이 잔류한다. 주조 응력은 Cu 함유량이 많을수록 크고, 또 가열에 의한 응력완화는 Cu 함유량이 적을수록 용이하다. 주조 응력의 제거를 위한 T5 처리는 일반적으로 200~250℃에서 실시하지만, 주물의 재질에 따라 처리온도를 선택하나 기름으로 하는 T6 처리쪽이 권장되고 있다. T6 처리는 인장강도를 저하시키지 않고 잔류응력을 현저히 경감시킬 수 있다. 주물은 어느 온도로 가열한 후 상온에서 냉각하면 치수가 가열 전에 비해 증대하는데 이러한 현상을 성장이라고 한다. 성장은 표9-7과 같이 합금에 따라 달라진다. 제품에 있어서 성장을 방지하기 위해서는 미리 가열하여 성장해버리도록 할 필요가 있으며, T4, T6 처리로 불충분한 경우에는 더 높은 온도의 T5, T7 처리를 하여야 한다. 다이캐스트 제품은 미세한 기포로 인해 250℃로 가열하면 기공(氣孔)이 생긴다. 따라서 용체화처리는 하지 않고 필요에 따라 응력제거나 성장방지를 위해 비교적 낮은 온도로 풀림을 하는 정도이다. 마지막으로 알루미늄의 용체화 처리에 있어서 발생하는 응력은 강의 경우와 달리 변태 응력은 아니지만, 용체화처리 시 보통 일정량을 한데 모아 실시하기 때문에 각 부품의 냉각 조건이 다르고, 결과적으로 부품의 변형이나 시효처리 후의 기계적 성질에 차이가 나는 수가 있다. 따라서 용체화처리에 있어서는 용체화 온도나 냉각액의 온도관리뿐 아니라 냉각조(冷却槽)의 크기나 냉각액의 교반 등에 관해서도 충분히 검토하여야 한다.

또 전신재(展神材)를 기계 가공할 경우, 재료의 잔류응력으로 인해 발생하는 변형의 대책은 보통 재료에 풀림을 하여 해결하여야 한다. 근본적으로 재료의 선택 단계에서 고려되어야 할 사항이나, 잔류응력과 재료 강도의 관계에서 일부의 손실은 불가피하다.

표9-7 A5056TDH12(ϕ64xϕ56)의 가열온도와 잔류응력과 기계적 성질의 관계

합 금 계	실 용 합 금 명	성 장 유 무
Al-Si-(Mg)	AC3A, AC4A, AC4C	있음, 0.08~0.12%
Al-Si-Cu-(Mg)-(Ni)	AC2A, AC2B, AC4B, AC4D AC8A, AC8B, AC8C	있음, 0.08~0.12%
Al-Cu	AC1A, 2025	있음, 약0.16%
Al-Mg	AC7B	있음, 약0.15%
Al-Cu-Mg-(Ni)	AC5A, 2024	거의 없음
Al-Zn-Mg	Ternalloy7, 40 E, 7075	없음 또는 반대로 수축

9.2 구리합금의 열처리

동(Copper)은 높은 전기전도도 및 열전도도와 뛰어난 가공성, 내식성 등의 특성을 갖고 있으며, Fe나 Al과 달리 순금속에 가까운 상태로 이용된다.
그러나 순동의 경우 진기전도도에 있어 불순물 첨가가 매우 민감한 영향을 미치므로 소량의 원소 첨가에도 주의가 필요하며 첨가 원소의 양이 수 %로 제한되어야 한다. Cu에 첨가하여 매우 우수한 기계적, 화학적 특성을 얻을 수 있는 것은 청동과 황동이며, 공업적으로 광범위하게 사용된다.
구리가 열처리되면 최종제품은 와이어 및 케이블, 시트, 스트립, 판, 봉, 튜브, 분말, 야금 형상, 단조, 주조 등으로 구성된다. 이러한 제품의 종류들은 안정성을 위해 열처리 과정을 거치며, 구리 열처리 공정에는 균질화, 어닐링, 응력제거 및 강화처리가 있다.

9.2.1 균질화 처리

균질화란 합금의 주조 시에 자연히 생기는 유핵 조직 및 화학성분의 편석을 제거하기 위해 비교적 고온에서 장기간 유지 시켜, 원자의 확산을 충분히 일으켜 주는 열처리를 말한다. 동합금에 균질화 처리가 응용되는 것은 냉간 또

는 열간가공 시에 가공용 잉고트의 가공성을 높이기 위한 것과 주조품에 적절한 강도, 연성 및 강성을 부여하기 위함이다. 일반적으로 α 황동, α 알루미늄 청동 및 베릴륨동계의 주조품은 응고 범위가 좁기 때문에 편석의 정도가 적어, 대부분의 경우 1차의 가공 및 보통의 어닐링에 의해 편석이 제거되므로 가공이 끝난 제품 또는 중간 가공이 된 제품들은 균질화가 필요치 않지만, 응고 범위가 넓은 주석 청동(인청동), 큐프로 니켈, 실리콘 청동 등은 쉽게 편석이 제거되지 않으므로, 균질화가 필요한 합금들이다. 균질화에 필요한 온도 및 시간은 합금의 종류, 주괴의 입자 크기 및 균질화의 정도에 따라 다르게 된다, 통상적으로 온도는 최고 어닐링 온도보다 높은 온도로 고상선의 50℃ 이내의 온도로 하며, 유지시간은 3~10시간 정도로 한다. 균질화에는 원자의 확산이 가장 중요한 역할을 하기 때문에, 조직 상태나 가공도가 비슷한 경우에는 용매 원자에 대한 용질 원자의 확산 계수를 비교하여 균질화의 난이도를 예상할 수 있다. 표9-8은 Cu 중에서의 합금원소의 확산 계수에 대한 자료를 나타낸 것이다.

표9-8 Cu중에서 용질 원자의 확산에 관한 Data

용질원소	용질용도 (at%)	온도 (℃)	확산계수 D (cm²/sec)	D_0 (cm²/sec)	활성화에너지E (kcal/mol)
Al	4	700~900	$D=D_0e^{-E/RT}$	1.75x10^{-2}	37.7
	8	700~900		5.55x10^{-2}	39,5
	12	700~900		3.75x10^{-1}	43,0
	16	700~900			48.0
Be	0	700~850	$D=D_0e^{-E/RT}$	2.3x10^{-4}	28.0
	4	700~850		7.1x10^{-4}	30.0
	8	700~850		3.2x10^{-2}	37.0
Ni	7.5~11.8	550	7.1x10^{-13}	6.5x10^{-5}	29.8
		700	1.4x10^{-11}	–	–
		950	2.1x10^{-10}	–	–
Sn	5.6~8.0	475	2x10^{-11}	–	26.0
	4	700~800	9x10^{-10}	3.25x10^{-2}	30.5
Zn	<7	500~900	$D=D_0e^{-E/RT}$	2.4x10^{-3}	30.2
	24~29	500~900		9.5x10^{-2}	35.0

9.2.2 어닐링

1. 어닐링의 과정

어닐링은 금속 및 합금을 연화시킬 목적으로 행하는 열처리를 말하며, 제품의 소성가공의 중간이나 후에, 또는 주조재 등에 적용이 된다. 어닐링의 공정에는 가열속도, 가열온도, 가열시간, 분위기 및 냉각속도 등이 포함된다.

냉간 가공된 금속의 어닐링은 적당한 온도로 가열하여 재결정시키거나, 경우에 따라서 결정립 성장이 일어나도록 하는 것으로, 동 및 동합금에 일반적으로 적용되는 어닐링 온도를 표9-9에 나타냈다. 어닐링 과정은 우선적으로 가열온도와 가열시간에 영향을 받으며, 다상(多相) 합금이나 몇몇의 석출 경화형 합금 또는 가열 균열(fire cracking)에 민감한 합금들을 제외하고는 가열속도나 냉각속도는 그리 중요하지 않다. 그러나 가열원이나 가열로의 설계, 가열로의 분위기 및 열처리재의 형상 등은 어닐링 제품의 균질성, 마무리 정도와 비용 등에 영향을 미치기 때문에 매우 중요한 요소가 된다.

어닐링 과정에 영향을 미치는 인자는 매우 많고 복잡하므로, 특정 금속에 특정한 입도를 갖게 하는 어닐링 온도와 어닐링 시간의 조합을 예측한다는 것은 매우 어려운 일이다.

표9-9 냉간 가공된 Cu 및 Cu합금에 주로 적용되는 어닐링 온도

분류	합 금 형	화 학 조 성(%)	어닐링온도 (℃)
가공용 Cu	Electrolytic tough pitch(ETP)	99.99%Cu−0.04%O	250~650
	Deoxidized, low residual P(DLP)	99.90%Cu−0.005%P	325~650
	Deoxidized, high residual P(DHP)	99.92%Cu−0.02%P	375~650
	Oxygen−free(OF0	99.92%Cu−(최소)	425~650
	Free−machining	99%Cu−1%Pb	425~650
		99%Cu−0.5%Te	425~650
		99.4%Cu−0.6%Se	425~650

냉간 가공량이 많으면 재결정온도는 낮아지고, 어닐링 전의 변형이 작을수록 결정립은 커지게 된다. 또한, 어닐링 온도와 어닐링 시간이 일정하다면 가공 전의 결정립도 클수록 재결정 후의 결정립도 크게 된다.

가공 공정에서 초기에는 비교적 고온 어닐링을 하여 균질화도 가속시키며, 결정립도 크게 하여, 초기 가공 시에 경제적인 많은 가동이 되게 한다. 계속되는 어닐링 공정중에 최종적으로 요구되는 결정립도에 가깝도록 점차 결정립 크기를 감소기키며, 최종 어닐링의 한 단계가 두 단계 전에 요구되는 결정립도로 만드는 것이 일반적이다. 이러한 일련의 작업은 중간 가공과 충분히 관련지어 행하여질 때 최종적으로 균일한 입자의 제품을 얻을 수 있다.

이어지는 냉간 가공을 위해 요구되는 결정립도와 기계적 성질은 합금의 종류, 가공량 및 가공의 종류에 따라 상당히 달라지게 된다. 냉간 가공재에 대한 어닐링의 목적은 최적의 연성과 강도의 조합을 얻는 것이다. 그러나 압출재와 같이 표면 연마에 의해 마무리되는 제품은 표면을 매끄럽게 유지하여 연마 비용을 낮출 수 있도록 가능한 미세한 결정립으로 되게 한다. 어닐링 작업은 냉간 가공과 조화를 이루고, 엄밀한 기준에 의해 규제되어야만 요구하는 성질을 얻을 수 있다.

2. 어닐링시 고려사항

1) 전처리의 효과

냉간 가공량과 냉간 가공 전의 어닐링 조건은 냉간가공재의 어닐링 결과에 지대한 영향을 미치므로, 모든 어닐링 공정은 이러한 전처리에 대한 고려하여 행해야만 한다. 일단 어닐링 공정이 확립되면 어닐링 공정과 전처리 공정이 어우러져 일정한 재질이 되도록 해야 한다.

2) 열충격과 가열 균열

열충격은 급격하고 극단적인 온도변화가 있을 경우 발생한다. 열충격에 의한 응력은 열팽창, 열전도도, 강도, 인성 그리고 금속의 상태와 온도 변화 속도 등에 의해 영향을 받는다. Pb, Pb와 Sn, 또는 Pb와 Bi나 Te 등의 불순물을 함유하는 황동의 경우는 열간취성(hot shortness)을 나타낸다. 만일 그러한 합금이 특히 표면에 높은 인강 잔류응력이 존재하고 있는 경우에는 반복적으로 극단적인 온도변화를 받으면 열충격이 생기기 쉬우므로 가열속도를 작게 할 필요가 있다. 또한, 잔류응력이 큰 동합금을 급속히 가열하면 균열이 발생하는 경우가 있는 데 이러한 현상을 **가열 균열**(fire cra cking)이라 한다. 특히 Pb를 함유하는 합금들은 이러한 가열 균열을 일으키기 쉬우므로, 응력이 제거될 때까지는 서서히 가열함으로써 가열 균열의 방지를 꾀할 수 있다.

3) 수소취성

노내에 수소가 존재하면 Cu 중에 존재하는 산소와 반응하여 수증기를 만들어 금속내에 작은 기공을 형성함으로써 취성을 일으키기 쉬워진다. 따라서 산소가 함유된 Cu를 어닐링할 때에는 노내 분위기 중에 존재하는 수소의 양을 극소화시킬 필요가 있다. 480℃ 이하에서 어닐링을 행하는 경우, 수소의 농도가 1% 이하로 되게 하여야 하며, 이보다 높은 온도의 경우에는 수소량을 거의 없게 하여야 한다.

4) 산화

대부분의 동합금에 있어서 합금원소는 선택적 산화에 민감하다. 이는 Cu의 산화물 형성 자유에너지가 금, 은, 백금 및 파라디움을 제외한 다른 합금의 산화물 형성 자유에너지보다 작기 때문이다.

선택적 산화는 표면에 평행하게 금속의 내부로 진행하는 경우와, 결정립계와 같은 특정한 장소를 통해 급속히 진행하는 2가지로 나뉜다. 전자(前者)의 경우 석출에 관여해야 할 합금원소가 산화물 형성으로 소모되기 때문에 석출 반응을 저해하게 되고, 후자(後者)의 경우 입계 산화에 의한 취화의 원인이 되므로 산화를 최소화하여야 한다. 이 외에도 산화에 의한 금속의 손실, 산세와 표면처리 비용의 감소를 위해서도 산화를 최소화시킬 필요가 있다.

5) 어닐링 시간

대부분의 열처리로는 가열하는 동안에 노내 분위기의 온도와 금속의온도는 어느 정도의 차이가 있다. 그러나 대부분의 경우 온도측정은 노내 분위기의 온도를 측정하고 있으므로 이를 감안하여 장입물에 따라 어닐링 온도 및 시간을 결정하여야 한다.

6) 주조품의 어닐링

알루미늄 청동이나 망간 청동 등과 같은 이상 조직(duplex structure)을 갖는 동합금 주물의 경우엔 금형 냉각의 효과를 수정하기 위한 수단으로 어닐링을 실시할 수 있다. 이는 사형과 같은 매우 극단적인 서냉이나, 금형이나 다이캐스팅과 같은 매우 극단적인 급랭의 경우에는 매우 높은 경도와 낮은 연성, 때로는 낮은 내식성을 갖는 조직의 주물이 될 수 있기 때문이다.

주물에 대한 대표적인 어닐링 조건은 580~700℃ 정도의 온도에서 1시간 정도이다. 알루미늄 청동의 경우엔 어닐링 후 강제 송풍이나 수냉에 의한 급속냉각을 하는 것이 좋다.

7) 윤활유에 의한 오염

어닐링되는 금속의 표면에 윤활유가 묻어 있으면 얼룩이 지게 되고, 이것은 쉽게 지워지지 않는다. 따라서 열처리로의 종류나 어닐링 부품의 종류에 관계없이 어닐링 전에 금속의 표면에 묻어 있는 윤활유는 가능한 제거시키는 것이 좋다.

8) 어닐링 결과의 분석

어닐링 결과의 분석을 위한 시료는 어닐링의 최종 조건의 것이어야 한다. 대부분의 동합금에는 결정립 성장을 억제하는 것이 없으므로, 가장 정확히 어닐링의 결과를 알 수 있는 분석법을 평균 결정립도를 조사하는 것이다. 결정립도는 재료의 양부를 결정하는 가장 일반적인 근거가 된다. 그러나 결정립도의 측정을 위해서는 특별한 장비가 필요하기 때문에 생산현장에서는 항시 이 방법을 쓰는 것은 아니고, 미리 경도와 결정립도와의 관계를 구해 두고 이를 근거로 해서 경도시험에 의해 결정립도를 추정하고 있다.

9.2.3 응력 제거 처리

응력 제거 열처리는 재료의 특성에 크게 영향을 미치지 않으면서 재료의 내부 응력을 제거하기 위한 목적으로 행하는 열처리로서, 보통 재결정 온도 이하의 온도에서 실시한다.

냉간 가공에 의한 동합금의 제조공정 중에서 소성변형에 따른 강도 및 경도의 증가가 야기되며, 이러한 소성변형은 탄성변형을 수반하기 때문에 가공된 재료의 내부에는 잔류응력이 남아 있게 된다. 재료의 표면에 인장 잔류응력이 많이 남아 있게 되면 절단이나 기계가공 중에 예기치 못한 뒤틀림 현상이 발생하거나, 브레이징이나 용접 중에 열간 균열이 발생시킬 수 있고, 응력부식 균열(stress corrosion cracking)에 대한 민감성이 커지는 등의 문제가 생긴다. 실제로 15% 이상의 Zn을 함유하는 황동은 인장 잔류응력이 있는 상태에서 약간의 암모니아를 함유하는 대기 중에 노출되면 응력부식 균열이나 자연 균열(season cracking)을 일으킨다. 또한, 냉간 가공을 한 알루미늄 청동이나 실리콘 청동 등은 좀 더 심한 부식성 분위기에서 응력 부식균열을 일으킬 수 있다.

한편 인청동과 큐프로 니켈 등 응력부식 균열에는 그다지 민감하지 않은 재료에 있어서는 급속하게 가열될 때 발생하는 가열균열(fire cracking)을 일으킬 염려가 있으므로, 어떠한 경우에라도 잔류응력은 될 수 있은 한 제거되어야 한다. 응력제거 열처리 시에는 기계적 성질을 해치지 않는 것이 중요하므로, 응력이 제거되는 한도에서 가능한 한 낮은 온도로 열처리해야 한다. 동합금에 적용되는 대표적인 응력제거 열처리 온도를 표9-10에 나타냈으며, 이 온도에서 1시간 정도 유지하는 것이 효과적이다. 냉간 단조품이나 용접 구조물의 경우에는 이들 온도보다 보통 50~100℃ 정도 높은 온도에서 행하는 것이 일반적이다. 조업상의 관에서 본다면 응력제거는 높은 온도에서 짧은 시간에 행하는 것이 유리하지만, 기계적 성질을 보장하기 위해서는 낮은 온도에서 장시간 행하는 것이 필요할 때도 있다.

표9-10 Cu합금에 적용되는 응력제거 처리 온도

분류	합금명	응력제거온도(℃)( )
가공용 Cu 합금	Gilding metal	190
	Commercial bronze	205
	Cartridge brass	260
	Red brass	230
	Low brass	260
	Yellow brass	260
	Muntz metal	205
	Free-cutting brass	245
	Admiralty metal	290
	Phosphor bronze	205
	Cupro-nickel	260
	Nickel silver	260
	Aluminium bronze	345

9.2.4 강화 처리

동합금에서 열처리에 의한 강화 방법은 크게 두 가지로 나뉜다. 첫째는 고온에서 퀜칭하여 연하게 한 다음, 저온에서 열처리하여 강화시키는 방법이고, 둘째는 마르텐사이트형의 반응을 통한 고온으로부터의 퀜칭에 의한 강화 방법이다. 전자에는 용체화 처리 후 중저온에서 열처리하는 석출경화, 스피노달 강화, 규칙 강화 등이 해당된다. 퀜칭에 의한 강화가 적용되는 합금에는 알루미늄 청동, 니켈-알루미늄 청동 그리고 몇 가지 황동이 이에 속한다. 퀜칭 강화 합금들은 일반적으로 강의 경우와 마찬가지로 템퍼링에 의하여 경도를 감소시키고, 인성과 연성을 향상 시킨다.

1. 저온 열처리에 의한 강화

1) 석출경화

동합금에 있어서 석출경화는 온도의 저하에 따른 용질 원자의 용해도 감소를 이용해 석출물을 생성시킴으로써, 기계적 성질의 향상과 함께 석출상의 생성에 따라 기지 조직에 잔류하는 용질 원자의 양이 감소 되는 것에 의한 전도도의 향상을 동시에 꾀할 수 있다는 점에서 매우 유용한 강화 방법이라 할 수 있다. 따라서 석출 경화형 동합금의 대부분은 전기 및 열전도용으로 이용되고 있으며, 열처리 공정도 필요한 기계적 강도와 전기전도도를 얻을 수 있도록 고안하고 있다. 따라서 석출 경화의 일반적인 방법은 단상 구역인 고온에서 용체화 처리를 한 후 급랭 처리에 의해 과포화 고용체를 만든 후, 적당한 온도에서(일반적으로 3시간을 넘지 않는 시간 동안) 시효석출에 의해 경화시키는 것이다. 표9-11에 석출경화능이 있는 2원계 및 3원계 동합금의 석출 경화 원소와 그의 용해도 및 석출경화상을 나타낸 것이다.

표9-11 Cu내에서 시효 경화성이 있는 원소와 경화상 및 고용도

경화원소	경화상	고용한계(wt%)	
Be	γ	2.4(800℃)	0.75(400℃)
Cr	Cr	0.8(1000℃)	0.08(500℃)
Co	Co	3.4(1000℃)	0.35(상온)
Fe	Fe	3.5(1050℃)	0.2(상온)
Pt	Cu_3Pt	–	–
Si	Cu_3Si	6.8(800℃)	<2 (상온)
Ag	Ag	2.3(779℃)	0.09(상온)
Ti	Cu_3Ti	4.5(878℃)	0.4(상온)
Be+P	–	–	–
Be+Si	Be_2Si	–	–
Co+Si	Co_2Si+Co	3.3(1000℃)	0.3(300℃)
Cr+Si	Cr_2Si	–	–
Mn+Si	Mn_2Si	–	–
Ni+Al	–	–	–
Ni+Si	Ni_2Si	–	–
Ni+Sn	–	–	–
Ni+P	NiP+Ni_2P	–	–

석출경화에 의해 최적의 성질을 얻기 위한 용체화처리 온도 범위는 비교적 좁은편 이므로, 용체화처리 온도의 관리에는 주의가 필요하다. 온도가 너무 높으면 결정립이 조대화 되고, 과잉의 산화가 생기며, 재료를 취합시키기도

한다. 반대로 온도가 너무 낮으면 충분한 고용화가 되지 못하기 때문에, 이후의 시효 석출 과정에서 충분한 경도를 얻을 수 없게 된다. 표9-12에 실용되고 있는 몇 가지 석출 경화형 동합금들의 적당한 용체화처리 온도 및 시효조건을 나타낸 것이다. 용체화처리 시간은 고용시키고자 하는 상의 석출량에 의해 정해지지만, 가공재 동합금의 경우 일반적으로 두께 25mm당 1시간 정도이다.

표9-12 실용합금의 용체화 처리 조건과 시효 조건

합금조성	용체화처리온도(℃)	시효처리온도(℃)	시효시간(hr)
0.75%Cr, 0.1Ag	980	450	9
0.85%Cr, 0.1%Si	1000	450	3
		450	3
1.1%Ni, 0.2%P	788	455	2
		455	2
		455	2
0.5%Be, 2.5Co	927	468	3
		468	2
1.9%Ni, 0.6%Si	790	455	1.5
		455	1.5
		455	1.5
2.0%Be, 0.25%Co	790	315	3
		315	2
		315	2
20%Ni, 20%Mn	650	400	6
		400	6

과포화 고용체를 만들기 위해서는 용체화 처리 후 가능한 빨리 냉각시켜야만 하는데, 다행스럽게도 동합금에 대해서는 냉각 조건이 그리 엄격하지 않은 경우가 많다. 표9-13에 Cu-Ni-Si 합금에 있어서 용체화처리 후의 냉각조건이 합금의 기계적 성질에 미치는 영향에 대하여 나타낸 것이다. Cu-Be 합금에서는 용체화 처리 후 공랭한 것이나 수냉한 것에 상관없이 시효에 의해 얻을 수 있는 최고의 경도값은 같지만, Cu-Ni-Si 합금의 경우에는 어떤 공랭의 조건 범위에서는 연성이 현저하게 저하되는 경우가 있어 주의가 필요하다.

표9-13Cu-2.0%Ni-0.6%Si 합금의 기계적 성질에 미치는 용체화 처리후 냉각속도의영향

750℃에서 용체화 처리 후 냉각방법	인장강도 (kg/mm²)		0.2%항복강도(kg/mm²)		연신율(%)		단면수축율 (%)		경 도 (HB)	
	용체화	시효	용체화	시효	용체화	시효	용체화	시효	용체화	시효
수냉	28.8	63.3	10.0	56.1	34.0	12.0	80.0	24.0	69	168
공냉	34.7	41.8	12.3	39.0	28.5	1.0	50.45	2.5	77	164
100℃/hr서냉	38.3	44.3	19.3	26.0	22.5	20.5	7.8	51.9	92	102

한편 석출 경화형 합금에서 예상했던 성질이 얻어지지 못하는 경우 표9-14에 나타낸 바와 같은 가이드라인을 따라서 진단할 수 있다.

석출 경화를 위한 열처리 작업은 기술적으로는 그리 어려운 것이 아니다. 앞의 표9-12에 나타낸 바와 같이 일반적으로 석출 경화를 위한 시효 온도는 낮기 때문에 산화나 결정립 성장 등에 대해서는 특별히 걱정하지 않아도 된다. 다만 공업적 규모의 대형로 내의 온도분포에 대한 관리에 주의하여 보통 응력제거 열처리와 같이 ±3℃ 이내로 관리하여야 한다. 이를 위해선 일반적으로 가열 공기를 강제 순환시키는 것에 의해 온도분포를 균일하게 유지할 수 있다.

표9-14 석출 경화형 합금에서 나타나는 문제점과 그 진단법

문 제 점	진 단 내 용
낮은 경도값	너무낮은 용체화 처리온도 용체화 처리후의 냉각이 지연 또는 냉각속도 느림 너무 낮은 시효온도 또는 너무짧은 시효시간 너무 높은 시효 온도 또는 너무 긴 시효 시간
낮은경도값, 낮은 전기 전도도	부적절한 용체화 처리 또는 underaging
낮은경도값, 높은 전기 전도도	부적절한 용체화 처리 또는 overaging
낮은경도값, 낮은 전기 전도도	underaging 오염된 재료

석출 과정은 조직적으로 불균질한 진행 과정이므로, 미시적으로 생각하면, 석출 전의 기지 조직 중 용질 원자의 농도를 C_o라 하고, C는 t시간 석출이 진행된 후의 기지 조직 중의 용질 원자농도, C_f는 석출 종료 후의 기지 조직 중의 용질 원자의 농도라고 하면 변태분율 f는 다음과 같이 쓸 수 있다.

$$f = \frac{(C - C)}{(C_o - C_f)} \tag{9.1}$$

또한, 변태 분율 f는 변태 시간 t의 n승과 미변태 분율 (1−f)의 곱에 비례한다고 생각하여 다음과 같이 쓸 수 있다.

$$f = K_1(1 - f)t^n \tag{9.2}$$

여기서 K1은 상수이다. (1−f)의 항이 들어있는 것은 석출이 진행해서 석출물끼리 충돌하기 시작하면 변태의 진행이 늦어진다는 개념에서 도입된 것이다. 식 (9.2)의 경우 석출물의 형상이 판상인 경우는 n=1이고, 구상인 경우에는 n=2로 나타낸다. 식 (9.1)와 식 (9.2)에서 다음의 식이 얻어진다.

$$\ln\left[\frac{(C_o - C)}{(C - C_f)}\right] = n\ln t + \ln K_1 \tag{9.3}$$

식 (9.3)에서는 석출분율을 용질 농도의 변화로 나타내고 있지만, 이를 합금의 경도 또는 전기저항의 변화로 나타내도 그대로 적용할 수 있다.
다음으로 석출경화 속도에 미치는 온도의 영향에 대하여 고찰해 보면, 석출 과정은 새로운 상의 핵생성 및 성장에 의해 진행되므로, 용질 원자의 확산 율속 반응으로 되어 다음과 같이 쓸 수 있다.

$$\text{석출속도} = \frac{1}{\text{시간}} = Kexp\left[\frac{-(Q + A)}{RT}\right] \tag{9.4}$$

여기는 K는 상수, Q는 확산을 위한 활성화 에너지, A는 온도에 의존하는 핵생성의 활성화 에너지, R은 기체 상수, T는 절대온도이다. 식 (9.4)에서

$$\ln t = \ln K + \frac{Q}{RT} + \frac{A}{RT} \tag{9.5}$$

식 (9.5)을 1/T로 미분하면 다음의 식이 얻어진다.

$$\frac{d\ln t}{d(1/T)} = \frac{Q}{R} + \frac{A}{R} + \left(\frac{1}{RT}\right)\left[\frac{dA}{d(1/T)}\right] \tag{9.6}$$

고온으로 될수록 A가 증가하고, 저온측에서는 Q값에 비해 A가 대단히 적게 (A는 과냉도가 클수록 적게 된다)되므로 A가 무시될 수 있고, 따라서 식 (9.6)은 다음과 같이 된다.

$$\frac{d\ln t}{d(1/T)} \simeq \frac{Q}{R} \tag{9.7}$$

2) 스피노달 강화(spinodal hardening)

스피노달 분해에 의해 강화되는 합금들은 석출 경화와 비슷한 열처리로 강화된다. 연하고 연성이 있는 스피노달 구조는 고온에서의 용체화 처리 후, 퀜칭에 의해 얻어질 수 있고, 냉간 가공이 가능하다. 저온에서의 스피노달 분해 처리는 시효처리와 마찬가지로 합금의 경도와 강도를 향상시킨다.

Cu계 스피노달 강화 합금은 기본적으로 Cu-Ni 합금에 Cr 과 Sn이 약간 첨가된 것들이다. 강화 기구는 고용체의 miscibility gap과 관계가 있을 뿐이지, 석출에 의한 것은 아니다. 스피노달 강화 기구는 기지 내에서 매우 미세한(A scale) 화확적 편석이 일어나는 것에 의하므로, 이를 식별하기 위해서는 전자 현미경이 필요하다. 스피노달 분해는 결정학적인 변화를 수반하지 않기 때문에, 스피노달 강화 합금은 강화중에 매우 뛰어난 치수 안정성을 갖는다.

스피노달 강화의 대표적인 동합금이 Cu-30Ni-2.8Cr 합금이다. 스피노달

구조는 안정과 불안정과 관계없이 miscibility gap을 갖고, 합금 성분이 열처리 온도에서 충분한 이동 능력(mobility)을 가져야 형성될 수 있다.

3) 규칙 강화(order hardening)

어떤 합금들은 기지상에 거의 포화되는 정도의 고용이 된 경우, 매우 많은 냉간 가공을 한 후 비교적 낮은 온도에서 어닐링하면 규칙반응이 일어나 경도와 강도가 향상된다. 동합금의 경우엔 Cu-8Al-2Ni 합금, Cu-2.8Al-1.8Si-0.4Co 합금, Cu-22.7Zn-3.4Al-0.4Co 합금 및 Cu-22.7Zn-3.4Al-0.6Ni 합금 등이 규칙 강화형 합금에 속한다. 강화기구는 Cu 기지상 중에 용질원자가 단거리 규칙 격자를 형성함으로써 결정 내의 전위이동을 현저하게 저지시키는 것이다. 규칙 강화는 일반적으로 150~400℃ 정도의 비교적 저온에서 단시간 동안에 실시한다. 따라서 열처리 시에 특별한 분위기 제어가 필요없다.

9.3 티타늄과 티타늄합금 열처리

강철에서 열처리에 의해 변환되는 마르텐사이트 상 변환은 티타늄 합금에서 변화를 일으키지 않는 특성을 갖고 있다. 티타늄합금의 열처리 강화는 마르텐사이트 상을 포함하여 담금질에 의해 형성된 하위 안정상의 노화 분해에 의존하며, 순수 A형 열처리 티타늄 합금은 기본적으로 효과가 없으며 주로 α+β형 티타늄 합금에 적용된다. Ti 및 Ti합금의 열처리는 다음과 같은 목적을 위해 실시한다. ① 제조과정에서 형성된 잔류응력을 제거하고, ② 연성과 기계적 가공성 및 치수 안정성을 확보하며, ③ 기계적 강도를 향상시키고, ④ 파괴 인성이나 피로 강도 또는 고온 크리프강도 등과 같은 특성의 향상시키는 목적으로 열처리가 진행된다. 티타늄합금의 열처리 방법은 응력제거처리, 어닐링처리, 용체화처리, 시효처리, 등이다. 어닐링처리는 재질, 조직 상태, 목적에 따라 다양하게 실시하며, 용체화 처리나 시효처리는 특정한 기계적 성질을 얻기 위해 실시한다. 또한, 응력제거 처리와 어닐링처리는 선택적인 화학적 침식을 방지하거나, 변형 방지(안정화 처리)를 위하여, 그리고 이어지는 제조공정에 적당한 상태로 만들어 주기 위해 실시한다.

9.3.1 응력 제거 처리(stress relieving)

Ti 및 Ti합금은 강도나 연성을 해치지 않으면서 응력제거 처리를 할 수 있다. 응력제거 처리는 ① 불균일한 열간가공이나 냉간가공에 의해 발생하는 바람직하지 못한 잔류응력, ② 비대칭 가공에 의해 발생하는 바람직하지 못한 잔류 응력, ③ 주조품의 냉각이나 용접 부위에 발생하는 바람직하지 못한 잔류 응력을 제거하기 위해 실시한다. 이러한 잔류응력을 제거함으로써 형상의 안정성을 높이고, Bauschinger 효과로 잘 알려진 압축 항복강도의 저하와 같은 바람직하지 못한 상태를 피할 수 있게 된다.

어닐링 상태의 재료를 적당한 가공조건으로써 대칭적인 형상으로 가공을 하는 경우에는 응력제거 처리가 필요하지 않을 수도 있지만, 가공조건이 보다 가혹해지면 응력제거 처리가 필요하다.

제조공정 중의 어닐링이나 시효처리를 잘 조정하면 별도로 응력제거 처리를 하지 않아도 된다. 예를 들면 단조시 발생하는 응력은 기계 가공 전의 어닐링 처리에 의해 제거될 수 있으며, 퀜칭 응력은 부분 시효(parrial aging)에 의해 제거할 수 있고, 마무리 가공 중에 발생되는 응력은 최종 시효(final aging)에 의해 제거할 수 있다. 표9-15는 Ti 및 Ti합금에 적용되고 있는 응력제서 처리의 조건을 나타낸 것이다.

표9-15 Ti 및 Ti합금의 응력제거 처리

합금의 구분 및 조성		처리온도 (℃)	처리시간(hr)
순금속	Ti	480~595	$^1/_4$~4
α또는준α Ti합금	Ti-5%Al-2,5%Sn	540~650	$^1/_4$~4
	Ti-8%Al-1%Mo-1%V	595~705	$^1/_4$~4
	Ti-6%Al-2%Sn-4%Zr-2%Mo	595~705	$^1/_4$~4
	Ti-6%Al-2%Nb-1%Ta-0.8%Mo	596~650	$^1/_4$~4
	Ti-0.3%Mo-0.8%Ni	480~595	$^1/_4$~4
α+β Ti 합금	Ti-6%Al-4%V	480~650	1~4
	Ti-6%Al-6%VSn(Cu+Fe)	480~650	1~4
	Ti-3%Al-2,5%V	540~650	$^1/_2$~2
	Ti-6%Al-2%Sn-4%Zr-6%Mo	595~705	$^1/_4$~4
	Ti-5%Al-2%Sn-4%Mo-2%Zr-4%Cr	480~650	1~4
	Ti-7%Al-4%Mo	480~705	1~8
	Ti-6%Al-2%Sn-2%Zr-2%Mo-2%Cr-0.25%Si	480~650	1~4
	Ti-8%Mn	480~595	$^1/_2$~2
β또는준 β Ti합금	Ti-13%V-11%Cr-3%Al	705~730	$^1/_{12}$~$^1/_4$
	Ti-11%Mo-6%Zr-4.5%Sn	720~730	$^1/_{12}$~$^1/_4$
	Ti-3%Al-8%V-6%Cr-4%Zr-4%Mo	705~760	$^1/_6$~$^1/_2$
	Ti-10%V-2%Fe-3%Al	675~705	$^1/_2$~2
	Ti-15%V-3%Al-3%Cr-3%Sn	790~815	$^1/_{12}$~$^1/_4$

일반적으로 온도가 높으면 시효 시간이 짧아지고, 온도가 낮으면 시효 시간이 길어진다. 용체화처리를 실시한 재료나 시효처리를 실시한 재료의 응력제거 처리시에는 과시효에 의한 강도의 저하에 주의하여야 하며, 이는 부분적인 응력제거를 위한 시간-온도 조합의 선택에 있어서도 마찬가지이다.

응력제거 처리온도에서의 냉각속도는 그다지 중요하지 않지만, 균일한 냉각은 중요하며, 특히 480℃에서 315℃ 사이의 온도 구간에서의 균일한 냉각이 중요하다. 따라서 불균일한 냉각에 의해 잔류응력을 발생시킬 수 있는 유냉이나 수냉은 적당하지 않고, 노냉이나 공랭이 적당한 냉각방법이 된다.

9.3.2 어닐링(annealing)처리

어닐링은 다양한 티타늄 합금에 적합하며, 주요 목적은 응력을 제거하고 합금 가소성을 개선하며 구조를 안정화시키는 것이다. Ti 및 Ti합금의 어닐링 처리는 우선적으로 상온에서의 파괴 인성과 연성의 향상을 위해, 그리고 치수 안정성과 열적 안정성 및 크리프 저항성의 향상을 위해 실시한다. Ti합금에서는 어닐링처리의 목적에 적절한 어닐링 조건을 선택함으로써, 효과적으로 여러 특성을 향상시킬 수 있기 때문에 어닐링 처리된 상태로 사용하는 예가 많다. 어닐링의 방법에는 응력완화 어닐링, 재결정화 어닐링, 이중 어닐링, 등온 어닐링, mill annealing 등으로 구분된다. 다양한 어닐링처리 조건을 표9-16에 나타냈다. 압연재의 어닐링은 일반적인 목적의 처리로 모든 압연재에 대해 실시한다. 이것은 완전 어닐링이 아니라, 판재 등 심하게 가공된 재료의 미세 조직에 있어서의 온간 가공이나 냉간 가공의 흔적만을 없애는 처리이다.

표9-16 Ti 및 Ti 합금의 어닐링 처리

합금의 구분 및 조성		처리온도 (℃)	냉각방법
순금속	Ti	650~760	공냉
α또는순 α Ti합금	Ti-5%Al-2,5%Sn	720~845	공냉
	Ti-8%Al-1%Mo-1%V	790	공냉/노냉
	Ti-6%Al-2%Sn-4%Zr-2%Mo	900	공냉
	Ti-6%Al-2%Nb-1%Ta-0.8%Mo	790~900	공냉
α+β Ti 합금	Ti-6%Al-4%V	705~790	공냉/노냉
	Ti-6%Al-6%VSn(Cu+Fe)	705~815	공냉/노냉
	Ti-3%Al-2,5%V	650~760	공냉
	Ti-6%Al-2%Sn-4%Zr-6%Mo	(a)	-
	Ti-5%Al-2%Sn-4%Mo-2%Zr-4%Cr	(a)	-
	Ti-7%Al-4%Mo	705~790	공냉
	Ti-6%Al-2%Sn-2%Zr-2%Mo-2%Cr-0.25%Si	705~815	공냉
	Ti-8%Mn	650~760	(b)
β또는준 β Ti합금	Ti-13%V-11%Cr-3%Al	705~790	공냉/수냉
	Ti-11%Mo-6%Zr-4.5%Sn	690~760	공냉/수냉
	Ti-3%Al-8%V-6%Cr-4%Zr-4%Mo	790~815	공냉/수냉
	Ti-10%V-2%Fe-3%Al	(a)	-
	Ti-15%V-3%Al-3%Cr-3%Sn	790~815	공냉

2중 어닐링의 조건은 크리프 저항성이나 파괴 인성의 향상을 위해 필요로 하는 상의 크기, 형태 및 분포에 따라 선택되어야 하며, 재결정 어닐링은 파괴 인성의 향상을 위해 실시한다. 또한, 어닐링처리 시 적당한 고정구(fixture)를 사용하면 어닐링재의 형태나 모양을 제어할 수도 있다.
냉각시에는 노냉이나, 공랭이 모두 가능하지만, 냉간 방법에 따라 인장 강도가 달라진다. 예를 들면 mill annealing 온도로부터 공랭시킨 Ti–6%, Al–6%, V–2% Sn 합금은 노냉한 것보다 더 낮은 인장강도를 나타낸다. 한편 변형이 문제시될 때에는 315℃까지 균일한 냉각을 하는 것이 중요하다. 그림 9–9에 다양한 방법을 사용한 티타늄합금의 어닐링온도 범위를 나타내었다.

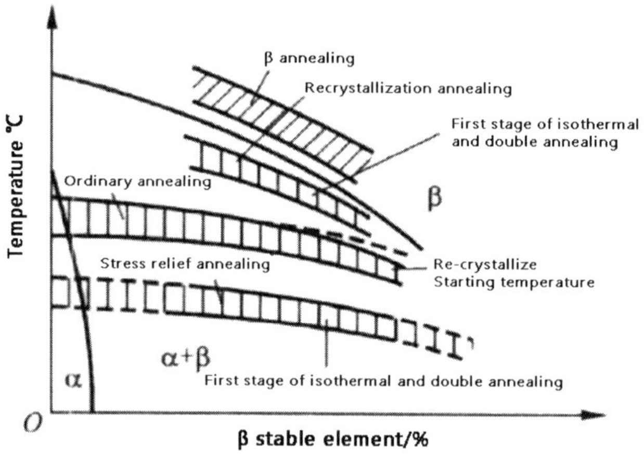

그림9-9 티타늄 합금에서 다양한 방법의 어닐링 온도범위

1. 응력완화 어닐링

응력완화 어닐링의 목적은 가공 중에 발생하는 잔류응력을 제거하거나 줄이는 것으로 일부 부식환경에서 화학 물질의 공격을 방지하고 변형을 줄이는 효과를 가져온다. 주조, 냉간 변형 및 용접 중에 생성되는 내부응력은 재료의 사용 목적을 현저히 약화시키는 것이므로 응력제거 또는 최소화가 필수적이다. 응력완화 어닐링의 온도는 일반적으로 재결정온도보다 낮은 450~650℃ 사이에서 이루어지며, 필요한 시간은 공작물의 단면 크기, 가공 이력, 필요한 응력완화 정도에 따라 달라진다.

2. 재결정 어닐링

완전어닐링 이라고 하며, 어닐링의 목적은 공정 경화를 완전히 제거하고 조직을 안정화하며 가소성을 개선하는 것이다. 이 과정은 주로 조직의 재결정화를 통해 이루어진다. 어닐링처리온도는 재결정온도와 상전이 온도 사이가 효과적이다. 온도가 상전이 온도를 초과하면 위드만슈타텐 구조가 형성되고 합금의 특성이 저하되므로 주의해야 한다.

티타늄합금의 종류에 따라 어닐링 유형, 온도 및 냉각방법은 각각 다르다.

3. 이중 어닐링

이중 어닐링은 합금의 가소성, 파단인성 및 조직의 안정성을 향상시키는 데 유효하며, 어닐링 후에는 합금 조직이 더 균일하고 평형상태에 가까워진다.

이러한 유형의 어닐링은 고온 및 장기 응력 하에서 내열성 티타늄합금의 구조 및 성능의 안정성을 보장하는 데 유용하게 적용된다.

이중 어닐링은 합금을 두 번 가열하고 공랭하는 과정으로 첫 번째 고온 어닐링의 가열온도는 재결정화 최종 온도보다 높거나 이에 근접하여 결정 입자가 크게 성장하지 않고 재결정이 완전히 진행될 수 있으며, 상의 체적 분율이 제어되어, 공냉 후 구조가 충분히 안정적이지 않아 두 번째 저온 어닐링이 필요하다. 두 번째 어닐링 온도는 재결정온도보다 낮고 고온 어닐링으로 얻은 준안정 β 상이 완전히 분해되도록 온도를 장시간 유지하여야 한다.

4. 등온 어닐링

등온 어닐링은 최고의 가소성과 열 안정성을 얻을 수 있으며 β 안정화 원소 함량이 높은 이중상 티타늄합금에 적합한 열처리 방법이다.

등온 어닐링은 계층적 냉각을 채택하여 재결정온도 이상의 온도로 가열한 후 공작물을 즉시 다른 저온 용광로(일반적으로 600-650℃)로 옮겨 단열한 다음 실온으로 공랭식 냉각을 한다.

9.3.3 용체화 처리와 시효 처리

α+β Ti합금과 β Ti합금은 용체화 처리와 시효처리를 통하여 넓은 범위의

강도 특성을 갖게 할 수 있다. α+β Ti합금을 용체화처리 온도로 가열하면 β 상의 비율이 높아지게 된다. 이러한 상태가 급랭에 의해 상온까지도 그대로 유지되고, 어이지는 시효처리에 의해서 불안정한 β 상의 분해가 일어나서 높은 강도를 나태내는 것이다. 시판되고 있는 β 합금들은 용체화 처리된 상태로 공급되고 있으므로 시효처리만 하면 된다.

용체화 처리 시에는 같은 합금이라면 두터운 제품과 얇은 제품을 동시에 실시할 수 있으나, 용체화 처리시간은 가장 얇은 제품을 기준으로 선택해야 하며, 유지시간은 일반적으로 1인치당 20~30분 정도이다. 장입할 때에는 용체화 온도로 유지되어 있는 노에 직접 장입해도 상관없으나, 복잡한 형상 제품의 변형을 최소화하기 위해서는 예열을 하는 것이 좋다.

1. 용체화 처리

적당한 연성과 높은 강도를 얻기 위해서는 α+β 영역의 고온에서 용체화처리를 하여야 한다. 일반적으로 용체화처리 온도는 β 변태 온도보다 28℃에서 83℃ 정도 낮은 온도가 채택된다. 만일 파괴 인성값과 응력부식 균열에 대한 저항성을 향상시키고자 할때 에는 베타 어닐링과 베타용체화 처리가 바람직하다. α+β Ti합금은 β 상의 양에 따라 용체화처리 온도가 변하며, 그에 따라 표 9-17에 나타낸 바와 같이 시효처리를 했을 때 기계적 성질이 달라지게 된다.

표9-17 Ti-8%Al-4%V 합금의 용체화 처리 온도에 따른 인장성질의 변화

용체화처리온도	상온 기계적성질(a)		
	인장강도(MPa)	0.2%항복강도(MPa)	연신율(%)
845	1025	980	18
870	1060	985	17
900	1095	995	16
925	1110	1000	16
940	1140	1055	16

(a)용체화 처리후 시효처리한 13mm 환본재의 성질,시효처리는 480℃에서 8시간 유지후 공냉함

표9-18 Ti 합금의 β 변태온도

합금의 구분 및 조정		변태온도(℃)
순금속	Ti(0.25 max O_2	910
	Ti(0.40 max O_2	945
α또는준α Ti합금	Ti-5%Al-2,5%Sn	1050
	Ti-8%Al-1%Mo-1%V	1040
	Ti-6%Al-2%Sn-4%Zr-2%Mo	995
	Ti-6%Al-2%Nb-1%Ta-0.8%Mo	1015
	Ti-0.3%Mo-0.8%Ni	880
α+β Ti 합금	Ti-6%Al-4%V	1000±20
	Ti-6%Al-6%VSn(Cu+Fe)	945
	Ti-3%Al-2,5%V	935
	Ti-6%Al-2%Sn-4%Zr-6%Mo	940
	Ti-5%Al-2%Sn-4%Mo-2%Zr-4%Cr	900
	Ti-7%Al-4%Mo	1000
	Ti-6%Al-2%Sn-2%Zr-2%Mo-2%Cr-0.25%Si	970
	Ti-8%Mn	800±35
β또는준β Ti합금	Ti-13%V-11%Cr-3%Al	720
	Ti-11%Mo-6%Zr-4.5%Sn	760
	Ti-3%Al-8%V-6%Cr-4%Zr-4%Mo	785
	Ti-10%V-2%Fe-3%Al	805
	Ti-15%V-3%Al-3%Cr-3%Sn	760

용체화 처리온도는 시효에 의해 얻고자 하는 인장강도나 연신율과 같은 기계적 성질에 근거하여 결정하여야 하며, 일반적으로 용체화처리 온도가 β 변태온도 바로 아래의 온도가 되므로 온도조절에 주의하여야 한다.

만일 β 변태 온도를 넘어서게 되면 인장강도(특히 연신율)가 감소하게 되고, 이후의 열처리에 이해서도 완전히 회복시킬 수 없게 된다. 대표적인 Ti합금의 β 변태 온도를 표9-18에 나타냈다. 그림9-10에 용체화 온도에 따른 미세구조에 미치는 영향을 현미경 조직으로 표현하였다. 고온에서 고용체 처리는(α+ β) 이중상 영역이 고용체 처리되면 αp 상의 크기, 형태 및 분포가 β 결정입자의 크기에 직접적인 영향을 미치며, 티타늄합금의 αp 상과 β 입자 크기는 합금의 기계적 특성에 중요한 역할을 한다.

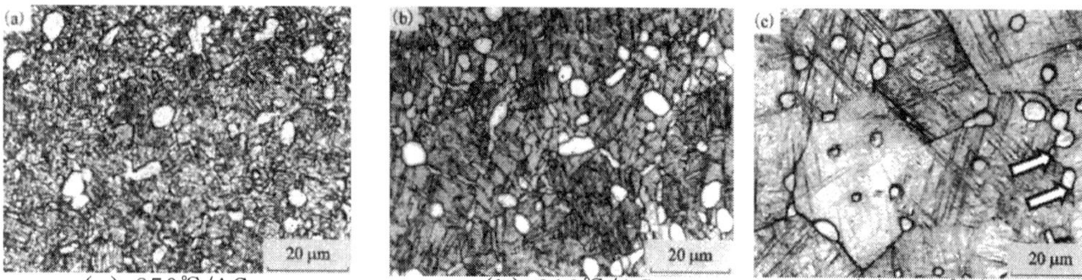

(a) 850℃/AC (b) 910℃/AC (c) 940℃/AC

그림9-10 TC21합금의 용체화 온도가 미세구조에 미치는 영향

2. 급랭 처리

용체화처리 온도로부터의 냉각속도는 강도에 커다란 영향을 미친다. 만일 냉각속도가 너무 느리면 냉각되는 동안에 확산에 의한 β 상의 분해가 일어나서 시효에 의한 강도의 향상이 나타나지 않게 된다. β 안정화 원소를 비교적 많이 함유하고 잇는 합금의 경우에는 제품이 작을 때에는 공랭이나 강제공랭(fan cooling)이 적적하다. 이러한 서냉에 의해 특별한 기계적 특성을 가지게 되며, 특히 변형을 최소화할 수 있다. β 합금은 일반적으로 공랭을 실시한다.

α+β Ti합금은 물이나 5% 소금물 또는 가성소다 용액으로 급랭시키는 것이 좋다. 그렇게 하므로써 β 상이 분해되지 않을 정도의 냉각속도를 얻을 수 있고, 따라서 시효 효과를 극대화시킬 수 있기 때문이다.

3. 시효처리

Ti합금에서 높은 강도를 얻기 위한 열처리의 마지막 단계는 425℃에서 650℃ 사이의 온도로 재가열하는 시효처리이다. 시효처리에 의해서 급랭으로 도입된 과포화 β 상의 분해가 일어난다. 시효처리 온도와 시간에 대해서는, 얻고자 하는 강도에 따라서 적절한 시효 온도와 시간의 조합을 선택해야 한다. 어닐링 처리온도나 그 부근에서 시효처리를 하면 과시효가 일어나지만, 때때로 적당한 강도와 함께 만족할 만한 파괴 인성과 치수 안정성을 얻기 위해서는 이를 적용하기도 한다. 적당한 시효처리에 의해서 높은 강도와 함께 적절한 연성 및 금속학적인 안정성을 얻을 수 있다.

β 안정화 원소가 많이 첨가된 α+β Ti합금은 시효 처리하는 동안에 β 상이 먼저 준안정 변태상인 ω 상으로 변태한다. 이러한 ω 상이 존재하면 취성이

생기므로 이를 피하기 위해 매우 빠른 급랭과, 425℃ 이상의 시효 온도로 재빨리 가열해야 한다. 실제 시효처리에 있어서는 ω 반응이 완전히 종료되어 미세한 α 상이 형성될 수 있는 온도/시간의 조합을 선택하는 것이 일반적이며, 그 온도는 보통 425℃ 이상이 된다.

준안정 β Ti합금은 용체화 처리가 필요없다. 열간 가공 후에 행하여지는 공랭만으로도 용체화처리를 실시한 조건과 비슷하게 되기 때문이다. 그러나 시효 처리 후에 보다 균일한 특성을 얻기 위해서는 790℃에서 용체화처리를 실시하기도 한다. 480℃에서 8~60시간 시효처리를 행하면 112.2kgf/mm^{2}에서 140.8kgf/mm^{2}의 인장강도를 얻을 수 있다. 60시간 이상의 시효처리를 하면 더 높은 인장강도를 얻을 수는 있지만, 연성이 감소하고 Cr이 첨가되었을 때는 Ti-Cr 금속간화합물의 형성에 의해 파괴 인성값이 감소한다. 한편 냉간 가공된 재료는 단시간의 시효에 의해 냉간 가공 상태보다도 더 큰 강도를 얻을 수 있다.

4. 특수 열처리

어떤 합금에 있어서는 특수한 열처리를 도입함으로써 피로 저항이나 파괴 인성 및 노치 강도(notch strength)와 같은 기계적 성질을 향상시킬 수 있다. 여기서는 대표적인 3가지 열처리에 대하여 간단히 살펴본다.

1) 용체화 처리와 과시효

Ti-6%Al-4%V 합금은 955℃에서 1시간 용체화 처리한 후 수냉하고, 705℃에서 2시간 과시효 처리를 행한 후 공랭시키면 같은 강도를 나타내는 일반적인 어닐링재에 비하여 노치 강도, 파괴 인성 및 크리프 강도가 향상된다.

2) 재결정 어닐링

Ti-6% Al-4% V합금이나 Ti-6% Al-4% V ELI(extra low interstitials) 합금은 925~955℃의 온도로 4시간 또는 그 이상 용체화 처리하고, 760℃까지 냉각 속도가 56℃/hr이상이 되지 않도록 노냉한 다음, 480℃까지는 370℃/hr 이상의 냉각속도로 노냉하고, 상온까지 공랭시키면 약간 낮은 인장강도를 나타낼지라도 파괴 인성과 피로 균열 전파 특성을 향상시킨다.

3) 베터 어닐링

Ti-6%Al-4%V 합금이나 Ti-6%Al-4%V ELI(extra low interstitials)합금 및 Ti-6%Al-2%Sn-4%Zr-2%Mo 합금은 1010~1040℃의 온도로 5분~1시간 정도의 용체화 처리한 다음, 650℃까지는 85℃/min의 냉각속도 이상으로 냉각시키고, 730~790℃의 온도에서 2시간 유지시킨 후 상온까지 공랭시키면 파괴 인성과 고주기피로 강도 및 물에서의 응력부식에 대한 저항성을 향상시킨다. 한편 Ti-6% Al-2% Sn-4% Zr-2% Mo합금을 1020℃에서 30분 유지한 후 공랭시키고, 595℃에서 8시간 유지한 후 공랭시키면 파괴 인성의 향상과 함께 고온에서의 크리프강도를 향상시킬 수 있다.

9.3.4 후처리

Ti은 화학 반응성이 커서 열처리 분위기 중의 산소나 이산화탄소 및 수증기의 분해시 발생하는 수소 등과 반응하기 쉽다. 따라서 진공이나 불활성 가스 분위기 하에서 열처리를 실시하는 경우에는 상관없지만, 산소가 존재하고 있는 분위기라면 열처리 시 Ti합금의 표면에 alpha case라고 불리는 산소 과다층(oxygen-enriched layer)이 형성된다. 이 표면층은 취약하기 때문에 부품을 사용하기 전에 반드시 제거해야만 한다. 이 표면층은 기계 가공에 의해서도 제거가 가능하지만, 어떤 가공 공정에 있어서는 심각한 공구의 마모를 일으키기도 한다. 따라서 실제적인 제거 공정에서는 기계적 방범과 화학적 방범이 모두 이용된다. 열처리 온도 및 시간에 따라 산소 과다층이 형성되는 속도가 틀리므로, 표면에서 제거해야 할 표면층의 두께가 달라지게 된다.

Ti합금에 소량(100~200ppm)의 수소는 커다란 해를 끼치지 않지만, 수소량이 많아지면 조기 파괴(premature failure)의 원인이 된다. 수소의 흡착은 열처리하는 동안에만 일어나는 것이 아니라, alpha case를 제거하기 위한 산세 또는 화학적 처리시에도 발생한다. 흡착된 수소의 양은 화학 분석을 통해서만 확인할 수 있으며, 수소의 흡착량이 많은 것으로 밝혀지면 진공 어닐링 처리를 하여야 한다. 한편 열처리의 효율성을 판단하기위한 방법으로 경도시험보다는 특성의 정확한 검증을 위해서는 적당한 기계적 시험을 하는 것이 좋다.

9.4 니켈과 니켈합금의 열처리

9.4.1 Ni-Cu합금의 열처리

1. Ni-Cu 합금의 특성

Ni 과 Cu는 고용체를 만들며, 주조시 2상으로 되는 경우도 있지만 열처리에 의해 단상으로 된다. 합금의 배합율은 Ni-60%, Cu-40% 전후일 때 Ni-Cu합금 중에서 가장 중요한 합금으로 모넬메탈(monel metal)이라 하며, 이때의 전기저항율과 강도가 최고값을 나타낸다. 구체적인 조성비율은 Ni-63~70%, Cu-20~25%, FE-2.5%, Al-0.5%, Mn-2.0%, C-0.3%, Si-0.5%, S-0.02%의 조성을 가지며, 강도, 용접성, 인성 및 내식성이 우수한 것이 큰 특징이다.

특히 산과 알칼리에 대한 내식성이 매우 우수하고 산화성 분위에서도 538℃까지 사용이 가능하다. 그림9-11은 Ni-Cu합금의 상태도를 나타냈으며, Ni-60%와 Cu-40% 지점에서 두 금속의 혼합물은 고체상태로 되는 지점이다.

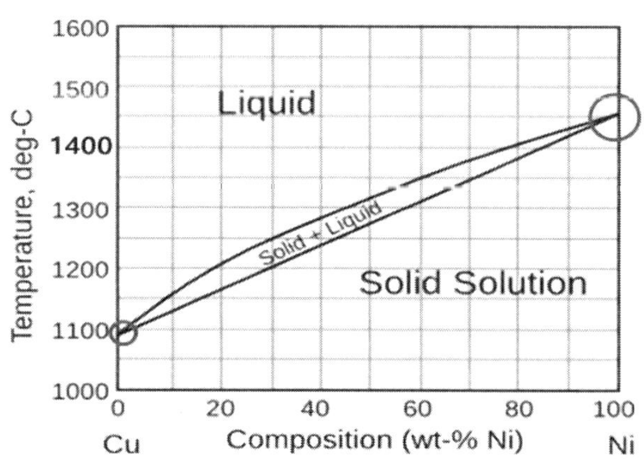

그림9-11 Ni-Cu 합금의 상태도

2. Ni-Cu 합금의 열처리

보통 모넬의 연화 어닐링은 760~820℃에서 하고, 어닐링 후에는 공랭한다. 또 응력제거 어닐링의 경우는 540~565℃로 가열한 후 공랭한다.

K모넬은 시효 경화성 때문에 열처리는 용체화처리와 시효처리가 행하여진다.

용체화처리는 980~1040℃에서 30분에서 1시간 유지하여 행하는데, 980℃ 이상의 온도로 가열하는 경우에는 결정립이 조대화할 염려가 있으므로 유지시간을 가능한한 짧게 하는 것이 바람직하다. 용체화 처리 후에는 수냉한다. 시효처리는 연질재와 경질재를 구분하여 실시한다. 즉, HB 140~180의 연질재에서는 580~590℃에서 16시간 유지한 후, 480℃까지 1시간당 8~14℃의 속도로 냉각하고 그 이하의 온도로는 공랭한다. 또 냉간 가공한 HB 175~250의 재료에서는 580~590℃에서 8시간 유지한 후, 480℃까지 시간당 8~14℃ 이하의 속도로 냉각해야 한다. 한편 냉간 가공도가 커서 경도가 260~325HB 정도가 되는 재료에서는 525~540℃에서 6시간 이상 유지한 후, 480℃까지 시간당 8~14℃ 이하의 속도로 냉각하는 것이 필요하다. 경도를 더 크게 하고 싶은 경우에는 유지시간을 8~10시간으로 하는 것이 좋다. 경우에 따라 580℃에서 16시간 유지한 후, 540℃까지 노냉하여 6시간 유지하고, 다시 480℃까지 노냉하여 8시간 유지한 후 공랭하는 공정을 채택하기도 한다.

K모넬을 시효경화 처리할 때 590~760℃의 온도로 잠시 노출되는 경우에는 과시효에 의해서 기계적 성질이 나빠지는데, 이것은 적합한 온도에서 재차 시효 처리해도 회복되지 않는다. 이 경우에는 용체화처리부터 다시 시작해야 하는데, 용체화 처리를 다시 행하면 냉간가공 효과가 소멸되므로 기계적 성질을 향상을 기대하기 어렵다. 따라서 시효 처리시에는 규정된 온도보다 높은 온도에서 행하지 않도록 주의해야 한다. K모넬의 용체화처리 및 시효처리를 위한 가열 분위기는 환원성 분위기를 사용하는 것이 좋다. S모넬의 열처리는 870℃에서 용체화 처리해서 650℃까지 공랭한 후, 수냉한다. 시효 경화 처리는 590℃에서 4~6시간 유지후 공랭 또는 노냉한다. K모넬 및 S모넬에서 연한 상태를 요구하는 경우에는 용체화처리 상태로 사용하면 좋다.

9.4.2 Ni-Cr 합금의 열처리

1. Ni-Cr 합금의 특성

Cr은 내식·내열 Ni합금에서 매우 중요한 합금원소이다. 그림9-12의 Ni-Cr 상태도에서 알 수 있듯이 Cr은 Ni에 매우 큰 고용도 한계(상온에서 약 30 wt%)를 갖는다.

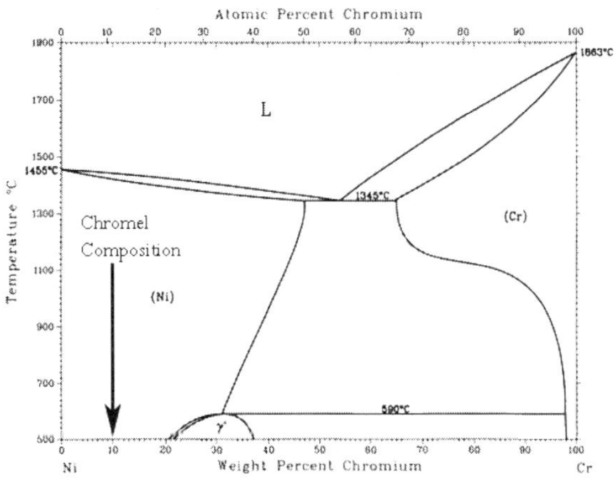

그림9-12 Ni-Cr 합금의 상태도

그리고 Ni과 Cr은 서로 넓은 고용도 한계를 갖는 공정 반응을 나타낸다. 이 계열의 합금은 내열성, 내식성 및 전기 저항율이 크다는 것이 특징이다. 따라서 전열선으로 사용되며, Ni의 내열성은 Cr의 첨가에 의해 더욱 향상된다. 표9-19는 전열선의 화학 조성의 예를 나타냈는데, Ni은 55%이상, Cr은 10~26%이지만, Ni을 많이 함유하는 것은 현재 거의 사용되지 않는다.

표9-19 전열선의 화학성분

종류	화 학 성 분(%)							
	Ni	Cr	Al	C	Si	Mn	기타	Fe
NCH 1	>77	19~21	-	<0.15	0.75~1.5	<2.5	<1.0	<1.0
NCH 2	>57	15~18	-	<0.15	0.75~1.5	<1.5	<1.0	나머지
FCH 1	-	23~26	4~6	<0.10	<1.5	<1.0	<1.0	나머지
FCH 2	-	17~21	2~4	<0.10	<1.5	<1.0	<1.0	나머지

Ni-Cr계 합금 중에서 가장 중요한 합금은 내열성 및 내식성이 우수한 Ni-Cr-Fe계 합금인 인코넬(Inconel)이다. 표9-20은 인코넬의 종류 및 그 화학 조성을 나타낸 것이다. 인코넬 600℃ 고온의 가혹한 부식환경에서 사용할 수 있도록 개발된 합금으로서, 강도와 가공성도 겸비하고 있다. 이 합금은 시효 경화성이 없으므로, 단지 가공경화에 의해서 강화 효과를 얻고 있다.

Inconel 601은 내열성과 내식성을 요구하는 용도로 사용하기 위하여 개발된 합금으로서, 이 합금에는 Cr 함유량이 많기 때문에 각종 부식환경에서의 내식성과 고온에서의 내산화성이 매우 우수하다.

표9-20 인코넬(inconel)의 종류 및 화학조성

합금	화 학 조 성(wt%)						용 도
	Ni	Cr	Fe	Mn	Si	기타	
Inconel 600	75.0	15.0	8.0	0.5	0.2	–	furnace muffe, 열교환기 튜브, 침탄용 바스켓, 스프링
Inconel 601	60.5	23.0	14.1	0.5	0.2	14.Al	열처리용 바스켓, 머플 및 리토스, 열전대 보호관, radiant
Inconel 625	61.0	21.5	2.5	0.2	0.2	9.0Mo 3.6Nb	연료, 노즐, 연소 system thrust reverser assembly

Inconel 625는 600이나 601 합금에 비해서 강도가 상대적으로 우수한데, 이것은 Mo과 Nb의 고용강화 효과에 기인하는 것이다. 또한, Cr 함유량이 많기 때문에 해수에서의 pitting 부식 저항성이 우수하다.

2. Ni-Cr 합금강의 열처리

내식용 Inconel의 연화 어닐링은 980~990℃에서 15분 가열하여 행한다. 유지 시간은 결정립의 조대화를 막기 위하여 단시간이 좋다. 응력제거 어닐링은 900℃에서 1시간 가열한다.

한편 여기에서는 Inconel 중에서 후술하는 초내열 합금의 일종인 Inconel 625의 열처리 방법에 대하여 자세히 서술하고자 한다. Inconel 625은 초내열 합금으로서, 내식성, 내산화성 및 고온 강도(약 706℃까지)가 우수하다.

Inconel 625는 표9-21에 나타낸 바와 같이 Ni-Cr-Fe 합금에 Nb, Al 및 Ti을 첨가한 내열 합금으로서, 열처리 방법은 사용온도에 따라 구분된다. 즉, 약 590℃이상에서 특히 하중을 장시간 받는 경우에는 1100℃에서 2시간 가열해서 용체화 처리를 하고, 시효경화 처리는 2단 시효(二段 時效, double-aging treatment)를 행한다. 즉, 1단계는 845℃에서 24시간, 2단계는 705℃

에서 20시간 시효처리를 행하는 것이다. 590℃ 이하에서 사용하는 경우에는 1038℃에서 30분간 용체화 처리를 한 후, 680℃에서 50시간의 시효경화 처리를 행한다. 그림9-13에 인코넬 625 열처리 사이클 개략도를 표시하였다.

표9-21 인코넬(inconel) 625의 화학조성(wt%)

Cr	Fe	Mo	Ti	Nb	C	Al	Mn	Bal.
20.0~ 23.0	max. 5.0	8.0~ 10.0	max. 0.40	3.15~ 4.15	max. 0.10	max. 0.40	max. 0.50	Ni

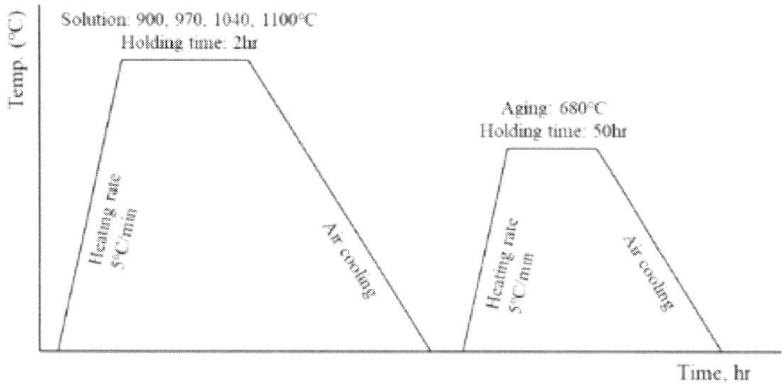

그림9-13 인코넬(inconel)625 합금의 열처리 사이클도

그림9-14는 δ 상의 석출 온도 및 체적을 확인하기 위하여 Thermo-Calc를 사용하여 도출한 인코넬 625 합금의 상태도이다. 기지 조직인 γ 상 외, γ' 석출물, δ 상(Nb-rich), μ상(Morich), 탄화물(M6C, M23C6)등의 2차상들을 상태도에서 확인할 수 있으며, δ상의 석출온도는 906°C이고, 상태도에서 확인할 수 있는 γ' 석출물은 566°C 부근에서 석출되었다. 인코넬 625 합금에 소량 첨가된 Al, Ti 원소는 상태도 상, 전체 체적이 5% 미만으로 확인되어 본 합금의 기계적 물성에는 큰 영향을 미치지 않을 것으로 판단되었다. 이는 어닐링된 열처리 전의 미세조직관찰에서도 γ' 석출물은 관찰되지 않았으며, γ" 석출물의 경우, Thermo-Calc로 계산된 상태도에서는 확인할 수 없었다. 이는 준안정상인 γ" 석출물이 보다 안정한 δ 상으로 변태하는 것을 반영한 결과로 생각된다.

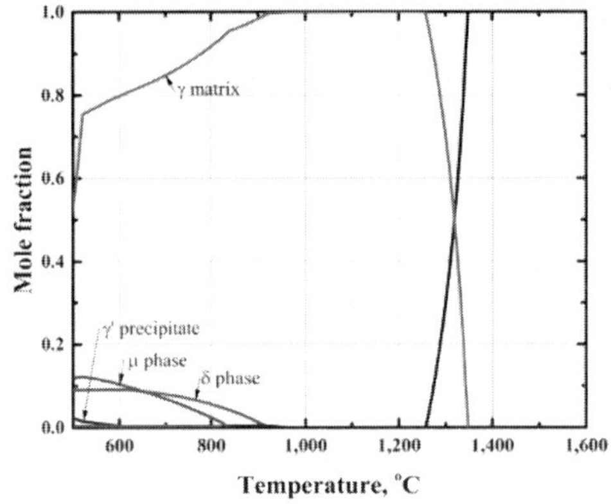

그림9-14 Thermo-cale로 계산된 인코넬625 합금조성의 상태도

용체화 처리 후의 냉각은 수냉, 유냉 또는 강제 공랭을 해야 하고, 시효경화 처리 후의 냉각은 공랭이 사용된다. 특히 판재나 스트립의 경우에, 815℃까지의 고강도와 980℃까지의 내산화성 및 538℃까지의 피로 저항을 요하는 경우에는 용체화처리를 행하지 않고 705℃에서 20시간의 시효경화 처리를 해서 공랭하면 좋다. 용체화처리 온도와 시간에 따른 결정립 크기의 변화는 1093℃ 이상의 온도에서 용체화처리 시간이 길어지면 결정립이 급격히 조대화 된다. 특히 미세화 조직 및 인장특성은 용체화 온도처리에 크게 의존한다. 그림9-15는 인코넬 합금 625의 용체화 온도에 따른 미세조직을 현미경으로 나타내었다. 용체화 열처리 온도 900℃ 및 970℃의 δ 석출 부근의 조직은 (a), (b)와 같이 미세한 결정립 분포가 됨을 알 수 있다. 하지만 (c), (d)는 δ 석출상 보다 높은 온도에서 용체화 열처리한 조직으로 상당히 조대한 결정립 분포를 보이고 있다.

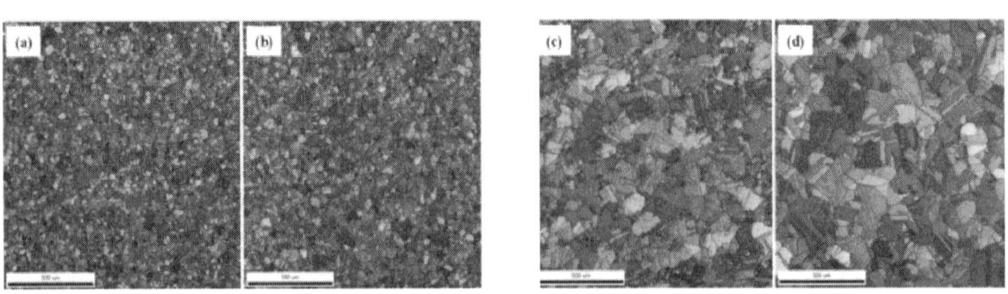

그림9-15 인코넬(inconel)625합금의 용체화처리 온도에 따른 미세조직

9.4.3 Ni-Fe 합금의 열처리

1. Ni-Fe 합금의 특성

Ni-Fe 합금의 특성은 내식성 합금의 대표적인 Hastelloy(Ni-Fe-Mo)를 표 9-22에 나타낸 바와 같이 Ni, Fe, Mo 외에 2, 3개의 원소가 첨가되어 있으며, 이들은 모두 시효 경화성 내식 합금으로서 합금 조성에 따라 차이는 있지만, HCI, H2SO4 및 산화성이 강하지 않는 산(酸), 해수 및 그 외의 염(鹽) 등에서도 좋은 내식성을 나타내며 강도도 우수하다.

표9-22 Hastelloy의 종류 및 화학조성

Hastelloy	화 학 조 성(wt%)						
	Ni	Cr	Mo	Fe	Si	W	Cu
B	bal.	-	28.0	5.0	-	-	-
C	bal.	16.5	17.0	5.0	-	4.5	-
D	bal.	-	-	-	9.0	-	3.0
F	bal.	22.0	6.5	16.0	-	-	-
W	bal.	5.0	24,5	5.5	-	-	-
X	bal.	22.0	9.0	18.5	-	0.6	-

Hastelloy는 B, C, D, F 등이 있고, 내열 합금으로는 B, C, W, X가 사용된다. Hastelloy B는 모든 농도(全濃度)의 염산 외에 염화수소 가스, 황산, 질산 및 인산 등에 대하여 뛰어난 내식성을 갖고 있다. 또한, 내열성도 우수하여 산화성 분위기에서 760℃까지 사용될 수 있을 뿐만 아니라, 환원성 분위기에서는 더욱 높은 온도까지 사용할 수 있다.

Hastelloy C는 염화제2철과 염화제2동과 같은 심한 산화성 환경에서도 뛰어난 저항력을 갖고, 습한 염소가스와 차아염소산염 및 2산화염소용액 등의 부식에도 견딘다. 또한, 1090℃까지의 산화성, 환원성 분위기에도 견디고, 870℃에서 980℃까지의 고응력과 열충격이 반복해서 가해지는 용도에 특히 효과적이다. Hastelloy D는 전농도의 황산에 뛰어난 내식성을 나타내는 주조합금으로, 유기산과 산성염을 갖는 부식조건에도 강하다.

Hastelloy F는 산화, 환원성 분위기의 부식조건에도 견디고, 산에도 알칼리에도 사용된다. 또 염화용액 중의 pitting 부식, 응력부식 균열에도 견딜 뿐만 아니라, 전농도, 전온도의 질산, 개미산, 초산 및 저온, 저농도의 황산, Cr산 등에 뛰어난 내식성을 나타낸다.

Hastelloy W는 지극히 내열성이 뛰어나고, 이종 내열재료간의 용접봉으로서 사용되며, 특히 그 용접 특성을 이용해서 항공기용 내열 재료의 용접봉으로 사용되고 있다.

Hastelloy X는 뛰어난 가공성과 용접성을 가지며, 1090℃ 정도의 고온에서도 그 강도와 내산화성을 유지하고, 동시에 산화, 환원 및 중성 분위기에 뛰어난 저항력을 보인다. 내산화성에 관해서는 공기 중 1250℃에서 15시간 가열해도 스케일이 전혀 생기지 않는 매우 우수한 특성을 나타낸다.

2. Ni-Fe 합금의 열처리

Hastelloy는 결정립계 등에 탄화물이 집적되면 내식성을 해치므로 열처리를 충분히 행하여 이들 석출물을 기지에 고용시켜야 한다. Hastelloy의 연화 처리는 다음과 같다.

Hastelloy B는 1170~1180℃에서 1시간(주물의 경우는 2시간) 가열하고, 강제 공랭하거나 수냉한다. Hastelloy C는 1210~1220℃에서 1시간 가열하고, 스프레이 또는 침지에 의한 수냉을 한다. 그러나 복잡한 형상의 주물일 경우에는 강제 공랭하는 것이 좋다. Hastelloy D는 980~1010℃로 가열한 후 노냉하고, Hastelloy F는 1170~1180℃로 가열 후, 공랭 또는 수냉한다.

Hastelloy W 1150~1180℃에서 1시간 가열한 공랭 또는 수냉하고, Hastelloy X는 1170~1180℃에서 1시간 가열후 급속 공랭(강제 공랭) 또는 수냉을 한다. 한편 이들 합금은 내식 합금이므로 열처리후의 산세척이 쉽지 않기 때문에 열처리는 가능한 한 중성 도는 환원성 분위기에서 행하는 것이 바람직하다.

9.5 Mg 합금의 열처리

9.5.1 Mg 합금의 열처리 종류

Mg 합금은 일반적으로 기계적 특성을 향상, 또는 제조공정에 적합한 조건을 만들고자 열처리를 행한다. 열처리의 종류는 합금의 조성과 상태(주조재, 가공재) 및 사용조건에 따라 결정된다. 용체화 처리는 강도를 향상시켜 최고의 인성과 충격 저항을 강화하며, 인공시효(석출 경화 처리)처리는 최고의 강도와 경도를 얻을 수 있지만, 인성은 다소 감소한다. 어닐링이나 용체화처리와 같이 전처리 없이 주조재에 인공시효를 하는 것은 응력제거 처리이며, 어느 정도의 인장특성이 향상된다. 가공재에 대한 어닐링은 인장특성을 현저히 감소시키고, 연성을 증가시키므로 여러 가지 형태로의 가공에 유리하다. 이러한 기본적인 열처리를 적당히 조합하여 특수한 합금에 대해 목적하는 바의 특성을 갖도록 하는 방법이 개발되어왔다. 일례로, 어떤 Mg합금의 주조재에 대하여 시효 시간을 증가시킨 결과 약간의 연성은 저하하지만, 항복강도가 현저하게 증가하는 것으로 나타났다. 또한, HM 21A 합금판에 용체화 처리와 가공 경화, 그리고 인공시효를 조합하여 적용함으로써 용체화 처리와 인공시효만을 통해서 얻을 수 있는 기계적 성질보다 우수한 기계적 성질을 얻을 수 있었다. 어떤 Mg 합금은 전적으로 열처리에 의해서만 기계적 특성을 향상시킬 수 있지만, Mg-Zr 합금에는 Zr의 강력한 결정립 미세화 효과가 기계적 특성의 향상에 중요한 역할을 한다. Mg 합금에 대해서 일반적으로 적용되는 열처리에 의한 기본적인 열처리 상태의 T 기호 표기법을 표9-23에 나타냈다. F, O, H 및 W는 Al합금과 동일하게 사용된다.

표9-23 Mg합금의 기본적인 T 질별기호

질별기호	처 리
T2	어닐링 상태(주조재에만 사용)
T3	용체화 처리후 냉간 가공된 상태
T4	용체화 처리 상태
T5	인공시효 처리한 상태
T6	용체화 처리후 인공 시효 처리한 상태
T7	용체화 처리후 안정화 처리한 상태
T8	용체화 처리후 냉간 가공하고 인공 시효 처리한 상태
T9	용체화 처리후 인공 시효 처리하고 냉간 가공한 상태
T10	인공 시효 처리후 냉간 가공한 상태

대부분의 주조재 Mg 합금은 열처리에 의해서 기계적 성질이 향상되며, 주조재의 경우는 일반적으로 합금의 조성을 기초로 하여 다음과 같이 구분한다. ① Mg-Al-Mn (AM100A) ② Mg-Al-Zn (AZ63A, AZ81A, AZ91C, AZ92A) ③ Mg-Zn-Zr (ZK51A, ZK61A) ④ Mg-RE-Zn-Zr (EZ33A, ZE41A) ⑤ Mg-RE-Ag-Zr+Th을 첨가 or 첨가하지 않음(QE22A, QH21A) ⑥ Mg-Th-Zr+Zn을 첨가 or 첨가하지 않음(HK31A, ZH62A, HZ32A)

대부분의 가공재 Mg 합금은 가공경화를 통하여 최고의 기계적 성질을 얻으며, 이들 합금은 일반적으로 후열처리를 하지 않거나, 단지 T5처리만 행하지만 기계적 성질을 향상을 위해, 용체화 처리, 용체화 처리와 가공경화, 그리고 인공시효 열처리를 할 때도 있다. 열처리에 의해 강화된 가공재 합금들은 그들의 조성에 따라 다음과 같이 분류하며, 가공재 또는 주조재 Mg 합금에 일반적으로 적용되고 있는 열처리 방법을 표9-24에 나타내었다.

① Mg-Al-Zn (AZ80A), ② Mg-Th-Zr (HK31A),

③ Mg-Th-Mn (HM21A, HM31A), ④ Mg-Zn Zr (ZK60A)

표9-24 여러 가지 Mg합금에 주로 적용되는 열처리 방법

주조용 합금	열처리 방법	가공용 합금	열처리 방법
AM110A	T4, T5, T6,	AZ80A	T5
AZ63A	T61(a)	HM21A	T5, T8,
AZ81A	T4, T5, T6	HM31A	T81
AZ91A	T4	ZK60A	T5
AZ92A	T4, T6		T5
EZ33A	T4, T6		
HK31A	T5		
HZ32A	T6		
QE22A	T5		
QH21A	T6		
ZE41A	T6		
ZE63A	T5		
ZH62A	T6		
ZK51A	T5		
ZK61A	T5		
	T4, T6		

(a)T61와 동일한 처리이지만 단지 시효 시간을 길게하여 항복강도를 향상시킴

1. Mg 합금의 어닐링

가공경화 조건이나, 또는 다른 여러 가지 열처리 조건의 가공재는 290~455℃의 온도 구간에서 합금의 종류에 따라 1시간 또는 그 이상의 시간 동안 어닐링할 수 있다. 표9-25에는 가공재 합금의 어닐링 온도를 나타냈다.

표9-25 가공용 Mg합금의 어닐링 온도

합금	AZ31B	AZ31C	AZ61A	AZ80A	HK31A	HM21A	HM31A	ZK60A
어닐닝 온도 (℃)	345	345	345	386	400	456	455	290

Mg은 고온에서 산화하기 쉬우므로, 400℃ 이상에서 어닐링 하는 경우에는 산화 방지를 위하여 가열 분위기의 제어가 필요하다. 산화 방지를 위한 보호 분위기로서는 이황산가스, 탄산가스, 불황성가스 등이 사용되지만, 경제적 측면에서 아황산가스가 널리 사용되고 있다. 일반적으로 아황산가스의 농도는 0.7~1.0%로 하고, 열처리로는 가스가 새지 않도록 잘 밀폐시켜야만 한다.

2. 주조재의 응력제거 처리

주조재의 정밀가공이나 변형 도는 휨의 방지, Mg-Al 주조재 용접부에서이 응력부식 균열을 억제하기 위해서는 부품의 잔류응력을 제거하는 것이 필수적이다. 비록 Mg 합금 주조재들의 잔류응력이 크지 않지만, 탄성계수가 낮기 때문에 상대적으로 낮은 응력에서도 어느 정도 변형이 발생하기 때문이다. 잔류 응력은 응고 과정 중의 수축이나 급랭 시 또는 열처리 후의 불균일한 냉각에 기인한다. 또한, 가공 공정에서도 잔류응력이 발생할 수 있으므로, 마무리 가공 전에 응력제거 처리가 필요하다. 표9-26의 열처리 조건은 주조재에 있어서 기계적 성질에 큰 영향을 미치지 않으면서 응력제거 처리할 수 있는 조건을 나타낸 것이다.

표9-26 주조용 Mg합금의 응력 제거 처리

합금	질별	응력제거처리
Mg-Al-Mn	All	260℃에서 1시간
Mg-Al-Zn	All	260℃에서 1시간
ZK61A	T5	330℃에서 2시간 유지하고 130℃에서 48시간
ZE41A	All	330℃에서 2시간

3. 가공재의 응력제거 처리

냉간 가공이나 열간가공 또는 용접한 가공재에 남아 있는 잔류응력을 제거, 또는 감소시킬 목적으로 응력제거 처리를 한다. 표9-27은 가공재 부품에서 응력을 제거하기 위한 응력제거 처리온도 및 시간을 나타낸 것이다. 냉간 압연된 판재에 압출재를 용접한 경우에는 변형을 최소로 하기 위해서 보다 낮은 온도에서 장시간 행하여 주는 것이 좋다. 예를 들면 260℃에서 15분간 열처리하는 것보다 150℃에서 60분간 열처리를 하는 것이 더 좋다.

표9-27 가공용 Mg합금의 응력 제거 처리

합 금	어닐링 판재		압연 판재		압출 및 단조재	
	온도(℃)	시간(분)	온도(℃)	시간(분)	온도(℃)	시간(분)
AZ31B	345	120	150	60	-	-
AZ31B-F	-	-	-	-	260	15
AZ61A	345	120	205	60	-	-
AZ61A-F	-	-	-	-	260	15
AZ80A-F	-	-	-	-	260	15
AZ80A-T5	-	-	-	-	205	60
HK31A	345	60	290	30	-	-
HM21A-T5	-	-	-	-	370	30
HM21A-T8	-	-	370	30	-	-
HM21A-T81	-	-	400	30	-	-
HM31A-T5	-	-	-	-	425	60
ZK60A-F	230	180	-	-	260	15
ZK60A-T5	-	-	-	-	150	60

4. 용체화 처리와 시효처리

표9-28은 Mg 합금 주조재의 용체화처리 및 시효처리 조건을 나타낸 것이다. Mg-Al-Zn 합금의 용체화처리 시에는 열처리로의 온도가 약 260℃ 정도로 가열되었을 때 열처리로에 부품을 장입시키고 용체화처리 온도까지 서서히 가열하여야 한다. 그렇지 않으면 공정 화합물이 용해되고, 이에 의해서 기공이 형성되기 때문이다.

260℃에서 용체화처리 온도까지 가열하는데 걸리는 시간은 부품의 크기나 조성, 형태와 단면 두께 등에 따라 달라지지만, 주로 2시간 정도가 일반적이다. 다른 모든 Mg 합금들은 용체화처리 온도로 유지되어 있는 열처리로에 장입해도 되며, HK31A 합금의 경우에는 가능한한 빠르게 용체화 처리온도에 도달하여야만 결정립 성장을 막을 수 있다.

한편 ZE63A 합금은 합금원소의 수소화(hydriding)를 통해서 그 특성을 얻기 때문에, 용체화 처리는 특별한 수소 분위기에서 해야만 한다. 시효처리는 시효처리 온도로 유지되어 있는 로에서 적당한 시간 동안 유지시킨 후 공냉한다.

표9-28 Mg합금 주조재의 용체화 처리 및 시효 처리 조건

합 금 계	합금명	최종 열 처 리 질별	시효(T5)		용체화처리(a)			용체화처리 시효(T6)	
			온도 (℃)±6	시간 (hr)	온도 (℃)±6	시간 (hr)	최고 온도 (℃)	온도 (℃)±6	시 간 (hr)
Mg-Al -Zn	AM100A	T5	232	5	-	-	-	-	-
		T4	-	-	424	16~24	432	-	-
		T6	-	-	424	16~24	432	232	5
		T61	-	-	424	16~24	432	218	25
	AZ63A	T5	260	4	-	-	-	-	-
		T4	-	-	385	10~14	391	-	-
		T6	-	-	385	10~14	391	218	5
	AZ81A	T4	-	-	413	10~14	418	-	-
	AZ91A	T5	168	16	-	-	-	-	-
		T4	-	-	413	16~24	418	-	-
		T6	-	-	413	16~24	418	168	16
	AZ92A	T5	260	4	-	-	-	-	-
		T4	-	-	407	16~24	413	-	-
		T6	-	-	407	16~24	413	218	5
Mg-Zr	EZ33A	T5	216	5	-	-	-	-	-
	HK31A	T6	-	-	566	2	571	204	16
	HZ32A	T5	316	16	-	-	-	-	-
	QE22A	T6	-	-	527	4~8	538	204	8
	QH22A	T6	-	-	527	4~8	538	204	8
	ZE41A	T5	329	2	-	-	-	-	-
	ZE63A	T6	-	-	480	10~72	491	141	48
	ZH62A	T5	329	2	-	-	-	-	-
			and177	16	-	-	-	-	-
	ZK51A	T5	177	12	-	-	-	-	-
	ZK61A	T5	149	48	-	-	-	-	-
		T6	-	-	499	2	502	129	48

5. 재가열 처리(reheat treating)

규정된 열처리를 하여 기대하는 기계적 성질이 얻어진 경우에는 재가열 처

리의 필요가 없다. 그러나 열처리된 주조재의 미세조직에 과도한 화합물이 형성되거나, 용체화 처리 후의 냉각 시 서냉에 의해 과도한 시효가 이루어진 경우에는 재가열 처리가 필요하다. 대부분의 Mg 합금은 과도한 결정립 성장에 대한 염려없이 재가열 처리를 행할 수 있지만, HK31A 합금을 재가열 처리할 때에는 과도한 결정립 성장에 주의해야 한다. Mg-Al-Zn 합금의 과도한 결정립 성장을 방지하기 위해선 재가열 용체화처리 시간을 30분 이내로 제한해야 한다.

9.5.2 열처리에 영향을 미치는 인자들

1. 제품 크기와 가열시간

Mg 합금에 있어서 단위 두께당 가열시간에 대한 일반적인 법칙은 없다. 그러나 이 합금의 높은 열전도도와 낮은 비열 때문에, 열처리 부품은 유지온도까지의 도달 시간이 빨라야 한다. 일반적인 처리방법은 로의 온도가 열처리 온도로 도달되었을 때 부품을 장입하고, 그때부터 소정의 시간을 유지하는 것으로 한다. 표9-28에 나타낸 열처리 시간은 보통의 열처리로에서 적당한 두께(51mm까지)의 주조품에 알맞은 것이다. 주조재의 두께가 2배로 커지면 열처리 시간도 2배로 해야 한다. 예를 들면 AZ63A 합금주조재의 일반적인 열처리 시간은 385℃에서 12시간이지만, 주조품의 두께가 50mm 이상이 되면 열처리 시간은 385℃에서 25시간으로 된다.

용체화 처리 시에도 이와 비슷한 법칙이 적용되어, AZ92A 주조재의 경우 과도한 결정립 성장을 방지하고자 용체화 처리를 405℃ 정도에서 6시간, 350℃ 정도에서 2시간, 그리고 405℃ 정도에서 10시간 행하지만, 주물의 두께가 50mm 이상이 되면 405℃에서의 유지시간을 10시간에서 19시간 정도로 늘려야 한다. 용체화 처리시간을 좀 더 늘릴 것인가에 대한 여부는 처리부품의 가장 두꺼운 부분을 절단하여 중심부의 미세조직을 관찰하여야 한다. 용체화 처리가 완전히 되면 미세조직에서 화합물의 비율이 낮게 된다.

2. 열처리 시간과 온도

Mg 합금의 기계적 성질은 가열온도와 가열시간에 따라 광범위하게 변화된다. 고온에서 열처리할 때에는 국부적인 재용해의 위험이 있으므로 주의가 필요하다.

3. 보호 분위기

앞서 언급한 바와 같이 Mg 합금은 가열 중에 산화되기 쉬우므로, 400℃ 이상으로 가열하는 경우에는 산화 방지를 위한 보호 분위기가 필요하다.

보호 분위기는 표면의 산화(산화가 심할 경우 강도 저하의 원인이 된다)를 방지하는 효과뿐만 아니라, 로내 온도의 급격한 상승을 유발하는 활성 연소(active burning)를 방지하는 이중의 효과가 있다.

보호 분위기를 위한 가스로의 아황산가스와 탄산가스가 사용되며, 불활성 가스도 사용된다. 0.7%(최저 0.5%)의 아황산가스를 첨가하면 565℃까지 활성 연소를 방지하여 부분적인 용해가 일어나지 않는다. 탄산가스의 경우 3% 정도 첨가하면 510℃까지 활성 연소를 막아주며, 5% 첨가하면 540℃까지 활성 연소를 막아준다. 비용면에서 볼 때 가스 자체의 가격은 아황산가스가 탄산가스보다 비싸지만, 보호 분위기를 위해 사용되는 양이 1/6 정도이므로 실제의 비용은 더 낮아서 경제적인 측면에서 아황산가스가 가장 널리 쓰인다. 그러나 가스로 가열하는 로를 사용하는 경우에는 보호 분위기를 위해 단순히 연소 가스를 순환 공급하면 되므로, 탄산가스 분위기로 하는 것이 더 경제적이다. 또한, 아황산가스를 이용하는 경우에는 가열로 시스템에 부식성이 큰 황산이 형성되므로, 로의 조절 장치나 고정구 또는 로의 부품들을 자주 세척하거나 바꾸어 주어야 한다.

한편 Al 합금과 Mg 합금을 동시에 열처리하는 경우에는 아황산가스는 Al 합금에 유해하므로, 탄산가스로 보호 분위기를 만들 필요가 있다.

9.5.3 열처리 시 나타나는 문제점과 대책

Mg 합금의 열처리 시 가장 일반적으로 발생하는 문제점들은 다음과 같이 구분된다.

1. 산화(oxidation)

원인: 보호 분위기나 불활성 분위기가 아닌 상태에서의 열처리에 의함. 이 같은 산화는 합금의 특성 부위의 강도를 저하시키고, 로내에서 합금의 연소를 유발하기도 한다.
이에 대한 대책은 0.5~1.5%의 아황산가스, 또는 3~5%의 탄산가스 분위기에서 열처리하거나, 또는, 불활성 분위기에서 열처리해야 한다. 로를 깨끗하게 하고 완전히 건조 시키면 산화 방지에 효과적이다.

2. 응용 기공(fusion voids)
응용 기공의 생성 원인은 Mg-Al-Zn 합금에 있어서 260℃에서 370℃까지 가열할 때 적절치 못한 가열속도로 가열하는 경우, 또는 이들 합금의 용체화 처리온도가 너무 높을 때, 그리고 Zn, Th, 희토류 금속이 주된 합금원소인 경우 용체화 처리온도가 너무 높을 때 생성된다.
이에 대한 대책으로 Mg-Al-Zn 합금을 260℃에서 장입하고, 용체화 처리 온도까지 약 2시간에 걸쳐 서서히 가열해야 하며, 용체화처리 온도보다 6℃ 이상 과열되지 않도록 해야 한다.

3. 변형(굽힘, 뒤틀림, 왜곡)
변형의 원인은 열처리하는 동안에 주물을 잘 받쳐주지 못하거나 불균일 가열이 될 때 생긴다.
이에 대한 대책으로 부품의 얇은 부위는 전체적으로 받쳐주고, 복잡한 형상의 부품은 지그를 사용하여 공간을 최소화하는 작업이 필요하며, 장입 시 골고루 장입하여 균일한 분위기가 얻어질 수 있도록 하여야 한다.

4. 결정립 조대화(grain coarsening)
결정립의 조대화는 용체화 처리온도까지 승온이 느리거나, 또는 용체화 처리온도에서 적절한 처리시간 이상으로 유지될 때 결정립 조대화가 일어난다. 대책으로 열처리로가 용체화 처리온도로 되었을 때 재빨리 장입하고, 용체화 처리 온도까지 가능한 한 빨리 가열할 것. 용체화처리 온도와 용체화 처리시간을 잘 제어하여야 한다.

5. 과도한 결정립 성장(germination)

결정립의 성장이 과도한 현상은 AM100A, AZ81A, AZ91A, AZ92A 등의 합금에서 용체화처리 공정의 마지막 단계에서 발생한다.
대책으로 과도한 결정립 성장을 막을 수 있는 용체화처리 공정을 선택한다. AM100A, AZ81A, AZ91A 등의 합금은 413℃에서 6시간, 352℃에서 2시간, 407℃에서 10시간 용체화처리를 한다.

6. 불균일한 재질(inconsistent property)

재질이 불균일한 상태의 원인은 너무 낮거나 너무 높은 로내 온도, 로내의 불충분한 열순환, 온도 조절의 실패, 용체화 처리온도로부터의 극단적인 서냉, 또는 단면이 두꺼운 부품에서 불충분한 용체화 처리시간 등에 의해 발생한다.
이를 방지하기 위해 보정된 열전대를 이용하여 로내의 여러 위치의 온도를 측정한다. 부품의 로내 장입시 열순환이 충분히 일어날 수 있도록 골고루 배치시킨다. 온도 조절기를 수시로 점검한다. 완전한 균질화가 이루어지도록 용체화 처리시간을 증가시킨다.

9.5.4 용접 보수된 주조품의 열처리

보수나 교정을 위해 용접된 Mg합금의 사형 주조재는 잔류응력을 제거하기 위한 열처리를 해야 한다. 또한, 용접 전의 열처리로 손상되었거나 변화된 기계적 성질을 회복시키기 위해서, 또는 용접부 자체의 기계적 성질을 개선하기 위해서도 열처리가 필요할 수 있다. 표9-29는 용접된 Mg 주조재의 열처리 공정을 나타낸 것이다. 열처리의 조건은 용접전의 조건과 용접 후의 조건을 모두 나타냈다. 용접 후 열처리를 하는 목적은 응력제거와 용접부에 최적의 기계적 성질을 부여하기 위한 것이다. AZ81A, AZ91C, AZ92A 등의 합금에서 용접 전에 T4나 T6의 열처리가 되어있는 상태라면 용체화 처리하는 시간이 $^{1}/_{2}$시간밖에는 안걸린다. 또한, 용접된 Mg-Al-Zn 합금은 용체화 처리가 필요 없고, 단지 260℃에서 1시간의 응력제거 처리에 의해서도 응력부식 균열을 막을 수 있다.

표9-29 Mg 합금 주물의 용접 후 열처리

합금	용접봉	용접전 질별	용접후 바람직한 질별	용접 후 열처리
AZ63A	AZ65A 또는	F	T4	385±6℃에서 12시간
	AZ92A	F	T6	385±6℃에서 12시간, 220℃ 5시간
		T4	T4	385±6℃에서 $\frac{1}{2}$시간
		T4 또는 T6	T6	385±6℃에서 $\frac{1}{2}$시간
AZ81A	AZ92A 또는 AZ101	T4	T4	413±6℃에서 $\frac{1}{2}$간
AZ91A	AZ92A 또는	T4	T4	413±6℃에서 $\frac{1}{2}$간
	AZ101	T4 또는 T6	T6	413±6℃에서 $\frac{1}{2}$간, 215℃ 4시간
AZ92A	AZ92A	T4	T4	407±6℃에서 $\frac{1}{2}$간
		T4 또는 T6	T6	407±6℃에서 $\frac{1}{2}$간, 260℃ 4시간
EZ33A	EZ33A	F 또는 T5	T5	345℃에서 2시간 or 220℃ 5시간
HK31A	HK31A	T4 또는 T6	T6	205℃에서 16시간
HZ32A	HZ32A	F 또는 T5	T5	315℃에서 16시간
QE22A	QE22A	F 또는 T6	T6	524±6℃에서4시간,퀜칭205℃8시간
QH21A	QH21A	F 또는 T6	T6	524±6℃에서4시간,퀜칭205℃8시간
ZE41A	ZE41A	F 또는 T5	T5	330℃에서 2시간
ZH62A	ZH62A	F 또는 T5	T5	250℃에서 12시간
ZH51A	ZK51A	F 또는 T5	T5	330℃에서 2시간, 175℃에서16시간

10

열처리 결함과 대책

10.1 소재 및 열처리전 가공 원인의 결함과 대책

강제의 소재는 용융상태에서 제련을 거쳐 성분이 조절된 강을 주형에 주입하여 강괴를 만들거나 혹은 연속주조에 의해 철강의 중간재(Slab)을 제조하며, 이것을 열간 또는 냉간가공에 의해 필요한 형상으로 하여 생산된다.
이러한 소재는 단조 및 기타 열처리 전의 가공과정을 거쳐 열처리하며 이러한 열처리 이전 공정에서 발생하는 결함이 열처리에 의해 확대되기도 하고, 열처리 후에 경도의 불량 등으로 구체화 되어 나타난다.

10.1.1 대형 비금속 개재물

금속재료 중에 함유된 산화물, 유화물, 규산염 등의 비금속상을 비금속 개재물이라 한다. 현재의 정련기술로서의 이것을 완전히 제거하는 것은 불가능하며, 어떠한 소재라도 다소 포함되어 있다. 비금속 개재물 중에서도 표면 부근에 존재하는 대형 개재물은 절삭가공에 의해 표면에 노출되며, 기지흠 이라고도 하고 압연 방향을 따라 길이가 수㎜ 되는 선상의 결함을 만든다. 이와 같은 선상 기지흠을 열처리 전에 발견하면 간단히 기지흠과 구별할 수 있지만, 열처리 후는 커져 균열과 구별하기가 어려우므로 열처리 전에 발견하여 제거하여야 한다.

10.1.2 편석

재료내부에서의 불순물이나 성분원소 불균일을 편석이라한다.

편석에는 육안으로 식별되는 정도로 넓은 범위에 걸쳐 발생하는 macro 편석(주괴편석)과 상당히 좁게 미시적인 범위로 생성된 micro 편석(수지상편석)의 두 가지가 있으며, 응고 후 강괴에는 두 편석이 공존하는 것이 보통이다

1. Macro 편석

강괴의 응고는 주형과 접하는 외주부에서 시작되어 순차적으로 내부로 진행되며 용질 원소의 농도가 증가함에 따라 용융점이 내려간다. 일반강의 경우 초기에 응고하는 강괴는 외주부는 평균치보다도 용질 원소의 농도가 낮고 보다 더 순수한 조직으로 되며, 반면 최후에 응고하는 강과 중심부는 불순물이나 용질 원소가 많은 조성으로 되는 경향이 있다. 강괴의 전체면에 발생하는 광범위의 편석을 macro 편석이라 하며, 림드강괴 에서는 최후에 응고하는 강괴중앙부 상단에 C.S.P 등이 편석되기 쉬운 것을 알 수 있다. 강괴내에서 발생한 macro 편석은 그 후의 가공에서 변형은 되나 없어지지 않으며 열처리 후의 경도나 조직이 단면의 표면과 중심부에서 현저한 차이를 보이는 불량을 초래한다.

2. Micro 편석

용융된 금속 또는 합금이 응고될 때 초기에 응고한 수지 부분은 용질 원소의 농도가 낮고, 후에 응고된 부분은 용질 원소의 농도가 높으며, 이러한 편석을 micro 편석 또는 수지상편석이라 부른다. 이것은 확산속도가 느린 원소를 많이 포함한 것 또는 액상선과 고상선 의 간격이 넓은 것일수록 micro 편석이 생기기 쉽다. 이것은 열처리시 담금질 균열이나 열처리 후에 경도 및 조직의 불균일의 원인이 되며, 사용중의 조기판손 등의 결함 원인이 된다.

3. 편석의 방지대책

합금에서 특정 성분이 불균일하게 분포되지 않도록 하여야 한다. 또한, 합금에서 성분 비중의 차이를 고려하여 거벼운 부분과 무게운 부분의 경계가 발생 되지 않도록 해야한다.

용융액의 결정싯점 차이가 최소화 되도록 하여 응고 시점 차이로 성분 차이가 나지 않도록 하여야 한다. 위의 이러한 방지책을 효과적으로 하기 위해 용융액의 응고 시작점과 응고 완료점 사이에 초음파 진동을 부여하여 주편 내부를 유동시켜 주며, 초음파 장비는 강종 및 냉각 패턴에 따라 입력되는 입력신호를 기설정된 데이터 신호와 비교 연산하여 동작을 선택적으로 제어하여야 한다.

10.1.3 열간 가공 시 발생하는 결함

열간가공은 압연, 압출의 1차적 가공과 단조 및 그 외 2차적 가공으로 분류할 수 있다. 1, 2차적 열간가공 시 발생한 결함이 그대로 열처리 후 나타나는 균열 및 기타 불량 현상으로 나타난다.

1. 연수(burning)

강을 대기중에서 고상선이상의 온도로 가열하면 석출물이나 불순물 등이 편석하기 쉬운 결정입계를 따라 용융이 시작되고 용융된 입계를 통해 산소가 침입하므로서 산화물이 발생한다. 이와 같이 산화를 수반한 용융을 연소 또는 burning이라 하며, 확산 풀림후 열간 가공 시 발생하는 중요한 결함중의 하나이다. 용융은 본래 가능하면 가열온도가 강의 고상선을 초월하지 않으면 일어나 지 않지만, 전술한 바와 같이 강재내부에 각2종 편석이 있는 것, 열간가공을 행하는 재료의 소성유동에 의해 온도가 상승하는 것, 산화에 의해 발열하는 것 등은 가열온도가 평균화학조성에 대한 고상선보다 상당히 낮은 경우에도 burning 발생할 수 있다. 연소는 균열과 달리 외관 검사만으로는 발견하지 못하는 경우가 많으므로 계속되는 담금질시 균열을 조장한다.

2. 겹침

압연시 roll 조정 불량이나 공형 설계 불량 등에 의해 burr가 발생하고 이것이 다음 roll에서 겹쳐 표면에 흠을 내는 것을 말한다.

그러나, 표면에서는 벌어져 있지 않으므로 외관 검사만으로 발견하기 곤란하며 산화철도 일부 유입되어 있다. 표면결함의 유형으로 그림10-1에서 보는 바와 같이 wave 결함(좌굴, buckling), 균열, 입벌림(alligatoring), 줄문늬 결함 등이다. 이것은 버닝과 같이 단조나 담금질 등에 의해 균열로 발전하는 경우가 많다. 이러한 표면결함을 방지하기 위해 재료 자체의 불순물, 스케일, 이물질 등으로 발생하므로 열간압연 시 압연가공 전 토치를 이용하여 스케일을 제거해야 한다.

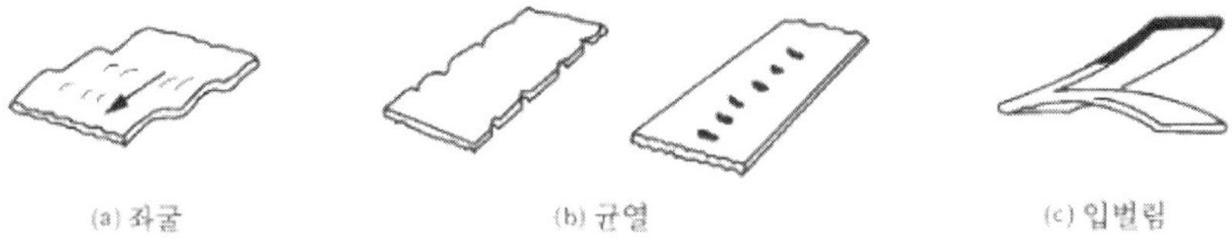

그림10-1 압연시 구조적 결함의 종류

10.2 열처리 과정에서 나타나는 결함과 대책

열처리는 소재를 가열, 냉각하면서 필요한 성질을 부여하는 작업이므로 소재 상태, 가열, 온도, 시간, 노 내 분위기, 냉각재, 냉각속도 등에 영향을 받고 조건 선택에서 규정에 벗어나면 여러 결함이 생길 수 있다.

이런 요인을 사전에 파악하여 결함에 대한 대책 강구가 필요하다.

10.2.1 가열에 수반되는 결함

강재는 단조, 열처리를 위해 가열한다. 또 단조한 것은 조직의 조정, 변형을 없애기 위한 예비 열처리로서 노말라이징 혹은 어닐링을 행한다. 이 경우에 일어나는 결함은 산화에 의한 스케일, 강재 표면의 거칠음, 탈탄 등이며, 현미경 조직도 거칠고 가열온도가 너무 높으면 결정립계에 산화물이 생긴다.

이러한 결함은 가열온도, 유지시간, 분위기 등에 따라 다르다. 또 온도가 너무 높으면 강의 기계적 성질이 나빠지며, 1200℃ 정도의 온도에서는 노말라이징 또는 어닐링에 의해 회복시키는 일이 가능하다.

1. 산 화

산화는 기본적으로 가열온도가 높고 지속시간이 과다하면 발생한다.
공기 등의 산화성 분위기 중에서 가열할 때 생기며, 그 정도는 가열장치, 가열방식, 사용연료 등에 의해 크게 다르다. 강재의 가열에 의한 표면 거칠기는 단조균열을 일으키는 일이 많으며, 스케일 부착은 급랭경화할 때 soft spot나 퀜칭균열 등의 원인이 되는 일이 많다. 산화 방지를 위해 스케일을 제거하는 데는 황산 혹은 염산온수액 혹은 shot blast 등을 이용하며, 산세 (酸先)한 것은 수소취성 (수소의 흡수로 인성 이 저하하는 현상)이 발생하기 쉬우므로 주의가 필요하다. 또한, 노내의 분위기를 환원성 중성으로 구성하여 산화를 최소화 할수 있다.
그림10-2는 Ti 45%, Al 4.8% Nb합금의 16시간 대기중 온도 850~1000℃ 사이에서 50℃ 간격으로 16시간 대기 중에서 가열한 것의 표면 사진이다. 가열온도가 높아짐에 따라 고온에 의한 산화층의 두께도 두꺼워지는 것을 알 수 있다.

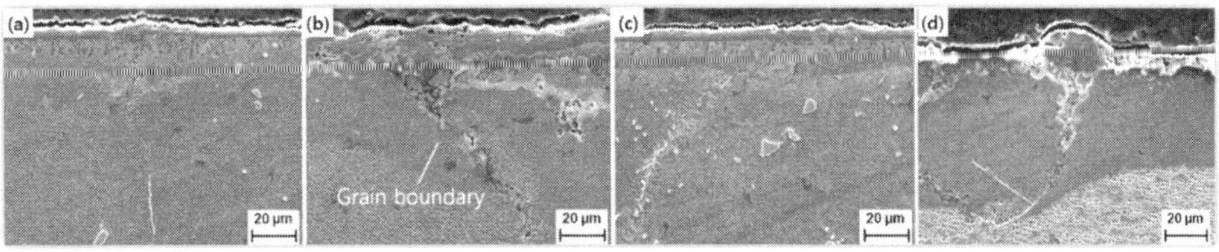

그림10-2 Ti-Al합금의 고온가열에 의한 현미경 사진의 표면산화 현상

2. 탈 탄

탈탄(脫炭)은 산화성 분위기, 용융염 중의 슬러지 등에 의해 일어난다. 탈탄에는 수분이 중요한 역할을 하는 일이 많으므로 수분을 함유하지 않은 H2에는 탈탄성이 없으나 일반적으로 0.05% 정도만 H_2O가 존재하면 탈탄이 일어난다. 따라서 염욕 열처리하는 경우 염욕제가 수분을 흡수하지 않도록 주의해야 한다. 산화나 탈탄을 완전히 방지하기 위해서는 중성 분위기를 사용하여야 한다.
탈탄된 강재를 그대로 급랭 경화하면 퀜칭 경도가 떨어지거나 불균일한 냉각이 되며, 담금질된 마르텐사이트가 변태되지 않거나 완전히 변태되지 않아 강재의 경도 및 강도가 저하되어 기계적 성질 특히 피로 강도가 현저히 저하한다.
금속의 조직은 표면에 탈탄이 일어나서 페라이트 조직이 많이 보이게 된다.

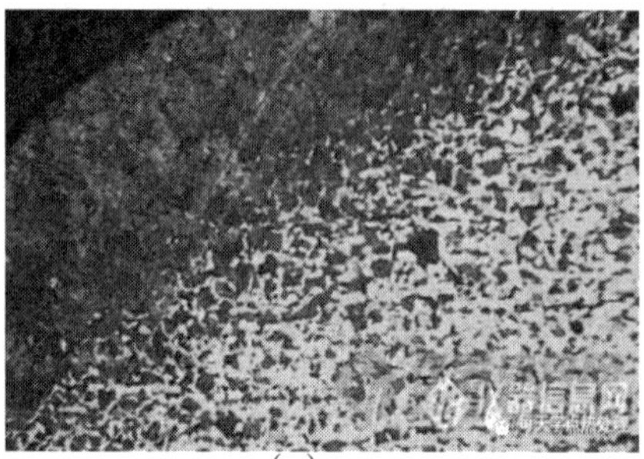
(a)

(b)

그림10-2 강철표면의 부분탈탄(a)와 완전탈탄(b)의 현미경 조직

강철표면의 탈탄소 손실은 일반적으로 부분탈탄과 완전탈탄으로 구분한다.
그림10-2의 (a)는 부분탈탄의 현미경 조직이고, (b)는 완전탈탄 현미경 조직이며, 보는 바와 같이 완전히 탈탄소화된 층에는 페라이트 조직만 존재한다.
탈탄소화의 구체적 방지대책은 ① 부품을 가열에서 가열온도와 낮추고 고온 가열 시간을 줄여 합리적인 가열속도를 결정하여야 한다. ② 가열로의 가열 분위기를 엄격하게 제어하여 가열로의 가스가 중성 분위기로 하여야 한다. ③ 냉간 변형 처리 과정에서 중간 과정의 어닐링 횟수를 제어하고, 어닐링 온도를 낮추어야 한다. ④ 고온에서 가열하면 강재의 표면에 피복 또는 코팅 보호를 추가하여 강재의 산화 및 탈탄소를 방지할 수 있다.

3. 고온가열과 연소

강재를 산화성 분위기 중에서 1100℃ 이상의 온도로 가열하면 표면은 거칠어지며, 조직은 Widmanstätten 조직(오스테나이트기지의 특정 결정면을 따라 기하학적인 모양으로 성장한 냉각 변태조직이 된다. 이것을 연마하여 HNO_3 알코올 용액으로 부식하여 현미경 조직을 보면 페라이트는 하얗고 펄라이트는 검게 나타나며, 침상 페라이트가 보인다. 이러한 강재는 취약하며 인성이 작다.

산화성 분위기 중에서 1200℃ 이상의 고온으로 가열하면 국부적으로 연소를 일으키는 일이 많으며 현미경 조직은 조대해 지고, 입자 사이에 산화물이 보이며 고온이 되면 용융마저 일어난다. 이러한 강재를 단조하면 균열이 생긴다. 이것을 방지하는 데는 가열온도 및 시간에 주의할 필요가 있다.

그림10-3은 그림10-1의 SM50C를 900~1200℃ 의 각 온도로 가열한 경우의 현미경 조직을 나타낸 것이며, 가열온도의 상승에 따라 조직이 거칠어져 가는 것을 알 수 있다.

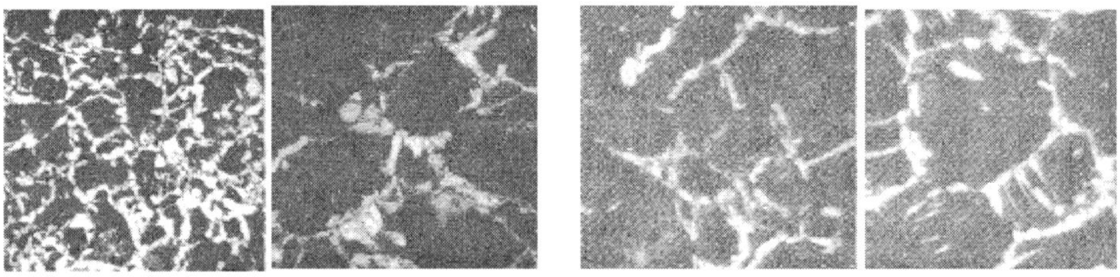

그림10-3 SM50C를 고온가열했을 때의 현미경 조직

강재를 고온 가열했을 경우의 단조품에 발생하는 결함의 실례를 나타낸 그림 10-4는 Ti-6Al-4V의 티타늄합금의 자동차용 Connecting rod의 열간단조 결함을 나타낸 것으로 추정 온도 1100℃ 이상으로 가열하여 단조한 경우에 발생한 단조균열이다. (a)는 Connecting rod 소단부의 표면의 고온 단조균열이고, (b)는 균열 부분의 현미경 조직이다. 이 균열은 표면의과연소로 인한 균열로 이러한 균열은 주로 Connecting rod 단조의 모서리 가장자리, 특히 단조 중 인장 응력을 받는 영역에 분포한다. 특징은 균열이 짧고 두껍고 단조 표면에 불규칙하게 조밀하게 분포되어 있으며, 입자 경계를 따라 안쪽으로 확장되고 균열 내부가 산화물로 채워져 있고 양쪽에 심한 탈탄, 거친 입자 및 Widmanstätten 구조가 존재한다.

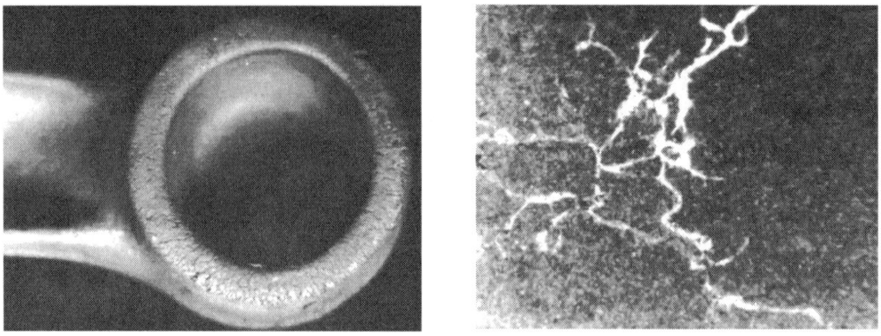

(a) (b)

그림10-4 열간단조에 의한 Connecting rod 균열과 현미경 조직

10.2.2 퀜칭,템퍼링에 수반되는 결함

담금질 열처리 중에 급격한 가열 등에 의해 불균일한 온도가 되지 않도록 하여야 한다. 또한, 급냉 했을 때 열응력 발생과 변태 응력이 발생한다. 이것은 담금질의 퀜칭균열, 변형, 연화점, 치수 변화 등의 원인이 되기 때문에 열처리 과정에 주의가 필요하다.

1. 퀜칭균열

경화처리할 때는 휀칭에 의해 부품의 내부에 온도 차가 생긴다. 이 때문에 열응력이 발생하고 Ms 점 이하에서는 마르텐사이트와 오스테나이트의 비체적의 차에 의한 변형 응력도 발생하고 형상에 따라서는 이들 2개가 복잡하게 뒤엉킨다. 그들 합이 인장 응력이 되며 강재의 인장강도보다 큰 경우에 균열이 발생한다고 생각된다. 형상에서 보면 두께가 급변하고 있는 곳 혹은 예각인 곳에 퀜칭균열이 생기기 쉽다. 또 퀜칭균열은 퀜칭할 때에 Ms 점에서 인상처리하지 않고 완전냉각될 때까지 식혔을 때, 퀜칭 직후에 템퍼링을 하지 않을 때, 표면의 거칠기가 심할 때, 혹은 단조 후 어닐링을 하지 않고 급랭처리한 경우 등에서 생기기 쉽다. 그 외 퀜칭균열의 원인으로는 가열온도가 높을 때, 가열이 불균일할 때 강재의 재질이 냉각능에 대하여 부적당한 경우, 강재의 질량에 대해 냉각속도가 너무 빠를 때, 급랭 처리 전의 어닐링이 불충분한 때, 열응력, 변태 응력이 집중하기 쉬운 형태일 때 등이 있다.

퀜칭균열이 부품의 작은 부분에 생겨 표면을 조금 절삭하는 것만으로서 제거할 수 있는 정도라면 문제 되지 않을 것이나, 대부분의 경우 퀜칭균열이 일어나면 그 부품은 못쓰게 되어 큰 손실이 된다. 또 퀜칭균열을 검출할 수 없었던 까닭에 최종적으로는 사용 중에 파손의 원인이 되며, 때로는 인명에 관한 사고까지 발생하므로 부품에 따라서는 magnaflux의 비파괴 검사법, 형광탐상법을 통해 균열의 검출에 세심한 주의를 해야 한다. 사용될 강종, 품질 등에도 주의할 필요가 있다. 예를 들면 탄소강과 같이 수냉 되는 경우가 많은 것은 탄소의 함유량이 0.4∼0.5% 정도이며, 강 중에 함유되어 있는 불순물로서 Ni, Cr 등의 함유량이 많으면 퀜칭균열의 원인이 된다. 그림10-5는 SM35C의 Gear 부품의 퀜칭균열의 사례를 표현하였다.

그림10-5 SM35C Gear 부품의 퀜칭균열과 현미경 조직(4% HNO_3알콜올)

담금질 열처리시 균열을 방지하기위한 대책을 다음과 같이 정리하였다.

① 담금질성에 적합한 강재 사용하여야 한다.

② 복잡한 형상의 부품은 외주부와 내부의 냉각속도의 차이가 크기 때문에 특히 급냉을 피하여 열응력 발생을 최소화 하여야 한다.

③ 담금질 후 200도 부근에서 템퍼링 시 퀜칭균열 방지하여야 한다.

④ 재료의 크기에 따라 냉각속도를 적절히 조절하여야 한다.

⑤ 두께가 다른 부품은 두께별 담금질 순서를 달리하여 담금질 속도를 맞춘다.

⑥ 급격한 가열 등으로 불균일한 온도가 되지 않도록 하여야 한다.

⑦ 라운딩 처리를 통해 균일한 경도 확보한다.

2. 변 형

변형은 강 내부의 응력 또는 외부에서 가해진 힘에 의해 일어난다. 내부응력은 온도분포의 불균일과 변태에 의해 생기는 것이며, 잔류응력도 그 한 원인이 된다. 외력에 의한 것으로는 주로 자중에 의해 휘어지거나, 가열된 강을 잘못 취급하여 생기는 변형이다. 치수 변화는 주로 조직변화에 기인한 것이기 때문에 균일하게 팽창 또는 수축되지만, 부품에 구멍이 나 있거나 형상이 복잡하면 치수 변화에 변형이 가미되어 나타나게 된다. 열처리에서 변형의 종류는 크게 가열에 의한 변형, 냉각에 의한 변형, 뜨임에 의한 변형, Sub-zero에 의한 변형으로 구분할 수 있다.

1) 가열에 의한 변형

부품을 가열하기전 기계가공이나 상온가공에 의해 생긴 잔류응력의 존재가 있거나 불균일한 가열은 변형을 유발한다.

일반적으로 가열하는 경우에는 열응력과 변태 응력이 발생하며, 이것이 변형의 원인이 된다. 가열속도가 빠를수록, 부품의 크기가 클수록, 단면의 변화가 클 수록, 가열변형이 크게 된다. 열응력은 온도의 불균일 분포, 온도구배 등에 의한 것이며, 열팽창이 다르기 때문에 발생하는 것이다.

재료의 고온 항복점보다도 열응력이 높아지면 소성변형이 일어나고, 이것이 변형으로 나타난다. 변태 응력은 재료의 한 부분에는 변태가 일어나지만 다른 부분에는 아직 변태가 일어나지 않을 때 발생하는 것이다. 가열 변태에서는 오스테나이트화에 의한 수축이 일어나므로 여기에 소성변형이 생긴다. 각 부분에 균일하게, 또한, 동시에 변태가 일어나면 변태 응력은 발생하지 않는다.

2) 냉각에 의한 변형

불균일 냉각을 하면 열응력이 발생하며, 변형의 원인이 된다. 예를 들어 냉각을 균일하게 하였다고 생각되는 경우라도 부품의 외주부와 내부에는 반드시 냉각속도가 다르기 때문에 어떻게 하여도 열응력의 발생을 방지하기는 곤란하며, 또한 이것이 변형의 원인으로 된다.

경화되는 경우에는 여기에 변태응력(마르텐사이트에 의한 팽창 변태)이 중첩되므로 변형은 복잡하게 된다. 더구나 조성이 불균일하거나, 탈탄되어 있으면 변태가 일어나는 온도가 달라지는 것은 물론 변태팽창양도 다르기 때문에 변태응력이 복잡하게 되고 변형도 예측을 불허하게 된다.

3) Sub-zero처리에 의한 변형

서브제로 처리는 마르텐사이트변태를 촉진하고 온도도 낮기 때문에 변형의 발생은 담금질 냉각때보다도 적다. 그러나 응력의 발생이 크고, 잔류응력, 변태응력, 열응력 등이 중첩되어 균열이 생기는 경우가 많다.

4) 뜨임에 의한 변형

일반적으로 뜨임처리를 하면 내부응력이 균일해지고, 또한 경감되거나 소멸되며, 조직도 변화하기 때문에 변형이 감소된다. 그러나 일단 나타난 변형은 크게 수정되지 않는다. 이것을 교정하기 위해서는 프레스 템퍼링(press tempering), 쇼트 피닝(shot peening)등을 하는 수밖에는 없다. 고속도공구강, 다이스강 등과 같이 뜨임 경화하는 강은 뜨임냉각에 의해 마르텐사이트(2차 마르텐사이트)가 생성되므로 이때 변형이나 균열이 생기는 경우가 있다. 따라서 이러한 때에는 뜨임 냉각을 균일하게, 서서히 하여야 한다.

5) 변형 방지대책

변형은 변태 응력과 열응력의 합성에 의해 나타나는 것이므로 이를 방지하기 위해서는 응력을 가능한 한 최소화 하는 것이 중요하다. 다음은 변형 방지대책을 정리하였다.

① 담금실선에 가공중 발생한 내부응력을 미리 제거하기 위해 응력제거풀림 (450~600°C)을 반드시 실시하여야 한다.

② 자중에 의한 휨을 방지하기 위해 가열내의 부품 안착에 효율적인 조치를 하여야 한다.

③ 가열은 서서히 하고, 균일하게 하여야 한다.

④ 마르퀜칭(marquenching), 염욕담금질을 하면 변형을 최소화할 수 있다.

⑤ 프레스퀜칭(press quenching), 다이퀜칭(die quenching)등을 한다.

⑥ 부품의 두께를 균일하게 하고, 부품에 적당한 구멍을 내거나 두께가 얇은 부분에 석면, 점토 등을 바르면 효과적이다.

그림10-6은 SM40C 강재를 1200℃에서 단조한 그대로인 것과 단조후에 노말라이징한 것의 현미경 조직을 나타낸 것이다. (a)는 결정 입자가 조대화되

어 있으며, (b)는 미세하다. 따라서 퀜칭 후의 변형은 (b)가 작다.

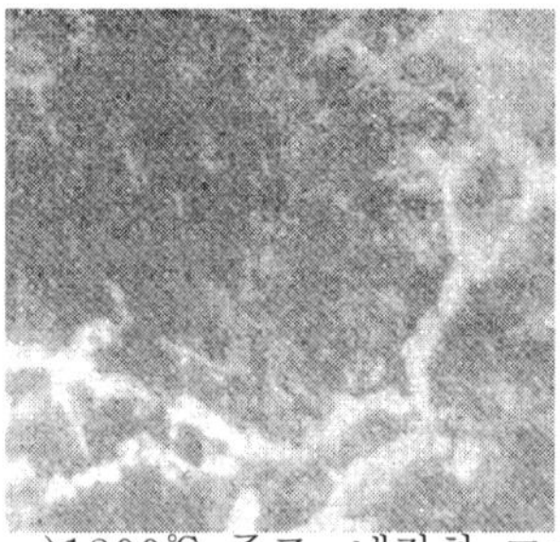

a)1200℃ 주조, 냉각한 그대로
경도(HRB 84

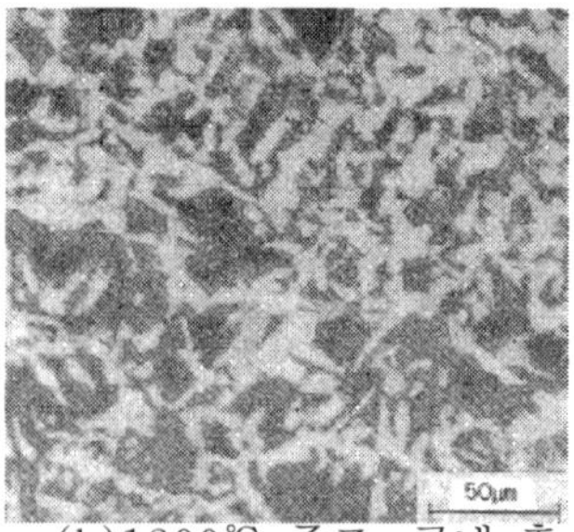

(b)1200℃ 주조, 공냉 후
x2h의 노말라이징 경도(HRC84)

그림10-6 SM40C 의 열간단조 후의 현미경 조직(2% HNO_3알콜올)

3. 연화점(soft spots)

급냉처리에서 종종 경도가 불균일하며, 소위 연화점 이 생성되는 일이 있다. 이것은 가열시 노내 온도분포, 가열온도, 가열시간 등이 부적당함에 따라 균일하게 가열되지 않음에 의한 것이다. 또 균일하게 가열되어도 수냉 할 때의 기포부착, 냉각액의 교반 불량에 따른 냉각의 불균일, 표면스케일, 탈탄층 등도 연화점 발생의 원인이 된다. 사용강이 림드강인 경우에도 일어나기 쉽다.

4. 경도부족

경도 부족 현상은 냉각속도가 강의 소입성에 비해 충분치 못할 경우에는 경도부족 현상이 나타난다. 강은 마르텐사이트조직을 얻을 수 있도록 소입온도에서 빠르게 냉각하여야 한다. 어떤 냉각제를 사용하여야 할 것인가는 재질과 부품의 두께에 달려있다. 냉각제는 원하는 경도를 얻을 수 있는 범위 내에서 가장 완만한 냉각제를 사용해야 한다.

부품의 단면적이 큰 경우나 탈산이 불충분한 강, 결정립 미세화강에서는 보다 빠른 냉각속도가 요구된다.

소입 온도가 낮거나 유지시간이 짧은 경우에는 조질강 열처리 시에 변형을 감소하거나 템퍼링을 생략 혹은 단축하기 위하여 소입 온도를 낮추거나 냉각속도를 느리게 하는 경우가 있다. 이러한 열처리는 비록 경도로는 목표치를 얻었다 하더라도 잘못된 열처리이다. 이 경우에는 완전 조질 열처리된 강보다는 인장강도, 충격강도, 피로강도 값이 매우 낮다. 소입 경도는 최고 경도보다 Rockwell C로 10포인트 이상 낮아서는 안된다. 공구강에서는 특히 크롬공구강(SKD류)에서 소입온도가 낮거나 유지시간이 짧을 때는 카바이드 용해가 충분치 않아 경도가 미달된다. 이 경우에는 기름이나 소금물에 냉각해야 목표경도를 얻을 수 있다.그러나 변형이나 균열의 위험성이 따른다. 소입온도가 너무 높을 경우에는 경도 미달이 되며, 특히 고합금강인 경우에서 경도 불량이 나온다. 원인은 잔류 오스트나이트(Retained Austnite)과다 때문이다. 이러한 부품은 심랭(sub-zero)처리로 잔류 오스트나이트량을 줄일 수 있다. 재소 입도 하나의 해결방안이나 이때는 균열을 줄이기 위하여 소둔처리 후 실시해야 한다.

5. 템퍼링에 의한 균열, 경도 불균일

켄칭한 부품은 템퍼링을 하여 사용한다. 템퍼링시 예각이 있으면 균열이 생기기 쉬우며, 켄칭 후에 장시간 방치하고 나서 템퍼링 하면 갈라지는 일이 있으므로 가능한 한 빨리 템퍼링을 해야한다. 또 템퍼링을 위해 가열을 급격히 하면 온도가 불균일해져 경도 불균일이 발생하기 쉬워진다.

6. 템퍼링 취성

켄칭한 강을 템퍼링할 때, 템퍼링 온도를 올리면 충격치는 차츰 개선되지만, 300°C 부근에서 또는 강종에 따라서는 500°C 부근에서 충격치가 저하한다. 300 ℃ 부근의 것을 저온 템퍼링 취성이라 하고, 강에 함유되어 있는 P 와 N 이 이것을 촉진하며, A1, Ti, Ni, B 등은 억제한다고 한다. 또 500℃ 부근의 것을 고온 템퍼링 취성 이라 하며, P, Sb 등이 오스테나이트 기지 입계에 석출로 인해 일어나므로 Cr, Ni, Mn은 그 석출을 촉진하고 Mo는 반대로 억제한다고 한다. 그림10-7은 충격치와 템퍼링 온도관계를 나타내었다. (a)는4330강(0.3C-1.8Ni-0.8Cr-0.3Mo)과4340(0.4C-1.7Ni-0.8Cr-0.3Mo)강은 300℃ 부근에서 충격치가 낮은 값을 나타내고 있다.

(b)는 4337(0.37C-0.26Si-1.8Ni-0.8Cr-0.2Mo)강으로 Si량을 증가시키면,

충격치가 최소화 되면서 고온 템퍼링으로이동한다. (c)는0.3C−1Cr−1Mo강과 0.3C−4Cr강의 충격치와 템퍼링 온도의 관계로 두 강종모두350℃부근에서 명확한 취성을 나타내고 있다. (d)는 0.3C−0.004P−0.004S−3.5Ni−1.7Cr 고순도 강으로 0.004S가 첨가되면 퀜칭온도가 850℃에서는 저온 템퍼링 취성이 나타나지 않지만 퀜칭온도가 1200℃ 일 경우 저온취성이 현저히 나타나므로 취성이 발생하는 임계 퀜칭온도가 존재한다는 의미이다.

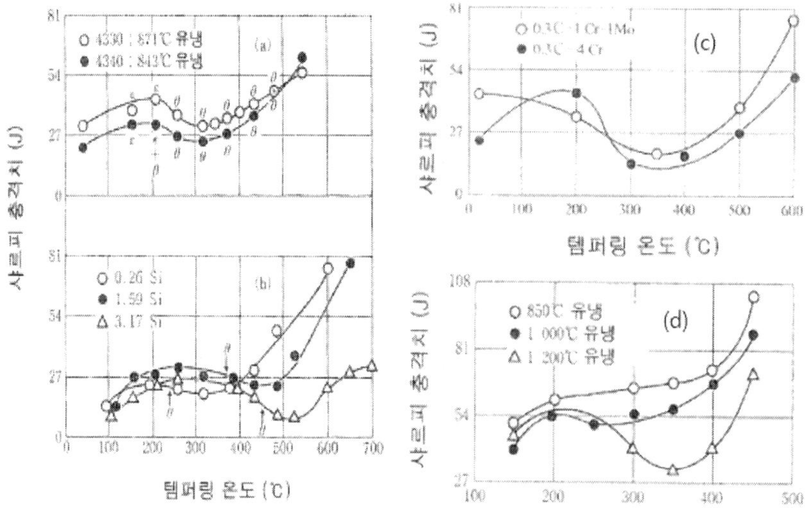

(a) 4330 강, 4340 강(Klingler)
(b) 4337 강(Si량의 영향)(Altstetter)
(c) Cr-1Mo강
(d) 0.3C-0.004P-0.004S-3.5Ni-1,7Cr

그림10-7 충격치와 템퍼링 온도와의 관계

10.2.3 고주파 경화처리에 수반되는 결함

고주파 열처리의 특성은 강의 내부 변화 없이 표면만 열처리하는 열처리 방법이다. 그러나 고주파 열처리 역시 일반 열처리와 같이 퀜칭 시 급냉경화로 퀜칭균열, 변형, 연화점 등의 결함이 발생한다.

1. 퀜칭균열

퀜칭균열의 원인으로는 과열, 과냉, 고주파 경화 처리 전의 현미경 조직 부적합 등이 균열의 원인이 될 수 있다. 또 사용 강의 C 함유량이 0.3% 정도라면 퀜칭균열은 적으나 0.5% 정도가 되면 퀜칭균열은 일어나기 쉬워진다. 이 외에도 결정입자의 조대화와 강의 탄화물 상태에도 주의가 필요하다. 그림10-8은 38MnS6 강재의 Crank shaft 퀜칭균열의 예를 나타내었다. 퀜칭균열을 방지하는 데는 부품의 형상에 주의하고 각진 곳, 움푹한 곳, 두께가 다른 것 등에 주의해야 한다. 또 사용되는 강에 슬래그가 끼어 있으면 당연히 균열에 영향을 준다.

그림10-8 38MnS6 Crank shaft 고주파 퀜칭균열
(경도는 표면 HRC 60, 심부 HRC 35)

2. 변 형

고주파 처리는 경화시키고 싶은 곳을 부분 가열하여 경화한다. 따라서 변형은 부품 전체를 가열하여 퀜칭하는 일반 퀜칭법에 비해 적지만 실제로 반드시 그렇지는 않은 것 같다. 형상이 복잡한 것, 치수가 급격히 변화하는 것, 등은 가열냉각에 수반되어 생기는 열응력, 변태 응력이 복잡하게 영향을 주어 때로는 큰 변형을 가져온다. 또 강종의 선택, 고주파 경화 처리 전의 열처리, 기타 냉각방법 등에 대한 판단 방법은 보통 열처리의 경우와 같다.

3. 연화부(soft spot), 경화층의 부족

연화부, 경화층의 부족은 가열온도, 가열시간, 냉각 방법 등 많은 원인이 고려되며, 또 주파수, 가열코일 형상에도 주의가 필요하다. 고주파 경화 처리 전 강의 망상 탄화물이나 구상 탄화물의 크고 작음에 의해 퀜칭경도, 경화층의 두께 등이 다르다. 결함을 방지하기 위해 사용하는 강의 노말라이징 혹은 퀜칭, 템퍼링 등의 전열처리에 주의해야 한다. 또 목표하는 경화층의 두께에 따라 적당한 주파수를 택하는 일도 중요하다.

4.용융결함

부품의 형상, 코일형상, 주파수 등과 관련하여 과열이 생기므로 용융결함을 일으키는 일이 있다. 이것을 방지하는 데는 key홈, 구멍각, 코일과 부품과의 간격 등에 주의할 필요가 있다.

5. 연삭균열

고주파 경화 처리 또는 보통 경화 처리하여 퀜칭한것, 저온에서 템퍼링한 것을 연삭하면 국부적으로 발생하는 연삭열에 의해 제1,2과정의 템퍼링 수축에 따라 주위보다 인장되어 균열이 발생한다. 이것을 연삭 균열이라 한다. 또 연삭열에 의해 연화점이 생기는 일도 있다. 이때 템퍼링색(temper color)을 띠는 까닭에 이것을 템퍼링 그을음이라고 한다. 또 잔류 오스테나이트가 마르텐사이트로 되는 경우나 연삭열이 높아져서 표면이 국부적으로 재경화 되는 경우가 있으면, 이것도 균열의 원인이 된다. 연삭열에 의해 180℃ 정도의 온도에서 연삭하면 이송 방향과 수직 방향으로 평행으로 갈라지는 것을 템퍼링 제1과정에 대응하여 제1종 연삭균열, 또 250~300℃ 정도 온도에서 거북등 무늬로 갈라지는 것을 제2과정에 대응하여 제2종 연삭 균열이라 부르고 있다. 연삭균열은 산에 의한 부식에 의해 검출되며, 현미경 조직에는 트루스타이트 혹은 소르바이트 조직이 되어있다. 연삭열은 연삭숫돌과 강의 접촉에 의해 발생하는 것이므로 연삭숫돌의 종류나 입도, 또 강종에 의해서도 크게 영향을 받는다. 강의 경도가 높고 단단한 탄화물을 다량으로 함유했을 때 그리고 열전도율이 작을 때 등이 고온으로 되기 쉽다. C가 높고, Cr이나 Mo 등을 함유한 합금강은 연삭열이 다량으로 발생하여 온도가 높아진다. 그림 10-9는 38MnS6의 비 조질 처리한 강의 Crank shaft pin부에 고주파 경화

처리 및 템퍼링했을 때 발생한 연삭 균열 (제1종)의 실례이다.

그림10-9 38MnS6 비조질강의 고주파 경화 및 템퍼링한 Crank shaft의 연마크랙

10.2.4 침탄경화에 수반되는 결함

1. 과잉침탄

과잉침탄의 원인은 고체침탄의 경우 침탄제의 침탄성이 너무 강하든지, 가스침탄은 분위기의 가스 농도가 너무 높은 데 있다. 과잉침탄이 되면 침탄층의 C 량이 과다해져 탄화물이 다량으로 생긴다. 재질적 측면에서 Cr, Mo과 같이 탄화물을 만들기 쉬운 원소를 함유하고 있는 Cr강이나, Cr-Mo 강 등에서 일어나기 쉽다. 그림10-10은 저 Ni—Cr—Mo 강인 SNCM 220과 Cr 강의 SCr 420 과 Cr-Mo 강인 SCM 420을 동일조건에서 고체침탄 냉각했을 때 각 강의 표면에서 내부에 걸쳐 침탄된 상태를 나타내는 것이다. 표면의 백색부는 탄화물이며 내부의 백색부는 페라이트이다. SNCM 220은 Cr의 함유량이 다른 강에 비해 적은 까닭에 탄화물은 다른 2개 강에 비해 소량이며, Cr 및 Mo 를 모두 함유하고 있는 SCM 420은 가장 많다. 일반적으로 침탄 후 경화 처리하는 shaft류는 휨이 생기는 성향이 있으므로, 경화 후에 바로잡기를 행한다. 과잉침탄의 경우는 휨이 특히 큰 까닭에 휨을 교정하는 경우에 파손이 일어나기도 한다.

그림10-10 고체침탄후 노냉의 표면에서 내부에 걸친 침탄 상태(3% HNO_3 알콜올)

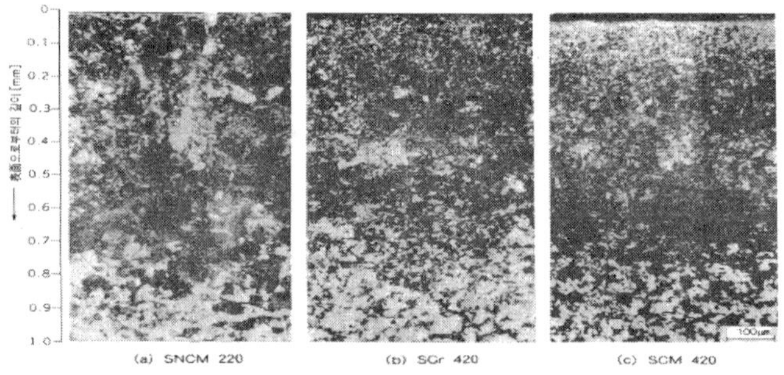

2. 이상조직

일반적으로 탈산 효과가 있는 킬드강을 침탄 노냉 하면, 현미경 조직이 펄라이트의 망상 탄화물의 주적이 되며, 탈산의 효과가 없는 림드강을 침탄 노냉하면, 망상 또는 괴상 탄화물과 이것을 둘러싼 페라이트조직이 된다. 이러한 조직을 이상조직이라 부르고 있다. 그림10-11에 킬드강(a)과 림드강(b)의 실례를 나타냈다. 이상 조직인 것을 급랭 처리하면, 페라이트의 오스테나이트화와 탄화물의 고용화가 일어나기 어렵고 급랭처리 경도가 낮은 연화점을 만들며, 전체적으로 경도가 불균일해진다. 그림10-12는 침탄후 경화 처리한 것으로서 킬드강은 (a)에서 처럼 표면은 미세한 마르텐사이트, 내부는 소르바이트와 페라이트의 균일조직이 되고 있다. 그러나 림드강 (b) 에서는 표면에는 검은 트루스타이트가 있으며, 내부에는 소르바이트와 페라이트가 불균일하게 분포되어 있다. 이러한 조직은 내마모성이 나쁘다.

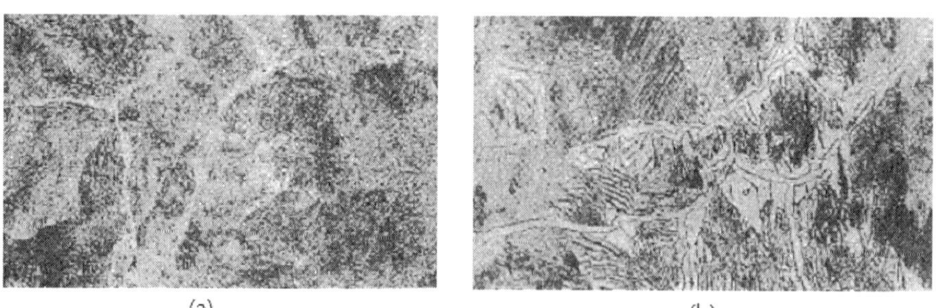

그림10-11 킬드강 및 림드강의 침탄 노냉조직(3% HNO_3 알콜올)

그림10-12 킬드강과 림드강의 침탄경화 조직(3% HNO_3 알콜올)

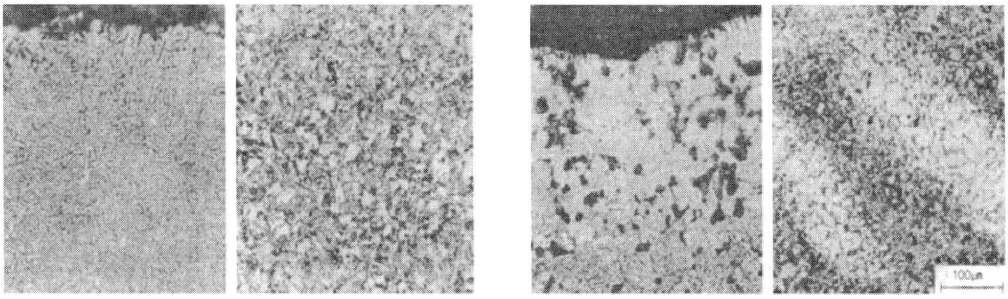

(a)킬드강의 침탄부(좌)와 심부(우)
(C 0.15%, Mn0.59%, Si0.20%)

(b)림드강의 침탄부(좌)와 심부(우)
(C 0.22%, Mn0.44%, Si 흔적)

3. 입계신화

입계산화의 현상은 Fe보다도 산소와의 친화력이 큰 Si, Mn, Cr 등을 함유한 강을 RX 가스침탄에 의해 침탄시 미량의 H_2O 및 CO_2가 함유되어 있으면 이것이 강과 반응함에 따라서 결정립계에 산화물을 만든다. 강 중의 Cr이나 Mn은 산화되기 쉬우므로 산소가 강의 표면부터 침입하면 결정립계에 가까운 다른 Cr 이나 Mn은 다른 원소보다 우선하여 결정립계로 진행하여 거기서 산소와 결합하여 산화물을 만든다. 강 표면에서도 마찬가지로 산화물을 만든다고 생각된다. 그림10-13에서 현미경으로 보면 입계산화는 망상을 이루고 있다. 입계산화의 깊이는 침탄시간에 의존하며, 보통 0.01~0.02mm 정도이다. Cr, Mn이 우선적으로 산화되므로 다른 Cr, Mn이 감소하여 강표면의 소입성이 저하되고 소입 냉각속도가 느린 marquench 등을 할 경우 그 부분만이 불완전 담금질조직인 미세베이나이트나 퍼얼나이트로 된다.

이의 개선방법으로 산소를 함유하지 않은 NH_3 가스를 RX 가스에 첨가하여 경화능의 저하를 질소첨가로 보충하는 방법이 있다. 이것은 침탄 확산이 종료되고 퀜칭을 실시하기 전에 NH_3 가스를 분위기 가스 중에 공급하는 일종의 침탄질화를 응용한 것으로 오일퀜칭에 의해서도 마르텐사이트 조직을 얻을수 있다. 그러나 NH_3 가스의 첨가량, 시간, 온도에 따라 질소의 침입 정도가 크게 달라지게 된다. 침입량이 많으면 잔류 오스테나이트가 증가 되어 퀜칭경도를 저하시키며, 반대로 적으면 소입성을 회복시키는 역할을 하므로 적당량의 첨가가 필요하다. 또한, 침탄 후 Shot Peening 처리하면 표면 인장형의 잔류응력 분포가 표면 압축형으로 변하고 피로 강도가 현저하게 향상되어 불완전 경화 부분을 완화하는 효과를 얻을 수 있다.

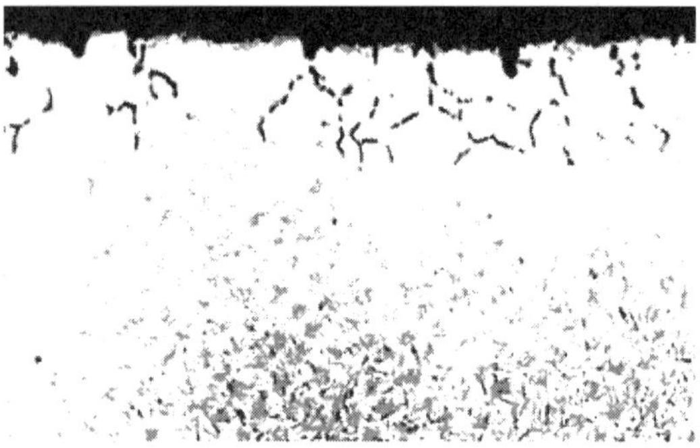

그림10-13 입계산화층 현미경조직

4. 변 형

침탄 열처리는 탄소를 높이는 작업이므로 표면에 높아진 탄소로 인해 변형량도 크고, 형상에 따라 복잡하다. 퀜칭조직인 마르텐사이트 조직은 오스트나이트조직이나 소재 상태의 조직보다 부피가 큰 조직이다. 부피 팽창은 탄소함량이 증가할수록 더 커진다. 따라서 한쪽면에 탈탄이 일어났을 경우에는 이면에서는 부피 팽창이 다른 면보다 더 적게 일어난다. 이러한 이유 때문에 탈탄이 발생된 면은 오목하게 변형이 발생된다. 한쪽면만 침탄된 부품은 변형이 발생된다.

침탄 후 1차, 2차 퀜칭한 것은 1차 퀜칭을 생략한 것보다 변형이 크다. 변형을 가능한 한 적게 하기 위해서는 침탄가열 경화가 균일하도록 주의하고, 부품설계상 두께의 급변이 없도록 해야한다. 또 부품의 단조에 있어서는 단류선이 대칭이 되도록 노력해야 하며, 특히 침탄 경화할 기어부품은 주의해야 할 점이다.

그림10-14는 선박용 대형기어를 가스침탄으로 열처리한 예를 나타내었다.

침탄열처리 과정은 12시간 가열 후 3시간 동안 균질처리 하였다. 총20시간 침 탄 및 확산처리 하였으며, 침탄기에서 목표 탄소포텐셜에 도달하는데 약 4~5시간, 소요하였다. 그 후 10시간 동안 침탄한 후 5시간 확산처리 하였다. 분위중의 탄소포텐셜은 침탄기의 경우 1.0~1.1%탄소 그리고 확산기에는

0.75~0.85%범위 를 유지하였다. 퀜칭은 확산 종료 후 노내에서 850℃까지 냉각시킨 후1~2시간 동안 유지하고 유냉, 퀜칭하였다. 표10-1은 SCM21 강종의 대형 헬리컬기어의 침탄경화 열처리 변형측정 부분과 측정결과를 치수로 나타내었으며, 측정방법은 가공 후의 치수를 원형으로 기준하여 대각선 방향으로 외경 (A,B 2방향), 내경 (A,B 2방향)으로 측정하였다. 대형기어의 열처리하기 전, 후의 외경 및 내경측 정의 결과는 내경의 변화는 외경과 비교하여 작으나, 외경은 다소 변형이 크다.

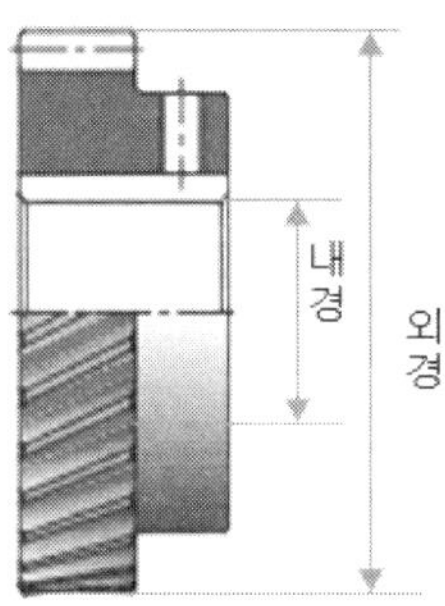

그림10-14 기어의 변형측정

표10-1 헬리켈기어의 열처리전.후 치수비교

Diameter		열처리전치수(mm)	열처리후치수(mm)
외경	A	983.50	984.80
	B	983.54	984.78
내경	A	201.58	201.02
	B	201.56	201.46

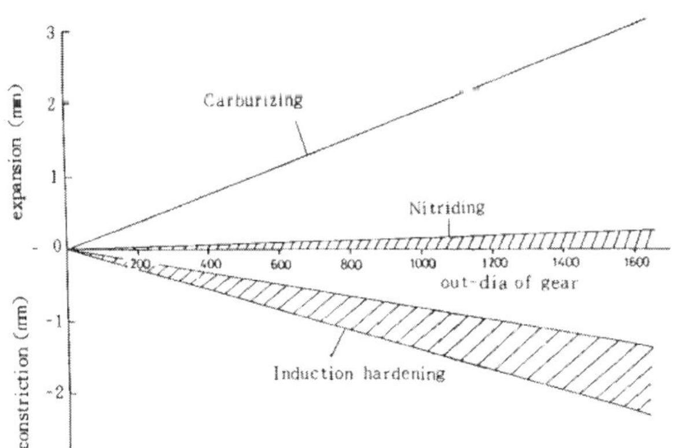

그림10-15 기어 외경과 열처리 변형과의 관계

그림10-15에서 보는 바와 같이 열처리 종류별 기어의 외경변형은 비교적

측면에서 침탄열처리 기어가 가장 크며, 침탄기어 열처리의 변형은 재질, 형상, 크기 및 퀜칭방법에 따라 변형량이 다르므로 목적에 맞도록 선택되어야 한다.

5. 경도 부족과 불균일 경도

불균일 경도의 원인으로서는 불균일 침탄인 경우가 많다. 이것을 방지하는데는 침탄 작업 중에 균일하게 가열하는 일이 중요하며, 가스 침탄이라면 노내 기류, 고체침탄 이라면 침탄 상자의 크기, 침탄제를 채우는 법 등에 주의하는 것이 중요하고 퀜칭 시의 냉각에도 주의를 요한다. 경도 부족에도 대체로 같은 점에 주의해야 하지만 이외에 침탄제, 가스 분위기 중의 C 농도에 주의해야 하며, 침탄 부품의 잔류 오스테나이트의 정도가 어느 정도인지를 확인하는 것이 중요하다, 잔류 오스테나이트는 경도 부족에 가장 큰 요인이므로 정도에 따라 심냉처리 등으로 완화조치가 필요하다.
그림10-16은 SCr 420에 고체 침탄하여 침탄 깊이 D를 0.3, 0.6, 0.8mm로 하고 각각을 침탄 노냉 후 880℃로 가열하여 유냉한 것에 대해 표면에서 내부까지 잔류 오스테나이트 분포를 확인한 것이다. 시험편의 크기는 직경 12mm, 길이 20mm이며, 표면을 1회당 0.05~0.20mm씩 제거하고 그때마다 표면의 잔류 오스테나이트.를 측정(3% HNO_3 알코올 부식) 하였다. 측정 에는 Mo-Ka선 (Zr 필터 사용)을 이용해 디프랙토미터에 의해 자동기록된 오스테나이트와 마르텐사이트와 회절선의 적분 강도에 의해서 정량화 하였다. 각 시료 모두 표면보다 조금 내부로 들어간 곳에서 최대치가 나타나고 있다. 또한, 침탄의 종류에 있어 고체 침탄의 경우 탄소농도(1.3%)정도 이므로 상대적으로 탄소농도가 적은 가스 침탄(0.9%)보다 잔류 오스테나이트가 많을 것으로, 추정된다. 그림10-17은 잔류 오스테나이트양과 탄소농도의 관계를 나타내었다.

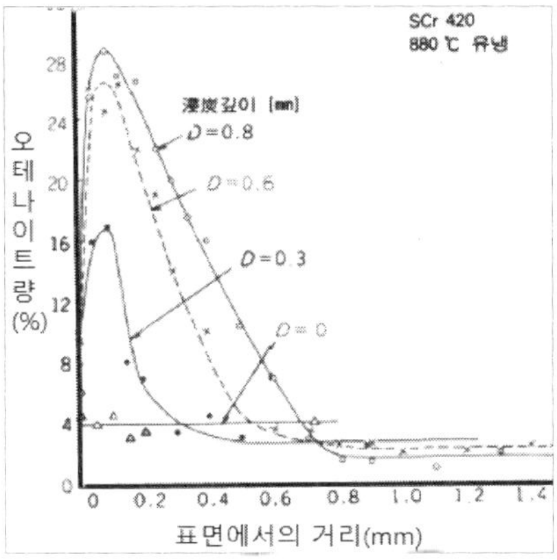

그림10-16 침탄경화강의 잔류 오스테나이트량

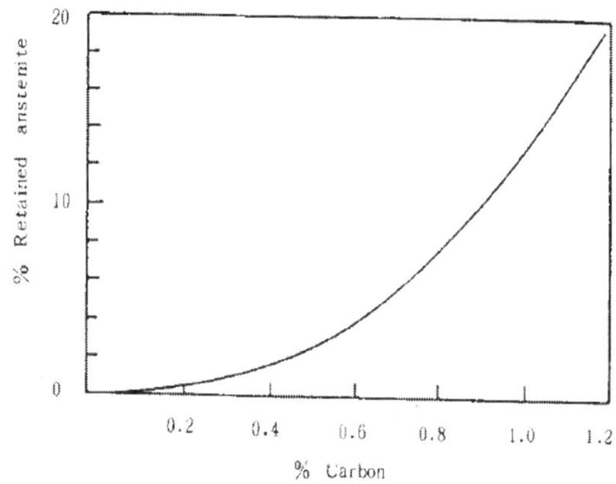

그림10-17 잔류오스테나이트과 탄소농도와의 관계

6. 퀜칭균열

퀜칭균열은 침탄열처리 뿐만 아니라 다른 열처리에서도 발생하는 현상이다. 침탄 부품의 퀜칭균열은 조질 부품의 경우와 대체로 비슷하다. 침탄 부품은 표면의 C 농도가 높음에 따라 침탄퀜칭의 균열은 냉각 방법에 따라 크게 좌우되므로 주의가 필요하다. 또 사용 강의 경화능이 너무 좋아서 퀜칭균열이 일어나는 경우가 있다. 그림10-18은 SCM 415 H강의 침탄경화도를 나타낸 것으로 이 강에는 붕소(B)가 0.0002% 함유되어 있어 규격인 H band에 비해 경화능이 너무 좋은 관계로 균열이 발생한 것이라 추정된다.

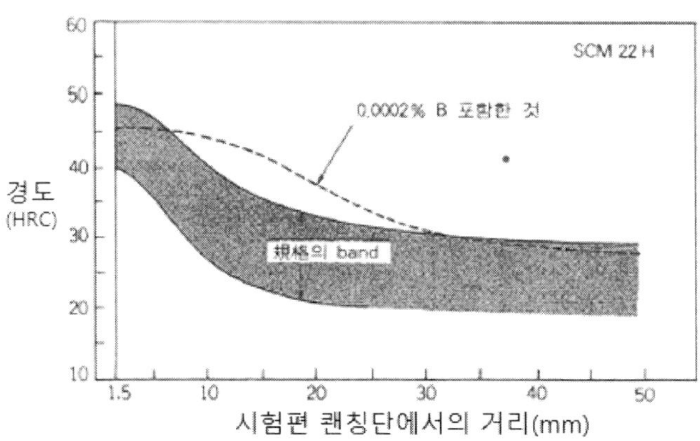

그림10-18 SCM 415 H 의 경화도

7. 연삭균열

연삭균열의 원인은 연삭 시 연삭열에 의해 발생한다. 연삭열은 잔류 오스테나이트가 많거나, 강제의 강도가 크고 굳은 탄화물을 많이 포함하고, 열전도율이 적을수록 연삭열이 발생하기 쉽다. 또한, C 함유가 높고, Cr이나 Mo 등을 함유한 합금강, 고탄소강, 고속도강 등이 연삭열 발생이 높다. 연삭균열은 앞서 고주파 경화 처리 부분에서 언급한 바와 같이 가벼운 연삭 균열을 제1종 연삭균열, 무거운 연삭 균열을 제2종 연삭균열로 구분하여 설명하였다. 이러한 연삭균열의 방지책으로 제1종 연삭 균열을 방지하기 위해 퀜칭한 후 120~180℃에서 뜨임 후 연삭한다. 제2종 균열을 방지하기 위해 퀜칭한 후 300℃에서 뜨임후 연삭한다 퀜칭조직이 연삭 작업으로 인하여 부분 뜨임이 되면 연마균열의 주요 원인이 된다. 또한, 연마 시 마찰열을 최소화하기 위해 눈이 막힌 숫돌은 사용하지 않는다. 이와 같은 방지책은 일반적인 방법이며, 보다 전문적이고 기술적인 접근이 필요하다. 그림10-19의 (a)와 (b)는 SM20C 강재 부품의 연삭균열 방지책을 적용한 열처리 방법의 현미경조직 사진이다. (a)의 열처리 사이클은 망상 시멘타이트 발생을 방지할 생각으로 다음과 같은 열처리를 하였다. 침탄:900℃×4h, 상자 속에서 냉각, 정립:900℃×0. 5h, 유냉, 퀜칭:780℃×0.5h, 수냉, 템퍼링:220°C×2h, 공랭 하였으며, 현미경 조직은 (a)에 나타냈다. (b)의 열처리 사이클은 망상 시멘타이트 분산을 목적으로 다음과 같은 열처리를 하였다. 침탄:900°C×4h, 상자 속 냉각, 어닐링:800°C×1.5h, 상자 속 냉각, 퀜칭:780°C×0.5h, 수냉, 템퍼링:220°C×2h 공랭하였으며, 현미경 조직은 (b)와 같다.

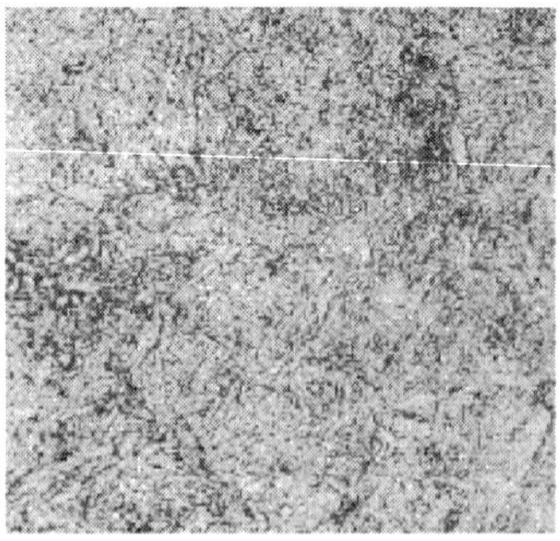

(a)조직 양호, 변형이 크다.

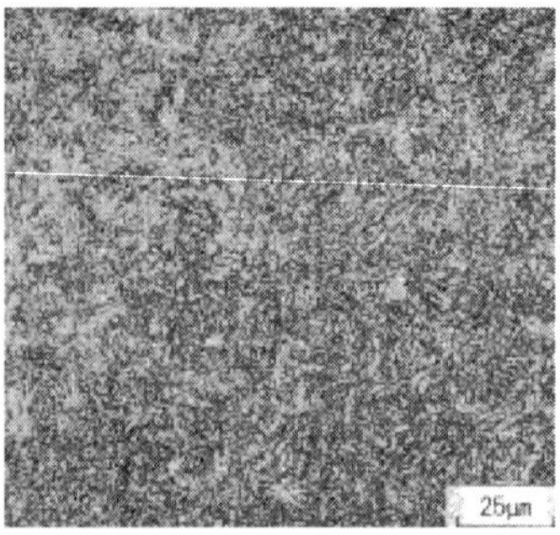

(b)조직은 약간 불균일, 변형적다.

그림10-19 연삭균열 방지책의 현미경 조직(2% HNO_3 알콜올)

(a)와 (b)의 대책에서는 연삭균열이 발생 하지 않았으며, 현미경 조직에서 시멘타이트 석출은 모두 보이지 않는다. 그러나 조직(a)가 조직(b)보다 세밀하고 균일하며, 양호하다. 하지만 부품의 변형(휨)은 (a)의 경우에는 0.8~1.1mm이며, (b)에서는 0.3~0.5mm이었다. (a)같이 정립 및 급랭하는 공정이 많아지면 현미경 조직은 좋아지지만 변형에 대해서는 악영향이 나타난다. 그러므로 현장에서는 (b)의 적용이 더 유효한 방법이다.

8. 부 식

부식은 염욕에 시안이 너무 적게 함유되어 있을 때 발생한다. 또한, 포트 바닥에 침전되어있는 스러지와 제품과의 접촉 시에 발생된다. 침탄성 염욕에 제품의 일부분만을 가열할 때도 경계면에서 부식이 일어난다. 이러한 부식을 방지하기 위해서 제품 전체를 침탄처리 후 필요 부분만 냉각시키면 된다.

또한, 침탄제에 침탄 촉진제로서 가하는 탄산염 중 융점이 낮은 것이 있으면 침탄시에 융착물이 부품 표면에 부착하여 침탄을 저해한다. 또한 침탄 부품의 표면이 부식되는 일이 있다. 이것은 침탄 열처리 후 샌드블러스터 등의 공정 뒤에 발견되는 경우가 많다. 이것을 방지하기 위해서는 부품절삭 후의 표면 녹, 절삭유의 잔류, 침탄 촉진제로서의 탄산염량과 혼합상태, 목탄속의 S, 침탄제 중의 수분 등에 충분히 주의해야 한다.

템퍼링 과정에시도 부식이 발생 되는데 이것은 고온의 초산염욕에서 템퍼링 시에는 산화에 의한 부식이 발생한다. 특히, 오랫동안 사용한 노화된 초산염에서는 500℃이상에서 산화가 일어난다. 광택이 나는 부품인 경우도 부적합한 오일에서 템퍼링을 실시할 경우 부식이 발생할 수 있다. 염욕에서 열처리한 부품인 경우에도 염을 완전히 세척 하지 않으면 부식이 발생한다.

그림10-20 침탄중 표면부식의 현미경 조직

10.2.5 열처리 경도불량과 변형방지의 요점

열처리 과정에서 수반되는 결함의 원인과 대책에 대하여 각 열처리 종류에 따라 기술하였다. 열처리 결함과 그 원인에 있어 가장 일반적이고 공통적으로 발생할 수 있는 결함이 경도 불량과 열처리 후 변형이다.

따라서 열처리의 경도 불량과 변형에 대해 그 인자와 구체적인 대책을 표10-2와 표10-3에 정리하였다.

표10-2 경도불량의 원인과 대책

원인	작업인자	대책
담금온도 너무낮다	1. 담금온도 선정 miss(너무 낮은 지시) 2. 담금온도관리miss(열전대의열화, 삽입 방법 miss) 3. 얼룩(입재량, 장입방법 불충분)	KS 및 Maker 추천온도 참조, 정기정검 균일가열할 수 있게 적정간격에서 입재량 조정, 경화능이 좋은 재료로 변경
냉각 불충분	1. 노출해서 담금질까지의 시간과다 2. 냉각방법의 선정 miss 3. scale, 솔트부착(대기, 솔트가열 때) 4. 액온의 관리 miss 5. 교반 불충분 6. 액중에서 인상온도 너무 높은지시	출제방법의 합리화, 열처리 설비이후 가공Layout의 검토 냉각제의 특성파악 산화 방지제 도포, 분위기로 사용 솔트 신속 제거 유온 60~80℃ 수온 30 도 이하 교반기의 설치 Ms점+약 50도에서 끌어올린다.
담금온도 너무높다	1. 담금온도 선정miss(너무 높은지시) 2. 담금온도관리 miss(열전대의 열화, 삽입방법 miss)	KS 및 Maker 추천온도 참조 정기 점검 균일가열
뜨임온도 너무높다	Ms점 근방에서 뜨임	30~80℃에서 뜨임이행
탈 탄	1. 소재탈탄 잔재 2. 담금가열에 의한 탈탄(대기로 과열)	최소 절삭여유의 엄수 분위기 또는 가열
이 재	전공정, 열처리공정의 혼입	작업 기록표등의 관리

표10-3 열처리 변형 방지의 요점

대책법	방법	구체적 방법
체질개선	1. 경화능이 좋은 재료를 이용한다. 냉각속도의 완화에 의해 열응력의 저감 2. 재료취급 방법의 검토 3. 강의 채용	1. 경화능이 좋은 재료로 변경 (예) STC-STD, STS-STD 2. 재료의 방향성을 알고, 목적에 맞는재료 취급을 한다. 3. 마르에이징, 플라스틱형용강 등의 석출경화강의 채용
전처리개선	1. 소재의 내부응력제거 2. 가공응력의 제거	1. 소재조질의 실시(HS40 정도 예 :(다이캐스트형) 2. 황삭가공후 변형제거 풀림의 채용
형상의개선	1. 균일가열이 될 수 있게 두께의 변화를 제거 2. 장척재의 휘기쉬운 것은 짧게한다.	1. 예를 들면 대칭형상으로 해서 열처리 후 가공한다. 2. 열처리전의 길이를 짧게 해서 1개당 변형을 적게하고, 후공정에서 조립한다.
열처리조건의개선	변형을 적게하는 열처리 조건으로 변경	1. 가능한 담금온도를 낮게한다. 2. 부분적으로 경화하면 좋은 것은솔트에 의해 부분 가열 등을 이용한다.
가열 냉각 방법의개선	1.균일가열 이완의 방지 2.서서히 가열 3.Press 담금의 채용 4.균일냉각법의 실시 5.항온 뜨임의 채용	1. 부품간격, 대열원위치나지지 방법에 주의 온도분포 확인시, 유효구역내에 가열한다. 2. 적정한 예열을 행한다. 가능한한 서서히 가열한다. 3. 형상에 맡는 치구를 채용 Ms 점 근방을 이용한다. 4. 냉각제의 흐름을 균일하게 한다. 임계 냉각속도내에서 천천히 냉각한다. 살이 얇은 부분은 보온하고 두꺼운 부분은 강제 송풍 냉각한다. 5. 적정한 열욕온도와 시간의 검토가 사전에 필요

11

열처리 부품의 시험 및 검사

11.1 경도시험

11.1.1 열처리와 경도시험의 중요성

재료의 시험은 열처리 부품의 품질을 평가하는 기본적 수단의 한 방법이다. 열처리 부품에 행해지는 시험은 균열검사 시험, 기계시험, 조직시험의 세 가지를 들 수 있다. 시험의 방법에 있어 시험검사기의 첨단화로 용이한 방법으로 시험이 이루어지고 있다.

재료시험법에는 많은 종류가 있으나, 그중에서도 경도시험은 열처리 공정에 있어서 가장 중요한 재료시험이라 할 수 있다. 이것은 열처리를 통해 기계적 성질 향상의 가장 중요한 부분이 목적하는 경도 향상에 있기 때문이다.

경도의 물리적 의미는 상당히 어렵고 정해진 정의는 없지만, 간단하게 말하면, "한 물체의 경도와는 다른 경도의 물체가 난입했을 때 나타내는 저항의 크기"라는 것이다. 따라서 경도를 측정하는 시험기(경도계)도 이 원칙적인 내용이 대부분이다. 난입압자는 가장 단단한 다이아몬드나 초경합금을 사용한다.

경도 시험의 결과에서 기계적 성질의 추측이 가능하며, 열처리 부품의 불량을 비파괴적으로 판정할 수 있기 때문에 광범위하게 이용된다.
경도시험은 종류가 많고 어느 경도시험을 적용하면 좋은지 알기 어려운 면이 있다. 열처리 부품의 품질평가, 관리, 보증을 목적으로 하는 것이라면 KS 규격에 있는 브리넬, 비커스, 미소, 로크웰 및 쇼어경도시험 등 사용에 유리한 것 중에서 택하면 좋다. 표11-1에 각각의 열처리 부품에 널리 적용되고 있는 경도시험의 종류를 나타내었다.

표11-1 각종 열처리 부품과 적용 경도시험

열처리 부품	경도시험(기호)
노말라이징, 어닐링, 고용화 열처리 등을 행한 강봉 강판 등의 소재 퀜칭, 템퍼링을 행한 구조용강	Brinel(HB)
퀜칭, 템퍼링을 행한 공구강	Rockwell(HR) rockwell superficial
대형부품	Shore(HS)
표면경화부품	Vickers(HV), 미소

11.1.2 브리넬(Brinell) 경도시험

1. 브리넬 경도시험의 특징

브리넬 경도 시험은 탄화텅스텐(ISO6525)으로 만든 10mm의 압자 경화된 강구를 사용하여, 3,000kgf의 하중으로 가압하고, 생긴 원형의 압력콘의 직경을 측정하여 경도 값으로 환산하는 것이다. 압흔의 직경이 클수록 연한 것이 된다. 압자가 경화된 강구이기 때문에, 담금질 부품의 측정에는 부적합하고, 주로 풀림 된 재료와 조질 재료 (담금질 및 템퍼링)의 측정용이다. 표기는 HBW이고, 측정 범위는 HBW650 이하이다. 정밀도는 ±3% 이하이다.
브리넬 경도의 계산은 구형 압자로 시험재료 면에 압흔이 만들어졌을 때 압흔직경에서 구한 압흔 표면적으로 나눈 값이다. 다음식으로 표현되며, 그림 11-1에 브리넬 경도 시험의 압자와 압흔을 표현하였고, 그림11-2는 브리넬 경도기를 나타내었다.

$$HBW \frac{2F}{\pi D(D - D_2 - d^2)} \tag{11.1}$$

여기서, HBW: 강구입자에 의한 브리넬 경도

F : 시험하중[kg/f]

D : 압자의 직경[mm]

d : 압흔의 직경[mm]

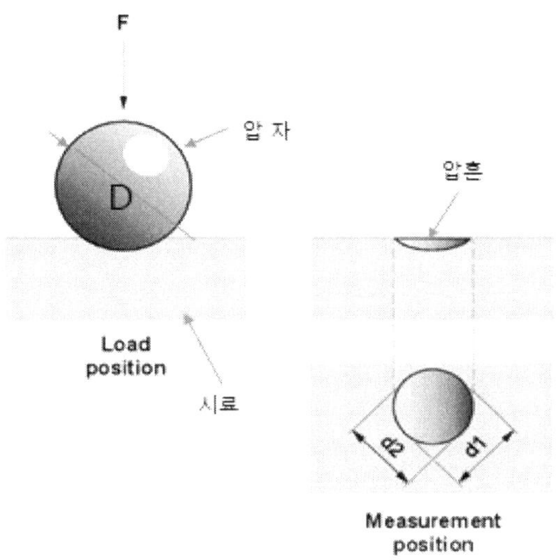

그림11-1 브리넬 경도시험의 압자와 압흔

브리넬 경도 시험의 특징으로 ① 큰 볼이 많은 결정(재료의 다양한 금속학적 성분)과 접촉하여 기계적 평균값을 형성하기 때문에 경도가 불균일한 재료(주물, 분말야금), 소재, 압연재, 단조품 등의 평균 경도를 구하는 데 적합하다.

② 다양한 응용 분야에서 수많은 시험 하중과 볼 직경 중에서 선택할 수 있는 이점이 있으며, ③시험 압입이 상대적으로 커 다소 작은 비커스 압흔보다 측정이 쉽지만, 표면이 거칠어진다. ④ 압자에 강 또는 초경합금의 구를 이용하므로 퀜칭 경화재에 대해서는 압자가 변형되어 정확한 경도가 얻어지지 않

는다.

⑤ 작은 시료와 얇은 시료에는 적합하지 않다. 압흔이 크게 나타나기 쉬우므로 제품에는 적합하지 않다.

2. 브리넬 경도시험기

브리넬 경도 시험기는 시험기 본체와 압흔 측정 장치로 구성 된다. 본체는 그림11-2와 같은 유압식이 많이 쓰이고 있다. 압흔 측정 장치는 그림11-3과 같은 통형 브리넬 계측장치가 일반적이다. 고정밀도의 치수측정에는 그림11-4와 같은 현미경을 이용하여 측정한다. 압자의 직경과 시험 하중은 표11-2의 조합을 이용하는데 압자의 직경과 시험 하중 사이에는 다음과 같은 관계가 성립한다.

$$F = KD^2 \qquad (11.2)$$

여기서 F : 시험 하중 [kgf]

K : 재료에 의해 결정되는 상수(철강 30, 동합금 10, 연금속 5)

B : 압자의 직경 [mm]

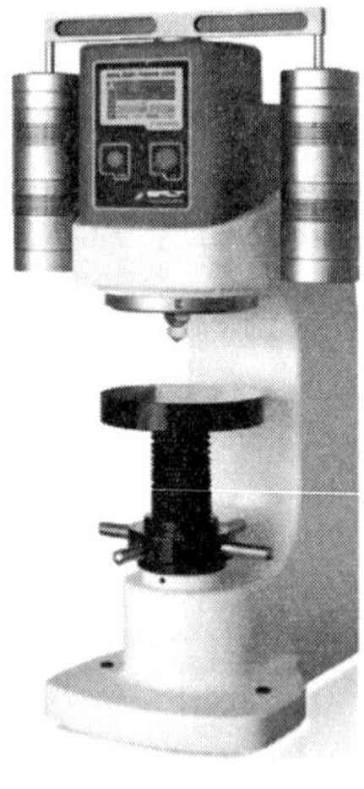

그림11-2 유압식 브리넬 경도시험기

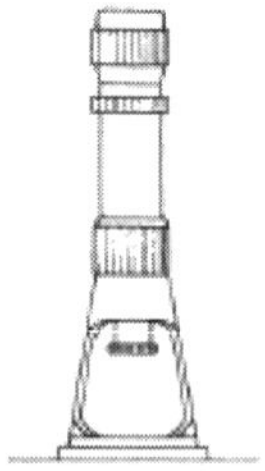

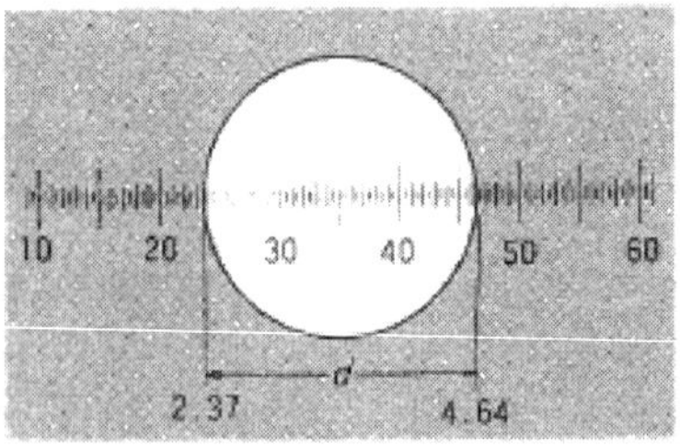

그림11-3 통형 브리넬 계측장치와 압흔의 치수 측정방법

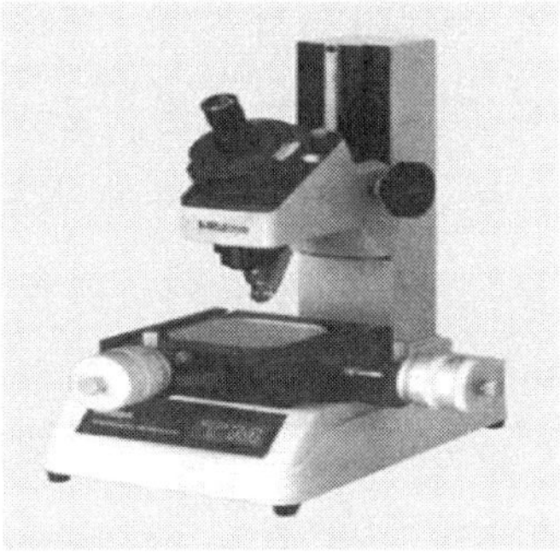

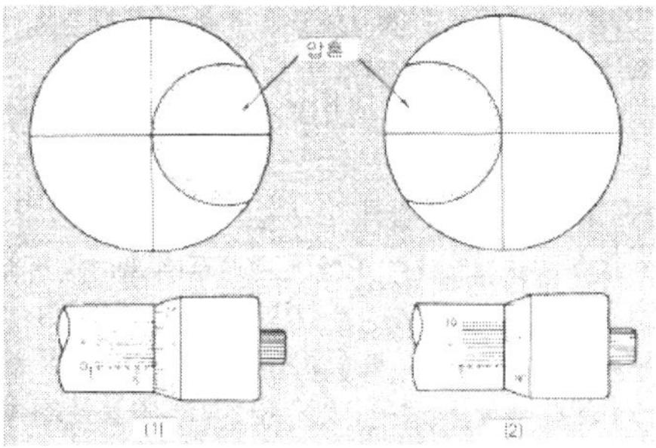

그림11-4 현미경의 압흔치수 측정방법

예를 들면 *K* 가 30이고, 직경 10mm 구를 사용한 경우

$$F = 30 \square 10^2 = 3000\text{k[gf]} \qquad (11.3)$$

예를 들면 압자에는 통상 직경 10mm가 많이 쓰여진다. *K* 값을 바꾸지 않고 시험 하중을 결정 한다면, 압혼 형상의 닮은 꼴이 성립하여 동일경도가 얻어진다. 단지 이 관계는 압흔 직경이 압자직경의 0.20~0.60배 범위에서 성립한다. 예를 들면 10mm 구 압자에서 시험 하중 3000kgf 조건에서의 경도와 비교 할 수 있는 경도를 5mm 구 압자로 구하려고 하면,

$$\text{F} = 30 \square 5^2 = 750 \qquad (11.4)$$

가 되며, 750 kgf 의 시험 하중을 이용하면 좋게 된다.

표11-2 브리넬 압자의 직경과 시험하중의 편성

압자의 직경 D(mm)	시험하중 F(kgf)	경 도 기 호	주된 적용재료 (브리넬 경도)
10	3000	*H* BS (또는 *H* BW) (10/3000)	강, 주철(140 이상), 동 및 동합금(200을 초과하는 것)
5	750	*H* BS (또는 *H* BW) (5/750)	
10	1500	*H* BS (또는 *H* BW) (10/1500)	-
10	1000	*H* BS (또는 *H* BW (10/1000)	주철 (140 미 만), 동 및 동합금 (35~ 200), 경금속 및 그것의 합금
10	500	*H* BS (또는 *H* BW) (10/500)	동 및 동합금(35미만), 경금속 및 그것의 합금

계측장치의 사용법은 그림11-3에서는 시야 내의 측정자로서 압흔 직경을 읽는다. 압흔 좌우 가장자리의 수치를 읽어 양자의 차를 취해 직경으로 한다. 단 눈금은 0.05mm이므로 목측(눈대중)으로써 한 눈금을 5등분 하지 않으면 0.01mm까지 읽을 수 없다. 그림11-4에서는 재물대 위 시료의 이동량을 micro-meter로 읽은 것으로서 0.01mm까지 정확히 읽을 수 있다.
(1)상태에서 시야내에 고정된 +자선 교점에 압흔의 한쪽 가장자리를 합쳐 micro-meter의 눈금을 읽고, (2) 상태에서 다른 쪽의 눈금을 읽어 양자의 차를 취해 직경으로 한다.
브리넬 경도 시험을 위한 시편 압흔의 최소거리와 시편 두께는 표준에 준해야 한다.
시편 압흔의 최소거리는 그림11-5에서 보는 바와 같다. 또한, 시편의 두께는 볼의 압흔 깊이보다 8배 이상 두꺼워야 시험 시 압력에 의한 변형으로 측정오차가 발생하지 않는다.

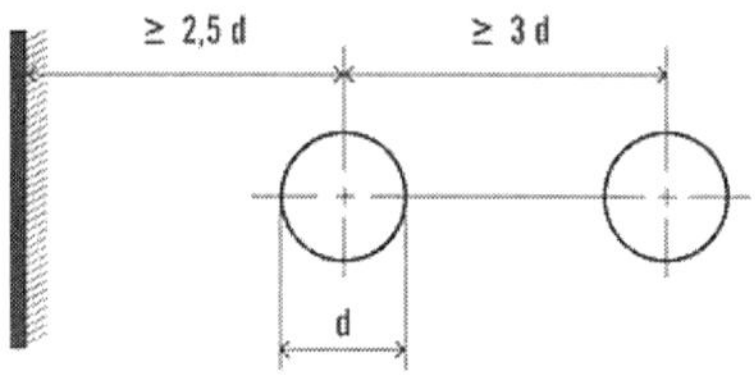

그림11-5 시편과의 최소거리

3. 브리넬 경도시험의 순서

1) 압흔을 만드는 법

① 압자 설치축에 ⌀10mm 또는 ⌀5mm 구의 압자를 설치한다.

② 시험 하중은 추를 좌우 균형을 유지하면서 쌓아 설정한다.

③ 시료대 위의 시료를 handle을 돌려 상승시키고, 시험면을 압자선단에 접근 시킨다. 간격은 조금 있어도 좋지만 압자를 닿게해서는 안 된다.

④ 유압의 릴리즈 밸브를 가볍게 잠근다.

⑤ 시험 하중의 부하는 펌프 레버를 상하로 작동시켜 2~8초에서 규정 하중이 되도록 가한다. 하중계의 지침이 규정 하중 눈금에 가까우면 추가 뜨기 시 작하므로 레버조작 시 주의 깊게 행한다. 부주의하게 조작하면 충격하중이 생겨 과부하가 된다. 추가 충분히 뜬 상태에서 규정 하중에 달한다.

⑥ 시험 하중은 10~15초 유지한다.

⑦ 릴리즈 밸브를 천천히 열어 하중을 개방한다.

2) 압흔의 직경 측정과 경도 산출 및 표시

① 통형 브리넬 계측장치의 배율을 조정한다. 부속의 표준자 위에 계측장치를 세워 표준자 눈금과 계측장치 내의 눈금을 일치시켜 배율조정 Ring을 꽉 잠근다. ② 압흔의 직경을 원칙으로 0.01mm까지 측정한다. 서로 직각인 2방향의 치수 d_1 과 d_2 의 평균치를 d로 한다. ③ 브리넬 경도 산출표를 이용해 d에 대응하는 경도치를 읽고 표11-3 과 같이 표시한다.

표11-3 브리넬 경도의 표시 예

압 자		시험하중 (kg/f)	표 시	㈜
직경 (mm)	재질			
5	강	750	HBS (5/750) 341	
10	초경합금	3000	HBW 601	(10/3000)은 생략
5	강 또는 초경합금	750	HB (5/750) 319	경도 320 이하의 장소 또는 생략.
10	강 또는 초경합금	3000	HB 319	

11.1.3 로크웰(Rockwell) 경도시험

1. 로크웰 경도시험의 특징

로크웰 경도시험의 원리는 다이아몬드 압자 또는 구압자를 이용하여 먼저 기준하중을 가하고 다음에 시험 하중을 가하고 시험 하중을 제거하여 기준하중으로 되돌아 왔을 때 전후 2회의 기준하중에 있어 압자의 침입깊이의 차 h 에 의해 표 속에 나타나는 경도를 정의하는 식에서 구한다. 단지 시험기의 지시장치에는 계산 결과의 경도값이 직접 지시 되도록 되어있다. 로크웰 경도의 기준하중이 10kgf에서 scale 경도를 로크웰 경도라 하며, 기준경도가 3kgf일 때는 로크웰 수퍼피셜 경도라고 한다. 시험 하중은 60,100,150kgf의 세가지가 이용되며, 압자로는 1/16, 1/8, 1/4 또는 1/2인치의 직경을 갖는 강구 압자와, 꼭지각 120°± 30', 선단부의 곡률반경 0.2± 0.02mm인 다이아몬드 압자가 사용된다. 로크웰 경도시험에는 다음과 같은 특징이 있다.

이 시험 방법의 장점은 기준 하중일 때의 압입 깊이를 기준으로 하기 때문에 시편 표면의 거칠기의 영향이 작다는 것과 경도 값을 바로 눈금으로 읽을 수 있기 때문에 측정에 필요한 시간이 매우 짧다는 점이다. 따라서 6종류의 시험하중과 5종류의 압자가 조합되어 모두 30종류의 시험 방법이 가능하다. 경도값은 HRC60, HRB30 등과 같이 스케일과 함께 표시한다. 이와 같이 여러 가지 종류의 스케일이 사용되고 있는 이유는 한 가지 스케일만으로는 경한 재질로부터 연한 재질까지를 측정하기 어렵기 때문이며, 시편의 재질, 경도 등에 따라 적당한 압자와 하중을 조합한 것이 보다 적절하게 경도측정을 할 수 있기 때문이다. 로크웰 경도값은 압입 깊이(mm)를 500배해서 일정한 값에서 뺀 값으로 정의되며, 압입 깊이 2㎛가 로크웰 경도 1에 해당한다. 보통 C스케일의 경우에는 HRC 20~70 범위가, B스케일의 경우에는 HRB 30~100h의 범위가 많이 사용된다. 그림11-6은 로크웰경도 시험을 HRC 잣대의 예로 표현하였으며, KS에 표11-4에는 KS규격에서 규정하는 13 Scale에 대해 나타내었다.

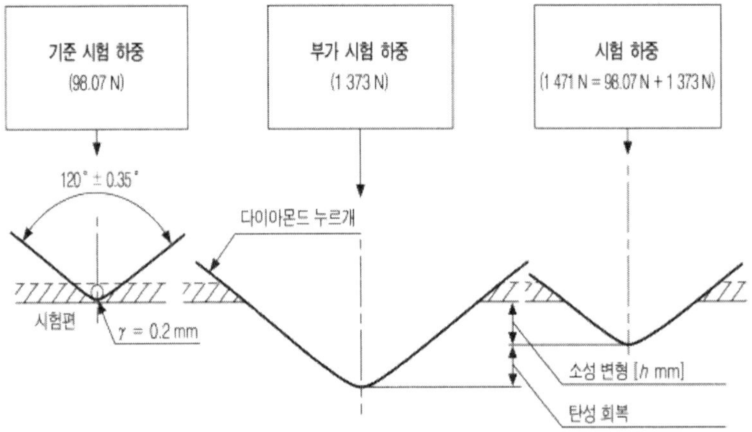

그림11-6 로크웰 경도 시험(HRC 잣대의예)

표11-4 로크웰 경도 및 로크웰 Super-Ficial경도 기호와 Scale 대응표

구분	scale	압 자	기준 하중 (kgf)	시험 하중 (kgf)	경도의정의식 (h는 μm단위)	주된 적용재료
로트웰경도	A	선단의 곡률반경 0.2mm, 원추각 120°의 다이아몬드	10	60	$HR=100\frac{h}{2}$	초경합금,박강판,침탄표면
	C			150		B100이상의 경한 재료 70이하
	F	강구또는 초경합금 구직경3.175mm		60	$HR=130\frac{122}{2}$	-
	B			100		어닐링강 등
	G			150		Bscale보다 강한재료
	H	강구또는 초경합금 구직경 3. 175mm		60		상당히 연한재료
	E			100		
수퍼피셜RC	15N	선단의 곡률반경 0.2mm, 원추각 120°의 다이아몬드	3	15	$HR=100-122$	질화표면 또는 경한 재료의 박판
	30N			30		
	45N			45		
	15T	강구또는 초경합금 구직경1.5875mm		15		강,황동,청동 등의 박판
	30T			30		
	45T			45		

2. 로크웰 경도 시험기

로크웰 경도시험기 및 로크웰 수퍼피셜(superficial) 경도 시험기에는 많은 형식이 있다. 시험기의 하중 조작기구로는 하중의 부하와 제거를 수동으로 행하는 것, 제거만을 자동으로 행하는 것, 전자동인 것 등이 있다. 경도값의 지시방법으로는 아날로그식인 것, 디지털식, 광학식 등이 있다. 시험기의 크기로는 시료 받침대 위의 시료의 최대 두께로 나누어서 3형, 5형 등이 있다. 시험기의 외관을 그림11-7에 예시 하였다. 경도 시험기에 대한 규격은 KS 5526에 규정되어 있으며, 시험기의 오차 관리는 KSB 5530의 기준을 준수하여야 한다. 시험기의 지시치는 다이아몬드 압자가 다르면 변하므로 기준편을 측정하여 체크한다. 강구압자는 변형하므로 때때로 새로운 것으로 교환한다. 단단한 시료를 시험한 후나, dianond spot 받침대 사용 후에는 기준편을 측정하여 체크 한다. 시험 하중의 부하속도 및 하중 유지시간은 경도 기준편을 측정했을 때의 값이 기준 경도치를 나타낼 수 있도록 조정한다. 구체적으로 HRC 60인 기준편을 측정하는데 시험 하중 부하시의 압자가 눌리는 소요시

간이 2~3초가 되도록 했을 때 하중 유지시간은 2~6초로 하는 것이 유효하다. 그림11-8에 로크웰 경도시험의 하중 유지과정을 나타내었다.

그림11-7 로크웰 경도 시험기

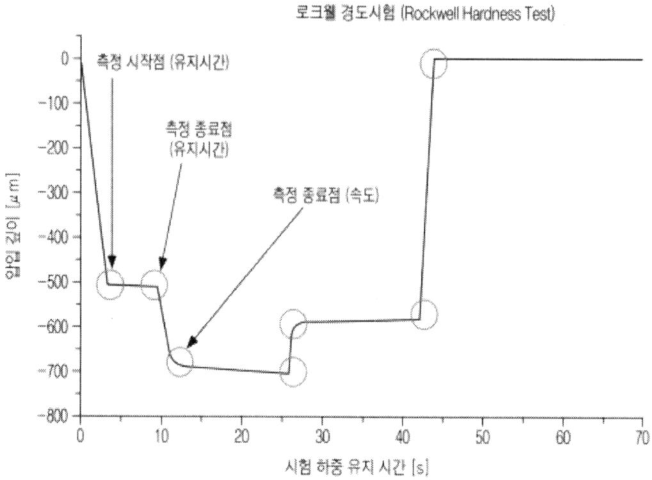

그림11-8 로크웰 경도시험의 하중유지 과정

3. 로크웰 경도시험 시료

경도시험은 시험편의 시험면이 하중축에 대해 수직 평면인 경우에 행하는 것이 원칙이다. 또 시험면은 압입자국의 측정에 지장이 없도록 잘 연마되어 있어야 한다. 시험편이 곡면인 경우에는 압입 깊이가 변하기 때문에 특수한 시험편 받침대를 이용하여 시험편을 밀착시켜야 한다. 표면은 깨끗하고 산화물이나 불순물이 없어야 한다.

시험면의 최소 넓이는 시료의 경도를 예측할 수 있으면 표11-5 또는 표11-6을 참고로 하여 표11-7에 의해 산출할 수 있다. 시료의 최소 두께는 압흔 깊이 h의 10배가 필요하다. 시험편이 원통 모양을 하고 있을 경우에는 원주면에서의 측정치는 원만한 값이 되므로 표11-8 또는 표11-9과 같은 보정치를 가산한다. 경도측정 위치는 이미 존재하는 압입자국의 중심으로부터 4d (d는 압입자국의 지름)이상, 시험편 가장자리로부터 2d 이상 떨어져 있어야 한다.

어떤 경우에도 측정 위치의 중심은 이미 형성된 압입자국의 영향을 받는 범위 내에 있거나 새로운 압입자국으로 인하여 시험편 가장자리에 영향을 주는 범위 내에 있어서는 안된다.

표11-5 로크웰 C 압흔 크기의 표준

H RC	압흔의 직경 d (mm)	압흔의 깊이 h (mm)
65	0.44	0.07
60	0.50	0.08
40	0.70	0.12
20	0.89	0.16

표11-6 로크웰 B 압흔 크기의 표준

H RB	압흔의 직경 d (mm)	압흔의 깊이 h (mm)
100	0.70	0.06
80	0.88	0.10
60	1.01	0.14
40	1.11	0.18
20	1.18	0.22

표11-7 로크웰 압흔 간격

압흔의 중심에서 시료의 모서리까지	≧2.5 d
압흔과 압흔의 간격	≧4 d

㈜ d : 압흔의 직경(mm)

표11-8 원주면에서의 HRC측정치에 가산하는 보증치(ISO 6508,1624)

HRC	원 주 의 직 경(mm)								
	6	10	13	16	19	22	25	32	38
20				2.5	2.0	1.5	1.5	1.0	1.0
25			3.0	2.5	2.0	1.5	1.0	1.0	1.0
30			2.5	2.0	1.5	1.5	1.0	1.0	0.5
35		3.0	2.0	1.5	1.5	1.0	1.0	0.5	0.5
40		2.5	2.0	1.5	1.0	1.0	1.0	0.5	0.5
45	3.0	2.0	1.5	1.0	1.0	1.0	0.5	0.5	0.5
50	2.5	2.0	1.5	1.0	1.0	0.5	0.5	0.5	0.5
55	2.0	1.5	1.0	1.0	0.5	0.5	0.5	0.5	0
60	1.5	1.0	1.0	0.5	0.5	0.5	0.5	0	0
65	1.5	1.0	1.0	0.5	0.5	0.5	0.5	0	0
70	1.0	1.0	0.5	0.5	0.5	0.5	0.5	0	0
75	1.0	0.5	0.5	0.5	0.5	0.5	0	0	0

표11-9 원주면에서의 HRB 측정치에 가산하는 보증치(ISO)

HRB	원 주 의 직 경(mm)						
	6	10	13	16	19	22	25
0						4.5	3.0
10				5.0	4.0	3.5	3.0
20				4.5	4.0	3.5	3.0
30			5.0	4.5	3.5	3.0	2.5
40			4.5	4.0	3.0	2.5	2.5
50			4.0	3.5	3.0	2.5	2.0
60		5.0	3.5	3.0	2.5	2.0	2.0
70		4.0	3.0	2.5	2.0	2.0	1.5
80	5.0	3.5	2.5	2.0	1,5	1.5	1.5
90	4.0	3.0	2.0	1.5	1.5	1.5	1.0
100	3.5	2.5	1.5	1.5	1.0	1.0	0.5

4. 로크웰 경도시험의 순서

1) 준비단계

① 적용할 경도 scale결정(표11－10참조)

② 압자와 시험하중용 추를 설치한다.

③ 부하속도 조절용 나사를 돌려서 시험하중 부하속도를 조정한다.

④ 누르개, 시료 받침대 등의 부착이나 교환을 할 경우, 시료 받침대의 승강 나사를 대폭 상하로 움직였을 경우와 작업을 시작했을 때 등에는 경도 측정과 같은 예비조작을 2회 이상 한 후에 시험을 한다.

2) 압흔형성 및 경도확인. 표시

① 시료뒷면을 받침대에 충분히 밀착시킨다.

② handle을 돌려 시료를 압자에 눌러 작은 바늘이 빨간점에 도달해 지침이 바로위 위치에서 ±5 경도 단위에 도달하려고 할 때 기준하중은 10kgf가 된다. 이 이후 지침에 고정위치를 일치시킨다.

③ 하중 레버를 가볍게 쥐고 그대로 조용히 누르고 손을 뗀다. 지침은 회전을 시작해 곧 갑자기 느려지고 시험 하중에 달한다. 소정의 하중유지 시간이 지난다면 하중 레버를 조용히 자기 앞으로 되돌린다.

④ 정지한 지침이 가리키는 눈금을 0.2 경도 단위 이하까지 읽는다. 다이아몬드 압자일 때는 C 눈금(원추=Cone 머릿자의 C를 나타낸다), 구형 압자일 때는 직경에 관계없이 모두 B 눈금(구=Ball의 머릿자 B를 나타낸다)을 읽는다.

⑤ handle을 역전(반대로 돌림)하여 기준하중을 제거한다.

⑥ 측정치의 평균값은 1경도 단위로 뭉친다. 단, A, C 또는 N 경도가 50 이상인 경우는 0.5 단위로 뭉친다. 그리고 표10-11에 예시한 것과 같이 표시한다.

표11-10 scale에 따른 로크웰 및 Super-Ficial 경도적용 범위

scale	적용경도	scale	적용경도
A	20~95HRA		
D	20~80HRD	15N	60~95HR15N
C	10~70HRC	30N	40~90HR30N
F	20~100HRF	45N	20~80HR45N
B	20~100HRB	15T	60~95HR15T
G	20~100HRG	30T	30~85HR30T
H	80~100HRH	45T	10~75HR45T
E	60~100HRE		
K	40~100HRK		

표11-11 로크웰 및 로크웰 Super-Ficial 경도의 표시 예

scale	표시보기	경도치	경도기호
C	60.5HRC	60.5	HRC
B	45HRB	45	HRB
15N	60HR15N	60	HR15N
30T	62HR30T	62	HR30T

㈜ A, C, 15N, 30N, 45N Scale에서 50이상의 경우 0.5단위, 기타는 1단위임

11.1.4 쇼어(Shore) 경도시험

1. 쇼어 경도시험의 특징

쇼어 경도(shore hardness)의 원리는 작은 다이아몬드나 초경합금을 끝부분에 고정시킨 낙하 물체를 일정한 높이에서 낙하시켰을 때 반발하여 올라온 높이를 측정하는 것으로, 압흔 깊이에 따른 경도를 측정하는 것이다. 재료 시편에 압입할 때 반발력을 위해 스프링을 장착한 압자를 이용하며, 압흔 깊이는 0쇼어(압흔깊이 2.5mm)부터100쇼어(압흔깊이 0mm)의 척도로 측정된다. 압자 형태와 스프링 물성 변화에 따라 다양한 쇼어 스케일이 설정되어 있다. 가장 잘 알려진 스케일은 쇼어 A와 D이고, 쇼어 B, C, 0, 00, 000, D0 같은 기타 스케일은 분야별로 적용된다. 쇼어 경도시험은 대형시료의 측정에 유리한 구조이며, 쇼어 경도시험의 특징을 다음과 같이 정리하였다.

① 시험기는 조작이 매우 간단하며 단시간에 데이터가 얻어진다.

② 그 외의 경도시험이 불가능한 대형 시료라도 시험할 수 있다.

③ 압혼이 얕아 눈에 띄지 않으므로 제품에 적합하다.

④ 경도 척도는 한 종류이며, 연약한 금속부터 경화 제품까지의 경도 비교를 하기 쉽다.

⑤ 시험기는 소형 경량으로 집어 옮길 수 있다.

쇼어 경도란 시료의 시험면 위에 일정 높이 h_0 에서 낙하시킨 hammer가 튀어 오른 높이 h에 비례하는 값으로서 다음 식(11.5)으로 표시한다.

쇼어 경도의 측정원리를 그림11-9에 나타내었다.

$$HS = k\frac{h}{h_0} \qquad (11.5)$$

여기서, HS : 쇼어경도

k : 쇼어 경도로 하기 위한 계수

2. 쇼어 경도시험기

쇼어 경도기는 지시형(D)과 모측형(C)이 일반적으로 많이 사용되고 있으며, 그림11-10에 지시형 쇼어 경도기를 나타내었다. 쇼어 경도기의 적용범위는 HS 105~HS 5까지이다. 범위 내에서 정밀도 유지를 위해 경도 기준편을 측정하고 교정하여야 한다. 시료는 반드시 큰 것이 좋으며 질량 0.1kg 이상으로 한다. 시험면의 넓이는 표11-12의 모든 치수를 만족하는 것으로서 반드시 넓은 쪽이 좋다. 압흔 직 경의 표준을 표11-13에 나타냈다.

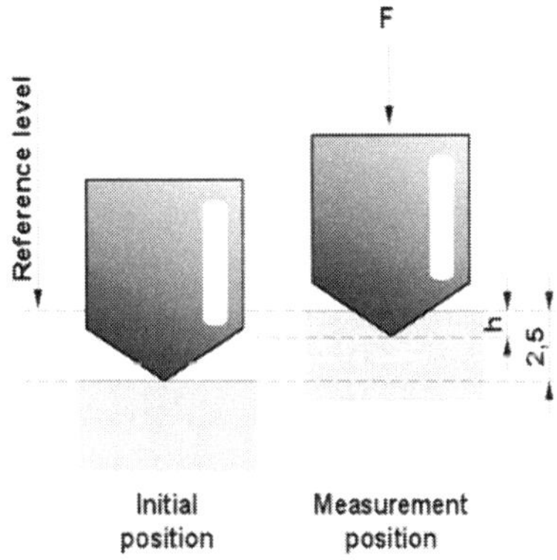

그림11-9 쇼어 경도시험의 원리

그림11-10 쇼어 경도시험기(지시형)

표 11-12 쇼어 압흔의 간격

압흔의 중심에서 시료의 모서리까지	≥4mm
압흔과 압흔의 간격	≥1mm

표11-13 쇼어 압흔기의 표준

H S	압흔의 직경(mm)
100	0.31
80	0.35
60	0.40
40	0.45
20	0.51

3. 쇼어 경도시험의 순서

① 시험기의 계측통을 수직으로 한다.

② 시료을 시험기의 받침대 위에 놓는다.

③ 시료의 이면을 받침대에 밀착시키기 위해 계측통 선단을 시료를 누르도록 handle을 꽉 죄인 상태로 한다.

⑤ 시험 단계에서 압자를 1.11~44.5N의 스프링 힘으로 시편에 압입한다.

⑥ 다음 15초 동안 3.92~50N의 접촉력으로 압자를 시편위로 누른다. 시편의 압흔 깊이는 0~2.5mm이다. 이 침투 깊이는 경도 시험기로 측정되며, 여기에서 경도값을 도출한다. 압자는 15초 동안 완전한 접촉력으로 시편에 눌려야 하며, 힘이 가해지는 시간이 15초를 초과하거나 미달한다면 경도값에 표시하여야 한다. 시간이 길어질수록 쇼어 경도값은 줄어든다.

시험에 따라 시험 지점의 최소거리가 유지되어야 하며, 압흔 간 중심 거리는 시편 가장자리까지 5mm 이상 및 12mm 이상이어야 한다. 쇼어경도값의 판독의 예를 다음에 표시하였다.

ex) 75 Shore A 10

75→경도 값

쇼어→ 쇼어에 따름

A→원뿔각 35°, 스프링력 8.065N, 접촉력 12.5N인 쇼어 시험법 원뿔대

10→권장 시간 외의 접촉력 체류 시간. 이 경우는 10초

11.1.5 비커스(Vickers)경도시험

1. 비커스 경도시험의 특징

침탄층, 질화, 아주 얇은 재료, 용사, 도금층, 등에 의한 경화층이 비교적 얇은 상태의 경도측정에 적합한 경도시험 방법이다. 균질한 재료에 대하여 시험 하중의 높고 낮음에 관련치 않고 일정한 경도 값을 얻을 수 있다. 아주 무른 재료에서부터 단단한 재료에 이르기까지 연속적으로 동일한 기준으로 경도를 측정할 수 있으며, 압입자국이 작아 미세한 재료 및 완성된 부품에도 경도측정이 가능하다. 시료의 성질에 따라 임의의 하중을 구분하여 사용이 가능하다. 따라서 적정한 미세부품, 금속재료의 내부경도, 표면 탈탕층, 금속

조직의 결정입자 등 정밀한 경도시험을 할 수 있다.
비커스경도시험의 형성원리는 경도 시험기의 다이아몬드 누르개의 사이각(136°)은 브리넬경도시험에서 누르개 압입자국의 조건 중(압입자국의 지름(d) 구형누르개 지름(D) 일때 d=0.24D~0.6D) 평균조건인 d=0.375D 일때 누르개 압입자국은 그림11-11과 같이 외접하는 정사각형 원뿔의 꼭지각이다.

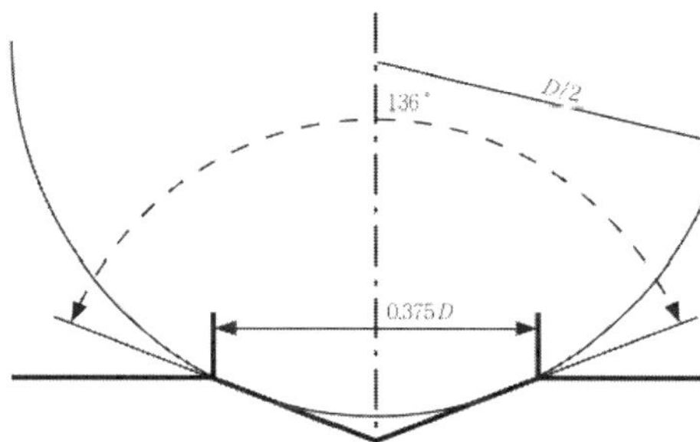

그림11-11 비커스 경도 누르개의 형성 원리도

비커스 경도는 그림11-12에 나타나듯이 대면각 136°인 다이아몬드 사각추 압자로서 시험면에 압흔을 내었을 때의 시험 하중과 압흔의 대각선 길이에 의한 압흔의 표면적 등에서 나음 식(11.6)으로 산출한다.

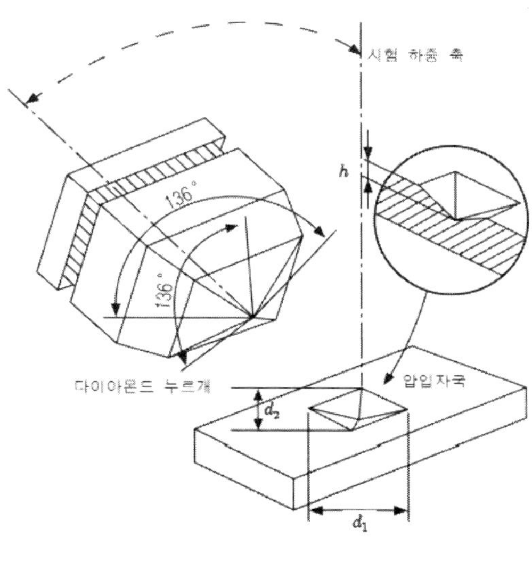

그림11-12 비커스 경도시험의 압자와 압입자국

$$HV = \frac{F}{S} = \frac{2F\sin\frac{\theta}{2}}{d^2} = 1.8544\frac{F}{d^2} \qquad (11.6)$$

여기서, HV : 비커스 경도(단위는 붙이지 않음)

F : 시험하중[kgf]

S : 압입의 표면적[mm]

d : 압입의 대각선 길이의 평균[mm]

θ : 다이아몬드 압자와 대면각[도]

비커스 경도 시험의 방법은 시험 하중 1~50kgf인 경우는 KS B(비커스 경도시험 방법)에 따르고, 50~1000 gf 인 경우는 KS B(미소경도 시험방법)에 따른다. 비커스경도시험은 다음과 같은 특징을 갖고 있다.

① 비커스 압자형은 정사각 추인 까닭에 경도가 균일한 시료에서는 시험하중의 크기에 관계 없이 같은 경도값이 얻어진다. 작은 시료, 얇은 시료, 표면층, 미소부분 등에 적합한 경도측정 방법이다.

② 압자에 다이아몬드를 사용하고 있으므로 어떤 단단한 시료라도 시험할 수 있다.

2. 비커스 경도 시험기

비커스 경도 시험기는 두 종류로 나눌 수 있다. 일반 비커스 경도 시험기에 사용되는 지렛대 형식(그림11-13)과 시험 하중이 적은 비커스 경도 시험기에 적용되는 분동식으로 나눌 수 있다. 또한, 압입자국의 자동측정 장치가 부착되어 압입자국을 자동으로 측정하여 컴퓨터로 측정치를 전송하는 시스댐을 갖춘 비커스 경도 시험기가 개발되었으며, 그림11-14에 표현하였다.

비커스 경도 시험기의 구성 요소는 시험 하중 부하 장치, 시험 하중 해제장치, 다이아몬드 누르개, 측미 현미경 및 지시장치로 구성되어 있으며, 시험하중 부하는 지렛대에 의하여 20 : 1의 비율로 증폭되어 추의 힘으로 하중이 발생 되며 시험 하중 부하속도 조정의 경우 이전에는 캠(cam)과 오일댐퍼

(oil damper)에 의해 조정되어 지는 것이 일반적이었지만 최근에는 시험 하중 부하, 시험 하중 해제 및 시험 하중 부하속도 조정은 구동 모터에 의해 작동되는 것으로 발전하였다. 그리고 저하중 비커스 경도 시험기의 시험 하중 부하 장치는 기준 분동 (추)으로 누르개에 직접적으로 시험 하중이 전달되게 구성되어 있다. 그림11-15에 분동식 비커스 경도 시험기 내부 구조를 표현하였다.

그림11-13 지렛대식 비커스 경도기

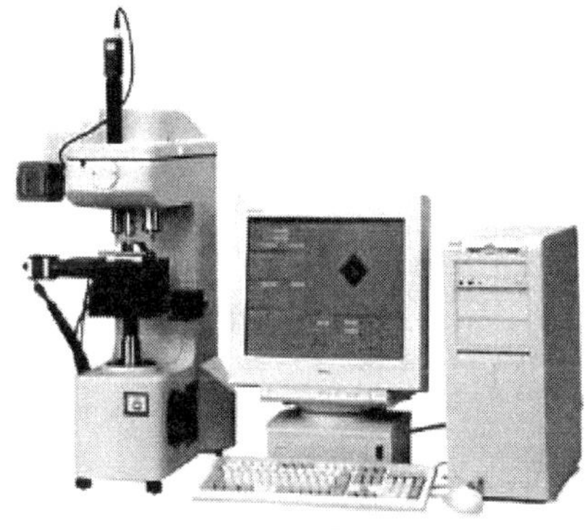

그림11-14 압입자국의 자동측정 장치부착

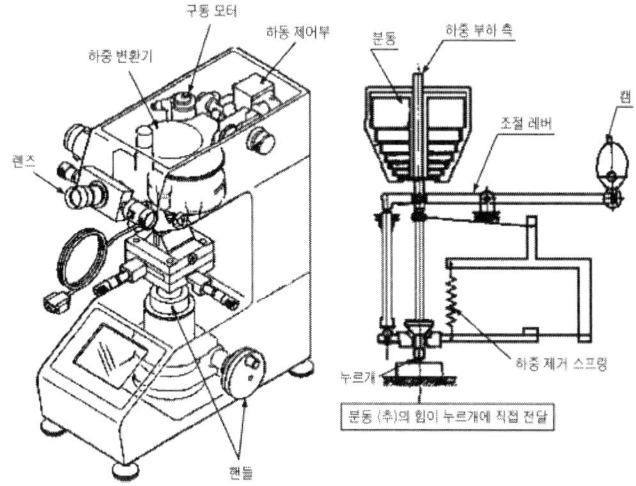

그림11-15 분동식 비커스 경도시험기 내부구조

3. 시험하중의 선택

시험 하중은 다음의 조건을 동시에 만족하는 하중에서 최대 하중을 선택한다.

표11-14 비커스 계측 현미경의 유효사용범위

배 율	전시야(mm)	유효사용범위
120	1.0	0~700
200	0.6	0~420
400	0.3	0~210
600	0.2	0~140

① 압흔의 크기가 표11-14에 나타낸 계측 현미경의 유효사용범위에 들어가는 하중 이여야 하며, ② 압흔의 대각선 길이가 그림11-16과 같이 시료 두께의 1/1.5 이하가 되는 하중 이여야 한다. ③압흔의 간격이 그림11-17과 같이 취할 수 있는 하중 이여야 한다.

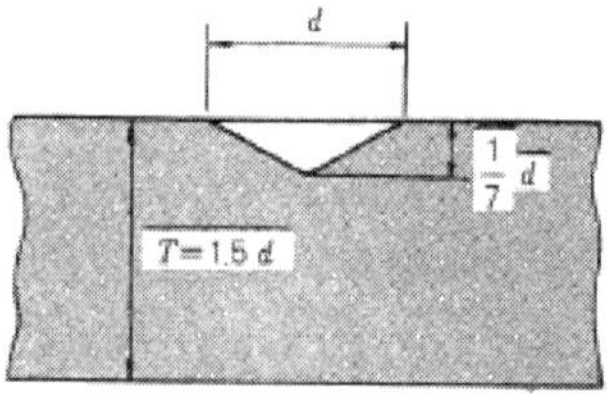

그림11-16 압흔의 대각선 길이 d와 시료의 최소 두께 T의 관계

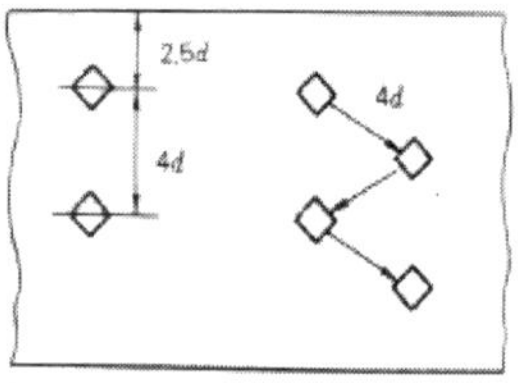

그림11-17 비커스 패임의 간격

4. 시험하중의 부하속도와 유지시간

누르개와 시험편의 측정면을 접촉시키고 충격이나 진동 없이 시험 하중이 규정된 값에 도달할 때까지 시험면에 수직 방향으로 시험 하중을 가한다. 하중을 가하는 초기부터 목표시험 하중에 도달할 때까지 시간은 2초 이상 8초 이하이어야 한다. 저하중 비커스 경도 시험에서는 하중을 가하는 초기부터 목표시험 하중에 도달할 때까지의 시간이 10초를 초과해서는 안된다. 저하중 비커스 경도 시험을 위해서는 누르개의 접근속도가 0.2mm/초를 초과하지 말

아야 한다. 시험 하중의 유지시간은 10초에서 15초로 한다. 특별한 재료에 대해서는 긴 하중 유지시간이 주어진다. 이때 시간은 ± 2초의 허용 오차가 적용되어야 한다.

그림11-18에 비커스 경도시험 하중 부하 과정을 나타내었다.

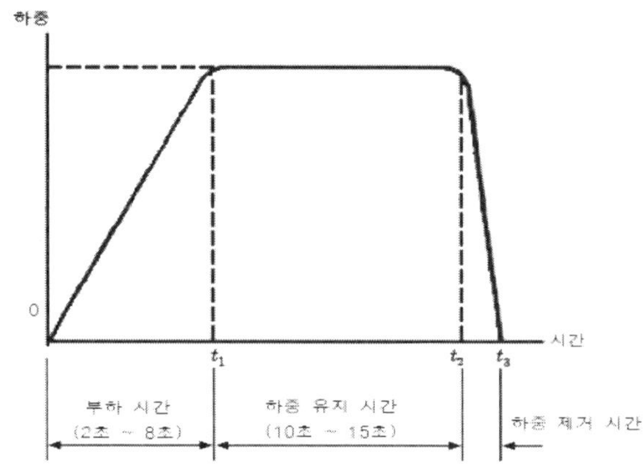

그림11-18 비커스 경도시험 하중 부하 과정

5. 압흔의 측정방식

그림11-19에서 보는 비와 같이 2개의 측정 edge로 압흔이 끼이게 함으로써 대각선 길이를 micro-meter나 counter에 의해 읽는다. 수평면에 대해서는 압입자국 2개의 대각선 길이 차가 5% 이하인 것이 바람직하다. 압입자국 2개의 대각선 길이 차이가 5%보다 크다면 이를 시험 보고서에 기록해야 한다. 그림11-19에 압흔의 대각선 길이 방향 측정을 나타내었다.

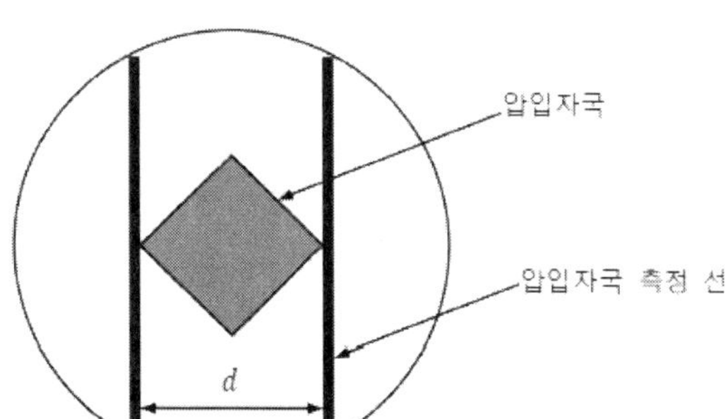

그림11-19 압흔 자국의 대각선 길이방향 측정

6. 비커스 시험편

경도 시험은 시험편의 시험면이 하중 축에 대해 수직인 경우에 행하는 것이 원칙이다. 절삭유나 냉각수를 사용해 가공열에 의한 변질층을 만들지 않도록 절단한다. 혹 작은 시료인 경우에는 가공시험을 쉽게하기 위해, 시료의 가장자리에 가까운 곳의 연마가 적게 되게 시료를 수지에 파묻으면 효과적이다. 시험면은 호칭 입도 100번~1500번의 내수연마지에 의해 습식 연마한다. 더욱 깨끗하게 하기 위해서는 산화 A1 등으로 buff 마무리를 행하여 시험면이 압입자국의 측정에 지장이 없도록 하여야 한다. 시험면의 형상은 일반적으로 평면으로 한다.

7. 시험면의 기울기와 곡면

1) 면의 기울기

시험면이 하중 축에 대해 수직이 아닌 경우에는 압입자국이 그림11-20과 같이 나타난다. 경사가 큰 경우에는 수직인 상태에서 시험한 경우에 비해 경도 값이 달라지며, 일반적인 경도시험에서 경도측정의 정확도에 문제시 되고 있는 것은 경사각이 2°보다 큰 경우이다. 그림11-20에 시험면의 경사 방향에 따른 압흔의 뒤틀림을 표현하였다.

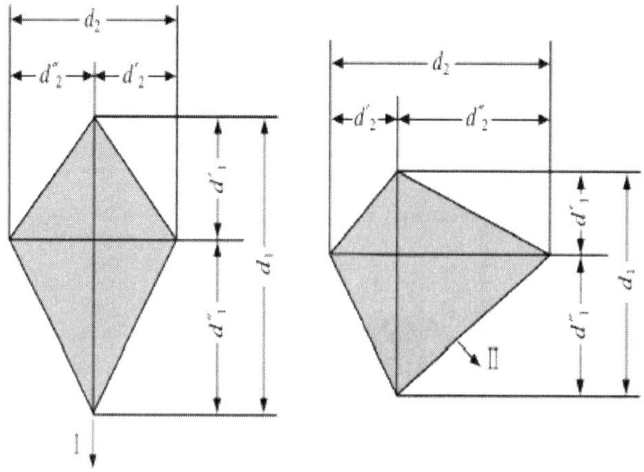

그림11-20 시험면의 경사 방향에 따른 압흔의 뒤틀림(I, II: 경사방향)

그림11-21에서는 시험면과 하중 축이 수직 방향에서 어긋난 각도 (θ °)에 따라 압입자국 대각선의 대칭 길이의 비가 변화하는 경향을 나타낸다. 이 그림으로부터 경사각에 따른 경도측정 결과의 차이를 알 수 있다.

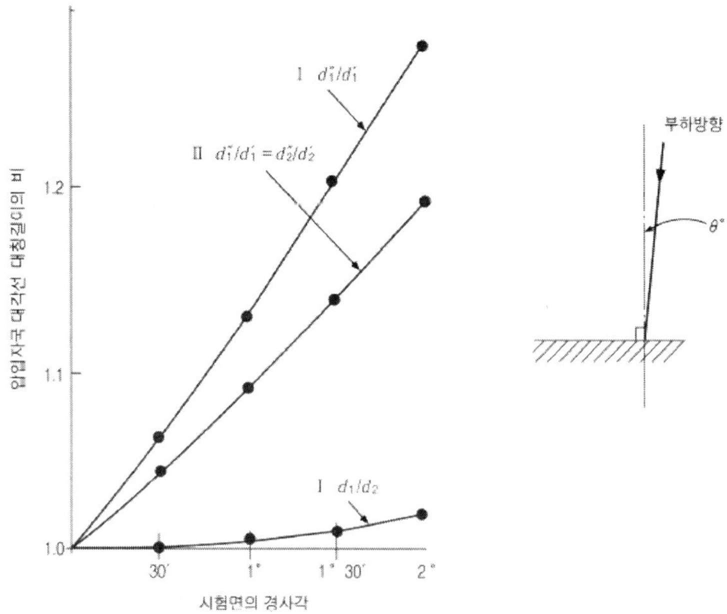

그림11-21 시험편의 경사각에 따른 압흔의 대각선 대칭 길이의비

2) 곡면

시험편의 표면이 곡률을 가질 경우 시험에 필요한 정도의 넓이를 평면으로 연마한 후 시험하게 된다. 그러나 연마에 따르는 표면부의 성질 변화나, 제품에 흠이 생기는 것을 우려하는 경우에는 부득이 곡면상에서 경도를 측정하며, 이때에는 평면상에서 측정한 경우와 경도 값에 차이가 있음을 유의해야 한다. 그림11-22와 같이 곡면에서 경도시험을 하는 경우에는 압입자국의 대각선 길이 (d)와 구 및 원통의지름(D)의 비율로 표시된다.

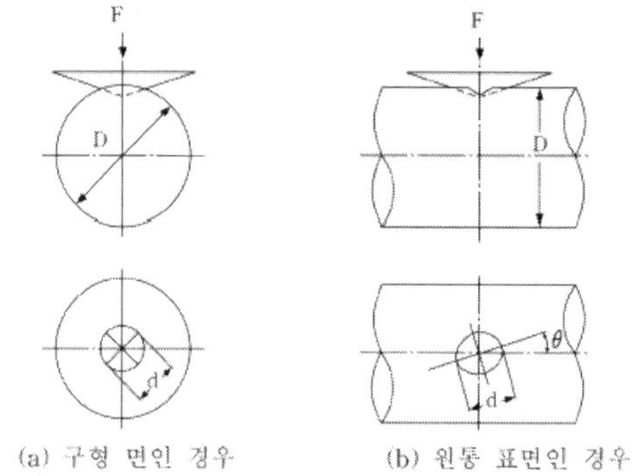

그림11-22 곡면에서의 비커스 경도 시험 압흔 표시

(1) 구형 면 (Spherical surface)

시험 시 구면에서 이루어지는 경우에는 ISO 6507−1 : 2005 (E) 표B.1 및 표 B.2의 보정 계수에 따른다. 보정 계수는 압입자국의 평균 대각선 길이 (*d*) 대 볼록 구형면의 지름(D)의 비율로 표에 표시된다.

예를 들면

볼록 구형면	D =10mm
시험 하중	F =98.07 N
압흔 평균 대각선 길이	d =0.150mm

$$\frac{d}{D} = \frac{0.150}{10} = 0.150$$

$$\text{비커스 경도} = 0.189\ 1 \times \frac{98.07}{(0.15)^2} = 824 \text{ HV } 10$$

압흔에 의한 ISO 6507−1 : 2005(E) 표 B.1에서의 보정계수 = 0.983

구(sphere)의 경도 = 824 × 0.983 = 810 HV 10

(2) 원통 표면 (Cylindrical surface)

시험이 원통 표면에서 이루어지는 경우에는 ISO 6507−1의 2005(E)표B.3에서 표B.6의 보정 계수에 따른다. 보정 계수는 압입자국의 평균 대각선 길이 (*d*) 대 원통의 지름(*D*)의비율로 표에 표시된다.

예를 들면

오목 원통 표면에서 D =5mm

축에 평행한 압흔의 하나의 대각선 길이 F =294.2 N

압흔 평균 대각선 길이 d =0.415mm

$$\frac{d}{D} = \frac{0.415}{5} = 0.083$$

$$\text{비커스 경도} = 0.189\ 1 \times \frac{294.2}{(0.415)^2} = 323\ \text{HV}\ 30$$

ISO 6507-1 : 2005(E) 표 B.6에서의 보정계수 = 1.075

원통 표면의 경도 = 323 × 1.075 = 347 HV 30

8. 비커스 경도시험 순서

1) 준비단계

① 시험 하중을 설정한다.

② 하중유지시간을 15초로 설정한다.

③ 시료를 받침대 위에 유지한다. 시험편이 경사져 있을 때는 보조 장치를 이용하여 유지한다.

2) 압흔형성

① 계측 현미경을 들여다보는 시험면에 초점을 맞춘다.

② 시험장소의 바로 위에 압자를 놓게 한다.

③ 시험 하중을 가하여 소정 하중에 도달한 뒤 15초 유지한다.

④ 압흔의 바로 위에 계측 현미경을 위치하도록 한다.

3) 압흔의 대각선 길이 측정

① 계측 현미경을 볼때 압흔의 선단이 잘 보이도록 초점을 맞춘다.

② 2 개의 대각선 길이를 측정하여 그 평균치를 구한다.

③ 경도산출표에서 비커스 경도를 읽고 유효숫자 3 자리수로 맺는다.

④ 경도표시는 HV 250, HV(0.3)250, HV(0.3/30)250과 같이한다. 괄호 안에는 시험 하중 kgf만 혹은 15초 이외의 하중 유지시간을 이용한 경우는 시간 S를 나타낸다.

11.2 기계적 시험

인장시험, 굽힘시험, 비틀림시험 등은 정적 기계시험으로 분류되며, 시험 편에 외력을 서서히 증가하면서 가했을 때의 변형, 파손, 파괴 등을 조사하는 방법이다. 충격시험은 동적 기계시험으로 분류되며, 시험편에 외력을 충격적으로 가했을 때의 거동을 조사하는 방법이다. 이들 기계시험에 의한 데이터의 대부분은 소재 및 가공재의 제조부문에서 행해지고 있으며, 열처리 공장에서의 기계시험은 거의 하지 않는다.

11.2.1 인장시험(Tension Test)

1. 인장시험의 의미

인장시험은 재료의 인장강도, 항복점, 연신율, 단면수축률, 등의 기계적인 성질과 탄성한계, 비례한계, 푸아송비, 탄성계수 등의 물리적인 특성을 알아보는 가장 기본적인 시험이다. 인장시험의 목적은 위와 같은 재료 강도에 관한 기본적인 설계 정보를 얻고, 이를 설계의 기초 자료로 활용하는 데 있다.

일반적으로 인장시험의 시험편의 한쪽 끝은 시험기의 고정된 grip으로 연결되고 다른 한쪽 끝은 움직이는 crosshead 또는 actuator에 grip된다. Actuator는 대개 일정한 변위율로 이동하게 되고 이에 따라 시편에 하중이 가해진다.

시험중에 시험편에 가해지는 하중은 loadcell이라 부르는 센서를 이용하여 측정하고, 변형도는 시편표점 구간에 부착된 인장변위계(extensometer)를 이용하여 측정한다. 측정된 데이터는 컴퓨터에 저장되게 되며 필요에 따라 이 데이터들을 통해 하중-변위 선도, 또는 응력-변형률 선도를 도출할 수 있다. 그림11-23에 응력 변형 곡선의 그래프를 표현하였으며, 이와 관련된 주된 특정치의 계산 식은 다음과 같이 정의되고 있다.

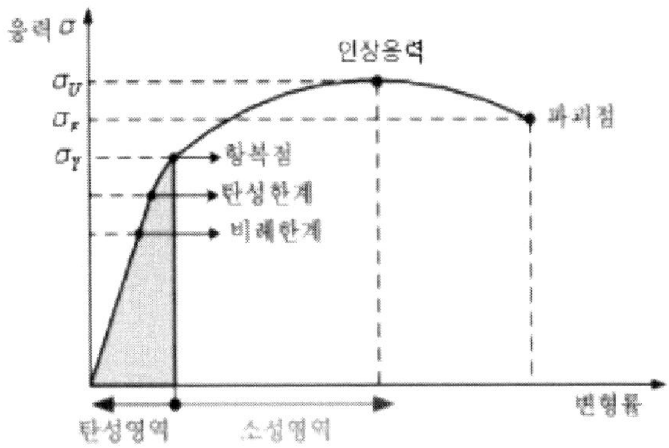

그림11-23 응력 변형율 선도

$$\text{항복강도 } \sigma s[kg/mm^2] = \frac{\text{최대하중}(kgf)}{\text{원단면적})mm^2)} \qquad (11.7)$$

$$\text{인장강도 } \sigma B[kg/mm^2] = \frac{\text{최대하중}(kgf)}{\text{원단면적}(mm^2)} \qquad (11.8)$$

$$\text{파단강도 } \sigma max[kg/mm^2] = \frac{\text{파단하중}(kgf)}{\text{원단면적}(mm^2)} \qquad (11.9)$$

$$\text{연신율 } \delta[\%] = \frac{\text{파단후 표점거리} - \text{원표점거리}}{\text{원표점거리}} \qquad (11.10)$$

$$\text{단면수축율 } \varphi = \frac{\text{원단면적} - \text{파단후의 최소단면적}}{\text{원단면적}} \qquad (11.11)$$

$$\text{탄성계수 } E[kg/cm^2] = \frac{\text{항복강도}}{\text{연신율}} \qquad (11.12)$$

2. 시험장비

인장 시험기는 KS B 5521(인장 시험기)에 규정되어 있다. 인장 시험기는 인장강도 및 파괴 후 거동을 측정하기 위해 재료에 인장력을 가하는 전자기계 시험장치 시스템이다. 하지만, 압축이나 굴곡시험도 가능한 만능재료시험기(UTM)의 사용이 보편적이다. 그림11-24에 인장 시험기의 개념도를 표현하였으며, 그림11-25에 인장실험 상태와 그림11-26에 만능재료 시험기를 나타내었다.

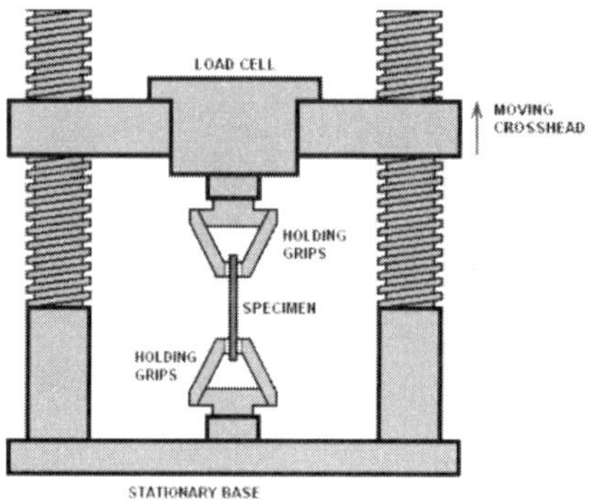

그림11-24 인장시험기의 개념도

그림11-25 재료의 인장실험

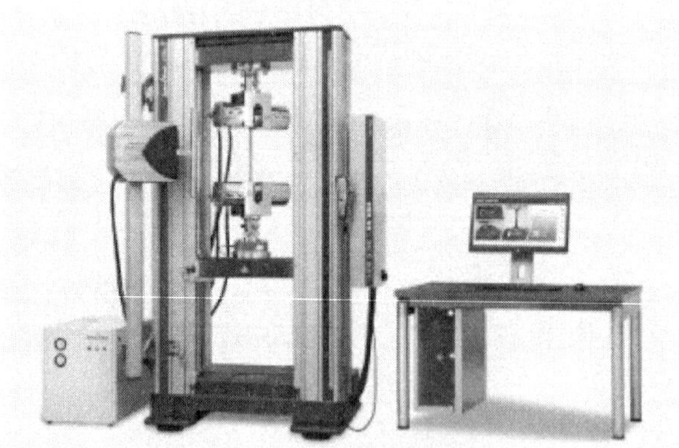

그림11-26 만능 재료시험기 예

3. 시험편

시험편은 그 모양 및 치수에 따라 KS B 0801 규정에 의해 1~14호의 시험편으로 구분한다. 이들 시험편은 표11-15에 표시하는 바와 같이 비례 시험편 및 정형 시험편으로 분류된다. 시험편의 사용선택은 각각의 재료 규격의 지정에 따르되, 재료의 종류 및 치수에 따라 결정되어야 한다. 그림11-27에 시험편 형상의 각부 구분과 시험편 규격별 치수를 표11-16에 표현하였다. 그림11-28에 각 시험편의 형상을 나타내었다.

표11-15 인장시험의 시험편 종류(KS B 0801)

시험편 모양	판모양	봉모양	관모양	원호모양	선모양
비 례 시험편	6호,7호 14B호	2호,3호 14A호	14C호	14B호	–
정 형 시험편	1A호 5호 13A호,13B호	4호,10호 8A호,8B호 8C호,8D호	11호	12A호 12B호 12C호	9A호 9B호

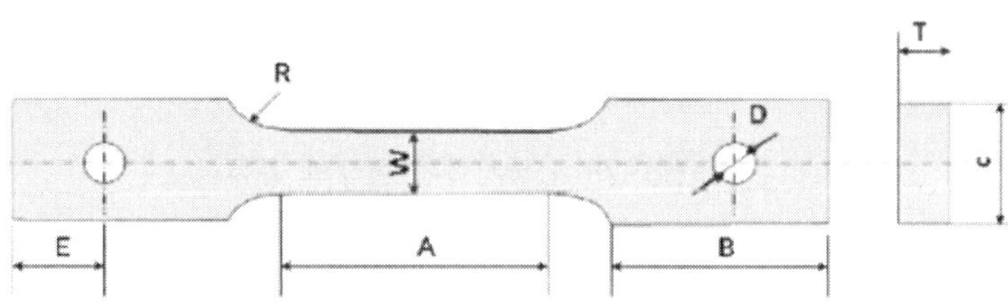

그림11-27 판모양의 인장시험편

표11-16 인장시험편 판상형상의 각부 치수

치수기호 (mm)	시 험 편 형상								
	표준	sub-size	small-size						
T	3	3	1	0.5	0.5	0.5	0.5	0.5	0.1
W	12,5	6	0.5	12.5	6	1	0.5	0.5	0.5
R	12,5	6	3	6	6	3	3	3	3
A	57	32	2	32	4	2	4	2	2
B	50	30	5	30	30	5	5	5	5
C	20	10	5	20	10	5	5	5	5
D	–	–	1	–	–	1	1	1	1
E	–	–	2.5	–	–	2.5	2.5	2.5	2.5

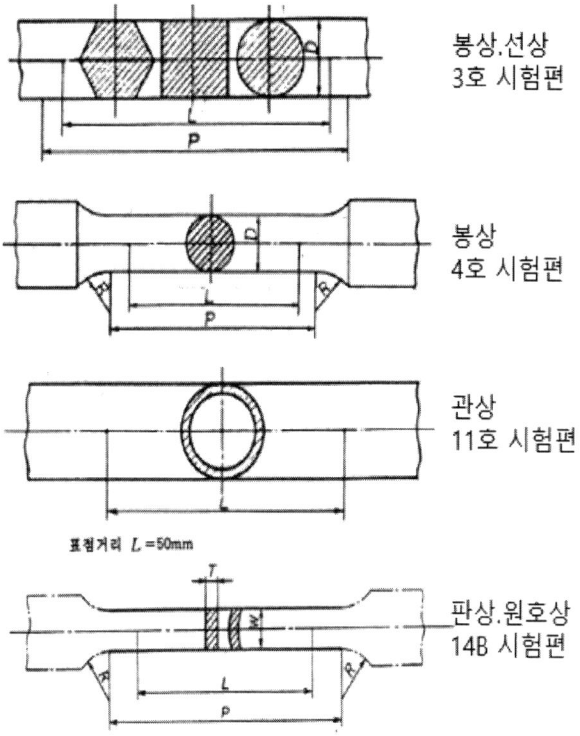

그림11-28 인장시험편 형상의 종류

표11-17 재료에 따른 인장시험편의 적용구분(KS B 0801)

<table>
<tr><th colspan="2">재 료</th><th colspan="2">시험편</th><th rowspan="2">비고</th></tr>
<tr><th>구분</th><th>치수</th><th>비례</th><th>정형</th></tr>
<tr><td rowspan="7">판·조·대</td><td rowspan="2">판 두께 40mm 를 넘는것</td><td>14A호</td><td>4호, 10호</td><td>봉상 시험편 채취의 경우</td></tr>
<tr><td>14B호</td><td>–</td><td>판상 시험편 채취의 경우</td></tr>
<tr><td rowspan="2">판 두께 20mm 를 넘고 40mm 이 하</td><td>14A호</td><td>4호, 10호</td><td>봉상 시험편 채취의 경우</td></tr>
<tr><td>14B호</td><td>1A호</td><td rowspan="4">판상 시험편 채취의 경우</td></tr>
<tr><td>판 두께 6mm 를 넘고 20mm 이 하</td><td rowspan="2">14B호</td><td>1A호, 5호</td></tr>
<tr><td>판 두께 3mm 를 넘고 6mm 이 하</td><td rowspan="2">5호,
13A호,13B호</td></tr>
<tr><td>판두께3mm이하</td><td>2호,14A호</td></tr>
<tr><td>봉</td><td>–</td><td>2호,14A호</td><td>4호,10호</td><td>–</td></tr>
<tr><td>선</td><td>–</td><td>–</td><td>9A호, 9B호</td><td>–</td></tr>
<tr><td rowspan="6">관</td><td>관의 의경이 작은것</td><td>14C호</td><td>11호</td><td>관상 시험편 채취의 경우</td></tr>
<tr><td>의경 50mm 이하</td><td rowspan="3">14B호</td><td>12A호</td><td rowspan="3">원호상 시험편 채취의 경우</td></tr>
<tr><td>외경 50mm 를 넘고 170mm 이 하</td><td>12B호</td></tr>
<tr><td>의경 170mm를 넘는것</td><td>12C호</td></tr>
<tr><td>관경 200mm 이상의것</td><td>14B호</td><td>5호</td><td>판상 시험편 채취의 경우</td></tr>
<tr><td>두꺼운것</td><td>14A호</td><td>4호</td><td>봉상 시험편 채취의 경우</td></tr>
<tr><td rowspan="2">주조품</td><td>–</td><td>14A호</td><td>4호, 10호</td><td>–</td></tr>
<tr><td>–</td><td>–</td><td>8A호,8B호,
8C호, 8D호</td><td>신율치 필요없는 경우사용 시험편용으로 주조한 공시재에서 채취 한다.</td></tr>
<tr><td>단조품</td><td>–</td><td>14A호</td><td>4호, 10호</td><td>–</td></tr>
</table>

비고 1.다른 재료, 다른 치수의 시험 편 간에서 인장시험치의 비교를 필요로 하는 경우에는 비례정수 다름없는 비례 시험편을 이용하는 것이 바람직 하다.

2.IB, 3, 6 및 7호의 각 시험편은 본표에 나타난 시험편을 이용하는 것이 적당하지 않은 경우에 이용한다.

4. 인장시험의 순서

1) 준비단계

① 시험편의 직경을 0.5% 정밀도로서 측정한다.(원단면적을 구함)

② 표점거리를 펀치나 침을 사용해 0.4% 정밀도로 설정한다.

③ 시험기의 평량을 확인한다.

④ 시험편을 고정하는 장치로서 바르게 고정하여 하중을 가한다.

2) 시험

① 탄성한계까지 평균응력 증가율 1～3kgf/mm². s 속도로 인장하중을 가한다. 하중증가가 일시 정지 또는 감소했을 때의 최대 하중을 그 크기의 0.5%까지 읽는다(평행부가 항복하기 시작 이전의 최대 하중)

② 그 후는 시험편 평행부의 변형증가율 20～80%/mm 속도로 잡아당긴다. 최대를 나타내는 하중을 그 크기의 0.5%까지 읽는다.(시험편이 견딜 수 있는 최대 하중)

③ 더욱 잡아 당기면 결국 파단 된다. 빼낸 시험편의 파단면을 맞대고 표점간 거리를 표점거리의 0.4%까지 읽는다.(파단 후의 표점간 거리)

④ 파단부의 직경을 원직경의 0.5%까지 읽는다.(파단 후의 최소 단면적을 구하기 위한 직경)

⑤ 항복점, 항장력, 연신율, 단면수축을 계산한다.

11.2.2 충격시험(Impact Test)

1. 충격시험의 의미

충격시험은 시험편에 충격적인 하중을 부하하여 파단 시킬 때 시험편이 흡수한 에너지의 양을 측정하여 재료의 인성과 취성 정도를 판정하는 시험으로 충격하중을 부하하는 방법에 따라 충격 인장, 충격 압축, 충격 비틀림 등으로 구분 일반적으로 노치 시험편을 사용한 충격 굽힘 시험을 의미한다.

충격시험 방법은 샤르피 충격시험과 아이조트 충격시험 방법을 규정하고 있다. 일반적으로 샤르피가 많이 행해진다. 아이조드 충격시험은 시험기의 구조상 저온이나 고온에서의 시험이 어렵다. 따라서 금속의 대부분의 충격시험은 샤르피 형식을 적용하고 있으며, 금속의 경우 KS, ISO의 규격에서 아이

조드 방식은 제외되었다. 샤르피 충격시험은 샤르피 충격 시험기를 사용해 KS B 0809의 규격에 의한 시험편을 40mm 떨어져 있는 2개의 지지대로 지지하고, 또한 노치부를 지지대 사이의 중앙에 놓고 노치부의 뒷면을 해머로 1회만 충격을 주어 시험편을 파단 하고 샤르피 흡수에너지, 샤르피 충격치, 파면율, 천이온도를 측정하는 것이다.

2. 샤르피의 충격기

샤프피의 충격시험기는 진자형 해머를 정해진 각도로 들어 올린 후 낙하시켜 해머가 회전하면서 지지대 위에 놓여 있는 시험편을 고속 충격하여 굽힘 파단시키는 시험기로 재료의 파괴양상을 연성 혹은 취성으로 판정하는 것이다. 그림11-29에 샤르피 충격시험기를 예시하였으며, 그림11-30에 샤르피 충격시험기의 각부 명칭을 도시하였다.

그림11-29 샤르피 충격 시험기

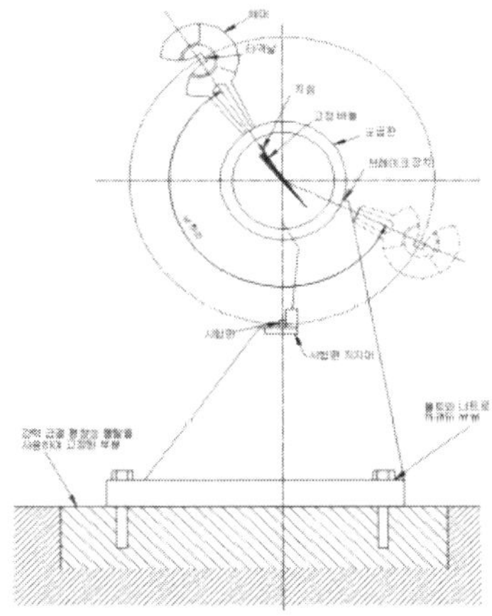

그림11-30 샤르피 충격 시험기의 각부 명칭

3. 충격시험 시험편

샤르피 충격시험편은 KS B0809의 3호, 4호, 5호를 그림11-31에 나타내었다.

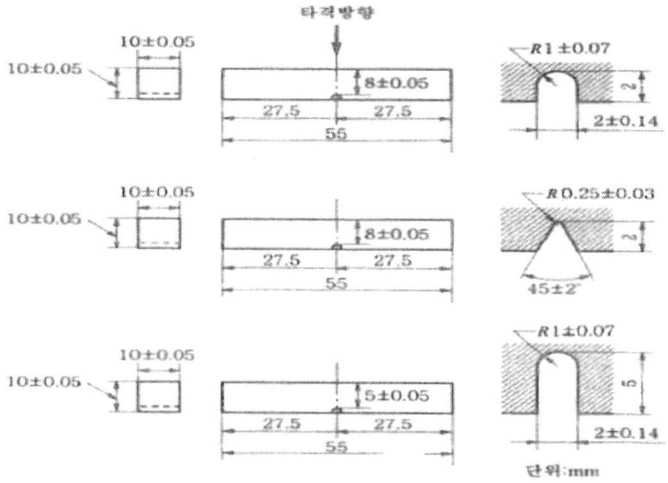

그림11-31 사르피 충격시험편 3호, 4호, 5호(KS B 0809)

4. 샤르피 충격시험의 순서

1) 준비단계

① 시험 편의 폭(노치에 따른 면)과 두께를 0.01mm까지, 노치폭과 깊이를 0.01mm까지 측정 한다.

② 해머지침 및 정지침(定指針)의 양 0점을 확인한 뒤 해머를 소정의 들어 올림 각도까지 쳐올린다. 들어 올린 핸들의 클러치를 떼고, 정지침을 소정 위치에 고정한다.

③ 시험편 위치 게이지를 사용해 시험편 받침대에 시험편을 정확히 유지한다.

2) 시험 및 분석

① 해머의 회전면 내의 안정성을 확인한 뒤, 해머의 탈착 레버를 가볍게 누르고 해머를 내린다.

② 시험편이 파단 했다면, 브레이크 핸들을 사용하여 흔들리고 있는 해머를 멈추게 한다.

③ 두는 바늘이 나타내는 검은 눈금의 수치를 읽는다.(시험편 파단 후의 해머가 치켜 올라간 각도 β)

④ 흡수 에너지 E를 계산하여 소숫점 이하 1 정도까지 계산한다

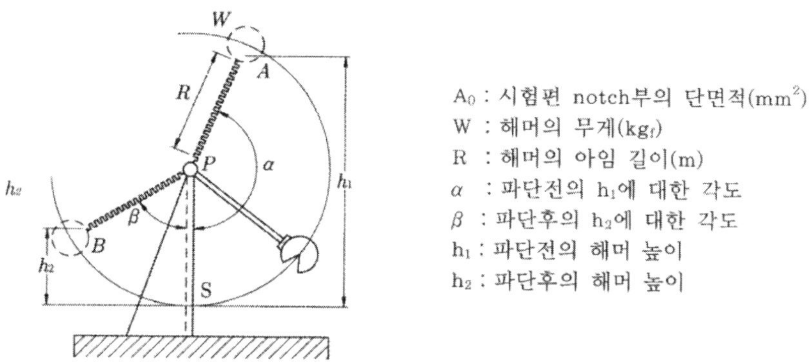

$$E\ [\text{kgf.m}] = WR\ (\cos\beta - \cos\alpha) \tag{11.13}$$

⑤ 사르피 충격치 ρ [kgf.m/cm²] = E/A (11.14)

여기서, A : 시험편 노치부의 원단면적[cm²]

11.2.3 굽힘(Bending Test)시험

굽힘시험 이란 시험 편을 규정의 내측 반경에서 규정 각도가 되기까지 굽힘, 만곡부 외측의 균열 흠, 그 외의 결점의 유무를 조사하는 시험이며, 재료의 소성 능력을 판정하는 간단한 방법이다. KS B 0804(금속재료 굽힙시험 방법)에 3종류의 방법이 규정되어 있다.

1. 눌러 굽히는 방법

그림11-32와 같이 시험편을 2개의 받침대에 얹고, 그 중앙부에 누름쇠를 대고 서서히 하중을 가하여 굽힘 시험을 하는 방법이다.

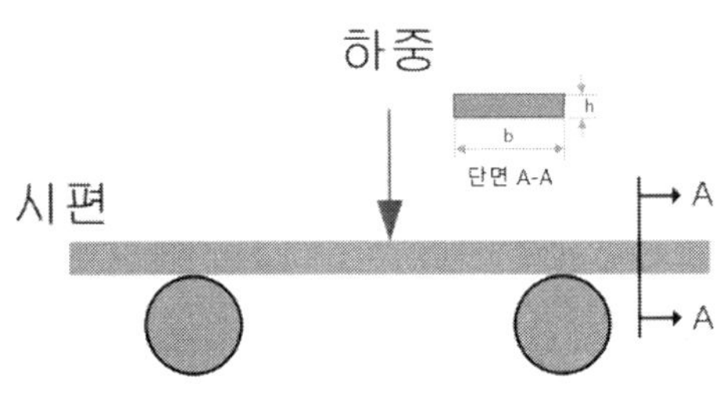

그림11-32 눌림에 의한 굽힘시험

2. 감아 굽히는 방법

그림11-33과 그림11-34와 같이 시험편이 규정된 모양이 되도록 서서히 하중을 가하여 시험편을 축 또는 다이에 감아 굽히는 방법의 굽힘 시험이다.

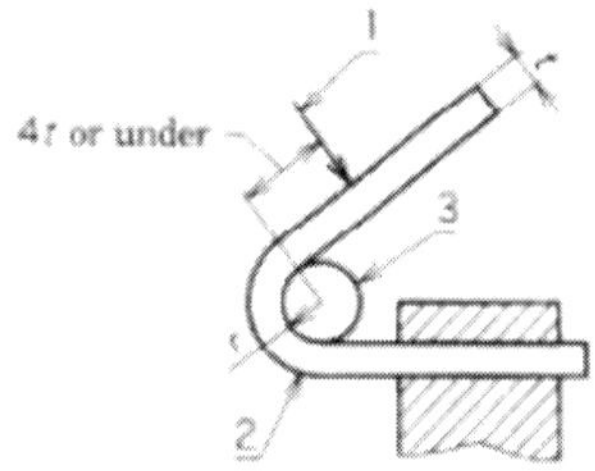

그림11-33 축을 이용한 감아굽힘시험

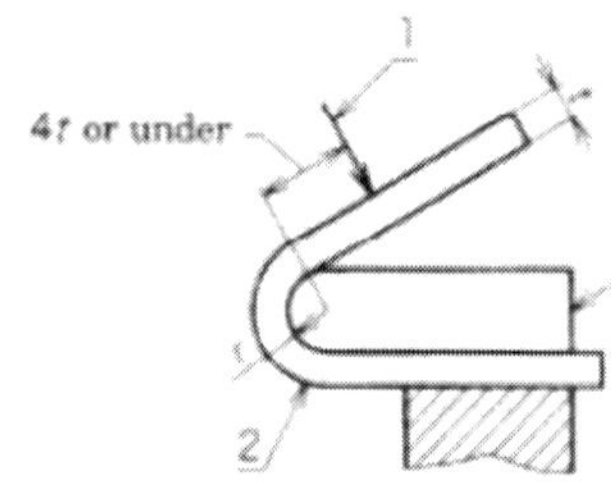

그림11-34 다이를 이용한 감아굽힘시험

3. V 블록법

그림11-35와 같이 시험편을 V블록 위에 놓고, 특정 형태로 굽힘되기 위해 시편의 중앙부에 Mandrel을 장착하여 V블록에 장착된 시편에 점차적으로 가해져야 한다. V블록과 Mandrel의 형상과 치수는 재료표준에 명시된 바대로 사용하여야 한다. 그림11-36에 굽힘시험기를 나타내었다.

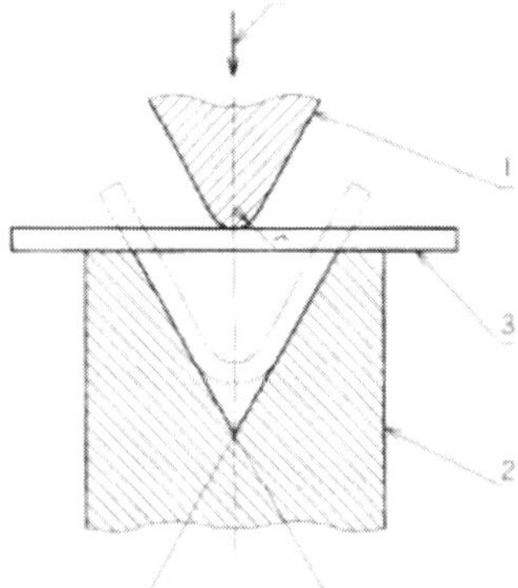

그림11-35 V블록 굽힘시험

그림11-36 굽힘 시험기

11.2.4 비틀림(Torsion Test)시험

비틀림시험은 각변위로 인한 응력을 받는 소재 또는 장치의 특성을 평가하는 기계적 시험으로 환봉이나 원통상의 시험편에 비틀림 모멘트를 가해 전단탄성계수가 비틀림에 대한 저항력을 확인하는 시험이다. 이 시험은 인장시험보다 큰 균일변형 등을 줄 수 있으므로 큰 변형 응력을 구할 수 있다. 또한, 전단시험 보다 더 정확한 전단응력을 구할 수 있으며, 선재의 인성도 판정할 수 있다. 비틀림시험으로 측정하는 가장 일반적인 기계적 특성은 전단 탄성계수, 항복 전단 강도, 최대 전단 강도, 전단 파괴 계수, 연성 등이다.

그림11-37에 뒤틀림 시험기를 나타냈으며, 시험기에 의해 시험편에 비틀림을 주고 비틀림각 θ를 정밀히 측정하면 전단탄성계수 G는 다음 식으로 구해진다.

$$G = \frac{32}{\pi} \cdot \frac{l}{d^4} \cdot \frac{T}{\theta} \qquad (11.15)$$

여기서, d : 환봉의 시험편 직경

l : 표점거리

T : 비틀림 모멘트

θ : 비틀림각

그림11-37 비틀림 시험기 예

11.2.5 압축(Compression Test)시험

압축시험은 재료가 압축력을 받는 경우의 강도, 변형, 저항 등을 조사하는 시험이고 주로 비금속의 약한 구조재료를 대상으로 하며, 조질강 등에서는 거의 행해지지 않는다. 다만 회주철과 같은 압축 하중에 대한 강성을 요구받는 구조용 재료에서는 압축시험을 행하여 파괴하기까지 압축변형을 주어, 내력, 압축강도 등을 구한다. 보통 주철에서의 압축강도는 인장력의 수배의 값이 된다. 그림11-38에 재료가 압축시험으로 인한 변형과정을 나타내었다.

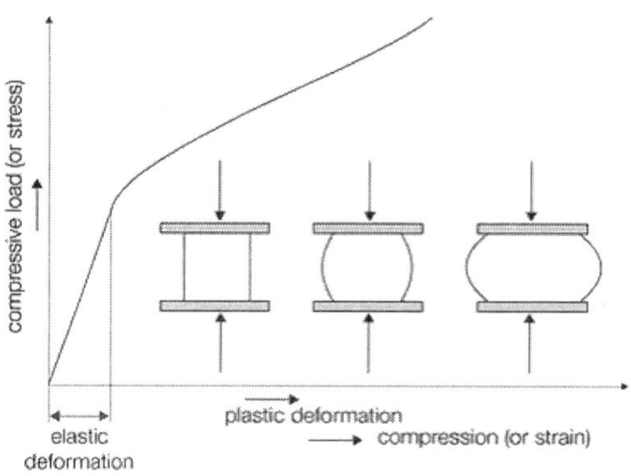

그림11-38 재료의 압축시험으로 인한 변형과정

11.2.6 파괴 인성(Fracture Toughness Test)시험

고강도 금속재료의 인장시험에서는 양호한 연성이나 비틀림(絞)을 나타냄에도 불구하고 사용조건 자체에서는 소성변형을 거의 나타내지 않고 항복점 이하 응력에서도 대단히 취약한 파괴를 일으키는 일이 있다. 파괴 인성은 취성파괴가 쉽게 일어남을 뜻하며, 만능형 인장 시험기를 이용해 구하는 파괴인성치 KIc와 고속시험기를 이용한 동적 파괴 인성치 KID 등에 의해 평가된다.

11.2.7 크리프(Creep Test)시험

재료에 어느 일정한 응력을 가한 상태로 유지해 두면 부하했을 때 생기는 순간적 변형에 이어 시간 증가에 비례하여 변형 이 증가하는 현상을 크리프라 한다. 크리프는 일반적으로 응력이 클수록, 또 온도가 높을수록 현저하다. 크리프에 대한 부분은 앞서 4.3.2절의 크리프 강도 부분에서 설명하였지만, 크리프시험에 관하여 다시 한번 설명하고자 한다. 크리프 변형을 구하는 시험은 가장 일반적인 것은 대기 중의 인장크리프 시험이다. 이외에 크리프 변형이 진행하여 파단 하기까지의 시간을 구하는 크리프파단시험 이 있다. 그림11-39에 그리프 시험방법을 나타내었고, 그림11-40에 그리프 곡선을 표현하였다.

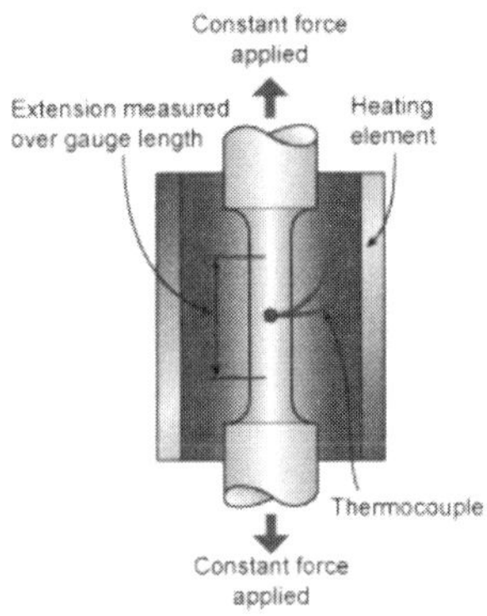

그림11-39 Creep 시험방법

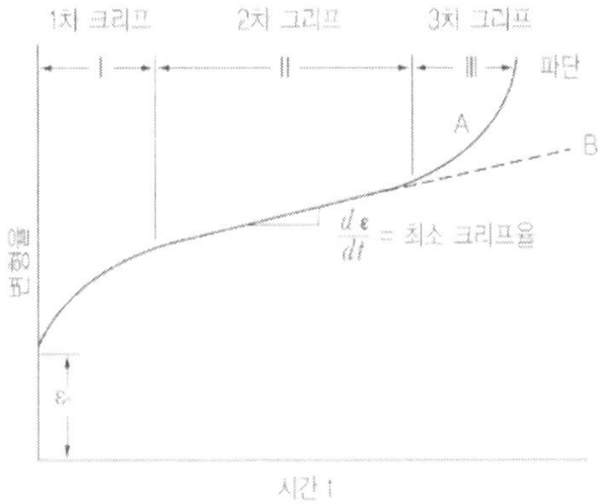

그림11-40 Creep 곡선

그림11-40 그래프에서 ① 초기변형은 하중을 가하는 순간 탄성변형과 시간에 의존하지 않은 소성변형의합(ε_0)로 표현되며, ② 제1차 크리프(천이 크리프)초기단계를 지나며 비교적 높은 속도로 변형율 증가하지만, 변형속도는 감소한다. ③ 제2차 크리프 (정상크리프) 가공경화와 회복연화가 서로 균형을 이루면서 일정 변형속도가 유지되는 구간이다.

2차 크리프 구간의 평균 크리프 속도를 최소 크리프속도, 최소 크리프율(minimum creep rate)이라 함 ④ 제 3차 크리프 (가속 크리프) 변형속도가 점차 증가하여 파단에 도달할 때까지의 구간, 재료에 수축이나 내부 공동의 형성으로 인한 유효 단면의 감소가 발생한다.

11.3 조직시험

조직은 Macro조직(육안조직)과 Micro조직(금속현미경조직)의 두 가지가 있다. 배율 20배 이하로 하는 검사방법을 macro 시험이라 하고, 그것보다 높은 배율의, 광학현미경 100~1000배, 전자 현미경 10000~100000배에서 관찰하는 방법을 micro 시험이라 한다. 현미경의 배율은 면적의 배수가 아닌 한 변 길이의 배수인 것에 주의해야 한다. 또한, 배율 100배의 물건을 5배로 확대해서 500배의 조직이라 하지 않는다. 배율확대는 다른 것이고, 배율은 해상력이 관련 있는 것이다.

11.3.1 Macro 조직시험

강의 macro 조직시험의 목적은 금속표면의 특성 연구, 금속의 물리적 화학적 불균일 검색 금속재료의 단면의 불균일성, 내부결함의 유무 검출에 있다. 단면을 산으로 부식시켜 이것을 육안으로 조사함으로써 수지상 결정, ingot pattern, 중심부 편석, 다공질, pit, 기포, 비금속 개재물, 파이프 균열, 내부균열, 외부의 흠 등을 검사할 수 있다. 검사방법에는 산세법이나 강산부식법이 있다. 단조 또는 압연된 강재에서 판상시험편을 가공방향과 직각방향으로 하여 그 표면의 거칠기 12.5~25S로 마무리하여 표11-18에 보이는 조건에서 부식하여 수세, 중화, 건조한 후 육안으로 관찰한다.

표11-18 강의 macro 조직시험의 조건

시험방법	부식액	부식조건	적용강종
염산법	염산 50% 물 50%	75~80℃ 10~40분	탄소강 합금강
염화강 암모늄법	제2염화철 100~ 암모늄 350g 물 1000ml	상온 5분, 3~10회	탄소강 합금강 스테인리스강,내열강제외
왕수법	초산 33% 염산 67%	상온~80℃ 5~30분	스테인리스강 내열강

또한, 시험에서 가장 문제가 되는 부식조건은 강종류와 그것의 열처리 상태

로서 표에 나타낸 범위 내에서 선정할 필요가 있다. 넓은 의미에서의 macro 조직시험으로서는 이밖에 파면검사 및 sulphur print 시험이 있다. 파면 조사는 강재를 잘라서 만든 파단면과 사용 중에 파괴된 부품의 파단면 등을 눈으로 봄으로써 파면의 입도와 편석, 파괴원인의 추정, 취성파괴의 확인, 표면경화층의 현장 관리 등에 이용된다. 또 sulphur print 시험은 강종의 유황 편석상태 즉 정편석, 역 편석, 중심부 편석, 점상 편석, 선상 편석, 주상 편석을 조사하는 시험이다. 사진 인화지를 3~5% 유산 수용액에 담근 후 이것을 검사할 면에 밀착시킴으로써 유황이 존재하는 부분이 흑색 또는 갈색으로 착색되므로 그 분포상황을 확인할 수 있다.

11.3.2 Micro 조직시험

금속현미경에 의한 조직시험을 micro 조직시험이라 한다. 이것은 금속재료의 주조, 단조, 압연, 열처리 등 전반에 관련해서 품질관리, 개발시험, 기초연구 등에 광범위하게 이용되고 있다. micro 조직시험에서는 절단 채취한 시험편일 경우 합성수지에 채워 넣어 고정하는 방법이 중요하다. 그림11-41에 보이는 고정법 중 (a)는 비교적 단순한 형상의 시험편을 고정하는 방법이며, (b)는 복잡한 형상의 시험편일 경우 합성수지에 채워 넣고 고정하는 방법이다. 물림대는 연강판, 동판 등이 이용된다.

최근 표면열처리 등에 있어서 표면층의 검토를 중시하는 경우가 많아졌는데 고정법의 기법은 시험의 결과에 직접적 영향이 크므로 소홀히 할 수 없다. 고정된 시험편은 사포에 의한 연마, buff에 의한 연마와 함께 polishing 한 후 부식 (etching)을 하여 육안으로 관찰 또는 사진 촬영을 한다. 철강재료의 일반적인 부식액을 표11-19에, 특수용도용 부식액을 표11-20에 나타내었는데, 강의 종류, 열처리 조건, 관찰목적 등에 따라서 선택된다. 금속현미경에 의한 관찰 또는 사진 촬영은 보통 50~600배의 배율로 행해진다. 그 밖에 금속현미경에 부속된 전용의 입도 측정용 screen과 격자선을 첨가한 접안렌즈를 사용해서 강의 austenite 결정 입도 시험, 강의 ferrite 결정 입도 시험, 강의 비금속 개재물의 현미경 시험을 행할 수 있어, 각각 결정 입도의 측정, 청정도(순도)의 측정이 가능하다. 그리고 고온 금속현미경이라는 특수한 것도 있어서 시험편을 stage로 넣어서 진공, 또는 불활성 gas 가운데서 가열하여 austenite↔martensite 변태 등을 관찰할 수 있다.

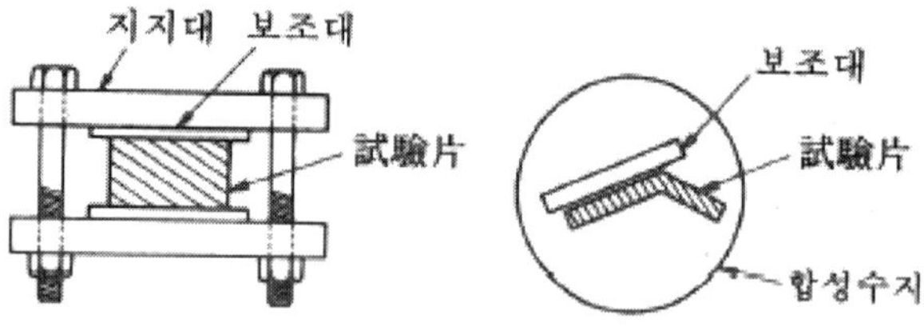

(a)
(단순한 형상고정)

(b)
(복잡한 형상고정)

그림11-41 micro 조직 시험편의 고정법

표11-19 철강재료의 일반적인 micro 조직시험용 부식액

부식액	조 성	용 도
초산 알코올 용액 (나이탈)	초산 1~15ml 에틸알코 또는 메틸알코올 100ml	스테인리스강의 철강재료전반
피크린산알코올 용액 (피크랄)	피크린산 에틸알코 또는 메틸알코올 100ml	탄소강 저합금강
염화제2철 염산용액	염화제2철 5g 염산 50ml 물 100ml	스테인리스강 고 Ni 강

표11-20 특수용도용 micro시험용 부식액

부식액	조 성	용 도
피크린산 소다용액	피크린 2g 가성소다 25g 물 100ml	Fe_3C 의 착색용
적혈염 알칼리 용액 (재상씨액)	피크린 10g 가성소다 10g 물 100ml	고합금강 중의탄화물, 복탄화물
수산 산용액	수산 10g 물 100ml	스테인리스강의 전해부식
가성 소다용액	가성소다 1g 물 100ml	Al, Al합금
과유산 암모니아 용액	과유산 암모늄 10g 물 90ml	동, 황동,청동, 양은

1. 결정입도 시험

금속재료의 결정 입도는 ASTM 결정입도 번호가 보편적으로 이용된다. 결정 입도의 시험법으로는 비교법, 절단법, 계산법이 있다. 비교법은 부식면에 나타난 입도를 현미경으로 광학 배율은 100배로 하여 ASTM 입도가 있는 렌즈를 삽입, 관찰하여 표준과 비교하는 시험방법이다. 절단법은 부식면의 입도를 현미경으로 관찰 또는 현미경 사진으로 촬영하여 서로 지각으로 만나는 일정한 길이의 두 선분에 대해 절단되는 결정입자의 수를 측정하는 방식이다. 계산법은 배율 100배의 시야에서 면적 $5000m^2$을 품는 원 또는 정방형내 완전히 포함되는 결정립 수와 원주 또는 절단되는 결정립수를 세어 결정입도를 산출하는 방식이다. 금속현미경에 의해 오스테나이트 결정입도시험(KS D 0205) 및 페라이트 결정 입도 시험(KS D 0209)을 한다. 오스테나이트 결정입도는 담금질성과 인성에 관계하고, 페라이트 입자크기는 저탄소강(C 0.2%이하)의 소성가공성과 관련 있다. 모두 입도 번호가 클수록 입자가 고운 것을 의미하고, 입도번호 5이상을 세립강, 5이하를 조립강, 입도번호가 3개 이상의 다른 입자가 20% 이상 혼합하는 것을 혼립이라 한다. 주로 강은 입자크기 7 이상의 세립강이 바람직하다. 검사 배율은 모두 100배 이다. 배율이 200배의 경우 2번호를 위로 보고, 배윤이 50배인 경우에는 2번호를 아래로 본다. 그림11-42에 결정입도 크기별 구분을 나타내었으며, 그림11-43에 입자 3과 입사 8의 광학현미경 조직을 나타내었다.

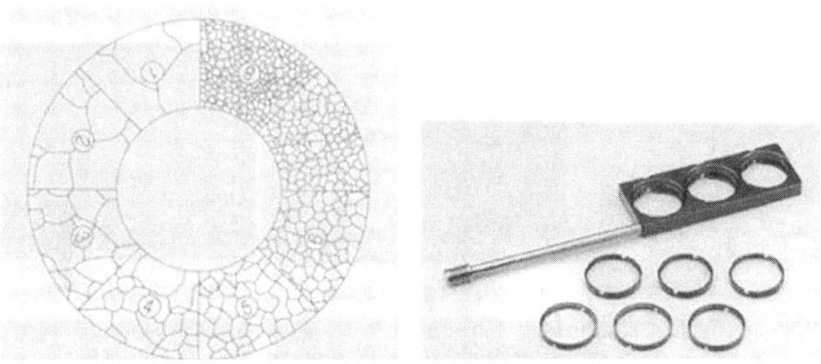

그림11-42 결정입도별 크기 비교(1~8크기)

(a) 결정입도 3의 현미경조직　　(b)결정입도 8의 현미경 조직

그림11-43 결정입도 크기의 현미경조직 비교

2. 비금속 개재물 검사(KS D 0204)

현미경으로 강 중에 존재하는 비금속 개재물(A계는 황화물, B계는 알루미나, C계는 입상산화물)의 종류 및 수량을 측정하여 청정도를 판정하는 시험방법으로, 현미경의 접안경에 세로와 가로가 각각 20개의 격자선이 있는 유리판을 삽입하여 피검면의 여러 부분을 Randem하게 되풀이하며, 검경하고, 개재물로서 점유된 격자형 중심의 수효를 샌다. 이 경우, 측정하는 시야수는 60을 표준으로 하고 30이상이여야 한다. 현미경 배율은 400배를 표준으로 한다. 판정방법은 시야 내의 유리판 위의 총격자 점수, 시야수 및 개재물이 점유한 격자점 중심의 수 의하여 다음식에 따라 개재물이 점유하는 면적 백분율을 산출하여 그 강의 청정도(d %)를 판정한다.

$$d = \frac{n}{p \times f} \times 100 \qquad (11.16)$$

여기서, n : f개의 시야에서 전 개재물이 점유한 격자점 중심의 수

p : 시야 내의 유리판 위의 총 격자점수

f : 시야의 수

11.3.3 경화층 깊이시험

1. 침탄 경화층 깊이시험(KS D 0215)

침탄 제품의 경화층 깊이를 경도시험 또는 매크로 조직시험으로 수행하는 방법인데, 침탄소입 직후 또는 200℃ 이하의 저온 템퍼링한 제품을 대상으로 한다. 경도시험에 의한 경우 HV 550까지의 깊이를 유효 경화층 깊이(E), 모재경도까지의 깊이를 전경화층 깊이(T)라고 한다. 일반적으로 유효 경화층 깊이를 채택한다. 매크로 조직시험에 의한 경우는 5% 나이탈에 의한 부식액(에칭칼라)의 차이에 의해 판정한다.(배율 20배 이하) 그림11-44은 메크로 소식시험에 의한 침탄 기어의 경화층 깊이시험을 나타내었다.

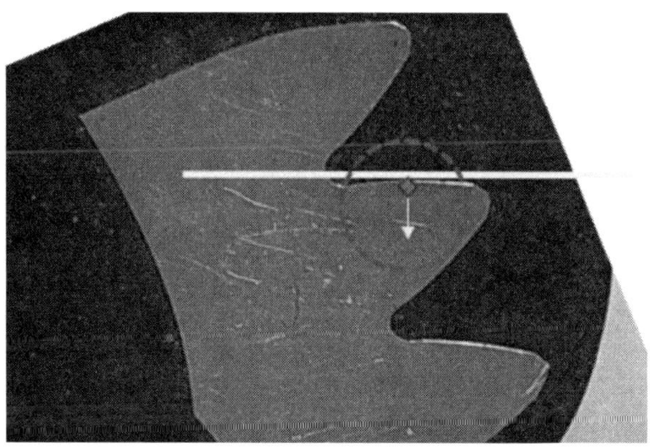

그림11-44 Macro 조직시험에 의한 침탄기어 제품의 경화층 깊이

2. 고주파 열처리 경화층 깊이시험(KS D 0027)

고주파 열처리 부품의 경화층 깊이를 경도시험 또는 매크로 조직시험으로 수행하는 방법인데, 담금질 직후 또는 담금질 뜨임(저온템퍼링)한 제품을 대상으로 한다. 경도시험에 의한 경우 유효 경화층 깊이(E)와 전경화층깊이(T)의 두 가지가 있다. 경도시험의 방법은 ① Cross-section, ② Oblique/Taper, ③ Step의 세가지 방법이 있다. cross-section방법이 단순하기 때문에 주로 사용되는 방법이지만 taper 및 step 방법은 얇은 케이스 깊이 또는 높은 하중(더 큰 압입자)이 필요한 매우 조대한

미세조직을 특성화하는 것과 같은 특정 시나리오에서 매우 유용할 수 있다. 그림11-45에 각 부품별 경도시험 적용 현황을 표현하였다. 전체 경화층 깊이는 모재의 경도까지로 한다. 일반적으로 유효 경화층 깊이를 채택한다. 유효 경화층 깊이의 한계 경도는 표11-20에서 나타내었다.

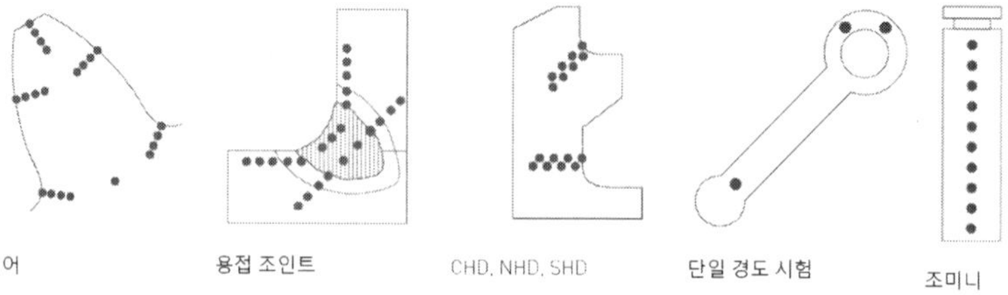

그림11-45 경도시험 방법을 적용한 부품의 예

표11-20 유효경화의 한계경도(고주파담금질)

탄소함유(%)	HV	HRC	HR15N	HR30N	HR45N
0.23~0.33	350	36	78	56	38
0.33~0.43	400	41	81	60	44
0.43~0.53	450	45	83	64	49
0.53 이상	500	49	85	68	54

표면경화 깊이의 측정에 있어 측정의 깊이를 특성화하는 구분을 다음과 같이 정리할 수 있다.

① 표면경도 : 일반적으로 최대 및 최소로 지정된다.

② 최소지정 표면경도까지의 깊이 : 케이스코어 천이영역의 시작

③ 총 경화깊이 : 일반적으로 표면에서 수직으로 측정하는 것으로 케이스와 코어의 화학적, 물리적 특성의 차이가 구별되지 않는 지점.

④ 유효경화 깊이 : 전체 케이스 깊이의 약 66%~75%사이의 깊이로 지정.

그림11-46에서 경화층의 구분 현미경 조직을 표현하였다.

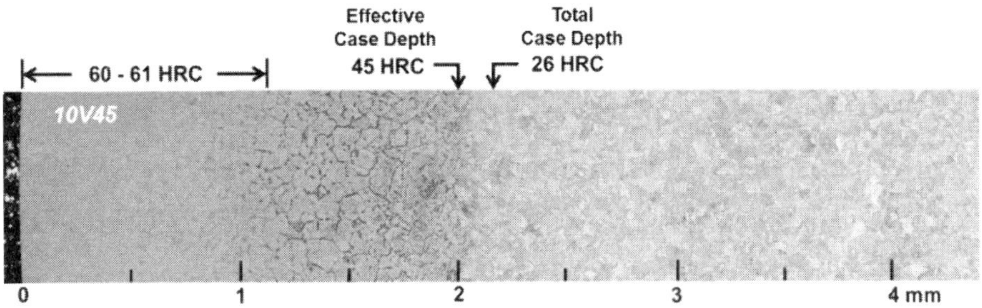

그림11-46 10V45강 Shaft 부품의 유효경화 깊이 현미경 조직

Macro 조직에 의한 측정방법은 시험품의 절단면을 약 5% 질산 알코올 용액 또는 약 5% 질산수용액 중에서 명료한 착색상태가 얻어지도록 적당한 시간 부식시키고, 부식면을 알코올 또는 물로 씻은 다음 20배 초가 하지 않는 배율의 확대경으로 관찰하고 경화층 깊이를 측정한다.

3. 질화경화층 깊이 및 표면경도 시험(KS D 0275)

질화가공품의 질화 경화층 깊이를 경도시험 또는 매크로 조직시험으로 실시하는데, 경도시험의 경우 전체 경화층 깊이(T)와 실용경화층 깊이(P)의 두 가지가 있다. 전체 경화층 깊이는 모재의 경도까지의 깊이(mm), 실용 경화층 싶이는 모재의 경도보다 HV50 높은 경도까지의 깊이(mm)로 한다. 매크로 조직시험에 의한 경우는 3% 나이탈 부식된 경우의 부식 색조의 차이에 따라 전체 경화층 깊이를 측정한다. 이때 현미경의 배율은 20배가 초가 하지 않도록 해야한다. 질화층의 구간별 구분은 다음과 같이 정리하였다.

① 화합물층 깊이: 질화물, 탄화물, 탄질화물 등을 주체로 하는 부식되지 않은 흰 부분의 표면으로부터의 깊이.

② 확산층 깊이: 화합물층을 제외한 질소, 탄소 등의 확산이 인정되는 깊이

③ 질화층 깊이: 질화층의 표면으로부터 질화층과 원소재의 물리적 화학적 성질의 차이를 구별할수 없는 점에 도달할 때까지의 거리, 질화층 깊이는 화합물층 깊이와 확산층 깊이의 합.

④ 실용 질화층 깊이: 질화층의 표면으로부터 원소재의 비커스 경도값보다

Hv50 높은 경도의 점에 도달하는데 까지의 거리.

그림11-47에 질화층의 구간별 구분 조직 현미경 사진을 표현하였다.

질화층 표면 경도측정은 일반 경도 측정기에 의한(비커스 경도, 로크웰경도, 쇼어경도 등) 측정과 마이크로 표면 경도측정으로 표면 경도를 확인한다.

마이크로 표면 경도 측정방법은 질화층 깊이가 약 0,01mm 이상인 시험품에 적용하며, 시험 하중은 0.9807 N 이하로 한다.(KS B 5540에 의한다.)

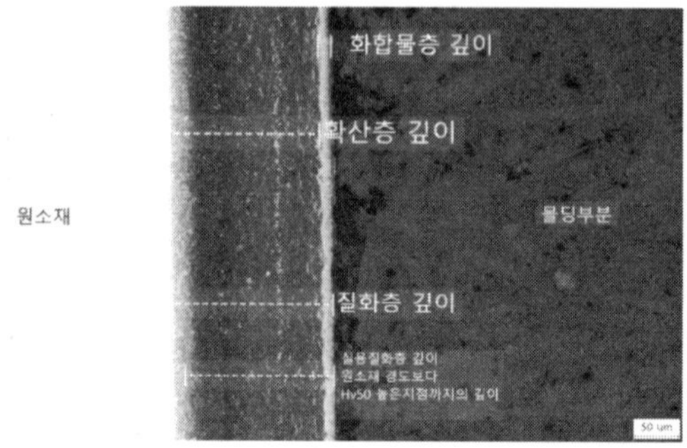

그림11-47 질화층의 구분

11.3.4 탈탄층 깊이시험

부품의 표면에 생긴 탈탄층의 깊이를 현미경 조직 또는 경도시험에 의해 측정하는 방법으로, KS D 0206의 규정에서 탈탄층은 네 가지로 구분한다. 탈탄층은 강의 열간가공 또는 열처리에 의해 강표층부의 탄소농도가 감소된 부분을 말하며, 전체 탈탄층, 페라이트 탈탄층, 특정 잔탄 비율 탈탄층, 실용 탈탄층이 있다. 전체 탈탄층 깊이(T)는 탈탄층의 표면에서 모재까지의 감소된 깊이까지를 말하고, 페라이트 탈탄층 깊이(F)는 탈탄하여 페라이트만 있는 층의 깊이, 특정 잔탄 비율 탈탄층 깊이(S)는 일정한 잔탄 비율(모재의 C%에 잔존하고 있는 C%의 비율)을 갖는 위치까지의 깊이(잔탄 비율은 조직에서 판정), 실용 탈탄층 깊이(P)는 실용상 지장이 없는 경도를 얻을 수 있는 위치까지의 깊이를 말한다. 측정방법은 현미경에 의한 측정과 경도시험에 의한 측정방법이 있다. 현미경 시험에 의해 탈탄층의 깊이를 측정하려면, 풀림, 노말라이징 상태의 것을 에칭한 후 100~500배에서 시험한다. 경도시험에 의해 탈탄층 깊이를 측정하기 위해 주로 담금질상태 또는 담금질 템퍼링상태의 것에 대해서는 HV 또는 HRC로 시험이 가능하다. 탈탄층의 표시는 KS D 0206에 의거 표11-21에 나타내었다.

표11-21 탈탄층 깊이의 표시기호

측정방법 / 탈탄층깊이	현미경에 의한 측정방법	경도시험에 의한 측정방법
전탈탄층 깊이	DM-T	DH-T
페라이트 탈탄층 깊이	DM-F	-
특정 잔탄율 탈탄층 깊이	DM-S	-
실용 탄탄층 깊이	-	DH-P

그림11-48은 SCr420HB 침탄품의 탈탄 현상의 현미경 조직사진이며, (a)는 페라리트 탈탄 수준의 0.08mm이며, (b)는 미세탈탄으로 0.2mm 수준이다.

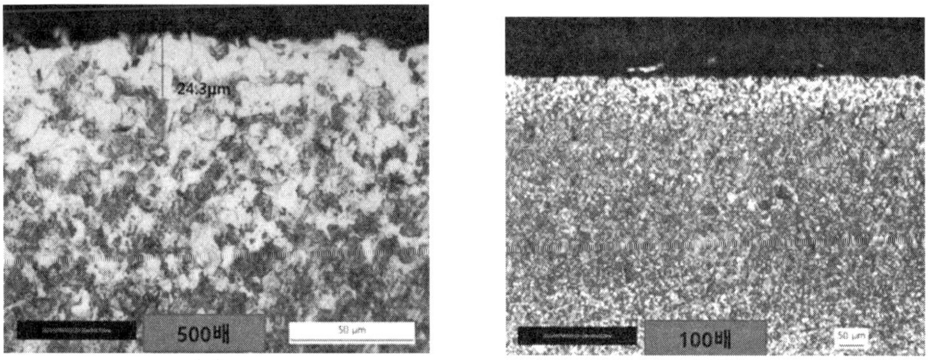

(a) (b)

그림11-48 SCr420HB 침탄제품 탈탕현상 현미경 조직사진

DLPTH	0.05	0.1	0.2	0.3	0.4	0.5	0.6	0.7		core	비고
정상품	736	746	697	680	621	571	509	416		161	파란색
탈탄품	583	667	686	673	615	559	457	397		159	빨간색

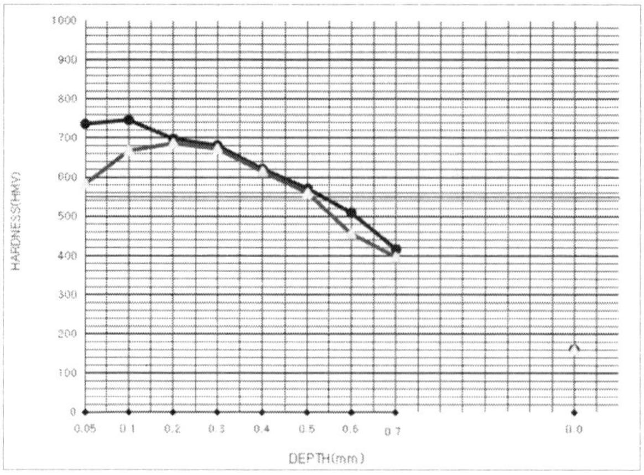

그림11-49 SCr420 침탄품의 탈탄품과 정상품비교

그림11-49의 SCr420 침탄품의 탈탄품과 정상품의 비교 그래프에서 정상품의 경도시험에서는 표면에서 0.05mm 지점에서 HV 736으로 높았으나, 탈탄품의 경도는 HV 583으로 정상품과 차이가 많아 경도규격에 미달되었다. 제품의 경도규격은 0.05mm 지점에서 HV 650이상이다.

11.4 물리적 시험

물리적 시험이란 전자선을 이용해서 행하는 각종의 기기분석을 가리키는 것으로 주로 금속재료의 표면층 측정법으로 사용된다. 금속표면에 전자선을 충돌시키면 특성 X선과 연속 X선을 발생하거나, 반사 전자, 2차 전자, auger 전자 등이 방출되는 현상이 나타난다. 일반적으로 사용되는 기기분석법을 표 11-22에 나타내었다.

표11-22 각종 기기분석의 내용

관측입자	명 칭	정보내용
특성 X선	X 선회절	결정구조, 물질의 특성분석
	EPMA	원소의 정성, 정량분석
	X선 응력측정	잔류응력의 측정
2차전자 특성X선	주사형 전자현미경	표면의 미세요철 원소분석
반사전자	전자현미경	조직관찰, 표면의 결정구조

11.4.1 특성 X선

X선이란 전자파 중 파장이 1Å 전후의 것이지만 0.01Å에서 100 Å 범위에서 나타낸다. 일반적으로 사진 감광작용, 형광작용 (ZnS, CdS에 조사하면 형광을 말한다), 전리 작용, 화학작용이 잘 알려져 있다. X선 스펙트럼은 특성 X선과 연속 X선으로 나눠지는데 그림11-47에서 특성 X선과 연속 X선을 구분하여 나타내었다. 여기서 대상으로 하고 있는 분석법에서는 주로 특성 X선이 이용된다. 특성 X선은 각 금속마다 고유한 값을 가지며, 각 금속원자의 고유값 K, L, M, 등의 계열로 분류된다. 그리고 분석에 이용된 K 계열도 Kα와 Kβ의 2종으로 나뉘어진다 정확히 나누면 Kγ로 존재하며, Kα 는 $K\alpha_1$과 $K\alpha_2$가 근접한 두개의 선으로 구성되어 있다. 또 X선 강도(검출되는 X 선량)는 Kα가 강하기 때문에 분석 에서는 통상 Kα가 사용된다.

그림11-50의 그래프는 Cu와 Mo의 characteristic X-ray이다. Y축에서 Kα, Kβ의 강도 값을 볼 수있는데 이 값은 각각의 원소마다 일정한 비를 가지고 있기 때문에 λ값은 같으나, Kα와 Kβ의 강도비가 Original 원소의 비와 다르다면 그 peak에는 다른 원소의 peak가 겹쳐있을 가능성이 높다

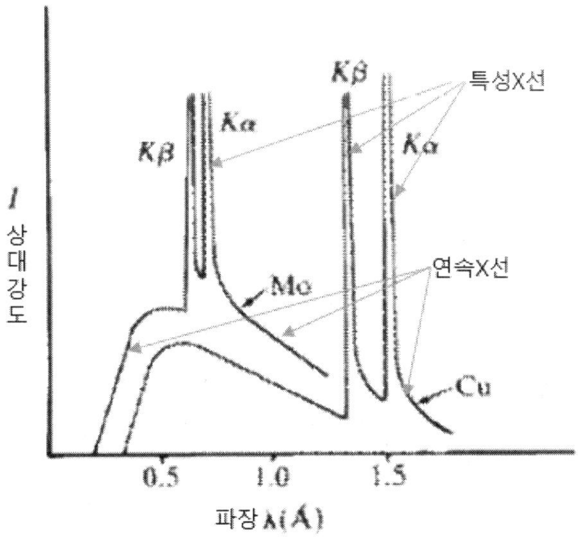

그림11-50 X선 스팩트럼

11.4.2 EPMA(Electron Probe X-ray Micro Analyzer)

EPMA는 전자 탐침 미량분석 기법으로 가속된 전자빔을 시료의 작은 부분에 입사시켜 발생하는 X-선으로부터 시료의 구성 성분과 양을 분석해내는 방법이다. 가속된 전자빔이 시료를 구성하고 있는 원자와 충돌하여 원자의 하부각에 있는 전자를 떼어내면 빈자리가 형성되고 이 자리는 보다 상부각에 위치한 전자가 떨어지면서 채워지게 된다. 이때 두 전자각 사이의 에너지 차이만큼의 여분이 생기고, 이 에너지는 흔히 전자파인 X-ray로 방출이 되는데 이것이 특성 X선이다. 이러한 특성 X선들은 원자마다 에너지가 다르므로 이를 이용하여 시료가 어떠한 원소로 구성되었는지 분석이 가능하다. 그리고 이들의 상대적인 세기를 비교함으로써 어떤 원소가 얼마나 존재하는지도 분석할 수 있다.

EPMA에서 EDS는 빠른 시간내 전체적인 성분의 정성분석 및 WDS의 선정과 측정변수를 결정하는데 쓰이며, 정확한 정량분석에는 WDS가 사용된다.

정성분석은 시편 구성 성분의 정성 분석에는 X선 스펙트럼에 나타난 특성 X선의 위치가 이용되는데, 주로 EDS 스펙트럼이 사용되며, 거의 모든 EDS 시스템에는 모든 특성 X선의 위치가 기억되어 있고 스펙트럼의 피크 위치가 대체로 10eV 이내의 오차를 가지므로 피크의 위치로 원소를 쉽게 알아낼 수 있다. 정량분석의 경우 매우 미세한 시료도 분석이 가능하며, 비파괴 분석이 가능하다. 하지만 질소, 산소 등의 표준시료의 입수가 곤란한 단점이 있다.

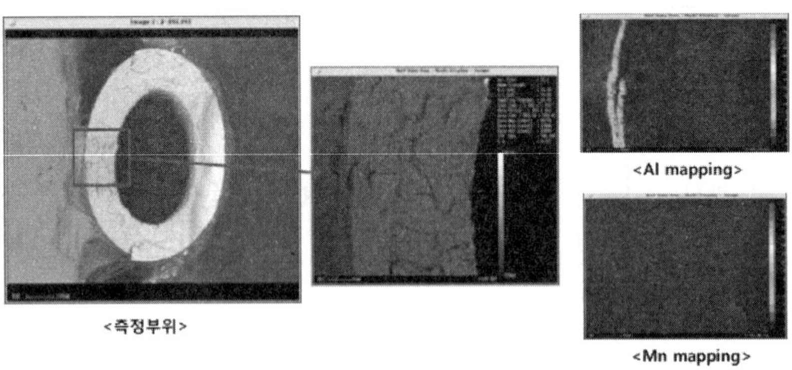

그림11-51 중공사막 시료 단면의 EPMA Mapping 분석

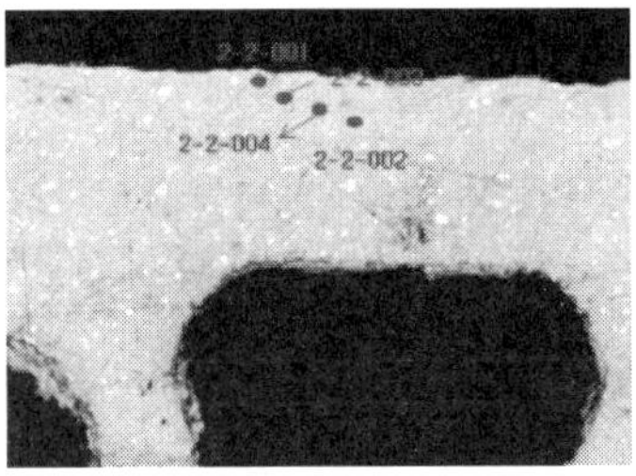

측정부위

측정원소 / 측정부위	단위	Al	Si	Ti	Mn	Fe	Ni	Cu	Zn	Zr
2-2-001	wt %	94.101	1.510	0.010	0.269	0.004	0.022	-	2.197	-
2-2-002	wt %	93.564	0.955	0.127	1.235	0.049	0.004	0.185	1.233	0.006
2-2-003	wt %	92.582	1.275	0.018	0.131	-	0.019	-	2.236	0.037
2-2-004	wt %	91.615	0.866	0.025	0.156	0.022	-	-	1.999	0.058

Note) Al(Aluminium), Si(Silicon), Ti(Titanium), Mn(Manganese), Fe(Iron), Ni(Nickel), Cu(Copper), Zn(Zinc), Zr(Zirconium)

그림11-52 알루미늄 부품의 EPMA 정량분석 결과

그림11-51에서 중공사막 시료의 표면을 EPMA로 Mapping한 결과를 나타내었다. EPMA Mapping의 경우 분석 부위 표면 특정 원소의 분포를 이미지로 간편하게 확인할 수 있다. 그림11-52는 알루미늄 부품의 EPMA 정량분석의 결과를 나타냈는데 EPMA 정량분석의 경우, 매우 미세한 시료의 분석이 가능함을 확인할 수 있다.

11.4.3 전자현미경

전자현미경은 시료에 전자선을 조사해서, 투과된 전자선 혹은 반사된 전자선을 자계렌즈를 사용하여 조직관찰 또는 미세 결정구조를 검토하는 시험방법이다.

광학현미경과 비교해서 대단히 높은 해상력을 갖고 있다. 2000~100,000배에 의한 조직관찰도 가능하다. 금속재료 등 전자선에 대해서 불투명한 물질인 경 우 투과 전자 현미경(TEM)으로 관찰하기 위해서는 얇은 시료를 만들 필요가 있다. 시료의 작성법은 replica법과 금속박막법으로 나눠진다. replica법은 박막 replica를 작성하여 전자선을 투과시켜 그 농도 차이로 조직 관찰을 하는 방법으로, 이는 다시 산화피막법, 합성피막법 (1단 replica, 2단 replica)으로 나눠진다. 금속박막법은 얇게 절단한 시료를 전해연마로서 두께 0.5μm 이하의 시료를 만들어서 전자선을 투과시켰을 때의 회절상을 이용, 결정구조, 분석물 등을 해명하는 방법이다. 또 전자선을 시료면에 주사 시켜 그 결과 방출되는 2차 전자를 정보신호로서 금속조직, 파단면의 관찰에 이용하고 있는 것이 주사 전자현미경 (SEM)이다. 표면의 미세요철 검토에 유효하다. 그림11-53에 전자현미경에 의한 조직관찰 결과를 나타내었다. (a)는 조직의 표면 형상관찰 조직이며, (b)는 단면 구조관찰 조직이다. 또한 (c)는 전자현미경으로 측정한 두께 치수이다.

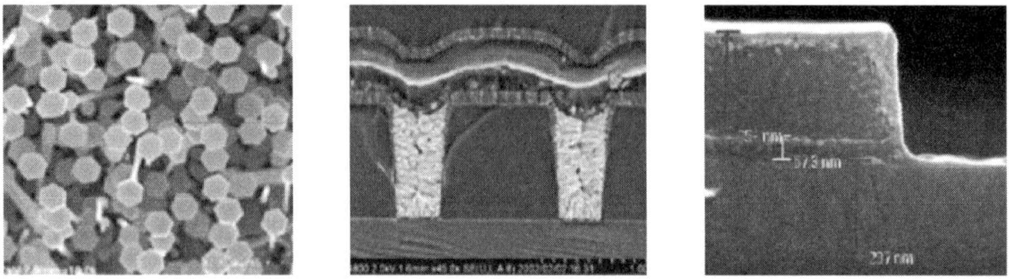

(a) (b) (c)

그림11-53 전자현미경에 의한 조직사진의 예

11.4.4 X선 회절

X선을 결정에 부딪히게 하면 그중 일부는 회절을 일으키고 그 회절각과 강도는 물질구조상 고유한 것으로서 이 회절 X선을 이용하여 시료에 함유된 결정성 물질의 종류와 양에 관계되는 정보를 알 수 있다. 이와 같이 결정성 물질의 구조에 관한 정보를 얻기위한 분석방법이 X선 회절법이다.

그림11-54와 같이 임의의 결정이고 원자가 간격 d를 가지고 평행한 격자면 A, B, C …로 배열되어 있을 때 이 결정에 파장 λ인 X선을 입사각 θ로 조사하면, X선은 원자에 의해 모든 방향으로 산란된다. 산란된 X선의 행로차 P 'RP"이 입사 X선 파장의 정수배로 된 X선은 간섭효과에 의해 강해진다. 이 현상을 회절현상이라 하고, 이렇게 하여 발생된 X선을 회절 X선이라 부른다. 회절현상이 발생하는 경우 입사 X선의 파장 λ 및 입사각 θ 와 격자면 간격 d 사이에는 다음과 같은 관계가 성립된다

$$2\ d\ .\ \sin\theta = n\ \lambda \qquad (11.17)$$

철강재료와 같은 다결정체를 시료로서 행하는 X선 분석을 분말법이라 부르

며, 시료의 상태, 검출법 등으로부터 몇 개의 측정법으로 나눠진다. 가장 일반적인 방법은 계수관을 이용해서 회절각 2 θ 및 X선 강도를 기록하여 각 원소와 화합물 특유의 결정구조 중의 면간거리 d 대 X선 강도를 기지물질 또는 이미 확인된 자료(ASTM card)와 비교 조사하여 행한다

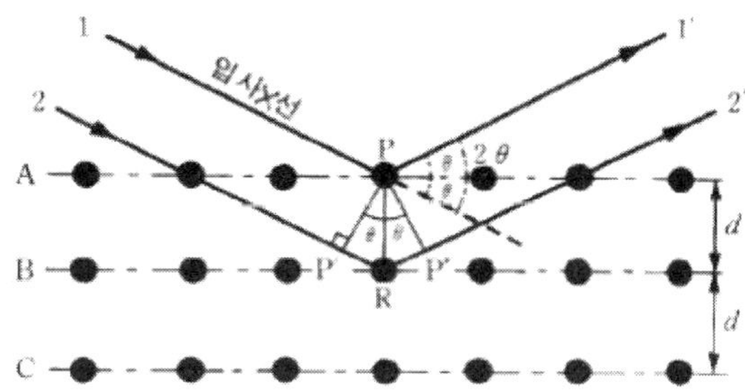

그림11-54 X 선 회절현상

11.4.5 잔류응력 측정방법

물체에 외력을 주면 이것에 상응하는 내력이 생기지만 탄성변형을 넘어서 더욱 외력을 증가하면 외력을 제거해도 내력이 남는다. 또 열처리로서도 내력이 남을 경우가 있다. 이것을 잔류응력이라 부르고 있다. 금속재료에서는 많든 적든 간에 잔류응력은 존재하는 데 이들은 강도상 유해한 경우가 있어 중요하다

응력측정법으로서는 파괴적 기법으로 홀드릴링기법, 슬리팅기법, 절편기법, 등고선 기법이 있으며, 비 파괴적 기법으로 X-선 회절법, 초음파기법, 바크하우젠 노이즈기법이 있다. 비파괴적 방법인 X선 응력측정법과 초음파 검사법이 널리 이용되고 있다. X선 응력측정법의 원리는 X선 회절의 경우와 똑같이 회절선의 위치에 따라 변형을 받은 격자 간극 d 를 구해 이로부터 응력을 측정한다.

초음파 검사 역시 재료를 손상시키지 않고 잔류응력을 측정할 수 있는 비파괴 검사 방법으로, 다양한 형태와 크기의 재료에 적용할 수 있어 활용도가 높다. 또한, 다양한 깊이에서 잔류응력을 측정하여 재료 전체의 응력 프로파일에 대한 정보를 제공할 수 있다. 단점으로는 정확도는 재료의 유형, 초음파

의 주파수와 강도, 장비의 보정 등 여러 요인에 따라 달라지며, 재료의 표면 상태는 측정 정확도에 영향을 줄 수도 있으며 잔류응력 방향은 측정할 수 없다. 크기만 측정이 가능하다. 잔류응력을 측정하는 가장 정확한 방법은 제품의 재질, 기하학 및 크기, 등의 특정 요구 사항 및 제한 사항에 따라 가장 적절한 방법을 선택하여야 한다.

11.5 비파괴 검사

11.5.1 침투탐상시험

시료를 손상하지 않고 시료의 손상과 결함을 검사하는 방법을 비파괴 검사법이라 한다. 비파괴의 검사방법에는 침투탐상시험, 자분탐상시험, 초음파탐상시험, 방사선 투과시험 등의 종류가 있다. 열처리에 수반되는 결함으로는 급냉시의 파괴문제에 대해 침투탐상시험과 자분탐상시험이 유효하다.
침투탐상검사란 시험편 표면에 침투액을 적용시켜 균열 등의 불연속부에 침투액을 침투시킨 후 표면에 있는 과잉의 침투제를 제거하고, 현상제를 도포시켜 침투된 침투액을 추출시켜 불연속부의 위치, 크기 및 지시 모양을 검사하여 제품의 품질 수준을 검사하는 것으로, 시험체의 미세한 표면 불연속부를 찾아내는 침투탐상검사는 모세관현상을 원리로 한 것이다. 침투제는 미세함 틈세에도 잘 침투될 수 있는 물리, 화학적 성분으로 이루어져 있으며, 색상은 대부분 붉은색 액체이다. 현상제는 시험편 표면에 뿌려 놓으면 결함속에 남아있는 붉은색 침투제가 시험편 표면 위로 빨아드린다. 그러면 백색 분말로 덮힌 결함표면 부분에 붉은색 침투제가 선명하게 나타나 결함을 확인할 수 있다. 그림11-55는 침투 탐상법의 절차를 표현하였다.

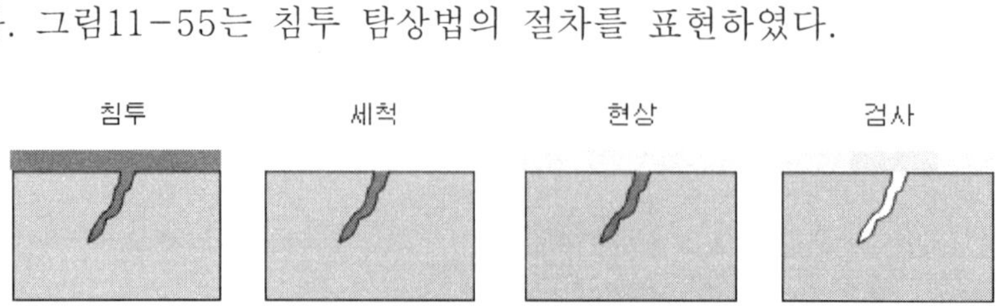

그림11-55 침투 탐상법의 절차

11.5.2 자분탐상시험

자분탐상법은 철강 재료의 자성을 이용하는 방법으로, 강자성체인 시험체를 자화시켰을 때 시험체 조직의 변화 또는 결함 등이 존재하는 경우에는 이로 인하여 시험체에 형성된 자장의 연속성이 깨어져 이 부분에 누설 자장이 형성된다. 이때 시험체의 표면에 자분을 산포하면 누설자장이 형성된 부위에 자분이 달라붙어 시험체 조직의 변화 또는 결함 등의 존재유무, 위치, 크기, 방향 및 범위 등을 검사할 수 있다. 검사방법은 연속법과 잔류법으로 구분하며, 연속법은 자화전류 또는 여자전류(勵磁電流: 극간법의 경우)를 통전하고 있는 동안에 시험면에 자분 적용을 완료시키는 방법이다. "자분 적용을 완료시킨다. "라는 말의 의미는 만약 시험면에 결함이 존재한다면 그 결함에 자분을 잇달아 보내주어 식별 가능한 자분 모양을 형성시킨 후에 시험면 위에서의 자분의 움직임을 정지시키는 것이다. 잔류법은 자화전류 또는 여자(勵磁)전류로 직류를 사용하여 통전을 정지하고 나서 시험면에 자분을 적용하며 결함에 자분모양이 형성된 후에 자분의 적용을 끝내는 방법이다.

시험방법은 KS D0213에 의거 표11-23과 같이 자분의 적용시기, 자분의 종류, 자분의 분산매, 자화전류의 종류 및 자분 방법에 따라 분류한다. 또한, 자화전류의 설정 및 강도는 원칙적으로 KS D 0213에 의해 표11-24에 따른다. 그림11-56에 자분탐상 검사법을 나타내었고, 그림11-57은 자분탐상 시험에 의한 그랙 발견 부품을 표현하였나.

표11-23 자분탐상 시험방법의 분류

분류의 조건	분 류
자분의 적용시기	연속법, 잔류법
자분의 종류	형광자분, 비형광자분
자분의 분산매	건식법, 습식법
자화 전류의 종류	직류, 맥류, 교류, 충격전류
자화 방법	축 통전법, 직각 통전법, 프로드법, 전류 관통법, 코일법, 자속 관통법

표11-24 자분탐상에 필요한 자계의 강도

시험방법	시 험 계	자계의 강도(A/m)
연속법	일반적인 구조물 및 용접부	1200~2000
	주단조품 및 기계부품	2400~3600
	퀜칭한 기계부품	5600이상
잔류법	일반적인 퀜칭한 부품	6400~8000
	공구강 등의 특수계 부품	12000이상

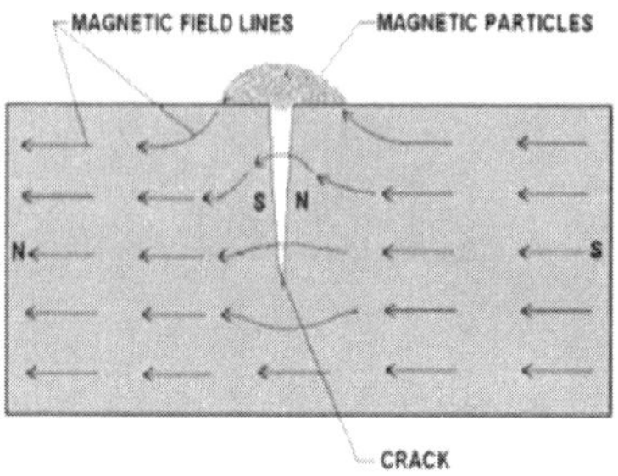

그림11-56 자분탐상시험 개략도

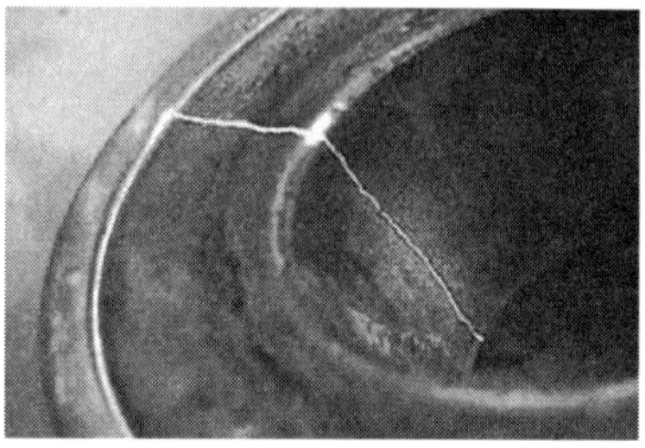

그림11-57 자분탐상시험에 의한 크랙

11.6 강철의 불꽃시험

불꽃 시험법은 금속재료의 대략적인 성분을 빠르고 쉽게 판별할 수 있어 널리 이용된다. 불꽃 시험법의 종류는 다양하지만 가장 일반적인 방법은 강을 그라인더로 연삭할 때 연삭숫돌에서 발생하는 불꽃의 색과 모양을 판별하는 것이다. 철강 재료는 연삭숫돌에서 연삭할 때 마찰열에 의해 높은 온도로 가열된 상태에서 공기 중으로 발산되어 산소와 반응하므로, 연소 되어 불꽃을 만들어 낸다. 이 불꽃 모양은 금속의 종류와 성분 등에 따라 다르게 나타나므로 이를 관찰할 때는 이미 알려진 불꽃과 비교하거나 그렇지 않으면 경험을 기초로 판단하도록 한다. KS D 0218에 의거 그림11-58은 불꽃의 모양과 명칭을 표현하였다.

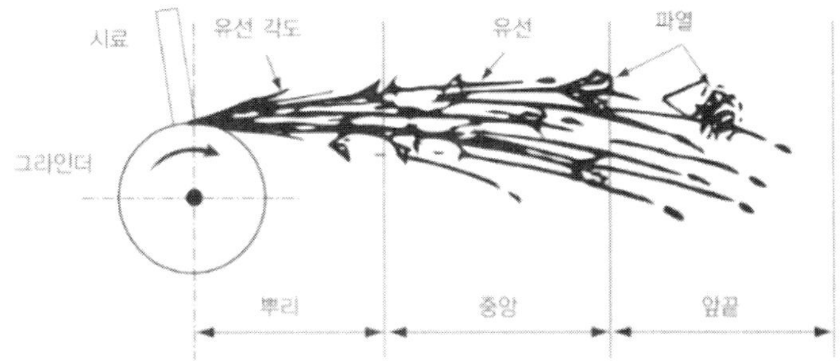

그림11-58 불꽃의 모양 및 명칭

11.6.1 불꽃시험의 기구

1. 그라인더 : 전동형, 압축공기형, 고정식, 가동식 등 종류는 사용상 제약이 없으나, 관찰하는데 충분한 불꽃을 방출시킬 능력을 가지고 있어야 하며, 연삭 및 관찰을 안전하게 할 수 있는 것이어야 한다.
2. 숫돌 : KS L 6501에 규정하는 입도 36 또는 46, 결합도 PM 또는 Q 정도의 숫돌로 20m/s 이상의 원주 속도로 사용하는 것을 표준으로 한다.
3. 보조기구 : 바람의 영향을 막고 직사광선을 피하며, 또는 주위의 밝기를 조절할 필요가 있을 때는 암막, 간막이 또는 가동암상을 사용하는 것이 좋다.

11.6.2 시험방법

시험은 적당히 어두운 실내에서 하는 것이 원칙이며, 옥외 또는 밝은 장소에서 하는 경우에는 보조기구를 사용하여, 불꽃에 직사광선이 닿는 것을 막고 배경의 밝기가 불꽃의 색 또는 밝기에 영향을 주지 않도록 조절해야 한다. 시험할 때는 바람의 영향을 최소화해야 하며, 특히 바람방향으로 불꽃을 방출시키서는 않된다. 또한, 시험품의 연삭은 모재의 화학성분을 대표하는 불꽃을 일으키는 부분에서 하여야 하며, 강재표면의 탈탄층, 침탄층, 질화층, 가스절단층 스케일 등은 모재와 다른 불꽃을 일으키기 때문에 그 부분을 피하여야 한다. 시험품을 그라인더로 누르는 압력, 또는 그라인더를 시험품에 누르는 압력은 동일하게 하여야 하고, C 0.2% 정도의 탄소강의 불꽃의 길이가 500mm 정도 되도록 하는 압력을 표준으로 한다. 시험편의 크기는 지름 15~20mm, 길이100~150mm로 제작하여 사용한다.

11.6.3 강종의 추정방법

불꽃시험에서 재료의 종류를 판단할 때는 다음과 같은 원칙하에서 판단하여야 한다. ① 불꽃의 발생 여부에 따라 철계와 비철계로 분류한다. ② 불꽃 형태에 따라 강과 주철로 분류한다. ③ 강의 경우 불꽃의 많고 적음에 따라 탄소강을 추정한다. ④ 니켈, 크로뮴, 몰리브데넘, 텅스텐, 코발트, 바나듐 등의 특수원소의 유무를 관찰하면서 탄소강, 특수강으로 구별한다. ⑤ 특수강의 경우에는 구조용 강, 표면 강화용 강, 스테인레스강, 공구강으로 구분한다. ⑥ 유선이 시작되는 뿌리부에서는 주로 미량 함유되어 있는 탄소나 니켈을 판별한다. ⑦ 유선의 중앙부 색상과 불꽃의 형태로 니켈, 크로뮴, 망가니즈, 규소, 탄소, 알루미늄, 마나듐 등을 식별한다. ⑧ 유선의 맨 끝에 나타나는 형태와 파열의 유무에 따라서 망가니즈, 몰리브데넘, 텅스텐 등의 특징을 판정한다. 불꽃의 부분별 관찰 사항은 뿌리 부분은 탄소나 니켈 함유량이 미량 나타나며, 중앙 부분은 유선의 밝기와 불꽃 모양에 따라서 니켈, 크로뮴, 알루미늄, 망가니즈, 규소, 바나듐 등을 판별할 수 있다. 끝부분은 꼬리 불꽃의 변함에 따라서 망가니즈, 몰리브데넘, 텅스텐 등의 원소를 판별할 수 있으며, 불꽃의 색깔은 밝을수록 탄소량이 많다는 의미이며, 눌림의 느낌 강도에 따라 특수원소의 함량을 파악할 수 있다.

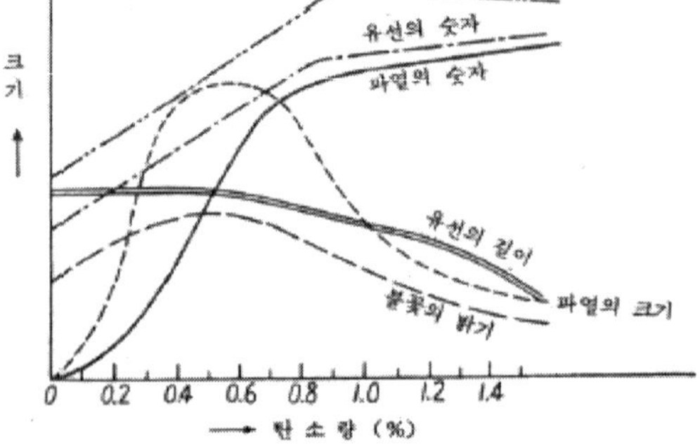

그림11-59 탄소강의 불꽃특성도(KS D 0218)

그림11-59은 탄소강의 불꽃 특성도를 나타내었다. 표11-25에서 탄소강의 탄소함유별로 불꽃의 특성을 나타내었으며, 그림11-60에 탄소강 불꽃의 특징(탄소파열)을 나타내었다.

표11-25 탄소강의 불꽃 특성표

C %	유 선					파 열				손의
	색깔	밝기	길이	굵기	숫자	모양	크기	숫자	꽃가루	느낌
0.05 미만	오렌지색	어둡다	길다	굵다	적다	파열없다(가시모양은 인정된다)				부드럽다
0.05						2줄파열	적다	적다	없다	
0.1						3줄파열			없다	
0.15						여러줄파열			없다	
0.2						3줄파열 2단꽃핌			없다	
0.3						여러줄파열 2단꽃핌			나타나기 시작한다	
0.4		밝다	길다	굵다		여러줄파열 3단꽃핌	크다		있다	
0.5										
0.6										
0.7										
0.8										
0.8 초과	빨간색	어둡다	짧다	가늘다	많다	복잡	적다	많다	많다	단단하다

11.6.4 합금원소에 의한 불꽃의 특징

1. 탄소강, 저합금강의 경우

1) 먼저 탄소파열의 다소에 따라 C%를 추정하고, 0.25%C 이하, 0,25%C 초과하여 0.5%C 이하, 0.5%C를 초과하는 것으로 대별한다.

2) 다음에 0.5%C 이하이면 Ni, Cr, Si, Mn, Mo 등이 함유되어 있는 것이 있고, 0.5%를 초과하는 것이면 위 원소 외에 W, V 등이 함유되어 있는 것이 있으므로 이들 합금원소의 유무를 조사하여 탄소강인가 저합금강인가를 추정한다.

3) 저합금강이면 합금원소의 특징을 관찰하여, 그 종류와 양으로 강종을 추정한다.

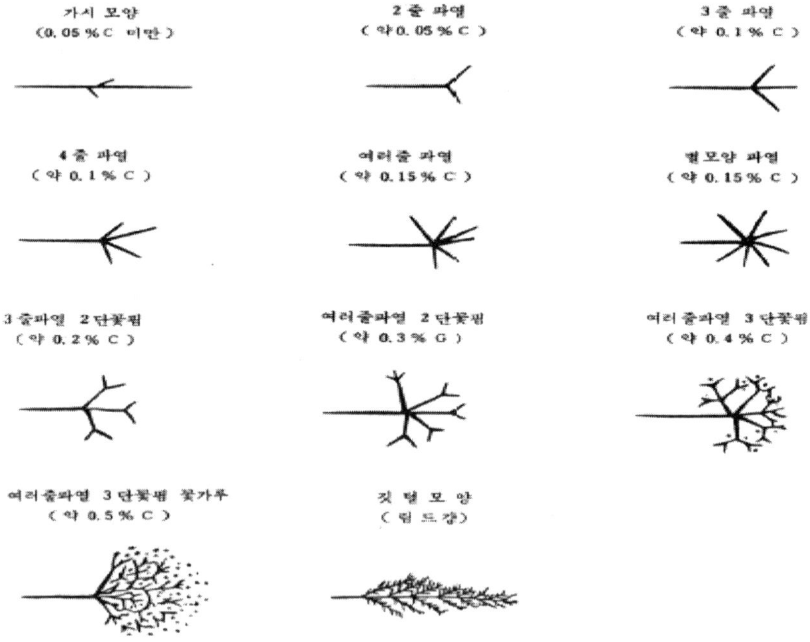

그림11-60 탄소강 불꽃의 특징(탄소파열)

2. 고합금강인 경우

주로 유선의 색깔에 의하여 스테인리스강, 내열강, 고속도공구강, 합금공구강으로 구별한다. 이들의 고합금강에는 Ni, Cr, Mo, W, V, Co 등이 함유되어 잇기 때문에 불꽃의 특징에 따라 합금원소의 종류와 양을 관찰하여 강종을 추정한다. 표11-26에 불꽃특성에 미치는 합금원소의 영향을 나타내었다. 그림11-61에 합금원소에 의한 불꽃의 특징을 나타내었다. 또한, 그림11-62에는 탄소강의 불꽃 모양을 탄소함유량별 또는 합금강의 불꽃을 표현하였다.

표11-26 불꽃 특성에 미치는 합금원소의 영향

영향의 종류	합금 원소	유선				파열				손의 느낌	특징	
		색깔	밝기	길이	굵기	색깔	모양	숫자	꽃가루	연하다	모양	위치
탄소파열조장	Mn	황백색	밝다	짧다	굵다	흰색	가는나무 가지모양	많다	있다	연하다	꽃가루	중앙
	Cr	오렌지색	어둡다	짧다	가늘다	오렌지색	국화꽃 모양	불변	있다	단단하다	꽃	앞끝
	V	변화적다				변화적다	가늘다	많다	–	–	–	–
탄소파열저지	W	암적색	어둡다	짧다	가는 파상 단속	빨간색	작은방울 여우꼬리	적다	없다	단단하다	여우꼬리	앞끝
	Si	노란색	어둡다	짧다	굵다	흰색	흰구슬	적다	없다	–	흰구슬	중앙
	Ni	붉은 황색	어둡다	짧다	가늘다	붉은 황색	팽창섬광	적다	없다	단단하다	팽창섬광	중앙
	Mo	붉은 오렌자색	어둡다	짧다	가늘다	붉은 오렌지색	창끝	적다	없다	단단하다	창끝	앞끝

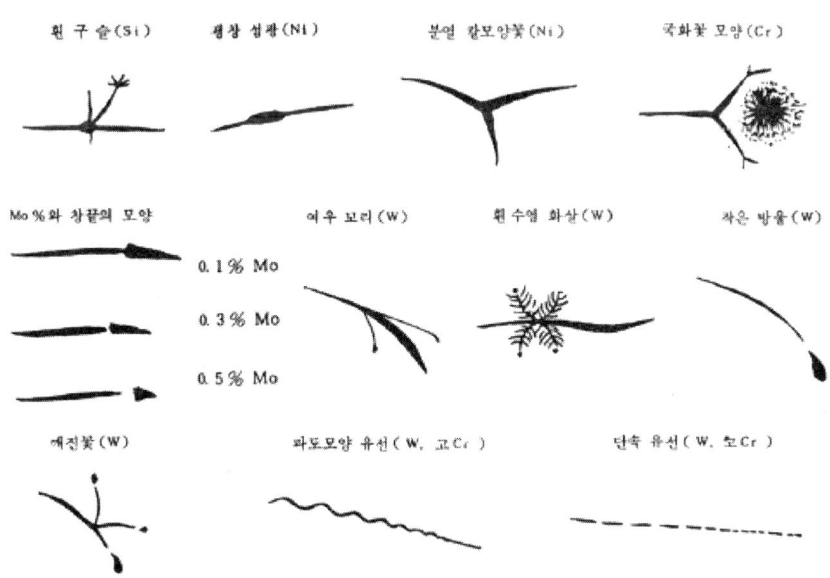

그림11-61 합금원소에 의한 불꽃의 특징

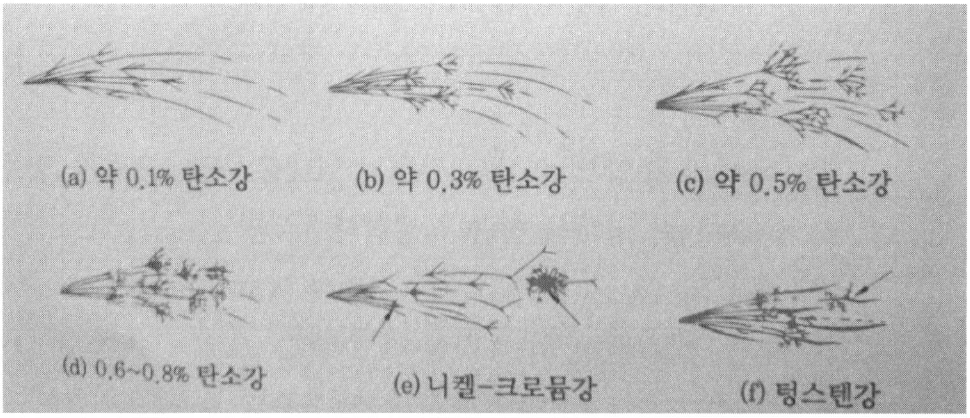

그림11-62 탄소강의 불꽃모양

열처리 용어

철강 열처리 용어 (Glossary of Terms used in Treatment of iron and steel)

1. 적용범위 : 이 규격은 광공업에서 사용되는 철강의 열처리에 관한 주요 용어와 그 표기법 및 의미에 대하여 규정한다

2. 분류 : 철강 열처리 용어를 다음의 네 종류로 한다
 1) 열처리 일반
 2) 소균(燒均) 및 소둔(燒鈍)
 3) 담금질(燒入) 소려(燒戾) 및 시효
 4) 표면 경화처리(硬化處理) 및 표면처리

3. 철강 열처리 용어 : 주로 용어에 대하여 다음과 같이 정한다.

1) 열처리 일반

번호	용 어	영문 표기	의 미
1	열처리 (熱處理)	Heat treatment	철강에 소요의 성질을 부여할 목적으로 실행하는 가열과 냉각의 여러 가지 조합.
2	광휘 열처리 (光輝 熱處理)	Bright heat treatment	철강을 보호 분위기 또는 진공중에서 열처리 함으로서 표면의 고온산화 및 탈탄(脫炭)을 방지하고, 표면광휘 상태를 유지하는 열처리 – Bright annealing (光輝燒鈍) – Bright normalizing (光輝燒均) – Bright quenching (光輝燒入) – Bright tempering (光輝燒戾)
3	분위기 조절	Controlled	노 내의 분위기 가스를 목적에 따라 각각

번호	용 어	영문 표기	의 미
	열처리 (分圍氣 調節 熱處理)	atmosphere heat treatment	조절하여 실행하는 열처리, 분위기 가스에는 산화성,환원성,불활성, 침탄성, 질화성 등의 종류가 있다.
4	가공 열처리	Thermomechanical treatment	소성가공과 열처리를 유기적으로 조합시킴으로서 강의 기계적 성질등을 향상시키는 조작. 준안정 오스테나이트의 온도범위로 소성가공한 뒤 멀린 사이트 변태를 실행시키는 오스폼이 그 대표적인 것으로서, 온간가공(Warm working) 등도 포함된다.
5	안정화 처리	Stabilizing treatment	조직을 안정화하고 또한 부품의 모양, 치수의 시간경과 변화를 방지하기 위해 실행하는 열처리, 티탄 또는 니오브를 포함한 오스테나이트계 스테인레스강에서는, 850~900°C의 온도범위에서 적당한 시간동안 가열하고 "티탄" 또는 "니오브"의 탄화물을 석출(析出)시켜, 안정된 조직으로 하는 열처리, 이에따라 입계부식(粒界腐食)은 발생하기 어려워진다.
6	소킹	Soaking	재료의 내외 온도차가 적어지도록 할 목적으로, 적당한 시간, 일정한 온도로 유지할 것. 균열이라고도 한다.
7	오스테나이트화	Austenitizing	철강을 변태온도역 이상의 온도로 가열하여, 오스테나이트로 하는 조작 (완전 오스테나이트화) 또한 변태온도역 내의 온도로 가열하는 것을 부분 오스테나이트화라 한다.
8	경화	Hardening	적당한 가열, 냉각처리로 경도를 증가시키는 조작. 시효경화,석출경화, 급냉경화,Case Hardening 경화등의 종류가 있다.
9	시효경화	Seasoning	주물의 주조내부응력(鑄造內部應力)을 제거하기 위해, 오래도록 방치하는 조작.
10	확산	Diffusion	물체의 내부에서 장소에 다라 농도차(濃度差)가 있을 때 농도가 큰 부분에서 작은 부분으로 원자가 이동하는 현상.
11	과열	Overheat	재료의 제반 성질이 손상될 정도의 고온도까지, 금속 또는 합금이 가열되는 것. 나중의 열처리나 기계가공 또는 가공과 열처리의 조합 작업으로, 본래 가지고 있던 제반 성질을 회복할 수 없는 경우에는 그 가열은 버닝(burning) 이라 한다.
12	재결정 (再結晶)	Recrystallization	냉간가공 등에서 소성변형을 받은 결정(結晶)이 가열될 때 내부 응력이 감소되는 과정에 있어서 변형이 남아 있는 본래의 결정입자에서 내부변형이 없는 새로운 결정의 핵이 발생하고 그 수를 늘리는 동시에 개개의 핵은 차츰 성장하여 본래의 결정입자로 바뀌어가는 현상. 재결정을 일으키는 온도를 재결정 온도라 한다. 이 온도는, 금속 및 합금의 순도(純度)

번호	용 어	영문 표기	의 미
			또는 조성, 결정 내의 소성변형의 정도,가열시간에 따라 현저하게 영향을 받는다
13	결정입자 조대화 (粗大化)	Coarsening	다결정체를 고온으로 가열함으로써 결정입자가 커지는 현상
14	엔리치 가스	Enriched gas	탄소성 분위기의 "카본 포텐셜을 증가시키기 위하여 첨가하는 탄화수소" 등의 가스
15	카본 포텐셜	Carbon potential	강을 가열하는 분의기의 침탄능력을 나타내는 말로서, 그 온도에서 강의 탄소량과 평균시켰을 때의 강 표면의 탄소온도를 나타낸다.
16	노점 (露點)	Dew point	분위기중의 수분이 응축(凝縮)되기 시작하는 온도. 가스침탄인 경우에는 노점으로 카본 포텐셜을 조절할 수 있다.
17	탈탄 (脫炭)	Decarburization	탄소와 반응하는 분위기 속에서 철강을 가열할 때, 표면에서 탄소가 소실되는 현상. 침탄되는 층을 탈탄층이라 하며, 이것에는 전탈탄층 깊이, 페라이트 탈탄층 깊이, 특정 잔탄율 탈탄층 깊이, 실용 탈탄층 깊이 등이 있다.
18	백점 (白點)	Flake Shatter crack	강재의 파열면에 나타나는 백색의 광택을 가진 반점. 저합금강의 대형단강품(大形鍛鋼品) 등에서 자주 볼 수 있다. 열간가공 후의 냉각 과정에서 생기는 변태능력, 수소의 석출(析出)에 따른 내부변형 등에서 유발되는 내부균열을 생각할 수 있다.
19	하이드로겐 엠브리틀멘트	Hydrogen Embrittlement	수소의 흡수로 금속 및 합금의 인성이 저하되는 현상. 이 현상은 산세정(酸洗淨), 전기도금을 할 때 발생한다.
20	레드 쇼트니스	Red shortness	열간가공의 온도범위에서 발생되는 현상.
21	블루 쇼트니스	Blue shortness	온도가 200~300°C 부근에서 강의 인장강도와 경도가 상온보다 커져서 신장, 인발이 낮고 물러지는 현상. 블루 쇼트니스라 불으는 것은, 이 온도범위에서, 푸른 산화피막이 형성되기 때문이다.
22	콜드 쇼트니스	Cold shortness	실온 부근 또는 그 이하의 저온에서 강의 충격치가 급격히 저하되고 물러지는 현상.
23	엠브라이틀 레멘트	Embrittlement	σ상의 석출분리(析出分離)에 의해 발생되는 "엠브라이틀레멘트" 현상. σ상이란, 크롬을 20% 이상 함유한 고크롬강과, 고크롬 니켈강 등에 나타나는 중간상이며, 정방정(正方晶)으로 단위 포에 30원자를 포함하여, 비자성(非磁性)으로 단단하고 무르다.
24	시간경과 변형	Secular distortion	실온으로 오래동안의 사이에 재료의 치수, 모양이 변화하는 것.
25	주철의 성장	Growth of cast iron	주철이 A1점의 상하의 온도에 가열, 냉각을 반복했을 때 일어나는 불가역적(不可逆的)인 이상팽창 현상.

번호	용 어	영문 표기	의 미
26	변태점	Transformation tempera -ture	온도를 상승 또는 하강시킨 경우등에, 일정, 상(相)이 다른 상으로 변화하는 현상을 변태라 하며, 변태가 발생하는 온도를 변태점이라 한다. 철강에는 다음과 같은 기호를 사용한다. −Accm점 : 과공석강(過共析鋼)에서 가열시 "세멘타이트"의 "오스테나이트"의 녹아짐(溶)이 완성되는 온도. −Ac1점 : 가열시 "페라이트"+"세멘타이트"에서 "오스테나이트"로의 변태가 시작되는 온도. −Ac3점 : 아공석강(亞共析鋼)에서, 가열시에, α철에서 τ철로, 또한 "페라이트"에서 "오스테나이트"로의 변태가 완료되는 온도. −Ac4점 : 가열시, γ철에서 δ철로, 또는"오스테나이트"에서 δ"페라이트"로 변태되는 온도. −Arcm점 : 과공석강에서, 냉각시 "세멘타이트"가 "오스테나이트"에서 석출되기 시작하는 온도. −Ar'점 : 냉각시에 Ar1점 보다 어느정도 낮은 온도까지 과냉각된 "오스테나이트"에서 "페라이트" 또는 "페라이트"+"세멘타이트"로의 변태가 시작되는 온도 −Ar1점 : 냉각시에 "오스테나이트"에서 "페라이트"+"세멘타이트"로의 변태가 시작되는 온도. −Ar3점 : 냉각시에 τ철에서 α철로, 또는 "오스테나이트"에서 "페라이트"로의 변태를 시작하는 온도 −Ar4점 : 냉각시에 δ철에서 τ철로, 또한 δ"페라이트"에서 "오스테나이트"로 변태하는 온도. −Aecm, Ae1점, Ae3점, Ae4점 : 평형상태(平衡狀態)에서의 상기 각 변태온도. −Ms점 : "오스테나이트"에서 "멀텐사이트"가 발생하기 시작하는 온도. 냉각속도에 거의 관계없으며, "오스테나이트"의 화학조성에 따라 정해지는 일정온도에 있다. Ar점 이라고도 한다. −Mf점 : "오스테나이트"에서 "멀텐사이트"로으 변태가 종료되는 온도. Mf점에서는 반드시 "오스테나이트"가 전부 소실된다고 단정할 수 없다.
27	자기변태 (磁氣變態)	Magnetic transformation	강자성체(强磁性體)에서 상자성체(常磁性體)로, 또는, 상자성체에서, 강자성체로의 변화. 결정(結晶)구조의 변화는 변하지 않는다.
28	α 철	α iron	911°C 이하의 온도에서 안정된 체심입방정(體心立方晶)의 순철.
29	δ 철	δ iron	1392°C 에서 용융점(熔融點) 까지의 온도범위로 안정된 체심입방 의 순철
30	페라이트	Ferrite	α 철 고용체(固溶體) 및 δ 철 고용체에 붙여진 조직상의 명칭.
31	초석(初析)	Pro-eutecoid	아공석강(亞共析鋼)을 고온에서 냉각시킬 때,

번호	용 어	영문 표기	의 미
	페라이트	ferrite	공석(共析) 변태에 앞서 "오스테나이트"에서 석출하는 "페라이트".
32	실리콘 페라이트	Silicon-ferrite	주철 및 가단 주철처럼 다량의 규소를 함유한 "페라이트".
33	τ철	τ iron	911°C 에서 1392°C 의 온도범위에서 안정된 면심입방(面心立方晶)의 순철
34	오스테나이트	Austenite	τ 철의 고용체에 붙인 조직상의 명칭.
35	고용체(固溶體)	Solid solution	하나의 고체에 다른 원소가 균일하게 녹아들어서 생긴 단일의 고체.
36	공정(共晶)	Eutectic	냉각 과정에서, 하나의 용액에서 두 개 이상의 고싱(固相)이 밀집하게 혼합된 조직으로의 변화, 또는 그 반응으로 생긴 조직. 평균상태 그림으로서 공정성분(共晶性分) 보다 합금원소 농도가 적을 때에는, 아공정(亞共晶), 많을때에는 과공정(過共晶)이라 한다.
37	공석(共析)	Eutectoid	냉각 과정에서, 하나의 고용체에서, 두 개 이상의 고상이 밀접하게 혼합된 조직으로의 변태, 또는 그 변태로 생긴 조직. 평균상태 그림으로서 공석성분 보다 합금원소 농도가 적을 때에는 아공석, 많을 때에는 과공석 이라 한다.
38	석출(析出)	Precipitation	고용체에서 이상(異相)의 결정이 분리성장하는 형상.
39	편석(偏析)	Segregation	합금원소나 불순물의 불균일 분포.
40	무늬상 조직	Banded structure	압연 또는 단조신장 방향으로 평행하게 늘어선 편석(偏析)조직
41	탄화물(炭化物)	Carbide	탄소와 하나 또는 그 이상의 금속원소와의 하합물, 특히 두 개 이상의 금속 원소를 필요성분으로 하는 것을 복탄화물(Double carbide)이라 한다.
42	세멘타이트	Cementite	철과 탄소의 화합물로서, 화학식은, 근사적(近似的)으로 Fe3C 로 표시된다.
43	초석(初析) 세멘타이트	Pro-eutectoid cementite	과공석강을, 고온에서 냉각할 때, 공석(共析) 변태에 앞서 "오스테나이트"에서 석출하는 "세멘타이트"
44	퍼얼라이트	Pearlite	"오스테나이트"의 냉각시, Ar1 변태로 생긴 "페라이트"와 "세멘타이트"의 층상조직(層狀組織), 냉각속도의 대소에 의해 층상조직에 소밀(疏密)을 일으킨다. 광학현미경으로 식별이 곤란할 정도로 치밀한 경우에는 미세 "퍼얼라이트" (finepearlite)라 한다.
45	결정입도(結晶粒度)	Grain size number	다 결정재의 단위면적 또는 단위 체적당 입자수로 나타낸 결정입자의 크기의 단위. 일반적으로 이것을 면적측정으로 구한 입도번호로 나타낸다. "오스테나이트"결정 입도의 시험방법은, JIS G 0551 에, 또한 "페라이트"결정입도의 시험방법은, JIS G 0552

번호	용 어	영문 표기	의 미
			에 규정하고 있다.
46	오스테나이트 결정입도	Austenite grain size	오스테나이트 상태에서의 결정입자 크기를 말하며, 일반적으로 입도번호를 나타낸다.
47	페라이트 결정입도	Ferrite grain size	페라이트 조직의 결정입자의 크기를 말하며, 일반적으로 입도번호를 나타낸다.
48	위드맨드 텃텐, 조직	Widmandtatten	본래의 ? 고용체(固溶體) 내부의 특정 결정면에 따른 기하학적 모양을 나타내는 냉각 변태 조직.
49	쌍정(雙晶)	Twin	하나의 결정입자 가운데, 결정격자(結晶格子)의 구조는 동일하지만, 어느 일정면(쌍정면이라고도 한다)을 경계로 하여, 본래의 결정격자에 대하여, 경면대칭(鏡面對稱)으로 되어 있는 결정. 일반금속에서 볼 수 있는 쌍정의 종류로서는, 변형쌍정(變形雙晶) 변태쌍정 및 소둔(燒鈍)쌍정 등이 있다.
50	어니일링 트윈	Annealing twin	"오스테나이트"강을 소둔(燒鈍)하여 재결정할 때 자주 나타나는 쌍정(雙晶)
51	공정흑연(共晶黑鉛)	Eutectic graphite mottling	가단 주조철의 소둔(燒鈍) 이전에, 이미 백주철(白鑄鐵) 속에 존재하는 흑연, "모톨"이라고도 함.
52	편상흑연(片狀黑鉛)	Graphite flake, Flake graphite.	Glay cast 주철속에 생기는 편상의 흑연 장미모양의 흑연, 공정흑연도 여기에 포함된다.
53	구상흑연(球狀黑鉛)	Shperoidali graphite nodular graphite	"마그네슘" 등으로 처리하여 제조한 구상흑연 주철에 생기는 치밀한 구상의 흑연으로, 평활한 윤곽을 가지고 있다.
54	백주철(白鑄鐵)	White iron	공정 "세멘타이트" 와 "퍼얼라이트" 로 된 주철로서, 흑연의 정출(晶出)이 없는것.

2) 소균(燒均) 및 소둔(燒鈍)

번호	용 어	영문 표기	의 미
1	노멀라이징(燒均)	Normalizing	철강의 앞가공의 영향을 제거하고, 결정입자를 미세화하여, 기계적 성질을 개선하기 위해, Ac_3 점 또는 Accm점 이상의 적당한 온도로 가열한 뒤, 통상은 공기중에서 냉각하는 조작, 철강의 "노멀라이징" 가공은, JIS B 6911에 규정되어 있다.
2	어니얼링(燒鈍)	Annealing	철강을 적당한 온도로 가열하고, 그 온도로 유지한 뒤, 서서히 냉각시키는 조작. 그 목적은, 내부응력의 제거, 경도의 저하, 피삭성(被削性)의 향상, 냉간가공의 개선, 결정조직의 조정, 또는 소요의 기계적, 물리적, 또는 기타 성질을 얻는 것 등이다. 철강의 "어니얼링" 가공은 JIS B 6911 에 규정되어 있다.

번호	용 어	영문 표기	의 미
3	완전한 어니얼링 열처리(完全燒鈍)	Full annealing	철강을 Ac_3 점(아공석강) 또는 Ac_1 점(과공석강) 이상의 온도로 가열하고, 그 온도로 충분한 시간유지를 한 뒤, 매우 서서히 냉각시켜 이것을 연화(軟化) 시키는 "어니얼링"
4	경화 어니얼링 (硬化燒鈍)	Softening	경도를 일정하게 저하시키고, 나중의 소성가공 또는 절삭 가공을 용이하게 하기위해, Ac_1 점의 위 또는 아래의 온도로 가열하여 실행하는 "어니얼링"
5	응력제거 어니얼링 (應力除去燒鈍)	Stress relieving	철강을 변태점 이하의 적당한 온도로, 가열유지하고, 단조 주조, 기계가공, 용접 등에서 생긴 잔류응력을 제거하는 "어니얼링"
6	저온 어니얼링 (低溫燒鈍)	Low temperature annealing	내부응력의 저하, 또는 연화를 목적으로 하여, Ac_1 점 이하로 실행하는 "어니얼링". 재결정온도(再結晶溫度) 이하로 실행할 경우도 있다.
7	확산 어니얼링 (擴散燒鈍)	Homogenizing	철을 확산에 의해 균질화(均質化) 하기위해, Ac_3 점 또는, Accm점 이상의 적당한 온도로 가열하여 실행하는 "어니얼링"
8	구상화 어니얼링 (球狀化燒鈍)	Shperoidizing	소성가공, 절삭가공을 요이하게 하고, 또한 기계적 성질을 개선할 목적으로 철강속의 탄화물을 구상화(球狀化) 하는 "어니얼링"
9	등온 어니얼링 (等溫燒鈍)	Isothermal annealing	철강을 Ac_3점(아공석강) 또는 Ac_1점(과공석강) 이상의 적당한 온도로 가열한 뒤, Ar_1점 이하의 비교적 급속한 "퍼얼라이트" 변태 진행온도까지 급냉시키고, 그 온도로 유지하여 "오스테나이트'를 "페라이트" 와 탄화물로 변태시켜 비교적 짧은 시간에 연화하는 "어니얼링". 사이클 어니얼링(Cycle annealing) 이라고도 함.
10	중간 어니얼링 (中間燒鈍)	Process annealing	(1) 냉간가공으로 경화한 강을 연화하고, 계속해서 실행하는 냉간가공을 용이하게 할 목적으로, 재결정온도 이상 Ac_1점 이하의 적당한 온도로 실행하는 "어니일링" (2) 단강품(鍛鋼品) 의 제조공정중, 최종열처리전에 1회 내지 수회로 나누어 실행하는 "어니얼링". "인터메디에 어니얼링" 이라고도 함.
11	상자형 어니얼링	Box annealing Pot annealing	"어니일링" 시의 표면산화를 방지하기 위하여, 철강을 밀폐한 용기내에 넣어서 실행하는 "어니얼링"
12	가단화 어니얼링	Malleablizing	백주철(白鑄鐵)의 화합탄소 전부 또는 일부를, 장시간의 가열로 흑연화하고, 또한 표면에서 탈탄(脫炭)시켜, 점도가 있는 주철을 얻기 위해 실행하는 "어니얼링"
13	흑연화 어니얼링	Graphitizing	철강의 탄소 전부 또는 일부를 흑연으로 바꾸기 위하여 실행하는 "어니얼링"
14	제1단 어니얼링	First stage annealing	제1단 흑연화를 위한 "어니얼링"
15	제2단 어니얼링	Second stage annealing	제2단 흑연화를 위한 "어니얼링"

번호	용 어	영문 표기	의 미
16	예비 어니얼링	First annealing	백주철(白鑄鐵) 의 흑연화를 촉진시키기 위해, 사전에 Ac1점 이하의 적당한 온도로 실행하는 "어니얼링".
17	탈탄(脫炭) 어니얼링	Decarburizing annealing	철강의 표면에서 탄소를 제거하여 연성(延性)을 부여하기 위한 "어니얼링".
18	제1단 흑연화	First stage	가단주철 제조시, 공정(共晶) "세멘타이트" 가 "템퍼링" 탄소와 "오스테나이트" 로 분해하는 현상.
19	제2단 흑연화	Secon stage	가단주철 제조시, 공석(共析) "세멘타이트" 가 "템퍼링" 탄소와 "페라이트" 로 분해하는 현상.
20	회복(回復)	Recover	냉간의 소성변형에 의해 발생된 내부응력이, 저온 "어니 얼링' 결과로써 제거되는 것.
21	구상 탄화물	Globular carbide, Spheroidal carbide	탄화물이 구상으로 된 것.
22	구상 세멘타이트	Globular cemmentite, Spheroidal cemmentite	"세멘타이트"가 구상으로 된 것.
23	템퍼링 탄소	Temper carbon	백주철(白鑄鐵) 의 흑연화 "어니얼링"에 의해 석출한 흑연.
24	흑연화	Graphitization	"세멘타이트"가 고온에서 분해되고, "세멘타이트"의 탄소가 흑연이 되는 것. 흑연화에는, 제1단, 제2단 흑연화가 있다.

3) 담금질(燒入) , 소려(燒戾)

번호	용 어	영문 표기	의 미
1	담금질	Quench hardening quen-ching	"오스테나이트"화 온도에서 급내하여 경화하는 조작. 또한 급속히 냉각시키는 조작을 말하는 것도 있다
2	물 담금질	Water quenching	냉각제에 물을 사용하여 실행하는 담금질.
3	기름 담금질	Oil quenching	냉각제에 기름을 사용하여 실행하는 담금질.
4	열욕 담금질	Hot bath quenching	냉가제에 적당한 온도로 유지된 열욕(용융금속, 용융염, 기름 등)을 사용하고, 이열욕에서 적당한 시간을 유지시킨 뒤 끌어 올려서 공냉하는 담금질
5	공기 담금질	Air quenching	공기중에서 냉각하는 담금질. 자경성(自硬性)을 가진 강을 담금질하는 경우에 실행된다.
6	분사 담금질	Spray quenching	냉각제를 분사하여 실행하는 담금질.
7	분무(噴霧) 담금질	Fog quenching	안개모양의 냉각액 중에서 실행하는 담금질.
8	계단(階段)	Interrupted	강을 담금질할 때, 변형발생과 갈라짐을

번호	용 어	영문 표기	의 미
	담금질		방지하고, 또한 담금질후의 성질을 적당히 조절하기 위해, "페라이트" 및 "퍼얼라이트" 생성온도(生成溫度) 이하로 급냉시키고, 또한 "멀텐사이트" 생성온도보다 높은 온도에 있는 동안에 냉각제를 끌어 올려서, 그대로 대기중에서 냉가시키던가, 또한 적당한 매제(媒劑) 중에서 냉각하는 조작.
9	시간 담금질	Time quenching	냉각제 중에 적당한 시간동안 유지시킨 뒤, 담금질중인 재료를 끌어 올리는 방법에 의한 계단 담금질.
10	프레스 담금질	Press quenching	프레스한 상태로 실행하는 담금질. 담금질 변형을 극도로 꺼리는 기계부품에 적용되며, 다이퀜징(dieguenching) 이라고도 함.
11	부분 담금질	Selective quenching	부품의 각부에 소요의성질을 부여하기 위해, 국부적으로 실행하는 담금질.
12	베이나이트 담금질	Bainitic hardening	"베이나이트"를 얻는 담금질.
13	슬랙 담금질	Slack quenching	"오스테나이트"화 온도에서 담금질하여 강을 경화하는 과정으로, 각각의 강의 임계(臨界) 냉각속도보다 다소 느린 속도로 냉각하는 담금질. 이 경우 강은 완전히 경화되지 않고, " 멀텐사이트"외에 또는 "멀텐사이트"로 변하여 한 종류 또는 그 이상의 변태생성물(變態生成物)이 생긴다.
14	단조 담금질	Ausforing	"오스테나이트" 상태로 단조처리하고, 그대로 직접 실행하는 담금질, 단조 담금질에서는 안정 "오스테나이트" 상태로 실행하는 것과, 준안정 "오스테나이트' 상태로 실행하는 것 등, 두 종류가 있다.
15	마아템퍼링	Martemperring	칠깅을 담금질할 때 변형발생과 갈라짐을 방지하고, 또한 적당한 담금질 조직을 얻기 위해, "멀텐사이트" 생성온도 영역의 상부 또는 그것보다 약간 높은 온도로 유지한 냉각제 중에서 담금질하여, 각부가 일정하게 그 온도가 될 때까지 유지시킨 뒤 서서히 냉각하는 조작. "마아퀜징"(Marguenching) 이라고도 함.
16	서브제로 처리	Subzero treatment	강을 0°이하의 저온으로 냉각하는 조작. 담금질한 강에 이 처리를 적용할 때에는, 잔류 "오스테나이트" 는 "멀텐 사이트"로 변태되어 감소한다. 부품의 해수 변형을 방지하는 등의 효과가 있다. 심냉처리(深冷處理) 라고도 한다.
17	오스템퍼	Austempering	철강에 강도와 점도를 부여하고, 또한 변형발생 및 갈라짐을 방지하기 위해, Ac3점 또는 Ac1점 이상의 적당한 온도로 가열하고, 그 온도로 안정된 "오스테나이트" 조직 으로한 것을,

번호	용 어	영문 표기	의 미
			변태를 저지하여 그대로 "페라이트" 및 "퍼얼 라이트" 생성온도 이하, "멀텐사이트" 생성온도 이상의 적당한 온도범위오 유지한 냉각제 중에서 급냉시키고, 그 온도로 변태를 완료시킨 뒤, 실온까지 적당히 냉각하는 조작.
18	파텐칭	Patenting	중탄소강 또는 고탄소강의 강선제조공정중에, 인발가공을 용이하게 하는 동시에 가공에 의해 좋은 성질을 얻기위해, 사전에 Ar1점 이하의 적당한 온도(주로 약 500°C)로 유지한 용융연 또는 용용염 속에서 급냉시키고, 다시 상온까지 공냉하는 조작이다. 때로는 "오스테나이트"화 후, 공냉하는 것도 있는데, 이 경우에는, 특히 공기 "파텐팅"이라 한다. 이 공기 "파텐팅" 에 대하여, 상기의 연(鉛) 속에서 실행하는 경우를 연 "파텐팅" 이라 한다.
19	템퍼링(燒戾)	Tempering	담금질에서 발생된 조직을, 변태 또는 석축을 진행시켜서 안정된 조직으로 근접시켜, 소요의 성질 및 상태를 부여하기 위해, Ac1점 이하의 적당한 온도로 가열, 냉각하는 조작. "노멀라이징"후에 사용하는 것도 있다.
20	반복 템퍼링	Repeated tempering	고합금강, 고속도 공구강 등과 같이 1회의 "템퍼링"으로 효과가 충분히 올라가지 않는 경우에, "템퍼링"을 2~3회 반복하는 조작
21	조질(調質)	Thermal refining	담금질 후, 비교적 높은 온도(대략 400°C 이상)로 "템퍼링"하여, "톨스타이트" 또는 "솔바이트" 조직으로 하는 조작.
22	시효(時效)	Ageing	급냉 또는 냉각가공 뒤, 시간의 경과에 따라 강의 성질 (예를들면 경도 등)이 변화하는 현상, 시효조작에 사용하는 것도 있다. 담금질시효, 변형시효 등이 있다. 또한, 실온에서 진행하는 시효를 자연시효(Natural ageing), 실온이상의 적당한 온도로 가열했을 때의 시효를, 인공 시효(Artifical ageing)라 한다.
23	담금질 시효(燒入時效)	Quench ageing	고온에서 급냉한 철강을 실온 또는 그보다 조금 높은 온도로 유지했을 때에 발생하는 시효.
24	변화시효	Strain ageing	냉간 가공한 재료에 발생하는 시효.
25	과시효(過時效)	Overageing	가령 경도 등의 성질이 최고가 되는 온도와, 시간보다도 높은 온도 또는 긴 시간에서 발생하는 시효.
26	고용화 열처리(固溶化 熱處理)	Solution treatment	강의 합금 성분을 고용체로 용해하는 온도 이상으로 가열 하여, 충분한 시간동안 유지시키고, 급냉시켜 그 석출을 지지하는 조작.

번호	용 어	영문 표기	의 미
27	과냉(過冷)	Supercooling	변형과 석출의 일부 또는 전부를 지지하여, 변형점 이하 또는 용해선도(溶解度線) 이하의 온도로 냉각하는 조작.
28	수인(水靭)	Water toughening	고망간강 등을 고용화(固溶化) 온도에서 수중급냉하여 완전한 ''오스테나이트" 조직을 얻는 조작.
29	예민화 처리 (銳敏化 處理)	Sensitization	"오스테나이트"계 "스테인레스" 강의 입계부식(粒界腐食) 시험을 실행하기 위해, 450~850°C 의 온도 범위로 가열하여 임계부식에 민감한 조직 상태로 하는 열처리.
30	오스에이징	Ausageing	과냉 "오스테나이트"를 Ms적 이상의 온도로 시효하는 처리. 가령 얻던 종류의 석출경화형(析出硬化形) "스테인레스" 강(17-5PH)에 대하여, Ms점의 조정 등을 목적으로 실행한다.
31	멀에이징	Marageing	저탄소합금 "멀텐사이트"를 시효에의해 경화 기키는 조작.
32	블링	Buleing	강의 외관 및 내식성(耐蝕性)을 개선하기 위해 적당한 온도의 공기, 수증기 또는 화학약품에 노출시켜서, 그 표면에 철의 산화물 피막을 발생시키는 조작. 또한, 냉간가공에 의한 스프링 성형후의 내부응력을 감소시키고, 탄성(彈性)을 높일 목적으로 실행하는 저온가열. 표면은 가열온도에 따라 황색 또는 청색으로 변화한다.
33	담금질성(燒入性)	Hardenability	철강을 담금질 경화시킨 경우의 타(燒) 들어가기 쉬움, 즉 타들어가기 쉬운 깊이와 경도분포를 지배하는 성능. 담금질성은 통상, 타들어가는 깊이의 대소로 비교하는데, 그것에는 담금질성 시험방법 (일단 담금질 방법)을 사용하는 것이 편리하다. (JIS G 0561 참조) 그밖에도 "셰퍼드" P - F 시험, SAC 담금질성 시험 등이 있다.
34	담금질성 밴드	Hardenability	동일한 철강종류의 화학성분 및 결정입도(結晶粒度)의 불균일에 의한 담금질성 곡선의 불균일 범위를 "밴드"로 나타내는 것. 이것을 H "밴드" 라고도 한다. H "밴드"가 정해진 강을 H 강이라 한다.
35	담금질성 배수 (燒入性倍數)	Multipling	합금원소를 첨가했을 때의 임계직경(臨界直徑)과, 첨가하지 않을 때의 임계직경과의 비. 담금질성 배수는, 일반적으로 합금원소의 첨가량과 함께 증가한다.
36	질량효과(質量效果)	Effect	질량 및 단면치수 의 대소에 따라 열처리 효과가 다른 정도. 재료의 크기에 의한 열처리 효과가 크게 달라지는 것을 질량효과가 크다고 한다.
37	자경성 (自硬性)	Self hardeninig property	담금질 온도에서 공기중에서 냉각하는 정도로, 용이하게 "멀텐사이트"가 생겨서

번호	용 어	영문 표기	의 미
			경화되는 성질.
38	냉각능력(冷却能力)	Cooling power	담금질에 사용되는 냉각제의 냉각능력. H의 값으로 나타날 때가 있다.
39	임계 냉각 속도(臨界冷却速度)	Critical cooling rate	철강의 담금질시, "멀텐사이트"변태가 발생되는데 필요한 최소의 냉각속도. "멀텐사이트"가 처음으로 발생하는 최소의 냉각속도를 하부임계 냉각속도라 하며, "멀텐사이트"만으로 되는 최소의 냉각속도를 상부임계 냉각속도라 한다.
40	임계직경(臨界直徑)	Critical diameter	부여된 냉각속도에 대하여, 중심부가 특정의 "멀텐사이트" 량이 되는 강재의 지경(기호:Dc). 통상 50% "멀텐사이트"가 사용된다.
41	이상 임계직경(理想臨界直徑)	Ideal critical diameter	이상적인 담금질(담금질제의 냉각능력을 무한대로 가상한 경우의 담금질)을 했을 때, 중심부가 50%"멀텐사이트"가 되는 임계직경. 통상 D1으로 나타내며, 담금질성(燒入性)의 비교기준이 된다.
42	등온변태(等溫變態)	Isothermal transformation	철강을 "오스테나이트" 상태에서 Ar1점 이하의 임의 온도까지 급냉하고, 그 온도로 유지한 경우에 발생하는 변태.
43	등온변태 곡선(曲線)	Isothermal transformation diagram	철강의 등온변태의 양상을, 세로축에 온도, 가로축에 시간(대수눈금)을 취하여 도시(圖示) 한 것. IT 곡선, TTT 곡선 또는 S 곡선이라고도 한다.
44	연속냉각 변태곡선	Continuous cooling transformation diagram	철강을 "오스테나이트" 상태에서 연속적으로 냉각한 경우에 발생하기 쉬운 변태의 양상을, 세로축에 온도, 가로축에 시간, (상대눈금)을 취하여 도시한 것. CCT 곡선이라고도 한다.
45	오스테나이트 의 안정화	Stabilization of austenite	"오스테나이트"가 안정화되어, "멀텐사이트"의 변태를 일으키기 쉬워지는 현상.
46	잔류응력(殘溜應力)	Residual stress	외력 또는 열구배가 없는 상태에서, 금속 내부에 남아있는 응력. 열처리시에, 재료의 내외부에서 ,냉각 속도차에 의한 열응력 또는 변태응력이 발생하고, 이것이 합성되어, 내부에 응력이 잔류한다. 또한, 냉간가공에 따라서도 잔류응력이 생긴다.
47	담금질 응력(燒入應力)	Quenching stress	담금질로 생기는 잔류응력. 담금질 응력에는, 내외부의 온도차에 기인하는 열응력과, 변태에 따른 변태응력이 있으며, 일반적으로 양자가 조합되어 발생한다.
48	담금질 변형(燒入變形)	Quenching distortion	담금질에 의해 발생하는 모양 또는 치수의 차이.
49	갈라짐	Quenching crack	담금질시에, 담금질응력에 따라 생기는 갈라짐.
50	방치 갈라짐	Season cracking	담금질 또는 "템퍼링"(燒戾) 하므로써 얻어지는 경도가, 그 철강을 그것보다 저온에서 "템퍼링" 했을 때, 얻어지는 경도보다 높아지는 현상.

번호	용 어	영문 표기	의 미
51	연점(軟點)	Soft spot	담금질로 국부적으로 완전하게 경화되지 않는 부분.
52	템퍼링(燒戾) 경화	Temper hardening	"템퍼링"(燒戾) 하여 경하하는 현상.
53	2차 경화	Secondary hardening	합금강을 일정온도로 "템퍼링" 하므로써 얻어지는 경도가, 그 철강을 그것보다 저온에서 "템퍼링" 했을 때, 얻어지는 경도보다 높아지는 현상.
54	템퍼링 브리틀니스	Temper brittleness	급냉한 철강을 일정한 "템퍼링" 온도로 유지시킨 경우, 또는 "템퍼링" 온도에서 서서히 냉각시킨 경우, "브리틀니스" 파괴가 생기기 쉬워지는 현상. 500°C 전후의 "템퍼링"으로 생기는 1차 "뎀퍼링" "브리틀니스" 및 더 높은 온도의 "템퍼링" 후에 서서히 냉각 시킬 때 생기는 2차 "템퍼링" "브라틀리스"를 고온 "템퍼링" "브리틀리스"하 하며, 300°C 전후의 온도로 "템퍼링"한 경우에 볼수 있는 "템퍼링" "브리틀니스"를 저온 "브리틀리스"라 한다.
55	템퍼링(燒戾) 갈라짐	Temper crack	담금질한 철강을 "템퍼링" 할 때, 급열, 급냉 또는 조직 변화 때문에 생기는 갈라짐.
56	템퍼링(燒戾) 컬러	Temper colour	"템퍼링" 시의 철강의 표면에 나타나는 산화막(酸化膜)의 색.
57	시효경화(時效硬化)	Age hardening	급냉 또는 냉간 가공한 철강이 시효로 경화하는 현상.
58	석출경화(析出硬化)	Precipitation hardening	과포화고용체(過飽和固溶體)에서 탄화물과 금속간 화합물 등이 이상(異相)을 석출하기 위해 일어나는 현상.
59	복원(復元)	Reversion	시효로 경화된 뒤에, 시효온도보다 약간 높은 온도에서 단시간 가열하므로써, 대략 시효전의성질로 되돌아가 경화하는 현상.
60	준안정(準安定) 오스테나이트	Metastable austenite	철강의 Ac1점보다 낮은, 온도범위에 존재하는 미변태의 "오스테나이트". 과냉 "오스테나이트"라고도 함.
61	잔류 오스테나이트	Retained austenite	담금질한 철강중에서, "오스테나이트"의 일부가 변태되지 않고 남은 것.
62	말텐사이트	Martensite	"오스테나이트"를 급냉시킨 경우에. Ms점 이하의 온도로 변태시켜 발생한 바늘모양의 조직. 본래의 "오스테나이트"와 같은 화학조성을 가진 체심정방정(體心正方晶) 또는 "체심입방정(體心立方晶)"의 고용체(固溶體) (α' 또는 αM으로 약술하기도 한다.) "말텐사이트" 는 "오스테나이트" 의 소성변형(塑性變形)으로 발생할 때도 있다.
63	템퍼링 말텐사이트	Tempered martensite	"템퍼링"(燒戾) 의 제3단계 직전(대략 250°C)까지 "템퍼링"된

번호	용 어	영문 표기	의 미
			"말텐사이트"조직. 넓은 의미로는, "말텐사이트"의 "템퍼링" 조직을 말한다.
64	톨스타이드	Troosite	"말텐사이트"를 "템퍼링" 했을 때 생기는 조직으로서, 광학 현미경으로 식별할 수 없을 정도로, 미세한 "페라이트"와 탄화물로 된, 매우 부식하기 쉬운 조직.
65	솔바이트	Sorbite	"말텐사이트"를 약간 높은 온도로 "템퍼링"하여 탄화물이 입자상태로 석출 성장한 "페라이트"와 탄화물의 혼합조직. 이 경우의 탄화물은 약400배의 광학 현미경으로 볼수있다.
66	베이나이트	Bainite	"오스테나이트"의 냉각변태 생성물(生成物)의 하나로서, "퍼얼나이트" 생성온도와 "말텐사이트" 생성온도(Ms점)와의 중간온도 범위에서 생긴 것. 현미경적으로는, "퍼얼나이트" 생성온도 가까이에서 생성된 것은 날개털 모양, "말텐사이트" 생성온도 가까이서 생성된 것은 바늘모양(針狀)을 나타내는 것이 많다. 전자를 상부"베이나이트", 후자를 하부"베이나이트"라 한다.
67	과포화고용체	Supersaturated solid so-lution	일정온도에서, 그 상태 그림이 나타내는 비율 이상으로 용질이 용해되어 있는 고용체. 보통 고온에서의 급냉으로 얻어진다.
68	담금질성 곡선(燒入性曲線)	Hardenability curve, H curve	담금질성 시험방법(일단 담금질 방법)으로 구해진 수냉끝에서의 거리와 경도(硬度)의 관계를 나타낸 곡선, (JIS G 0561 참조)
69	U 곡선	U curve	철강의 원주시료(圓柱試料)를 만들고, 이것을 담금질하여 횡단면(橫斷面)의 경도 분포를 직경에 대하여 나타낼 때, 얻어지는 U자 모양의 곡선.

4) 표면 경화처리 및 표면처리

번호	용 어	영문 표기	의 미
1	표면경화처리	Surface hardening	철강의 표면층을 경화하기 위해 실행하는 침탄 담금질(浸炭燒入), 질화(窒化), 고주파 담금질, 불꽃 담금질 등의 조작.
2	고주파 처리	Induction hardening	고주파 전류에 의한 유도가열 작용으로, 가열하여 실행하는 담금질, 주로 철강의 임의의 표면 또는, 부분을 담금질하는 경우에 사용한다. 철강의 고주파 담금질, "템퍼링"(燒戾) 가공은 JIS G 6912 에 규정되어 있다.
3	불꽃 담금질	Flame hardening	불꽃으로 직접 가열하여 실행하는 담금질. 주로, 청강의 임의의 표면을

번호	용 어	영문 표기	의 미
			담금질하는 경우에 사용한다.
4	침탄(浸炭)	Carburizing	강의 표면층에 침탄량을 증가시키기 위해, 침탄제 중에서 가열처리하는 조작. 침탄제의 종류에 따라 고체침탄, 액체침탄 및 가스침탄으로 나눈다. 또한, 침탄된 강은 담금질, "템퍼링"(燒戾) 처리를 하여 사용한다. 이 처리를 case hardening 이라고도 한다.
5	완화침탄	Mild carburizing	과잉침탄을 방지하기 위해, 침탄성이 약한 침탄제 중에서 실행하는 침탄.
6	복탄(復炭)	Recarburizition	철강의 탈탄층(脫炭層)의 탄소량을, 본래의 탄소량으로 회복하기 위헤 실행하는 탄소처리.
7	침탄침질(浸炭侵窒)	Carbo-nitriding	철강의 표면층에 탄소 및 질소를 동시에 확산시키는 조작.침탄질화라고도 함. 처리 방법에는, 침탄성 가스에 암모니아를 첨가하여 실행하는 가스침탄, 침질 및 청산염을 포함한 염욕(?浴) 중에서 실행하는 액체 침탄침질이 있다. 또한, 침탄침질한 강은 담금질, "템퍼링"(燒戾)하여 사용한다.
8	질화(窒化)	Nitriding	철강의 표면층에 질소를 확산시켜, 표면층을 경화시키는 조작. 처리방법에는, 암모니아 분해가스에 의한 가스질화 및 청산염(靑酸?)에 의한 액체질화가 있다.
9	직접 담금질	Direct quenching	강을 침탄처리 후, 그대로 담금질 온도까지 냉각하고 즉시 실행하는 담금질.
10	1차 담금질	Primary quenching	침탄한 강을 심부(心部)의 조직을 미세화(微細化하)하기 위해, 심부의 Ac_3점 이상의 적당한 온도로 가열한 뒤, 실행하는 담금질.
11	2차 담금질	Secondary quenching	침탄한 강의 침탄층을 경화할 목적으로, 1차 담금질 후 침탄층의 Ac_1점 이상의 적당한 온도로 가열하여 실행하는 담금질.
12	세멘테이션	Cementation	금속재료의 표면층의 경도 또는 내열(耐熱) 내식(耐蝕)성 등을 향상시키기 위해, 높은 온도의 각종 매제(媒劑) 속에서, 다른 원소를 표면에 확산시키는 조작.
13	알루미나이징	Aluminizing	강의 내열성 및 내식성을 증가 시키기 위해 용융 알루미늄 욕에 침적시켜 강의 표면을 알루미늄으로 피복하는 조작.
14	갈바나이징	Galvanizing	강의 내식성을 증가 시키기 위해 용융아연욕(熔融亞鉛浴)에 침적시켜서 강의 표면을 아연으로 피복하는 조작. 또한 류산염(硫酸?) 용액속에서 전기도금으로 아연을 피복(被覆) 시키는 경우도 있다.
15	칼로라이징	Calorizing	강의 내열성 및 내식성을 증가시키기

번호	용 어	영문 표기	의 미
			위해 분말 알루미늄 또는 이것을 포함한 혼합분말중에서 강을 가열하고, 그 표면에 알루미늄을 확산시키는 조작.
16	크로마이징	Chromizing	철강의 내식성을 증가시키기 위해 고온으로 철강의 표면에 "크롬"을 확산시키는 조작.
17	침류(浸硫)	Sulphurizing	철강을 유황이 함유한 욕속에 가열하고, 그 표면에 유황을 확산시키는 조작. 이에 따라 마찰계수가 저하된다.
18	실리코나이징	Siliconizing	규소를 강의 표면에 확산시켜 내식성 피막을 만드는 조작
19	세라다이징	Sheradizing	분말아연(粉末亞鉛) 또는 이것을 포함한 혼합분말속에서 철강을 가열하고, 그 표면에 아연을 확산시켜서 내식성 피막을 만드는 조작.
20	수증기 처리 (水蒸氣處理)	Steam treatment	담금질, "템퍼링"(燒戾)을 실행한 고합금 공구강을 550°C 부근에서 증기처리하고, 표면에 사삼산화철을 생성하는 처리. 이 처리에 의해 윤활능력을 높인다.
21	과잉침탄(過剩浸炭)	Excess carburizing	침탄층의 침탄량이 목표치 이상이 되는 현상.
22	담금질 경화층 깊이 (燒入硬化層深)	Hardening depth	담금질로 경화시키는 깊이. 고주파 담금질 또는 불꽃 담 금질로 경화하는 깊이에 대해서는, 유효 경화층 깊이 및 전경화층(全硬化層) 깊이가 규정되어 있다.
23	침탄 경화층 깊이 (浸炭硬化層深)	Case depth	강을 침탄하고, 담금질, "템퍼링"(燒戾) 하여 경화시킨 침탄층의 깊이를 말하며, 유효경화층(有效硬化層) 깊이 및 전경화층 깊이가 규정되어 있다.

부록 2 APPENDIX

철강기호 보는 법

철강재료의 표준은 첫째 철과 강으로 대별하고, 다시 철은 선철, 합금철 및 주철로, 강은 보통강, 특수강 및 주단강으로 분류하고 있다.또한 보통강은 봉강, 형강, 후판, 박판, 선재 및 선과 같이 형상별, 용도별로, 특수강은 강인강, 공구강, 특수용도강과 같이 형상별로, 강관 및 강종은 용도별로, 스테인리스강은 형상별로 각각 세분류하고 있다.

1. 표준 본문에 규정하고 있는 철강기호 철강기호는 위에서 서술한 표준분류에 따라 원칙적으로 다음의 3개 부분으로 구성되고 있다.

a) 최초의 부분은 재질을 표시한다.
b) 다음의 부분은 표준명 또는 제품명을 표시한다.
c) 마지막 부분은 종류를 표시한다.

a)는 영어 또는 로마자의 머리문자, 혹은 원소기호를 사용하여 재질을 표시하고 있으므로 철강재료는 S (Steel:강) 또는 F (Ferro:철)의 기호로 시작되는 것이 대부분이다.

b)는 영어 또는 로마자의 머리문자를 사용하여 판, 봉, 관, 선, 주조품 등의 제품의 형상별 종류나 용도를 표시하여 기호를 조합시켜 제품명을 표시하고 있으므로 S또는 F의 다음에 오는 기호는 다음과 같은 그룹으로 나타 낸 기호로 만들어진 것이 많다.
P : Plate(박판), U : Use(특수용도), W : Wire(선재. 선), T : Tube(관),

C : Casting(주물), K : Gonggu(공구), F : Forging(단조)

예외 : 1)구조용합금강 그룹(보기를 들면 니켈크로뮴강)은 SNC처럼 첨가원소 부호 로 만들었다.

b)는 영어 또는 로마자의 머리문자를 사용하여 판, 봉, 관, 선, 주조품 등의 제품의 형상별 종류나 용도를 표시하여 기호를 조합시켜 제품명을 표시하고 있으므로 S또는 F의 다음에 오는 기호는 다음과 같은 그룹으로 나타 낸 기호로 만들어진 것이 많다.

c)는 재료의 종류번호의 숫자, 최저 인장강도 또는 항복강도(통상 3자리 숫자)를 표시하고 있다.

다만, 기계구조강의 경우는 주요 합금원소코드와 탄소량과 조합시켜 표시하고 있다.

보기 1 : 1종, A : A또는 A호, 430 : 코드4. 탄소량의 대푯값30

2A : 2종A그룹, 400 : 인장강도 또는 항복강도

비고 : 철강재료의 종류기호 이외로 모양이나 제조방법 등을 기호화 할 경우에는 종류기호에 연속으로 다음

의 부호 또는 기호를 붙여 나타낸다.

보기 : SM570Q 용접구조용 압연강재로 퀜칭템퍼링을 한 것 STB340-S-H 열간가공 이음매 없는 보일러, 열

교환기용 탄소강강관으로, 인장강도의 표준 하한 값 340 N/mm2

(a) 모양을 한 부호

W	선	Wire	CS	냉연대	Cold Strip
WR	선재	Wire Rod	HS	열연대	Hot Strip
CP	냉열판	Cold plate	TB	열전달용관	Boiler and Heat Exchange Tube
HP	열연판	Hot Plate	TP	배관용관	Pipes

HA	열연산형강	Hot Angle	CA	냉간가공산형강	Cold Angle
CD	양면도장	Coated Double			

(b) 제조방법을 표시한 부호

-R	림드강	
-A	알루미늄 킬드강	
K	킬드강	
-S-H	열간가공 이음매 없는 강관	Seamless Hot
-S-C	냉간가공 이음매 없는 강관	Seamless Cold
-E	전기저항용접강관	Electric resistance Welding
-E-H	열간가공 전기저항 용접강관	Electric resistance Welding Hot
-E-C	냉간가공 전기저항 용접강관	Electric resistance Welding Cold
-E-G	전기저항 용접그대로의 강관	Electric resistance General
B	단접강관	Butt Welding
-B-C	냉간가공 단접 강관	Butt Welding Cold
-A	아크 용접 강관	Arc Welding
-A-C	냉간가공 아크용접 강관	Arc Welding Cold
-D9	냉간인발 (9또는 허용값의 등급9급)	Drawing
-HCH	냉간 압조용 선재	Rod by Cold Heading
-WCH	냉간 압조용 선	Wire by Cold heading
-T8	절삭 (8또는 허용값의 등급8급)	Cutting

-G7	연삭 (7또는 허용값의 등급7급)	Grinding
-CSP	스프링용 냉간압연강대	Cold Strip Spring
-M	특수연마대강	Polishing(migaki)

(c) 열처리를 표시한 기호

R	압연한 그대로	As-rolled
A	어닐링	Annealing
N	노멀라이징	Normalizing
Q	퀜칭, 템퍼링	Quenching and Tempering
NT	노멀라이징, 템퍼링	Normalizing and Tempering
T	템퍼링	Tempering
TNC	열가공제어	Thermo-Mechanical Control Process
P	저온어닐링	Low Temperature Annealing
TN	시험편으로 노멀라이징	Test Piece normalizing
TNT	시험편으로 노멀라이징, 템퍼링	Test Piece normalizing and Tempering
SR	시험편으로 용접 후 템퍼링 고용화 열처리	Stress Relief Annealing
S	고용화 열처리	Solution Treatment
THxxxx	석출고가공열처리	H ; 시효처리 R : 서브제로처리
RHxxx		T : 변태처리 x : 화씨온도

(d) 엄격한 치수를 표시한 기호

ET	두께 허용값 (스테인리스강대, 스프링용 냉간압연강대)	
EW	나비허용값(스테인리스강대)	Extra Thickness Extra Width

2. 대응 국제표준의 번역의 일부를 부속서에 규정하고 있는 철강부호

보기 HR : Hot rolled 의 머리문자

CR : Cold - reduced 의 머리문자

철강부문분류 및 기호약어

분류	표준명칭	기호	기호설명
합금철	Ferro-Boron	FB	F : Ferro B : Boron
	Ferro-Chromium	FCr	F : Ferro Cr : Chromium
	Ferro-Manganese	FMn	F : Ferro Mn : Manganese
	Ferro-Molybdenum	FMo	F : Ferro Mo : Molybdenum
	Ferro-Niobium	FNb	F : Ferro Nb : Niobium
	Ferro-Nickel	FNi	F : Ferro Ni : Nickel
	Ferro-Phosphorus	FP	F : Ferro P : Phosphorus
	Ferro-Silicon	FSi	F : Ferro Si : Silicon
	Ferro-Titanium	FTi	F : Ferro Ti : Titanium
	Ferro-Vanadium	FV	F : Ferro V : Vanadium
	Ferro-Wolfram	FW	F : Ferro W : Wolfram
	Calcium-Silicon	CaSi	Ca : Calcium Si : Silicon
	Metallic-Chromium	MCr	M : Metallic Cr : Chromium
	Metallic-Manganese	MMn	M : Metallic Mn : Manganese
	Metallic-Silicon	MSi	Si : Silicon Si : Silicon
	Silicon-Maganese	SiMn	Si : Silicon Mn : Managanese
	Silicon-Chromium	SiCr	Si : Silicon Cr : Chromium

구조용강	자동차 구조용 열간압연 강판 또는 강대	SAPH	A : Automobile P : Press H : Hot
	Chain용 환봉강	SBC	B : Bar C : Chain
	PC강봉	SBPR	B : Bar P : Prestressed R : Round
	연마봉강용 일반강재	SBPD	B : Bar P : Prestressed D : Deformed
	용접 구조용 압연강재	SGD	G : General D : Drawn
	용접 구조용 내후성 열간 압연강재	SM	M : Marine
	고내후성 압연강재	SMA	M : Marine A : Atmospheric
	철탑용고장력강강재	SPA-H	P : Plate A : Atmospheric H : Hot
	용접구조용고항복점강판	SPA-C	P : Plate A : Atmospheric C : Cold
		SH-P	H : High strength P : Plate
	철근콘크리트용 봉강	SH-S	H : High strength S : Section
	철근콘크리트용 재생봉강	SHY	H: High strength Y : 용접
		SHY-N	H: High strength Y : 용접 N : Nickel
	재생강재	SHT-NS	H: High strength Y : 용접 N : Nickel S :Special
	일반구조용 압연강재		H: High strength Y : 용접 N : Nickel S :Special
	일반구조용 경량형강	SHY-NS-F	F : Fine
	Rivet용 압연강재		R : Round
	일반구조용 경량H형강		D : Deformed
	보강지지판	SR	R : Rerolled
	건축구조용압연강재	SD	D : Deformed R : Rerolled
	건축구조용압연봉강	SRR	R : Rerolled B : Bar
		SDR	S : Structure
		SRB	S : Structure C : Cold Forming
		SS	V : Rivet
		SSC	W : Weld H : H형
		SV	Y : 보강지지판
		SWH	N : New structure
		SY	N : New structure R : Round bar
		SN	
		SNR	
압력용	보일러및압력용기용탄소강및몰리브데넘 강강판 압연강재	SB	B : Boiler
	Boiler또는 압력용기 Mn-Mo강 또는	SB-M	B : Boiler M : Molybdenum

기강	Mn-Mo-Ni강 강판 Boiler 또는 압력용기 Cr-Mo강 강판	SBV	B : Boiler V : Vessel
	고압가스용기용 강판 또는 강대 중, 상온 압력용기용 탄소강 강판 저온 압력용기용 탄소강 강판 저온 압력용기용 Ni강 강판 압력용기용 강판 압력용기용 조질형 Mn-Mo-Ni강 강판	SCMV SG SGV SLA SL-N	C : Chromium M : Molybdenum V : Vessel G : Gas Cylinder G : General V : Vessel L : Low Temperature A : Al killed L : Low Temperature N : Nickel
	고온압력용기용고강도 Cr-Mo강 강판 보일러 및 압력용기용 Cr-Mo강 강판	SPV SQV SCMQ	P : Pressure V : Vessel Q : Quenched V : Vessel C : Chromium M : Molybdenum Q ; Quenched E : Elevated temperature V : Vessel
		SEV	
박판강판	냉간압연강판 또는 강대 열간압연 연강판 또는 강대 강관용 열간압연 탄소강 강대	SPCC SPCCT	P : Plate C : Cold C : Commercial P : Plate C : Cold C : Commercial T : Test
	포크레인(범랑)용 탈탄강판 또는 강대 Deck Plate	SPCD SPCE SPCEN SPHC SPHD SPHE SPHT SPP SDP	P : Plate C : Cold D : Deep Drawn P : Plate C : Cold E : Deep Drawn Extra P : Plate C : Cold E : Deep Drawn Extra N . Non-aging P : Plate H : Hot C : Commercial P : Plate H : Hot E : Deep Drawn Extra P : Plate H : Hot T : Tube P : Porcelain D : Deck P : Plate
도금강판 · 도장강판	용융 Al 도금강판 또는 강대 전기아연 도금강판 또는 강대	SAC SAD SAE SEHC SECCT SEHD	A : Aluminium C : Commercial A : Aluminium D : Deep Drawn A : Aluminium E : Deep Drawn Extra E : Electrolytic H : Hot C : Commercial E : Electrolytic C : Cold C : Commercial T : Test E : Electrolytic H : Hot D :

	원철 또는 원철강판	SECD SEHE SECEN	Deep Drawn E : Electrolytic C : Cold D : Deep Drawn E : Electrolytic H : Hot E : Deep Drawn Extra E : Electrolytic C : Cold E : Deep Drawn Extra N : Non-aging P : Plate B : Black
	용융아연도금강판 및 강대	SPB	P : Plate T : Tin E : Electric
		SPTE	P : Plate T : Tin H : Hot Dip
		SPTH SPGC SPGR SPGA	P : Plate G : Galvanized C : Commercial P : Plate G : Galvanized R : Roof P : Plate G : Galvanized A : Architecture P : Plate G : Galvanized S : Structure
	착색 아연 철판	SPGS SPGH SPGW	P : Plate G : Galvanized H : Full Hard P : Plate G : Galvanized W : Wave P : Plate G : Galvanized D : Drawn
		SPGD SPGDD SCG	P : Plate G : Galvanized DD : Deep Drawn C : Color G : Galvanized
선재	경강선재	SWRH	W : Wire R : Rod H : Hard
	연강선재 Piano 선재 피복 Arc용접봉 심선용 선재 냉간 압조용 탄소강	SWRM SWRS SWRY SWRCH	W : Wire R : Rod M : Mind W : Wire R : Rod S : Spring W : Wire R : Rod Y : 용접 W : Wire R : Rod C : Cold H : Heading
선선	경강선 냉간 압조용 탄소강선 철선 표면처리 Zn도금 철선 Piano선 PC강선 또는 PC강 꼰선 PC경강선 전기 Wire Sn도금 Piano선	SW SWCH SWM SWMG SWP SWPR SWPD SWCR SWCD	W : Wire W : Wire C : Cold H : Heading W : Wire M : Mild W : Wire M : Mild G : 표면처리 W : Wire P : 피아노 W : Wire P : Prestressed R : Round W : Wire P : Prestressed D : Deformed W : Wire C : Concrete R : Round W : Wire C : Concrete D : Deformed

	스프링용 탄소강 Oil Temper	SWPE	W : Wire P : Piano E : Electric
	Valve스프링용 Cr-V강 Oil Temper	SWO	W : Wire O : Oil Temper
	Valve스프링용 Si-Cr강 Oil Temper선	SWO-V	W : Wire O : Oil Temper V : Valve
	스프링용 Si-Mn강 Oil Temper선	SWOCV-V	W : Wire O : Oil Temper C : Chromium
	피복 Arc 용접봉 심선		V : Vanadium V : Valve
		SWOSC-V	W : Wire O : Oil Temper S : Silicon
			C : Chromium V : Valve
		SWOSM	W : Wire O : Oil Temper S : Silicon
			M : Manganese
		SWY	W : Wire Y : 용접
강관	배관용 탄소강 강판	SGP	G : Gas P : Pipe
	수도용 아연도금강판	SGPW	G : Gas P : Pipe W : Water
	보일러・열교환기용 탄소강 강관	STB	T : Tube B : Boiler
	보일러・열교환기용 합금강강관	STBA	T : Tube B : Boiler L : Low Temperature
	저온열교환기용 강관	STBL	T : Tube F : Fired Heater
	가열로용 강관	STF	T : Tube F : Fired Heater A : Alloy
		STFA	T : Tube H : High Pressure
	고압가스용기용 Seamless강관		T : Tube K : 구조
	일반구조용 탄소강 강관	STH	T : Tube K : 구조 M : Machine
	기계구조용 탄소강 강관	STK	T : Tube K : 구조 S : Special
	구조용 합금강강관	STKM	U : Use S : Stainles
	구조용 Stainless강 강관	STKS	T : Tube K : 구조
	Stainless강 위생관	SUS-TK	U : Use S : Stainless
	일반구조용 각형강관		TB : Tube S : Sanitary
	시험용 Stainless강 강관	SUS-TBS	T : Tube K : 구조 R : Rectangular
	정유용 Stainless강 강관	STKR	T : Tube M : Mining
	배관용 합금강 강관	STM	C : Core or Casing R : Boring Rod
	압력배관용 탄소강 강관	STO	T : Tube O : Oil
	저온배관용 강관	STPA	T : Tube P : Pipe A : Alloy
	고온배관용 탄소강 강관	STPG	T : Tube P : Pipe G : General
	배관용 Arc 용접 탄소강 강관	STPL	T : Tube P : Pipe L : Low Temperature
	고압배관용 탄소강 강관	STPT	T : Tube P : Pipe T : Temperature

구분	명칭	기호	의미
	보일러 ? 열교환기용 Stainless 강관	STPY	T : Tube P : Pipe Y : 용접
	배관용 ARC 용접 대경 Stainless강 강관	STS	T : Tube S : Special Pressure
		SUS-TB	U : Use S : Stainless T : Tube B : Boiler
		SUS-TPY	U : Use S : Stainless T : Tube P : Pipe Y : 용접
강관	가열로용 강관	SUS-TF	U : Use S : Stainless T : Tube
			F : Fired Heater
	배관용 Stainless강 강관	NCF-TF	N : Nickel C : Chromium F : Ferrum
	Corrugate Pipe 또는, Corrugate 분할형		T : Tube F : Fired Heater
		SUS-TP	U : Use S : Stainless T : Tube P : Pipe
		SCP-R	C : Corrugate P : Pipe R : Round
		SCP-RS	C : Corrugate P : Pipe
			R : Round S : Spiral
		SCP-E	C : Corrugate P : Pipe E : Elongation
		SCP-P	C : Corrugate P : Pipe P : Pipe Arch
		SCP-A	C : Corrugate P : Pipe A : Arch
기계구조용강	기계구조용 탄소강 강재	SxxC	xx : 탄소량 C : Carbon A : Aluminum C : Chromium M : Molybdenum
	Al-Cr-Mo강 강재		C : Chromium
	Cr강 강재	SACM	C : Chromium M : Molybdenum
	Cr-Mo강 강재	SCr	N : Nickel C : Chromium
	Ni-Cr강 강재	SCM	N : Nickel C : Chromium M : Molybdenum
	Ni-Cr-Mo강 강재	SNC	Mn : Manganese
	Mn강 또는 Mn-Cr강 강재	SNCM	Mn : Manganese C : Chromium
	고온용합금강 Bolt재	SMn	N : Nickel B : Bolt
	특수용도 합금강, Bolt용 봉강	SMnC	N : Nickel B : Bolt
		SNB	
		SNB	
특수용도강 / 공구강	탄소공구강	SK	K : 공구
	중공강 강재	SKC	K : 공구 C : Chisel
	합금공구강	SKS	K : 공구 S : Special
		SKD	K : 공구 D : Dies
	고속도 공구강강재	SKT	K : 공구 T : 단조
		SKH	K : 공구 H : High Speed

		유황쾌삭강	SUM	U : Use M : Machinability
		고탄소 Cr베어링강	SUJ	U : Use J : Beating
		스프링강 강재	SUP	U : Use P : Spring
		Stainless 강봉	SUS-B	U : Use S : Stainless B : Bar
		열간압연 SStainless 강판	SUS-HP	U : Use S : Stainless
	STAINLESS강	냉간압연 Stainless 강판		H : Hot P : Plate
		열간압연 SStainless 강판	SUS-CP	U : Use S : Stainless C : Cold
		스프링용 Stainless 강판		P : Plate
		Stainless 강선재	SUS-HS	U : Use S : Stainless
		용접봉 Stainless 강 선재		H : Hot S : Strip
			SUS-CSP	U : Use S : Stainless C : Cold
				S : Strip P : Spring
			SUS-WR	U : Use S : Stainless W : Wire R : Rod
			SUS-Y	U : Use S : Stainless Y : 용접
	STAINLESS강	Stainless 강선	SUS-W	U : Use S : Stainless W : Wire
		스프링용 Stainless 강판	SUS-WP	U : Use S : Stainless W : Wire P : Spring
		냉간압연용 Stainless 강선		U : Use S : Stainless W : Wire S : Screw
		냉간압연용 Stainless 강	SUS-WS	U : Use S : Stainless
		Equal Angle 강		H : Hot A : Angle
			SUS-HA	
	내열강	내열강봉	SUHB	U : Use H : Heat Resisting B : Bar
		내열강판	SUHP	U : Use H : Heat Resisting P : Plate

단조강	탄소강 단강품		
	탄소강 단강품용 강판	SF	F : Forging
	압력용기용 조질형탄소강	SFB	F : Forging B : Bloom
	또는 합금강 단강품	SFV	F : Forging V : Vessel
	압력용기용 조질형 진공 처리 탄소강		F : Forging V : Vessel V : Vacuum
	또는 저합금강 단조품	SFVV	F : Forging H : High Temperature
	고온압력용기부품용 합금단조강품		V : Vessel
	고온압력용기부품용 Stainless 단조강품	SFHV	U : Use S : Stainless F : Forging
	Cr-Mo 단조강품	SUS-F	F : Forging C : Chromium M : Molybdenum
	Ni-Cr-Mo 단조강품		F : Forging N : Nickel
		SFCM	C : Chromium M : Molybdenum
		SFNCM	
주철	회주철품	GC	G : Grey C :Casting
	구상흑연 주철품	GCD	G : Grey C :Casting D : Ductile
	흑심가단 주철품	GCMB	G : Grey C :Casting M : Malleable B : Black
	백심가단 주철품		G : Grey C :Casting M : Malleable W : White
	Pearlite 가단 주철품	GCMW	G : Grey C :Casting M : Malleable P : Pearlite
		GCMP	
주강	탄소강 주강품	SC	C : Casting
	용접 구조용 주강품	SCW	C : Casting W : Weld CF : Centrifugal
	용접 구조용 원심력 주강품	SCW-CF	C : Casting W : Weld
	구조용 고장력 탄소강 또는 저합금강 주강품	SCC	C : Casting C : Carbon
		SCMn	C : Casting Mn : Manganese
		SCSiMn	C : Casting Si : Silicon Mn : Manganese
			C : Casting Mn : Manganese Cr : Chromium
		SCMnCr	C : Casting N : Nickel
	Stainless 강 주강품		Cr : Chromium M : Molybdenum

	내열강 주강품	SCNCrM	C : Casting S : Stainless
	고 Mn강 주강품	SCS	C : Casting H : Heat-Resisting
	고온고압용 주강품	SCH	C : Casting Mn : Manganese H : High
	고온고압용 원심력 주강품	SCMnH	C : Casting P : Pressure H :High Temperature
		SCPH	C : Casting P : Pressure H :High Temperature
	저온고압용 주강품		CF : Centrifugal
		SCPH-CF	C : Casting P : Pressure L :Low Temperature
		SCPL	
초합금	내식내열 초합금봉	NCFxxB	N : Nickel C : Chromium F : Ferrum xx : 종류숫자 B : Bar
	내식내열 초합금판	NCFxxP	N : Nickel C : Chromium F : Ferrum xx : 종류숫자 P : Plate
	배관용 Seamless Ni-Cr철 합금판	NCFxxTP	N : Nickel C : Chromium F : Ferrum xx : 종류숫자 T : Tube P : Pipe
	열교환기용 Seamless Ni-Cr철 합금강	NCFxxTB	N : Nickel C : Chromium F : Ferrum xx : 종류숫자 T : Tube B : Boiler
	전자 연철판	SUYP	U : Use Y : Yoke P : Plate
자기재료	냉간압연 Si 강대	Sxx	S : Silicon xx : 50 c/s 1.0T
	방향성 Si 강대	Gxx	G : Grain xx : 50 c/s 1.7T
	자극용 강판	Pxx	P : Pole xx : 인장강도의 최소치
	소형전동기용 자성강대	Sxx	S : Silicon xx : 철손 W10/50의 환산한 값의 최소의 두자리수

참고문헌 REFERENCE

1. 熱處理 가이드북(기초편,응용편) 日本 熱處理技術協會(2009)
2. 熱處理 技術 Manual おおわく しけお
3. 금속재료의 강도와 금속의 열처리 방안　한국질화열처리(주)
4. 제철(나무위키) (file///D:/Desktop/제철_나무위키.html)
5. 철의 분류와 제조공정 및 용도 https://blog.never.com/hero5550
6. 철강재료와 열처리(1)-기계재료-3 https://thomasrobotech.tistroy.com
7. Co(Al-Cu)합금계의 결정구조 및 자기적 성질에 관한 연구
   한국재료학회지 Vol 4 No1(1994)
8. 합금(Alloy)과 원소의 체질조합 https://blog.never.com/applepop/222132763306
9. 결정학의 기초, 결정질 고체의 구조, 금속의 기계적 성질(chapter 3,4,8) WILEY
10. 결정학 위치, 방향, 면,(점좌표, 결정방향 1.2) 율짓과학교실
11. 금속의 결정구조(기계재료일반) https://blog.never.com/melon1991/221304226312
12. 금속의 특징과 결정구조 ㈜ 코리아 텡스텐
13. 금속 결정구조의 종류와 개념 Report World.yuljis tistroy
14. 결정질 고체의 구조-결정학 https://blog.never.com/tmdgus6831/220658931062
15. 결정방향과 결정면 https://blog.never.com/jinest/70136121735
16. 열간가공vs냉간가공 정석산업안전연구소
17. 강재의 마모성. 내충격성 https://mechapia.tistroy.com/entry/
18. Case Study of Wear & Erosion Fracture Report No RB-FA-G005
19. 염욕열처리(화학 및 화공재료) https://blog.never.com/immanueljss/80024168072
20. Ni-Cr-Mo-V계 저합금강의 미세조직과 기계적 특성에 관한연구
    대한금속재료학회지 Vol.60, No 4 p251-262(2022)
21. 금속 열팽창계수 https://metal-software.tistory.com/entry/

22. 탄소강의 변태-공석강, 아공석강, 과공석강 https://makersweb.net/me/1533
23. 탄소강의 표준조직 https://blog.naver.com/fosnogo/222973398507
24. 합금원소가 금속에 미치는 영향 https://blog.naver.com/sjy2237/220855427847
25. 합금극철 합금원소별 주철에 미치는 영향 https://metal-material.tistory.com
26. 강의 열처리에 관한 특성 https://blog.naver.com/hero5550/60087686657
27. X-ray 결정학 허무영 교문사(청문각) 2015
28. 전기로 edm.co.kr https://kr.kindle-tech.com/fags/
29. 전기로의 종류 및 용도 https://blog.naver.com/sphong1004/150048317311
30. 재료 강도학(제7장, 8장) 한밭대학교 신소재 공학과 신기현
31. 금속재료의 주요기계적 성질 https://mechapia-com.tistory.com/entry/
32. 금속의 과학적 성질 에스앤제이(www.elitekorea.net)
33. 금속재료의 피로강도에 영향을 미치는 8가지 요소 SHENYANG ELITE Machinery &EQUIPMENT CO.LTD
34. 금속의 부식(Corrosion)과 방식(prevention corrosion) 한탑기술사무소(2006)
35. 고극파경화법 열처리 결함, 항온열처리 양극산화피막, 산화피막, 인산염피막처리, 압연가공 Romantic Deer Project
36. 경화층깊이측정 https://blog.naver.com/psd1539/222175013634
37. 금속재료 강도와 금속의 열처리 방안 HANA AMT(2021)
38. 산화피막과 양극산화 알루미늄 https://blog.naver.com/applepop/220858603104
39. 열처리 크랙, 결함의 종류와 대처법 Kimfix.com
40. 대형기어의 침탄열처리 기술개발 한국기계연구소, 과학기술처
41. 온도제어방법 https://blog.naver.com/jmsin30/220966065339
42. Temperature Controller Guide Autonics
43. 표면 열처리용 변성가스 폭발 특성에 관한 연구 부산대학교(이병길)공학박사 논문
44. 열처리 결함(금속재료) https://blog.naver.com/tk3051/130001907851
45. 알루미늄 합금의 열처리 https;//hungil.co.kr>upload_filel>al-alloy
46. 강의 저온템퍼링 열처리 공학회지 제20권 제1호(2007)pp38-44 정병호, 김무길
47. 티타늄 열처리 MACHINE MFG(2023)
48. 침탄 열처리(가느/진공침탄) SAMLAK (www.samlak.com)
49. 질화층 깊이 측정 https://blog.naver.com/meisterlab/221999313647
50. EPMA 한국고분자시험연구소

51. 전자현미경의 원리 및 구조 https://m.blog.naver.com/gsem0501/221627403388
52. X-ray 회절분석법(XRD) 한국씨엠이엔지
53. 자분탐상검사 한국공업엔지니어링
54. 정밀측정 기술 교육 부교재(경도분야) 한국계량 측정협회
55. 非鐵金屬材料와 熱處理 기전연구사 .(송건, 홍영환) 2004

[저자소개]

김장수 (金長守, KIM Jang Su)

- 공학박사(재료 및 설계공학)
- 항공기 엔진, 선박용 엔진제조 분야 경력 10년
- 자동차엔진 제조분야 경력 25년
- 자동차부품 제조기업 CEO
- 국토교통과학기술진흥원 연구개발사업 기술평가위원/자문위원
- 국책연구개발사업 평가위원
- 한국산업기술진흥협회 고경력과학기술인 기업자문위원
- 現 국립창원대학교 교수

열처리공학

인쇄 | 2025년 5월 20일
발행 | 2025년 5월 25일

지은이 | 공학박사 김장수
펴낸이 | 조승식
펴낸곳 | (주)도서출판 북스힐

등 록 | 1998년 7월 28일 제22-457호
주 소 | 서울시 강북구 한천로 153길 17
전 화 | (02) 994-0071
팩 스 | (02) 994-0073

홈페이지 | www.bookshill.com
이메일 | bookshill@bookshill.com

정가 35,000원

ISBN 979-11-5971-685-0

Published by bookshill, Inc. Printed in Korea.